KB071747

크레이그 벤터

게놈의 기적

A LIFE DECODED

Copyright © 2007 by J. Craig Venter
All rights reserved.

Korean translation copyright © 2009 by Chusubat(Chungrim Publishing)
This edition is published by arrangement with Brockman, Inc., New York.

이 책의 한국어판 저작권은 Brockman, Inc.와 독점 계약을 맺은
추수밭(청림출판)에 있습니다.
저작권법에 의하여 한국 내에서 보호를 받는 저작물이므로 무단전재와 복제를 금합니다.

크레이그 벤터 A LIFE
DECODED

게놈의 기적

크레이그 벤터 지음 | 노승영 옮김

추수밭

크레이그 벤터 게놈의 기적

1판 1쇄 인쇄 2009년 3월 30일
1판 1쇄 발행 2009년 4월 10일

지은이 크레이그 벤터
옮긴이 노승영
발행인 고영수
발행처 추수밭
등록 제406-2006-00061호(2005.11.11)
주소 135-816 서울시 강남구 논현동 63번지
　　　413-756 경기도 파주시 교하읍 문발리 파주출판도시 518-6 청림아트스페이스
전화 02)546-4341 **팩스** 02)546-8053

www.chungrim.com
cr2@chungrim.com

ISBN 978-89-92355-40-7 03470

잘못된 책은 교환해 드립니다.

이 책을 아들과 부모님께 바친다.

Contents

추천사 – 이미 혁명은 시작되었다_서정선 14
머리말 – 불가능해 보이는 목표와 원대한 이상에 대한 이야기 23

·제1부· **불안한 청춘**

01 내 삶의 유전자 29 │ **02** 죽음의 학교 57 │ **03** 아드레날린 중독자 86

·제2부· **과학 항해자**

04 버펄로에서 새출발하다 125 │ **05** 과학자의 천국, 그러나…… 144 │
06 거대 생물학 192

·제3부· **과학, 산업, 그리고 정치**

07 TIGR의 출범 241 │ **08** 유전자 전쟁 258 │ **09** 산탄총 염기서열 분석 283 │
10 결별 318

·제4부· **인간 유전자 지도 완성**

11 인간을 해독하다 335 │ **12** 〈매드〉와 돈에 눈먼 장사꾼 371 │
13 비상 388 │ **14** 최초의 인간 게놈 406 │ **15** 2000년 6월 26일, 백악관 445

·제5부· **인공생명체의 꿈**

16 나는 멈추지 않는다 459 │ **17** 푸른 지구와 새로운 생명 477

감사의 말 510
주 514
찾아보기 538
옮긴이의 말 – 21세기가 바라는 인재상, 크레이그 벤터 554

세 살 적 모습. 캘리포니아 밀브레이, 베이사이드 매너에 있는 우리 집 앞에서 찍었다.
샌프란시스코 공항에서 멀지 않다.

A	Excellent	O	Outstanding
B	Good	S	Satisfactory
C	Average	U	Unsatisfactory
D	Barely Passing	Inc.	Incomplete because
F	Failing		of absence

Effort

This rating tells whether the child is working to the best of his ability. Unsatisfactory effort is a matter of serious concern. U in effort or F in any subject should be investigated by the parent.

STUDENT'S NAME *John C. Venter*

TEACHER AND ROOM

	REPORTS						TEACHER AND ROOM
	1	2	3	4			
READING	D+	C	C	C-			
Effort	U	S	S	S-			
Conduct	S-	S	S	S			D. Richardson
ARITHMETIC	D	B	B-	C-			
Effort	U	O	S	U			
Conduct	S	S	S	S			J. York - 183
ENGLISH	C	B+	C	C-			
Effort	S-	O	S+	S-			
Conduct	S+	S	S	S+			D. Richardson
SOCIAL STUDIES (Incl. Hist. & Geog.)	C-	C+	C	D			
Effort	S-	S-	S-	S-			Kathryn Jaeger
Conduct	S	S	S	S-			181
HOMEMAKING MANUAL ARTS	C+	B	B	B+			
Effort	O	O	O	O			R. Williams
Conduct	O	O	O	O			
GENERAL SCIENCE	C+	B	B	B+			
Effort	S	S	S	S+			
Conduct	O	O	O	O			David E. Ramos 182
SPELLING	C-	C-	C-	D+			
Effort	U	S-	S	U			
Conduct	U	S	S	S			D. Richardson
PENMANSHIP	C-	C-	C-	C-			D. Richardson
STUDY Effort	S-	S	S	S-			D. Richardson
Conduct	S-	S	S	S-			
MUSIC, Vocal							
MUSIC, Instrumental							
ELECTIVE							
PHYSICAL EDUCATION	S	S	S+	S+			
Effort	S	O	O	O			
Conduct	O	O	O	O			H. Weinberg
CONDUCT OUTSIDE OF CLASS	A	A	A	A			D. Richardson
Number of days absent			2				
Number of times tardy							

Promptness and regular attendance are necessary for successful school work. Each absence, however short, may interfere with the pupil's progress. A written excuse is required from a parent or guardian stating the reason for each absence.

ASSIGNMENT FOR NEXT YEAR All room assignments are final. Please do not request changes.

GRADE 8 ROOM 120 DATE 6/12/59 Present Teacher's Signature D. Richardson

8학년 성적표. 7학년 때 철자 시험을 거부한 탓에 철자법(spelling) 성적이 엉망이다
(그러니 댁의 자녀가 이와 비슷한 성적표를 들고 오더라도 희망을 가지기 바란다).

● 베트남 전쟁 중인 1968년에 다낭 외곽에 있는 고아원에서 환자를 돌보는 모습이다.
이곳은 피부 감염이 흔했다.

●● 1976년에 UCSD에서 박사 학위를 새로 딴 뒤 나의 멘토인 고(故) 네이선 O. 캐플런과
아내 바버라와 함께 찍은 사진.

- 이혼한 뒤, 버펄로 의과대학 근처의 낡은 연립 주택에서 아들 크리스토퍼의 세 번째 생일을
  축하하는 모습(1980년).
- ●● 국립보건원 연구실 동료들. 수용체 생화학에서 분자생물학으로 방향을 전환했으나
  아직 유전체학을 시작하기는 전이었다.

● 인간 게놈을 해독했다는 발표를 하기 전 백악관에서 아리스티데스 파트리노스, 프랜시스 콜린스와 함께
  찍은 사진. 내가 표지에 실린 〈타임〉 지를 이날 처음 보았다.
●● 2000년 6월 26일, 백악관 이스트 룸에서 인간 게놈을 발표하는 장면.
  사진 오른쪽에 클린턴 대통령이 보인다.

- 백악관 발표 뒤 워싱턴 힐튼 호텔 기자 회견장의 북적대는 회의실에서 셀레라 게놈 팀 주요 팀원인 유진 마이어스, 마크 애덤스와 내가 빗발치는 질문에 대답하고 있는 모습.
- ● 인간 게놈 기자 회견장은 과학자가 주최한 행사로는 이례적으로 수백 명이 빽빽이 들어찼다.

● 우리 팀이 인간 게놈을 분석한 논문이 실린
  〈사이언스〉 표지. 지금도 이 표지를 보면 가슴 뭉클한
  느낌이 든다. (2001년 2월 16일 〈사이언스〉 291호 5507번 논문)
●● '마법사 2세' 호 탐사 도중 코스타리카 코코스 제도
   근처 바다 위에서 평화로운 한때를 보내고 있는 모습.

이미 혁명은 시작되었다

2000년 6월, 백악관에서는 클린턴 미국 대통령의 주재로 HGP 컨소시엄의 프랜시스 콜린스 박사와 셀레라 지노믹스의 크레이그 벤터 박사가 인간 유전체 계획 초안을 공동 발표했다. 이로써 인류는 자신의 유전자 설계도를 거머쥐게 되었다. 이는 1990년 10월에 시작된 11년 동안의 대장정 끝에 이루어낸 쾌거였으며, 인류의 가장 중요한 과학기술 업적 가운데 하나로 기록될 역사적 사건이었다. 생명의 '성배'가 드디어 그 전설적인 실체를 드러내고, 인간의 수명 연장과 질병 정복의 꿈이 시작되며, 개인별 맞춤의학 시대가 열리는 순간이었기 때문이다.

성배 원정대의 역사는 18세기로 거슬러 올라간다. 그 첫 번째 모험가는 C. 린네로, 그는 '종'과 '속'의 개념을 도입해 생물의 계통을 분류해낸 최초의 인물이었다. 그의 목적은 신이 만든 생명 질서를 체계적으로 분류해 그 존재를 증명하려는 것이었다. 약 1세기 후에는 찰스 다윈이 등장했다. 그의 《종의 기원》은 린네와는 달리 종들 사이의 연계성과 진화론을 주창해 당시의 종교적 세계관에 입각한 과학계에 큰 파문을 일으켰다. 뒤이어 멘델은 세대 간의 유전 현상에서 일어나는 일정한 법칙을 발견해서 체계화했다. 이들은 각각 연구 목적도 달랐고, 유전자와 염색체의 개념도 알지 못했으며, 정작 자신들은 몰랐지만 생명의 비밀이 담긴 성배를 찾아 나선 제1세대의 모험가들이었다.

제2세대 성배 원정대를 결성한 모험가들은 DNA의 구조를 완성한 왓슨과 크릭이었다. 이들은 1953년에 염기쌍이 두 가닥의 나선으로 배열된 DNA의 구조를 밝힘으로써 DNA의 복제와 돌연변이 현상을 분자 수준에서 합리적으로 설명할 수 있게 되었고, 이로써 노벨상을 수상함과 동시에 분자생물학 분야를 열었다. 이후 DNA의 염기서열을 분석하는 다양한 방법이 개발되었고, 이와 함께 생명 현상과 유전자에 의한 생로병사의 오묘한 진리가 속속 드러나게 되었다.

이러한 역사적 맥락 속에서 등장한 인물이 바로 제3세대 성배 원정대를 이끌고 있는 크레이그 벤터였다. 그는 유전자 전문 연구 기업인 셀레라의 수장이었다. 그의 경쟁 상대는 30억 달러 규모의 공공 자금이 투입된 연합 원정대, 공공 컨소시엄 인간게놈프로젝트(HGP)였다. 이들 두 조직은 인간의 염기서열 분석을 두고 사활을 건 세기의 경쟁을 벌였다. 그리고 9개월 만에 백악관의 중재를 통해 인간게놈지도 초안의 완성을 공동 발표했다.

이 공동 발표의 또 다른 실제적 의미는, 마침내 미국 국립보건원과 영국 웰컴 트러스트 재단이 지원하는 다국적 컨소시엄과 민간 개인 기업인 셀레라의 명예를 건 처절한 세기의 경주가 끝났다는 것이었다. 또한 프랜시스 콜린스, 존 설스턴(생어 센터), 제임스 왓슨의 연합팀과 크레이그 벤터 사이에 벌어졌던 격렬한 경쟁이 무승부로 끝나는 순간이었다. 이것은 벤터에게 그리 나쁘지만은 않은 결말이었다.

크레이그 벤터. 그는 전형적인 학자의 삶과는 상당히 다른 삶을 살아왔다. 공개된 벤터의 DNA 속에는 '모험과 성취욕'이 특별히 강화된 유전자가 존재할 것이다. 경쟁을 즐기고 그 끝에는 반드시 이겨야 하는 승리의 유전자도 발견할 수 있을 것이다. 그는 저널리즘 매체들을 잘 다루고 적절히 이용할 줄 알며, 대중들에게 주목받기 위해 계산된 튀는(?) 행동도 마다하지 않는다. 또한 자만심에 가득 찬 태도로 학계의 거대한 적들과 충돌을 일으키고 이를 즐기며 기존 제도를 송두리째 무시하기도 한다. 이러한 벤터의 행동이 학계와 그의 주변에서 종종 심한 갈등을 야기한 것은 사실이지만, 그렇다고 반드시 부정적인 측면만 있었던 것은 아니다.

그는 인간의 유전자 분석을 통해 성배에 더욱 가까이 다가갔을 뿐만 아니라 성배의 주변을 둘러싸고 있는 황금의 엘도라도를 발견했다. 상아탑 중심의 기존 게놈 연구에 민간 기업의 자본과 효율성을 도입해 속도와 생산성을 높였으며, 유전자 관련 특허권을 중심으로 생명과학의 상업적 가치를 창출했다. 다시 말해서, 유전자 정보를 상품화해 시장에 내다 판 장본인으로서 성공을 거두고 백만장자의 반열에 올랐다.

그는 거대과학이자 새로운 학문인 게놈학에서 가장 필요한 것이 무엇인지, 또 그 미래가 어떻게 전개될지 가장 잘 아는 사람이었다. 즉 유전체학이 대학 소규모 실험실의 수공업식 연구 관행에서 벗어난 최첨단 자동화 설비와 정보처리를 위한 대용량 컴퓨터가 필요한 거대과학이라는 사실을 잘 알고 있었다. 그는 이를 위해 주변을 설득해서 공공 연구비를 조달하려고 애썼다. 그러나 그것이 여의치 않다고 판단했을 때에는 과감히 전략을 바꿨다. 그는 이윤을 추구하는 사기업 쪽으로 방향을 선회했고, 특허를 무기로 상당한 지원을 받아냈던 것이다.

자유분방한 가정에서 모험과 도전을 즐기며 어린 시절을 보낸 벤터는 과학자로서 성공할 수 있었던 가장 큰 이유로 제도권 교육의 영향을 적게 받았다는 점을 들었다. 그의 학교생활은 반항의 연속이었으며, 걸핏하면 근신이나 정학을 받았다. 이는 형의 그늘에 가린 둘째아이의 전형적인 특징이기도 했다. 그러던 그가 학교 대표 수영선수로 활동하며 맛본 승리감은 그의 일생에 매우 중요한 사건으로 작용했다. 이때의 경험은 향후 그가 일을 추진하는 태도에도 매우 큰 영향을 주었다. 그가 기존의 관습과 제도에 맞서 대규모 연구 사업을 성공으로 이끌 수 있었던 것은 타고난 모험심과 후천적으로 형성된 성취욕 때문이기도 했다.

고등학교를 마친 뒤 의무병으로 참전했던 베트남전 역시 그의 삶을 크게 바꾸어놓았다. 죽음의 학교인 전장에서, 그는 방황하는 젊은이에서 벗어나 생명을 향한 긍정적인 목표를 세우게 되었다. 귀국해서는 대학에 들어가 분자생물학으로 박사 학위를 취득했다. 아드레날린 수용체 연구를 통해 분자생물학자로서의 탄탄한 수련을 마친 그는 뉴욕 주립대학교에 조교수로 부임해 생명 연구자로서의 삶을 시작했다. 이후 국립보건원으로 자리를 옮긴 그는 유전체 연구를 통한 유전자 분석을 본격적으로 시도했다. 그리고 1990년대 초반에는 시드니 브레너가 처음 주장한 방법인, 발현된 유전자 단편들인 EST(Expressed Sequence Tags)를 사용한 기술로 빠른 유전자 분석에 성공했다.

이 방법은 유전자 전체를 분석하기 전에 중요한 부위만 골라 분석하는 것으로, 일종의 편법이었다. 이 방법은 언젠가는 전 유전체서열을 분석해야 하는 HGP 컨소시엄의 입장에서는 절대로 채택할 수 없는 전략이었다. 그러나 전 유전체 분석의 지지부진함을 도저히 참을 수 없었던 벤터는 EST를 통해 중요한 부위의 일부씩만 서열을 분석했고, 이에 대한 사전 특허를 통해 새로운 유전자의 권리를 확보하고자 했다. 이러한 벤터의 행동에 대해 공공 컨소시엄 소속 연구자들은 분노를 터뜨렸다. 그들은 벤터가 공공성이 충만해야 할 숭고한 유전자 연구에 천박한 상업성의 불을 지폈다고 비난했다.

이에 아랑곳하지 않고, 벤터는 cDNA 전략으로 새로운 유전자들에 대한 보물 사냥에 나섰다. 그는 1991년에 337개의 유전자에 대해 특허를 출원했고, 1992년에는 2,421종류의 서열에 대해 특허를 신청했다. 이에 왓슨은 기능을 전혀 모르는 서열만으로 유전자 특허를 신청하는 행위는 후일 다른 연구자에 의해 기능이 밝혀졌을 때를 대비해 경제적 우선권을 선점하려는 상업주의에 눈이 먼 작태라며 강력히 비난했다. 후일 이 부분에 대한 유전자의 특허권 규정은 왓슨의 바람대로 개정되었고, 오늘날 그가 우려했던 특허 만능주의로 발전하지는 않게 되었다.

이 사건이 빌미가 되어 왓슨은 1992년에 컨소시엄 대표를 사임했다. 상업적인 벤처캐피탈의 지원을 받는 벤터와의 사이에도 커다란 간극이 생겼다. 한편 유전체의 각 부분마다 별도의 특허를 받을 수 있다는 사실을 터득한 벤터는 점점 더 상업적 가능성에 관심을 갖게 되었다. 이제 유전체 연구에서 속도를 중시하고 대용량 서열 분석을 시도하던 벤터에게 필요한 것은 기계화 군단이었다. 그는 후원사를 찾기 시작했고, 결국 벤처 투자가 윌리스 스타인버그를 만났다. 스타인버그는 7,000만 달러를 투자해 비영리 기관인 TIGR와 HGS를 설립했고, 벤터에게 TIGR를 맡겼다. 여기에 스미스클라인 비첨이 벤터의 새로운 유전자 목록의 사업 독점권료로 1억 2,500만 달러를 지원하면서 기업의 유전체 투자 러시가 촉발되었다.

EST 방법으로 유전체 연구의 상업성을 보여준 벤터는 TIGR를 통해 또 다른 시도를 하기 시작했다. 다국적 연합 컨소시엄의 인간 유전체 전체 서열 분석에 정식으로 도전장을 낸 것이다. 다국적 컨소시엄이 인간 유전체 지도를 작성하고 DNA 단편들의 서열 분석으로 각 단편끼리의 순서를 정해나가는 데 비해, 벤터는 처음부터 지도를 작성하지 않고 바로 유전체 전체를 분석하는 '무차별사격(whole genome shotgun; WGS)' 방식을 택했다. 그는 이 대담하게 단순하고 일견 무식해 보이기까지 한 방법으로 세계 최초로 생명체의 전 유전체 분석에 성공했다. 박테리아의 일종인 하이모필루스 인플루엔자이의 전체 유전자 서열을 알아낸 것이었다.

그러나 인간의 유전체는 반복 염기서열을 갖고 있기 때문에 이런 단순한 WGS 방법이 적용될 수 있을지는 아무도 몰랐다. 1998년, 벤터는 전자동 서열분석기 300대와 고성능 컴퓨터를 이용해 인간 유전체 분석에 WGS 방법을 써보지 않겠느냐는 제안을 받았다. 전자동 서열분석기 제작사인 어플라이드 바이오시스템스의 토니 화이트 회장은 3억 달러를 지원하기로 약속했다. 기계 제작사에서 모든 설비와 비용을 지원하고 회사를 설립하자는 파격적인 제안이었다. 셀레라 지노믹스는 이렇게 해서 만들어졌다. 그 이름에서부터 알 수 있듯이 이 회사의 좌우명은 '속도가 중요하다. 발견은 기다려주지 않는다'였다.

1998년부터 2000년까지 2년간 벤터의 셀레라와 공공 컨소시엄의 지도자들은 서로 반목하고 비난하는 심각한 갈등 관계에 놓이게 되었다. 누가 생명의 성배를 먼저 차지할 것인가를 놓고 윤리성을 앞세워 기득권을 지키려는 다국적 HGP 컨소시엄과 누구의 지원이든 가리지 않고 모든 노력을 한 곳에 집중하며 새로운 기술과 장비에서 우위를 확보한 벤터의 민간 원정대 사이의 갈등이 첨예하게 대립한 것이다. 학자적 양심을 중시하는 다국적 연합 원정대는 벤터가 인류 공통의 재산을 사욕에 쓰려 한다며 비난을 퍼부었다. 벤터의 생각은 성배를 찾아내는 일이 가장 중요하며, 따라서 최신 장비와 빠른 결정으로 경쟁에서 이기고 보겠다는 것이었다. 이처럼 공공적 연합 원정대와 상업적 민간 원정대 사이에는 애당초 절대로 타협할 수 없는 분명한 선이 그어져 있었다.

다국적 컨소시엄은 이미 명망 높은 세계적 학자들로 채워져 있었다. 민간 원정대에서는 모험심과 성취욕에서 누구도 당할 자가 없는 벤터가 탁월한 영도력을 발휘하고 있었다. 이론상으로는 명분과 숫자에서 우세한 다국적 연합 원정대가 유리할 듯이 보였다. 그러나 현실에서는 민간 원정대의 확실한 우위가 나타나기 시작했다. 일반 대중과 저널리즘은 인간 유전체 분석의 경주를 부채질하며 재미있어했다. 유전체 자체에 회의적이었던 대부분의 학자들은 성배를 찾아가는 이들의 행보에 놀라워했다. 그들은 자신의 판단이 잘못되었을지도 모른다는 생각을 하기 시작했지만, 결국 유전체 계획은 실패할 것이라는 신념을 끝내 버리려 들지 않았다.

절대로 패배할 수 없는 두 원정대의 입장이 고려된 것이었을까? 정치가 개입되면서 이 경주의 결말은 매우 이상한 모양새로 정리되었다. 두 원정대가 동시에 초안 결과를 발표하는 것으로 합의가 된 것이다. 양측의 무승부가 선언되면서 인류의 새로운 게놈 시대가 선포되었다. 벤터에게는 거대한 다국적 연합 원정대와 경쟁해서 당당하게 인정을 받는 계기가 마련된 셈이었다. 최소한 인류 최초의 영원한 생명의 성배를 찾아 나선 경쟁에서 민간 원정대를 이끈 성공한 연구자로서 기억될 것이기 때문이었다.

이 세기의 경주를 끝내면서, 벤터는 그동안 느꼈던 심정을 솔직하게 이야기하고 있다. "이 책은 불가능해 보이는 목표와 원대한 이상에 대한 이야기다. 여기에는 피 말리는 경쟁과 사나운 말다툼이 난무한다. 생물학의 대가들 사이에 벌어지는 '자아의 충돌'도 등장한다. 나는 소규모의 (하지만) 헌신적인 연구진과 컴퓨터, 로봇으로 이루어진 군대를 이끌고 불가능해 보이는 목표를 달성했다. 이때의 희열은 말로 표현할 수 없다. 노벨상 수상자와 정부 고위 관료, 동료, 심지어 아내까지 등을 돌렸을 때는 절망의 나락에 빠지기도 했다. 지금까지 쓰라린 기억으로 남아 있는 것도 있다. 하지만 이들에 대한 크나큰 존경심은 변함이 없다. 내 적들은 명예를 잃지 않았다. 우리의 싸움은 이데올로기와 윤리에 대한 것이었기 때문이다. 모두 자신의 입장이 옳다고 굳게 믿었다."

내가 벤터를 처음 만난 것은 1999년 12월 10일이었다. 〈조선일보〉의 신년 특집기사 'BT산업과 21세기'를 위해 주미 특파원이던 주용중 기자, 셀레라의 본사인 AB사의 한국인 지사장 박인기 씨와 함께 그를 만나 좌담을 했다. 나는 유전체 분석의 대경주가 시작된 것을 알고 있었고, 자동화 설비에서 앞서 나가던 셀레라의 벤터 박사의 행보를 주시하던 중이었다. 그를 만났을 때는 셀레라와 HGP 컨소시엄이 인간 유전체 분석을 놓고 생사를 건 경쟁에 몰두하던 시기였다.

짧은 만남 속에서도 그는 깊은 인상을 남겼다. 몸에 밴 진취성과 승부욕이 말투와 제스처에 세련되게 배어나오고 있었다. 탁월한 혜안과 여유 있는 농담은 자칫 무거울 수도 있는 좌담을 유쾌한 분위기로 만들었다. 그는 생명과학의 비전을 명쾌하고 진솔하게 쏟아냈다. 이후 그와의 교류가 몇 차례 지속적으로 이어졌다. 셀레라와 유사한 업체를 만들어 운영하고 있는 나로서는 그의 행적을 예의주시하지 않을 수 없었다. 그리고 이번에 그의 자서전이 한국에서 출간된다는 반가운 소식을 들었다.

이 책은 비교적 많은 문제에 대해 솔직하게 기술되어 있다. 따라서 이미 출판된 공공 컨소시엄 쪽의 책들과 비교해 읽으면서 실제 사실을 유추해 보는 재미도 있다. 그뿐만 아니라 벤터를 압박해온 또 다른 그룹, 상업성을 앞세운 투자자 그룹과의 반목에 관한 많은 부분이 이 책을 통해 새롭게 드러났다. 특히 2002년 셀레라에서 해임되는 과정과 토니 화이트와의 불화는 천하의 벤터도 제한된 범위에서만 자신의 과감성을 나타낼 수밖에 없었음을 보여주는 사건이다. 이제 그가 자신의 연구소에서 인공생명을 주제로 또 한 번의 극적인 도약을 보여줄 수 있을지 기다려보는 것도 흥미로운 일일 것이다.

벤터의 자서전 출간을 계기로 더욱 많은 사람들이 생명과학에 관심을 갖게 되기를 바란다. 이미 2007년부터 제2차 유전체 혁명이 시작되었기 때문이다. 이는 개인 간의 유전체 차이를 알아내 질병 예측에 사용하려는 2단계 계획의 실행이다. 2025년까지, 유전체 연구는 개인별로 계속될 것이며, 아마도 소비자 유전체학(consumer genomics)으로 발전할 것이다. 앞으로 5년 후면 개인 유전체 분석이 1,000달러로 가능하게 될 것이고, 유전체의학 혁명도 본격적으로 시작될 것이다.

마지막으로, 국내에 널리 퍼져 있는 설익은 '유전체 연구 무용론'이 자취를 감추었으면 하는 바람이다. 벤터의 비전과 모험심이 고정관념을 무너뜨리고 거대한 산업을 일으켰듯이, 우리나라의 유전체 연구도 선진국을 넘어 세계적으로 우뚝 서서 인류 사회에 공헌할 수 있기를 진심으로 바란다.

서정선(서울의대 교수, 유전체의학연구소 소장)

불가능해 보이는 목표와
원대한 이상에 대한 이야기

DNA는 느끼지도, 생각하지도 않는다. 그저 존재할 뿐이다.
그리고 우리는 그 음악에 맞추어 춤을 춘다.

리처드 도킨스 Richard Dawkins

DNA는 작곡가다. 우리의 세포와 환경은 이 악보에 맞추어 오케스트라를 연주한다.

J. 크레이크 벤터 J. Craig Venter

　자서전은 언론에서 좋은 평가를 받은 적이 별로 없다. 소설가 다프네 뒤 모리에 Daphne du Maurier는 자서전이란 모두 자기도취에 지나지 않는다고 말했다. 자서전에서 알 수 있는 저자의 단점은 기억력이 나쁘다는 것뿐이라며 비꼬는 이들도 있다. 조지 오웰은 자서전이 믿을 만한 때는 "치부를 드러낼 때"뿐이라고 생각했다. 이유는 이렇다. "자기를 칭찬하는 사람은 거짓말을 하고 있는 것이다." 영화 제작자인 새뮤얼 골드윈 Samuel Goldwyn은 이런 결론에 도달했다. "자서전은 살아생전에 써서는 안 된다."

　나는 역사상 가장 위대하고 흥미진진하며 (언젠가는) 인류에게 유익할 과학적 사건에 몸담았다. 그러니 내 삶이 이야깃거리가 될 수 있다고 생각한다. 정치적 · 경제적 · 과학적으로 논란의 중심에 섰기에 더욱 그렇다. 하지만 사람의 기억은 쉽게 조작할 수 있다는 연구 결과 또한 잘 알고 있기에 내 이야기에 드러난 측면만이 진실이라고 말할 수는 없다. 이 책은 우연한 사건과 수많은 사람들, 내 삶에 영향을 미친 경험들에 기대고 있다. 이 책은 60억 개의 염기쌍으로 이루어진 저자의 유전부호를 부록으로 갖춘 첫 전기다. 따라서 DNA를 바탕으로 크레이그 벤터라는 인물을 재해석하는 일은 내가 죽은 후에도 오랫동안 계속될 것이다. 내 삶의 완전한 해석은 독자와 역사에 맡길 수밖에 없다.

이 책은 불가능해 보이는 목표와 원대한 이상에 대한 이야기다. 여기에는 피 말리는 경쟁과 사나운 말다툼이 난무한다. 생물학의 대가들 사이에 벌어지는 '자아의 충돌'도 등장한다. 나는 소규모의 (하지만) 헌신적인 연구진과 컴퓨터, 로봇으로 이루어진 군대를 이끌고 불가능해 보이는 목표를 달성했다. 이때의 희열은 말로 표현할 수 없다. 노벨상 수상자와 정부 고위 관료, 동료, 심지어 아내까지 등을 돌렸을 때는 절망의 나락에 빠지기도 했다. 지금까지 쓰라린 기억으로 남아 있는 것도 있다. 하지만 이들에 대한 크나큰 존경심은 변함이 없다. 내 적들은 명예를 잃지 않았다. 우리의 싸움은 이데올로기와 윤리에 대한 것이었기 때문이다. 모두 자신의 입장이 옳다고 굳게 믿었다.

이 책이 독자에게 순수한 과학적 흥미뿐 아니라 영감을 주기 바란다. 내 어린 시절은 다른 이들에게 본보기로 내세울 게 없다. 십대 때 나를 알았던 이들 가운데 내가 과학자의 길을 걷고 중요한 발견을 해내리라고 생각한 사람은 한 명도 없었다. 아무도 내 삶의 궤적을 내다보지 못했다. 대규모 연구 사업을 이끌 거라 생각한 사람도 없었다. 내가 치열한 설전에 휘말리게 되리라 예상하지도 못했을 것이다. 기존 제도와 관습을 무너뜨릴 것이라고는 꿈에도 생각지 못했으리라.

내가 자신에게서 발견한 가장 중요한 덕목은 삶을 파악하고 이해하려는 의지이다. 나는 일찍부터 이 의지를 잘 활용했다. 나를 이끄는 원동력은 과학적 호기심만이 아니다. 여러 해 동안 나는 우리를 베트남 전쟁에 몰아넣은 정부 때문에 죽거나 불구가 된 이들의 삶에서 의미를 찾으려 애썼다. 잠시 내 손을 거쳐 간 두 병사의 죽음을 이해하는 일은 힘겨웠다. 한 사람은 중상으로 살아날 가망이 없던 18세의 젊은이였고, 또 한 사람은 죽을 이유가 없었으나 삶의 끈을 놓아버린 35세의 가장이었다.

수십 년이 흐른 뒤 되돌아보니 그때의 경험은 삶의 본질을 이해하는 데 필수적인 요소였다. 두 병사가 죽음을 대하는 태도는 내 머리에서 지워지지 않았다. 나는 인간의 정신이 얼마나 위대한가를 눈으로 확인했다. 정신력은 어떤 약보다 강력하다. 인간의 몸이 작동하는 방식은 아직도 많은 부분이 수수께끼로 남아 있다. 그 가운데서도 가장 신비로운 것은 정신이 어떻게 육체에 영향을 미치는가이다. 베트남에서 복무하는 짧은 기간 동안, 이런 근본적인 질문에 맞닥뜨린 나는 반항아에서 벗어나 전혀 새로운 분야에 삶을 걸었다. 나는 전문대학을 거쳐 대학에 편입해 박사 학위를 받았고, 과학자가 되었다. 처음에는 아드레날린 반응을 조절하는 단백질 분자를 연구했다. 그러다 DNA 부호를 읽는 수단을 얻기 위해 분자생물학으로 전향했다. 단백질 분자의 구조를 결정하는 것이 바로 DNA 부호이기 때문이다. 나는 결국 생명체 내의 명령인 유전부호를 연구하게 되었다. 단백질은 이 유전부호를 가지고 세포를 만든다. 생명의 암호를 언뜻 보고 나니 더 알고 싶은 욕구가 생겼다. 더 큰 그림을 보고 싶었다. 생명체 속에 들어 있는 전체 유전자 집합, 우리가 게놈이라고 부르는 것 말이다.

나는 10년 가까이 연구에 매달린 끝에 새로운 기법을 개발하여 살아 있는 종의 전체 게놈을 최초로 해독했다. 이러한 도전은 결국 인간 게놈의 해독으로 이어졌다. 자신의 유전적 흔적을 살펴보고 자기 몸의 어떤 부위, 어떤 지점, 어떤 유전자가 인간의 생명뿐 아니라 유전과 환경의 복잡하고도 독특한 조화를 만들어내는가를 탐구하여 역사상 최초로 자신의 삶을 이해하는 것보다 더 보람 있는 일이 있을까.

내 DNA를 완전히 해독하는 데는 수십 년이 걸릴지도 모른다. 하지만 어렴풋하게나마 알아낸 것도 몇 가지 있다. 책 속의 상자 글에는 내 DNA 를 해독한 결과가 담겨 있다. 이를 통해, 불충분하나마 현재의 지식을 바탕으로 내 삶의 유전자가 어떤 의미를 지니고 있는지 밝혀낼 것이다. DNA 해석은 연구가 한참 진행 중인 분야이며 나의 운명에 아주 희미한 빛을 던져줄 뿐이다. 하지만 우리는 인류 역사상 전례 없이 매혹적인 순간을 맞이했다. 과거의 흔적으로 현재를 해명할 뿐 아니라 역사상 최초로 우리 앞에 어떤 미래가 펼쳐져 있는지 알아내기 시작했기 때문이다. 하지만 평생에 걸친 연구 끝에 발견한 가장 중요한 사실은 인간의 생명은, 아니 모든 생명은 DNA만으로는 설명할 수 없다는 것이다. 세포나 종이 살아가는 환경을 이해하지 못하면, 생명을 이해할 수 없다. 생명체의 환경은 유전부호만큼이나 고유한 조건이다.

많은 이들이 자서전을 쓰는 이유는 자신의 삶을 이해하기 위해서일 것이다. 우리가 저지른 잘못, 우리가 거둔 성공, 삶에서 경험한 극적인 순간을 곱씹는 것은 자연스러운 일이다. 이 책은 우리의 이러한 성향을 극명하게 보여준다. 60억 개의 염기쌍으로 이루어진 내 DNA가 자기 자신을 이해하려 애쓰듯이 말이다. 여기 사상 처음으로 자신의 DNA를 읽어내는 DNA 복제 기계(크레이그 벤터)가 있다. 이것은 새로운 기회다. 자신의 DNA를 해석하기 시작하면서 인간은 DNA를 초월할 수 있을 것이다. 어쩌면 이를 바꿀 수도 있으리라. 생명의 정의를 바꾸고 인공생명을 합성하게 될지도 모른다. 하지만 이것은 이번 책이 아닌 다음 책의 주제가 될 것이다.

A LIFE DECODED

· 제1부 ·

불안한 청춘

CHAPTER 01

내 삶의 유전자

(그러나) 인간은 온갖 고귀한 성품을 지니고 있지만 (……)
그의 몸 속에는 비천한 기원을 알려주는 지울 수 없는 흔적이 남아 있다.

▌ **찰스 다윈** Charles Darwin

▌ 마음껏 놀면서 모험을 즐긴 어린 시절

나의 어린 시절 기억 가운데 가장 생생한 것은 완전하고 절대적인 자유다. 요즘 엄마들은 아이의 일거수일투족을 관리한다. 항상 연락할 수 있도록 휴대전화를 사주는 것은 기본이다. GPS로 아이를 추적하거나 직장에서 웹캠으로 아이를 감시하려는 이들도 있다. 하지만 50년 전만 해도 아이들의 삶은 이렇게 꽉 짜여 있지 않았다. 감시당하는 일도 드물었다.

다행히 나는 자유분방한 분위기 속에서 자랐다. 어머니는 샌디에이고 오션 비치에 살던 어린 시절, 맨발로 절벽에 올라가기를 좋아했다. 아버지는 아이다 호 스네이크 강에서 낚시를 하며 자랐고, 여름이면 와이오밍에 있는 삼촌의 목장에서 일했다. 우리가 캘리포니아에 살 때 부모님이 어린 나에게 늘 하던 말은 "나가 놀아라"였다. 이런 자유방임 속에서 나는 내 안에 모험과 도전을 즐기는 성향이 있다는 사실을 발견했다. 나이를 먹은 지금까지도 이런 성향을 버리지 못했다. 지금도 마찬가지지만 당시에는 특히 경주를 좋아했다.

나는 집 근처 공항을 즐겨 찾았다. 활주로 옆, 키 큰 풀숲에 몸을 숨기고 비행기 프로펠러가 돌아가는 장면을 지켜보았다. DC-3 쌍발기가 가까이 다가오면 기대감에 몸이 달았다. 비행기가 이륙 위치에 서면 나도 몸을 잔뜩 웅크리고 출발 준비를 했다. 비행기와 경주를 하기 위해서. 알루미늄 동체에 박혀 번쩍거리는 리벳 개수를 셀 수 있을 만큼 비행기는 가까웠다. 드디어 엔진 2개가 굉음을 내기 시작하자 나도 일어서서 자전거에 올라탔다. 근육은 긴장으로 뻣뻣해졌다. 비행기는 캘리포니아의 푸른 하늘을 향해 동쪽으로 질주했다. 나는 머리를 잔뜩 숙였다. 심장이 마구 고동쳤다. 활주로를 따라 온몸의 체중을 페달에 실어 힘껏 달렸다.

우리는 샌프란시스코 남쪽으로 24킬로미터 떨어진 중하류층 거주지 밀브레이에 있는 9,000달러짜리 목조 주택에서 살았다. 공항이 들어선 간척지 바로 옆이었다. 인구 8,000명도 안 되는 이 소도시의 동쪽으로는 101번 국도가, 서쪽으로는 철도가 놓여 있었다. 북쪽과 남쪽의 목초지에서는 소들이 풀을 뜯었다. 하지만 공항이 확장됨에 따라 목가적인 풍경은 차츰 자취를 감추었다. 샌프란시스코 공항은 1955년에 샌프란시스코 국제공항으로 승격한 이후 거침없이 몸집을 불렸다. 우리 집 위를 날아다니던 터보 프로펠러 항공기의 소음은 고막을 찢을 듯한 제트기의 굉음으로 바뀌었다.

내가 어릴 때만 해도 샌프란시스코 공항은 지금과 딴판이었다. 경비원도, 카메라도, 철조망도 없었다. 주 활주로와 도로 사이에는 배수로와 작은 개울뿐이었다. 나는 친구들과 함께 내리막을 내달려 개울을 건너서는 반대편으로 올라갔다. 처음에는 풀숲에 앉아 비행기가 활주로를 달려 이륙하는 장면을 넋을 잃고 구경했다. '커다란 새'가 활주로 위를 느릿느릿 움직이는 모습은 경이로웠다. 누구 머리에서 나온 생각인지는 기억나지 않지만, 어느 날 우리는 자전거로 비행기를 앞지르겠노라 마음먹었다. 우리는 비행기가 이륙 활주를 시작할 때까지 기다렸다가 자전거에 올라타서는 힘닿는 데까지 내달렸다. 잠깐이나마 비행기를 제치는 환희의 순간도 있었다. 하지만 비행기는 이내 속력을 올려 우리를 앞질렀다.

요즘 나는 샌프란시스코 국제공항을 드나드는 일이 잦다. 동서로 뻗은 활주로에 비행기가 올라설 때마다 어린 시절이 떠오른다. 꼬마 녀석들이 비행기 옆에서 미친 듯이 페달을 밟아댈 때 조종사의 심정이 어땠을지 헤아리고도 남는다. 승객들도 창밖을 내다보았는데, 어떤 이는 손을 흔들었고 어떤 이는 입을 쩍 벌렸으며 어떤 이는 어안이 벙벙한 표정이었다. 조종사들 가운데는 우리에게 주먹을 쥐고 흔들어 보이는 이들도 있었고, 관제탑에 신고하는 사람도 있었다. 그러면 공항 경찰이 출동했다. 하지만 활주로는 터미널에서 멀리 떨어져 있었기 때문에 우리는 개울을 건너 유유히 빠져나갔다. 그러던 어느 날 공항을 찾아가보니 더는 경주를 할 수 없게 되어 있었다. 활주로 옆에 울타리를 새로 쳐놓은 것이다.

어린 시절, 하루하루는 놀이와 탐험의 연속이었다. 이때의 경험은 학교에서 배운 것보다 내게 더 큰 영향을 미쳤다. 그 영향은 DNA에 비길 수 있을 정도다. 내가 과학자로 성공할 수 있었던 이유 가운데 하나는 타고난 호기심이 교육 제도에 압사당하지 않았기 때문이다. 덩치는 크지만 느릿느릿한 비행기를 따라잡으려던 시절부터, 나는 경쟁이 단기간의 희열뿐 아니라 장기적인 유익도 가져다준다는 사실을 깨달았다. 요즘도 나는 활주로를 둘러친 울타리를 볼 때마다 공항 보안에 일조했다는 자부심이 든다.

• 나의 DNA, 나의 삶 •

나의 유전적 자서전은 온몸에 쓰여 있다. (정자와 적혈구를 제외하고도) 100조 개나
되는 세포 하나하나는 46개의 염색체 속에 DNA를 담고 있다. 이 숫자는 인간에게
고유하며 별다른 의미는 없다. 침팬지, 고릴라, 오랑우탄은 염색체가 48개다. (1955
년에 한 끈질긴 과학자가 염색체 개수를 일일이 세어보기 전에는 인간의 염색체도
48개인 줄 알았다.) 염색체 위에는 2만 3,000개의 유전자가 자리를 잡고 있다. 예전
에 생각했던 것보다 훨씬 적은 개수다. 유전자가 특별한 규칙에 따라 배열된 것 같지
는 않다. 비슷한 역할을 하는 유전자가 모여 있는 것도 아니다.

유전자 부호는 일렬로 늘어선 문자 3개로 이루어진다. 이 부호에 따라 만들어지는
특정 아미노산은 다른 아미노산과 결합하여 단백질을 형성한다. 단백질은 세포를 구
성하고 활동시키는 기본 단위 가운데 하나다. 세포는 23개밖에 되지 않는 아미노산
재료를 갖가지 방법으로 조립하여 머리칼의 케라틴이나 적혈구의 헤모글로빈 같은
단백질을 만들어낸다. 단백질은 인슐린 같은 신호를 내보내기도 하고, 시각색소 단백
질visual pigment · 신경전달물질neurotransmitter 수용체 · 미각 수용체 · 후각 수
용체처럼 신호를 받아들이기도 한다. 이들은 모두 구조가 비슷하다. 심장이나 뇌를
만드는 염색체가 따로 있는 것은 아니다.

모든 세포에는 어떤 신체 기관이든 만들 수 있는 전체 유전 정보가 들어 있다. 다만,
그렇게 하지 않을 뿐이다. 우리는 배아에 들어 있는 만능 세포인 줄기세포가 어떤 식
으로 다양한 유전자 조합을 이용해 신경 세포나 근육 세포 같은 200여 종의 특수
세포를 만들고, 이로부터 뇌와 심장 같은 기관을 만드는지를 이제야 이해하기 시작
했을 뿐이다. 하지만 한 가지는 분명하다. 크레이그 벤터라는 인물을 만들어낸 것은
DNA에 들어 있는 문자(염기서열)의 순서라는 사실이다(이 순서는 DNA보다 더 이전
에 생겨난 유전 분자인 RNA(리보핵산, ribonucleic acid)를 통해 세포에서 온갖 작
용을 수행한다).

나의 몸을 이루는 인간 게놈이 처음 기록된 것은 1946년 솔트레이크시티 유타 대학교의 기혼자 기숙사에서였다. 부모님은 군에서 쓰던 허름한 기숙사에서 형과 함께 살고 있었는데 두 분 다 막사에서 사는 데 익숙했다. 제2차 세계대전 때 태평양 양편에서 해병대로 복무했기 때문이다. 두 분이 처음 만난 곳은 캘리포니아 펜들턴 부대였는데, 조부모님과 가까이 살기 위해 솔트레이크시티로 옮겨왔다. 친할머니는 독실한 모르몬교 신자였지만 할아버지는 신앙심이 전혀 없었다.

어떤 이는 우리 집에 찾아왔다가 할아버지 손에 이끌려 오랜 친구 '말콤'을 만나러 차고에 들어갔던 일을 떠올렸다. '말콤'은 스카치 위스키였다. 할아버지는 아버지가 모르몬교 성전에서 결혼하는 것을 허락하지 않았기 때문에, 할머니는 할아버지가 돌아가신 후에야 아들의 결혼식을 치렀다. 할아버지 자리에는 외사촌할아버지가 앉았다.

할아버지의 뒤를 이어 아버지도 파문되었는데, 나는 커피와 담배 때문인 줄만 알았다. 하지만 지금 생각해보니 모르몬교의 십일조 제도를 거부했기 때문인 듯싶다. 아버지 역시 신앙심이 깊지 않았기 때문에 파문을 당해도 신경 쓰지 않았다. 다만 어머니가 충격을 받을까봐 걱정했을 뿐이다. 그 후 할머니의 장례식장에서 모르몬교에 대한 아버지의 반감은 더욱 커졌다. 가족이 아니라 교회가 장례 절차를 주관하는 것 때문에 교회 관계자와 언쟁을 벌였기 때문이다.

나는 1946년 10월 14일에 태어났다. 아버지는 제대군인 장학금으로 회계학을 공부하고 있었는데, 어머니와 14개월 된 형 게리를 먹여 살리기도 빠듯한 살림이었다. 내가 태어나자 아버지는 형편이 더 어려워졌다며 나를 짐으로 여긴 듯하다. 어머니의 말에 따르면 형제 가운데 내가 아버지와 가장 많이 닮았다. 하지만 우리 사이는 전혀 가깝지 않았다.

어머니는 부동산 중개업을 하기도 했다. 당시에는 하층 계급 여자들만 일을 했기 때문에 아버지는 어머니가 일하는 것을 싫어했다. 어머니는 너

• Y염색체 때문에 •

나의 게놈에는 어머니, 분만 의사, 내가 세상에 태어난 이후 나를 만난 모든 이들이 알고 있는 중요한 특징이 하나 있다. 노벨상을 받은 유전학자나 게놈 전문가, 염기서열 분석의 대가는 말할 것도 없다. 여성은 X염색체가 2개지만 나는 X염색체와 Y염색체가 하나씩 있다는 사실이다. X염색체와 Y염색체는 상염색체와 구분해 성염색체라는 이름이 있다.

Y염색체에는 남자를 남자답게 만들어주는 형질이 담겨 있다. 특히 SRY(Sexdeter-mining Region of the Y, Y염색체의 성 결정 유전자)의 역할이 크다. SRY는 길이가 1만 4,000염기쌍base pair밖에 되지 않지만 엄청난 능력을 지니고 있다. 이 능력이 처음 입증된 것은 영국 연구진이 '랜디'라는 암컷 생쥐를 수컷으로 성전환했을 때다. 수컷을 만드는 이 유전자는 다른 유전자와 비교하면 보잘것없다. 인체를 구성하는 유전자는 2만 3,000개가 넘지만 이 가운데 Y염색체 위에 있는 것은 1,000분의 1인 25개밖에 되지 않는다. 하지만 이 작은 유전자 집단이 미치는 영향은 결정적이다. Y염색체의 저주를 받은 이들은 시작부터 고달프며 시간이 갈수록 괴로움은 더해만 간다. 지구상에서 가장 오래 사는 개체를 찾아보라. 대부분 Y염색체가 없다. 수정에서 사망에 이르기까지, Y염색체를 지닌 개체는 X염색체 2개를 지닌 개체보다 수가 적으며 자살률·암 발병률·부자가 될 확률·머리숱이 적어질 확률이 모두 높아진다.

무 정직해서 탈이었다. 당신 마음에 들지 않는 집은 팔지 못했다. 어머니는 그림을 탈출구로 삼아 끊임없이 바다를 그렸다. 하지만 내게는 주부로서의 기억이 대부분이다. 아주 어릴 적, 어머니가 신문에서 할인 쿠폰을 오리고 싼 슈퍼마켓을 찾아 전전하던 생각이 난다. 근처에 낙농장이 많았지만 우리는 돈을 아끼려고 분유를 사다 먹었다.

여름 휴가철이면 캠핑을 하거나 샌디에이고의 외할머니 댁에 놀러 갔다. 이 도시는 이후에 내 삶에서 중요한 역할을 하게 된다. 마을 어른들이 모범생인 형을 입에 침이 마르도록 칭찬하던 소리가 아직도 귀에 생생하다. 형은 수학 천재였다. 이와 반대로 나는, 말을 듣지 않으면 소년원에 처넣겠다는 협박을 들으며 자랐다.

나를 성공으로 이끈 가장 중요한 성향은 두 살 때부터 드러났다. 바로 모험심이다. 나는 기억하지 못하지만, 사람들 말로는 내가 높은 곳에서 다이빙하기를 좋아했고, 다이빙 보드 위에 올라갔다가 물에 빠져 죽을 뻔한 적도 있다고 한다. ("벤터는 자기가 수영장 바닥에 닿을 때 물이 다 차도록 시간을 계산한다네.")[1] 내가 처음으로 물에 뛰어든 이후, 부모님은 나를 YMCA 수영 교실에 보냈다. 나는 만족했다. 수영은 내게 자신감을 길러주었다. 또한 베트남에서 목숨을 건지는 데도 한몫을 했다.

밀브레이에서 자랄 때는 내 핏속을 흐르는 모험심이 더 분명히 드러났다. 나는 기찻길에서 온갖 모험을 즐겼다. 기찻길은 우리 가족의 삶을 지배하고 있었다. 덜컹거리는 기차 소리가 밤낮으로 들려왔다. 기차는 머나먼 대도시 샌프란시스코로 아버지를 데려갔다가 저녁마다 다시 집으로 돌려보냈다. 우리는 기찻길의 '나쁜 쪽'에 살았다. 어머니가 장보러 나갈 때면 형과 나는 작고 빨간 손수레를 끌고 뒤를 따랐다. 기찻길을 넘어 장을 보고는 다시 기찻길을 넘어 집으로 돌아왔다.

기찻길은 (공항과 마찬가지로) 금지된 놀이터였다. 나는 형이랑 친구들과 어울려 기찻길 아래를 지나는 커다란 배수관 속에서 놀았다. 날마다 매시간 집 앞을 지나는 증기 기관차는 어린 소년의 눈에 엄청나게 힘세고 멋지고 흥미진진해 보였다. 기차가 속력을 줄여 밀브레이 역에 진입할 때면 기관사는 우리를 향해 기적을 울렸다. 우리가 동경하는 거대한 기계덩어리가 덜컹거리며 지나갈 때면 흥분이 온몸을 감쌌다.

우리는 기찻길 위에서도 놀았다. 귀를 레일에 대고 누가 더 오래 기차 소리를 듣고 있나 내기하기도 했다. 레일 위에 동전을 올려놓기도 했는데, 기차가 지나가면 동전은 납작하게 짜부라졌다. (얼마 전 밀브레이에 갔을 때 옛날처럼 동전을 올려보았다. 하지만 요즘 동전은 구리로 만들지 않기 때문에 짜부라지지 않고 레일에 자국을 남길 뿐이었다.) 일곱 살이 되자 장난도 더 대담해졌다. 우리는 화물칸 위로 뛰어오르기 시작했다. 말이야 쉽지만, 아무리 느리게 움직이는 열차라도 어린아이에게는 만만한 상대가 아니다. 때로는 승무원이 고함을 질러 우리를 쫓아내기도 했다.

이 무렵 아버지는 존F.포브스앤드컴퍼니에 출자 조합원으로 취직했다. 아버지는 일을 잘 했지만 정기적으로 출자 대금을 지불하느라 수입이 줄었다. 과중한 업무에 시달린 아버지는 집에 돌아오면 텔레비전을 보다 잠들었다. 하지만 열심히 돈을 모은 덕에 1953년에는 할아버지에게서 자동차를 살 수 있었고, 집도 넓은 곳으로 옮기게 되었다. 이제 내게도 여동생(수전 퍼트리스 벤터Suzanne Patrice Venter)과 남동생(키스 헨리 벤터Keith Henry Venter)이 생겼다. 우리는 기찻길 건너편 밀브레이 언덕으로 이사했는데 기찻길에서 훨씬 멀리 떨어져 있었다. 하지만 기찻길은 여전히 우리 가족의 삶 곁에 있었다. 어머니는 아침마다 아버지를 역까지 데려다주고 저녁마다 집으로 데리고 왔다. 이 짧은 통근 시간은 벤터 가족의 일상을 축소한 것과 마찬가지였다. 어머니는 내가 장난을 치고 말썽을 부린 것들을 아버지에게 시시콜콜 일러바쳤다. 형은 우리의 행동이 별반 다르지 않았다고 말한다. 내가 더 주목받고 싶어 했을 뿐이라는 것이다. "너는 그때도 악동 흉내를 내고 다녔지."

집과 이웃이 바뀌었어도 내 행동은 그대로였다. 철도 기사 아들을 친구로 사귀면서 장난은 도를 더했다. 친구네 가족은 기차역 대피 선로에 놓인 열차 안에서 살았다. 나는 이들 가족이 세상에서 가장 멋지다고 생각했다. 틈만 나면 친구 집에 놀러 갔다. 친구는 기차에 대해 모르는 게 없었다. 브레이크를 풀어 열차를 멈추거나 열차를 연결하고 분리하는 방법 같은 쓸모 있는 기술을 내게 가르쳐주었다. 학기가 끝나 친구네 가족이 다른 역으로 이사하자 부모님은 안도의 한숨을 내쉬었다. 나는 친구의 열차가 덜커덩거리며 내 삶에서 사라지는 광경을 하염없이 바라보았다.

이제 모험 장소는 기찻길에서 국도로 바뀌었다. 도로는 만灣의 가장자리를 따라 날로 커져가는 샌프란시스코 공항으로 이어져 있었다. 1950년대까지만 해도 이 지역은 문명의 때가 묻지 않았다. 공터뿐, 건물은 하나도 없었다. 나는 친구들과 함께 자전거를 타고 고가도로를 건너 국도로 올라갔다. 몇 년이 지나 고등학생이 된 우리는 자전거 대신 자동차를 몰았다. 젊은 스피드광들을 낭만적으로 묘사한 책《핫 로드》에 나온 것처럼 치킨 게임(두 자동차가 마주보고 달리다가 먼저 핸들을 꺾는 쪽이 지는 게임-옮긴이)을 벌이기까지 했다.

어린 시절의 나는 자유와 모험심으로 충만했다. 하지만 그게 전부는 아니었다.

■ 공부보다 만들기와 장난에 빠지다

어릴 적부터 분명히 드러난 성향을 또 하나 들라면, 라디오에서 요새까지 무엇이든 만들고 싶어 하는 지칠 줄 모르는 욕구다. 나는 물건을 끼워 맞추는 일이 즐거웠다. 재료와 도구는 조잡했지만 상상력으로 빈자리를 메웠다. 친구들은 학교를 다니면서 창의력을 잃어버렸지만 나는 아무것도 없는 자리에 무언가를 만들어내는 일에 푹 빠져 있었다. 작업실은 우리 집 뒷마당이었다. 마당은 90센티미터짜리 울타리를 사이에 두고 정원 너머에 있었기 때문에 '뒷뒷마당'이라 불렀다. 동생 키스가 작업을 도왔다(그는 미 항공우주국 설계사가 되어 그때와 똑같은 일을, 월급을 받으

면서 하고 있다). 한쪽 구석에는 거름 더미가 쌓여 있었고 그네와 돌능금
나무도 한 그루 있었다. 반대쪽이 내 구역이었다. 그곳은 살구나무와 나
무딸기 덤불이 있었으며 무엇보다 작업 재료인 흙이 가득했다.

내가 만든 건축물은 처음에는 그리 거창하지 않았다. 나는 작지만 정교
한 땅굴과 요새를 지었다. 달마다 저금한 돈으로는 플라스틱 배나 전투기
모형을 샀다. 따분해지면 전투를 더 실감나게 벌이려고 라이터 기름과 성
냥으로 모형에 불을 붙였다. 장난감 병정들이 뜨겁게 녹아버린 플라스틱
을 뚝뚝 떨어뜨리며 불타는 모습은 장관이었다. 땅굴의 크기가 차츰 커지
면서 불장난은 땅굴 속에서 폭죽을 터뜨리는 것으로 발전했다.

나날이 커져가는 지하 요새는 널빤지와 각목, 흙을 덮어 숨겨놓았다.
하지만 몇 주 지나지 않아 아버지에게 들키고 말았다. 요새가 무너져서
사람이 다칠까봐 걱정한 아버지는 땅굴을 메우라고 했다. 이제 작업장은
지상으로 올라왔다. 동생과 나는 가까운 건설 현장에서 목재 부스러기를
잔뜩 가져와서는 요새와 군부대 건물을 짓기 시작했다. 우리는 몇 시간씩
목재에서 못을 뽑아, 다시 쓸 수 있도록 폈다. 그런 노력의 결과로 2층 건
물이 탄생했다. 1930년대 영화에 등장하는 다재다능한 꼬마 스팽키Spanky
라도 눈이 휘둥그레졌을 것이다. 지천으로 널린 살구며 나무딸기, 돌능금
은 탄약으로 안성맞춤이었다. 결국 이웃 주민이 불평을 늘어놓는 바람에
내 창조물을 또다시 무너뜨려야 했다.

이때가 일곱 살부터 열 살 사이였다. 그 다음부터는 마당을 벗어나 길
거리로 활동 무대를 옮겼다. 나는 건축기술과 모험심을 결합해 수레를 만
들고, 나무상자에 바퀴를 달고, 조잡하지만 롤러코스터까지 만들었다. 금
상첨화로 우리 집은 언덕 꼭대기에 있었다. 나무판자 끝에 롤러스케이트
바퀴를 달아 스케이트보드를 만들기도 했다. 키스와 나는 언덕을 내달리
며 경주를 벌였다. 하지만 형 게리가 스케이트보드를 타다 팔이 부러지는
바람에 이 놀이는 금지되었다.

〈일반인을 위한 기계공학 Popular Mechanics〉은 내 야심을 한층 끌어올렸다. 잡지에는 선박용 합판으로 2.4미터짜리 모터보트를 만드는 방법이 나와 있었다. 복잡한 뼈대도 필요 없었다. 샌프란시스코 만이 물로 둘러싸여 있었는데도 우리 가족은 테니스와 골프처럼 뭍에서 하는 스포츠만 즐겼기 때문에 그때까지는 바다를 활용하지 못했다. 이 잡지는 내가 파도와 처음 인연을 맺는 계기가 되었다.

나는 잔디를 깎고 신문을 돌려 재료 살 돈을 모았다. 손재주가 좋은 친구 톰 케이Tom Kay는 설계도를 보고 나무를 가공하는 법을 가르쳐주었다. 기본적인 공구밖에 없었기 때문에 보트를 만드는 데는 몇 달이나 걸렸다. 아버지는 내가 절대 성공하지 못할 거라고 장담했는데, 무엇보다 내게는 엔진이 없었기 때문이다. 하지만 정비사 일을 하는 아버지 친구가 1940년대 후반에 제작된 고장 난 선박용 엔진을 14달러에 팔겠다고 제안했다. 나는 엔진을 모조리 분해한 다음, 다시 조립했다. 테스트용 수조는 200리터짜리 기름통이었다. 나는 이 고철 덩어리가 실제로 움직이는 것을 보고 너무 기쁜 나머지 모터가 기름통 속에서 몇 시간이고 첨벙대도록 놓아두었다.

엔진이 갖추어지자, 나는 보트를 새까맣게 칠했다. 맨 앞에는 반짝이는 오렌지색 볼트를 박았다. 아버지가 최종 테스트를 기꺼이 도와주겠다고 했을 때는 놀랍고도 기뻤다. 새로 장만한 스테이션왜건에 보트를 싣고, 온 가족이 항구로 향했다. 배를 띄울 진수대도, 행운을 빌며 깨뜨릴 샴페인 병도 없었지만, 우리는 진흙을 헤치고 가 배를 띄웠다. 엔진이 물에 잠기고 말았지만 이내 시동이 걸렸고, 나는 항구 주위를 최고 속도로 여러 바퀴 돌았다. 뱃머리에 부딪히는 물보라가 눈앞을 가렸다. 테스트는 잘 끝났다. 하지만 변덕스러운 엔진이 불만이었다. 훨씬 더 멋지게 해낼 수 있다고 생각했기 때문이다.

중학교 1학년 과학 숙제를 하면서 지식을 실용적으로 활용하는 일에도 홍미가 생겼다. 아버지와 샌프란시스코 자이언츠의 야구 경기를 구경하고는 중학교 야구 구장에도 전광판을 설치해보고 싶어졌다. 전광판에 처음으로 점수가 표시되자 아주 흡족한 기분이 들었다. 내가 실용적인 일로 먹고 살리라는 것을 암시하는 첫 번째 신호였다.

1960년 9월, 고등학교에 진학했지만 생각나는 일은 별로 없다. 공부에는 취미도, 소질도 없었기 때문이다. 어릴 적에 다람쥐 쳇바퀴 돌듯 공부하고 시험치는 것을 싫어한 탓에 아직도 철자법에는 자신이 없다. 내 학업 능력은 유치원 이후로 줄곧 내리막이었던 듯싶다. 고등학교에서 A를 받은 과목은 체육과 수영, 기술뿐이었다. 내가 가구 대신 시속 100킬로미터의 신형 디자인 모터보트를 만들겠다고 했을 때 기술 선생은 시큰둥한 반응이었다. 나는 설계도를 주문했다. 하지만 이건 만만한 작업이 아니었다. 선체로 쓰일 마호가니 선박용 합판은 뼈대를 증기로 가공한 다음 그 위에 씌워야 했다. 300달러를 넘는 재료비도 충당할 수 없었다. 하지만 테드 마이어스Ted Myers가 구원의 손길을 뻗쳤다. 날마다 번쩍거리는 선더버드를 타고 등교하는 부잣집 아들로, 수영부 동료였다. 그는 공부는 매우 잘했지만 손쓰는 일에는 홍미가 없었는데, 건설 회사 사장인 그의 아버지는 이것이 불만이었다. 그는 아들이 남자답게 크기를 바랐다. 테드의 아버지는 보트를 두 대나 만들 수 있는 재료를 사주겠다고 제안했다. 조건은 테드의 '손을 더럽히라'는 것이었다. 테드와 나는 제안을 받아들였다.

테드는 이따금 들러 나를 도와주고 일하는 모습을 지켜보기도 했지만 자기 보트는 만들려 하지 않았다. 아버지는 내가 모터보트를 만드느라 차고를 차지한 걸 언짢아했다. (결국은 아버지 차를 차고에 넣을 방도를 생각해냈다. 복잡한 도르래 장치를 이용해 밤마다 보트를 들어올린 것이다.) 나는 교훈 하나를 얻었다. 가장 즐거운 순간은 작업을 끝마칠 때가 아니라 끝이 보이기 시작할 때라는 사실 말이다. 특히 기뻤던 순간은 뼈대를 완성했을 때였다. 나는 완성된 보트의 온갖 세부 사항을 상상력으로 채웠다. 요즘도 집이나 연구소나 건물을 새로 지을 때면, 최종 결과물이 공사 중에 상상하던 것에 미치지 못할 때가 많다.

■ 첫 농성, 첫 수영 경기

물론 친구나 가족과 마찬가지로 교육 또한 사람이 자라는 데 아주 중요한 영향을 미친다. 하지만 1961년 12월에 일어난 사건 또한 내 삶에 커다란 영향을 미쳤다. 존 F. 케네디 대통령이 베트남에서 공산주의 폭동을 진압하고 남베트남을 분리된 국가로 존속시키기 위해 미국의 개입을 결정한 것이다. 미국은 사이공 정권을 후원하여 남베트남을 지배할 속셈이었다. 하지만 밀브레이에 사는 십대 소년에게 전쟁은 까마득한 이야기였다. 게다가 내 역할 모델은 강인한 턱을 지닌 전쟁 영화 주인공이 아니라 제임스 딘이나 말런 브랜도 같은 반反영웅이었다. 친구들과 나는 불량스럽게 보이고 싶었다. 금발인 나는 거친 인상을 주기 힘들었지만 가운데를 삐쭉 세운 덕테일을 하고 앞머리를 뾰족하게 빗어 올렸다. 오토바이를 타고 중학교에 놀러 오던 갱을 흉내 낸 것이었다.

나는 반항기로 똘똘 뭉쳐 1학년 내내 사고를 치고 다녔고, 툭하면 근신이나 정학을 받았다. 어머니는 내 팔에 마약 주사 자국이 없나 검사했다. 어릴 때는 어디든 마음대로 다녔지만 이제는 밤에 혼자서 고등학교 풋볼 경기를 보러 가는 것도 허락되지 않았다. 한번은 집을 몰래 빠져나와 야구 경기장에서 친구들과 어울려 맥주를 마시고 담배를 피운 적이 있다. 우리 패거리는 경기장을 나와 시내로 향했다. 나는 엉겁결에 도난 차량 뒷좌석에 앉게 되었다. 친구 녀석은 전선을 이어 시동을 걸었고, 우리는 폭주를 즐겼다. 하지만 경찰차가 경광등을 켜고 사이렌을 울리며 따라오자 나는 겁에 질렸다. 우리는 경기장 가까운 골목으로 들어가 차를 급히 세웠다. 나는 차에서 내리자마자 있는 힘껏 달려 경기장과 가족과 정상적인 삶으로 돌아갔다. 나는 모험을 즐기기는 했지만 범죄를 저지르지는 않았다. 고등학교 2학년이 되자 세상을 보는 눈도 달라졌다. 무엇을 하고 싶은지, 어떤 분야에 뛰어들지는 알 수 없었다. 하지만 깡단이 될 생각은 없었다. 1962년 여름, 인생의 방향을 바꾼 중대한 사건이 일어났다. 여자 친구가 생긴 것이다. 린다는 호리호리한 몸매에 연한 금발이었으며 학교 관현악단에서 바이올린을 연주했는데 외국으로 연주 여행도 다녔다. 린다는 캘리포니아와 수영, 보트 제작이 전부였던 내게 넓은 세상을 보여주었다. 우리는 서점에서 커피를 마시고 문학을 이야기했으며, 함께 클래식과 밥 딜런을 들었다. 여름이 지나면서 우리의 연애도 막을 내렸다. 하지만 그녀는 내 삶을 새로운 방향으로 이끌었다.

또 하나의 전환점은 고든 리시Gorden Lish 선생이 가르치는 영문학 시간이었다. 그는 28세에 짙은 금발이었으며 물질문명을 거부하는 비트족이었다. 그가 내준 첫 번째 숙제는 J. D. 샐린저의 《호밀밭의 파수꾼》을 읽어오라는 것이었다. 나는 주인공과 깊은 동질감을 느꼈다. 그때까지만 해도 나는 대부분의 수업에 무관심하고 열의도 없었다. 먼 산을 바라보거나 선생의 머리 위를 쳐다보면서 딴전을 피웠다. 하지만 이것은 약과였다. 내가 선생에게 말을 할라치면 수업은 엉망이 되고 선생은 어쩔 줄 몰라 했다. 요즘 같으면 리탈린을 먹였을 테지만 리시는 사람을 자극하는 지적인 에너지를 지니고 있었다. 그의 에너지는 어떤 약보다도 강력하게 내 마음을 사로잡았다. 그 또한 내게 관심이 많은 듯했다. 우리는 학교 밖에서 문학과 인생을 이야기했다. 나는 태어나서 처음으로 열심히 지식을 흡수했다. 책을 읽고 공부한 덕에 성적도 올랐다.

리시 선생의 영문학 수업은 1교시였다. 미국의 여느 학생들처럼 우리 또한 국기에 대한 맹세를 외워야 했다. 우리는 리시에게 불만을 제기했다. 수업에서 토론했던 사상의 자유는 어떻게 된 거냐고 물었다. 리시는

• 유전자 탓이오 •

주의력 결핍 및 과다(과잉) 행동 장애ADHD의 특징은 무관심·과도한 활동·충동·주의산만 등이다. 내 십대가 꼭 이런 모습이었다. 최근 연구에 따르면 ADHD는 도파민 전달 유전자인 DAT1 부위가 10회 반복된다는 점에서 '유전자의 말더듬이'에 비유할 수 있다. 이 유전자는 전령화학물질messenger chemical인 도파민을 뇌에서 재흡수하라고 명령한다. 암페타민과 코카인이 이 유전자를 발현시킨다. 이 유전자가 어떤 변형을 일으켰는가에 따라 ADHD 치료에 쓰는 각성제인 리탈린, 즉 메틸페니메이트methyl-phenidate의 효과가 달라지는 것은 우연이 아닐 것이다. 실제로 내게놈에는 DAT1이 10회 반복되고 있다. 어릴 적 내 행동이 이 때문이었을까? 단순한 유전자 변이가 이토록 복잡한 형질을 유발시킬 수 있다고 믿는 사람에게는 그럴 것이다. 하지만 모두가 여기 동의하지는 않는다.

우리의 저항을 묵인했다. 이따금 국기에 대한 맹세를 건너뛰기도 했다. 그러던 어느 날 교장이 리시가 해직되었다고 발표했다. 애국심이 부족하다는 이유였다.[2] 우리는 말문이 막혔다. 여자애들은 울음을 터뜨리기도 했다. 나는 분노가 치밀었다. 나와 마음이 맞는 유일한 선생을 빼앗겼기 때문이다.

나는 다른 학생들에게 함께 행동하자고 호소했다. 최초의 고등학교 연좌 농성 가운데 하나였다. 참여 학생이 점점 불어나자 학교는 문을 닫았지만 다음날에도 우리는 농성을 계속했다. 농성 소식은 지역 신문에도 실렸다. 교장이 주동자인 나를 불렀고, 나는 우리의 요구 사항을 전달했다. 그것은 오직 하나, 리시를 복직시키라는 것뿐이었다. 내 성적이 신통치 않다는 점을 알고 있던 교장은 A학점을 줄 선생이 사라져 화가 난 거냐고 물었다. 실은, 리시가 내준 특별 과제를 하지 않았기 때문에 어차피 낙제하게 되어 있었다. 다음날, 농성은 소리 없이 끝났다, 정학을 시키겠다는 협박 때문이었다.

나는 리시에게 충성을 바친 대가로 일주일 정학을 받았다. 부모님은 한 달간 외출 금지령을 내렸다. 이렇게 오래 벌을 받은 적은 일찍이 없었다. 나는 리시가 보고 싶었다. 몇 년 후 또 다른 영어 선생이 내 멘토가 된 건 우연이 아닐 것이다. 리시는 해직당한 이유를 이렇게 회상했다. "교실에서 소란을 일으키는 걸 용납할 수 없었던 거죠."[3] 그가 밀즈 고등학교에서 저지른 또 다른 '잘못'은 "학생들이 열정적으로 생각을 펼치는 바람에 이들 목소리가 복도까지 새어 나가도록 한" 것이다.[4] 40년 가까이 흐른 후, 텔레비전에서 나를 본 리시는 친구에게 이렇게 말했다. "나, 저 친구 알아. 신께서 주신 저 얼굴을 어찌 잊을 수 있겠나?"

지금 생각해보면 내가 어릴 적 반항을 일삼은 것은 대단한 형의 그늘에 가린 둘째의 특징을 고스란히 보여준 것이다. 형이 대단한 재능으로 부모님의 칭찬을 들었다면 나는 대단한 말썽으로 부모님의 관심을 끌려 했다. 형은 넘볼 수 없는 존재였다. 하지만 나도 노력했다. 형을 따라 크로스컨트리 달리기를 한 것이다. 하지만 이 운동은 지독하게 힘들고 지독하게 따분했다. 봄이 되자 나는 수영부에 가입했다. 하지만 여전히 형의 꽁무니만 쫓을 뿐이었다. 처음에는 오후마다 세 시간씩 연습하는 게 무척 힘들었다. 게다가 수영 실력도 형편없었다.

하지만 남과 겨루는 건 너무나 즐거웠다. 나는 모두의 예상을 뒤엎고 승리를 거두었는데, 가장 놀란 건 나 자신이었다. 형은 배영에서 나한테 뒤지자 접영으로 종목을 바꿨다.

승리는 새로운 경험이었다. 나는 승리에 중독되었다. 수영 기술은 엉망이고 턴 동작도 꼴사나웠지만 B급 선수들 가운데서는 가장 빨랐다. 형과 나는 올림픽 국가대표 선수였던 레이먼드 F. 태프트Raymond F. Taft가 가르치는 수영 클럽에 가입했다. 여름이 지나자 나는 수영 실력이 부쩍 늘었다. 수영은 차츰 내 삶에서 중요성을 더해갔다. 대표팀에서 나를 불렀다. 얼마 지나지 않아 나는 100야드(91.44미터) 배영에서 모두를 앞질렀다. 이 거리는 나에게 꼭 맞았다. 나는 넘치는 아드레날린으로 1분 동안 전력을 다할 수 있었다. 연습 경기 때는 지기도 했지만 실제 경기에서는 분출하는 호르몬 덕에 한 번도 지지 않았다.

고등학교 수영부 소속으로 보낸 마지막 여름에는 400야드(365.76미터) 혼성 릴레이 경기에 참가했다. 이 경기에서 형을 포함한 우리 넷은 미국 신기록을 세웠다. 나는 졸업하기 전에 오랜 라이벌을 꺾고 리그 챔피언이 되었으며 학교, 카운티, 리그 기록을 갈아치웠다. 금메달을 목에 걸고 신문에도 얼굴이 실리자 나는 자부심으로 가득 찼다. 여자애들 사이에서도 최고의 인기를 누렸다. 하지만 운동 실력이 일취월장한 데 반해 공부는 여전히 뒤에서 제자리걸음이었다. 성적이 너무나 형편없었던 탓에 학교에서는 수영부에서 쫓아낼 뿐 아니라 졸업도 시켜주지 않겠다며 으름장을 놓았다. 나는 공화당의 극우 정치인 배리 골드워터Barry Goldwater를 잔뜩 치켜세우는 리포트를 써냈는데 점수를 매긴 선생이 다행히도 골드워터를 추종하는 보수주의자였던 모양이다. 감명을 받은 그는 F 대신 D마이너스를 주었고, 덕분에 나는 무사히 졸업할 수 있었다.

레이 태프트는 내가 올림픽에 나갈 재목이라고 생각했다. 그는 내가 누구보다도 근성이 강하다고 말했다. 하지만 문제는 남과 경쟁할 때만 근성을 발휘한다는 것이었다. 그는 내가 나쁜 수영 습관을 모두 버리고 새로운 기술을 연마하기 바랐다. 하지만 내 관심사는 오로지 이기는 것뿐이었다. 나는 수영 습관을 고치지 못했다. 경기에 출전하는 것 말고는 원하는 것이 없었다. 성적이 형편없었는데도 애리조나 주립대학에서 수영 장학금을 제안받았지만 열일곱 살이 되자 수영과 학교와 밀브레이에 정이 떨

• Y염색체와 섹스 •

내가 열여섯의 나이로 아직 금발을 길게 늘어뜨리고 있을 무렵, Y염색체가 유전자에 프로그래밍된 활동을 시작했다. 나는 킴이라는 여자애를 사귀었다. 킴이 밀즈 고등학교에 전학온 다음 해 초였다. 나의 Y염색체가 비로소 제 역할을 한 것은 킴의 열여섯 번째 생일이었다. 그날은 킴의 부모님도 집을 비운 참이었다. 킴은 속이 비치는 잠옷을 입은 채 내게 자기 몸을 만져보라고 했다. 그때까지 내 성경험은 몽정을 하거나 상상의 나래를 펼치거나 학교에서 (킴의 가장 친한 친구를 비롯해) 여자애들과 진한 애무를 즐긴 것이 전부였다. 첫 섹스가 일으킨 엔도르핀의 황홀감은 사정한 이후에 찾아왔다. 궁극적으로 이 모든 현상은 염기쌍이 약 2,400만 개 들어 있는 Y염색체 때문이다. 여기에는 25개가량의 유전자가 군집해 있다. 앞서 말했듯 이 가운데 하나가 SRY다. 이 유전자는 고환의 발달을 촉진한다.

킴이 이사를 간 뒤에도 기회는 많았다. 우리 집에서 10분 거리밖에 되지 않았기 때문이다. 나는 취침 시간이 지나면 줄사다리를 타고 창문으로 빠져나와 킴의 집으로 갔다. 그러고는 1층에 있는 킴의 침실 창문으로 기어올랐다. 이 일은 1963년 여름 몇 주 동안이나 계속되었다. 그러던 어느 날, 새벽이 다 되어 집에 돌아왔는데 줄사다리가 보이지 않는 것이었다. 동생이 장난을 친 줄 알았는데, 현관문으로 몰래 들어선 순간 계단에 앉아 있는 아버지를 보았다. 아버지는 한 번만 더 들키면 킴의 아버지에게 내가 자기 딸과 섹스하고 있다는 사실을 알리겠다고 경고했다.

몇 주가 지나자 한밤의 불장난은 다시 시작되었다. 이번에도 얼마 지나지 않아 줄사다리가 사라지고 문도 잠겨버렸다. 나는 아버지와 격렬한 말다툼을 벌였다. 다음에 킴을 찾아갔을 때는 그애 아버지가 나를 기다리고 있었다. 그는 내 머리에 총을 겨누었다. 6개월 후 킴의 가족은 멀리 이사를 떠났고, 그렇게 킴은 내 삶에서 사라졌다. 나는 우리 아버지의 '배신'을 용서할 수 없었다. 총으로 위협하는 것보다 더 나쁜 짓이라고 생각했다.

이 모든 일은 Y염색체 탓이다. 공격성을 일으키는 남성호르몬을 생산하는 데 Y염색체가 핵심적인 역할을 맡고 있기 때문이다.

어졌다. 지겨운 외출 금지에서 벗어나 자유를 누리기 위해 나는 캘리포니아 남부로 향했다.

캘리포니아 북부의 완만한 파도와 달리 뉴포트 비치에서는 70도짜리 가파른 파도에서 파도타기를 즐길 수 있었다. 바닷가에는 작은 산책로가 있었고, 청춘 영화 〈기제트Gidget〉의 분위기가 물씬 풍겼다. 나는 술과 여자에 빠져 지냈으며 깎아지른 절벽 아래 무섭게 부서지는 파도 속에서 맨몸 파도타기를 즐겼다. 룸메이트 네 명과 작은 집에 살았는데 돈을 벌기 위해 밤에는 시어스로벅 사 창고에서 장난감에 가격표를 붙였다. 야간 직원, 공항 연료트럭 운전사, 수화물 처리반도 해봤다(이곳에서는 짐을 비행기에 던져 넣다가 가방이 부서지거나 물건이 떨어지는 등 수화물에 피해를 입힐수록 동료들에게 인정받는다).

■ 엉겁결에 시작된 군생활

주머니도 두둑하고 간섭하는 사람도 없고 온종일 파도타기를 즐길 수 있었지만, 그렇게 시시하게 살면서 삶을 허비할 수 없다는 생각이 들었다. 그래서 오렌지코스트 전문대학에 입학했다. 몇 분만 가면 아름다운 해변이 펼쳐지는 곳이었다. 하지만 정세 변화는 내게도 영향을 미치기 시작했다. 때를 놓쳐 징집 연기 신청을 하지 못한 탓에 결국 영장이 날아왔다. 수십만 명의 다른 젊은이들처럼 나 또한 1960년대 미국 변두리의 안전한 보금자리에서 머나먼 타국으로 실려 갈 참이었다. 머리가 복잡했다. 나는 전쟁에 반대했지만 우리 집은 유서 깊은 군인 가문이었다. 선조 한 분은 독립전쟁 당시 나팔수 겸 의무병으로 복무했고, 5대조 할아버지는 1812년 미영전쟁 때 기병대로 참전했으며, 증조부는 남북전쟁 당시 남군의 저격병이었다. 할아버지는 이등병으로 제1차 세계대전에 참전해 프랑스에서 복무하다 중상을 입고 수 킬로미터를 기어온 끝에 겨우 목숨을 건졌다. 부모님은 물론 두 분 다 해병대 출신이다.

아버지는 내가 육군에 징집된 게 못마땅해 해군 모병관에게 가보라고 나를 설득했다. 아버지가 내게 해주신 충고 가운데 가장 쓸모 있는 것이었다. 나는 뛰어난 수영 기록 덕에 솔깃한 제안을 받았다. 여느 병사와 달리 4년이 아니라 3년만 복무하는 데다 해군 수영부에 들어 전미 수영대회에 출전하게 해준다는 것이었다. 전쟁은 싫었지만 나라를 위해 봉사하고는 싶었다. 게다가 수영까지 할 수 있으니 나쁜 조건은 아니었다.

이때만 해도 내가 베트남으로 가리라고는 꿈에도 생각지 못했다. 하지만 샌디에이고 신병 훈련소에 도착할 무렵, 전쟁은 확대일로에 있었다. 1965년 크리스마스가 되자 미국의 파병 인원은 18만 5,000명까지 치솟았다. 군생활의 시작은 기다란 금발을 자르는 것이었다. 나는 수만 명의 젊은이들과 함께 철조망에 둘러싸여 있었다. 그 가운데는 전문직 지망생도 있고 농장 인부도 있고 탈옥수도 있었다. 유서 깊은 기나긴 훈련이 시작될 참이었다. 유능하고 고분고분한 수병이 되려면 영혼이 만신창이가 되어야 한다. 규율을 위반하면 모래를 채운 들통을 짊어지고 하루 종일 연병장을 돌아야 했다. (발이 느려지거나 멈출라치면 교관들이 몽둥이세례를 퍼부었다.) 비참한 기분이었다. 신병 훈련소는 감옥과 다를 바 없었다.

마음이 맞는 동료 신병과 탈영을 모의하기도 했다. 이번에도 바다가 탈출구 노릇을 할 터였다. 기지를 가로질러 바다로 흘러드는 개울을 헤엄치기만 하면 성공할 수 있었다. 고등학생 때는 하루에 3킬로미터씩 수영을 했기 때문에 식은 죽 먹기였다. 그런데 내가 몰랐던 사실은 동료와 탈영 계획을 짤 때 벽 반대편에 누군가 서 있었다는 점이다. 우리가 자유를 찾아 떠나기 전날 밤, 중대장이 중대 발표를 했다. "바보 녀석 둘이 탈영을 계획하고 있다. 전시 탈영이 중범죄라는 사실을 똑똑히 가르쳐주마."

해군에서 수영 선수로 뛸 기회는 이렇듯 허무하게 사라졌다. 1964년 8월,

통킹 만 사건이 일어났다. 정부에서는 북베트남 어뢰정이 미군 구축함을 두 차례 공격했다고 발표했다. (국가안보국National Security Agency에서 2005년에 공개한 보고서는 두 번째 공격이 일어나지 않았다는 것을 암시하고 있다.) 린든 존슨 대통령은 참전을 선언하고 군대 내 스포츠팀을 모두 해산했다. 이 때문에 나는 해군에서 새 보직을 찾아야 했다.

나는 지능지수 검사에서 자그마치 142점을 받았다. 징집되거나 자원입대한 신병 수천 명 가운데 몇 손가락 안에 들 정도였다. 나도 놀랐다. 이 덕분에 나는 원하는 보직을 선택할 수 있는 권리를 얻었다. 핵 기술자에서 전자기기 관리까지 수많은 보직에 구미가 당겼지만 복무 기간이 연장되거나 추가 근무를 하지 않는 것은 하나뿐이었다. 나는 가장 쉬워 보이는 일을 골랐다. 군의학교를 선택한 것이다. (중학교 1학년 때 장래희망을 '의사'라고 쓴 걸 보면 선견지명이 있었던 듯하다.) 나중에 들은 이야기지만, 의무병의 복무 기간을 늘이지 않는 것은 사망률이 높기 때문이었다. 하지만 당시에는 아무도 내게 이런 사실을 알려주지 않았다.

군의학교를 마치고 인근 해군병원에서 수련을 받았다. 당시만 해도 세계에서 가장 큰 군병원이었다. 나는 곧 선임 의무병이 되었으며 영외에서 지내는 것이 허락되었다. 오션 비치 근처에는 조부모님의 낡은 집이 있었는데, 두 분은 내가 집 뒤의 오두막에서 살아도 좋다고 했다. 나는 305시시 혼다 드림 오토바이(당시만 해도 혼다에서 나오는 가장 큰 오토바이였다)를 타고 병원에 통근했다. 나에게 오토바이를 판 의무병은 신경외과에서 근무하는 동안 으깨진 두개골을 하도 많이 본 탓에 하루빨리 오토바이를 처분하고 싶어 했다.

병원에서 일하는 동안 인간의 질병에 대해 아주 많은 걸 배웠다. 나는 수막염 환자에게 요추 천자를 시술하고 간염 환자의 간을 떼어내는 일 따위에 소질이 있었다. 얼마 지나지 않아 나는 커다란 전염병동의 책임자가 되었다. 20명이 넘는 의무병이 조를 이루어 3교대로 환자 수백 명을 치료했다. 말라리아·결핵·콜레라 등 병도 가지가지였다. 수십 년이 지난 후 나는 이들 질병 상당수에 대해 감염원의 게놈을 해독하게 된다.

병원에서는 교범도, 군사 훈련도, 오전 7시 아침 점호도 없었다. 나는 군복 대신 청바지나 수술복을 즐겨 입었다. 매일 오후 3시에 근무를 마치면 오토바이를 몰고 나가 파도타기를 즐겼다. 나는 기를 수 있는 만큼 머리를 길렀다. 해변에서 만나는 여자들은 해군이라면 질색을 했기 때문이다. 고등학교 때와는 달리 여자를 사귀기가 무척 힘들었다. 주위에는 해군 간호사가 넘쳐났지만 장교인 간호사와 의무병이 사귀는 것은 엄격하게 금지되어 있었다. 물론 나는 여기 굴하지 않았다. 첫 연애 상대는 수간호사였다. 그러다 그녀의 친구에게 마음이 끌렸다. 나는 수간호사를 버리고 그 친구와 데이트를 시작했다. 이때는 내가 큰 실수를 저질렀다는 것을 알지 못했다.

피하고 싶었던 베트남 전쟁

해군에서는 해병대를 지원하기 위해 달마다 의무병을 차출해 보낸다. 나는 병원 수련 기간이 6개월을 넘기 전에 베트남으로 파병될 예정이었다. 의무병은 대부분 전장에서 복무했다. 그러다 죽는 일이 부지기수였다. 의무병을 죽인 베트콩은 보너스를 받았다. 보너스 증표는 의무병의 신분증이었다. 전장에서 6주가 지난 의무병의 생존 확률은 50퍼센트밖에 되지 않는다. 하지만 샌디에이고의 의사들이 내 실력을 인정한 덕에, 달마다 발표되는 차출 명단에는 내 이름이 없었다. 마지막 순간에 빠질 때도 있었다. 14주가 지나자, 마침내 내 이름이 쓰인 공고문이 나붙었다. 하지만 공고문에는 단서가 달려 있었다. 롱비치 해군 기지에 파견되어 응급실을 운영하라는 것이었다. 나는 놀라움을 금치 못했고, 안도감과 기쁨이 몰려왔다. 선임 의사는 마지막 순간에 나를 구해낸 것이 만족스러운 듯 얼굴에 웃음이 가득했다.

하지만 이 사실을 알게 된 수간호사는 내가 다시 한 번 베트남행을 모면한 것이 못마땅했다. 내가 병동을 나서려는 순간 그녀가 내게 머리를 깎으라고 말했다. 롱비치에 가기 전까지 2주 동안 파도타기를 즐길 생각이었기 때문에 해군의 상고머리만은 죽어도 하기 싫었다. 나는 무례하게 대꾸했다. 그러자 내가 오토바이를 타러 가기도 전에 헌병 2명이 나를 붙잡았다. 이들은 내가 군법회의에 회부될 거라고 말했다. 죄목은 상관의 직접 명령을 따르지 않았다는 것이었다. 긴 금발도 사태를 악화시켰다. 롱비치 영창에 3개월간 구금하라는 판결이 떨어졌다. 중노동과 범죄 기록이 나를 기다리고 있었다. 게다가 베트남으로 전출되지 않으면 해군에서 불명예 제대할 판이었다.

헌병은 명령서와 기록을 가져갔다. 두꺼운 봉투 겉에는 명령서 원본이 테이프로 붙어 있었다. 잠시 후 돌아온 봉투에는 변경된 명령서가 원본 위에 연홍색 테이프로 붙어 있었다. 해군 행정 체계의 유별난 점은 영창에 들어갈 신세였는데도 2주간의 휴가가 여전히 유효했다는 것이다. 조부모님 댁에 돌아간 나는 외로웠고 어찌할 바를 몰랐다. 군법회의 결과를 알려드리기가 두려웠다. 게다가 내 부모님은 해병대 출신이 아닌가. 나의 의학계 입성은 첫발부터 삐걱거렸다.

나는 두꺼운 봉투를 들여다보며 어떤 내용이 들어 있을까 곰곰이 생각했다. 몇 시간이 며칠 같았다. 때는 1966년이었다. 당시만 해도 기록이 전산화되어 있지 않았기 때문에 새 부대로 배속받을 때는 자신의 기록을 전부 직접 가지고 갔다. 군법회의가 속전속결로 끝난 탓에, 봉투 안에 든 명령서 사본이 바깥의 원본과 다를 수도 있다는 생각이 들었다. 명령서를 모두 변경했을까, 아니면 원본만 변경했을까? 나는 삼촌에게 이 난처한 상황을 털어놓기로 마음먹었다. 봉투 위조에 대해 조언을 구하자, 삼촌은 한편으로는 우려하면서도 한편으로는 내 계획을 마음에 들어 했다. 그는 신이 나서 할머니와 이 문제를 상의했다. 할머니는 봉투를 살펴보더니 난로에 물을 끓이라고 말했다. 할머니가 수증기 위에서 봉투를 들고 있을 때 마법 같은 일이 일어났다. 몇 분도 안 되어 봉투가 열린 것이다. 할머니는 내용물을 꺼내 내게 건넸다.

기록을 보니 롱비치 군 병원으로 파견한다는 원래 명령서가 그대로 들어 있었다. 문서를 모두 정리해 넣은 다음 할머니와 함께 봉투를 다시 밀봉했다. 이제 남은 일은 봉투 겉에 붙은 변경된 명령서를 '잃어버리고' 그럴듯한 이유를 대는 것뿐이었다. 롱비치까지는 오토바이를 타고 갈 생각이었기 때문에 변명거리는 완벽했다. 도로를 달리다 봉투를 떨어뜨리는 바람에 명령서가 떨어졌다고 말하면 그뿐이었다. 삼촌도 좋은 생각이라며 찬성했다. 우리는 좀 더 실감나게 하려고 밖에 나가 봉투를 길거리에 집어던지고 바닥에 문질렀다. 우리는 테이프 흔적이 남지 않도록 원래 명령서의 자취를 말끔히 지웠다.

나를 영창에 넣으라는 명령서의 두 번째 사본이 나보다 먼저 도착할 가능성도 물론 있었다. 하지만 어차피 영창에 갈 거라면 자유와 구금 기간 연장 가운데 무엇을 선택할지는 분명했다. 그때까지만 해도 내게는 군 행정 체계가 어설프다는 믿음이 있었다. 하지만 오토바이를 타고 롱비치로 향하는 두 시간 내내 암울한 상상이 나를 짓눌렀다. 기지 정문에 도착하자 등록 사무실로 가라고 했다. 나는 조마조마한 마음으로 걸어갔다.

책상 뒤에는 무섭게 생긴 담당관이 앉아 있었다. 나는 너덜너덜해진 봉투를 내밀었고, 담당관은 봉투를 뜯어 명령서를 살피더니 인상을 찡그렸다. "넌 이제 죽었어." 심장이 철렁했다. 나는 두려움에 사로잡혔다. 오토바이에 얽힌 변명을 늘어놓았지만 그는 한마디도 귀담아듣지 않았다. 그는 다시 말했다. "이제 죽은 줄 알아." 그는 잠시 나갔다 돌아오더니 나를 호되게 꾸짖으면서 내가 엄한 처벌을 받을 거라고 말했다. 그는 일주일간 임시 막사에서 처분을 기다리라고 했다. 해군 물품을 소홀히 다룬 죄를 뼈저리게 뉘우치고 있을 무렵, 응급실로 가서 선임 의무병 임무를 계속 수행하라는 명령이 떨어졌다. 작전이 성공한 것이다. 나는 중요한 교훈을 얻었다. 위험을 감수하고 운명을 개척하는 이에게는 보상이 따른다는 교훈 말이다.

롱비치에서 응급실을 운영하는 동안 내 연애생활은 다시 한 번 꽃을 피웠다. 친구를 통해 알게 된 캐시는 미술학도였다. 우리는 곧 밤마다 사랑을 나눴다. 나는 인생이든 사랑이든 운이 아주 좋았지만 롱비치에 머물 수 있는 기간은 몇 달밖에 되지 않았다. 더는 베트남행을 피할 수 없었기 때문이다. 앞으로 닥칠 일을 생각하면 속이 쓰릴 지경이었다. 하지만 한 젊은 장교를 만나면서 내가 처한 미래가—적어도 내 생존 전망이—밝아졌다. 그는 베트남에서 연구를 수행하고 막 돌아온 참이었다. 그가 알려준 바로는 다낭의 해군병원에 갈 수만 있다면 그해 생존 확률이 급격히 높아지리라는 것이었다. 하지만 큰 문제가 하나 있었다. 나와 같은 위치의 의무병 가운데 그곳에 배속되는 수는 극히 일부에 지나지 않다는 것이다. 어떻게 하면 다낭에 갈 수 있을까? 병원 주임은 미 해군 의무감에게 편지를 보내라고 조언했다. 공식 임명장을 받기 전에 해군병원에 자원하라는 것이었다.

모두가, 느려터진 해군 행정 체계에 영향을 미치려는 이런 시도는 성공할 가능성이 거의 없다고 생각했다. 하지만 이번에도 나는 손해 볼 것이 없었다. 나는 샌디에이고 전염병동과 응급실에서 쌓은 폭넓은 경험을 편지에 담았다. 그리고는 화룡점정으로 이렇게 덧붙였다. 내 의학 실력은 롱비치보다 다낭에서 훨씬 쓸모가 있을 것이라고 말이다. 시간이 지날수록 비관적인 전망이 커졌다. 하지만 한 달 뒤 다낭 해군병원으로 가라는 명령서가 날아왔다. 나는 선수를 친 덕에 목숨을 건질 수 있었다.

전쟁터에 투입되기까지는 30일이 남아 있었다. 나는 이 기간 동안 짧은 행복을 원 없이 누렸다. 캐시의 작은 영국산 스포츠카를 타고 우리는 로스앤젤레스에서 샌프란시스코까지 해변을 따라 달렸다. 밀브레이의 부모님 댁에 들러서는 형이랑 학교 친구들과 함께 호수에 가서 내가 만든 모터보트로 수상 스키를 즐겼다. 캐시와 나는 샌프란시스코에 가서 헤이트-애슈베리에 머물렀다. 나는 무료 진료소에서 일주일간 일했다. 헤이트와 애슈베리가 만나는 지점은 히피 운동의 중심지였다. 이곳에서는 삶이란 거대하고 아련한 마리화나 파티일 뿐이었다. 반전 정서 또한 극에 달했으며 사랑과 평화의 슬로건인 '꽃의 힘flower power'이 곳곳에 나부꼈다. 만나는 사람마다 캐나다로 가서 베트남행을 피하라고 충고했다. 하지만 그것은 옳은 일이 아닌 듯했다. 의사가 될 수 있는 기회를 내팽개치고 싶지 않아서였을까? 아니면 전쟁이 실감나지 않았기 때문일까? 어쩌면 가족의 내력 때문이었는지도 모르겠다.

나는 베트남에 얽힌 논쟁들을 찾아 읽어보았다. 중간 지대는 없었다. 정부의 입장은 전쟁이 공산주의를 종식시키는 유일한 방법이라는 것이었다. 해병대 출신의 부모님을 비롯해 나이 든 세대는 모두 이렇게 생각했다. 나는 이들의 주장을 믿고 싶었다. 하지만 의문을 제기하는 이들의 입장이 더 그럴듯했다. 이상하게 들릴지 모르겠지만 나는 전쟁이 나를 개인적으로 변화시켜 줄 거라고 믿었다. 베트남 참전 군인을 만난 적이 있는데 전쟁을 겪지 않은 사람과는 어딘가 다른 면이 있었다. 나는 모험을 경험하고 싶었다. 베트남에 가면 인생의 근본 문제에 대해 해답을 얻을 수 있을 것 같았다.

나는 전쟁터에 나가기도 전에 군인이라면 누구나 지니고 있는 정서를 경험했다. 전우애 말이다. 캐시와 1번 국도를 달리고 있을 때였다. 샌프란시스코와 워싱턴 주를 잇는 해안 도로에서 속도를 잔뜩 올려 급커브를 도는데 경찰 오토바이가 쫓아오더니, 결국 우리를 따라잡았다. 나는 베트남으로 떠나기 전 마지막 휴가라며 선처를 구했는데, 공교롭게도 그는 의무병 덕에 목숨을 건진 적이 있는 참전 용사였다. 잠시나마 우리는 전우애로 뭉쳤다. 그는 베트남에 가보기도 전에 죽어서는 안 된다며 속도를 줄이라고 당부했다.

베트남으로 떠나기 전에는 게릴라전 대처 훈련을 받았다. 한 달간의 훈련 기간 가운데 첫 두 주는 수륙양용부대 기지에서 보냈는데, 이곳에는 정부의 입장을 극단적으로 대변하는 장교가 하나 있었다. 나를 만난 것이 그에게는 불운이었다. 그가 공식적인 입장을 내세운 것은 의무 때문이었을 테지만 나는 곤란한 질문을 던져 그를 난처하게 만들었다. 나는 정치적 세뇌를 거부하고 처음에는 무기 훈련도 받으려 들지 않았다. 하지만 사격에 소질이 있다는 사실을 뒤늦게 알게 되어, 나중에는 사격 연습에 재미가 붙었다. 다행이었다. 베트남에서는 의무병이 일반 병사들보다 더 중무장을 한다는 이야기를 들었기 때문이다.

마지막 주가 되자 우리는 조를 나누어 늪지대에 투입되었다. 식량도 없는 상황에서 우리는 생존 훈련에서 배운 대로 살아남아야 했다. 실탄을 소지한 적군 부대가 우리를 쫓았다. 이들에게 잡히면 나머지 기간 동안 포로수용소 신세를 져야 했다. 조원 가운데는 남부 출신이 있었는데, 그는 콜라드양배추 잎을 먹고 자랐다. 콜라드양배추는 곧 우리의 주식이 되었다. 여기에 야생 딸기를 곁들이고 나무뿌리로 차를 끓여 마셨다. 다른 조는 개구리와 송사리를 잡아먹었다. 하늘이 무너져도 솟아날 구멍은 있는 법이다.

적에게 잡히지 않은 것은 우리 조뿐이었다. 마침내 우리가 모습을 드러내자 교관들은 우리를 위협하고 겁을 주고는 포로수용소로 끌고 갔다. 그곳에서는 나머지 조들이 온갖 굴욕을 당하고 있었다. 그들은 속옷 바람으로 진흙과 모래밭에 쪼그리고 앉아 있었다. 나는 소수 인종이 거의 없는 캘리포니아에서 자랐기 때문에 민권운동이나 미시시피 자유민주당, 블랙 파워 따위의 흑인 인권운동은 남 애기인 줄만 알았다. 하지만 남부 백인에 대해 내가 가지고 있던 편견이 모두 사실이라는 점을 확인한 순간 소름이 끼쳤다. 흑인들은 따로 모여 훨씬 가혹한 처벌을 받고 있었다. 그러다 흑인 하나가 개머리판에 맞았다. 머리에서 피가 철철 흘렀다. 나는 상처를 치료해 주러 다가갔지만 교관이 가로막았다. 내게 그를 돌볼 권리가 있다고 말했지만 교관은 또다시 개머리판으로 화답했을 뿐이다. 나는 내 '환자'와 함께 작은 감방에 갇혔다. 숙소로 돌아온 나는 이의를 제기했다.

퇴소 전날 수용소장이 나를 불렀다. 그는 흑인들을 가혹하게 다루는 것은 그들이 베트남에서 사로잡혔을 때를 대비하기 위한 것이라고 장황하게 설명했다. 세뇌 받고 고문을 당해 죽을 수도 있다는 것이다. 그러고는 내게 선택의 기회를 주었다. 당시로서는 이례적인 일이었다. 이의를 철회하고 다음날 퇴소하든지 포로수용소에 남든지 둘 중 하나였다. 그는 자기 제안을 받아들일 때까지 '특별 취급'을 해주겠다고 말했고, 나는 타협할 수밖에 없었다. 이의는 철회되었다. (몇 년 뒤 이 수용소에서 병사에게 가혹 행위를 저지른다는 의혹이 일자 의회가 조사에 착수했고 수용소는 폐쇄되었다.)

이제 나는 베트남 행을 눈앞에 두고 있었다. 호치민은 10년 전에 프랑스를 향해 이렇게 말했다. "내가 너희 병사 한 명을 죽일 때마다 너희는 우리 병사 열 명을 죽일 수 있다. 그렇더라도 너희는 패배하고 우리는 승리할 것이다." 베트남은 내게 삶의 덧없음을 깨우쳐주었다. 내가 알고 싶지 않은 것까지.

CHAPTER 02

죽음의 학교

나는 전쟁에 지쳤다. 이제 신물이 난다. 전쟁의 영광은 모두 헛소리다.
(……) 전쟁은 지옥이다.

▌ **윌리엄 T. 셔먼** William T. Sherman **장군**

모든 유기체는 삶의 특정 기간, 1년 가운데 특정 계절, 세대마다 또는 특정 세대에
살아남기 위해 투쟁해야 하며 대량 살육을 감내해야 한다. 이러한 투쟁을
생각해보면, 자연에서는 전쟁이 그치지 않고 두려움이 존재하지 않으며 죽음이
항상 곁에 있을 뿐만 아니라 힘차고 건강하고 행복한 개체만 살아남아
번성한다는 사실을 확실히 믿고 안심할 수 있으리라.

▌ **찰스 다윈,** 《종의 기원The Origin of Species》

▌ 두려움, 그리고 자살 시도

나는 도망치고 싶었다. 산 자, 죽은 자, (살고 싶지만 그럴 수 없는) 죽어가는 자들로부터 벗어나야겠다고 마음먹었다. 사지 절단 환자는 살 수 있지만 죽기를 바란다. 중상을 입어 자기가 살았는지 죽었는지 모르는 환자도 있다. 정글, 폭탄 세례를 받은 논, 폐허가 된 초가집에서 시체가 끊임없이 실려 왔다. 캐시가 보낸 위문편지를 생각했다. 그녀는 내가 보고 느낀 끔찍한 일들을 감당하지 못했다. 이제 내가 느낄 수 있는 것은 중국해의 미지근한 물뿐이었다. 다섯 달이 지난 후, 나는 이 빌어먹을 미친 짓거

리와 두려움에서 벗어나기로 마음먹었다.

내 계획은 지칠 때까지 헤엄치다가 어두운 물 아래로 가라앉는 것이었다. 그러면 모든 괴로움을 잊을 수 있을 테니까. 쉬운 일은 아니었다. 나는 수영 실력이 뛰어난 데다 체력도 아주 좋았기 때문이다. 바닷가에서 1~2킬로미터 정도 헤엄쳤을 때였다. 독이 있는 바다뱀 한 마리가 숨을 쉬려고 물 위로 올라왔다. 내가 무슨 일을 하고 있는 건지 의구심이 들기 시작했다. 하지만 쪽빛 물결을 가로질러 계속 헤엄쳤다. 그러다 문득 실감이 났다. 상어 한 마리가 나를 툭툭 건드리며 시험하기 시작한 것이다. 나를 물어뜯으려는 심산이었다. 나는 계속 헤엄쳤지만 이제는 속력이 느려지고 결심도 무디어졌다. 몸을 세워 주위를 둘러보자 공기는 안개 낀 듯 자욱했다. 어디에도 육지는 보이지 않았다. 잠깐 동안 상어가 내 계획을 망쳐놓은 것에 화가 나기도 했다. 하지만 이내 두려움에 휩싸였다. '내가 여기서 무슨 짓을 하고 있는 거지?' 자살하려는 생각은 멀찌감치 달아나버렸다. 나는 살고 싶었다. 21년을 살면서 이렇게 살고 싶은 적은 한 번도 없었다.

두려움에 사로잡힌 나는 몸을 돌려 육지를 향해 헤엄쳤다. 아드레날린이 뿜어져 나왔다. 이렇게 두려웠던 적은 없었다. 상어나 독사는 이겨낼 수 있었다. 오로지 죽기를 바란 내 어리석음 때문에 안전하게 돌아가지 못할 수도 있다는 생각이 마음을 짓눌렀다. 베트남의 잔혹하고 외로운 고통에서 손쉽게 벗어나려 한 대가였다.

육지에는 영원히 닿지 못할 것만 같았다. 내가 이렇게 멀리까지 헤엄쳤다는 것이 믿어지지 않았고, 제대로 가고 있는지도 의심스러웠다. 머릿속에는 살고 싶다는 생각과 내가 바보짓을 저질렀다는 자책뿐이었다. 바로 그때 구명정용 물통이 보였다. 이거라면 파도를 타고 해변까지 갈 수 있을 듯싶었다. 첫 번째 파도를 타고 최대한 멀리 이동한 다음, 두 번째, 세 번째 파도를 탔고, 마침내 마지막 파도에 올라탔다. 이제 모랫바닥에 발이 닿았다. 나는 1~2미터를 더 헤엄쳐서는 바닷가를 향해 달렸다. 그러고는 정신을 잃었다.

• 지구력 •

내가 먼 거리를 헤엄칠 수 있는 이유 가운데 하나는 유전자 하나가 돌연변이를 일으키지 않은 덕분이다. 아데노신 단인산염 탈아미노 효소1(AMPD1, adenosine monophosphate deaminase 1)은 근육 대사에서 핵심적인 역할을 한다. 여기에 돌연변이가 일어나면—이것은 아주 흔한 질환이다—효소 결핍증이 일어난다. 이는 통증·경련·피로감으로 이어진다. 이 모두가 문자 하나에서 비롯한다. C가 T로 바뀌면 효소의 생산이 멈추고 지구력이 떨어진다. 다행히도 내 유전자는 T/T가 아니라 C/C다.

나는 벌거벗은 채 모래 위에 누워 있었다. 몇 시간은 족히 흐른 듯했다. 탈진한 상태였지만 깊은 안도감이 밀려왔다. 살아 있다는 사실이 기뻤다. 잘못된 인생관이 초래했을 끔찍한 결과를 모면했다는 사실이 너무나 고마웠다. 내가 살고 싶어 한다는 것은 조금도 의심할 여지가 없었다. 나는 삶에 의미를 부여하고 지금과는 다르게 살고 싶었다. 순수해진 느낌에 기운이 솟아올랐다. 이제 무슨 일이든 헤쳐나갈 용기가 생겼다.

해변을 걸어 흙길로 올라섰다. 길은 해군 특수부대 막사로 이어져 있었다. 모래 언덕 가장자리에는 대나무로 만든 우리가 늘어서 있었다. 높이는 1미터, 넓이는 1~2평방미터쯤 되어 보였다. 우리 안에는 베트남인이

한 사람씩 쪼그리고 앉아 있었다. 아마도 베트콩이었으리라. 갇혀 있던 사람들이 보기에 내가 처한 어려움은 천국이나 마찬가지였을 것이다. 그들을 보니, 조금 전까지만 해도 스스로 목숨을 끊으려 했다는 사실이 너무나 화가 나고 부끄러웠다.

나는 해군 항공기지를 지나 1번 국도로 들어섰다. 다낭과 원숭이산을 잇는 이 2차로 포장도로는 해군병원을 끼고 있었다. 나는 뒷문으로 들어가 나무 계단에 올라섰다. 숙소 문을 열자 여느 때처럼 그림자와 어둠이 짙게 드리워 있었다. 이곳이 내가 머물 침실이었다. 베트남에서 벗어나 '살아' 있을 수 있는 곳은 여기뿐이었다. 이제 이곳이 내 집이었다. 나는 먼 길을 걸어 여기까지 왔다. 자유를 갈망하는 샌프란시스코 만의 소년에서 캘리포니아 남부의 서퍼, 반전주의자를 거쳐 마침내 어엿한 해군 의무병이 된 것이다.

■ 술이나 마약에 의지하거나, 운동에 의지하거나

베트남의 실제 삶을 처음 엿본 것은 나를 이곳으로 수송한 비좁은 전세기 안에서였다. 조명은 전부 나갔다. 비행기가 활주로를 향해 수직으로 하강하기 시작하자 우리를 향해 포격이 쏟아졌다. 1967년 8월 25일, 베트남에 첫발을 내디딘 순간부터 고달픈 삶이 시작되었다. 내가 도착한 곳은 쿠앙남과 남중국해가 만나는 다낭 항이었다. 한국전쟁 당시 야전병원을 다룬 드라마〈매시MASH〉와 하는 일이 같았다. 유머와 아름다운 여자들은 없었지만, 공산주의와 맞서는 전투를 함께 수행한 것은 '베트남 공화국 군대Army of the Republic of Vietnam'였는데, 우리는 그들을 '아르빈Arvin'이라 불렀다. 2년 전만 해도〈CBS 이브닝 뉴스〉에서 방영한, 미군이 다낭 근처의 마을에서 베트남 농민의 집들을 불태우는 장면에 수백만의 미국인 시청자들이 충격에 휩싸였다. 하지만 내가 다낭 해군병원에 도착했을 때, 이런 '지포 임무Zippo job'는 일상적인 일이었다.

다른 병사와 마찬가지로 나 또한 퀀셋 막사를 할당받았다. 이것은 군용 격납고나 병영, 병원에 쓰이는 싸구려 건물이다. 로드아일랜드 퀀셋에 있는 제작 공장의 이름을 딴 이 건물은 반원형의 철골에 물결 모양 철판을 올린 형태였다. 내 침대와 사물함은 쉽게 찾을 수 있도록 문 바로 안쪽에 놓여 있었다. 방 안은 항상 깜깜했다. 병원 진료가 12시간 2교대로 돌아가기 때문이었다. 낮 근무는 아침 7시부터 저녁 7시까지, 밤 근무는 저녁 7시부터 다음날 아침 7시까지였다.

나는 밤 근무가 더 좋았다. 밤에 일하면, 낮에는 해변에 가서 조깅하고 수영하고 파도타기를 즐길 수 있기 때문이었다. 그뿐만이 아니다. 어두워진 다음에는 길 건너편에서 해군 항공기지로 로켓 공격이 빗발쳤다. 우리 쪽에서는 기관총이 밤마다 불을 뿜었다. 또 하나, 수많은 쥐들에게서 벗어날 수 있었다. 잠시나마 군생활에서 벗어나는 유일한 방법은 잠을 자는 것뿐인데 쥐덫이 딸깍거리거나 튕겨 오를 때마다 잠을 설치기 일쑤였다. 심지어 얼굴을 기어다니는 녀석도 있었다. 이런 식으로 잠을 깨는 건 끔찍한 일이다.

병원은 기지와 베트콩의 완충 역할을 하도록 지었다. 하지만 로켓은 기지에 이르지 못하고 병원 구내에서 터지는 일이 잦았다. 막사 지붕에 그려진 적십자 마크는 마치 로켓의 표적 같았다. 어느 날 밤, 내가 근무하고 있을 때 숙소 바로 앞에서 로켓이 터졌다. 벽은 로켓 파편으로 벌집이 되었다. 몇 시간 전만 해도 내가 누워 있던 침대 매트리스에 커다란 구멍이 뚫려 있었다. 숙소 가까이에서 공습경보가 울렸다. 사이렌이 울리면 로켓보다 더 공포감이 든다. 나중에 배운 사실이지만, 이것은 파블로프 조건반사의 전형적인 예다. 사람들이 깊이 잠들어 있을수록 효과가 더 크다.

친구를 사귀는 일은 쉽지 않았다. 거의 모두가 전쟁의 공포와 무력감을

• 올빼미 유전자 •

누구나 자신이 올빼미인지 종달새인지, 즉 '저녁형'인지 '아침형'인지 안다. 나는 밤을 불사르는 유형이다. 따라서 아침에 일어나는 게 고역이다(늦게 일어나기 때문에 늦게까지 깨어 있는 건지도 모르겠다). 해답은 내 몸의 '생체 시계'에 들어 있다. 진짜 시계는 아니지만 각 세포 속에서 주기적으로 작동하는 단백질이 서로 연결되어 시간을 알려주는 것이다.

이들 시계 유전자가 만들어내는 단백질 톱니바퀴는 상호작용을 통해 '하루 주기 리듬circadian rhythm'을 만들어낸다. 이는 호르몬 생산 · 혈압 · 수면 중 대사 저하 등 다양한 생체 변화의 시기를 조절한다. 그렇다면 내가 아침에 못 일어나는 것은 왜일까?

한 연구에 따르면 Per2 유전자에 돌연변이가 일어나면 '전진수면위상 증후군 advanced sleep phase syndrome'이 일어난다고 한다(저녁에 일찍 잠자리에 들고 금방 잠을 깨는 현상이다). 내 게놈은 내 생활 습관과 맞아떨어진다. Per2 유전자가 돌연변이를 일으키지 않으니 말이다.

이보다 더 흥미로운 사실은 또 다른 시계 유전자인 Per3의 길이에 따라 올빼미가 될 확률이 달라진다는 것이다. 서리 대학교와 런던 세인트토머스 병원, 네덜란드 연구진이 이를 밝혀냈다. 이들은 이 유전자가 길수록 '종달새'가 될 확률이 높아진다고 주장한다(이 주장은 아직 논쟁 중이다). 저녁형 인간 가운데는 이 유전자가 짧은 이들이 아주 흔하다. 극단적인 유형은 '수면위상지연증후군(DSPS, delayed sleep phase syndrome)'이다. 하지만 내 Per3는 올빼미 유형이 아니다. 따라서 내 생체 시계가 지닌 특징을 제대로 이해하려면 더 많은 연구가 필요할 것이다.

이겨내기 위해 마약에 의지했다. 어느 기지에서나 마리화나를 구할 수 있었다. 대량의 대마초가 버젓이 베트남 국경을 넘을 수 있었기 때문이다.

병원 정문에서는 단돈 2달러면 말아놓은 고급 '방콕 골드'를 200개비나 살 수 있었다. (군인들이 헤로인처럼 효과가 빠른 강한 마약에 손대기 시작한 것은 전쟁 후반 들어서였다.) 마약의 유일한 대안은 술을 마시는 것이었다. 병원에 있는 허름한 나이트클럽의 우중충한 바에서는 싸구려 술을 팔았다. 영업시간은 하루 종일이었고, 베트남 밴드와 가수들은 비틀스와 애니멀스, 롤링 스톤스의 노래를 연주했다. 의무병은 비번이 되면 대부분 나이트클럽에 가서 인사불성이 되도록 술을 마셨다. 나도 이따금 동료들과 함께 술을 마시고 마리화나를 피웠다. 하지만 남는 시간에는 대개 운동을 했다.

바닷가에서 거의 날마다 조깅을 했다. 전쟁을 잊을 수 있는 드문 순간에는 주위의 아찔한 장관이 눈에 들어왔다. 원숭이산 여기저기에는 기이하게 생긴 동굴이 뚫려 있었고, 절이나 유교 사원도 있었다. 숙소에서 불과 수 킬로미터 떨어진 거대한 동굴은 베트콩의 야전병원이었다. 바닷가를 따라 5킬로미터를 달리는 일은 그 자체만으로 흥미진진했다. 옆에는 철조망이 쳐져 있었고 800미터마다 경계 초소가 서 있었기 때문이다. 보초병들이 재미로 나에게 총을 쏠 때도 있었다. 이들은 50구경 기관총이나 M16을 갈겨댔다. 나는 빗발치는 총탄 속에서도 페이스를 유지하는 법을 배웠다. 조깅이 끝나면 수영을 하거나 몇 시간 동안 쉬지 않고 맨몸 파도타기를 하기도 했다. 서프보드를 손에 넣기까지 말이다.

다낭은 파도가 거칠고 조충이 거셌다. '조충riptide'이란 파도에 밀려온 물을 다시 바다로 밀어내는 해저 조류나 '강'을 가리킨다. 날마다 부대에서 듣고 보는 일에 비하면 거센 물살 속으로 다이빙하는 것쯤이야 아무것도 아니었다. 조류를 타면 바다 속 깊숙이 들어갈 수 있었다. 마치 스키 리프트를 타고 슬로프를 올라가는 듯했다. 물속에서 1분 넘게 숨을 참아야 할 때도 있었지만 방법을 터득하고 나니 조류 타기만큼 신나는 일이 없었다. 물속은 상어, 1.8미터짜리 창꼬치고기, 바다뱀을 비롯해 바다 생물 천

•중독을 부르는 유전자•

나는 베트남을 증오했다. 하지만 이 때문에 마약에 손을 대지는 않았다. 한 가지 이유는 도파민이다. 이 전령화학물질은 뇌의 보상 및 쾌락중추에 이르는 경로를 활성화한다. 이 화학물질이 작용하도록 단백질을 합성하는 것은 도파민 수용체4(DRD4, dopamine receptor 4) 유전자다. 이 속에서는 염기쌍 48개가 2~10회 반복된다. 이 유전자의 길이가 길수록 정신분열병·기분장애·알코올 중독에 걸리기 쉽다는 주장이 제기되었다(아직 입증되지는 않았다). DRD2 유전자의 일부 변이형은 또 다른 도파민 수용체를 만든다. 이들 또한 약물 중독을 일으킨다. 알코올 중독자나 마약 중독자 등 감각적인 쾌락을 추구하는 사람들과 마찬가지로 이들의 유전자 구조 또한 뇌의 쾌락중추를 활성화하는 직접적인 방식에서 더 큰 쾌락을 느낀다.

우리 집안은 알코올 중독 가족력이 있다. 그래도 나는 술을 즐겨 마신다. 할아버지 두 분은 알코올 중독 합병증으로 63세에 세상을 떠났다. 증조부는 술을 마시고 마차를 몰다가 사고로 죽었다. 우리 집안의 도파민 유전자에 알코올에 대한 감수성이 있기라도 한 걸까? 내 운명 또한 유전에 따라 결정된 것인가? 나는 DRD4 부위가 4회 반복되는데, 이것은 평균적인 수치다.[1] 도파민에 영향을 미치는 유전자는 또 있으므로, DRD4만으로는 중독 현상을 제대로 설명할 수 없다. 나는 다른 유형의 도파민 수용체 유전자(DRD1, 2, 3, 5, IIP)를 검사했지만 특별한 이상은 찾지 못했다.

지였다. 가장 골치 아픈 것은 바다뱀으로, 거대한 무리를 이루어 헤엄쳐 다녔다. 길이는 수천 미터, 너비는 수백 미터에 이른다. 뱀은 무턱대고 사람을 공격하지는 않지만 귀찮게 하면 몸을 부딪치고는 이빨로 문다. 뱀의 독은 순식간에 생명을 앗아갈 수도 있다. 베트남 어부들은 그물에 걸린 바다뱀을 치우려다 물려 죽는 일이 다반사였다.

맨몸 파도타기를 하던 어느 날, 무언가 내 다리를 건드렸다. 나는 몸을 숙여 침입자를 밀어내려 했다. 하지만 내 손에 잡힌 것은 다름 아닌 바다뱀이었다. 내가 잡고 있는 쪽은 납작한 꼬리 쪽이 아니라 머리 쪽 둥근 몸통이었다. 나는 손을 놓을 수가 없었다. 녀석은 주둥이를 한껏 벌리고는 나를 물려고 했다. 바다뱀은 헤엄을 잘 친다. 나는 온 힘을 다해 녀석을 움켜쥐었다. 3~4미터짜리 파도를 뚫고 한 손으로 헤엄치면서 몸부림치는 바다뱀을 붙들고 늘어지는 일 따위는 다시는 하고 싶지 않다. 마침내 발이 땅에 닿았고, 나는 뛰기 시작했다. 하지만 파도에 휩쓸려 다시 한 번 쓰러졌다. 나는 숨이 턱까지 차오른 채 바닷가를 향해 비틀거리며 걸었다. 이때 나무 조각이 하나 보였다. 나는 뱀이 축 늘어질 때까지 대가리를 후려쳤다. 내가 전리품을 들고 서 있는 모습을 동료가 사진기로 찍어주어 생사의 갈림길을 기록으로 남길 수 있었다. 운이 나빴다면 죽고도 남았을 것이다. 나는 그날 일어난 일을 잊고 싶지 않아 칼을 꺼내 녀석의 껍질을 발라낸 뒤 병원으로 돌아가 주사 바늘로 판자에 고정시켰다. 그러고는 햇볕에 잘 말렸다. 지금도 내 사무실에는 뱀 껍질이 걸려 있다. 녀석을 볼 때마다 그날이 생각난다.

정신력의 위대함을 알게 되다

나는 중환자 병동의 선임 의무병이었다. 중환자 병동은 창문이 하나도 없는 퀀셋 막사 하나로 이루어져 있었으며 문이 2개, 침대가 20개 있었다. 열기와 습기 때문에 숨이 막힐 지경이었다. 장마철이 절정을 이룰 때는 찬비가 줄기차게 내렸다. 바닥에 물이 차서 널빤지를 타고 돌아다닌 적도 많다. 밤마다 근처에 로켓이 떨어졌지만 우리는 움직일 수 없는 환자들 곁에 남았다. 깨어 있는 환자들의 두려움을 달래기 위해 말을 걸곤 했지만 우리의 두려움도 그에 못지않았다. 포격이 없을 때도 도로 건너편의 해군 항공기지에서 소음이 끊이지 않았기 때문에 잠들기가 쉽지 않았다. 베트남인들이 '커다란 강철 새'라고 부른 항공기들이 수시로 오르락내리락했다. 막사 뒤 착륙장에 헬리콥터가 내릴 때마다 환자들이 새로 들어왔다. 지뢰 · 죽창 · 총탄 · 수류탄 · 포탄 · 박격포탄 · 고폭탄 · 네이팜탄 · 연막탄의 희생자들이었다.

막사에는 '스트라이커' 침대가 줄지어 있었다. 이 침대는 원형 프레임에 달려 회전하기 때문에 마비 환자 위에 얇은 매트리스를 올린 다음 몸을 뒤집어줄 수 있다. 침대는 빌 틈이 없었다. 환자들이 검사받는 장면은 아주 끔찍했다. 사지를 절단한 환자도 흔했다. 지뢰의 희생자였다. 그들이 대퇴부 동맥을 잘리고도 살아남은 것은 야전 의무병의 의료 기술과 부상자를 후송한 헬리콥터 덕이었다. (베트콩에게 걸렸으면 그 자리에서 총살당했을 것이다.) 그들은 대부분 자신에게 어떤 일이 벌어졌는지 똑똑히 알고 있었다. 두 다리와 두 팔이 사라졌다는 사실을 깨달은 순간 고통과 두려움에 비명을 지르는 이들도 많았다. 뇌수술 환자, 이른바 '식물인간'은 자신이 누구인지, 무엇을 잃었는지 알지 못했다. 두 끔찍한 극단 사이에는 가슴과 배에 부상을 입은 환자들이 있었다.

환자들의 운명은 두 가지다. 상태가 호전된 병사는 일본이나 필리핀으로 이송되어 전문적인 치료를 받지만, 병동에서 숨을 거두는 환자도 있다. 나는 수백 명의 죽음을 지켜보았다. 심장을 마사지하거나 인공호흡을 하는 중에 환자가 죽는 경우도 적지 않았다. 죽은 사람들 가운데는 내 마음속 깊이 새겨진 이들도 있다. 열여덟 살의 해군 병사가 입은 부상은 상상을 초월했다. 그는 멀쩡해 보였다. 겉으로 드러난 상처도 없었다. 그런데 의식이 없었다. 가까이서 살펴보니 뒤통수에 작은 거즈를 붙여놓았는데, 거즈에는 피가 한 방울 묻어 있었다. 추가 검사를 하려는 순간 그의 심장이 멎었다. 흔한 일이었다. 나는 심폐소생술팀을 이끌고 있었으므로 능숙하게 대응했다. 환자들이 젊고 건강했기 때문에 성공률이 높았지만 이 젊은이는 예외였다. 우리는 제세동defibrillation을 한 다음, 심장에 아드레날린을 주사하고 계속 마사지했다. 하지만 한 시간여를 씨름한 끝에, 그가 죽었다는 사실을 받아들일 수밖에 없었다.

그가 죽은 이유를 알 수 없었기 때문에 부검을 실시하기로 했다. 나는 이 십대 젊은이의 죽음이 무척 당황스러워 부검에 참여하게 해달라고 요청했다. 다음날 아침 병리학 막사로 가니 그는 벌거벗은 채 부검대 위에 누워 있었다. 젊은 병리학자가 찾아낸 부상 부위는 뒤통수에 난 작은 구멍뿐이었다. 아직 주검에 칼을 대지도 않았는데도 나는 못 견딜 지경이었다. 무더운 막사 안, 주검에서 흘러나오는 포름알데히드 냄새는 아직도 잊히지 않는다. 병리학자는 가슴을 말굽 모양으로 절개한 다음 피부를 들춰 주검의 얼굴에 올려놓았다. 간신히 구역질을 참았다. 그는 커다란 가위를 들고는 가운데 갈비뼈를 잘라 심장을 드러냈다. 몇 시간 전만 해도 우리가 살려내려 애쓴 그 심장이었다. 심장은 멀쩡했다.

병리학자는 가슴을 덮고는 병사의 머리에 메스를 댔다. 두개골을 드러낸 다음 톱으로 윗부분을 잘랐다. 그러고는 뇌를 꺼내 반을 갈라 양쪽으로 벌렸다. 그 속에는 연필 길이의 구멍이 나 있었고 구멍 끝에 총알이 있었다. 뇌의 1퍼센트도 안 되는 부분이 손상되었는데 어떻게 사람이 죽을 수 있는지 이해가 되지 않았다. 나는 병리학자에게 물었다. 그의 대답은 이것이 전부였다. "총알이 어딘가 중요한 부위를 건드렸을 테죠." 근무 시간이 끝났지만 잠이 오지 않았다. 우리 몸의 모든 세포는 배양 접시에 넣으면 무한히 자랄 수 있다. 하지만 이 젊은이는 그 가운데 아주 일부만 손상되었을 뿐인데도 100조 개의 세포가 전부 죽고 만 것이다.

또 다른 환자 두 명도 내게 큰 영향을 미쳤다. 인간의 정신력과 살고자 하는—또는 죽고자 하는— 의지를 생생하게 보여주었기 때문이다. 둘 다 배에 큰 부상을 입었다. 35세의 백인 병사는 M16 총탄을 맞았는데, 적군

이 탈취한 총에 맞았거나 오발 사고였으리라. M16 총탄은 아주 불안정하기 때문에—휴지 한 장만 통과해도 방향이 제멋대로 바뀐다—보기 흉한 상처를 남긴다. 총탄이 들어간 부위와 나온 부위가 전혀 딴판인 환자도 있었다. 이 환자도 마찬가지였다. 그의 장기는 갈가리 찢어지고 구멍이 나 있었다. 의사는 그의 내장에서 손상된 부위를 들어냈다. 수술 결과는 성공적이었다. 그는 전투병이 아니라 지원 임무를 맡고 있었는데 베트콩에게 불의의 습격을 받은 것이었다. 그는 곧 정신을 차리고는 자신이 목숨을 건졌다는 사실에 놀라워했다. 기분도 좋아 보였다. 하지만 개복 수술은 통증이 엄청나다. 그는 금세 고통스러워하기 시작했다.

사흘 후 병동 문이 활짝 열리더니 새 환자가 실려 왔다. 열여덟 살의 흑인 병사였다. 그의 배는 기관총에 맞아 벌집이 되어 있었다. 남아 있는 창자가 별로 없었다. 그나마 남은 것들도 대부분 들것 위에 쏟아져 있었다. 수술진은 최선을 다했지만 비장과 간 일부를 잃었을 뿐더러 장에서는 출혈이 계속되고 있었다. 의사는 그가 아침이 되기 전에 죽을 거라고 판단했다. 그런데 놀랍게도 내 근무 시간이 돌아올 때까지 환자는 정신이 멀쩡했다. 그는 성품이 온순했으며 말하기를 좋아했다. 자신의 분대가 어떻게 기습 공격을 받았는지 이야기해주었고, 동료들의 안전을 염려했다. 그가 지닌 삶의 에너지는 자석 같았다. 나는 엄청난 혼란과 비극의 와중에도 그에게 끌렸다. 그는 예후가 절망적이었기 때문에 나는 밤마다 그의 곁에 앉아 그의 가족과 친구와 기습 공격에 대해 이야기를 나누었다. 하지만 그가 주로 하는 얘기는 집에 돌아가 농구를 하고 싶다는 것이었다. 내 근무 시간이 끝날 무렵 그도 잠이 들었다. 나는 그를 다시는 보지 못하리라 생각했다. 그런데 다음날 저녁이 되어 근무를 하러 들어갔더니 그가 누워 있었다. 그는 여전히 폭포수처럼 말을 쏟아내고 있었다. 그의 예후와 몸 상태로는 도무지 설명할 수 없는 현상이었다. 그는 의료진의 관심을 한 몸에 받았다.

한편 M16에 맞은 병사는 내가 상처를 소독할 때, 부탁할 게 하나 있다고 했다. 아내에게 보낼 편지를 받아 적어달라는 것이었다. '나는 행복한 삶을 살았으며 당신을 사랑한다. 하지만 이 고통을 견딜 수 없다. 다시는 당신을 볼 수 없을 것 같다'고 말이다. 내가 보기에 그는 회복 가능성이 커서 하루 이틀이면 이송될 상황이었다. 나는 이 정도의 예후라면 전쟁터에서 곧 벗어나게 될 거라고 말해주었다. 더군다나 나는 철자법도 형편없었고 글씨도 괴발개발인 데다 스물한 살의 여린 감성으로는 그의 부탁을 감당할 수 없었다. 그래서 다른 의무병에게 편지 쓰는 일을 떠넘겼다. 그가 삶을 포기한 것에 화가 난 것도 사실이다.

우리는 전쟁터의 열악한 상황에서 1967년의 의료 기술로 가능한 한 모든 노력을 쏟아 부었다. 내가 화가 난 이유는 나 자신도 죽음이 손쉬운 도피 방법이라고 수없이 생각했었기 때문일 것이다. 다음 근무 시간이 돌아왔을 때 그는 자리에 없었다. 한낮에 숨을 거둔 것이었다. 부검 결과, 그가 죽은 것은 순전히 스스로 삶을 포기한 때문이었다. 두 사람의 사례는 극과 극이었다. 죽을 리 없다고 생각했던 사람은 목숨을 부지하지 못했으나, 금방 죽으리라 생각했던 사람은 자신이 원했기에 살아남았다. 사람은 웬만해서는 삶을 포기하지 않는다. 삶이 그에게서 떨어져 나갈 뿐이다.

열여덟 살의 흑인 병사는 필리핀으로 이송되고 며칠 뒤에 죽었다. 하지만 그는 사람의 정신과 의지력이 어떤 약보다 강력하다는 사실을 보여주었다. 그의 생명을 며칠 연장시키기 위해 우리가 쏟아부은 온갖 노력은 결코 헛되지 않았다. 그는 우리 모두에게, 특히 나에게 놀라운 선물을 안겨주었다. 그는 우리의 존경을 한 몸에 받았으며 우리에게 삶에 대한 열망을 선물했다. 처음 그를 만난 이후 나는 하루도 이 열망을 내려놓은 적이 없다. 지금도 이 두 사람에 대해 이야기하거나 생각할 때가 많다. 둘 다 내 미래의 삶에 큰 영향을 미쳤다. 나는 이들 덕분에 방황하는 젊은이에서 벗어나 삶의 본질을 이해하겠다는 목표를 지니게 되었다. 사람 목숨이 파리 목숨에 지나지 않는 베트남에서, 이러한 목표는 무엇과도 비길 수 없을 만큼 큰 의미가 있었다.

■ 군대 내의 저항들

수많은 혼란을 겪고 수백 명의 사상자를 다룬 지 몇 주 되지 않아 전쟁에 반대하는 생각이 구체화되기 시작했다. 이런 생각을 한 것은 나만이 아니었다. 베트남에 파병된 미군들 사이에서는 전쟁에 찬성하는 이들이 드물었다. 최고위급 관리 두 명이 우리를 방문한다는 소식을 들었을 때도 나를 비롯한 많은 동료들은 심드렁할 뿐이었다. 이 둘은 부통령 허버트 험프리Hubert Humphrey와 윌리엄 웨스트모어랜드William Westmoreland 장군이었다. 험프리는 린든 존슨 대통령의 정책을 지지하는 듯했다. 대통령은 전쟁을 확대할 심산이었다. 1965년에 〈타임〉지 '올해의 인물'로 선정된 웨스트모어랜드는 열혈 군인이었다. 그는 '전쟁의 성과를 적군 전사자 수로 평가하는 정신 나간 사고방식'을 신봉했다. 이 사고방식은 지독히도 단순하고 사악했다. 전쟁에서 승리하려면 폭탄, 포탄, 네이팜탄을 더 많이 퍼부어 적의 인명 손실을 늘리면 된다는 것이었다. 미군은 호치민이 남쪽으로 병력을 내려보내는 것보다 더 빠른 속도로 베트콩 게릴라와 북베트남 군대를 죽여버릴 생각이었다. 공군 참모총장 커티스 르메이Curtis LeMay는 "베트남을 석기 시대로 돌려놓겠다"고 공언했다(그는 영화 〈닥터 스트레인지러브〉에서 조지 C. 스콧이 희화화한 인물이기도 하다). 전선前線이 없는 베트남에서 전황을 알려주는 척도 가운데 하나는 전사자 수였다(또 하나의 척도는 죽거나 다친 미국 젊은이의 수였다).

장군과 부통령이 기자단을 몰고 나타났다. 이들은 다낭 병원의 의료진 150명 앞에 섰다. 이따금 나는 항의 표시로 신문 머리기사에 날 만한 짓을 벌여 고위급들을 엿 먹이는 상상을 했다. 하지만 그 상황에서 내가 할 수 있는 일이라고는 악수를 거부하고 이렇게 중얼거리는 것뿐이었다. "우리는 베트남에서 끔찍한 실수를 저지르고 있어." 내 행동은 분위기를 잠시 어색하게 만들 뿐이었지만, 잠시 뒤 내 환자 가운데 한 사람이 보여준 항의 표시는 훨씬 효과적이었다. 그는 양쪽 다리를 절단한 환자였다. 웨스트모어랜드 장군은 사진 기자와 취재 기자들이 지켜보는 앞에서 그의 가슴에 훈장을 달아줄 참이었다. 그 순간, 그는 이렇게 말했다. "상이기장傷痍記章 따위는 네 똥구멍에나 처넣으시지." 웨스트모어랜드는 나를 한 번 노려보더니 황급히 자리를 피했다. 반면 부통령은 침착함을 잃지 않았다. 그는 환자의 손을 잡고는 이렇게 말했다. "자네가 왜 그런 기분인지 이해하네." 그 이후로 험프리에 대한 이미지가 훨씬 나아졌다.

의무병은 삶과 죽음을 잇는 다리였을 뿐 아니라 마음의 상처를 치유하고 고해성사를 들어주는 역할도 했다. 나는 병사들이 온갖 방법으로 저항하고 반대했다는 사실을 알게 되었다. 베트남이나 휴가지에서는 탈영이 비일비재했다. 전투를 거부하는 이들도 있었다. 전쟁이 막바지로 치달을수록 그 수는 점점 더 늘었다. '수류탄 투척'은 예측할 수 없고 치명적인 저항 수단이었다. 해병대는 죽은 전우를 절대 버려두고 오지 않는다는 굳은 전우애를 과시한다. 하지만 해병대에서조차, 베트콩이든 마을 주민이든 무턱대고 쏘아대며 전사자 수 늘리기와 승진에만 관심이 있는 정신병자 소위를 한 방에 처단하는 일이 벌어졌다. 아무 이유 없이 부하를 모두 죽이려 드는 지휘관에게는 온갖 종류의 지뢰 세례를 퍼붓기도 했다.

부상을 입은 해군 병사 세 병이 병원에 실려 왔다. 그들은 지휘관을 어떻게 살해했는지 말해주었다. 지뢰는 밟았을 때 터지는 것도 있고, (이들이 사용한 것처럼) 발을 떼는 순간 터지는 것도 있다. 이들 셋은 지휘관의 행동을 유심히 관찰했다. 그러다 그가 막사에서 밤마다 스카치위스키를 병째 마신다는 사실을 알아냈다. 이들은 자기 목숨을 구하기 위해 술병 밑에 지뢰를 놓아두었다. 그리고 그날 저녁 지휘관이 최후의 한 모금을 마시러 막사에 들어갔다. 이런 사건이 한둘이 아니었다.

극심한 압박감을 견디기 위해 다들 규정을 요리조리 피해가고 있었다. 빌 앳킨슨Bill Atkinson은 나와는 어울리지 않는 친구였다. 그는 징집되기 전에 캐나다 접경 지역의 몬태나 산속에서 살았다. 통나무 오두막에는 전기도 들어오지 않았다. 기름 램프와 땔감이 전부였다. 심지어 늑대를 애완동물로 키우기까지 했다. 빌은 병원의 '의료 기록/환자 이송' 부서에서 일했다. 어느 날 나는 전쟁을 열렬히 반대하는 육군 대위를 빼돌리는 일을 함께 도와달라고 부탁했다. 대위는 부상을 입었지만 전장으로 돌아가야 할 처지였다. 빌은 여러 병사를 의병 제대로 내보낸 적이 있었기에 흔쾌히 도와주겠다고 했다. 우리는 곧 정신적인 한계점에 도달한 이들이나 (우리가 보기에) 이곳을 벗어나야 할 이유가 충분한 이들을 빼돌리는 시스템을 만들어냈다.

다낭에 온 지 여섯 달이 다 되어갈 무렵 해군에서는 육군처럼 베트남에 여성 간호사를 보내기로 결정했다. 여자라면 언제나 환영이었다. 하지만 육군 간호사들이 젊고 활기차고 정이 넘치는 여성들이었던 반면 해군에서는 중령과 대령만 잔뜩 보냈다. 이들은 의료 현실과 동떨어져 있었으며 관료주의에 물들어 있었다. 힘든 여건에서도 최선을 다하는 의료진과, 규정과 문서를 들이대는 속 좁은 관료주의자들을 한데 모아놓자 사사건건 충돌이 일었다. 내 경우에는 실용주의자와 근본주의자의 마찰이 폭발로 이어졌다. 밤 근무를 할 때였다. 새로 들어온 사상자로 병동이 초만원을 이루었다. 일손이 부족했다.

환자 가운데 한국인 병사 한 사람이 산소 호흡기를 달고 있었다. 그는 유산탄에 맞아 머리에 중상을 입고 몸이 산산조각난 상태였다. 옆에는 포로 두 사람이 누워 있었다. 중국인 포로는 중상을 입었지만 의식은 있었다. 베트콩 포로는 산소 호흡기 신세를 지고 있었다. 나는 또 다른 의무병과 함께 이 포로를 치료했다. 포로 옆에는 경계병이 서 있었지만 포로들은 어짜피 옴짝달싹할 수 없는 처지였다. 고통으로 몸부림치는 한국인 병사를 돌보러 가던 중에, 새로 온 간호사 한 사람이 의무병에게 베트콩 환자의 손톱과 발톱을 소제하라고 명령하는 소리가 들렸다. 물론 환자를 깨끗이 씻기는 게 나쁜 생각은 아니다. 지하 벙커에서 몇 달을 살았을 테니 말이다. 하지만 지금은 그럴 때가 아니었다. 가슴에 튜브를 꽂았으나 아직 피가 빠져나오지 않아 숨도 쉬기 어려운 형편이었기 때문이다.

나는 선임 의무병으로서 내 부하가 목숨을 구하는 중요한 임무를 중단하고 다른 일을 하기를 바라지 않았다. 나는 의무병에게 가슴 삽관을 계속하라고 명령하고는 간호 장교에게 이렇게 말했다. "당신 할 일이나 하시지." 우리는 가시 돋친 설전을 주고받았다. 베트콩 환자는 아침 일찍 죽었다. 나는 근무를 마치고 숙소로 돌아가 잠들었다. 그런데 헌병이 들이닥쳐 나를 깨우더니 기지 지휘관에게 끌고 갔다. 지휘관은 내가 아주 훌륭한 의무병이지만 다시는 병동으로 돌아갈 수 없다고 말했다. 상관에게 경의를 표하지 않고 직접 명령을 따르지 않았다는 이유로 간호사가 나를 군법회의에 제소했기 때문이었다. 나는 보직 해임되었다. 전쟁터 한가운데서 달아날 까닭이 없었지만, 나는 처벌 수위가 정해질 때까지 숙소에 갇혀 있었다. 몇 달 전 롱비치에서 일어났던 사건이 불길하게 겹쳐 떠올랐다. 또 다른 간호사가 나를 전장으로 내몰아 사망 가능성을 높이려 하고 있었다.

이틀 뒤, 수염이 거뭇거뭇한 장교가 나를 찾아왔다. 어수선한 차림의 로널드 네이덜Ronald Nadel은 피부병 및 전염병 진료소를 맡고 있는 의사였다. 자신을 도울 유능한 의무병을 찾고 있었던 그는 내 죄목을 알고 있으나 오히려 그것을 마음에 들어 하는 눈치였다. 이내 그에게 호감을 느낀 나는 그의 제안을 받아들였다. 그것은 내가 전염병에 대해 흥미와 경험이 있기 때문이기도 했고 중환자 병동으로 돌아가거나 영창에 들어가

거나 정글로 쫓겨나지 않아도 되기 때문이기도 했다. 그날 밤 나는 비슷한 운명에서 다시 한 번 비슷한 방법으로 벗어난 것에 대해 골똘히 생각했다.

■ 의술에서 행복을 느끼다

진료소 생활은 이전과 딴판이었다. 네이덜은 훌륭한 멘토였다. 내가 배우기를 좋아하는 만큼 그는 가르치기를 좋아했다. 우리는 죽이 척척 맞았다. 그는 환자가 밀릴 때면 내게 수술을 맡겼다. 그는 내가 나 자신의 한계를 잘 파악하고 있으며 새로운 상황이 발생하면 그나 다른 사람과 반드시 상의하리라는 사실을 알고 있었다. 하지만 내가 모르는 것은―예를 들어 물혹을 절제하다가 처음 보는 조직이 나온 경우―그도 모르는 일이 잦았다.

우리는 하루에 200명이 넘는 환자를 진료했다. 질병의 종류도 말라리아·열대 피부병·종양·성병 등 가지가지였다. 특히 성병이 기승을 부렸다. 다낭에서 출발하는 1번 국도를 따라 '스키비 하우스'라 불리는 갈봇집들이 줄지어 있었다('스키비skivvy'는 '속옷'을 뜻한다). 매춘은 수많은 여자들이 종사하는 일종의 산업이었다. 마을이 파괴된 탓에 어쩔 수 없이 흘러들어온 어린아이들도 있었다. 이들이 몸을 파는 집에서는 애시드 록과 담배 연기와 마약과 술, '녹 맘(찌르는 냄새가 나는 소스. 생선을 발효해 만든다)'이 실내를 가득 채웠다. 이들은 음악을 시끄럽게 틀어놓은 술집에도 득시글거렸다. 여자들의 이름은 '고고'나 '바니' 따위였다. 술집 여자를 옆에 앉히려면 '사이공 티'라는 차를 시켜야 했다. 2차는 따로 돈을 냈다. 뚜쟁이들은 "여자 원하세요?"나 "내 여동생 안 사실래요?"라고 외쳤다. 내 대답은 언제나 "됐어요"였다. 스키비 하우스를 다녀온 병사들을 치료하다 보니 내 몸에는 그 약들을 쓸 엄두가 나지 않았다. 덕분에 오랫동안 금욕 생활을 견뎌야 했다.

항생제가 듣지 않는 매독과 임질이 날로 늘었다. 매독을 진단할 때면 병사에게 바지를 내리라고 한 다음 손에 장갑을 끼고 환부에서 고름을 짜내 현미경 슬라이드에 얹었다. 어두운 야전 현미경 밑에는 성병을 일으키는 병원균이 득시글거렸다. 나선형으로 생긴 박테리아, 트레포네마 팔라디움 Treponema palladium이었다. 30년 후, 어떤 생물의 게놈을 해독할까 고민하다가 가장 먼저 트레포네마를 떠올린 것은 매독이 인류에 엄청난 해를 끼쳤기 때문이다. 매독균과의 인연은 2002년에도 찾아왔다. 독일에서 파울 에를리히Paul Ehrlich 상을 수상했을 때였다. 파울 에를리히는 근대 화학요법의 선구자이자 매독의 효과적인 치료법을 맨 처음 발견한 인물이다.

다낭에서 가장 행복한 시간은 매주 수요일 고아원 아이들을 진료할 때였다. 로널드와 나는 지프에 의약품을 가득 싣고서 고아원이 있는 작은 마을로 향했다. 해안선 안쪽 깊숙한 곳은 아직도 베트콩이 출몰했으며 다낭 외곽에서는 관리들이 암살되기도 했지만, 우리는 인도적인 사명을 띠고 있었기에 아무런 제지를 받지 않았다. '빅Bic'이라는 별명의 베트남 간호사가 통역을 맡았다. 그녀는 북베트남 출신의 가톨릭 신도이며 1954년 프랑스가 베트남에서 쫓겨난 이후 남베트남으로 도망쳐 왔다. (가톨릭 신도들은 자치를 얻어내기 위해 프랑스를 편들었다.) 그녀는 미국인이든 베트남인이든 똑같이 경멸했다. 복용법이 까다로운 약에 대해 실컷 설명한 다음 통역해 달라고 하면 그녀는 짧은 문장을 하나 내뱉을 뿐이었다. 반면 간단한 치료법은 세월아 네월아 설명을 늘어놓았다. 임신, 농가진, 벌레물림 등 온갖 환자가 찾아왔다. 중상을 입거나 뼈가 부러진 이들도 있었다. 하지만 지루한 전쟁도 끝이 보이기 시작했다. 우리는 항생제를 알약에서 주사로 바꾸었다. 우리가 나누어준 약이 베트콩 손에 들어간다는 사실을 알았기 때문이다.

고아원에서 의술을 펼치던 시절은 베트남 복무 기간 중 가장 빛나는 시기였다. 기본적인 위생 상태 개선이나 비누만으로도 전문 의약품 못지않게 많은 목숨을 살릴 수 있었다. 아이들은 밝고 순진하고 호기심 가득한 얼굴이었다. 매주 고아원을 찾아가면서 우리는 금방 친해졌다. 죽음과 고통의 한복판에서 내가 가진 지식으로 남에게 도움을 주면서 내 인생이 나아가야 할 방향도 정해졌다. 미국에 돌아가 의과대학에 들어갈 수 있다면 가난한 나라에서 의술을 펼치고 싶었다. 하지만 1968년 다낭의 한 막사에 앉아 있던 내게는 전쟁에서 살아남아 집으로 돌아가는 것조차 요원한 일이었다. 4년 전에 고등학교도 겨우 졸업한 형편이니 의대에 들어가는 건 말할 필요도 없었다. 하지만 행운의 여신은 내 편이었다. 내가 존경하는 몇 안 되는 사람 가운데 하나인 로널드 네이덜이 자신감을 북돋워주었다.

■ 바다 덕분에 견딘 시간

진료소에서 얻은 또 한 가지는 항해 취미였다(이 취미는 평생 지속된다). 어느 날 오후 일등 기관사 한 사람이 들어오더니 문신을 지워줄 수 있느냐고 물었다. 교전 지대에서는 응급 수술 이외에는 허용되지 않기 때문에 몇 차례 거절을 당하자 그는 자포자기의 심정으로 안타까운 사연을 털어놓았다. 해군은 베트남에서 6개월 이상 근무하면 일주일짜리 해외 휴가를 두 번 받을 수 있다. 그도 남들처럼 방콕을 첫 휴가지로 선택했다. 또한 남들처럼 도착하자마자 술이 떡이 되도록 퍼마셨다. 다음 날 아침 눈을 뜨니 어제까지만 해도 없던 게 세 가지 생겨 있었다. 숙취, 젊은 애인, 그리고 양손 열 손가락에 '메리'라고 새겨진 문신이었다.

다낭으로 돌아온 그는 두 번째 휴가를 얻었다. 이번에는 하와이에 가서 아내를 만날 참이었다. 물론 부인 이름은 '메리'가 아니다. 그의 이야기는 어처구니없으면서도 안타까웠다. 나는 그를 도와주기로 마음먹었다. 진료 시간이 끝난 후 그의 문신을 떼어낸 다음 허벅지 피부를 이식했다(오늘날의 기준으로 보면 참으로 엉성한 수술이었으리라). 몇 주가 지나자 수술 부위는 깨끗이 나았다. 게다가 전투에서 부상을 입었다며 아내에게 자랑할 거리까지 생긴 것이다.

그는 다낭 항의 항무관 사무실에서 갖가지 소형 선박을 관할했는데 수술을 해준 대가로 7.6미터짜리 보스턴 웨일러와 유리 섬유를 쓴 5.8미터짜리 라이트닝 요트를 태워주겠다고 했다. 라이트닝은 알루미늄 돛대 하나에 돛이 2개 달린 센터보드(배가 옆으로 밀리지 않도록 배 밑에 다는 판자-옮긴이)형 보트였다. 어느 한가한 날, 로널드와 나는 웨일러를 타고 다낭 항을 출발해 원숭이산을 돌고는 해안을 따라 올라갔다. 전쟁터 한복판에서 작은 동력선을 타고 바다 위를 떠다니자니 묘한 기분이 들었다. 다낭에서 매일같이 접하던 삶과 죽음의 현실을 벗어나 넓은 바다로 나오니 마음이 더할 나위 없이 편안했다. 그 이후로 나는 머리를 식히고 마음을 새롭게 하고 싶을 때면 바다로 나가는 습관이 생겼다.

나는 요트도 타보고 싶어졌다. 자유를 갈망해온 나는 바다 항해와 모험에 얽힌 이야기를 수없이 탐독했기에 꿈속에 항상 항해가 등장했다. 하지만 요트를 몰려면 파도를 헤치고 배를 안전하게 몰고 항구에 댈 수 있는 뛰어난 뱃사람이 필요했다. 나는 해군 동료들을 수소문했다. 하지만 돛을 다룰 줄 아는 사람이 없어서, 결국 독학하기로 마음먹었다. 요트는 그리 어려워 보이지 않았다. 배를 탈 때마다 우리 오합지졸 승무원들은 조금씩 더 멀리까지 나아갔다. 해군 항공기지 가까이 갈 때면 동료들의 노리갯감이 되었다. 이들은 헬리콥터에서 연막탄을 떨어뜨렸는데, 진짜 수류탄을 던질 때도 있었다.

바람이 약한 날에는 수술 바늘로 만든 수제 낚시로 고기를 잡기도 했다. 어느 날 무언가 미끼를 물었는데, 낚싯줄이 당겨질 때마다 배가 요동쳤다. 몇 분이 지나자 줄이 다시 팽팽해졌고, 배는 빠른 속도로 뒤로 끌려 갔다. 상어를 잡은 모양이었다. 물속에서는 결코 반갑지 않은 손님이었 다. 한 시간쯤 지나자 나름대로 재미가 붙었다. 하지만 녀석은 지칠 줄을 몰랐다. 이따금 헤엄을 멈추고 수면 가까이 올라왔는데, 엄청난 놈이었 다. 길이가 2.4미터나 되는데다 빠르고 날쌔기로 유명한 청상아리가 우리 의 '엔진'이었다. 다행히도, 예전에 항해하다 몇 번 마주친 베트남 어부들 이 우리가 거꾸로 항해하는 광경을 목격했다. 이들은 평저선을 몰고 다가 와서는 낚싯줄을 끊어주는 대신 청상아리를 달라고 제안했다. 협상이 타 결되었다. 우리는 낚싯줄을 넘겨주었다. 목조 평저선 네 척이 합세해 상 어를 간신히 육지로 끌고 갔다.

전쟁터에서도 호기심이 두려움을 앞설 때가 있다. 베트남 해안은 눈부 시게 아름답다. 물 위로는 빽빽한 초록 숲이 있고, 바닷가 근처에는 여기 저기 작은 목조탑들이 있었는데, 사람들은 이곳에서 소원을 빌었다. 겉은 아름다운 조각으로 장식되어 있었다. 우리는 요트를 타고 원숭이산을 둘 러보고 싶었다. 이곳은 미군이 아직 완전히 장악하지 못한 상황이었다. 동료들은 M16을 챙겼다. 이따금 적막을 뚫고 베트콩의 총소리가 울려 퍼 지면, 동료들도 응사를 퍼부었다. 우리는 유리 섬유 보트 바닥에 납작 엎 드린 채 전속력으로 빠져나갔다. 라이트닝 보트 가운데 돛에 총구멍이 있 는 것은 우리 배뿐일 것이다.

베트남에서 6개월을 버틴 끝에 드디어 첫 휴가를 받았다. 나는 어느 비 행 왕진 의사 이야기를 읽고 호주에 매혹되어 시드니를 휴가지로 선택했 다. 전쟁터에서 빠져나온 지 몇 시간도 안 되어 정상적인 사회로 돌아와 커피를 홀짝거리고 호텔 라디오에서 흘러나오는 러빙 스푼풀The Lovin' Spoonful의 노래를 듣고 있자니 머리가 핑 돌았다. 마치 타임머신에서 내린 기분이었다. 다음날 아침 호텔을 나와 해변으로 향했다. 두 블록을 지났을 때 운명적인 만남이 나를 기다리고 있었다. 예쁘장한 소녀가 나를 향해 걸어오고 있었다. 손에는 장바구니가 두 개 들려 있었다. 내가 옆을 스치는 순간, 그녀가 장바구니를 둘 다 떨어뜨리는 바람에 내용물이 길바닥에 쏟아졌다. 나는 물건 줍는 것을 도와주면서 맨몸 파도타기에 좋은 해변이 어디냐고 물었다. 길을 따라 800미터쯤 가면 브론테 비치가 있다고 했다. 그녀의 이름은 바버라Barbara였다. 나는 브론테 비치로 떠나기 전에 바버라와 잠시 이야기를 나누었는데, 마음이 잘 통했다. 바버라는 전화번호를 알려주었다.

그날은 파도가 유달리 높았기 때문에 물에 들어간 사람이 거의 없었다. 하지만 베트남에서 산전수전 다 겪고 나니 내게는 거리낄 것이 없었다. 나는 5~6미터짜리 파도에 뛰어들어 맨몸 파도타기를 시작했다. 몇 시간 동안 즐거운 시간을 보내며 자유를 만끽했다. 그런데 바닷가 한쪽에 사람들이 모여서 걱정스러운 표정으로 바다를 가리켰다. 내게서 멀지 않은 곳에 어떤 여자가 거센 물살에 휩쓸려 허우적대고 있었다. 나는 그녀를 향해 헤엄쳐 가서는, 간신히 그녀를 물가로 끌어냈다.

인명구조대원들이 나와 함께 그녀를 해변으로 옮겼다. 그들은 미국인이 이런 악조건에서 맨몸 파도타기를 하고 사람까지 구해냈다는 데 놀라움을 금치 못했다. 그들은 나를 구조대 사무실로 초대해서는 명예 구조대원으로 추대했다. 그날 밤 우리는 스쿠터를 타고 술집을 순례했다. 오는 길에 뉴질랜드 출신 여자를 만났다고 했더니 연락해 보라며 나를 부추겼다. 호주인들은 뉴질랜드 여자라면 누구나 '쉽게' 넘어온다고 생각했다.

바버라와 나는 그날 밤을 함께 지냈다. 그 주 내내 우리는 함께 있었다. 내가 베트남으로 돌아갈 때가 되었을 때 우리는 다시 만나기로 약속했고, 편지도 자주 쓰기로 했다. 석 달 뒤, 두 번째 휴가가 나왔을 때, 나는 한 의사의 추천에 따라 홍콩에 가기로 했다. 놀랍게도 이 의사는 페닌슐라 호텔에 '벤터 박사' 이름으로 예약을 해두었다. 바버라는 유럽 가는 길에 들르겠다고 했다. 다낭 발 군수송기에서 내리자 호텔 직원이 기다리고 있었다. 나는 롤스로이스를 타고 최고급 스위트룸으로 안내되었다. 호텔에 도착한 바버라는 스위트룸에서 직원 세 명이 시중을 드는 장면을 보고는 깜짝 놀랐다. 베트남에서는 술과 마약 말고는 돈 쓸 일이 없었기 때문에 나는 주머니가 두둑했다. 우리는 대부분의 시간을 쇼핑하거나 침대에서 뒹굴며 보냈다. 짧은 한 주가 끝날 무렵 베트남으로 돌아갈 생각을 하니 눈앞이 캄캄했다. 우리는 내가 군복무를 마친 후 런던에서 만나기로 약속했다.

다낭에 돌아온 나는 평화주의자가 되어 있었다. 나는 앞으로 목숨을 살리는 일만 하겠다고 결심했다. 많은 의무병들이 나와 같은 생각을 했다. 하지만 전투에 돌입하면 생각이 바뀐다. 병원이 공격을 받아 함락될 기미가 보이자 나도 생각이 바뀌기 시작했다. 이 전투는 훗날 '구정 공세Tet Offensive'로 알려졌다. (탯Tet은 추수감사절과 성탄절, 설을 하나로 묶은 명절이며 일주일간 계속된다.) 1968년 1월 30일 새벽 어스름에 공격이 시작된 이후 상황은 갈수록 악화되었다. 해군 간호사들은 다낭을 빠져나갔고, 해군 경비대는 의무병도 무장을 하고 공격에 대비하라고 했다.

병원은 끊임없이 포격을 받았다. 나는 베트남에서 목숨을 잃은 5만여 젊은이의 뒤를 따르고 싶지 않았기 때문에 M16을 쏠 마음의 준비를 했다. 하지만 내게는 총을 들라는 명령이 떨어지지 않았다. 그 대신 남은 인원을 모두 모아 수천 명의 부상자를 치료해야 했다. 끝없는 죽음의 나날이었다. 구정 공세는 전쟁에 대한 미국인들의 인식을 바꾸었다. 나 또한 생각이 달라졌다. 나는 부상자 선별을 통해 이십대 청년으로는 상상도 할 수 없을 만큼 많은 걸 배웠다. 부상자 선별이란 살릴 수 있는 환자와 (죽음의 고통을 덜어주는 것 말고는) 더는 해줄 게 없는 환자를 분류하는 것이다. 내가 공부하는 곳은 인생의 학교가 아니라 죽음의 학교였다. 죽음만한 선생은 없다.

마지막 석 달은 유달리 힘겨웠다. 살아 돌아갈 희망이 여지없이 깨지는 장면을 수도 없이 목격해야 했다. 어느 날 내 또래의 병사가 실려 왔다. 저격병의 총에 치명상을 입은 그는 집으로 돌아가는 비행기를 타러 공항에 가는 길이었다. 하루 종일 배를 탄 후 동료들과 항공기지에 누워 있던 날 밤이 생각난다. 우리는 땅바닥에 누워 저녁 내내 마리화나를 피웠다. 근처에서는 로켓이 터지고 있었지만 다들 감미로운 기분에 취해 있었다. 여느 때 같으면 당장 벙커에 뛰어들었겠지만 우리는 휘황찬란한 불꽃놀이에 마취된 채 그대로 누워 있었다. 마치 영화 〈지옥의 묵시록〉의 한 장면 같았다. 다음 날 아침, 나는 전날 밤 얼마나 어리석은 행동을 했는지 깨달았다. 다낭에서 살아 돌아가려면 더 똑똑하게 굴어야겠다고 마음먹었다. 나는 그 이후로 다시는 마리화나를 피우지 않았고 술도 별로 마시지 않았다. 대신 시간이 날 때마다 더 열심히 조깅하고 파도타기를 했다. 마침내 동료들에게 작별 인사를 하고 707 전세기를 탈 때가 왔다.

▇ 새로운 삶이 시작되다

비행기는 무장을 하나도 갖추지 않았다. 환자 후송용 헬리콥터를 탈 때면 총에 맞을 위험이 있으니 헬멧을 꼭 쓰라는 지시를 받는다. 하지만 이 비행기는 헬멧도 없었다. 비행기는 안전을 기하기 위해 밤에만 뜨고 내렸다. 하지만 화기에서 내뿜는 섬광 때문에 낮보다 더 무시무시했다. 총탄이 쏟아지고 기내는 비좁았지만 아무도 불평하지 않았다. 나는 숨을 가다듬었다. 사정거리를 벗어나자 안도의 한숨이 터져 나왔다. 우리는 한껏 들떠 있었다. 베트남에서 살아나온 것이다. 안도감과 함께 미래에 대한 불안감이 나를 사로잡았다. 너무나 많은 일이 일어났고 너무나 많은 것이 바뀌었다. 군대에 있었던 기간은 2년 8개월밖에 되지 않았지만, 나는 파도타기를 하다 징집영장을 받은 그때의 청년이 아니었다. 집으로 향하는 내게는 전혀 새로운 삶이 기다리고 있었다.

　삶은 내게 주어진 선물이었다. 나는 내 또래의 젊은이들이 비참하게 죽고 불구가 되는 광경을 수없이 지켜보았다. 살아남은 자의 죄책감을 느낀 것은 아니었다. 하지만 남은 인생을 보람 있는 일에 쓰고 싶었다. 나는 다시 한 번 내 운명의 주인이 되었다. 죽음과 파괴에 작별을 고하는 순간, 의사들에게 인정받고 의술을 펼치던 시절도 막을 내렸다. 그때의 위치에 오르려면 10여 년을 죽어라 공부하고 훈련해야 할 터였다. 나의 형편없는 성적으로는 영원히 그 위치에 오르지 못할 수도 있었다. 기본적인 단어도 제대로 쓰지 못했으니까. 내가 베트남으로 끌려간 것도 이 때문이었다. 알 수 없는 미래가 나를 기다리고 있었다.

　일본, 괌, 하와이, 알래스카, 시애틀, 북 캘리포니아 트래비스 항공기지를 거칠 때마다 민간인으로서의 삶이 시시각각 가까워졌다. 우리는 마침내 로스앤젤레스 근처 공군기지에 도착했다. 잠깐이나마 우쭐한 기분도 들었다. 비행기에서 내린 뒤 땅바닥에 입을 맞추는 병사도 있었다. 군악대도, 깃발도 없었다. 귀국하는 병사를 맞이하기 위해 가족과 친구들이 몰려들었지만 나를 맞아주는 사람은 아무도 없었다. 미국에 돌아온 순간 나는 극심한 외로움을 느꼈다.

　임시 막사에서 이틀을 보낸 후 지루한 기다림이 막을 내렸다. 마지막 명령서에는 이렇게 씌어 있었다. "현역에서 해군 예비역으로 전역을 명함." 날짜는 1968년 8월 29일이었다. 마지막 해 급여를 대부분 저축한 덕에 통장에는 2,800달러가 들어 있었다. 나는 뛰어난 의료 기술을 갖추었으며 국가방위훈장 · 베트남 복무 청동성장 · 문장이 새겨진 베트남 무공훈장을 달고 명예 제대했다. 뭐니 뭐니 해도 가장 소중한 선물은 내 목숨이었다. 나는 세일러 백을 짊어지고는 샌프란시스코 행 비행기에 올랐다.

　미국에서는 전쟁의 흔적을 전혀 찾아볼 수 없었다. 하지만 미국은 더는 예전의 미국이 아니었다. 4년 전 떠나온 고향 집은 텅 빈 듯 낯설게만 보였다. 형제 넷 가운데 셋이 출가했고, 남은 것은 막내 키스뿐이었다. 아버지는 존 F. 포브스 앤드 컴퍼니에 출자금을 모두 납부했고, 회사는 서부 해안 유수의 회계 법인으로 성장했다. 아버지는 평생으로 처음 넉넉한 돈을 벌고 있었다. 키스와도 가까워져서 둘은 함께 골프를 치러 다녔다. 이제 아버지는 캐딜락을 몰았고—아버지는 이것을 무척 자랑스러워했다—그린 힐스 컨트리클럽 정식 회원이 되었다. 어머니와 아버지는 이곳에서 아들의 귀국을 축하하기로 결정했다.

영화 〈졸업〉에서 캘리포니아 남부 변두리 출신 부모님이 베풀어준 환영 파티에 선 벤저민도 나와 같은 심정이었을 것이다. 나는 저녁을 먹다가 꼭지가 돌 뻔했다. 공화당 패거리들이 둘러앉아 술 마시고 시가를 피우며 공산주의자와 '국(gook, 베트남인을 비하하는 호칭-옮긴이)'들을 죽였던 일을 자랑스레 떠벌렸다. 그들이 남자, 여자, 아이를 살해하고 마을 우물에 죽은 소를 던져 넣어 물을 오염시킨 것은 베트남 사람을 인간으로 취급하지 않았기 때문이리라. 나는 고함을 지르고 싶었다. 수도 없이 희생된 민간인들, 아무것도 얻어내지 못한 채 불구가 되거나 상처를 입거나 죽은 젊은이들 이야기를 해주고 싶었다. 얻은 것이라고는 오로지 미국이 우리 젊은이들을 기꺼이 희생시킬 준비가 되어 있다는 사실을 적에게 입증한 것뿐이었다. 나는 시차 적응이 안 됐다는 핑계를 대고는 집에 돌아왔다.

다음날 런던 행 비행기 표를 끊었다. 내 계획—어쩌면 희망—은 하루속히 미국을 벗어나 바버라를 만나는 것이었다. 히드로 공항에서는 불청객이 된 듯한 느낌을 받았다. 1968년은 반전 시위가 더 자주, 더 격렬히 일어난 해였다. 게다가 나는 배낭과 침낭을 둘러메고 여권에는 사이공이 찍힌 21세의 미국 젊은이였다. 지금도 이유는 알 수 없지만, 영국 관리들은 내가 반전을 선동하러 영국에 왔다고 생각했다. 그들은 몸수색을 하고 내 소지품을 샅샅이 뒤졌다. 아마 마약을 찾기 위해서였으리라. 반나절이 지나서야 검색대에서 풀려나 영국 땅을 밟을 수 있었다. 처음으로 선조의 나라에 온 것이다. 그런데 머물 곳이 없었다. 여름휴가가 한창인 터라 빈 방이 없었다. 호텔에서는 YMCA에 가보라고 했고, 다행히 그곳에서 하룻 밤 묵을 수 있었다.

다음날 값싼 호텔에서 작은 방을 찾아냈다. 바버라를 만났는데, 그녀는 석 달째 차를 얻어 타며 유럽을 여행하고 있었다. 내게도 함께 히치하이 킹을 하자고 권했다. 우리는 기차를 타고 도버에 가서 페리로 해협을 건 넜다. 칼레 해변에 텐트를 치면서 우리의 집시 행각이 시작되었다. 나는 이내 히치하이킹에 시들해졌다. 젊고 혼자인 여자는 차를 얻어 타기 쉬웠 을 테지만 배낭을 둘러멘 커플에게는 좀처럼 차를 세워주지 않았다. 나는 프랑크푸르트에서 중고 폭스바겐을 샀다. 프랑스와 스페인을 지나면서 나는 여전히 대도시와 복잡한 사회로부터 벗어나고 싶었다. 긴장을 풀고 마음을 추스르고 전쟁터가 아닌 곳에 적응할 수 있도록 번잡하지 않은 평 온한 장소를 찾아 헤맸다.

나는 스위스 알프스에 산장을 임대했다. 제네바 호수 끝 로잔 근처에 있는 깊은 산속이었다. 우리는 걷고 밥하고 쉬고 사랑을 나누고 책을 읽 고 평화에 적응했다. 하지만 먹구름이 몰려오고 첫눈이 내리자 새로운 삶 을 시작하고 싶은 생각에 몸이 근질근질했다. 해군에서는 고속으로 진급 시켜 주겠다며 나를 꾀었다. 하지만 권위에 맹목적으로 복종하는 일 따위 는 할 수 없었다. 의사 보조를 하거나 간호사 시험을 칠 수도 있었지만 내 게는 더 큰 꿈이 있었다. 로널드 네이덜을 비롯해 주위 사람들의 충고는 의과대학에 가려면 일류 대학에 가야 할 뿐 아니라 그곳에서도 두각을 나 타내야 한다는 것이었다. 하지만 내 고등학교 성적으로는 일류 대학에 갈 수 없었기 때문에 일단 전문대학에 들어간 다음 3학년 때 일반 대학으로 편입하는 수밖에 없었다.

고향에서 가까운 샌 마티오 대학은 전문대학 가운데 손꼽힐 뿐만 아니라, 스탠퍼드 대학교나 캘리포니아 대학교 편입 프로그램도 운영하고 있었다. 학기는 1월에 시작했다. 바버라 또한 컴퓨터 프로그래밍 자격증 말고는 변변한 학위가 없었기 때문에 나와 함께 대학에 들어가고 싶어 했다. 우리는 미 대사관에 문의했다. 하지만 뉴질랜드인이 미국 비자를 얻으려면 한참을 기다려야 하며 반드시 비자를 얻는다는 보장도 없다는 답변이 돌아왔다. 하지만 결혼을 하면 당장 비자를 얻을 수 있다고 했다.

나는 바버라와 함께 살면서 학교에 다니고 싶었다. 당시만 해도 결혼에 어떤 책임이 따르는지 제대로 알지 못했다. 나는 어리고 철이 덜 들었었다. 내가 원하는 것은 섹스와 친구뿐이었다. 나는 형에게 도움을 청했다. 형은 이렇게 조언했다. "지금은 1960년대야. 다들 너덧 번은 결혼한다고. 그러니 걱정 마." 바버라와 나는 제네바에서 약식으로 결혼식을 올렸다. 공교롭게도 제네바는 미국과 뉴질랜드의 중간쯤이다.

바버라는 곧 미국 비자를 받았다. 우리는 미국으로 돌아가는 길에 영국에 들렀다. 내가 베트남에서 꿈꾸던 것을 가져오기 위해서. 전쟁의 고통에서 나를 지탱해준 이 녀석은 오토바이 중의 오토바이, 바로 트라이엄프 사의 보네빌650이었다. 이 녀석은 고전적인 60년대 풍의 온로드 바이크다. 제임스 딘, 스티브 맥퀸, 말런 브랜도 같은 할리우드 스타들이 애용했다. 소리도 독특했다. 녀석은 낮게 으르렁거리다가 거친 배기음을 내뱉은 다음에는 소음기를 거치지 않은 야생의 울부짖음을 들려주었다. 나는 다낭에 있을 때 주문을 넣었고, 수령은 영국에서 하겠다고 말했다. 중고로 들여가면 관세를 적잖이 아낄 수 있기 때문이다.

나는 새 오토바이와 아내를 이끌고 밀브레이로 돌아왔다. 부모님의 눈에는 둘 다 탐탁지 않았다. 하지만 나는 베트남에서 갓 돌아왔을 때보다 훨씬 마음이 안정되어 있었다. 나는 다낭에서 목격한 사건들의 의미를 이해하고 싶었다. 삶의 의미를 찾고 싶었다. 그리고 공부를 하고 싶어 몸이 근질거렸다. 비록 맨바닥에서 시작하더라도 말이다.

CHAPTER 03

아드레날린 중독자

맥박이 빨라지고 호흡이 깊어지고 혈당이 증가하고 부신에서 분비물을 내보낸다.
이들 현상은 아무 관계가 없는 것처럼 보인다. 그런데 잠 못 이루던 어느 날 밤에
이 현상들이 한꺼번에 내게 밀려왔다. 그때 이런 생각이 머리를 스쳤다.
공격하거나 도망치거나, 둘 중 하나를 선택해야 하는 급박한 상황에 대비하는
신체 반응이라고 간주한다면 이들의 연관성을 제대로 이해할 수 있을 터였다.

▌ **월터 브래드퍼드 캐넌**Walter Bradford Cannon, 《연구자의 길The Way of an Investigator》

▨ 공부에 미치다

1969년 초, 학교에 갈 계획을 짤 때 나는 자신감은 없었지만 나 자신을
발전시키고자 하는 동기만은 하늘을 찌를 듯했다. 남들과 마찬가지로 나
도 실패가 두려웠다. 게다가 학업 성적도 형편없었다. 하지만 베트남에서
몸과 마음과 영혼의 빈곤을 목격하고는 (나 자신에게) 교육이 얼마나 중
요한가를 깨달았다. 다행히도 캘리포니아는 일자리가 많았다. 나는 의료
경력 덕에 곧 샌프란시스코 벌린게임에 있는 페닌슐라 병원에 호흡 치료
사로 취직했다. 그리고 얼마 안 가서 다낭에 있을 때와 마찬가지로 심폐

소생술팀을 이끌게 되었다.

아버지에게 대학 장학금을 지급했던 제대군인 원호법 덕택에 나는 샌마티오 대학에 입학할 수 있었다. 바버라도 같은 학교에 입학했다. 그녀는 나와 함께 영어, 수학, 화학 따위의 기초 과목을 수강해야 했다. 캘리포니아 교육 당국에서 뉴질랜드 고등학교 성적을 인정하지 않았기 때문이다. 나는 난생 처음으로 배우고 연구하는 법을 배워야 했다. 하지만 인생에서 성공한 수많은 사람들처럼, 내게도 훌륭한 스승이 있었다. 이들은 나를 격려하고 자극을 주었으며 진심으로 나를 가르치고 싶어 했다.

그 가운데 한 사람은 첫 수업이었던 영문학을 가르친 브루스 캐머런 Bruce Cameron이다. 브루스는 택시를 몰아 학비를 마련했고, 석사 학위를 갓 딴 뒤 캘리포니아에 온 이듬해 교수직을 얻었다. 그는 수업 시간에 글쓰기 과제가 마음에 들지 않거나 지루한 사람은 상상력을 발휘해 원하는 대로 무엇이든지 표현해도 좋다고 말했다. 나는 과제를 쓰는 대신 애연가인 브루스를 빗대어 어느 골초가 폐암에 걸린다는 비극적인 이야기를 써냈다. 브루스는 나의 조잡한 3막짜리 희곡에 감명을 받은 듯했다. 그의 도전을 받아들인 사람이 나밖에 없었다는 점도 한 가지 이유일 것이다. 이렇게 시작된 우정은 캐머런 부부와 정기적으로 식사를 하는 데까지 발전했다. 브루스는 나를 친구로 인정했을 뿐 아니라 상상력을 자극하고 능력을 발휘하도록 북돋워주었다.

나의 글쓰기 실력과 자신감은 매주 일취월장했다. 영어뿐만 아니라 수학 같이 예전에 포기했던 과목까지 실력이 향상되었다. 하지만 화학은 여전히 두려움의 대상이었다. 화학은 의사가 되려면 반드시 배워야 하는 학문이지만 고등학교 때 공부를 게을리 한 탓에 원자나 분자 생각만 해도 두드러기가 날 지경이었다. 화학을 가르친 이는 케이트 무라시게Kate Murashige라는 박사 초년생이었다. 그녀의 헌신적인 가르침은 나의 열정에 불을 댕겼다. 놀랍게도 나는 다양한 기법을 사용해 미지의 화합물을 발견하는 일에 흥미를 느끼기 시작했다. 이제 특허 변호사가 된 케이트는 (지금의 나를 보고서 그랬겠지만) 내가 우등생감이었다고 회상했다. 나는 모든 과목에 흥미를 느끼기 시작했다. 학습 태도가 바뀌니 성적도 올랐다. 밤마다 병원에서 정규직으로 일하면서도 전 과목에서 A를 받았다. 나는 계절 학기를 들어가며 2년 과정을 18개월 만에 마친 다음 캘리포니아 대학교에 편입하겠다고 생각했다(스탠퍼드 대학교는 학비를 감당할 수 없었으므로).

어느 날 프랑스어 수업 시간이었다. 나는 프랑스어뿐 아니라 프랑스인 특유의 제스처까지 몸에 밴 학생들 틈에서 기가 죽어 있었다. 이때 학생 하나가 강의실에 뛰어 들어오더니 켄트 주립대학교에서 시위를 하던 학생들을 군에서 학살했다고 말했다. 당시 리처드 M. 닉슨 대통령은 베트남 전쟁을 끝내겠다는 공약을 내걸고 당선되었지만 오히려 캄보디아까지 전쟁을 확대했다. 이는 평화 운동을 불러일으켰고, 전국의 대학생들이 전쟁 종식을 요구하며 들고 일어났다. 급기야 1970년 5월 4일 월요일, 켄트 주립대학교에서 시위하던 학생 네 명이 주 방위군에게 사살되었고, 아홉 명은 부상을 입었다.

시위대와 정부 사이의 반목은 뿌리 깊었다. 나는 베트남에서 무의미한 학살과 잔인한 만행을 두 눈으로 목격했기 때문에 전쟁을 반대했다. 하지만 베트남에 파병된 군인들에게도 동정심을 느꼈다. 이들은 대부분 나처럼 징집되었거나 미국에서의 비참한 삶을 벗어나 모험을 찾기 위해 자원입대한 사람들이었다. 물론 조국에 대한 애국심 때문에 입대한 이들도 많았다. 문제는 시위대가 이런 상황을 염두에 두지 않았다는 점이다. 군인이 된 동기가 무엇이든, 베트남에 가 있는 이유가 무엇이든, 그 또한 '애송이 살인자baby killer(미라이 학살 사건처럼 민간인 학살 사건에 참여한 미군들을 가리킨다)'에 지나지 않았다. 아이러니한 사실은 주 방위군에 입대한 '돼지들'과 켄트 주립대학교 발포 사태에 연루된 이들 상당수가 실은 베트남 파병을 피하기 위해 이런 선택을 했다는 것이다.

그날 내 마음속에는 반전 감정이 우세했다. 나는 베트남에서 의무병으로 복무했던 경험을 내세우면 학생들에게 설득력이 있으리라 생각했다. 처음 든 생각은 수업을 중단하고 학살에 항의하는 시위를 벌여야겠다는 것이었다. 수천 명의 학생이 모였다. 자발적으로 모인 집회이니만큼 학생들은 울분을 억누를 수 없었다. 한 사람씩 돌아가며 마이크를 들고 연설했는데, 이윽고 내 차례가 되었다. 나는 샌 마티오 시까지 대규모로, 하지만 평화적으로 행진하자고 제안했다. 다음날, 내 얼굴이 신문 1면에 실렸다. 기사 제목은 이랬다. '여기는 우리 학교다. 우리가 접수하자.'

나는 시위대를 조직했다. 대학 총장과 교직원들은 브루스를 통해 내게 연락을 시도했다. 그들은 사태를 평화적으로 해결하기 위해 협상 의사를 타진했다. 내가 비폭력 저항을 선택한 것에 감명 받은 듯했다. 그리고 학생이 사살된 것에 대한 분노와 우리들의 행진에 대한 비공식적 지지를 표명했다. 행진 당일, 참여 인원은 1만여 명에 이르렀다. 나는 대열을 이끌었다. 맨 앞에는 상징적인 의미로 관을 앞세웠다.

아드레날린에 도취해 있었던 탓에 이날의 사건은 흐릿한 기억으로만 남아 있다. 하지만 한 가지는 뚜렷이 생각난다. 그것은 흰색 밴이 천천히 우리를 뒤따라오고 있었다는 사실이다. 그들은 문을 열어놓은 채 나를 비롯한 학생 지도부를 향해 쉬지 않고 카메라 셔터를 눌러댔다. 처음에는 기자인 줄 알았지만, 나중에 알고 보니 이들은 경찰과 FBI였다. 행진은 평화적으로 끝났다. 켄트 주립대학교 학살 사태는 미국 역사상 유일한 전국 규모의 학생 동맹 휴업으로 이어졌다. 참여 학생이 400만 명에 달했으며 900여 곳의 대학이 문을 닫았다. 최루탄과 곤봉이 난무한 이 모든 소란의 틈바구니에서 아직까지 내 머릿속에 뚜렷이 남아 있는 영상이 하나 있다. 신문에 실린 사진 한 장, 캘리포니아 대학교 샌디에이고 캠퍼스에서 한 학생이 분신하는 장면이었다.

나는 다시 학업에 전념했다. 브루스가 내준 과제에는 내 인생의 방향을 결정한 두 권의 책에 대해 독후감을 쓰는 것이 있었다. 첫 번째 책은《외로운 바다와 하늘The Lonely Sea and the Sky》이었다. 프랜시스 치체스터 Francis Chichester가 쓴 이 책은 1966년의 단독 세계일주 항해를 실감나게 묘사했다. 치체스터는 영웅이었다. 그는 신기록을 세우고 위업을 이룬 덕에 기사 작위도 받았다. '집시 나방 4호'를 타고 벌인 9개월간의 모험 기록은 그가 질병과 부상과 그 밖의 위험을 어떻게 이겨냈는가를 잘 보여준다. 심지어 아무도 도와줄 수 없는 망망대해에서 배가 뒤집힐 뻔하기도 했다. 누구도 쉽게 이룰 수 없는 업적이었다. 게다가 당시 그의 나이 65세였다.

두 번째 책은 분자생물학의 위대한 발견을 멋대로 기술한 것으로 유명한《이중나선The Double Helix》이었다. 저자는 노벨상을 수상한 미국인 제임스 왓슨James Watson이다. 원제는 '정직한 짐Honest Jim'[1]인데, 이는 그가 어떻게 실수를 거듭하며 승리를 거두었는가를 가리키는 것이기도 하고 사람들이 생각하듯 그가 다른 이들의 데이터를 이용해 위대한 발견을 했다는 사실을 역설적으로 가리키는 것이기도 하다. (그는 심지어 '범죄 연대기Annals of Crime'라는 제목으로 기사를 쓰는 것이 어떻겠느냐며 농담을 하기도 했다.)

잠시 왓슨 이야기를 해보자. 그의 학문, 그의 삶은 나 자신의 이야기와도 연관되어 있으므로. 그가 영국인 프랜시스 크릭Francis Crick과 함께 DNA 구조를 발견한 과정을 묘사한 이 책을 읽을 때만 해도 그가 내 앞날에 깊이 연루되리라고는 꿈에도 생각지 못했다. 왓슨은 자신과 크릭이 어떻게 영국의 케케묵은 생물학계에 '유전자의 신선한 공기'를 선사했는가를 설명했다. 두 사람이 DNA 분자의 화학 구조를 밝혀낸 다음, 크릭은 술집에서 자신들이 '생명의 비밀'을 발견했다고 떠벌렸다. 술자리에서 농담삼아 한 말이기는 했지만 이것이 이 두 사람의 특징이었다. 왓슨은 이렇게 말했다. "우리는 이 발견을 최대한 빨리 발표했다. 우리가 머뭇거리는 사이 다른 사람이 해답을 생각해내면 우리가 명예를 독차지할 수 없기 때문이었다."[2]

그들은 규칙을 지키는 경쟁자들이 실수를 저지를 때마다 이를 써먹었으며 규칙대로 경기하기를 거부했다. 그들은 건전한 방법이든 편법이든 가리지 않았다. 그들이 원하는 건 가능한 한 빨리 해답을 찾는 것뿐이었다. 크릭 스스로도 인정했듯이 그들은 "유치한 오만함과 경솔함을 지니고 있었으며 (……) 지루한 사고방식을 견딜 수 없었다."[3] 1953년 당시 통용되던 기준에 따르면 왓슨과 크릭이야말로 분자생물학계의 원조 악동이었다.

그들의 성공 뒤에는 모리스 윌킨스Maurice Wilkins가 있었다. 그는 DNA에 대한 선구적인 X선 연구로 왓슨에게 영감을 준 인물이었으며 런던 킹스 칼리지의 로절린드 프랭클린Rosalind Franklin과 함께 이중나선 드라마의 또 다른 주인공이기도 했다. 왓슨은 로절린드를 냉담하고 성마른 지식인으로 묘사했다. 데이터를 이해하지도 못하면서 무작정 수집하기만 하고 윌킨스의 삶을 망쳤으며 남자들을 어리석은 학생처럼 취급했다는 것이다. 한편 윌킨스는 그녀가 이중나선의 가능성을 받아들이지 않은 것에 불만이 커져갔다. 왓슨의 책에서 결정적인 장면은 1953년 초에 프랭클린의 연구실에 들어가 그녀에게 그녀 자신이 뭘 발견했는지도 모른다고 조롱했을 때다.

화가 머리끝까지 치민 프랭클린은 연구실 의자 뒤에서 뛰쳐나왔다. 왓슨은 얻어맞을까 봐 뒷걸음질을 쳤다. 그는 연구실을 빠져나가다 윌킨스와 마주쳤다. 윌킨스는 왓슨에게 프랭클린이 찍은 DNA X선 사진 가운데 가장 잘 나온 것을 보여주었다. 번호는 51번, 날짜는 1952년 5월이었다.[4] 사진에는 X선이 반사되어 생긴 검은 십자가가 나타나 있었다. 이는 이중나선 구조를 밝혀내는 열쇠가 된다. 왓슨은 당시를 이렇게 회상했다. "나는 입이 쩍 벌어졌다. 심장이 쿵쾅거리기 시작했다."[5] 그는 자신이 보고 있는 것이 나선이라고 확신했다. 자신과 크릭이 올바른 방향으로 가고 있다는 사실 또한 분명해졌다.

윌킨스는 1951년부터 왓슨에게 DNA가 나선 구조라고 이야기했다. 이와 동시에 크릭은 X선이 회절할 때 나선이 어떻게 보이는가에 대한 이론을 수립한 참이었다. DNA 구조는 계시처럼 나타났다. 왓슨의 표현을 빌리자면 "우리가 기대한 것보다 훨씬 아름다웠다."[6] DNA 염기쌍이 지닌 대칭성은—A는 항상 T와 짝을 이루고 C는 항상 G와 결합한다—세포가 분열할 때 유전자가 어떻게 복제되는가를 밝혀주었기 때문이다.

이 메커니즘에 대한 최초의 기록은 1953년 3월 17일에 크릭이 아들 마이클에게 보낸 유명한 편지[7]다. "이제 자연이 어떻게 유전자를 복제하는지 알 수 있게 되었단다. DNA 사슬이 풀려 사슬이 2개가 되고 각 사슬에 또 다른 사슬이 달라붙으면 사슬 하나에서 복사본이 2개 생긴다. 이것은 A는 항상 T와, G는 항상 C와 결합하기 때문이지. 그러니까 우리는 생명에서 생명이 생겨나는 기본적인 복제 메커니즘을 밝혀낸 것이란다. (……) 우리가 얼마나 흥분했는지 이해할 수 있겠지?"

이중나선의 발견은 이후의 과학 역사에서 되풀이된 주제, 즉 데이터에 접근할 수 있는 권리라는 문제를 제기했다. 50년이 지난 후 왓슨은 《DNA를 향한 열정A Passion for DNA》에서 이렇게 털어놓았다. "프랜시스와 내가 다른 사람의 데이터를 가지고 생각할 권리가 없으며 모리스 윌킨스와 로절린드 프랭클린에게서 이중나선을 훔쳤다고 생각하는 이들이 있었다."[8] 하지만 이후에 그는 킹스 칼리지가 이중나선에 대해 권리를 주장하지 않은 것은 단순한 이유 때문이었다고 말했다. "DNA 구조를 찾으려는 경쟁에서 킹스 칼리지는 가장 기본적인 물음을 던지지 않았다. '어떻게 이길 것인가'라는 물음말이다."

나의 고된 학창 시절은 결실을 맺었다. 나는 네 학기 내리 전 과목 A를 받았다. 바버라도 마찬가지였다. 캘리포니아 대학교 샌디에이고 캠퍼스(UCSD, University of California, San Diego)에 편입이 확정된 날, 우리는 밤새도

• 내 동생은 왜 귀가 먹었을까 •

동생과 샌디에이고에서 수영하던 중이었다. 20미터도 떨어지지 않은 곳에서 커다란 지느러미가 보였다. 상어를 피하는 것은 어렵지 않았지만 나는 겁에 질렸다. 동생은 날 때부터 귀가 잘 들리지 않았는데, 수영하느라 보청기를 빼놓은 탓에 내가 고함치는 소리나 가까운 보트에서 사람들이 외치는 소리를 듣지 못했다. 나는 동생에게로 헤엄쳐 가서 동생의 주의를 끈 다음 상어를 가리키는 수밖에 없었다. 물 위를 거의 뛰다시피 하며 배 위에 오를 때의 모습은 마치 만화 주인공 같았을 것이다.

1950년대와 1960년대에는 장애인에 대한 사회적 편견이 심했다. 동생은 나를 따라 학교에 입학하면서부터 고생을 많이 겪었다. 하지만 우리 가족들은 모두 집의 막내인 동생을 금지옥엽으로 대했다. 개미나 벌 같은 사회성 곤충과 마찬가지로 사람 또한 자신과 같은 유전자를 돌본다. 내 게놈을 살펴보면 동생이 귀를 먹은 이유를 알 수 있을까? 어쨌든 우리는 유전자 절반이 같으니 말이다. 여러 연구에서는 귀먹음이 유전자 변형 때문에 일어난다고 주장했다. 코스타리카의 대가족을 연구한 사례에서는 'DIAPH1'라는 유전자가 청력 손실과 연관되어 있었다. 인도와 파키스탄 가족, 그리고 쥐에 대한 연구에서는 'TMIE'라는 유전자가 영향을 미쳤다. 나는 두 돌연변이형 모두 가지고 있지 않다.

또 다른 후보인 CDH23은 귓속 깊숙이 들어 있는 털세포에서 어떤 역할을 하는 듯하다. 털세포는 표면 위로 털처럼 뻗어 있어서 이런 이름으로 불리는데, 달팽이관을 따라 리본 모양을 이루고 있는 진동 감지 센서다. 달팽이관은 속귀에 들어 있는 나선형의 조개 모양 기관으로 소리를 감지한다. 나는 이 유전자에도 무언가 이상이 있는지 살펴보았지만 아무런 문제도 발견하지 못했다. 따라서 어떤 유전자 때문에 동생이 귀가 먹었는지 알려면 동생의 게놈을 분석해야 할 것이다.

록 파티를 즐겼다. 하지만 여전히 학비가 문제였다. 요즘 기준으로 보면 학기당 수업료 900달러는 비싼 금액이 아니다. 하지만 내가 받은 캘리포니아 주 장학금으로는 학비를 충당할 수 없었다. 나는 전일제로 공부하면서도 우리 부부를 먹여 살릴 방법을 찾아야 했다. 우리는 기혼자 학생이었기 때문에 학생 대출을 받을 수 있었다. 그런데 아버지가 무이자로 학비를 빌려주겠다고 했다. 단, 지불 보증 각서를 쓰는 조건이었다. 아버지가 아들을 믿지 못한다는 사실이 짜증났지만 도움을 준 것은 고마웠다.

■ 아드레날린에 대한 호기심 때문에

우리는 델 마 15번가로 이사했다. 바다가 보이는 집 뒤쪽 작은 방이었다. 5.8미터짜리 요트는 근처 미션 베이에 정박시켰다. 나는 낡은 엔진과 스테인리스 맥주통으로 계류장을 만들었다. 바다는 여전히 내 삶에서 큰 비중을 차지했다. 델 마에서는 조금만 걸으면 파도타기에 제격인 해변이 나온다. 블랙 비치도 멀지 않다. 이곳은 모래밭이 길게 이어져 있고 간간이 모래톱이 솟아 있다. 수영복은 선택 사항이었다(블랙 비치는 누드 비치다-옮긴이). 동생은 인근의 샌디에이고 주립대학교에 입학했다. 우리는 함께 수영을 했으며 바다 수영 경기 '라 호야 마일'을 대비해 훈련했다.

수영을 하거나 요트를 타지 않을 때는 오로지 공부만 했다. 고든 사토 Gordon Sato 선생은 일본 출신의 작달막한 남자였다. 그는 제2차 세계대전 당시 강제 수용소에 끌려갔다가 이후에 미군이 되었다. 전쟁이 끝난 뒤 그는 생화학을 공부하기 위해 캘리포니아로 돌아왔다. 사토의 연구실 주위에는 항상 아름다운 여성들이 '외국어를 가르쳐 주겠다'며 서성거렸다. 하지만 그는 학생들에게 친절하기는 했지만 관심을 보이지는 않았다. 그런데도, 내가 학생 가운데 두각을 나타내자 내게 용기를 북돋워주고자 했다. 나는 그가 개발한 세포 배양 기법에 매료되었다. 그는 조직을 효소와 함께 녹여 하나의 살아 있는 세포를 만들어냈다. 그러면 플라스틱 접시에서 세포를 기를 수 있다. 사토는 내 잠재력이 의사로 머물기에는 아깝다고 생각한 듯하다. 어느 날 햇볕을 쬐며 담소를 나누던 중 그는 내게 기초 연구에 흥미가 있느냐고 물었다. 사실 계속 연구해보고 싶은 주제가 있기는 했다. 나는 닭 배아 심장에서 분리한 세포를 가지고 실험한 결과를 더 파고들고 싶었다.

사토는 며칠 뒤 저명한 효소학자이자 뛰어난 생화학자인 네이선 O. 캐플런Nathan O. Kaplan이 나를 만나고 싶어 한다고 말했다. 나의 독특한 배경이 인상적이었다는 것이다. 캐플런은 학부생에 지나지 않는 나에게 자신의 호기심을 자극할 수 있는 연구 프로젝트 아이디어를 제시해보라며 격려했다. 나는 얼마 지나지 않아 한 가지를 찾아냈다. 내가 연구하고 싶은 주제는 아드레날린이 일으키는 공격 · 도피fight or flight 반응이었다. 그 순간, 나는 의대생에서 과학자로 변모하는 중요한 한 발짝을 내디뎠다. 나는 아드레날린이 어떻게 세포 박동을 촉진하는지 알고 싶었다. 누군가 이미 답을 알고 있을 거라고 생각했지만 우리가 살아가는 데 꼭 필요한 이 메커니즘의 해답을 아는 사람은 아무도 없었다.

며칠 동안 학술 논문을 읽었다. 나는 수용체receptor에 대해 공부하기 시작했다. 수용체는 세포 속에 들어 있는 단백질이다. 약물과 호르몬이 작용하기 위한 첫 단계는 수용체와 상호작용하는 것이다. 영국에서는 아드레날린이 세포 속에서 작용한다는 이론을 지지했다. 반면 미국에서는 세포 표면 어딘가에서 작용이 일어난다고 생각했다. 나는 캐플런에게 조화 운동하는 심장세포 수축을 이용해 아드레날린의 작용을 연구하면 이 논쟁에 종지부를 찍을 수 있다고 말했다. 그는 내 아이디어를 마음에 들어 했다. 그는 내게 프로젝트를 수행할 기회를 주었을 뿐 아니라 작은 연구실도 내주었다. 당시 캐플런 밑에서는 40여 명의 과학자가 연구실마다 북

적대며 일하고 있었다. 따라서 자기만의 공간을 가지고 싶던 이들은 하나 남은 연구실이 연구 경험도 없는 학부생에게 돌아간 것이 탐탁지 않았다.

내가 계획한 실험을 위해서는 21일된 수정란을 깨뜨려야 했다. 나는 집 게를 써서 달걀 껍데기 꼭대기에 구멍을 뚫었다. 그 다음, 내용물을 꺼내 배양 접시에 담았다. 배아는 반투명했으며 커다란 눈이 붙어 있었다. 피 부 속에는 고동치는 붉은 심장이 보였다. 나는 수술 가위로 심장을 꺼내 잘게 저민 다음, 심장세포들을 결합시키고 있던 콜라겐을 효소로 소화시 켜 없앴다. 세포는 당·아미노산·비타민이 들어 있는 배지growth me-dium(멸균한 후 박테리아의 성장에 필요한 물질을 첨가한 용액-옮긴이) 에 넣어 체온과 같은 온도에서 하루 동안 배양했다. 그러고 나서 현미경 으로 관찰했다. 결과는 기적 같았다. 닭에서 떼어낸 작은 세포들이 플라 스틱 접시 표면에 깔려 있었다. 세포 하나하나가 마치 수천 개의 작은 심 장처럼 수축하고 있었다. 나는 몇 시간 동안 이것들을 관찰했다. 그리고 두 번째 기적을 목격했다. 심장세포가 며칠에 걸쳐 분열해 서로 접촉하더 니 곧 박동이 차츰 일치하기 시작한 것이다. 마침내 세포 하나 두께로 접 시 위에 펼쳐진 세포들은 하나의 세포인 것처럼 동시에 수축했다.

캐플런을 비롯한 연구진 또한 배양 접시에서 심장세포가 움직이는 광 경을 보고 흥분을 감추지 못했다. 아드레날린을 조금 뿌리자 마법 같은 일이 일어났다. 심장세포는 즉시 더 빨리, 더 세게 뛰기 시작했다. 하지만 아드레날린을 제거하자 원래 속도로 돌아갔다. 아드레날린을 좀 더 넣었 더니 다시 박동이 빨라졌다. 내가 발견한 사실을 캐플런과 논의하다가 우 리는 아드레날린의 비밀을 밝혀낼 수 있는 기발한 방법을 생각해냈다. 이 때까지만 해도 아드레날린이 세포 어디서 작용하는가, 라는 기본적인 질 문에 답하는 데 10년이 걸릴 거라고는 전혀 생각지 못했다.

미국 동부의 노벨 화학상 수상자인 크리스천 B. 안핀슨Christian B. Anfinsen의 국립보건원NIH, National Institutes of Health 연구실에서는 페드로

쿠아트레카사스Pedro Cuatrecasas라는 젊은 과학자가 당 분자(세파로즈, sepharose)로 만든 작은 구슬bead에 인슐린을 붙이면 구슬 크기 때문에 인슐린이 지방세포 속으로 들어가지 못한다는 사실을 알아냈다. 하지만 인슐린은 여전히 지방세포를 자극해 호르몬 작용을 일으킴으로써 포도당glucose(글루코오스)을 중성지방triglyceride(트리글리세리드)으로 바꾸었다. 그는 이를 통해 인슐린이 지방세포 표면에 있는 수용체에 작용한다는 사실을 간단하고도 훌륭하게 입증했다.

나는 아드레날린이 어디서 작용하는지 알아내기 위해 비슷한 방법을 쓰기로 했다. 캐플런의 연구실에는 이를 도와줄 전문가가 있었다. 잭 딕슨Jack Dixon은 효소의 작용을 연구하면서 이 커다란 단백질 분자를 모래알만 한 유리구슬에 붙이는 일을 했다. 캐플런은 아드레날린 분자가 구슬에 화학적으로 결합하면서도 심장 세포에 대한 생물학적 작용을 보존하는 방법을 딕슨과 함께 찾아보라고 제안했다.

이것은 간단한 일이 아니었다. 우리는 기다란 '분자 팔'을 만들었다. 분자 팔은 아드레날린 분자가 구슬에 닿지 못하도록 멀리 떨어뜨려놓으면서도 한쪽 끝이 구슬에 화학적으로 달라붙기 때문에 세포 표면에 있는 가상의 아드레날린 수용체에 닿을 수 있었다. 우리는 처음으로 '아드레날린 유리구슬' 다발을 만들었다. 그러고는 구슬을 깨끗하게 씻어, 남아 있는 아드레날린을 모두 없앴다. 이제 실험할 준비가 끝났다.

나는 물체를 아주 조금씩 이동시키는 장비인 미세 조작기micromanipulator를 이용해 유리구슬 몇 개를 심장세포 옆에 놓았다. 아무 일도 일어나지 않았다. 좋은 징조였다. 아드레날린은 구슬을 통과하지 못했다. 나는 미세 조작기 손잡이를 돌려 구슬이 심장 세포에 닿도록 조금씩 움직였다. 그러자 순식간에 새로운 현상이 일어났다. 뿌듯했다. 내 몸속에서도 아드레날린이 분비되어 심장이 뛰었다. 구슬을 치우자 세포는 원래 박동 주기로 돌아갔다. 나는 대조군 유리구슬로 실험을 되풀이했다. 이번에는 아무 일도 일어나지 않았다. 캐플런은 실험 결과를 보고 어린아이처럼 들떴다. 그는 동료와 학생, 친구 등 주변에 있는 사람은 모조리 불러 모아 현미경에 붙어 있는 작은 모니터 화면을 보여주었다. 그때마다 나는 유리구슬을 심장 세포에 붙였다 뗐다 해보였다.

캐플런은 두 층 아래로 내려가 약학과 학과장 스티븐 메이어Steven Mayer에게 이 실험 결과를 논문으로 발표할 수 있는지 물어보라고 했다. 이 때가 바로 내가 과학의 정치와 마주치게 되는 첫 순간이었다. 스티븐 메이어는 나를 만나주기는 했지만 처음에는 냉담한 반응이었다. 자기 분야의 발견이 효소학자 연구실에서 이루어졌다는 사실을 받아들이고 싶지 않은 듯했다. 하지만 결국 호기심을 참지 못하고 몇 가지 중요한 대조 실험을 해보라고 조언했다. 이는 실험 결과를 뒷받침하고 다른 요인이나 인공적인 현상artifact을 배제하기 위한 것이었다. (당시만 해도 이 실험을 3년간 하게 될 줄은 몰랐다.) 그는 이를 위해 특정한 가상의 수용체에 대해 아드레날린 작용을 차단하는 약물, 예를 들어 '베타 차단제'라 불리는 프로프라놀롤propranolol을 써보라고 했다.

여느 실험처럼, 이론상으로는 간단했다. 구슬이 있으면 심장세포가 더 빠르고 세게 뛰며, 베타 차단제를 쓰면 이 현상이 멈춘다는 사실은 쉽게 관찰할 수 있었다. 하지만 이 효과를 수치로 나타내는 일은 만만치 않았다. 아드레날린은 심장세포에서 두 가지 반응을 일으킨다. 세포의 박동 속도가 빨라지게 하며 수축하는 힘을 증가시킨다. 수축하는 힘의 변화량을 측정하기 위해 나는 심장학과장 존 로스John Ross에게 도움을 청했다. 그는 피터 마로코Peter Maroko를 소개해 주었다. 호인인데다 박식한 마로코는 개를 대상으로 심장마비를 연구하고 있었다. 우리는 개 심장 표면의 각기 다른 부위에 유리구슬을 놓았을 때 어떤 결과가 일어나는지 살펴보기로 했다. 해군에 있을 때 심폐소생술을 했던 경험 덕에 이곳 의사들은 나를 한 팀으로 받아들여주었다.

실험 결과는 놀랍기 그지없었다. 아드레날린 유리구슬을 개 심장 여기 저기에 놓았으나 아무 일도 일어나지 않았다. 하지만 박동조율기pacemaker 부위, 즉 동방결절sino-atrial node을 건드리자 심장 박동이 급격히 빨라지기 시작했다. 구슬을 떼자마자 박동은 원래 속도로 돌아갔다. 예전에는 조잡한 스톱워치로 시간을 쟀지만 이제는 심전도 장치가 끊임없이 종이를 내뱉었고 별도의 힘 변환기가 아드레날린의 효과를 자세하게 기록했다. 아드레날린을 주입하면, 개의 심장 박동이 빨라짐에 따라 '삑' 소리 간격이 짧아지고 힘 측정기 수치도 부적 증가했다.

존 로스는 캐플런에게 전화를 걸어 실험 결과가 인상적이라고 말했다. 얼마 전에 미 국립과학아카데미National Academy of Sciences 회원이 된 캐플런은 이번 기회에 그 덕을 보기로 마음먹었다. 그는 나, 잭 딕슨, 피터 마로코와 함께 아카데미에서 발행하는 일류급 학술지인 〈국립과학아카데미회보PNAS, Proceedings of the National Academy of Sciences〉에 논문을 기고하기로 했다. 나는 날아갈 듯 기뻤다. 베트남에서 돌아온 뒤 3년 만에 나 자신의 호기심에서 비롯한 연구 결과를 난생 처음 논문으로 발표하게 된 것이다.[9] 게다가 나는 아직 학부생에 지나지 않았다. 나는 어린 시절 나를 옭아맨 열등생의 굴레를 벗어났다는 사실이 아주 만족스러웠다. 이제 나는 엘리트 과학자들과 연구하며 성공을 거두고 있는 것이다. 연구 결과를 현실에 적용할 수 있을지는 아직 미지수였다. 하지만 수영 경기에서 승리했을 때보다 더 큰 만족감을 느꼈다. 심지어 고아원에서 아이들을 치료할 때보다도 더 뿌듯했다.

연구를 계속하기 위해 진로를 바꾸다

한편 나는 의과대학에 들어가기 위해 갖은 애를 썼다. 일주일에 한 번씩, 어떤 때는 주말마다 빈민 진료소에 가서 사람들의 유전 기형을 치료했다. 다지증에 걸린 사람에게서 남는 손발가락을 떼어내기도 했고 어린 여자애 배 속에서 농구공만 한 양성 종양을 제거하기도 했다. 가족은 아이가 임신한 줄 알았다고 했다. 하지만 마음속 깊은 곳에서, 나의 진정한 사명은 연구라는 목소리가 들려오기 시작했다. 사토는 획기적인 과학적 발견이 환자를 한 사람씩 상대하는 것보다 많은 목숨을 구할 수 있다고 말했다. 나는 이 이야기를 동생에게 들려주었다. 하지만 의과대학에 들어간다고 해서 과학 연구를 포기해야 하는 것은 아니었다.

마침내 결단의 시기가 찾아왔다. 서던 캘리포니아 대학교에 면접을 가게 된 것이다. 찌는 듯한 더위에 먼지가 뿌연 날이었다. 의과대학의 초라한 사무실에서 두 시간 동안 대화를 나눈 뒤 면접관은 이런 결론을 내렸다. 내가 연구에 대해 품고 있는 흥미를 보건대 임상으로는 만족하지 못하리라는 것이다. 나는 밀폐된 환경을 끔찍이 싫어했기 때문에 그의 의견을 기꺼이 받아들였다. (공교롭게도 면접관은 항문병학자였다.) 그날 저녁 라 호야 해변에서 헤엄을 치며 짜증스러웠던 하루의 땀과 먼지를 씻어내는 동안, 내가 좋아하는 캐플런과 연구를 계속하기로 마음을 굳혔다.

다음날 아침, 캐플런에게 내 결정을 이야기했다. 그는 무척 기뻐하며 파머 테일러Palmer Taylor를 불렀다. 그는 캐플런의 박사 후 연구원인 수전 테일러Susan Taylor의 남편이었다(수전의 연구실은 내 연구실 건너편에 있었다). 내가 늦게 신청했는데도 파머는 그해 가을부터 받아주겠다고 말했다. 이제 남은 일은 캘리포니아 대학교를 졸업하는 것뿐이었다. 나는 졸업 학점을 모두 채웠을 뿐 아니라 캐플런과 연구를 수행하면서 별도의 연구 학점까지 이수했다. 하지만 골치 아픈 문제가 하나 남아 있었다. 바로 외국어 말하기 시험이었다.

나는 멕시코 환자를 돌보기 위해 외국어 과목을 프랑스어에서 에스파냐어로 바꾸었지만 두 언어 모두 말하기 시험을 통과할 만큼 유창하지는 못했다. 그래서 내게 도움이 되면서도 외국어 시험의 취지를 살릴 수 있는 대안을 제시했다. 얼마 전에 프랑스 과학 저널에 발표된 심장세포 배양 논문을 번역하겠다고 제안한 것이다. 학장은 내 제안을 받아들였다. 제출 기한은 일주일이었다. 번역 작업은 예상보다 훨씬 힘들었다. 사전에 없는 속어와 전문 용어가 난무했다. 하지만 심사관이 내 노력을 가상히 여긴 덕에 무사히 시험을 통과하여 1972년 6월에 우등으로 생화학 학사 학위를 받았다. 샌 마티오 대학에서 불안하게 출발한 이후, 3년여 만이었다. 나는 캐플런의 연구실에 취직하여 여름 연구 프로젝트를 수행했다. 내 임무는 여러 효소(단백질)를 정제하여 연구실에서 쓰는 핵심적인—또한 값비싼—비타민을 킬로그램 단위로 만들어내는 것이었다.

1970년대 초의 대학생활은 지금과 딴판이었다. 마약은 흔했을 뿐 아니라 비교적 안전하다고 여겨졌다. 약학과 교수 가운데는 코카인을 권하는 사람도 있었다. 그는 내게 코카인을 흡입해보면 그 효과에 빠져들 거라고 말했다. 연구실 복도 건너편에서는 화학과 출신 의대생이 학비를 마련하기 위해 밤늦도록 LSD를 제조하고 있었다. AIDS가 유행하기 전이었기 때문에 섹스에 대해서도 자유로운 분위기였다. 의과대학 입학심사위원회 교수들의 연구실 주위에는 항상 어여쁜 학부생들이 꼬리에 꼬리를 물었다. 우리 연구실에서 실험 보조를 맡고 있는 학부생은 브래지어를 하지 않았다(당시에는 흔한 일이었다). 게다가 그녀는 속이 비치는 상의를 즐겨 입었기 때문에 우리 연구실에는 방문객이 끊이지 않았다(방문객은 모두 남자였다).

대학원생활은 1972년 9월에 시작되었다. 아드레날린이 세포 표면의 수용체에 작용한다는 증거로 내 아드레날린 연구가 제시되고 있다는 사실은 무척 뿌듯했다. 한편 나는 호르몬이 심장에 미치는 영향을 밝혀내기 위해 매일같이 연구실에서 씨름하고 있었다. 존 로스와 또 다른 심장학자 짐 코벨Jim Covell은 내게 고양이의 꼭지근papillary muscle을 연구해보라고 권유했다. 이것은 지름 1밀리미터에 길이 0.5센티미터 정도의 원통형 근육으로, 심장 박동이 이루어지는 동안 심장 판막이 제때 닫히도록 한다. 많은 연구자들은 고양이의 꼭지근이 심장 근육의 기계적 성질을 연구하는 데 유용한 도구라고 생각한다. 근육을 이루는 세포들이 일렬로 늘어서 있기 때문이다. 문제는 심장을 떼어낸 다음 세포가 죽기 전에 근육을 추출하는 일이었다. 심장세포는 아주 빨리 죽는다.

여느 과학자와 마찬가지로 나 또한 동물 실험에 반대한다. 그러나 어쩔 수 없이 동물을 쓸 때는 보호소에서 최후를 맞을 때보다는 더 인도적인 방법으로—마취제 넴부탈을 대량으로 투여해—안락사 시켰다. 나는 근육 한쪽 끝에 봉합사를 매어 산소 기포가 발생하는 식염수에 넣어두었다. 수축하는 힘을 정확히 측정할 수 있도록 근육의 반대쪽 끝에는 변형계를 고정시켰다. 아드레날린 자극에 대한 반응은 심장세포보다 훨씬 강도가 컸다. 작은 가열 유리구슬 하나만으로도 뚜렷한 변화가 나타났다. 이 덕분에 다양한 약물과 호르몬이 심장에 미치는 영향을 매우 정확하게 측정해 아드레날린의 작용 메커니즘을 밝혀낼 수 있었다.

스티븐 메이어가 제안한 실험 가운데는 코카인이 아드레날린-유리구슬 반응에 미치는 영향을 연구하는 것이 있었다. 어떤 이들은 코카인을 주입하면 아드레날린이 신경 끝으로 이동하지 못하도록 차단한다고 주장하기도 했다. 메이어는 코카인을 비롯한 여러 마약을 연구실 금고에 넣어두었다. 우리는 코카인이 유리구슬 위에 붙은 아드레날린의 효과를 증폭시킨다는 사실을 알아냈다. 이는 코카인을 남용할 경우 가슴에 통증이 생기는 이유를 설명해준다. 또한 심장세포막 어딘가에 코카인이 작용하는 부위가 또 있으리라는 결론을 얻었다.

나는 대학원 수업이 꽉 차 있었지만 〈국립과학아카데미 회보〉에 실을 두 번째 논문을 써야 했다. 회보는 1973년 초에 출판될 예정이었다. 결국 기말고사에서 의과대학 학과 평균에 0.5점 못 미치는 점수가 나왔다. 연구자로 첫발을 내디디려는 찰나에 다시 한 번 위기를 맞게 된 것이다. 일반 학생들은 학과 평균에 못 미치는 점수를 받을 경우 대학원 과정에서 중도 탈락했지만, 나는 첫해에 박사 과정 학생들이 5년간 발표하는 것보다 더 많은 논문을 우수 학술지에 실었기 때문에 한 번 더 기회를 얻었다. 조건은 주임 교수단 앞에서 구술시험을 치르는 것이었다. 시험은 무사히 끝났다. 교수단은 내 학점을 F에서 A로 상향 조정하라고 권고했다. 결국 학점은 B로 결정되었고 나는 학교에 남을 수 있었다. 그 후 2년 동안 나는 정식 논문을 11개 더 써냈다. 의과대학 조교로 일하며 개의 가슴 절개 수술을 집도하기도 했다.

효소 반응기 실험과 칠면조 소동

나는 고정화 약물과 효소의 새로운 쓰임새에 대해 고민하기 시작했다. J. 에드윈 시그밀러J. Edwin Seegmiller에게서 통풍에 대한 강의를 듣다가 한 가지 아이디어가 떠올랐다. 통풍은 기름진 음식과 술 때문에 발병한다는 이유로 '제왕의 질병'이라 불린다. 통풍에 걸리면 혈류에 요산이 쌓이며, 결국은 관절 등 다른 조직에서도 요산이 결정화된다. 그 결과 심한 통증이나 관절염이 발생하며 심지어 사망에 이르기도 한다. 통풍은 DNA의 성분을 이루는 질소 화합물인 퓨린의 대사와 연관되어 있다. 인간을 제외한 모든 포유류는 유리카아제uricase라는 효소가 있어서 퓨린을 수용성물질로 분해한다. 통풍 치료법은 돼지에서 추출한 유리카아제를 주사하는 것이다. 하지만 인체가 돼지 효소를 침입자로 판단해 공격하는 면역 반응이 일어나기 때문에 효과가 제한적이다.

나는 대담한 아이디어를 내놓았다. 몸 밖 지름길shunt에 고정화 유리카아제를 넣어 핏속을 통과시키면, 체내의 혈액순환 과정을 우회함으로써 면역 반응을 피할 수 있지 않을까? 캐플런은 흥미를 보였고, 시그밀러는 조심스러운 입장이기는 했지만 한번 해볼 만하다고 했다. 하지만 기술적인 문제와 어려움이 한두 가지가 아니었다. 유리카아제를 어떻게 유리구슬에 결합시킬 것인가? 이렇게 실험적인 치료법을 환자에게 시술할 수 없으니 어떤 식으로 아이디어를 검증해야 할까? 지름길을 쓰면 어떤 위험이 발생할까? 캐플런은 언제나 그랬듯이 내게 용기를 북돋워주었다. 그는 과학자들 대부분은 실패할 경우를 하나하나 떠올리면서 실험을 피하려 든다고 말했다. 그러고는 이렇게 조언했다. "실험이 가능할 거라 생각한다면 무조건 시도해보게."

우리는 잭 딕슨의 도움을 받아 효소를 구슬에 붙인 다음 활성화 상태를 유지하도록 했다. 놀랍게도 효소는 활성화 상태를 유지했을 뿐 아니라 자연 상태의 효소보다 더 활발하게 활동했다. 나는 기쁨을 감출 수 없었다. 나는 심장 저장고cardiotomy reservoir를 이용해 혈액이 유리카아제 구슬을 지나가게 하는 독창적인 방법을 고안했다. 이것은 축구공 크기의 플라스틱 주머니로, 양쪽에 꼭지가 달려 있으며 여기에 관을 꽂아 동맥과 정맥에 연결한다. 혈액은 환자에게 다시 흘러 들어가기 전에 고운 망사를 두른 가운데 방에 들어가 피떡을 없앤다. 나는 가운데 방에 효소 구슬을 넣었다. 그리고 거르개를 이용해 구슬이 제자리에 있도록 했다.

이제 남은 문제는 어떤 동물에게 어떤 식으로 '효소 반응기'를 테스트할 것인가였다. 시그밀러는 달마시안을 추천했다. 달마시안은 대사에 결함이 있기 때문에 퓨린이 많이 함유된 사료를 먹으면 요산 수치가 상승한다. 퓨린이 많이 들어 있는 것은 고기이기 때문에 어려운 일은 아니었다. 달마시안을 한 마리 데려와 하루 종일 고기만 먹이자, 요산 수치가 치솟았다. 그런데 고정화 효소 반응기에 혈액을 통과시켰더니 4시간 만에 요산 수치가 정상으로 돌아왔다. 하지만 아직 문제가 남아 있었다. 어쩌면 통풍에 해당할 만큼 개의 요산 수치가 높지 않았을지도 모른다. 게다가 개는 몸속에 유리카아제가 있다.

시그밀러는 새를 써보라고 했다. 새는 유리카아제가 전혀 들어 있지 않다. 새의 분비물이 (요산과 같은) 흰색인 것은 이 때문이다. 효소 반응기는 크기 때문에 아주 큰 새가 아니면 순환계에 연결할 수 없다. 선임 수의사는 30~40킬로그램은 되어야 할 거라며 가까운 농장에서 그만한 크기의 칠면조를 가져올 수 있다고 했다. 하지만 나이가 많아 성미가 까다로울 거라며 주의를 당부했다. 나중에 알게 되겠지만 그는 상황을 과소평가했다.

34킬로그램짜리 칠면조가 트럭에 실려 도착하자 연구실에는 한바탕 소동이 일었다. 칠면조는 날개를 펴면 1.8미터나 되는데다 성미도 고약했다. 이렇게 거대한 녀석을 다룰 수 있는 곳은 심장혈관 연구실에 있는 수술실뿐이었다. 수술대 2개를 붙이고 장비를 올린 다음 칠면조 목에 밧줄을 묶고 우리에서 꾀어냈다. 우리의 피험자는 어느 때보다 우람하고 까탈스러워 보였다. 하지만 연구보조원 네 명이 녀석을 제압한 틈에 간신히 혈액 샘플을 채취해 요산 수치를 검사할 수 있었다.

수의사는 마취제로 뭘 써야 할지 자신이 없었다. 그는 바르비투르산염 barbiturate 마취제인 펜토바르비탈pentobarbital을 개에 맞는 비율로 써보라고 말했다. 나는 적정량을 주사했다. 녀석은 여전히 붙들려 있는 채였다. 그때 수의사가 칠면조 생리에 대해 깜박한 것이 있다고 말했다. 펜토바르비탈을 더 써야 할 수도 있다는 것이었다. 때마침 녀석도 그 말이 옳다는 듯 대가리를 쳐들고 나를 노려보았다. 수의사는 좀 더 기다려보라고 했다. 하지만 몇 분이 지나도록 아무 변화가 없었다. 나는 마취제를 한 번 더 주사했다. 녀석은 긴장이 조금 풀린 듯했지만 잠들지는 않았다. 나는 34킬로그램짜리 칠면조가 졸리면 어떻게 될지 전혀 감을 잡을 수 없었다. 우리는 투여량을 두 배로 늘렸다. 녀석은 이제 조금 멍해 보였다. 그런데 다시 보니 아닌 듯도 했다. 나는 마취제를 세 번 더 듬뿍 주사했다. 녀석은 비로소 나가떨어졌다.

모두 달라붙어 녀석을 수술대 위에 올렸다. 효소 반응기와 혈액 펌프가 녀석을 기다리고 있었다. 그런데 동맥을 절개해 관을 연결하려는 순간 녀석이 갑자기 눈을 깜박거렸다. 잠시 후 수술실은 아수라장이 되었다. 녀석이 날개를 퍼덕거릴 때마다 스테인리스 수술대가 위아래로 들썩거렸다. 연구보조원들이 가까스로 녀석을 잡고 있는 사이, 나는 엄청난 양의 펜토바르비탈을 날개 정맥에 주입했다. 이번에는 관을 연결하고 실험이 시작되려는 순간까지 갔다. 녀석이 눈을 깜박일 때마다 펜토바르비탈을 투여했다. 마침내 녀석은 내 앞에 널브러진 채 미동도 하지 않았다. 완벽한 승리였다.

하지만 내가 한숨 돌리려는 찰나, 칠면조가 깨어났다. 녀석이 날개를 퍼덕거릴 때마다 수술대, 효소 반응기, 링거 병이 하늘로 날았다. 연구원들도 나자빠졌다. 인내심의 한계에 도달한 선임 연구보조원이, 버둥거리는 녀석에게 마취제를 병째 주입했다. 녀석은 그 자리에 뻗었다. 그는 이제 그만둬도 되겠냐고 물었고, 나는 고개를 끄덕였다. 실험은 실패로 돌아갔다. 요산 수치야 급격히 떨어졌을지도 모른다. 하지만 나를 비롯해 누구도 결과를 확인하고 싶지 않았다.

칠면조가 도착하기 전에, 우리는 실험이 끝난 뒤 녀석을 어떻게 처리할지를 놓고 열띤 토론을 벌였다. 대학원생과 의대생들을 위해 해변 파티를 열어 칠면조 구이를 대접하자는 데 의견이 일치했다. 파티를 빛낼 예정이었던 34킬로그램짜리 칠면조 사체는 또 다른 문제를 낳았다. 우리는 깃털을 어떻게 뽑을지도 생각지 못했다. 게다가 이 정도 크기의 칠면조라면 요리하는 데 반나절은 걸릴 터였다. 그때 수의사가 비밀을 털어놓으며 해결책을 제시했다. 수의사와 학생들이 수의대에서 살아남은 것은 커다란 동물을 가압 증기 멸균기에 넣어 요리하는 법을 배운 덕이었다. 그는 녀석을 이 '압력솥'에 찌면 깃털이 쉽게 빠질 거라고 말했다. 그 다음, 녀석을 둘러메고 해변으로 달려가 불에 구우면 된다는 것이었다. 놀랍게도 수의사는 가압 증기 멸균기를 칠면조에 딱 맞게 조절하는 법도 알고 있었다. 요리는 금방 끝났다. 하지만 아직 다 끝난 건 아니었다.

문제는 우리의 저녁 식사에 엄청난 양의 펜토바르비탈이 들어 있다는 것이었다. 파티 참가자들이 모두 곯아떨어지지나 않을까? 모두 가압 증기 멸균기의 열 때문에 약물이 분해되었을 거라고 말했다. 불에 구우면서 나머지 성분도 날아갔을 거라고 말이다. 나는 이들의 주장을 받아들였다. 우리는 전리품을 꽁꽁 싸서 해변에 가져갔다. 100여 명이 모여 칠면조를 먹고 맥주를 마시는 동안 나는 영웅 대접을 받았다. 하지만 실험이 실패했다는 생각에 고기를 입에 댈 수 없었다. 나는 동료 학생들이 졸려하지 않는지 유심히 살폈다. 하지만 피곤한 사람은 나밖에 없는 듯했다. 나는 졸음이 쏟아져 일찍 자리를 떴다.

■ 나의 학문적 아버지, 캐플런

캐플런은 칠면조 소동에도 개의치 않았다. 그는 내가 고정화 유리카아제에 대해 쌓은 데이터에 깊은 인상을 받고는 논문으로 발표하라고 권고했다. 나는 아드레날린 연구와 대학원 수업 틈틈이 논문을 썼다. 당시 함께 일하는 과학자들의 탁월한 능력에 감탄을 금치 못했는데 그들의 능력을 진정으로 깨달은 것은 오랜 세월이 지난 다음이었다. 우선 캐플런 자신이 세계 일류의 효소학자였다. 그는 동종 효소isoenzyme, 즉 성질이 비슷하지만 똑같지는 않은 여러 형태의 효소가 있다는 사실을 입증했다. 젖산 탈수소효소LDH, lactate dehydrogenase, 즉 젖산에 대사 작용을 일으키는 효소의 경우 손상된 세포에서 혈액으로 흘러드는 LDH의 종류별 비율을 측정하면 환자가 심장마비를 일으킨 적이 있는지 알아맞힐 수 있다.

어느 날 캐플런은 내가 함께 일하면서 이룩한 발전에 대해 자랑스러워하면서 학문적 계보를 이야기해주었다. 그는 우리의 가계도가 여러 대의 생화학자를 거슬러 올라가며 나는 4대째라고 말했다. 3대째인 캐플런은 프리츠 리프먼Fritz Lipmann 밑에서 경력을 쌓기 시작했다. 그는 리프먼과 함께 인간의 대사에 핵심적인 생화학 중간물질인 코엔자임 Acoenzyme A를 발견했다. 리프먼은 이 업적으로 1953년에 노벨상을 수상했다. 그는 《생화학자의 방랑기The Wanderings of a Biochemist》에서 한 가지 연구 결과가 징검다리가 되어 예측하지 못한 경로를 통해 다음 연구로 이어지는 과정을 설명했다. 나 또한 이런 길을 밟았다.

캐플런은 조금 감상적이 되어 말했다. 리프먼은 자신의 학문적 아버지이며 오토 마이어호프Otto Meyerhof는 할아버지라고 말이다(마이어호프는 독일 출신으로 기초대사, 그 가운데서도 아데노신 삼인산염ATP, adenosine triphosphate이라는 에너지 분자의 역할을 발견했으며 1922년에 노벨상을 수상했다). 캐플런은 잠시 뜸을 들이더니 내가 아들이나 마찬가지라고 말했다. 하지만 그것은 어디까지나 자기 생각일 뿐이라고 덧붙였다. 나는 기꺼이 그를 나의 학문적 아버지로 받아들였다.

리프먼을 비롯해 유명인사 친구들과 동료 학자들이 학교에 찾아올 때마다 캐플런의 집에서는 성대한 파티가 열렸다. 그는 연구실 사람은 아무도 초대하지 않았지만 내게는 와서 바텐더 노릇을 해달라고 청했다. 덕분에 나는 1947년에 노벨상을 공동 수상한 칼 코리Carl Cori와 거티 코리Gerty Cori(미국 여성 최초로 노벨상을 수상했다), 고정화 효소를 연구하는 생화학자 에프라임 카찰스키Ephraim Katchalski 같은 과학계의 거장들을 만날 수 있었다. (카찰스키는 1973년에 성을 히브리식인 카치르Katzir로 바꾸었다. 이스라엘 국회에서 그를 대통령으로 선출한 뒤였다.) 또 한 명의 단골손님인 윌리엄 매켈로이William McElroy는 대학 총장이었으며 개똥벌레 불빛에 대한 생화학적 연구로 이름을 날렸다. 그는 내가 스트레이트 잔을 소심하게 다루는 걸 어이없어 하더니 "생화학자답게 따르는 법"을 가르쳐주겠다고 했다. 그는 커다란 유리잔 위에 스카치위스키 병을 거꾸로 들고는 천천히 셋을 셌다. 그는 이 의식을 파티 내내 네 번이나 반복했다.

나는 샌디에이고에서 성공을 거두었지만 내 삶은 아직 베트남의 그늘에서 벗어나지 못했다. 집 근처에서 대규모 시위가 벌어지고 시위대가 네이팜탄을 항구로 수송하는 기차를 막으려 한다는 소문이 돌면서 수상쩍은 일들이 일어나기 시작했다. 우선 갑자기 집 전화에 잡음이 섞이면서 소리가 달라지기 시작했다. 공교롭게도 집 밖에는 수리공이 항시 대기하고 있었다. 그는 우리 집 2층 거실 창문에서 바로 보이는 전봇대 위 작은 부스에 앉아 있었다. 수리공은 FBI 요원이었다. 어느 날 그가 다른 두 명의 요원과 함께 우리 집을 찾아왔다. 오랜 대화를 나누던 끝에 그들은 국제적 돈세탁 음모에 연루된 수표에서 바버라의 서명이 발견되었다고 말했다. 그녀의 필적과 지문을 요구하면서 덩달아 내 것까지 달라고 했다. 그들은 집을 나서기 전에 우리에게 조심하는 게 좋을 거라고 경고했다. 아니면 바버라를 강제추방하겠다고 말하면서 이틀 뒤에 다시 오겠다고 했는데, 그날은 공교롭게도 시위가 예정된 날이었다.

시위 당일, 경찰 수백 명이 진압 장비를 갖춘 채 철도 앞에 늘어서 있었다. 철도는 바다 위 절벽을 지난다. 오후가 되자 500여 명의 인파가 대로와 철도 사이 잔디밭에 모여들었다. 구호를 외치는 시위대를 경찰이 에워싸려는 순간 나는 바버라의 팔을 잡고 재빨리 빠져나왔다. 우리가 경찰 저지선을 지나 길가로 나오자마자 곧 최루 가스 연기가 피어올랐다. 하늘에는 헬리콥터가 깔렸고 사람들은 사방으로 도망치기 시작했다. 경찰은 닥치는 대로 시위대를 연행했다. 우리는 집에 돌아와 사건이 전개되는 과정을 땅거미가 질 때까지 창문을 통해 내다보았다. 헬리콥터 탐조등 아래서 마지막 무리가 체포되자 시위는 결국 막을 내렸다. 다가오는 월요일, 전화 수리 부스가 사라졌다. FBI 요원은 돌아오지 않았고 바버라와 나는 학교로 돌아갔다.

검증하고 싶은 아이디어가 하나 있었다. 캐플런의 초창기 발견이 영감을 준 것이다. 바로 나 자신의 심장세포를 조직 배양해 심장마비와 연관된 생화학적 변화를 연구하는 데 쓸 수 있겠느냐였다. 어쩌면 동맥이 막혀 심장에 피―즉, 산소―가 부족할 때 어떤 현상이 일어나는지를 재현할 수도 있을 것이었다. 산소 농도가 떨어질 때 심장에서 표지효소인 LDH와 크레아틴 키나아제creatine kinase가 얼마나 배출되는가를 측정하면 된다.

실험은 처음부터 대성공이었다. 단일세포에서 배출하는 효소는 실제 심장마비 때 일어나는 현상을 그대로 흉내 냈다. 효소 배출량에 따라 세포는 회복하기도 하고 죽기도 했다. 이것은 심장세포를 보호하거나 회복을 돕는 약물을 검사하는 데 유용하게 쓰일 수 있다. 캐플런은 흥분을 감추지 못했다. 그는 주요 심장혈관 센터에 연구비를 신청할 때 내게도 한 꼭지를 맡으라고 했다. 나는 그의 제안을 기꺼이 받아들였다. 물론 많은 추가 작업과 수주일에 걸친 토의와 시연이 뒤따랐다. 연구비는 심장 센터와 연관되어 있는 우리의 대규모 연구팀에 돌아갔다. 그때 생각지도 못한 일이 일어났다. 캐플런이 심장마비를 일으킨 것이다.

땀이 나고 가슴에 통증이 느껴지자 캐플런은 이상을 감지하고 바로 대학병원으로 갔다. 그는 자신이 개발한 방법으로 혈액을 검사했다. 효소 수치 검사에서는 심장마비가 그다지 심하지 않았으며 완전히 회복되리라는 결과가 나왔다. 나는 병실을 자주 찾았다. 당시의 치료법은 며칠간 진정제를 대량으로 투여하는 것이었다. 이렇게 하면 (이론상으로는) 스트레스 수치를 낮출 수 있기 때문이다. 하지만 캐플런에게는 이따금 망상을 일으키는 부작용이 발생했다. 그는 담당의에게 자기 가슴을 절개한 다음 나의 아드레날린 구슬을 시술해 심장을 고쳐달라고 부탁하기까지 했다.

작가는 자신의 글이 표절되었을 때 화가 나고, 과학자는 자신의 아이디어가 인용 표시 없이 도용되었을 때 분노한다. 이런 지적 절도 행위를 처음 당한 것은 내 멘토가 병원에 누워 있을 때였다. 제인(가명)은 이번 기회에 내 프로젝트를 가로채기로 마음먹었다. 그녀는 심장 센터 연구비 신청서에서 나와 캐플런의 이름을 빼고 자기 이름을 써넣었다. 심장혈관 팀에서는 내가 이 일을 허락했을 거라고 여겼다. 몸이 아픈 캐플런이 이런 무리수를 둘 리가 없기 때문이다.

우리가 사건의 전말을 알게 된 건 한 달여가 지난 뒤였다. 연구 책임자인 존 로스가 관례에 따라 심장 센터 신청서 사본을 내게 보냈을 때였다. 내 이름이 있어야 할 자리에 제인의 이름이 들어간 걸 알았을 때, 나는 피가 거꾸로 솟는 듯했다. 캐플런이 다른 연구자를 위해 나를 배신했다는 말인가? 나는 그의 사무실로 달려가 신청서를 책상 위에 내던지며 이렇게 소리쳤다. "이게 대체 어떻게 된 겁니까?" 캐플런은 이름이 바뀐 사실을 모르고 있었다. 그도 나만큼 격분했다. 하지만 화가 가라앉자, 이 일로 중요한 관료의 자리가 위태로워질 수 있다고 말했다. 여러 정치적인 이유를 고려할 때, 이는 캐플런이 원하는 바가 아니었다. 나는 젊고 순진했던 탓에 그의 논리를 전혀 이해할 수 없었다.

캐플런은 초창기에 자신 또한 연구 도둑질의 희생자가 된 적이 있다며 그때 일을 이야기해주었다. 그가 리프먼과 코엔자임 A를 발견한 후 〈생물화학회지Journal of Biological Chemistry〉에 발표하려고 논문을 썼을 때였다. 리프먼은 동료 교수에게 검토를 부탁하며 초고를 보냈다. 둘은 아무 대답도 듣지 못했다. 그러는 사이 학회지 측에서 리프먼에게 원고 검토를 의뢰했다. 바로 캐플런과 리프먼이 쓴 논문이었다. 하지만 저자 자리에는 이들의 이름 대신 리프먼의 동료 교수 이름이 들어가 있었다. 리프먼은 〈생물화학회지〉 편집부에 전화를 걸어 저자를 원상회복시켰다. 이 논문은 유명세를 탔고 리프먼에게 노벨상을 안겨주었다.

캐플런은 "진실은 밝혀지게 마련"이라고 했다. 하지만 아직까지도 나는 과학계를 위한다는 명분으로 이런 사기 행위를 덮어두어서는 안 된다고 생각한다. 이것은 한 개인의 평판 문제가 아니다. 과학 자체의 신뢰가 땅에 떨어질 수도 있는 일이다. 며칠 뒤 캐플런에게서 연구비가 제인을 통해 내게 전달되리라는 이야기를 들었을 때, 내가 받은 느낌은 악당들이 승리했다는 것이었다. 물론 내 아이디어가 인정받은 것은 기뻐할 만한 일이다. 하지만 이것이 다른 사람의 이름으로 나가는데도 마냥 좋아할 수만은 없지 않은가?

이 와중에도 고정화 아드레날린 연구는 착착 진행되고 있었다. 남은 문제는 우리가 아드레날린을 구슬에 부착할 때 쓰는 방법이 아드레날린 작용을 방해하는지 알아내는 것이었다. 단순한 질문이 대부분 그렇듯 이 문제 또한 해결이 쉽지 않았다. 아드레날린 분자 위에서 우리가 원하는 위치에 화학 결합을 일으키는 문제에 대해서는 보고서가 하나밖에 없었다. 따라서 더 치밀하게 들여다보아야 했다. 우리는 캐플런의 박사 후 연구원이었던 라일 아널드Lyle Arnold의 도움을 받아 핵자기공명NMR, nuclear magnetic resonance을 이용해 아드레날린의 화학 결합이 삽입된 위치를 찾았다. 결국 화학 결합이 분자 고리 위에서 생물학적 활동과 일치하는 위치에 놓여 있다는 사실을 밝혀낼 수 있었다.

■ 주류 이론에 처음으로 반기를 들다

마지막 장애물은 유리구슬 대신 매우 커다란 분자를 부착해도 아드레날린이 제대로 활동하는지 알아내는 것이었다. 나는 이를 위해 화학과 학과장이자 나의 논문 심사위원회 위원인 머리 굿맨Murray Goodman에게 도움을 청했다. 중합체polymer 화학자인 굿맨은 아드레날린을 결합시킬 수 있는 커다란 중합체를 여럿 가지고 있었다. 호르몬이 중합체와 결합하고

112

도 생물학적으로 활성화되어 있다면 유리구슬 대신 중합체를 써도 아드레날린이 여전히 활동하리라는 사실이 입증되는 것이다.

굿맨은 박사 후 연구원 마이클 벌렌더Michael Verlander를 보내주었다. 그는 변형 아미노산인 하이드록실프로필글루타민hydroxypropylglutamine과 파라아미노페닐알라닌para-amino-phenylalanine으로 중합체를 만들고 있었다. 우리는 중합체를 두 가지 크기로 만들었다. 하나는 조직에 스며드는 데 시간이 걸릴 만큼 크게, 하나는 작게 만들었다. 그러고는 이들이 분해되어 아드레날린을 방출하는지 아닌지를 지켜보았다. 심장 조직에 대한 실험 결과는 처음부터 분명했다. 아드레날린 중합체는 천연 호르몬과 거의 똑같이 활동했다. 나는 기뻐 어쩔 줄 몰랐다. 모든 비판을 잠재울 수 있는 해답을 얻었을 뿐 아니라 이 결과가 일류 학술지인 〈국립과학아카데미 회보〉에 실릴 예정이었기 때문이다.

나는 여러 차례 수정 끝에 논문을 완성했다. 몇 주 지나지 않아 벤터 · 벌렌더 · 굿맨 · 캐플런이 저자로 되어 있는 논문을 보낼 준비가 끝났다. 그때 캐플런이 나를 사무실로 불렀다. 그는 굿맨이 저자 순서를 바꾸고 싶어 한다고 말했다. 벌렌더를 제1저자로 내세우겠다는 것이었다. 나는 이번 연구가 내 아이디어에서 비롯한 내 연구이며 벌렌더는 중합체를 만든 화학자였을 뿐이라고 말했다. 캐플런은 고개를 끄덕이면서도 내가 대학원생으로서 이미 유명세를 탔기 때문에 논문에 몇 번째로 이름이 실리는가는 중요하지 않다고 주장했다. 하지만 벌렌더는 경력을 쌓지 않으면 안 된다는 것이었다. 벌렌더는 동료일 뿐 아니라 내게 큰 도움을 베푼 사람이기 때문에 나는 마음이 약해졌다. 하지만 논문에 핵심적인 기여를 한 사람은 나였고 제1저자도 내가 되는 게 마땅하다는 생각에는 변함이 없었다. 결국 캐플런의 본능이 옳았다. 벌렌더와 나는 똑같이 논문의 공저자로 인정받았다. 하지만 마음은 여전히 쓰라렸다.

그때쯤 캐플런은 동료에게서 자신이 노벨상 후보에 올랐다는 이야기를 들었다. 효소 연구의 공로를 인정받은 것이다. 그는 노벨상 위원회에 자신이 상을 받기에 마땅한 인물이라고 설득할 수 있도록 획기적이고 주목할 만한 발견을 내놓고 싶어 했다. 리프먼이 노벨상을 수상하는 데 자신이 이바지한 것처럼 말이다. 캐플런의 오른팔 격인 인물이 나를 찾아와 아드레날린 수용체와 이들에 작용하는 효소에 대해 아이디어를 마음껏 펼쳐보라고 말했다. 내 연구를 발전시키는 확실한 방법 가운데 하나는 수용체의 위치, 즉 인체 내에서 아드레날린 호르몬이 어디에 결합하는지 알아내는 것이었다. 나는 구슬에 결합시킨 약물을 이용해 세포 단백질의 복잡한 혼합물에서 수용체를 끌어내어 이를 정제하고 분석하고 싶었다.

이번에도 오랜 친구 칠면조가 동원되었다. 밴더빌트 대학교의 얼 W. 서덜랜드 2세Earl W. Sutherland Jr.는 칠면조 적혈구를 이용해 호르몬이 세포에 작용하는 메커니즘을 밝혀냈다. 그는 이 공로로 1971년에 노벨상을 수상했다. 그의 연구에 따르면 호르몬이 세포 표면의 수용체에 달라붙어 아데닐 시클라아제adenylate cyclase 효소를 활성화하면 '고리AMPcyclic AMP'라는 분자가 만들어져 세포 내에서 작용한다. 서덜랜드는 1960년부터 이 메커니즘이 상당수의 호르몬 효과를 밝혀준다고 주장했다. 하지만 동료들은 다양한 호르몬이 일으키는 것으로 알려진 수많은 효과를 고리AMP라는 화학물질 하나로 설명할 수 있다는 주장을 받아들이지 않았다. 오늘날 우리는 고리AMP가 호르몬의 작용을 돕는 '2차 전령물질second messenger'이라는 주장에 동의한다. 내 계획은 유리구슬에 부착한 아드레날린을 이용해 혈액 속의 아드레날린 수용체를 찾아내고 이와 동시에 여기에 연결된 아데닐 시클라아제를 찾아내는 것이었다.

이를 위해서는 칠면조 혈액이 아주 많이 필요했다. 나는 지난번 대실패 때 함께 일한 수의사에게 전화를 걸었다. 그는 의과대학에서 한 시간 거리에 있는 칠면조 농장을 섭외해주었다. 지난번에 호되게 당한 터라 잭 딕슨에게도 칠면조 피 뽑는 일을 도와달라고 부탁했다. 자칫하면 내가 피를 뽑힐 수도 있으니 말이다. 흰색 연구용 가운을 입고 고글을 쓴 모습은 가관이었을 것이다. 농장주가 물었다. "당신네들, 칠면조 피 뽑으러 왔소?" 그는 칠면조를 한 마리 붙잡더니 휙 뒤집었다. 그러고는 내가 날개 정맥에서 혈액을 50시시를 채취하는 동안 녀석을 단단히 붙잡고 있었다. 첫 번째 혈액 실험은 성공적이었다. 고정화 아드레날린은 혈액에서 수용체를 끌어내 농축하는 듯했다. 하지만 순수한 수용체를 분리하는 것은 만만한 일이 아니었다. 이때까지만 해도 내가 앞으로 여러 해 동안 칠면조 피를 뽑을 것이라고는 생각지 못했다.

대학원생활 3년 만에 나는 이룰 만큼 다 이루었다는 생각이 들었다. 그래서 박사 논문을 쓰고 졸업하기로 마음먹었다. 박사 학위를 받으려면 학위 논문을 다 쓴 뒤 일반적으로 논문을 1~2개 제출하거나 발표해야 한다. 여기에는 보통 5~6년이 걸린다. 하지만 나는 이미 다음 단계로 나아갈 준비가 되어 있었다. 내가 제출하거나 발표한 논문은 12개나 되었기 때문이다. 이 가운데 절반은 〈국립과학아카데미 회보〉에 실렸으며 나머지도 〈사이언스〉 같은 이름난 학술지에 발표되었다.

바버라와 나는 학교와 더 가까운 곳에 살기 위해 방 2개짜리 공동주택으로 이사했다. 나는 아무에게도 방해받고 싶지 않아서 방 하나를 서재로 개조한 다음 그곳에 틀어박혔다. 베트남에서 돌아온 이후 나는 낮에는 수영을 하거나 요트를 타고 파도타기를 즐기고는 저녁이 되어야 글을 쓰기 시작했다. 글이 가장 잘 써지는 때는 자정부터 새벽 3시까지였다.

내가 발표한 논문들을 짜깁기해 '누더기 학위 논문'을 발표하는 일이야 식은 죽 먹기였지만, 나는 연구 결과를 전체적으로 조망하고 몇 가지 이론적 주제에 천착해 새로운 영역을 개척하고 싶었다. 특히 흥미를 느낀 분야는 '약물과 호르몬이 수용체에 작용하는 방식에 대해 내가 가진 데이터가 주류 이론과 어떻게 어긋나는가'라는 것이었다. 기존 이론에서는 약물과 호르몬이 조직 내 모든 세포에서 동시에 비슷한 농도에 도달한다고 가정했다. 따라서 그 반응은 약물이나 호르몬이 달라붙은 수용체 개수에 정확히 비례한다고 생각했다. 다시 말해서 수용체 가운데 절반이 특정 호르몬을 받아들였다면 근육은 최대 근력의 절반으로 반응할 것이다. 하지만 내가 수집한 데이터에 따르면 근육 반응은 조직 내에서 채워진 수용체 비율에 전혀 비례하지 않았다. 나는 심장 근육이 호르몬에 반응하는 데 걸리는 시간이 무척 짧다는 데 착안해 호르몬이 세포의 모든 수용체에 도달하지는 못할 것이라고 생각했다. 근육 전체가 조화를 이뤄 하나의 단위로서 심장 박동을 일으키려면 호르몬 신호가 소수의 세포를 통해 전체 근육으로 전달되어야 한다.

이 주장은 주류 이론에 반기를 드는 것이었기 때문에 설득력을 지니도록 하기란 쉬운 일이 아니었다. 내 주장을 뒷받침하려면 분자가 액체와 고체 속을 통과해 퍼지거나 이동하는 속도를 알아야 했으며, 경계층 boundary layer의 신비를 밝혀내야 했다. 예를 들어 용액을 잘 휘저어도 혈관 벽 옆에는 흐름이 정체된 액체층이 존재한다는 사실 말이다. 즉, 나는 낯선 학문 영역으로 들어가야 했다. 수학적 배경이 부족했기에 더더욱 조심스러웠다. 하지만 결국은 해내고 말았다.

생각하고 글 쓰는 일에 온 힘을 쏟다 보니 바다 생각이 간절했다. 나는 수도원 같은 생활에서 잠시 벗어나기 위해 멕시코까지 160여 킬로미터를 항해하기로 마음먹었다. 5.8미터짜리 겹판 보트를 선택했다. 덴마크에서 1949년에 건조되었으니 내 또래인 셈이었다. 지금 생각해 보면 다소 무모한 도전이었지만, 당시만 해도 작은 보트를 타고 해변을 따라 올라갔다가 카탈리나 섬으로 돌아오면서 항해 경험을 충분히 쌓았다고 생각했다. 나는 별을 보고 방위를 측정했으며 간단한 무선 방위측정기도 직접 만들었다. 육지가 보이지 않는 드넓은 바다 위에서 작은 보트를 타고 따사로운 햇볕을 쬐는 즐거움은 무엇과도 비길 수 없었다. 밤이 되면, 의지할 것이라고는 별과 무선 신호밖에 없었다.

캐플런 연구실의 박사 후 연구원인 칩 아이히너Chip Eichner와 론Ron 아이히너가 우리 부부의 신나는 모험에 동행했다. 그런데 식량 담당에 혼선이 생기는 바람에 우리 넷이 이틀간 먹기에는 음식이 턱없이 모자랐다. 게다가 나는 아이스박스에 연구실에서 가져온 드라이아이스를 채웠는데 이 때문에 그나마 남아 있던 음식마저 탄산가스가 스며들어 못 먹게 되었다.

첫날은 소동의 연속이었다. 태양 아래 순풍을 받으며 코로나도 군도로 항해했지만 티후아나를 막 지날 무렵 멕시코 경찰이 우리를 추격하기 시작했다. 나는 어찌할 바를 몰랐다. 바람과 파도를 타고 18노트로 항해하는 배를 돌리기란 쉬운 일이 아니었다. 몇 시간을 항해한 끝에 작은 만에 닿을 수 있었다. 우리는 커다란 해조류에 배를 매고 정박했다. 다들 기진맥진한데다 배도 고팠지만 작은 보트에서는 깊이 잠들 수가 없었다. 둘째 날은 바다가 잔잔해서 배를 돌려 샌디에이고 미션 베이로 되돌아갔다. 배가 부두에 닿자마자 우리는 식당으로 돌진했다.

■ 박사 학위 취득 후 쏟아진 제안

컴퓨터와 워드프로세서가 없던 당시, 논문을 타이핑하는 것도 큰일이었다. 게다가 땀 흘린 대가로 야심차게 내놓은 365쪽짜리 논문은 초고를 인쇄하는 데만 한 쪽당 50센트, 최종본은 한 쪽당 1.25달러나 들었다. 석 달 동안 애쓴 덕에 논문 심사위원회에 제출할 논문을 10부 완성했는데 두께가 전화번호부와 맞먹는 역작이었다. 심사위원으로는 캐플런을 위원장으로 해서 고든 사토·존 로스·스티븐 메이어·머리 굿맨 등이 참여했다. 이들은 논문의 크기와 범위에 놀라움을 금치 못했다. 누구보다 놀란 사람은 캐플런이었다. 그는 내게 박사 후 연구원 월급을 줄 돈이 없어 졸업을 못 시켜주겠노라고 우스갯소리를 했다. 심사위원들이 논문을 읽고 승인한 다음에는 청중 앞에서 논문을 방어해야 했다.

심사위원들의 빡빡한 일정 때문에 논문 방어 날짜를 고르기란 하늘의 별 따기였다. 설상가상으로 논문 방어는 의과대학 대강당에서 열리기로 되어 있었다. 대강당은 내 논문에 쏟아진 뜨거운 관심을 보여주기라도 하듯 규모가 엄청났다. 나는 캐플런과 함께 강당을 향한 계단을 걸어 내려갔다. 그가 건넨 조언은 단 한마디였다. "자신의 연구 주제에 대해 누구보다 많이 알고 있다면 아무 문제 없다네." 그의 충고를 들으니 이상하리만치 마음이 놓였다. 내 주제에 대해 나보다 더 많이 아는 사람은 없을 것이었다. 하지만 수석위원회를 상대해야 한다는 생각이 떠올랐다. 게다가 그 가운데 셋은 학과장이었다.

강당은 입추의 여지가 없었다. 나는 기죽지 않으려고 애를 썼다. 이제야 알게 된 사실이지만, 나는 준비만 제대로 되어 있으면 사람들 앞에서 말이 술술 흘러나온다. 나는 마음속을 텅 비울 수 있는 신기한 능력이 있다. 마치 내가 말하려는 것을 미리 머릿속에 떠올려 편집하면서 이야기하듯 말이다. 나는 그날 메모도 없이 90분을 쉬지 않고 이야기했다. 그러고는 90분 동안 질문에 답했다. 놀랍게도 3시간이 지나도록 아무도 자리를 뜨지 않았다. 가장 긴장되는 순간이 찾아왔다. 심사위원들이 의견을 모으기 위해 일어선 것이다. 잠시 후 캐플런을 필두로 심사위원들이 내게 걸어왔다. 그러고는 이렇게 말했다. "벤터 박사, 축하하네." 1952년 12월이었다. 베트남에서 돌아와 미국 땅을 밟은 지 7년 하고도 5개월 만이었다.

나는 불리한 여건을 극복하고 삶의 중요한 시기마다 내 곁에 있던 이 대학교에서 박사 학위를 받았다. 어릴 적, 해마다 여름이면 부모님을 따라 샌디에이고를 오가는 길에 캘리포니아 대학교 샌디에이고 캠퍼스를 지나쳤다. 해군에 있을 때도 이 학교를 지나 뉴포트 비치를 오갔다. 이 학교를 지날 때마다 대학교에 다닐 능력과 돈이 있는 사람들이 부러웠다. 나는 이제 우리 집안의 첫 박사가 되었다. 나는 자랑스럽고 행복하고 편안하고, 그리고 피곤했다.

동료들과 친구들, 가족들에게 축하 인사를 받으면서도 나는 앞으로 닥칠 일을 머리에 그리고 있었다. 지능지수 검사 덕에 해군에서 승승장구했듯 박사 학위는 내게 또 다른 길을 열어주었다. 가장 무난한 길은 박사 후 연구원으로 5년을 보내는 것이었다. 의사가 되기 전 인턴과 레지던트를 거치는 것은 장인 밑에서 도제로 일하는 것과 비슷하다. 캐플런은 내가 이 길을 택하기를 바랐다. 자기 연구실에 남거나 저명한 생화학자로서 뉴저지에 있는 로시 분자생물학연구소 소장인 시드니 유든프렌드Sydney Udenfriend와 함께 연구하라고 권했다.

하지만 나는 이미 1년 전 일반적인 코스를 질러갈 수 있는 이례적인 제안을 받은 상태였다. 애틀랜타 에머리 의과대학의 약학과 학과장인 닐 모런Neil Moran이 심장혈관 연구비 지원 여부를 검토하기 위해 나를 찾아온 적이 있었다. 연구비 신청서는 존 로스와 함께 냈다. 모런은 내가 박사 후 과정을 건너뛰고 에머리 의과대학에서 바로 교수가 될 수 있을 거라고 말했다. 스티븐 메이어도 적극 찬성이었다. 즉, 나는 세 곳에서 취업 제의를 받았다. 반면 캐플런 연구실의 다른 동료들은 수십 통의 지원서를 내고도 면접 한 번 볼 기회를 얻기조차 힘들었다. 당시는 구직난이 심각했지만 나는 메이어나 모런처럼 일반적인 약리학자의 길을 걷고 싶지는 않았다. 게다가 우리 학교의 스타급 교수들은 모두 다른 연구 기관에서 경력을 쌓았다. 수준이 훨씬 낮은 기관 출신들도 많았다. 이곳에서 두각을 나타내려면 우선 다른 곳에서 나 자신의 능력을 입증해야겠다는 생각이 들었다.

캐플런은 내가 딴 곳을 기웃거리는 걸 못마땅해했다. 저명한 약리학자 에이브럼 골드스타인Avrum Goldstein의 주도 하에 스탠퍼드 대학교에 분자약리학과가 신설되리라는 소문이 파다했지만, 캐플런은 그때까지 기다리지 말고 당장 결정을 내리라고 경고했다. 결국 나는 제안 받은 일자리들을 모두 견주어보기로 했다. 우선 에머리 대학교와 방문 약속을 잡았는데 버펄로 뉴욕 주립대학교의 의학부 교수 자리에 마음이 끌렸다. 그곳에서는 유수의 연구자들이 신경전달물질 수용체의 분자 메커니즘을 연구하는 데 힘쓰고 있었다. 그 가운데는 근육 수축을 일으키는 니코틴 아세틸콜린 nicotinic acetylcholine을 연구한 에릭 바너드Eric Barnard, 칼슘을 세포로 운반하는 단백질 펌프를 연구한 데이비드 트리글David Triggle, 대전된 원자(이온)가 신경세포에 작용하는 방식을 밝혀 노벨상을 수상한 존 에클스 경Sir John Eccles 등이 있었다. 나는 에머리 대학교에 들른 후 바로 뉴욕 주립대학교 의과대학을 방문하기로 일정을 짰다.

에머리 대학교에서의 면접은 순조롭게 진행되었다. 모런은 호감 가는 신사였다. 하지만 연구실은 어둡고 비좁았다. 왠지 이곳이 구시대의 과학을 대표한다는 느낌이 들었다. 게다가 많은 교수들은 나같이 성공을 거둔 사람이 왜 이곳에서 일하고 싶어 하느냐고 물었다. 에머리 대학교 유전학과 교수는 우스갯소리로 (바버라와 내가 얼마 전에 본) 공포영화 〈구출 Deliverance〉의 등장인물들이 실은 배우가 아니라 자신의 피험자들이라고 말했다. 그는 자부심이 깃든 목소리로 영화의 진짜 내막을 알려주겠다고 했다. 나는 버펄로 행 비행기에 몸을 실었다. 애틀랜타는 내가 있을 만한 곳이 아니었다.

나는 버펄로로 옮기는 것에 매우 회의적이었지만 사람들은 나를 따뜻하게 맞아주었다. 그들은 내게 좋은 인상을 주려 애썼고 성공을 거두었다. 대학교와 의학부, 로스웰 파크 암연구소가 결합된 깊이 있는 연구 분위기는 놀라울 정도였다. 생체막에 대한 학제간 대학원 연구 프로그램은 수용체 분야에 대한 대학의 전문성을 보완했다. 드미트리 파파도풀로스 Demetri Papadopoulos가 설립한 이 프로그램에는 로스웰 파크 암생물학 부장인 대릴 도일Daryl Doyle과 조지 포스트George Poste가 참여하고 있었다.

제안은 파격적이었다. 넓은 연구 공간과 당장 연구를 시작할 수 있는 연구비, 그리고 연봉 2만 1,000달러가 제시되었다. 라 호야에서 받을 수 있는 것보다 9,000달러나 많은 액수였다. 바버라도 계약 조건에 포함되었다. 아내는 훌륭한 평판을 듣고 있는 로스웰 유방암 연구실에서 박사 후 연구원 자리를 제안 받았다. 나는 제안을 받아들였다. 아내가 학위 논문을 마칠 수 있도록 7월부터 일을 시작하기로 했다. 집은 2만 5,000달러에 팔렸다. 몇 년 전에 살 때는 1만 4,000달러였다(몇 년 후에는 10만 달러가 넘는 금액에 팔렸다고 한다. 나는 돈 버는 재주는 없나보다). 우리는 델마에 가구가 딸린 공동주택을 임대했다. 마침내 바버라도 논문을 방어하자, 우리는 함께 졸업식에 참석했다. 라 호야에서의 마지막 이정표였다. 부모님이 오시는 바람에 주말 동안 집을 한 채 더 임대해야 했다. 아내와 나는 난롯가에서 사랑을 나누며 성공을 자축했다.

이제 버펄로에서 학자로서의 두 번째 경력을 시작할 참이었다. 나는 박사 후 연구원을 건너뛰고 조교수부터 시작할 수 있었다. 내게 영어를 가르친 브루스 캐머런 선생과 부인 팻 캐머런Pat Cameron은 작별 선물로 샌프란시스코에서 공연하는 〈코러스 라인〉 티켓을 주었다. 그날 저녁 들은 노래 한 곡은 내게 의미심장했다. 우리는 밤낮을 달려 버펄로에 도착했다. 1976년 독립기념일이었다. 인적이 끊긴 도시는 마치 죽은 듯했다. 뮤지컬의 노래 가사가 계속 귓전을 맴돌았다. "버펄로에서는 자살하나 안 하나 매한가지라네."

과학
항해자

CHAPTER 04

버펄로에서 새출발하다

기록에 따르면 어떤 젊은 과학자 지망생이 패러데이에게 과학자로 성공한 비결을
물었다고 한다. 그는 이렇게 대답했다.
"비결은 세 단어로 이루어져 있지. 연구하라. 끝내라. 출판하라."

▌ **J. H. 글래드스턴** J. H. Gladstone, 《마이클 패러데이Michael Faraday》

교수가 되고 나서 배운 것들

버펄로에 온 직후 바버라는 임신 사실을 알게 되었다. 최악의 시기에
아기를 가진 것이다. 우리의 결혼생활은 악화일로로 치달았다. 캘리포니
아에서 함께 살 때만 해도 바버라와 나는 둘 다 박사 학위라는 같은 목표
에 매달려 있었다. 우리는 우정 어린 경쟁심을 갖고 함께 공부했으며 화
목한 가정을 이루었다. 이제 나는 연구보조원 두 명과 대학원생 두 명, 박
사 후 연구원 한 명을 거느린 의과대학 교수가 되었다. 독자적으로 활동
할 수 있게 된 것이다. 하지만 바버라는 남 밑에서 박사 후 연구원으로 일

하면서 내 그늘에 가려져 있다고 생각했다. 연구실생활도 순탄치 않았다. 우리는 학비를 대느라 빚을 많이 졌다. 게다가 이곳에는 라 호야의 푸른 하늘도, 따뜻한 바닷물도 없었다. 아내가 임신하면서 삶은 더욱 힘들어졌다. 우리는 부부 관계를 유지하느라 압박감에 시달려야 했다.

결혼생활에 금이 가기 시작하는 한편 학교생활도 첫날부터 엉망이었다. 아침에 학교에 도착하자마자 학과 주임인 피터 게스너Peter Gessner가 자기 대학원생이 논문을 방어하는 자리에 나를 초청했다. 서부 해안에서 온 신출내기에게 제자를 자랑하고 싶었으리라. 문제는 내가 떠나온 학교가 강인하고 비판적이고 가차없는 지적 풍토를 지닌 곳이었다는 점이다. 바보를 기꺼이 참아주는 사람은 아무도 없었다. 학문적 비판을 개인적인 비난으로 받아들이는 사람도 없었다.

나는 그 대학원생에게 논문 주제가 하잘것없고 자기 분야의 기본적인 지식도 갖추지 못했으며 학문적으로도 허술하다고 공격을 퍼부었다. 그때까지만 해도 내가 그녀의 논문 지도 교수이자 학과의 유력인사를 공격한 셈이라는 사실은 알지 못했다. 나는 라 호야에서 내 힘으로 시작했기 때문에 대학원생이 자기 연구를 하지 않고 지도교수의 연구를 이어갈 수도 있다는 생각을 하지 못한 것이다. 교수들 사이에 '내 제자를 통과시켜 주면 자네 제자도 통과시켜 주겠다'는 식의 암묵적인 거래가 이루어지고 있다는 사실도 알지 못했다. 게다가 장발에 꽁지머리, 텁수룩한 수염에다 폴리에스테르 소재의 70년대식 나팔바지는 동료 교수들 눈 밖에 나기에 충분했다. 이날 이후로 버펄로의 저명한 동료 교수들은 자기 학생을 내게 선보이려 들지 않았다.

하지만 이곳에서도 좋은 시절은 있었다. 3월 8일, 아들 크리스토퍼가 태어났다. 1977년의 악명 높은 눈보라가 몰아친 지 몇 주 지나지 않아 아직 거센 눈발이 휘날릴 때였다. 버펄로는 완전히 고립되었다. 바람은 시속 113킬로미터로 불어댔고 눈이 7.6미터나 쌓였다. 약탈이 성행했고 사

126

람들은 자동차 안에 앉은 채 죽어갔다. 해군에서 분만에 참여한 일이 있었지만 내 아들이 세상에 나오는 장면은 무엇과도 비길 수 없었다. 나는 첫눈에 반해버렸다. 우리는 학자금 대출을 갚느라 가사 도우미를 쓸 여유가 없었고, 바버라와 나 누구도 일을 줄이고 싶지 않았거니와 그럴 형편도 안됐다. 결국 개인 사무실이 있는 내가 몇 달간 직장에 아들을 데려가서 돌보기로 했다.

처음에는 서류 캐비닛 서랍 안에 크리스토퍼를 재웠다. 하지만 아이가 커가면서 결국 침대를 하나 장만해야 했다. 크리스토퍼와 시간을 보내는 일은 행복했지만 옆 사무실 교수들은 아기 울음소리에 불평을 늘어놓았다. 나는 아빠와 연구자, 교수 1인 3역을 했다. 연구 프로그램을 짜고 치의대에서 강의까지 했다. 이것은 나 자신과 우리의 결혼생활에 엄청난 스트레스였다. 나는 전통적인 해결책에 의존하기 시작했다. 스카치위스키를 2리터짜리로 사두고는 밤마다 한두 잔씩 홀짝거렸다.

버펄로에 온 지 1년 남짓한 동안 나는 이곳의 학문적 지형도를 전체적으로 파악할 수 있었다. 버펄로는 1970년대 말부터 1980년대 초까지가 전성기였다. 그 이후로는 최고의 과학자들이 하나 둘 빠져나갔다. 존 에클스 경은 내가 도착하자마자 떠났다(아무도 사전에 내게 귀띔해주지 않았다). 우리 집에 이삿짐을 날라준 인부들이 바로 에클스 경의 짐을 포장한 사람들이었다. 생화학자 에릭 바너드는 몇 년 후 런던의 대형 연구 프로그램을 이끌기 위해 떠났으며 드미트리 파파도풀로스는 샌프란시스코 캘리포니아 대학교로, 조지 포스트는 스미스클라인으로 자리를 옮겼다. 인재의 탈출 러시를 바라보며, 나는 버펄로에 영원히 발목 잡히지 않으려면 속히 학문적 명성을 쌓아야겠다는 생각이 들었다. 다행히도 국립보건원에 처음으로 낸 연구비 신청서는 즉시 수리되었다. 계획이 너무 거창하다는 심사위원 논평이 붙기는 했지만 말이다.

나는 라 호야에 있을 때 아드레날린 수용체를 연구했다. 자율신경 계통에서 신경세포를 둘러싸고 있는 지방막 어디에 이 수용체가 있는지 알아내는 일이었다. 자율신경 계통이란 사정射精, 동공 확장, 심장 박동 등 의식적으로 조절할 수 없는 신체 활동을 담당한다. 나는 이 연구의 연장선상에서 수용체 단백질을 분리하고 정제해 이들의 구조를 분자 수준에서 분석했다. 이것은 수용체의 작용을 이해하기 위한 핵심적인 과정이었다. 아드레날린 수용체처럼 희귀한 단백질은 아직 분리해서 배양에 성공한 사례가 없었다. 세포막에 들어 있는 것이야 말할 것도 없었다. 우리는 우선 세포막에서 분리한 단백질의 농도를 측정하는 방법을 개발해야 했다.

수용체 단백질의 흔적을 검출하는 탐침probe을 완성하는 데만 1년 가까이 걸렸다. 탐침은 수용체에 달라붙는 베타 차단제 약물과 결합하는 방사성 요오드 원자다. 수용체에 방사성 표지를 붙일 수 있게 되자 지질막에서 수용체를 빼내기 위해 갖가지 방법을 시도해볼 수 있었다. 성공 여부를 알기 위해서는 유리 필터에 남은 방사능 수치를 측정하면 되었다. 다음으로는 지질막에서 함께 딸려온 각양각색의 세포 단백질에서 수용체를 정제해내야 했다. 수십 가지 방법을 시도해보았다. 실험 횟수는 수백 번에 달했다.

박사 과정에 있을 때는 이런 식으로 연구를 진행해본 적이 없었다. 길고 복잡한 여정, 대부분이 실수에서 교훈을 얻는 시행착오의 연속이었다. 물론 실수는 숱하게 저질렀다. 나는 학생과 논문 지도 학생, 박사 후 연구원과 연구보조원 들을 관리하고 자극하고 이끌고 격려하고 방향을 제시하는 방법을 깨닫기 시작했다. 이들 사이의 복잡한 인간관계를 처리하는 법도 알아갔다. 해고하는 법과 더불어 (무엇보다 중요한) '인재를 끌어들이는 법'도 배웠다.

대학교에서 연구를 주도하는 것은 대학원생과 박사 후 연구원이다. 따라서 연구실 사이에는 최고의 학생을 차지하기 위한 경쟁이 치열하다. 나는 촉망 받는 분야를 맡고 있던 덕에 뛰어난 학생들을 차지할 수 있었다. 그 가운데 한 명인 클레어 프레이저Claire Fraser는 뉴욕 북부에서 손꼽히는 공과대학인 렌슬러 공과대학을 우수한 성적으로 졸업했다. 그녀는 예일 대학교에 입학 허가를 받아놓은 상태였는데도 내게 면접을 받으러 찾아 왔다. 그녀의 약혼자는 토론토에서 일하는 은행원이었다. 갈 만한 미국 대학교 가운데 가장 가까운 곳이 버펄로의 뉴욕 주립대학교였다. 나는 그 녀에게서 좋은 인상을 받았지만 아이비리그의 재목인 그녀를 다시 볼 수 있으리라고는 기대하지 않았다.

몇 달 후 그녀가 우리 학과에 오려 한다는 소식이 들려왔다. 여러 연구 실을 돌며 수습 기간을 마친 뒤 그녀는 내 밑에서 대학원생활을 하기로 마음먹었다. 나는 무척 기뻤다. 1979년에 우리는 계면활성제를 이용해 아 드레날린 수용체를 녹이는 방법에 대해 논문을 발표했다. 이 방법은 우리 연구에 요긴하게 쓰였다.

클레어는 내가 제시하는 새로운 방법을 재빨리 이해했다. 우리는 상대 방의 부족함을 채워주는 강점을 지니고 있었다. 나는 여러 연구의 일선에 서 움직이며 다양한 기술을 이용해 국제적으로 주목받는 야심 찬 과학자 였다. 반면 고등학교 교장의 딸로 반듯이 자란 뉴잉글랜드 처자인 클레어 는 문제의 세부적인 부분에 천착하는 논리적인 연구자였다. 이는 조금 혼 란스럽고, 열정적이고, 에너지로 충만하고, 목표 지향적이면서도 폭넓은 내 접근 방식과 조화를 이루었다.

■ 클레어의 단일 클론 항체 연구

나는 그녀에게 흥미로운 주제를 제시하고 싶었다. 한 가지 아이디어는 수용체에 고유한 단일 클론 항체를 이용해 복잡한 단백질 혼합물에서 수용체를 끄집어내어 정제하는 것이었다. 단일 클론 항체를 만드는 방법이 개발되었다는 소식에 과학계가 들끓던 때였다. 주인공은 영국 케임브리지 분자생물학연구소의 게오르게스 쾰러Georges Köhler와 세사르 밀스테인 Cesar Milstein이었다. 그들은 이 공로로 노벨상을 받게 된다. 혈액에 들어 있는 다클론 항체는 수백만 개의 복사본으로 증식하는(클론 증식) 단일 백혈구세포에서 얻을 수 있다. 쾰러와 밀스테인이 개발한 것은 개별 백혈구세포와 단일 클론 항체를 분리하는 방법이었다.

클레어는 수용체 항체를 연구하는 데 동의했다. 우리는 수용체에 대한 방사성 약물 결합 방식과 경쟁할 수 있는 항체가 있는지 알아내는 방법을 신속하게 개발했다. 이 야심 찬 계획은 곧 결실을 맺기 시작했다. 오래전부터 아드레날린 수용체와 연관성이 있다고 알려져 있던 천식에서 첫 성과가 나왔다. 나는 알레르기성 천식을 앓고 있었기 때문에 개인적으로도 이 연구에 관심이 있었다.

'베타 수용체 작용제beta-receptor agonist'라는 이름의 일부 천식 치료제는 아드레날린 수용체를 자극해 기도 근육을 이완시킨다. 아드레날린 수용체가 천식과 연관성이 있는 이유에 대해서는 여러 이론이 제시되었다. 예를 들어 천식 환자는 아드레날린 수용체 수가 적기 때문에 강한 자극을 받으면 기도 민무늬근이 죄어든다는 사실은 이미 입증되었다. 그런데 천식 환자들이 유리 수용체free receptor 수가 적은 것은 그들이 수용체를 차단하는 항체를 스스로 만들어내기 때문이 아닐까? 이제 이런 이론들을 검증할 방법이 생긴 것이다. 우리는 베세스다 국립보건원의 렌 해리슨Len Harrison과 버펄로 아동병원 천식 전문의의 도움을 받아 환자에게서 혈액 샘플을 채취했다. 놀랍게도 증세가 심각한 사람들 가운데서 아드레날린 수용체를 차단하는 항체로 보이는 것이 발견되었다. 이것은 중대한 발견이었다. 나와 해리슨, 클레어는 〈사이언스〉에 연구 결과를 기고했다. 우리는 논문이 승인되었다는 연락을 받고 함께 축배를 들었다.

• 천식과 나의 유전자 •

많은 이들처럼 나 역시 공기 오염이 심해지면 마스크를 찾는다. 유전학은 천식에 걸릴 가능성을 이해할 수 있는 길을 열어주었다. 연구자들은 글루타티온 S 전이효소 (GST, glutathione S-transferase)에 주목했다. 이 효소는 발암물질이나 약물, 독성 물질 같은 화합물을 해독한다. 그렇다면 인체가 GST 같은 항산화물질을 이용해 자신을 방어하는 능력이 향상된다면, 대기 오염물질로부터 자신을 보호하고 해로운 입자를 해독하며 알레르기 반응을 줄이는 능력도 좋아질 것이다.

이런 효소로는 글루타티온 S 전이효소 M1(GSTM1)과 글루타티온 S 전이효소 P1(GSTP1)이 있다. 1번 염색체에 들어 있는 GSTM1 유전자의 형태는 '있다 (present, 유표지)'와 '없다(null, 무표지)' 둘 중 하나다. GSTM1 유전자가 둘 다 무표지인 사람은 GSTM1 방어 효소를 전혀 만들지 못한다. 전 세계 인구의 약 50퍼센트가 여기 해당한다. 11번 염색체에 있는 GSTP1 유전자의 흔한 변이형은 '일리 105(ile 105)'라 불린다. 이 변이형의 사본을 2개 지니고 태어난 사람은 효과가 떨어지는 GSTP1을 만들어낸다.

프랭크 길리랜드Frank Gilliland가 이끄는 캘리포니아 연구진은 이들 항산화 유전자의 변이형이 경유 배기가스 입자에 대한 반응과 연관되어 있다는 사실을 밝혀냈다. 항산화 효소를 생산하는 GSTM1 유전자형이 없는 실험 참가자들은 경유 입자에 노출되었을 때 다른 참가자들에 비해 심한 알레르기 반응을 일으켰다. GSTM1이 없을 뿐 아니라 일리 105 변이형을 지니고 있는 집단은—미국인의 15~20퍼센트가 여기 해당한다—훨씬 심한 알레르기 반응을 나타냈다. 내 게놈을 분석한 결과, 나는 이 집단에 속하는 것으로 드러났다. GSTM1 복사본이 하나 없으며 일리 105가 들어 있기 때문이다. 설상가상으로 GSTM1은 해독 능력이 있기 때문에 이 유전자가 부족하면 일부 발암 화학물질에 더 민감하게 반응할 수 있다. 폐암이나 직장결장암에 걸릴 가능성도 커진다. 좋은 소식은 내 게놈에 이 부류의 또 다른 유전자인 글루타티온 S 전이효소 세타 1(GSTT1)의 정상적인 사본이 둘 다 들어 있다는 것이다. 22번 염색체에 들어 있는 이 유전자가 없을 경우에도 천식의 위험성이 커진다.

천식을 치료하기 위해 썼던 약물에 대해 생각하다가 한 가지 아이디어가 떠올랐다. 천식에 주로 쓰이는 치료법 하나는 스테로이드의 일종인 글루코코르티코이드glucoco-rticoid를 쓰는 것이다. 이 약물은 염증을 줄이고 세포 내 단백질 합성을 유발한다. 어쩌면 스테로이드가 아드레날린 수용체 합성을 촉진해 세포가 아드레날린에 더 잘 반응하도록 하는 것일지도 모른다는 생각이 들었다. 계획은 간단했다. 방사성 약물을 이용해 세포 표면에 있는 수용체 개수를 센다. 그 다음 스테로이드 호르몬을 주입하고 방사능, 즉 수용체 개수가 시간이 지남에 따라 증가하는지 관찰하면 된다. 우리는 수용체 밀도가 12시간 만에 두 배 이상 증가한 걸 보고 기쁨을 감추지 못했다. 이 논문은 글루코코르티코이드가 천식에 작용하는 메커니즘을 보여주는 것으로 자주 인용되고 있다.

1980년에 우리 연구실에서는 쉴 새 없이 학술 논문을 쏟아냈다. 그 가운데는 아드레날린이 작용하는 두 번째 유형의 세포막 수용체에 대한 논문도 있었다. 이 수용체의 이름은 '알파 아드레날린 수용체alpha-adrenergic receptor'다. 우리는 칠면조의 적혈구 세포막에서 분리한—이를 위해 수많은 칠면조가 피를 흘렸다—아드레날린 수용체를 다른 세포막에 다시 결합하는 방법을 발견했다. 이것은 수용체 단백질을 장기적으로 연구하는 데 꼭 필요한 과정이다. 우리는 세포 주기 동안—즉, 세포가 분열할 때—수용체 밀도(수용체 단백질 분자의 개수)가 부쩍 늘어난다는 사실을 밝혀냈다. 1980년에 거둔 가장 빛나는 성과는 클레어의 단일 클론 항체 연구에서 나왔다. 최초의 단일 클론 항체를 만드는 데 성공한 것이다. 항체는 전령화학물질neurotransmitter(신경전달물질)을 처리하는 수용체와 결합했다. 무엇보다도 나는 이 항체를 이용해 신경세포 위에 있는 아드레날린 수용체들이 구조적으로 서로 얼마나 비슷한가에 대한 흥미로운 사실을 새로 알아낼 수 있었다. 노벨상 수상자인 줄리어스 액설로드Julius Axelrod가 〈국립과학아카데미 회보〉에 논문을 보냈다.

▨ 바뀐 학교생활과 결혼생활

1980년은 내게 학문적 과도기인 동시에 바버라와의 결혼생활에 종지부를 찍은 해이기도 하다. 클레어는 버펄로로 이사한 지 얼마 되지 않아 약혼자와 헤어진 뒤 새 남자친구와 동거하고 있었다. 하지만 우리가 하루종일 연구실에서 붙어 있던 탓에 바버라는 우리가 불륜을 저지르고 있다고 의심했다. 하지만 우리 사이는 스승과 제자의 관계일 뿐이었다. 그러면서도 바버라 자신은 갤베스턴 출신의 교수와 사귀기 시작했다. 그녀는 곧 텍사스에 강의 자리를 얻었다. 남자친구와 함께 살려고 크리스토퍼와 나를 버린 것이다. 힘든 시기였다. 나는 그녀가 양육권을 빼앗으려 하지 않는다는 걸 위안으로 삼았다. 아빠 혼자 아이를 키우는 건 무엇보다 힘든 일이지만 때로는 가장 보람 있는 일이기도 했다.

이제 클레어와 나는 상대방이 이성으로 보이기 시작했다. 교수와 제자가 연애한다는 소문이 의과대학에 쫙 퍼졌다. 설상가상으로 클레어는 남자친구와 여전히 동거 중이었고 나도 (별거 중이기는 했으나) 법적으로는 유부남이었다. 이혼 소송이 진행 중이었으나 추문은 도를 더해갔다. 결국 바버라는 양육권 소송을 신청했다. 뉴욕 법원은 홀아비에게 인정을 베푸는 대신 바버라의 손을 들어주었다. 아직까지도 이런 의문이 들 때가 있다. '지금처럼 쉽게 상담을 받을 수 있었다면, 철없던 시절의 말썽 많은 결혼생활을 그나마 유지할 수 있지 않았을까?'

그토록 오랜 시간을 함께 보낸 아들이 내 삶의 일부가 아니라는 사실은 매우 고통스러웠다. 나는 너무나 우울했다. 하지만 시간이 지나자, 바버라가 아이를 돌볼 마음을 먹었다는 것에서 위안을 찾을 수 있었다. 법원에서는 방문권을 후하게 허락해주었다. 덕분에 크리스토퍼는 어린 나이에 항공사 단골 고객이 되었다. 바버라는 이후로도 세 번 더 결혼했다. 특허 변호사로도 큰 성공을 거두었다. 이혼 후 21년이 지난 지금, 우리는 다시 친구가 되었다. 기자들이 지겹도록 던지는 낡은 질문이 있다. "다시 태어난다면 무엇을 해보고 싶습니까?" 대답은 간단하다. "우리 아들을 키울 수 있는 여자를 만나 사랑하고 싶습니다."

그해, 학교에서는 또 다른 소동이 발생했다. 내게 크나큰 교훈을 남긴 사건이었다. 약학과에서는 7년 직급 정년제의 승진/종신재직권 제도가 있었다. 하지만 나는 더 일찍 승진할 자격을 갖추었다고 생각했다. 무엇보다 약학과에 들어오는 연구비 가운데 거의 절반은 내가 따낸 것인 데다—한 푼도 못 따내는 정교수들이 숱했다—최고의 대학원생과 박사 후 연구원 여섯 명을 거느리고 있었고, 논문 발표 실적은 동료들의 부러움을 사기에 충분했기 때문이다. 내게 교수 자리를 제안한 대학교도 여럿 있고 나무랄 데 없는 추천서도 받아두었다. 나는 최후통첩을 보냈다. "종신재직권을 달라. 그러지 않으면 떠나겠다."

종신재직권 심사위원회 위원장은 피터 게스너였다. 나는 도착 첫날 그의 지도 학생을 묵사발로 만든 전력이 있었다. 위원회는 3개월을 질질 끌더니 내가 자기들 집단에 들어오려면 몇 년은 더 기다려야 한다고 결론을 내렸다. 남은 길은 최대한 빨리 떠나는 것뿐이었다. 하지만 그날은 예상보다 더 빨리 찾아왔다. 생화학과에서 당장 제의가 들어온 것이다. 연구실은 세 배나 넓어졌고 강의 시간은 확 줄었으며 부교수로 승진하고 연봉도 2만 3,000달러에서 3만 2,000달러로 올랐다. 순식간에 삶의 질이 향상되었다.

아직 풍족하지는 않았지만 원하는 일에 조금이나마 돈을 쓸 여유가 생겼다. 나는 빚을 조금 더 내도 괜찮을 거라고 생각하고는 3,000달러를 주고 5.5미터짜리 '호비 캣Hobie Cat'을 샀다. 엄청난 속력을 내는 쌍동선cata-maran(선체 2개를 연결한 배-옮긴이)이었다. 캐나다 셔크스턴 비치에서는 강풍 속에서 매주 요트 경주가 열렸다. 주말이면 경유 엔진을 단 푸른색 벤츠 뒤에 보트를 달고는 경주에 참가하러 길을 떠났다.

빠른 속도뿐 아니라 조종 기술 또한 맘에 들었다. 쌍동선은 선체가 가볍기 때문에 트래피즈trapeze(허리 벨트. 밧줄을 달아 돛대 꼭대기에 매단다)를 착용한 다음 배가 뒤집히지 않도록 몸으로 지탱해야 한다. 물 위로 높이 솟은 선체 끝에 서서 바람을 맞으며 배를 지탱하노라면 기분이 날아갈 듯하다. 높은 파도가 일 때 배가 뒤집히지 않도록 하려면 고도의 기술이 필요하다. 뱃머리가 파도에 잠기고 배가 사정없이 요동치기 때문이다.

한참을 설득한 끝에 클레어가 항해에 동참하기로 했다. 우리 둘의 첫 항해 때였다. 시속 40킬로미터로 달리는 보트 위에서 트래피즈에 매달려 있다가 그만 발이 미끄러졌다. 클레어가 내게 이야기를 하려고 뒤돌아보았을 때 나는 자리에 없었다. 밧줄에 매달린 채 뱃머리 쪽으로 쓸려간 것이다. 그녀는 비명을 지르기 시작했다. 배에서 뛰어내려 해변으로 헤엄쳐 갈 태세였다. 그 순간, 나는 아무 일도 없었던 듯 제자리로 돌아왔다. 그녀는 정신 나간 사람처럼 외쳤다. "다시는 그런 짓 말아요!"

항해는 내게 도피 수단이자 아드레날린 쾌감의 공급원이 되었다. 어느 주말, 온타리오 호수에서 6명이 거센 파도를 헤치며 항해하고 있었다. 호비 캣은 파도에 잠긴 채 계속 앞으로 나아갔다. 보이는 것은 탑승자의 머리와 돛대, 돛뿐이었다. 우리는 잠수함처럼 천천히 떠올랐다. 모두 환호성을 질러댔다. 넋을 잃고 구경하던 사람들이 우리를 따라와 술을 사기도 했다.

나는 두려움이 없었다. 부상을 당한 적이 없어 파도가 얼마나 무서운지 몰랐기 때문이다. 게다가 경주에서 승리하는 횟수도 차츰 늘었다. 하지만 단독 경주를 하다가 뼈아픈 교훈을 얻게 된다. 뛰어난 경쟁자들과 치열하게 다투던 중이었다. 나는 다른 배를 훌쩍 앞서 있었다. 승리가 거의 확실했다. 자신감에 가득 찬 나는 한쪽 선체를 거의 수직으로 세우는 묘기를 부렸다. 나는 보트가 뒤집히지 않도록 위쪽 선체에 앉아 앞뒤로 체중 이동을 했다. 그 순간, 키의 손잡이가 부러졌다. 나는 뒤로 자빠졌다. 마치 슬로 모션을 보는 듯 보트가 뒤집히기 시작했다. 나는 물에 빠지겠구나, 하고 생각했다. 하지만 내가 떨어진 곳은 아래쪽 선체 위였다. 어깨에서 가슴으로 이어지는 오른쪽 쇄골과 어깨 위쪽 뼈가 부러졌다. 나는 머리를 부딪치고는 정신을 잃은 채 구명조끼도 없이 파도에 휘말렸다. 하지만 천만다행으로 얼음장같이 차가운 물과 어깨 통증 덕분에 정신을 차릴 수 있었다. 구경꾼들 말로는 1분가량 물에 얼굴을 박고 떠 있었다고 한다. 극심한 고통이 밀려왔다. 구조선이 아니었다면 물에서 살아 나오지 못했을 것이다. 몇 주간 진통제 신세를 져야 했다. 하지만 몸이 회복되자마자 다시 배를 탔다.

한 사람을 얻고, 한 사람을 잃다

클레어는 박사 논문을 마무리하느라 여념이 없었다. 논문 방어는 순조롭게 끝났다. 축하 분위기가 잠잠해질 무렵 나는 그녀에게 청혼했다. 연구실에 남아달라고도 청했다. 그녀는 승낙했다. 하지만 앞으로 다시는 이 방법으로 연구원을 끌어들이지 말라며 농담을 건넸다. (사실 그녀가 마음을 정하는 데는 시간이 좀 걸렸다. 몇 년 후 〈피플〉은 그녀에게 우리가 첫눈에 반했느냐고 물었다. 그녀는 이렇게 대답했다. "그건 이이 얘기죠. 저는 아니었어요.")

클레어가 내 돈을 보고 결혼한 게 아니라는 사실은 분명했다. 그녀는 내 결혼생활이 파국을 맞으며 엄청난 신용카드 대금과 양육비, 변호사 비용을 대느라 자금 상황이 날로 악화되는 것을 지켜보았다. 나는 빚을 갚느라 애지중지하던 벤츠를 팔아야 했다. 약혼반지를 살 돈도 없었다. 클레어는 내게 반지를 선물 받기 위해 대출을 받아야 했다.

우리의 결혼이 임박했다는 소식은 곧 의과대학에 쫙 퍼졌다. 하지만 더는 추문이 기승을 부리지 못했다. 교수와 제자의 '연애' 사건 같은 가십거리가 없어졌기 때문이었다.

결혼식은 케이프 코드에서 올리기로 했다. 클레어 집안은 가톨릭을 믿기 때문에 성당에서 결혼을 시키고 싶어 했지만 내 이혼 경력 때문에 그럴 수 없었다. 그 대신 매사추세츠 센터빌에서 유서 깊은 교회를 하나 찾아냈다. 주위에는 선장의 무덤들이 있었으며 클레어의 부모님 댁에서도 멀지 않았다. 날짜는 1981년 10월 10일로 정했다. 결혼식과 피로연은 즐거운 축제였다. 형이 신랑 들러리를 서줬다. 우리 가족은 모처럼 화목한 분위기였다. 아버지는 내가 서퍼에서 의과대학 교수로 탈바꿈한 것에 자부심과 만족감을 느꼈다. 새 신부도 마음에 드는 눈치였다. 결혼식 사진을 보면 환한 표정의 아버지 옆에 신부 들러리 세 명이 모여 아버지 말에 귀를 기울이고 있다. 아버지도 마음속은 따뜻한 분이었던 것이다. 잠깐이나마 이 사실을 깨닫게 된 것이 고마울 따름이다. 결혼한 다음에는 거의 매주 부모님과, 특히 아버지와 대화를 나누는 습관이 생겼다.

우리는 신혼여행 중에도 학계를 벗어나지 못했다. 첫날밤은 낡은 여인숙에서 보내고 다음날 파리로 날아갔다. 파리에서 강연을 한 다음 런던에 가서 국립보건원 연구비 신청서를 작성했다. 공동연구자는 (로맨틱하게도) 클레어였다. 그러고는 수용체를 주제로 열린 시바 재단 워크숍에 참석했다. 그곳에서 마틴 로드벨Martin Rodbell을 만났다(로드벨은 이후 우리의 친구이자 멘토가 된다). 그는 아내 바버라Barbara Rodbell와 함께 참석 중이었다. 로드벨은 G 단백질(구아닌 뉴클레오티드 결합 단백질, guanine nucleotide binding protein) 분자 '스위치'를 발견한 공로로 1994년에 노벨상을 수상하게 된다. 이 '스위치'는 (내가 연구하던 아드레날린 수용체를 비롯해서) 수용체와 결합해 세포 내의 생화학 반응을 허용하거나 억제한다.

로드벨은 나와 의기투합했다. 저명 연구자로서는 드물게 전투를 경험한 그는 제2차 세계대전 당시 통신병으로 참전했다. 그는 반항적인 기질 때문에 영창까지 갔다 왔다.

나는 시바 회의 중간에 벨기에로 날아가 프린세스 릴리안 심장학연구소에서 개최한 특별 워크숍에 참석했다. 이곳에서는 또 다른 유명인사 제임스 블랙James Black을 만났다. 영국인인 그는 베타 차단제를 발견한 공로로 노벨상을 수상하게 된다. 우리는 점심을 배불리 먹었으며 포도주도 두 병이나 비웠다. 분위기는 화기애애했다(적어도 검토할 논문 원고를 받아들기 전까지는 그랬다). 벨기에 국왕과 공주가 참석한 공식 만찬이 끝난 뒤 나는 클레어가 기다리는 런던으로 돌아왔다.

시바 회의는 여전히 진행 중이었다. 로드벨은 수용체 단백질의 대략적인 크기를 가늠하는 기발한 방법을 알려주었다. 그 방법이란 단백질이 활동을 멈출 때까지 세포에 방사능을 가하는 것이다. 쬐어야 할 방사능 양이 많을수록 분자가 크다는 걸 알 수 있다. 나는 한국인 과학자 정찬용의 도움을 받아, 이 방법을 적용해서 우리가 분리하고자 하는 수용체 단백질의 크기를 측정했다.

클레어와 나는 버펄로에 있는 방 두 칸짜리 공동주택에서 결혼생활을 시작했다. 아내가 생화학과 교수로 임용된 덕에 우리는 계속 함께 일할 수 있었다. 나는 빚을 깨끗이 청산했으며 아버지에게 어버이날 편지를 보내면서 수표를 함께 보냈다. 내가 가장 쪼들리던 시절에 도움받은 학비를 그제서야 갚은 것이다. 내가 다낭에서 돌아왔을 당시 냉랭하기만 했던 부자 사이도 한결 좋아졌다. 그해 아버지를 만나러 샌프란시스코에 갔을 때는 공항에 마중을 나오기까지 했다. 아버지는 낯빛이 어둡고 지친 기색이 역력했다. 하지만 나는 별 생각 없이 지나쳤다.

• 아버지가 물려주신 유전자 •

심장 질환을 일으키는 가장 흔한 요인인 동맥경화atherosclerosis는 칼슘이 지방, 콜레스테롤과 함께 혈관에 쌓여 '플라크plaque'라는 딱딱한 덩어리를 형성하는 것이다. 이는 심장마비나 심장발작을 일으킬 수 있다. 혈류의 지방 농도를 조절하는 것은 아포 지방 단백 E(Apo E, apolipoprotein E)라는 단백질이다. 이 단백질이 변형되면 심장 질환이나 알츠하이머병에 걸릴 수 있다(알츠하이머병은 진행성의 신경 퇴행성 질환이다).

나는 내 게놈을 컴퓨터 화면에 불러들여 Apo E가 들어 있는 19번 염색체를 분석할수 있다. Apo E는 1,900개의 문자로 이루어져 있으며 E2, E3, E4로 나뉜다. 이들의다른 점은 단지 '문자' 2개뿐이다. E3는 유럽인/백인에게 가장 흔하며 가장 건강한유형이다. 반면 인구의 7퍼센트는 E4의 사본을 2개 가지고 있으며 심장 질환이 일찍발병할 위험이 크다. E2의 사본을 2개 가지고 있는 4퍼센트도 마찬가지다. 이들이고콜레스테롤, 고지방 식사를 할 경우 위험은 더욱 커진다. E4 유전자('좋은' E3 유전자와 문자 하나만 다르다)를 지니고 있는 사람 또한 알츠하이머병에 걸릴 위험이크다. 나는 E3 사본을 하나, (불행하게도) E4 사본을 하나 지니고 있기 때문에 발병가능성이 있다. 친가나 외가 둘 다 알츠하이머병 가족력은 없지만 이 유전자를 지닌사람이 우리 아버지처럼 발병하기 전에 돌아가셨을 수도 있다.

나는 내 생명의 책을 미리 읽은 덕에 이러한 잠재적인 위험을 피할 기회를 얻었다. 알츠하이머병을 일으키는 생화학적 불균형은 치료할 수가 있기 때문이다. 식이요법과운동은 좋은 방법이다. 나는 지방을 줄여주는 약물인 스타틴statin(콜레스테롤 강하제−옮긴이)을 복용하고 있다. 스타틴은 알츠하이머병을 예방하는 데도 효과가 있다.

심장마비에서 혈관이 좁아져(협착) 생기는 고혈압에 이르기까지, 여러 심장 질환은수많은 다른 유전자와 연관되어 있다. 이러한 유전자(TNFSF4 · CYBA · CD36 · LPL · NOS3 등)의 경우, 내 게놈에는 위험성이 낮은 유형이 들어 있다. 하지만 이밖에도 수백 가지의 유전자가 연관되어 있기 때문에 이들이 상호 작용하는 복잡한방식을 이해하는 데는 오랜 기간이 걸릴 것이나.

버펄로로 돌아온 나는 어버이날에 아버지를 찾아갈 생각이었다. 그런데 1981년 6월 10일, 아침 일찍 어머니로부터 전화가 왔다. 아버지가 주무시던 중에 돌아가셨다는 것이다. 아버지는 59세밖에 되지 않았다. 의사는 급성 심장사라고 말했다. 클레어와 나는 곧바로 비행기를 탔다. 우리는 어머니를 위로하고 장례와 매장 절차를 준비했다. 시신은 샌프란시스코 프리시디오 군인 묘지에 묻었다. 아버지는 종교가 유익하기는커녕 해를 끼친다고 생각했기 때문에, 어머니는 묘지에 종교적인 상징물을 하나도 세우지 말라고 했다. 십자가와 유대교의 별 문양들 속에서 아버지의 묘지는 오히려 두드러져 보인다. 나는 눈물을 흘렸다. 아버지가 돌아가신 것은 나와 가족에게 쓰라린 변화였다. 다행스러운 것은 내가 어느 정도 성공을 거두고 아버지와의 관계도 회복한 다음에 돌아가셨다는 것이다. 베트남에서, 나는 삶이 영원하지 않다는 것을 배웠다. 아버지의 때 이른 죽음은 이를 더욱 뼈저리게 깨닫게 해주었다.

1982년, 부담스러운 강의 의무가 마침내 끝났다. 나는 로스웰 파크 암연구소 분자면역학과 부소장으로 채용되었다. 나를 불러들인 이는 신임 소장인 하인츠 콜러Heinz Kohler였다. 나는 멋진 연구실이 생겼고 정교수가 되었으며 연봉도 두 배로 올랐다. 클레어 또한 연봉이 인상되었으며 선임 연구원 자리를 얻었다. 우리는 공동주택을 벗어나 4년 된 전원풍 주택으로 이사했다. 만사가 잘 풀려나가기 시작했다. 우리 연구팀은 1984년까지 논문을 2~3주마다 하나씩 발표했다.

모든 것이 콜러 덕이었다. 하지만 바람이 거센 어느 날, 셔크스턴 비치에서 그는 내 목숨을 앗아갈 뻔했다. 콜러는 호비 캣을 무척이나 타보고 싶어 했다. 우리는 보트를 안정적으로 띄우기 위해 탑승 인원을 부쩍 늘렸다. 신나는 항해였다. 보트는 파도를 뚫고 하늘을 날았다. 콜러는 자기도 키를 잡게 해달라고 요청했다. 그는 배를 조종할 줄 안다며 걱정하지 말라고 했다. 잠시 후 클레어와 내가 트래피즈에 몸을 맨 채 걱정스러운 눈빛으로 쳐다보는 순간 그가 큰 파도 속으로 돌진했다. 배가 뒤집히기 시작했다. 콜러는 허공으로 튕겨져나갔다. 배가 쓰러지는 바람에 그는 돛대 중간에 머리를 부딪쳤다.

배는 거꾸로 뒤집혔다. 클레어는 밧줄에 감긴 채 물속으로 가라앉았다. 내가 밧줄을 풀어주자 그녀는 이성을 잃은 듯 콜러를 물에 밀어 넣어 익사시키려 했다. 콜러도 피를 많이 흘린 상태라 쇼크를 일으킬 것처럼 보였다. 해변까지는 1~2킬로미터나 떨어져 있었고 바람도 거셌다. 하지만 클레어는 미친 사람처럼 해변을 향해 헤엄치기 시작했다. 나는 그녀를 진정시키는 한편 콜러를 보살폈다. 파도가 잦아들자 우리는 배를 일으켜 세우고는 안전하게 돌아왔다. 클레어는 다시는 호비 캣을 타지 않겠노라고 선언했다. 몇 주 후 나는 케이프 도리 25D를 주문했다. 단일 선체의 순항 요트였다.

1983년에 미국 의학 연구의 최고봉인 베데스다 국립보건원에서 스카우트 제의를 받았다. 이 일은 내 삶과 학문의 여정을 송두리째 바꾸는 계기가 되었다. 국립보건원에서는 '기관 내intramural' 프로그램 덕분에, 원장이 해당 연구를 신뢰하는 한 거의 자동으로 연구비가 나온다. 다른 기관에 연구비를 신청할 필요가 없는 것이다. 당시 국립보건원은 외부 인재를 영입하기보다는 내부 역량을 강화하려 하고 있었기 때문에 내게 제안이 들어왔다는 사실은 무척 뿌듯했다.

국립보건원은 내 연구를 추구하고 발전시키기에 이상적인 환경으로 보였다. 10년간 아드레날린 수용체를 연구하면서 분명해진 사실이 있다. 기존 방식으로 각 세포에 들어 있는 극소량의 수용체를 정제해서는 아미노산 서열을 얻을 만큼의 단백질을 만들어낼 수 없다. 수용체를 정제해 분자 형태를 밝히는 것은 수용체의 활동을 이해하는 데 핵심적인 과정이다. 나는 분자생물학의 새로운 방법을 이용해 이 문제를 건너뛰고 싶었다. 이는 공격·도피 반응을 이해하는 데 뚜렷한 실마리를 던져줄 것이다.

• 치매라니, 이럴 수가! •

우리 연구팀이 SORL1, 즉 '소르틸린 수용체Sortilinrelated receptor'라는 이름의 단백질 유전자와 연관된 나의 미래를 알려주었을 때 내 입에서는 한숨이 새어 나왔다. 이 유전자가 변형되면 치매의 가장 흔한 원인인 후기 발병 알츠하이머병에 걸리는 것으로 알려져 있다. 다국적 연구팀에서 2007년에 발표한 보고서에 따르면 이 유전자의 변이형은 후기 발병 알츠하이머병의 두 번째 요인이라고 한다. 첫 번째는 Apo E4 유전자다.

네 인종을 연구한 결과 SORL1의 변이형은 (나이가 같은 경우) 건강한 사람들보다 후기 발병 알츠하이머병에 걸린 사람들에게서 더 흔하다는 사실이 밝혀졌다. 이 유전자의 위험한 변이형은 뇌에 '플라크'라는 단백질 덩어리를 형성하는 것으로 여겨진다. 사람들은 알츠하이머병이 정신을 황폐화시키는 것은 플라크 때문이라고 생각한다. 달리 말하면, SORL1이 제대로 작용할 경우 플라크를 형성하는 단백질을 재활용하여 뇌를 지켜줄 수도 있다는 것이다. 따라서 환자의 사후 뇌 조직에서 확인되었듯, 뇌에서 SORL1이 감소하면 알츠하이머병에 걸릴 가능성이 커진다.

SORL1과 알츠하이머병의 관계는 Apo E4에 비하면 훨씬 덜 밝혀져 있지만 내 게놈의 염색체 한쪽에는 위험한 변이형이 모두 들어 있고 다른 쪽에도 일부 들어 있는 것으로 나타났다. 그야말로 '이럴 수가!'다. 나는 Apo E4 변이형을 이미 지니고 있었기 때문에 연구팀에서는 내 게놈을 더 자세히 들여다보았다. 위험한 변이형이 들어 있는 이 유전자 부위가 어떻게 해서 세포가 유전자를 단백질로 바꾸는 과정에 영향을 미치는가(즉, 치매와의 연관성)는 이미 알려져 있다. 하지만 2차 민감 부위(이른바 '5인치 위험 인자 다발5' risk allele cluster')가 변형되었을 때 어떤 식으로 발병 위험이 커지는가는 아직 불확실하다.

콜러와 로스웰 연구소 측에서는 구미가 당기는 역제안을 내놓았다. 사실 남고 싶은 생각도 없지는 않았다. 나는 버펄로에 대해 좋은 추억이 많다. 맨바닥에서 시작해 어엿한 과학자로 자리 잡았으며 대학원 졸업생에서 정교수로 올라섰다. 또한 아들이 태어나고 아내이자 동료인 클레어를 만난 것도 이곳이다. 하지만 아버지의 죽음과 고통스러운 이혼을 겪기도 했다. 연구 풍토가 취약했던 것 또한 사실이다. 무엇보다 나는 다낭에서의 결심을 아직 잊지 않았다. 현재의 성과에 만족할 수 없었다. 팀원 가운데 여남은 명이 나와 함께 국립보건원으로 옮기기로 했다. 우리는 공무원이 되기 위해 필요한 각종 서류를 작성했다. 연구 인력 손실이 무척 클 텐데도 콜러는 기쁜 마음으로 우리를 보내주었다. 내가 따낸 연구비를 버펄로에 남겨둔 탓도 있으리라. 이제 삶은 새로운 국면으로 접어들었다. 공무원으로서의 삶이 시작된 것이다.

CHAPTER 05

과학자의 천국, 그러나……

적당한 효소를 이용해 큰 분자를 잘게 쪼갰다. 그 다음, 이들을 다시 분리해
염기서열을 알아냈다. 결과를 충분히 얻은 후, 전체 염기서열을 얻기 위해
이들을 공제deduction 과정을 통해 끼워 맞췄다. 이 방법은 느리고 지루할 수밖에
없었다. 소화와 분획fractionation을 끊임없이 되풀이하기도 했다.
커다란 DNA 분자에 이 방법을 적용하는 것은 쉬운 일이 아니었다.
(……) 유전물질의 염기서열을 밝혀내려면 새로운 방법이 필요할 것 같았다.

▌ **프레더릭 생어**Frederick Sanger, 노벨상 수상 연설(1980년 12월 8일)

■ 국립보건원에서 받은 국방부의 의뢰

나는 2층의 창문도 없는 사무실 사이로 어두운 복도를 걷고 있었다. 건
물은 '36동'이라고만 불렸다. 이곳이 '국립 신경계 질환 및 뇌중풍 연구
소National Institute of Neurological Disorders and Stroke'에 마련된 나의 새 연구
공간이다. 메릴랜드 베데스다에 무질서하게 널려 있는 국립보건원 건물
가운데 하나다. 연구실을 옮기고 집기를 들여놓는 데만 수십만 달러가 지
원되었다. 게다가 분자생물학 연구에 쓸 수 있는 예산은 해마다 100만 달
러가 넘었다. 연구팀 대부분을 버펄로에서 데려왔기 때문에 나는 바로 연

구를 시작할 수 있었다.

국립보건원에는 미국 최고의 연구자 수백 명이 모여 있었다. 이들과 공동연구를 할 수 있는 것이다. 우리 연구실 바로 아래층에는 마셜 니런버그Marshall Nirenberg의 연구실이 있었다. 그는 유전부호를 해독해 DNA의 염기 3개가 단백질의 구성단위인 아미노산을 형성하는 과정을 밝힌 공로로 노벨상을 공동 수상했다. 그를 비롯한 국립보건원 동료들은 우리에게 새로운 지식을 가르치고 아이디어와 영감을 제공할 터였다. 베데스다에서 배운 기법과 동료들에게 받은 자극은 이후의 내 삶에 크나큰 영향을 미쳤다. 게놈을 해독하는 데 흥미를 가지게 된 것도 이때의 경험이 계기가 되었다. 내가 있는 곳은 과학자의 천국이었다.

하지만 쾌락에는 대가가 따른다는 사실을 끊임없이 절감해야 했다. 주말마다 아름다운 호수에서 항해를 즐기기 위해서는 폭풍과 파도를 뚫고 거친 바다를 헤쳐나가야 한다. 이와 마찬가지로 국립보건원에서 최고의 연구환경을 누리려면 정부의 굼뜬 관료주의를 감수해야 했다. 나는 15급 10호봉의 공무원 최고 등급으로 국립보건원에 들어가기로 되어 있었다. 문제는 우리 연구실을 맡은 인사 담당관이 나 같은 등급을 한 번도 임용해본 적이 없었다는 것이다. 예상치 못한 문제가 일어났을 때 관료들의 반응은 똑같다. 그 또한 가장 손쉬운 길을 택했다. 내 서류를 서랍에 처박아두고 까맣게 잊어버린 것이다. 월급이 왜 안 나오는지 물으러 갔다가 뭔가 잘못되었다는 걸 알았다. 내 서류가 간 곳이 없었던 것이다. 로스웰 파크의 여러 연구 프로젝트에 대해 나의 주요 연구원 자격을 유지한 덕에 월급이 나오고 있었기 망정이지 그렇지 않았다면 몇 달 동안 수입이 한 푼도 없을 뻔했다. 사실이 들통 나자 인사 담당관은 자기가 일을 망칠까봐 아예 아무 일도 하지 않기로 했다고 털어놓았다.

마찰은 이뿐만이 아니었다. 클레어는 종신 연구원 지위가 보장되어 있었다. 도린 로빈슨Doreen Robinson과 마틴 슈리브Martin Shreeve 같은 핵심

연구원도 마찬가지였다. 이는 이들을 버펄로에서 국립보건원으로 데려오기 위한 반대급부였다. 하지만 이곳에 온 지 얼마 지나지 않아 과학부장 어윈 코핀Irwin Kopin이 나를 불렀다. 그는 클레어가 종신재직권을 받기는 할 테지만 한두 해 기다려야 한다고 말했다. 아내의 연구 경력이 자기들 기준에 못 미친다는 이유였다.

집을 구하는 일도 생각보다 힘들었다. 워싱턴에 가까워 물가가 조금 높았기 때문이다. 버펄로의 8만 달러짜리 집보다 더 낡고 좁은 곳이 수십만 달러나 나갔다. 부동산 중개를 맡은 바버라 로드벨은 마틴 로드벨의 부인이었다. 우리가 국립보건원으로 옮긴 데는 마틴도 한몫을 했다. 바버라는 집을 파는 일이 처음이었고, 우리는 그녀의 처음이자 마지막 고객이었다.

메릴랜드 실버 스프링에 가까스로 집을 장만했다. 침실이 2개 딸린 10만 5,000달러짜리 공동주택이었다. 우리는 6개월짜리 키스혼드 강아지 세자르(프랑스 왕처럼 거실을 지배한다고 해서 붙여준 이름이다)와 함께 새집으로 이사했다. 나는 하르트게 요트 정박지에다 7.6미터짜리 케이프 도리 요트의 계류장도 마련했다(항해 취미는 우리의 금전 문제에 전혀 보탬이 되지 않았다). 웨스트 강이 이곳에서 체서피크 만으로 흘러들었다. 덕분에 수천 킬로미터에 달하는 해안선과 거대한 정박지가 형성된 곳이었다. 지역 경제는 담배 농사와 게잡이가 주도했다. 옛 정취가 가득한 곳이었다. 벽난로와 체스판이 놓인 만물상도 고풍스러운 분위기를 거들었다.

어느 주말, 요트를 타러 체서피크 만으로 향하는 길이었다. 이날 벌어진 사건은 개인적 흥미와 직업적 열정이 만나는 계기가 되었다. 나는 속도를 즐기는 편이어서 항상 경찰차가 쫓아오지 않는지 백미러를 주시했다. 그날도 수상쩍은 것이 없나 살펴보는데 공교롭게도 갈색 포드 페어레인이 앞좌석에 범상치 않게 생긴 남자 둘을 태우고 나를 쫓아오고 있었다. 내가 차로를 변경하거나 길을 돌아가도 이 갈색 포드는 계속 뒤를 따랐다. 하지만 하르트게에 도착하자마자 나는 미행 사건 따위는 까맣게 잊어버렸다. 그런데 항해를 끝내고 돌아가는 길에 이 차가 다시 나타났다. 신경이 쓰이기 시작했다. 고위 공무원이 된 지금, 반전 운동 시절의 악몽이 되살아나는 듯했다. 차에 타고 있던 사람들이 장래의 내 연구 방향을 설정하는 데 중요한 역할을 하리라는 사실을 알았더라면 미행당하는 일이 그렇게 두렵지는 않았을 것이다.

다음 주 월요일 아침은 악몽이 현실로 바뀐 듯했다. 검은색 양복을 입고 가느다란 넥타이를 맨 남자 두 명이 국립보건원 사무실 앞에서 날 기다리고 있었다. 내가 들어서자 이들은 자리에서 일어나 신분증을 펼쳐보였다. 둘 다 '미 국무부'라고 쓰여 있었다. 이들은 내 연구를 활용해 신경독성물질 및 이와 연관된 생물무기를 탐지하는 방법을 개발하고 싶다고 말했다. 그럴듯한 설명이었다. 내가 연구하고 있던 수용체 단백질은 신경독성물질의 표적이 되는 바로 그 수용체였기 때문이다. 비록 분야가 무시무시하기는 했지만 그들이 내가 아니라 내 연구에 관심이 있다는 말을 듣자 안심이 되었다. 나는 의자를 권했다.

그들이 원하는 건 간단했다. 신경 작용제가 인체에서 결합하는 단백질을 찾아내어, 이것을 가지고 작용제 살포 여부를 알아낼 수 있겠냐는 것이었다. 이 단백질이 공기 중의 미세한 흔적도 잡아낼 수 있다면, 화학적방법으로 단백질이 불빛을 내게 해서 사람들에게 경고할 수 있지 않을까?

내가 연구하던 아드레날린 수용체는 이번 연구에 쓸 만큼 양이 충분하지 않았다. 하지만 전령화학물질인 아세틸콜린이 결합하는 니코틴 아세틸콜린 수용체는 원하는 만큼 구할 수 있었다. 이것을 이용하면 될 것 같았다. 국무부 요원들이 듣고 싶던 말도 바로 이것이었다. 아세틸콜린은 호흡을 주관하는 가로막(횡격막)을 비롯해 다양한 근육에 신경 신호를 전달한다. 타분GA · 소만GD · 사린GB 등의 신경 작용제는 아세틸콜린을 분해해 없애는 '아세틸콜린에스테라아제acetylcholinesterase'라는 필수 효소가 활동하지 못하도록 차단해 목숨을 앗아간다. 이들 작용제는 몇 분 안에 인체의 신경 자극 전달에 과부하를 일으킨다. 이 때문에 신경계에 '합선'이 일어나 가로막이 마비되면 질식사로 이어지는 것이다.

아세틸콜린은 뇌의 여러 부위에도 작용하기 때문에 민간 과학자들도 아세틸콜린 수용체에 관심이 있다. 니코틴은 신경 말단에 있는 수용체 부위를 활성화시켜 뇌에서 또 다른 신경전달물질인 도파민의 분비량을 늘린다. 도파민은 신경과학자들이 '보상 경로reward pathway'라고 부르는 장소에 작용한다. 애연가들이 흡연 욕구를 느끼는 것은 이 때문이다.

당시 샌디에이고 소크 연구소에 재직 중이던 존 린드스트럼John Lind-strom이 아세틸콜린 수용체를 정제하는 데 성공했다. 린드스트럼은 기꺼이 단백질을 내주겠다고 말했다. 비용을 많이 요구하기는 했지만 그가 수용체를 분리하느라 수고한 걸 생각하면 지나친 것은 아니었다. 이런 식으로, 그는 국방 자금을 받아 기초연구에 쓰고 나는 정부를 위해 신경 작용제를 탐지하는 방법을 찾아낼 수 있을 터였다.

하지만 정부의 관료 조직은 통일되거나 일사불란하게 움직이지 않는다. 국립보건원 공무원들은 내가 국방부로부터 자금을 지원받는 것에 난색을 표했다. 연구자들은 국립보건원에 돈을 끌어오는 법이 없었다. 국립보건원 연구자들은 돈을 쓰는 사람인 것이다. 결국은 25만 달러를 정부 부처 간에 이전하기로 하고 내 명의로 된 국립보건원 특별 계좌에 입금했다. 하지만 나는 돈을 너무 밝힌다는 이야기를 듣게 되었다. 사람들은 내게 굳이 돈을 벌어오지 않아도 괜찮다고 말했다.

■ 처음으로 아드레날린 수용체의 염기서열을 밝히다

연구실이 완성되자 우리는 사람의 뇌에서 아드레날린 수용체를 분리해 클로닝할 채비를 갖추었다. 우리의 목표는 수용체의 분자 구조를 알아내

148

고 아드레날린의 신비로운 작용을 이해하기 위한 실마리를 얻는 것이었다. '클로닝cloning'이란 유전자 복제를 말한다. 실험용 대장균에 유전자를 주입하면, 대장균이 증식함에 따라 우리가 연구하고자 하는 유전자 사본도 증가한다. 유전자를 클로닝한다는 것은 세포나 게놈에서 유전자를 찾아내 이 유전자가 어떤 DNA 조합을 가지고 단백질을 만들어내는지 밝혀내는 것이기도 하다. 우리 연구에서는, 뇌 속에서 아드레날린 쾌감에 반응하는 수용체를 찾는 것이 이에 해당한다. 이를 위해서는 수용체 단백질을 분리하고 아미노산 서열을 알아낸 다음 어떤 DNA 부호가 이 서열을 만들어내는가를 추론해야 한다.

말로는 쉽지만 10년 동안 온갖 애를 써야 했다. (어느 정도는 나 자신의 노력 덕분이기도 하지만) 이제는 같은 작업을 며칠 안에 해낼 수도 있다. 하지만 여기서는 1980년대로 돌아가 인체가 만드는 희귀한 단백질을 분리하고 연구하는 데 필요했던 기존의 고된 방식을 살펴보자.

나는 수용체 단백질의 미세한 흔적을 충분히 배양해 유전자 사냥을 시작하기 위해 고속 액체 크로마토그래피(HPLC, high-performance liquid chromatography)라는 신기술을 이용하고 싶었다. 이 방법은 (우리 연구에서는) 사람의 세포막 성분을 계면활성제로 녹여 지방과 지질을 분리한 다음 충진재를 채운 원통을 통과시키는 것이다. 각 단백질은 크기나 전하량에 따라 진행 속도가 다르기 때문에 작고 재빠른 분자가 큰 분자보다 빨리 이동한다.

이 새로운 방법을 쓰려면 숙련된 전문가가 필요했다. 나는 앤서니 컬리비지Anthony Kerlavage를 채용했다. 그는 캘리포니아 대학교 샌디에이고 캠퍼스에서 수전 테일러와 함께 HPLC 단백질 정제 작업을 수행한 인물이다. 나는 단백질 연구에 필요한 분자생물학 기법을 향상시키기 위해 박사 후 연구원 푸전 청Fuzon Chung과 연구보조원 지닌 고케인Jeannine Gocayne, 마이클 G. 피츠제럴드Michael G. FitzGerald를 불러 모아 팀을 새로 만들었다.

수용체 정제가 끝나갈 무렵 우리는 다양한 측면의 수용체 구조와 기능에 대해 연구 논문을 30편 발표했다. 중요한 발견 하나는 자연이 아주 구두쇠라는 사실이다. 자연은 수용체를 설계할 때 같은 구조를 약간씩만 바꾼 채 쓰고 또 쓴다. 무스카린 아세틸콜린 수용체(아세틸콜린 수용체의 특수한 종류)와 알파 아드레날린 수용체(아드레날린 수용체의 일종)의 구조를 분석한 결과, 이들은 몸 안에서 별개의 신경전달물질로 인식되나 실제로는 기본 구조가 매우 유사하다는 사실이 드러났다. 과학계는 깜짝 놀랐다. 지금까지는 다른 수용체는 본질적으로 다른 연구 분야에 속한다고 생각했기 때문이다. 이 때문에 많은 이들이 우리의 연구 결과를 부정했다. 하지만 몇 년 후 수용체 유전자의 염기서열을 분석해보니 이들이 실제로 아주 닮았다는 사실이 밝혀졌다.

2년도 지나지 않아 우리의 연구는 크나큰 진전을 이루었다. 하지만 목표가 눈앞에 보이고 소량의 정제한 수용체에서 처음으로 아미노산을 얻으려는 찰나 연구팀의 사기를 뚝 떨어뜨리는 사건이 일어났다. 듀크 대학교의 로버트 레프코위츠Robert Lefkowitz 연구팀에게 영예를 빼앗긴 것이다. 이들은 제약 회사인 머크와 손잡고 칠면조 적혈구 세포에서 아드레날린 수용체를 정제하고 클로닝하는 데 성공했다. 이들의 성공은 나를 비롯해 이쪽 분야의 모든 이들에게 기쁜 소식이었다. 나는 낙담한 연구원들을 불러 모으고는 우리 분야는 아직 초기 단계이기 때문에 아직 발견한 것보다 발견할 게 훨씬 많다고 말해주었다. 우리는 꾸준히 전진할 것이며 레프코위츠의 성과를 최대한 활용해 사람의 뇌에서 희귀한 아드레날린 수용체를 클로닝할 것이었다.

우리는 유전부호(이중나선의 양쪽 절반)의 대칭인 두 짝이 서로 결합하는 방식을 이용했다. 왓슨과 크릭은 1953년에 획기적인 발견을 해냈다. 이들은 염기쌍이 짝을 이루고 있는 모습에 착안해 DNA 한 가닥이 대칭인 가닥으로 손쉽게 복사되는 과정을 알아냈다. 이를 통해 세포가 분열하면서 염색체에 DNA를 복제하는 과정을 밝혀낼 수 있었다. 이들은 유전자 알파벳의 네 가지 염기쌍 가운데 A는 항상 G와 짝을 이루고 C는 항상 T와 짝을 이룬다는 사실을 발견했다. 이중나선을 자식 나선 2개로 분리하면 앞의 간단한 규칙에 따라 대칭인 가닥이 생겨난다. 이와 마찬가지로, 우리가 한 가닥의 염기쌍을 만들면 이 염기쌍은 대칭인 가닥에만 달라붙는다. 따라서 인간 게놈이라는 광대한 영토에서 단 하나의 유전자도 놓치지 않는 DNA 탐침으로 쓸 수 있다.

우리는 대칭인 염기쌍을 이용해 인체에 들어 있는 아드레날린 수용체의 유전부호를 두 가지 방식으로 해독했다. 첫째, 예전에 얻어두었던 사람의 수용체 단백질을 가지고 이에 해당하는 DNA 서열을 추론한 다음, 이를 탐침으로 이용해 인간 게놈에서 유전자를 찾았다. 둘째, 진화의 흔적을 활용했다. 칠면조의 아드레날린 수용체 유전자는 사람의 수용체와 매우 비슷한 유전부호를 지니고 있다. 즉, 칠면조 수용체 유전자에서 DNA 탐침을 만들어낼 수 있는 것이다. 이 탐침이 대칭인 인간 DNA에 결합하면 이 인간 유전자의 서열을 알 수 있다. 탐침에 방사성 표지를 붙인 다음 인체에서 방사능을 띠는 부위(즉, 탐침이 달라붙은 부위)를 찾아내면 성공한 것이다.

하지만 늘 그렇듯 현실에서는 극복해야 할 문제가 있게 마련이다. 우선, 인간 게놈을 실험에 적합한 형태로 얻어내야 했다. 세포에서처럼 염색체 형태로 구성되어 있는 것만 해도 부호를 해독하기에는 너무 크다. 인간 유전자 부호를 우리가 처리할 수 있는 조각으로 자르는 일은 유전자 사냥에서 핵심적인 과정이었다. 인체의 세포에 들어 있는 DNA의 완벽한 보체complement를 얻은 다음 이를 작은 조각으로 나눈 것을 과학자들은 '도서관library'이라 부른다. DNA 도서관의 두 가지 기본 형태로는 게놈 도서관genomic library과 상보적 도서관complementary library이 있다.

게놈 DNA 도서관은 '제한효소restriction enzyme'라는 특수한 효소를 써서 사람의 염색체를 1만 5,000개에서 2만 개의 염기쌍으로 이루어진 작은 DNA 조각으로 잘라 만든다. 인간 DNA의 이들 작은 조각을 처리하려면 이들을 복사해 보관할 방법도 필요하다. 책을 인쇄해 제본하듯 말이다. 복사 과정은 인간 DNA의 각 조각을 파지 DNA에 부착하는 것이다. '파지 phage'는 박테리아에 침입해 함께 증식하는 바이러스를 뜻한다. 이렇게 처리한 파지를 대장균E. coli, Escherichia coli에 감염(침투)시키면 이 대장균은 인간 DNA를 지니게 된다. 파지에 감염된 대장균이 들어 있는 배양 접시 표면을 염색하면 박테리아로 가득한 표면에 깨끗한 점들이 생긴다. 대장 균이 바이러스 때문에 죽은 곳이다. 이러한 점들을 '플라크plaque'라 한 다. 여기에는 바이러스 입자가 수백만 개 들어 있다. 즉, 인간 DNA 조각 의 사본이 수백만 개 들어 있는 것이다.

상보적 DNA 도서관은 세포에 들어 있는 '전령 RNA'라는 또 다른 형태 의 유전물질을 이용한다. 게놈이 단백질을 만들라고 명령을 내리면 이 전 령 RNA가 명령을 전달한다. 우리의 유전부호 가운데 단백질을 부호화하 는 것은 3퍼센트밖에 되지 않는다. 따라서 단백질을 만드는 데 쓰이는 RNA만 모으면 인간 DNA 부호 가운데 엄선한 '상용常用 사본working copy' 을 얻을 수 있다. (보통 유전자는 길이가 100만 염기쌍이나 되는 것도 있 다. 반면 축약된 RNA는 1,000염기쌍이 고작이다.) 즉, 상보적 도서관은 자연이라는 편집자가 전체 유전부호를 훨씬 짧은 전령 RNA로 축약한 것 이다. 이것은 특정 세포나 조직 유형에 필요한 유전자 부분집합만을 나타 낸다.

전령 RNA는 원래 수명이 짧고 불안정하다. 이 때문에 전령 RNA를 세 포에서 분리해 바로 읽어들일 수는 없다. 하지만 '역전사 효소reverse transcriptase'라는 이름의 효소를 이용하면 RNA를 안정된 DNA 형태로 복 사할 수 있다. 이것을 상보적 DNA, 또는 cDNA라 한다. 사람의 RNA를 분 리해 cDNA를 만들면 단백질을 부호화하는 유전자가 들어 있는 축약된 형태의 인간 게놈을 읽기 쉬운 형태로 얻을 수 있다.

　게놈 도서관과 마찬가지로 상보적 도서관에 꽂혀 있는 책들 또한 처리하고 복사할 수 있는 형태로 바꾸어야 한다. 이번에도 자연에서 해결책을 찾을 수 있다. 상보적 DNA 도서관은 인체 조직에서 활동하는 전령 RNA를 분리하여 상보적 DNA 조각으로 바꾼 다음 이 조각을 플라스미드에 삽입하여 만든다. 플라스미드plasmid는 DNA로 이루어진 작은고리이며 박테리아에게 보내는 명령을 담고 있다. 이번에도 대장균이 플라스미드에 감염되어 '인쇄기' 역할을 한다. 각 박테리아는 인간 cDNA의 조각을 서로 나누어 가지기 때문에 이들이 복제될 때—딸세포로 분열할 때—어미 세포와 딸세포는 똑같은 인간 게놈 조각을 지닌다.

　이들 DNA 조각은 맨눈으로는 볼 수 없다. 하지만 과학의 힘을 빌리면 가능하다. 인간 cDNA가 들어 있는 대장균을 얇게 펴 발라 겹치는 것이 하나도 없게 하면 개별 집락colony(박테리아나 곰팡이 따위의 미생물이 고체 배지에서 증식하여 생긴 집단-옮긴이)이 자라기 시작한다. 눈에 보일 만큼 커진 집락에는 똑같은 박테리아 세포(클론)가 수백만 개 들어 있다. 이들은 모두 똑같은 인간 cDNA를 가지고 있다. 작은 배양 접시 하나만 있으면 이렇게 구분된 집락을 수만~수십만 개 만들 수 있다. 인간 DNA의 거대한 도서관이 생기는 것이다.

　어떤 종류의 도서관을 선택하든 이제 대칭인 DNA가 서로 달라붙는 현상을 이용하여 수용체 사냥을 시작할 수 있다. 거름종이를 쓰면 게놈 도서관이나 cDNA 도서관을 지닌 대장균이 증식하고 있는 배양 접시에서 DNA를 걸러낼 수 있다. 그 다음, 수용체를 찾기 위한 DNA 탐침이 들어 있는 용액에 거름종이를 밤새 담근다. 탐침이 도서관의 상보적 DNA와 결합했는지 확인하기 위해 탐침에 방사성 표지를 붙인다. 방법은 DNA에 들어 있는 인 원자 일부를 P-32라는 방사성 동위원소로 바꿔치기하는 것이다. 이제 거름종이를 세척해 DNA 조각에 달라붙지 않은 방사성 탐침

DNA를 모두 없앤다. 거름종이를 말린 다음, X선 필름 통 안에 며칠간 넣어둔다. X선 필름을 현상하면 양성 집락과 플라크(방사성 탐침이 표적 DNA에 달라붙은 부분)가 검은 점으로 나타난다. 필름을 배양 접시와 겹쳐놓으면 양성 집락 또는 플라크를 찾아내어 이들의 DNA를 분리하고 증폭할 수 있다.

때로는 희귀한 단백질을 부호화하는 불안정한 전령 RNA를 찾아내기 힘든 경우도 있다. 아드레날린 수용체처럼 찾기 힘든 세포막 단백질의 경우에는 단백질 분자가 세포마다 수천 개밖에 들어 있지 않다. 이 때문에 수용체 단백질을 부호화하는 전령 RNA도 수가 아주 적다. 우리는 의학 연구용으로 기증된 뇌에서 뽑아낸 유전물질을 이용해 cDNA 집락을 100만 개 이상 조사했다. 하지만 아드레날린 수용체를 만드는 전령물질이 들어 있는 집락은 하나밖에 없었다. 집락을 증식시켜 충분한 양의 DNA를 생산한 다음에는 DNA 염기서열 분석이라는 방법을 통해 이를 읽어들인다. 'DNA 염기서열 분석DNA sequencing'은 당과 인산염으로 이루어진 DNA 외부 뼈대에서 가로대를 이루는 네 가지 뉴클레오티드(CGAT)의 순서를 알아내는 것이다. DNA에 들어 있는 이들 염기쌍의 순서를 읽는 데는 두 가지 기본적인 분석 방법이 있다.

한 가지 방법은 케임브리지 의학연구위원회 분자생물학연구소에서 프레더릭 생어가 개발했다. 그는 헌신적인 연구자였으며 나처럼 보트를 좋아했다. 그는 자신의 특징을 "생각은 잘 하는데 말로 표현하는 것이 서툴다"고 묘사한 바 있다. 또 한 가지 방법은 하버드의 월리 길버트Wally Gilbert가 개발했다. 그는 "막후의 실력자이자 원대한 목표를 지닌 사람"[1] 이라는 평을 들었다. 생어와 길버트는 염기서열 분석 방법을 개발한 공로로 1980년에 노벨상을 공동 수상했다. 하지만 지금까지 수행된 염기서열 분석은 대부분 생어가 개발한 방법을 이용했다. 그는 생물학의 난제를 해결하는 데 놀라운 재주가 있었다. 생어는 1975년 5월, DNA 염기서열 일부를 최초로 분석해 사람들을 놀라게 했다. 뒤이어 바이러스 게놈의 완벽한 DNA 염기서열을 처음으로 분석했다. 파이 X174라는 세균 바이러스(파지)에서 5,375개의 염기쌍으로 이루어진 유전부호를 읽어낸 것이다. 다음으로는 사람의 미토콘드리아(세포의 에너지 공장)에서 1만 7,000개 가량의 DNA 염기쌍을 분석했다. 이는 인간 게놈 프로젝트의 신호탄이었다. 그는 이토록 놀라운 위업을 이룬 덕에 노벨상을 두 번이나 수상했다 (1958년의 첫 번째 노벨상은 단백질 구조 연구에 대한 공로로 수상했다. 그는 인슐린 분자를 구성하는 아미노산을 50여 개 밝혀냈다). 그는 분자 생물학에 커다란 영향을 미쳤고 동료 과학자들에게도 존경을 받았다. 하지만 이렇게 말할 정도로 조용하고 겸손한 인물이었다. "저는 학문적으로 뛰어나지 못합니다."

생어가 케임브리지에서 앨런 쿨슨Alan Coulson과 함께 개척한 DNA 분석 방법에서는 'DNA 중합효소DNA polymerase'를 이용해 DNA 분자를 무수히 복사한다. 중합효소로 DNA를 복제하려면 DNA를 구성하는 성분인 뉴클레오티드가 가득 들어 있는 용기에 중합효소를 넣어야 한다. 효소는 뉴클레오티드를 이용하여 원래 DNA 가닥의 양쪽 끝에서부터 사본을 새로 만들면서 DNA를 '읽어들인다.' 생어의 공헌은 뉴클레오티드와 함께 '종결자 뉴클레오티드terminator nucleotide'라는 또 다른 성분을 넣어주었다는 것이다. 각 종결자에는 P-32로 방사성 표지를 붙였다. '종결자'라는 이름이 붙은 것은 사본이 만들어지는 중간에 임의로 끼어들어 중합효소의 작용을 중단시킴으로써 생성되는 사슬에 방사성 '마침표'를 찍어주기 때문이다. 이 작용은 시험관에서 수많은 DNA 분자 사본을 만드는 동안 어느 단계에서나 일어날 수 있다. 따라서 길이가 다른 DNA 조각이 다양하게 뒤섞이게 된다. 어떤 염기쌍이 P-32를 포함하는가에 따라 각 종결 부위는 C, G, A, T라는 방사성 표지를 지니게 된다.

이들 조각에 전기장을 가해 겔로 만든 판을 통과시키면 DNA 분자를 크기에 따라 분리할 수 있다. 이제 DNA 조각이 클수록 젤을 통과하는 데 시간이 오래 걸리는 특성을 이용해 염기서열을 읽을 수 있다. 네 가지 뉴클레오티드 모두 X선 필름에서는 검게 표시되기 때문에 한 염기에 한 번씩 네 번을 따로 실험해야 한다. DNA 중합효소를 네 가지 다른 종결자 뉴클레오티드와 각각 함께 쓰면 한 번은 모든 C에 방사성 표지가 붙고 한 번은 모든 G에 방사성 표지가 붙는다. A와 T도 마찬가지다. 이렇게 한 다음, 같은 젤에서 이들을 네 줄로 나란히 통과시킨다. 조각이 분리되면 한 줄에는 C로 끝나는 DNA 조각이 표시되고 다른 줄에는 G로 끝나는 DNA 조각이 표시된다. A와 T도 마찬가지다.

그리고 나서 젤을 말려 며칠 동안 X선 필름 위에 놓아둔다. 그러면 검은 띠로 이루어진 줄 4개가 나란히 나타난다. 이제 필름을 들여다볼 차례다. 4가닥 줄 가운데 처음 나타나는 띠를 찾고 가장 가까이 있는 다음 띠를 찾는다. 예를 들어 첫 DNA 조각이 C줄에 들어 있다면 첫 번째 문자는 C다. 다음 검은 띠가 A줄에 있다면 두 번째 문자는 A다. 이런 식으로 계속한다. (한 샘플당 수백 번씩) 문자를 꼼꼼히 순서대로 기록하면 비로소 염기서열이 탄생한다. 이것은 지루한 작업이다. 이 과정에서 종종 문제가 생기기도 한다. 젤 반응 네 번 가운데 한 번만 잘못되면 실험 전체가 무용지물이 된다. 줄이 나란히 놓여 있지 않으면 문자를 읽어나갈수록 검은 띠를 비교하고 간격을 알아내기 힘들어진다. 건조 과정에서 젤이 부서지는 일도 부지기수다. 며칠을 기다렸는데 시약이 잘못되는 경우도 있다. 몇 주를 허비하고도 쓸 만한 데이터는 하나도 얻지 못하기도 한다.

DNA 해독은 내가 특히 싫어하는 작업이었다. 나는 분자생물학 분야에서 훨씬 원대한 희망을 품고 있었기 때문이다. 과학을 이끄는 것은 데이터라기보다는 개인의 인품이나 그가 걸어온 학문적 여정이다. 나는 다른 사람의 시각으로 걸러지지 않은 날것의 경험적 사실을 알고 싶었다. 염기서열은 분석하든지 못하든지 둘 중 하나다. 하지만 실험 방법이 정확하더라도 작업 과정에서 오류가 생길 수 있다. 염기서열 분석 실험실 가운데는 정확하게 파악하지 못한 염기 옆에 의문 부호를 달기보다는 그냥 어림짐작해버리는 곳이 많다.

우리는 몇 주간 애쓴 끝에 사람의 뇌에 있는 아드레날린 수용체에서 cDNA 클론을 얻어내는 데 성공했다. 사람의 수용체가 칠면조 수용체와 염기서열이 전혀 다르다는 사실을 발견했을 때는 흥분의 도가니였다. 베데스다에 들어와 처음으로 대성공이 눈앞에 보였다. 하지만 서열의 마지막 조각을 분석하던 중 아직 일이 끝나지 않았다는 사실을 알게 되었다. 유전자의 시작 지점, 즉 DNA의 구두점이라 할 수 있는 유전자 표지가 보이지 않는 것이었다. 앞에서 말했듯이 DNA 가운데 단백질을 부호화하는 유전자는 일부에 지나지 않는다. 세포가 분자 수준에서 이들을 구분하려면 대문자와 마침표에 해당하는 유전자 표지가 있어야 한다.

영어 문장이 대문자로 시작하듯 유전자는 대부분 '개시 코돈start codon('코돈'은 특정 아미노산을 뜻하는 유전 후보의 최소 단위-옮긴이)'이라 불리는 ATG(아미노산 메티오닌을 부호화하는 염기서열)로 단백질 부호화 영역의 시작점을 표시한다. 영어에서 대문자는 문장 중간에도 들어갈 수 있다. 이와 마찬가지로 메티오닌 또한 단백질 염기서열 내부에 들어 있는 일이 드물지 않다. 따라서 ATG가 유전자의 진짜 시작점을 나타내는지 확인하려면 정보가 더 필요하다. 예를 들어 가까운 곳에 '종료 코돈stop codon'이 있는지 살펴보는 것이다. 이것은 DNA 문장의 끝에 오는 분자 '마침표' 가운데 하나로 분자 공장에 단백질을 그만 생산하라는 지시를 내린다.

우리는 뇌 도서관에서 아드레날린 수용체와 일치하는 DNA 조각을 하나밖에 얻지 못했으므로 유전자의 나머지 부분을 찾으려면 또 다른 도서관이 필요했다. 유일한 희망은 조각이 빠진 곳 근처에 있는 DNA에 방사성 탐침을 만든 다음, 이것을 가지고 인간 유전물질의 두 번째 도서관을 샅샅이 뒤져, 빠진 유전자의 끝 부분에 들어맞는 조각을 찾는 것이었다.

다시 한 번 모래사장에서 바늘 찾는 작업이 시작되었다. 하지만 이번에는 살펴볼 DNA 양이 줄었다. 두 번째 게놈 도서관에 들어 있는 DNA 조각은 길이가 평균 1만 8,000염기쌍이었다. 따라서 각 조각(클론)은 30억 개의 문자로 이루어진 게놈의 0.0006퍼센트를 나타낼 뿐이었다. 이제 클론을 100만 개 가운데 하나가 아니라 16만 7,000여 개 가운데 하나만 찾으면되었다. 두 주도 지나지 않아 가능성 있는 단서를 여럿 발견했다. 1만 8,000문자로 이루어진 클론에 유전자의 끝점이 들어 있는 듯했다. 우리는 염기서열 분석을 시작했다.

실험은 성공했다. 마침내 우리는 전체 유전자 서열을 컴퓨터에 저장하고는 첫 분자생물학 논문을 작성했다.[2] 우리는 〈FEBS 회지FEBS Letters('FEBS'는 생화학회 유럽연맹Federation of European Biochemical Societies의 약자다)〉에 논문을 기고했다. 나와 알고 지내는 사이인 편집장이 결과를 속히 통보해주겠다고 말했다. 우리는 인간 뇌 아드레날린 신경전달물질 수용체 유전자 염기서열을 처음으로 밝혀냈다. 수용체 단백질을 정제하는 작업부터 부호를 읽어내는 작업까지 가파른 산을 넘은 후, 다들 대단한 업적을 이루었다는 자부심이 들었다. DNA 염기서열을 들여다본 순간은 놀라운 체험이었다. 상상만 하던 일이 현실로 바뀐 것이다. 마치 칠흑같이 깜깜한 동굴 속에서 밝은 태양 아래로 나온 듯했다. 인간 척도human-scale의 기계와 기술로 분자 부호를 시각화하는 일은 오늘날의 관점에서도 대단한 업적이다. 이 논문은 내게 연구의 전환점이 되었다. 나는 이미 자리를 잡은 안전한 분야를 떠나, 연구진을 이끌고 새로운 학문인 분자생물학에 뛰어들었다. 우리는 거침없이 나아갈 준비가 되어 있었다.

하지만 벌써 이때부터도 유전자나 단백질의 염기서열을 얻는 것은 아드레날린의 작용 방식을 이해하기 위한 첫걸음에 지나지 않는다는 점을 잘 알고 있었다. 우리가 걸어온 짧은 여정의 끝은 수없이 많은 새로운 길로 이어질 터였다. 예를 들어 사람의 수용체 유전자를 생쥐 세포에 넣어 증식시키면 모든 실험에 쓸 수 있도록 수용체를 대량 생산할 수도 있다. 일군의 신경전달물질 수용체가 같은 항체에 반응한다는 이전 발견을 발전시키기 위해 우리는 염기서열 분석을 더 진행해야 했다. 이들이 진화의 유산을 공통으로 지니고 있다는 생각을 확인하려면 아주 많은 수용체의 염기서열을 비교해야 했다. 당시에는 몰랐지만, 서로 다른 여러 수용체 유전자의 DNA를 읽어내려는 시도는 그때까지 존재하지 않던 새로운 분야인 유전체학genomics의 시초가 되었다.

■ DNA 분석기의 획기적인 도입

연구 방향을 수정하는 데 박차를 가하게 한 것은 〈네이처〉에 실린 한 편의 논문이었다. 캘리포니아 공과대학의 리 후드Lee Hood 연구진이 발표한 이 논문은 DNA 염기서열 분석 기술을 획기적으로 발전시킬 방향을 제시했다. 한 가지 방사성 탐침 대신 네 가지 서로 다른 형광 색소를 쓰면 네 가지의 서로 다른 생어식 염기서열 분석 반응을 하나로 통합할 수 있었다. DNA 조각이 젤 바닥을 향해 내려가다 레이저 광선을 지나면 색소가 활성화된다. 빛을 발하는 색소는 광증폭관photomultiplier tube으로 쉽게 탐지할 수 있다. 데이터는 컴퓨터에 저장한다. 네 가지 색깔은 네 가지 서로 다른 뉴클레오티드를 나타낸다. 따라서 유전부호를 직접 읽어내는 것이 가능하다. 생물학의 아날로그적 세계가 마이크로칩의 디지털 세계로 바뀌는 것이다.

나는 리 후드와 그의 박사 후 연구원 마이클 헌커필러Michael Hunkapiller와 공동으로 수용체 단백질을 연구한 적이 있었다. 다시 한 번 이들과 손을 잡아야겠다고 생각했다. 기존의 방사능 방식으로는 1,000염기쌍을 조금 넘는 유전부호의 서열을 분석하는 데 1년 가까이 걸렸다. 결과는 참담했다. 덕분에 나는 캘리포니아 공과대학의 자동화된 방식이 얼마나 대단한 것인지 한눈에 알 수 있었다. 나는 이들에게 연락을 취했다. 헌커필러는 이 방법을 상업용 DNA 분석기DNA sequencer로 개발할 예정이었다. 그는 어플라이드 바이오시스템스(ABI, Applied Biosystems)와 손을 잡았다. 당시까지만 해도 DNA 합성기DNA synthesizer를 만들던 생명공학 회사였다. 나는 헌커필러와 ABI 판매처에 전화를 걸어 제품이 출시되면 내가 처음으로 사겠다고 말했다. ABI로서도 좋은 일이었다. 국립보건원에서 기계를 산다면 자기들의 명성과 인지도가 높아질 테니 말이다. 회의에 회의를 거듭한 끝에 우리 연구실에서 이들의 염기서열 분석 방법을 처음으로 시도해보기로 결론이 났다. 이제 남은 것은 11만 달러를 마련하는 일뿐이었다. 국립보건원 기초과학 부장 언스트 프리즈Ernst Freese는 검증되지 않은 새 기술을 도입하는 데 반대했다. 그 대신 단백질 분석기를 사라며 25만 달러를 주겠다고 했다.

문제는 내가 연구하고자 하는 수용체 단백질이 이런 기계로 분석할 만큼 양이 충분하지 않다는 것이었다. 프리즈와 나는 단백질 염기서열 분석과 DNA 염기서열 분석 가운데 어느 쪽이 더 나은지 언쟁을 벌였다. 결론은 나의 패배였다. 나는 며칠간 풀이 죽어 있었다. 그때 내 특별 계좌에 25만 달러가 들어 있다는 사실이 생각났다. 국방부에서 생물무기 탐지 연구를 위해 제공한 자금이었다. 나는 프리즈에게 새 기술을 꼭 써보고 싶으니 위험을 감수하고 이 돈을 쓰겠다고 말했다. 그는 여전히 내 의견에 동의하지 않았다. 하지만 지금 생각해보면 나의 굳은 의지에 그도 감명을 받은 듯하다. 결국 ABI에 분석기를 주문했다.

1987년 2월, 국립보건원 36번 건물에 중요한 물건이 배달되었다. DNA 염기서열 분석기가 들어온 것이다. 이 기계 안에 나의 미래가 들어 있었다. 기계가 너무 마음에 든 나는 연구실 공간도 부족하니 내 사무실에 기계를 두자고 제안했다. 그러고는 새로운 DNA 염기서열 분석 방법을 개발하는 임무를 손수 떠맡았다. 버펄로에서 석사 학위를 따고 갓 들어온 연구보조원 지닌 고케인이 나를 도와주었다. 나는 그녀가 수월하게 학위를 땄을 거라고 생각했다. 그녀는 자신 없어 했지만 나는 그녀가 나를 도와 DNA 분석기를 거뜬히 요리할 수 있으리라 믿었다.

우리는 재빨리 작업에 착수해 기계를 구석구석 살펴보았다. 기계의 심장부인 전기영동 상자electrophoresis box에는 연습장 크기만 한 수직 염기서열 분석용 겔이 들어 있었다. 겔은 통로가 열여섯 줄로 나 있었다. 이 덕분에 샘플을 16개씩 동시에 돌릴 수 있었다. (기계가 제대로 작동하는지 확인하기 위해 표준 샘플을 4개 넣어야 했기 때문에 실제로는 12개만 돌릴 수 있었다.) 겔 바닥에서는 스캐너가 앞뒤로 이동하며 형광 색소 신호를 읽어들여 컴퓨터로 전송했다. 작업을 한 번 수행하는 데 16시간이 걸렸다. 기존 방법으로는 족히 일주일은 걸렸을 것이다.

몇 주간 버그를 잡아내고 나니 데이터가 한결 깔끔해졌다. DNA 샘플마다 200염기쌍에 이르는 유전부호를 처리할 수 있었다. 문제는 기계의 소프트웨어가 초창기라 신뢰성이 떨어진다는 것이었다. 이 때문에 지닌과 내가 번갈아가며 한 사람은 색깔을 읽고 다른 사람은 유전부호를 기록해야 했다. 우리는 둘 다 유전자의 시작점을 나타내는 ATG 코돈이나 제한효소가 결합하는 지점과 같은 특정 서열 패턴을 알아볼 수 있었다. 지닌과 내가 훈련된 눈으로 손쉽게 할 수 있는 일을 컴퓨터에 시키기 위해 소프트웨어 기사는 오랜 시간 애를 먹어야 했다.

DNA 염기서열 분석에서 핵심적인 단계는 DNA 중합효소, 즉 DNA를 복사하는 효소를 주입하는 순간이다. 여기에는 '염기서열 분석 프라이머 sequencing primer'라는 작은 DNA 조각이 쓰인다. 중합효소와 프라이머가 어떤 식으로 함께 일하는가를 알려면 철로에서 한쪽 레일이 떨어져나간 구간을 수리하는 장면을 떠올려보라. 철로는 DNA 이중나선에 해당한다.

철도 기사, 즉 DNA 중합효소는 두 레일이 온전히 남아 있는 끝 지점에서 부터 철로를 새로 깔기 시작한다. 하지만 짧은 합성 DNA 조각(프라이머) 을 쓰면 DNA 중합효소가 DNA의 특정 부위에서 작업을 시작하도록 할 수 있다. 프라이머는 DNA 연쇄의 특정 염기에 결합해 짧은 두 가닥 DNA 를 만든다.

내가 캐플런 밑에서 생화학자로 훈련받으며 배운 것은 모든 수치를 정확하게 측정하고, 시약이 순수한지 확인하고, 회사의 선전을 믿지 말아야 한다는 것이다. 나는 기계를 돌릴 때마다 DNA와 프라이머의 양을 측정했다. 시약과 화학 반응 산물의 비율을 정확히 맞추기 위해서였다. 이런 꼼꼼한 태도는 크나큰 차이를 낳았다. ABI에서 들은 바로는 처음에는 아무도 우리만큼 성과를 올리지 못했다고 한다. 아니, 결과가 아예 나오지 않은 곳이 대부분이었다. 기계를 샀던 사람들은 대부분 실망하고 반품해버렸다. 기계 작동에 자신감이 붙은 우리는 쥐의 심장에서 분리한 수용체 유전자 2개의 염기서열을 이 기계로 분석했다. 실험 대상은 아드레날린에 반응해 심장 박동을 조절하는 베타 아드레날린 수용체와 미주신경vagus nerve 작용을 통해 심박수를 줄이는 무스카린 수용체였다. 우리는 두 유전자의 염기서열을 재빨리 분석했다. 비교를 위해 생어 방식의 수동 분석을 대조군으로 삼았다. 1987년 가을, 우리는 〈국립과학아카데미 회보〉에 실험 결과를 발표했다. 이것은 자동 DNA 염기서열 분석 방법으로 얻은 첫 데이터였다. 〈네이처〉에서 관련 논문을 읽은 지 1년 만에 거둔 성과였다.[3] 내 평생 다시는 이루지 못할 위업이었다.

새롭게 발견한 수용체 작용 방식

아드레날린 수용체를 클로닝하고 염기서열을 분석하고 발현시켰으니,

이제는 분자생물학 도구를 이용해 수용체의 구조와 기능을 알아낼 차례였다. 아드레날린을 인식하는 메커니즘은 무엇인가? 아드레날린이 수용체와 결합하면 그 다음에는 어떤 현상이 일어나는가? 수용체 분자가 실제로 하는 일은 무엇인가? 수용체의 합성과 분해를 조절하는 것은 무엇인가? 우리의 세포막 안에서 수용체는 어떤 분자 구조를 이루고 있는가?

이러한 질문들을 끝까지 파고들면 결국 수용체의 모양을 세포막에 들어 있는 3차원 단백질로 표현하는 것으로 귀결된다. DNA 염기서열만 가지고는 단백질의 복잡한 형태를 쉽사리 추론할 수 없다. 따라서 이 문제는 아직까지 생물학의 난제로 남아 있다. 이 문제를 해결하는 것은 아주 중요한 일이다. 우리 몸 곳곳에서 활동하고 있는 수많은 분자 가운데 딱 맞는 형태와 전하를 지닌 분자가 수용체와 결합하지 않으면 심장 박동을 빠르게 하거나 세포의 성장을 조절하는 등 생명 활동에 필수적인 반응을 일으킬 수 없기 때문이다.

아드레날린 수용체 분자의 구조를 연구하는 이들이라면 누구나 알고 있는 핵심적인 구조적 특징이 한 가지 있다. 컴퓨터 예측에 따르면 이 분자는 아미노산 일곱 가닥이 코르크 마개 뽑이 모양인 알파 나선을 이루고 있다고 한다. 이들 나선은 세포의 지질막을 꿰뚫고 있다. 수용체 분자는 세포 밖에서 안으로 신호를 전달해 작용을 일으키는 중요한 역할을 한다. 이는 몇 년 전에 유리구슬 실험에서 입증한 바 있다. 아드레날린 수용체는 세포막을 7회 통과한다. 7개의 '손가락'이 주머니 모양으로 아드레날린을 움켜잡으면 수용체 분자의 나머지 부분에 변화가 일어나 전령화학물질이 왔음을 알리는 듯하다. 기름진 세포막 바깥은 물로 이루어져 있기 때문에 아드레날린과 결합하는 아미노산은 친수성일 것이다. 또한 아드레날린이 양전하를 띠고 있으므로 이들은 음전하를 띠고 있을 것이다. 우리는 이런 특징을 지닌 아미노산을 몇 가지 찾아냈다. 수용체 염기 연쇄에 들어 있는 다른 아미노산(예를 들어 프롤린)이 단백질 구조 안에서 어떤 작용을 일으키는 것은 특이한 각도, 즉 꼬임kink을 이루고 있기 때문이다.

이제 우리는 수용체 단백질의 형태를 바꾸었을 때 어떤 현상이 일어날지도 알 수 있게 되었다. '위치 지정 돌연변이 유발site-directed mutagenesis' 또는 '단백질 공학protein engineering'이라는 분자생물학 기법 덕분에 정교한 실험이 가능해졌다. 수용체 유전자의 유전부호를 바꾸면 아미노산의 서열이 바뀌고 이로 인해 단백질 구조가 바뀐다. 우리는 이런 식으로 한때 모호하기만 했던 분자의 내부 작용을 파헤치기 시작했다. 방법은 변형된 수용체 분자가 어떤 작용을 하는지 살펴보는 것이다. 예를 들어 여전히 아드레날린에 결합하는지, 아니면 다른 약물에 결합하는지를 조사한다. 만약 다른 약물과 결합한다면 아드레날린과 결합했을 때와 같은 반응을 보이는지도 조사한다.

이 시점에서 내가 어쩔 수 없는 구식 생화학자라는 사실을 털어놓을 수밖에 없다. 나는 단백질의 형태를 바꾸는 돌연변이뿐 아니라 이러한 변화가 생물학적으로 반영되는 과정까지도 살펴보고 싶었다. 유전학자들 가운데 DNA 조각과 형질의 관계를 찾아내는 것에만 만족하고 더는 파고들지 않는 사람이 많다. 내가 보기에 이것은 유명인사를 알고 있는 사람을 만나 감탄하는 것과 다를 바 없다. 이렇게 말이다. "이 친구는 마돈나를 안다구!" 하지만 이것은 내가 원하는 바가 아니었다. 나는 더 깊숙한 곳까지 알고 싶었다. 물론 마돈나만을 말하는 것은 아니다. 나는 마돈나를 움직이는 수용체 생물학을 이해하고 싶었다.

우리는 마침내 수용체 단백질에 수십, 수백 가지의 아미노산 변화를 일으켰다. 1988년에 발표한 두 편의 주요 논문에서는 우리가 찾아낸 신기한 아미노산을 공개했다. 이들 아미노산은 아드레날린이 수용체와 결합해 이를 활성화하는 방식을 변화시키면서도, 아드레날린과 마찬가지로 수용체에 결합하는 베타 차단제(가령 프로프라놀롤)에는 아무런 영향을 미치지 않았다. 실험 결과에서 내릴 수 있는 유일한 결론은 수용체 단백질에

164

서 아드레날린 같은 수용체 활성제('작용제agonist'라고도 한다)가 결합하는 부위와 프로프라놀롤 같은 수용체 차단제('대항제antagonist'라고도 한다)가 결합하는 부위가 다르다는 것이었다. 수용체가 작용하는 방식에 대한 기존의 단순한 설명은 수정되어야 했다. 지금까지는 호르몬은 자물쇠(수용체)의 열쇠 역할을 하는 반면 대항제는 자물쇠와 꼭 들어맞지 않는 틀린 열쇠라고 생각했다. 하지만 이제 대항제는 자물쇠의 다른 구멍에 들어가 작용을 방해할 수 있는 것으로 보였다.

아드레날린 수용체가 실제로 어떻게 생겼는지 보여줄 모델이 있었다면 이런 추론이 훨씬 수월했을 것이다. 나는 캐플런의 연구실을 처음 찾아갔을 때 수전 테일러가 X선 결정학crystallography을 이용해 젖산 탈수소 효소lactate dehydrogenase를 3차원 구조로 표현하고 있던 것이 생각났다. 그녀의 데이터는 가로, 세로, 높이가 1.2미터인 단백질 모형을 만들어냈다. 이를 이용하여 동식물을 비롯해 다양한 생명체 내에서 효소가 어떤 식으로 기초대사를 통해 두 생화학물질인 피루빈산염과 젖산의 상호 전환의 촉매 작용을 하는지 밝힐 수 있었다. 나는 아드레날린 수용체도 이렇게 하고 싶었다. 하지만 수용체의 '그림'을 그리려면 결정 형태의 단백질을 X선으로 검사해야 했다. 이를 위해서는 정제된 수용체 단백질이 그램 단위로 필요했다. 이는 당시 우리가 얻을 수 있는 양의 수백만 배나 되었다. 나는 논문을 훑어보다가 누군가 효모를 써서 단백질을 대량 생산하는 데 성공했다는 사실을 알게 되었다. 그래서 이 분야 전문가인 딕 맥콤비Dick McCombie를 채용해 X선 검사에 충분한 양을 얻어냈다.

■ 인간 게놈 프로젝트의 밑그림을 그리다

이때쯤 나는 언젠가 내 연구에 스포트라이트를 비출 프로젝트의 첫 회의에 참여하고 있었다. 나는 일하는 시간 대부분을 자동 DNA 분석기를 손보는 데 쓰면서도 한편으로는 인간 게놈의 전체 염기서열을 분석하는 (당시만 해도) '허황된' 아이디어에 대한 초기 논의에 귀를 기울이고 있었다. (이에 대한 자세한 스토리는 듀크 대학교의 게놈 연구자인 로버트 쿡-디건Robert Cook-Deegan이 쓴 《유전자 전쟁The Gene Wars》을 참조하라.) 초기에 열린 회의 가운데는 1985년 5월 캘리포니아 대학교 산타크루즈 캠퍼스에서 주최한 워크숍이 있다. 워크숍을 주도한 로버트 신셰이머Robert Sinsheimer는 이런 거대 생물학 프로젝트를 통해 학교의 이름을 날릴 수 있으리라는 생각에 사로잡혀 있었다. 내가 이 프로젝트에 참여할 무렵, 라호야에 있는 소크 연구소의 노벨상 수상자 레나토 둘베코Renato Dulbecco는 〈사이언스〉에서 암과의 전쟁을 승리로 이끌기 위해 게놈의 염기서열을 분석해야 한다는 입장을 밝혔다. 한편 영국 의학연구위원회의 시드니 브레너Sydney Brenner는 유럽연합이 공동 작업을 맡아야 한다고 주장했다. 인간 게놈에 대한 논의를 주도한 인물 가운데는 에너지부의 수리생물학자 찰스 들리시Charles DeLisi도 있었다. 에너지부가 참여하는 것에 의아할 수도 있을 것이다. 하지만 방사능의 영향을 파악하는 일은 이들의 주요 임무였다. 특히 히로시마와 나가사키에서 원폭 투하 후 살아남은 피폭자의 유전부호를 분석하는 것이 주관심사였다.

당시 인간 게놈을 해독하려는 계획이 불가능하다느니 잘못되었다느니 하는 온갖 비난이 난무했다. 국립보건원도 이 계획에 반대했다. (국립보건원장 제임스 윈가르덴James Wyngaarden은 에너지부의 계획을 두고 "미표준국이 B-2 폭격기 생산을 제안하는 격"이라며 비꼬았다.)[4] 브레너조차 인간 게놈 분석 작업이 규모는 엄청난데 기술은 형편없다는 사실을 꼬집어 죄수들에게 형벌로 염기서열 분석을 시키자며 농담을 던졌다. 기준 형량으로 1,200만 염기쌍을 해독하게 하자는 것이다. 하지만 나는 인간의 전체 유전자 염기서열 데이터베이스를 만든다는 아이디어에 금세 매료되었다. 나는 10년 가까운 세월 동안 (당시만 해도) 10만 개로 추산되는 인간 유전자 가운데 단 하나를 해독했을 뿐이었다. 대규모 공동 작업을 통해 앞으로 15~20년 안에 인간 유전자 구조를 모두 밝혀낸다면 나는 크나큰 혜택을 입을 터였다. 다른 분야도 마찬가지겠지만 분자생물학은 분명한 이익을 얻을 것이었다. 아무리 생각해도 유일한 논란거리는 프로젝트의 실현 가능성뿐이었다. 방사성 표지를 쓰고 겔은 갈라지고 어긋나는데다 끊임없이 실패를 겪게 마련인 생어의 원래 방법을 쓴다면 분명 가능성이 희박하다. 하지만 자동화된 방법으로 게놈을 읽는다면 문제가 달라진다.

나는 어떤 식으로 참여할 수 있을지 생각하고 또 생각하기 시작했다. 이를 위해서는 연구실을 넓혀야 하겠지만 국립보건원은 공간이 제한되어 있었다. 언스트 프리즈(내가 성공을 거두는 걸 보고 이제는 염기서열 분석을 찬성하는 입장으로 돌아섰다), 국립 신경계 질환 및 뇌중풍 연구소 기관 내 프로그램 소장 어윈 코핀과 이야기를 나눈 끝에 메릴랜드 록빌에 있는 파크론 빌딩에 자리를 얻을 수 있었다. 길 건너편은 식품의약국 건물이었다. 이곳으로 이전하게 되면 내 연구 프로그램은 너덧 배 커지고 연구팀도 배로 늘어 스무 명 이상이 될 터였다.

하지만 쉽게 결정을 내릴 수가 없었다. 국립보건원의 훌륭한 연구 공간을 떠나는 일이 마음에 걸렸다. 동료들 가운데는 우리 36번 건물 몇 층을 차지하는가 하는 문제로 법정 다툼을 벌인 사람들도 있다. 하지만 파크론으로 옮기는 데는 두 가지 장점이 있었다. 첫째, 행정적 의무가 최소한으로 줄어든다는 것. 둘째, 국립보건원 원내에 새로 들어설 49번 건물의 기획위원회를 맡을 수 있다는 것. 프로젝트가 끝나면 우리 연구팀이 들어갈 곳이었다. 나는 조건을 받아들였다. 1987년 8월, 우리는 파크론으로 이전했다.

당시만 해도 ABI 분석기로 인간 게놈처럼 거대한 규모의 프로젝트를 추진한다고 하면 대부분 코웃음을 쳤다. 일본은 이미 경쟁에 뛰어들었다. 1987년에 이들은 염기쌍을 하루에 100만 개씩 해독할 수 있는 기계를 만들겠다고 발표해 신문 머리기사를 장식했다. (이 목표는 결국 하루 1만 염기쌍으로 축소되었다.) 하지만 내가 보기에 해결 방안은 간단했다. 이는 제조업의 역사를 보면 쉽게 알 수 있다. 재봉틀을 한 대 쓰다가 생산량을 두 배로 늘리고 싶으면 한 대 더 들여놓으면 된다. 마찬가지로 DNA 분석량을 두 배로 늘리려면 DNA 분석기를 한 대 더 들여놓으면 되는 것이다. 우리 연구실에 ABI 분석기를 몇 대만 더 들여놓으면 일본의 목표를 따라잡는 일은 어렵지 않았다. 병렬 처리가 간단한 해답이었다.

나는 프리즈와 협상을 벌이기 시작했다. 요구 사항은 DNA 분석기를 더 살 수 있도록 연간 예산에 75만 달러를 얹어달라는 것이었다. 우리 팀 예산이 유별나게 높으면 다른 연구팀장들이 불만을 제기할 우려가 있었지만 프리즈는 이 문제를 간단히 건너뛰었다. 연구실 일부를 국립 신경계 질환 및 뇌중풍 연구소의 DNA 염기서열 분석 시설로 전환하자는 것이었다. 그러면 그곳의 동료 연구자들이 DNA 조각을 분석하는 일을 도와주면서 내 기계를 마음껏 쓸 수 있는 것이다. 나는 동의했다. 신경 연구소에서는 분자생물학 연구를 거의 진행하지 않기 때문에 이들이 내 기계를 쓸 일도 많지 않을 터였다. 단, 칼턴 가이듀섹Carleton Gajdusek만은 예외였다. 그는 광우병과 연관된 희귀한 뇌 질환인 쿠루병에 대한 연구로 노벨상을 수상한 인물이다. 나는 DNA 분석기를 석 대 더 샀다. 우리 연구실은 졸지에 세계에서 가장 큰 DNA 염기서열 분석 센터가 되었다.

나는 당장에라도 DNA 분석을 시작하고 싶었지만 비용을 적게 들이면서 작업을 진행하려면 현재 방법으로는 부족했다. 우리는 자동 염기서열 분석기를 최대한 활용하는 동시에 DNA 분석기가 한 번에 처리할 수 있는 수량이 수백 염기쌍밖에 안 된다는 상황을 고려해 계획을 세워야 했다. 한 가지 전략은 기계를 한 번 돌릴 때 연쇄를 최대한 길게 생성해서 한 번에 수백 염기쌍을 읽어내는 것이었다. 그 다음, 이 연쇄의 끝에서 DNA 부호를 이용해 새 프라이머를 만들어낸다. 이를 시작점으로 다음에 이어지는 DNA 연쇄 중 수백 염기쌍을 기계가 계속 읽어낸다. 그리고 유전자 또는 DNA 조각의 끝에 도달할 때까지 이 과정을 되풀이한다. '프라이머 워킹primer walking'이라 불리는 이 기법은 끝내는 데 며칠씩 걸렸다. 단계마다 프라이머를 새로 만들어야 했기 때문이다. ABI 분석기에서는 프라이머 워킹에 시간과 돈이 훨씬 많이 들었다. DNA를 자른다고 그대로 프라이머가 되는 게 아니라 형광 색소를 화학적으로 부착시켜야 했기 때문이다. 프라이머 워킹은 수만 염기쌍으로 이루어진 연쇄를 분석하기에 알맞은 방법이 아니었다. 수십억 염기쌍으로 이루어진 인간 게놈은 말할 필요도 없다. (내가 보기에는 자명한 사실이었는데 다른 이들은 그렇게 생각하지 않았나 보다. 이 논쟁은 몇 년간 계속되었다.)

프라이머 워킹의 유력한 대안은 소규모 클론 산탄총 염기서열 분석small-clone shotgun sequencing이었다. 이 방법은 최대 18~35킬로베이스(1킬로베이스는 DNA 염기쌍 1,000개에 해당한다-옮긴이)짜리 클론을 분쇄해 분석할 수 있는 크기로 만든 다음 짧은 연쇄들을 다시 합치는 것이다. DNA를 작은 부분으로 쪼개는 방법에 따라 여러 변이형이 있었다. 프레더릭 생어는 진정한 무작위(산탄총) 방식을 받아들이지는 않았다. 하지만 그는 기념비적인 1982년 연구에서 람다 파지bacteriophage lambda의 4만 8,000염기쌍을 해독할 때 독창적인 방법으로 람다 게놈을 분해—또는 분할fractionate—했다. 그가 활용한 것은 또 다른 노벨상 수상자인 해밀턴 스미스Hamilton Smith의 연구 결과였다. 스미스는 제한효소를 발견한 인물이다. '제한효소'란 DNA 연쇄의 특정 부위를 정확하게 자를 수 있는 '분자 가위'를 뜻한다. 예를 들어 'ECORI'라는 제한효소는 GAATTC 연쇄를 자르지만 문자가 하나만 바뀌어도—가령 GATTTC—그대로 내버려둔다. 생어는 다양한 제한효소를 이용해 DNA를 작은 조각으로 잘라 분석할 수 있을 만한 크기로 만든 다음 (연구가 진행 중이던) 특별한 DNA 지도를 통해 람다 게놈을 재구성했다. 이 지도는 제한효소가 DNA 조각의 어느 부위에 작용하는가를 나타냈다. 생어는 이를 길안내 삼아 조각들을 서로 짜 맞추었다.

〈뉴욕 타임스〉를 자른다고 생각해보자. 제한효소와 마찬가지로, 규칙은 페이지에 '함께'라는 단어가 나올 경우 '오늘' 앞까지를 잘라내는 것이다. 같은 과정을 되풀이한다. 이번에는 '그리고'가 나올 경우 '라고' 앞에서 자른다. 글을 못 읽는 사람이라도, 잘라낸 신문의 각 조각에 있는 단어(제한 부위, restriction site)를 알아볼 수만 있으면 신문을 다시 짜 맞출 수 있다.[5] 바이러스의 염기서열을 분석할 때는 생어의 제한효소법이 유일한 방법이었다. 하지만 이 방법은 직접 손으로 해야 하는데다 느리고 지루했기 때문에 박테리아 게놈을 분석하는 데는 알맞지 않았다. 30억 염기쌍으로 이루어진 인간 게놈에는 더더욱 부적합했다.

DNA 염기서열 분석 계획이 추진되는 동안 우리의 수용체 연구도 착착 진행되고 있었다. 우리는 생물학에서 가장 집중적으로 연구된 생물인 노랑초파리Drosophila melanogaster에서 아드레날린 수용체에 해당하는 물질을 찾고 있었다. 우리는 옥타파민octopamine 수용체라는 유전자를 분리해 분석했다. 이 수용체는 인간 아드레날린 수용체의 진화적 조상으로 여겨지고 있었다. 아드레날린이 인체에서 작용하는 것과 마찬가지로, 화학적 전령물질인 옥타파민은 곤충 몸속에서 공격 · 도피 반응을 일으킨다.

나는 뛰어난 발전을 이루고 있었다. 국제회의에 연사로 초빙되고 생명공학 회사와 제약 회사에 자문을 해주는 일도 늘었다. 하지만 거의 20년 전 캐플런의 연구실에 들어선 순간부터 이어진 연구 여정이 이제 막을 내리려 하고 있었다. 다행히 나는 새로운 방향을 마음껏 추구할 수 있는 환경을 누리고 있었다. 우리 연구실은 국립보건원 기관 내 프로그램으로부터 지원을 받고 있었기 때문에 위험이 따르는 연구를 예산 걱정 없이 수행할 수 있었다. 동료들 대부분이 몸을 사리는 편인데도 외부 사람들은 우리가 모험을 추구한다고 생각했다. 연구비를 신청할 필요가 없기 때문에 보수적인 '동료 평가peer review'에 발목 잡히지 않아도 되기 때문이다. 한정된 기금을 놓고 끊임없이 경쟁을 벌이는 상황에서, 심사위원회는 검증된 프로젝트나 사람에게 연구비를 주고 싶어 한다. 인간유전체학은 본격적으로 뛰어들 만큼 충분히 매력적이었다. 하지만 이곳은 미지의 세계였고 어떤 결실을 얻을 수 있을지도 분명하지 않았다.

실패할 경우에 대비해 보험을 들어두는 셈치고 수용체 연구를 계속하면서 유전체학에 뛰어들 수도 있었다. 하지만 국립보건원에서 5년을 보냈는데도 클레어는 종신재직권을 얻지 못했고 앞으로도 그럴 가망이 보이지 않았다. 아내는 우리 연구실의 일개 연구원에 지나지 않았다. 따라서 연구가 성공을 거두는 데 아내가 아무리 이바지했더라도 심사위원회가 이를 알 도리가 없었다. 다행히도 국립 알코올 및 약물 남용 연구소National Institute of Alcohol and Drug Abuse에서 수용체 연구를 시작하기로 하고 아내에게 연구팀을 이끌 생각이 있느냐며 제안을 해왔다. 나는 수용체 연구 프로그램을 쪼개거나 그녀가 맨땅에서 시작하도록 내버려두고 싶지 않았다. 그래서 나 자신이 신생 분야인 유전체학에서 새로 시작하기로 마음먹었다. 이 분야에 흥미가 있는 연구원만 데려가고 수용체 연구는 아내에게 맡기기로 한 것이다.

당연한 절차처럼 보이지만 실은 매우 힘들게 내린 결정이었다. 동료들과 헤어져야 한다는 것 때문만은 아니었다. 수용체 분야에서 성공과 실패가 어우러진 17년 세월에도 작별을 고해야 하는 것이다. 유전체학에 뛰어들었다가 실패하면 어떡하나? 새로운 환경은 우리의 결혼생활과 일상적인 관계에 어떤 영향을 미칠까? 나는 우리의 상황을 '연구실 이혼'이라고 표현했다 클레어는 수용체 아이를 갖고 나는 유전체학 아이를 갖는 셈이었다. 한편으로는 이번 일을 계기로 우리 사이가 더 굳건해졌으면 하는 희망도 있었다. 클레어는 자신의 일에 대해 더 객관적인 평가를 들을 수 있을 테고 스스로 두각을 나타내어 훨씬 큰 성취감을 느낄 수 있을 테니 말이다.

인간유전체학이라는 분야에 뛰어든다는 것은 과학 공동체뿐 아니라 과학의 정치에도 발을 담근다는 것을 의미했다. 연구실을 옮기면서 레이철 레빈슨Rachel Levinson을 만난 건 행운이었다. 그녀의 남편 랜디Randy는 클레어의 새 연구소에서 일하고 있었다. 레이철은 국립보건원 내 신규 부서의 사무국장이었다. 국립보건원이 인간 게놈 연구에 이바지할 방법을 찾던 국립보건원장 제임스 윈가르덴이 그녀를 채용했다. 레이철과 이야기하는 것은 즐거운 일이었다. 그녀는 매력적이고 총명했다. 레이철은 내게 국립일반의학연구소의 루스 키르쉬슈타인Ruth Kirschstein과 이야기해보라고 권유했다. 루스는 국립보건원의 게놈 프로젝트를 자기 연구소로 가져가 자기 손아귀에 두고 싶어 했다. 레이철은 내가 루스와 만나도록 주선해주었다. 나는 국립보건원 기관 내 프로그램에서 DNA 염기서열 분석 작업이 얼마나 이루어졌는지 설명했다. 버지니아 레스턴에서 열리는 핵심 관계자 회의에 초대를 받기도 했다. 1988년 2월 29일부터 3월 1일까지 열리는 이 회의를 주최한 사람은 레이철이었고, 배후에는 제임스 윈가르덴이 있었다. 목적은 국립보건원이 게놈 프로젝트를 주도하도록 하기 위한 것이었다.

순탄치 않은 왓슨과의 협력

'복합 게놈 특별 자문위원회Ad Hoc Advisory Committee on Complex Genomes'는 여러 면에서 인상적이었다. 나는 처음으로 인간유전체학의 대가들 대부분을 만날 수 있었다. 노벨상 수상자인 데이비드 볼티모어David

Baltimore, 월리 길버트, 제임스 왓슨도 눈에 띠었다. 이 회의는 명실상부한 유전체학의 출범을 알리는 신호탄이었다. 이 자리에서 윈가르덴은 중대 발표를 했다. 다름 아닌 제임스 왓슨이 신규 부서인 '인간 게놈 연구국 Office of Human Genome Research'의 겸임 국장을 맡아 국립보건원에 오기로 했다는 것이다. 이로써 인간 게놈 프로젝트에서 고대하던 학문적 신뢰성이 확보되었다.

왓슨의 참여는 큰 반향을 불러일으켰다. 또한 내가 (앞으로 수년간 게놈 프로젝트를 뒤흔들) 격심한 정치와 로비, 책략의 소용돌이에 휘말리는 계기가 되기도 했다. 왓슨 자신은 앞에 놓인 어려움에 불편한 심기를 드러냈다. 하지만 내부 사정을 잘 아는 연구자의 말에 따르면 이 자리가 그에게 뜻하는 바는 "권력의 유혹, 그러나 사람을 지배하는 권력이 아니라 과학의 미래를 좌우하는 권력"[6]이었다고 한다.

레스턴에서 나는 게놈 프로젝트의 방향에 대해 몇 가지를 들었다. 내용은 충격적이었다. 왓슨은 우리의 목표가 오직 염기서열을 찾아내는 것뿐이라고 주장했다. 이 서열을 놓고 고민하고 이해하는 것은 후대 과학자의 몫이라는 것이다. 지금까지 나는 염기서열 분석을 효과적이고도 의미 있는 일로 만들려면 반드시 해석이 필요하다고 생각했다. 그 자리에 모인 이들 가운데 상당수는 우리가 게놈 염기서열을 얻기만 하면 컴퓨터를 이용해 유전자가 실제로 어디에 놓여 있는지 알아낼 수 있다고 주장했다. 하지만 생명은 그렇게 단순하지 않다. 리 후드는 자기 팀이 개발한 ABI 분석기를 헨리 포드 최초의 양산차인 모델A 수준으로 평가했다. 이 또한 놀라운 일이었다. 그는 염기서열 분석이 본격적으로 시작되기 전에 페라리급 분석기를 만들고 싶어 했다. 이는 수년이 걸릴 터였다.

나는 오로지 한시라도 빨리 시작하고 싶었을 뿐이다. 회의가 끝난 후 언스트 프리즈를 찾아가 유전체학을 발전시키는 데 기여하고 싶으니 도와달라고 말했다. 내 예산은 그의 손에 달려 있었기 때문이다. 그는 내 의견을 대부분 지지한다고 말했다. 하지만 우리 연구소의 임무는 신경계 질환을 연구하는 것이기 때문에 자신의 승인을 얻으려면 게놈에서 신경계 질환과 뇌에 해당하는 부위를 대상으로 삼아야 한다고 덧붙였다. 협상은 합리적으로 타결된 듯했다. 내가 자리에서 일어서려 할 때였다. 언스트는 자기가 몇 년 전 왓슨 밑에서 박사 후 연구원으로 일한 적이 있다고 말했다. 그는 왓슨이 국립보건원 게놈센터의 수장이 되면 우리 팀을 다시 합치게 해주겠다고 약속했다. 그 대신 왓슨에게 내 DNA 염기서열 분석 데이터를 보여주라고 요구하면서 말이다.

게놈에서 우리가 염기서열 분석을 시작하기에 알맞은 부위는 여러 곳이 있었다. 예를 들어 X염색체의 짧은 쪽 끝에는 정신지체의 일종인 유약 X 증후군 유전자를 비롯해 질병과 관련된 유전자가 많다. 4번 염색체의 짧은 쪽 끝도 유망한 후보였다. 이곳에서 우리는 신경 퇴행성 질환인 헌팅턴병의 원인을 찾을 수 있으리라 기대했다. 수용체 분야도 손을 놓을 수 없기 때문에 수용체 유전자 지도 데이터를 만드는 작업도 병행할 생각이었다. 수많은 자료를 검토하고 사람들과 의견을 나눈 끝에 인간 게놈 프로젝트를 이끌어나가기 위한 사전 작업으로 X염색체 염기서열을 분석하기로 결정했다. 연구실 정치에 휘말려 있는 과학 분야에서는 무언가를 주도해 시작한다는 게 불가능하다는 사실을 그때는 몰랐다. 인간성과 자부심, 자존감이 우선이고 과학과 데이터는 그 다음이다.

왓슨이 국립보건원에 도착한 지 얼마 지나지 않아 프리즈가 회의를 소집했다. 나는 왓슨과 함께 프리즈의 사무실이 있는 1동으로 갔다. 간단한 소개가 끝난 후 나는 왓슨에게 우리 연구실 분석기에서 나온 결과를 보여주고는 이 기계로 인간 염색체 분석을 시작할 수 있을 거라고 말했다. 그는 내게 염두에 두고 있는 부위가 있느냐고 물었다. 나는 X염색체 계획을 들려주었다. 왓슨은 내 데이터와 그것의 높은 품질에 매료되었다. 그는 바로 전날 캘리포니아 공과대학에 있는 리 후드의 연구실에 갔다 왔다고 말했다. 후드는 자기가 발명한 자동 DNA 분석기를 쓸 엄두도 못 내고 낡은 방사능 방식을 고수하고 있더라는 것이었다. 왓슨은 모두가 ABI 분석기를 포기하는 이때 나만 승승장구한 비결을 물었다. 나는 염기서열 분석 과정, 특히 프라이머 화학물질을 제대로 만드는 데 얼마나 공을 들였는지 말해주었다. 그는 나의 학문적 계보를 물었다. 내가 생화학자 네이트 캐플런 밑에서 훈련받은 내력을 들려주자, 왓슨은 이렇게 대꾸했다. "그럼 그렇지. 자네, 생화학자로군."

당시 내가 그의 말을 어떻게 오해했는지 생각하면 지금도 웃음이 나온다. 나는 그의 말을 칭찬으로 받아들였다. 4대에 걸친 생화학자의 계보를 자랑스러워하고 있었기 때문이다. 왓슨이 생화학자를 얕잡아본다는 사실을 알게 된 건 이후의 일이다. 몇 년 뒤, 국립보건원에서 인간 게놈 염기서열 분석을 축하하는 심포지엄이 열렸을 때 나는 이런 농담을 했다. 행복했던 지난 시절, 왓슨이 나를 부른 가장 모욕적인 말이 바로 '생화학자'였다고 말이다.

시작하는 데 돈이 얼마나 들까? 이것이 왓슨의 관심사였다. 나는 100~200만 달러는 될 거라고 대답했다. 하지만 그는 그것으로는 충분하지 않다고 우겼다. X염색체 하나를 분석하기 시작하는 데도 500만 달러가 넘게 들 거라고 말이다. 그는 내게 500만 달러의 예산에 맞추어 프로그램 개요를 작성하라고 말했다. 다음날 의회에 출석할 예정이었던 그는 예산에 이 금액을 추가해 프로젝트를 시작하도록 해주겠다고 말했다.

청문회에서 증언할 때 왓슨은 약속을 지켰다. 그는 우리 연구실이 세상에서 가장 훌륭한 염기서열 분석 실험실이며 X염색체 분석을 시작하는 데 500만 달러가 필요하다고 증언했다. 그 즈음이었다. 롱아일랜드 콜드 스프링하버연구소에서 열린 야외 파티에서 연구소장 왓슨은 이렇게 큰소리쳤다. "인간 게놈 프로젝트는 성공할 거야. 염기서열 분석을 자동으로 해내는 친구가 있거든."[7] 나는 하늘을 나는 기분이었다. X염색체 분석은 순풍에 돛단 듯이 보였다. 기금을 지원받는 최초의 인간 게놈 프로젝트를 내가 이끌게 된 것이다.

나는 왓슨이 요청한 제안서의 초안을 서둘러 작성하기 시작했다. 하지만 왓슨은 연방 공무원이라는 굴레를 벗어날 수 없었다. 여느 연방 공무원과 마찬가지로 그 또한 스스로 결정을 내리지 않으려 했다. 일주일 후 열린 국립보건원 회의에서는 염기서열 분석을 시작하는 일이 시기상조인가 아닌가를 놓고 갑론을박이 벌어졌다. 차라리 특정 유전자를 찾아내거나 게놈 길안내landmark를 발견하는 일(지도 작성mapping)에 돈을 쓰자는 의견도 나왔다. 대학교에 적을 둔 연구자들이 이런 우려를 나타낸 건 우연이 아니다. 거액이 자기들이 아니라 국립보건원 기관 내 연구자에게 돌아간다는 게 못마땅했던 것이다. 하지만 왓슨은 단호했다. 그는 나를 게놈 분석의 모범 사례로 지목했다. 우리 팀에 연구비를 지원해 X염색체를 분석하는 프로젝트의 모범을 보이고 싶어 했다.

로버트 쿡-디건은 이렇게 회상했다. "염기서열 분석은 정치적 쟁점이 되었다. 분자생물학자들 사이에서도 대규모 염기서열 분석에 대해 반대 의견이 많았다. 효모나 선충, 초파리처럼 모델로 쓰이는 동물도 마찬가지였다. 인간 DNA 분석은 엄두도 못 낼 일이었다. (······) 어떤 분석 방법이 이상적이고 어떤 전략이 가장 효과적인지에 대해 의견이 분분했다. (······) 호언장담하던 왓슨도 꼬리를 내릴 수밖에 없었다."[8]

왓슨은 나중에 자기가 원한 건 20쪽쯤 되는 훨씬 두꺼운 제안서였다고 말했다. 그는 자기가 내 계획을 밀어붙이지 않고 동료 평가 절차를 따르고 있다는 인상을 주고 싶어 했다. 그의 요구는 겉보기에는 그럴듯해 보였지만 내게는 골치 아픈 문제였다. 그의 요구를 받아들이면 좋지 않은 선례를 남기게 될 터였기 때문이다. 연구비를 신청할 필요가 없는 기관 내 연구자가 기관 외부의 기금을 신청하는 선례 말이다. 월리 길버트와 함께 그의 염기서열 분석 방법을 연구한 맥신 생어Maxine Sanger를 비롯한 선배 과학자들은 내가 큰 잘못을 저지르고 있다며 공공연히 말하고 다녔다. 국립보건원 연구자들은 기관 내 프로그램에 외부의 동료 평가를 끌어들이는 걸 못마땅해 했다. 연구 기금을 요청하는 제안서를 쓰고 싶어 하지도 않았다. 매사에 한 가지 잣대를 들이대려는 관료주의의 폐단 때문에 500만 달러가 내 손에서 달아나려 하고 있었다. 왓슨은 그런 일은 없을 거라며 제안서를 가져오라고 재촉했다.

몇 주간 팀원들과 애쓴 끝에 그럴듯한 연구 제안서 초안이 나왔다. 나는 그가 소장으로 있는 콜드스프링하버연구소의 춘계 연차총회에 참석해 제안서를 직접 건네줄 생각이었다. 그는 한참 동안 뜸을 들이더니 예전 평계를 다시 구구절절 늘어놓았다. 과학계는 아직 게놈 염기서열 분석을 시작할 준비가 안 되었으며 국립보건원 기관 내 연구자인 나를 편애하는 모습을 보이면 자신의 후원자와 동료, 자문위원 등이 등을 돌리리라는 것이었다.

이제 자문위원들은 내가 국립보건원의 정식 '기관 외부 프로그램'의 프로젝트 연구비 신청서를 쓰기를 원했다. 이렇게 되면 평가위원회study section가 결성되어 내 제안서뿐 아니라 경쟁 상대인 리 후드와 월리 길버트 등의 신청서도 함께 검토하게 될 터였다. 이번 일로 왓슨의 지도력과 신뢰성에 또 한 번 흠집이 생겼다.

▒ 고치고 고친 제안서

이것은 내 연구에 먹구름이 드리우고 있다는 전조였을지도 모른다. 하지만 나는 지금이야말로 바다에서 폭풍우와 싸우며 나의 항해 실력을 확인할 때라고 생각했다. 나는 애지중지하던 케이프 도리 25D를 팔고 덩치가 더 큰 케이프도리33을 장만했다. 하늘에서 가장 밝은 별인 오리온자리의 늑대별을 따라 '시리우스'라는 이름을 붙여주었다. 체서피크 만에서 출발해 대서양 연안을 따라 동쪽으로 케이프 코드까지 갔다가 돌아오는 수천 킬로미터짜리 왕복 항해를 한 지도 2년이 지났다. 그동안 돌풍과 궂은 날씨를 겪기도 했다. 하지만 이제 시리우스 호와 나는 더 큰 도전을 맞이할 준비가 되어 있었다. 폭풍우는 낭만적이면서도 두려운 존재다. 둘 다 배를 탈 충분한 이유가 된다.

동부 해안에서 뱃사람으로 인정받는 방법 하나는 버뮤다까지 1,127킬로미터를 항해하는 것이었다. 이를 위해서는 버뮤다 섬, 마이애미, 산후안을 잇는 버뮤다 삼각지대를 지나야 했다. 이곳은 TBM 어벤저 어뢰공격기 다섯 대가 이륙 직후 사라지고 USS 사이클롭스 호가 흔적도 없이 가라앉는 등 설명할 수 없는 실종 사건으로 악명이 높았다. 버뮤다 삼각지대는 지구상에서 자북과 진북이 일치하는 몇 안 되는 지점 가운데 하나다. 이곳은 멕시코 만류가 가장 큰 위력을 발휘하는 곳이기도 하다. 대서양을 흐르는 거대한 난류인 멕시코 만류는 멕시코 만에서 생겨나 플로리다에서 케이프 해터러스를 지나 낸터킷 섬까지 올라갔다가 유럽으로 흘러든다. 영국이 빙하기를 맞지 않는 것은 멕시코 만류 덕분이다. 멕시코 만류는 독특한 날씨를 만들어낸다. 특히 바람이 해류의 방향과 반대로 불 때는 파도가 높고 거세게 인다. 하지만 이 위험한 바다는 바다생물의 보고이기도 하다. 이곳에는 돌고래를 비롯한 갖가지 물고기가 대량으로 서식하고 있다.

나는 과감하기는 했지만 무모하지는 않았으므로 허리케인을 피하기 위해 출항 날짜를 5월 초로 잡았다. 단독 항해를 하고 싶었지만 안전을 위해 승무원을 두기로 했다(이것은 나의 판단 착오였다). 버펄로 뉴욕 주립대학교 생물학과 교수 겸 학과장인 대릴 도일이 항해에 동참하고 싶어 했다. 그는 이리 호에서 항해한 경력이 있었다. (대릴은 2006년에 죽었다.) 그는 자기 친구 허브를 데려왔다. 우리는 배에 연료와 참치 통조림, 소고기 스튜를 싣고서 1989년 5월 14일, 닻을 올렸다. 나는 클레어에게 작별 인사를 하며 닷새 후에 버뮤다에서 만나자고 말했다. 일기예보는 일부러 확인하지 않았다. 사전 경고 없이 어려움을 헤쳐가고 싶기 때문이었다.

바람이 약하게 부는 탓에 배가 더디게 나아갔다. 유리처럼 잔잔한 물 위를 떠가는 동안 짜증이 쌓여만 갔다. 그때 대릴이 상상도 못할 짓을 저질렀다. 바다의 신에게 이렇게 소리친 것이다. "차라리 강풍이 낫겠다!" 바다의 신은 이 말을 들었던 게 틀림없다. 5월 17일 오전 9시, 파도가 3.7미터를 넘어 계속 높아졌다. 오후 3시가 되자 멕시코 만류를 벗어났다고 생각한 우리는 파도가 잦아들 거라고 예상했다. 하지만 결과는 정반대였다. 라디오 일기예보에서는 버뮤다에 폭풍우가 몰아치고 있다고 전했다. 내 항해 기록에는 이렇게 쓰여 있다. '바다가 수직으로 솟구치다.'

오후 6시, 바람이 너무 거세어 돛을 모두 내려야 할 지경이었다. 나는 배가 옆구리에 파도를 맞아 뒤집힐까 봐 해묘galerider(뱃머리를 파도로부터 보호하고 파도의 충격을 완화시키기 위해 뱃머리에서 바다 속으로 던져 사용하는 닻과 비슷한 저항물-옮긴이)를 내렸다. 해묘는 반구형의 무거운 그물망이다. 이것을 배 뒤에 튼튼한 밧줄로 묶어 끌고 다니면 뱃머리를 파도 방향으로 유지할 수 있다. 엄청난 폭풍우 속에서 일엽편주의 조타석에 앉아 있자니 환희와 공포가 함께 밀려왔다. 파도에 갇혔을 때는 14미터짜리 돛대 높이까지 파도가 치솟았다. 파도가 부서지면서 뱃머리를 옆으로 밀어내려 하자 해묘가 배를 똑바로 끌어당겼다. 마치 거대한 손이 우리를 지켜주는 듯했다.

5월 18일 자정이 되자 바람이 25~35노트로 잦아들었다. 하지만 우리는 기진맥진했다. 내가 잠깐 눈을 붙이려는 찰나, 허브가 사고를 쳤다. 버뮤다 삼각지대에 있다가는 살아남지 못할 것 같아, 빠져나가기 위해 항로를 90도 튼 것이다. 아찔한 순간이었다. 나는 그가 무슨 일을 저질렀는지 알고는 불같이 화를 냈다. 두 사람을 선실에 밀어 넣고 밖에서 문을 잠가

버렸다. 나는 30시간째 한숨도 자지 못했다. 설상가상으로 대릴이 '합법적인' 각성제인 커피를 바닥에 쏟아버렸다. 이런 상황을 대비해서 암페타민을 챙겨온 게 천만다행이었다. 나는 악천후용 장비, 부풀릴 수 있는 구명조끼에 안전벨트를 걸치고 워크맨으로 로이 오비슨과 엘튼 존의 노래를 들으며 9노트로 의기양양하게 배를 몰았다. 달빛 아래 거대한 파도가 솟구칠 때마다 배가 들썩거렸다. 육지는 수백 킬로미터 떨어져 있었다. 내 생애 가장 환상적인 야간 항해였다.

아침이 되자 폭풍우가 가라앉았다. 나는 선실 문을 열고는 대릴과 허브에게 내가 위치를 측정하는 동안 벨트를 차고 키를 잡으라고 말했다. 나중에 매트리스를 보고 안 사실이지만, 허브는 겁에 질린 나머지 침대에 오줌을 쌌다. 그가 거대한 파도를 보고 허둥대는 바람에 물이 배를 덮쳤다. 하마터면 배가 뒤집힐 뻔했다. 선실까지 물이 쏟아져 들어왔다. 갑판에 올라가 보니 허브는 물에 빠진 채 질질 끌려오고 있었다. 안전벨트를 매지 않았다면 목숨을 잃었을 것이다. 그런데 대릴이 보이지 않았다. 두 번째 파도가 허브를 갑판에 내동댕이쳤다. 배의 방향을 되돌리고 보니 대릴이 활대 위에 젖은 빨래처럼 축 늘어져 있었다. 그의 옆에는 안전벨트가 대롱대롱 매달려 있었다.

5월 22일 새벽 2시, 마침내 버뮤다에 도착했다. 출발한 지 8일 만이었다. 항해 거리는 1,524킬로미터에 달했다. 두 사람이 공항으로 내뺀 다음 나는 클레어에게 전화를 걸었다. 아내는 내가 죽은 줄 알았다고 했다. 그녀가 보험사에 전화하는 동안 나는 일생일대의 희열과 함께 성취감과 생환의 기쁨을 누렸다. (이날의 느낌을 간직하기 위해 다음 보트 이름은 '버뮤다 희열'로 지었다.) 다음 날 클레어를 만났지만 함께 시간을 보내지는 못했다. 나는 이틀 내리 잠만 잤다. 그때는 몰랐지만, 버뮤다 항해는 훨씬 길고 힘들면서도 (결국은) 보람 있는 생존 투쟁의 첫걸음이었다. 나의 학문, 결혼생활, 명성이 여기에 달려 있었다. 그 여정이 끝나고 인간 게놈을 모두 해독한 뒤 느낀 성취감과 희열은 11년 전 버뮤다 항해에서 경험한 것과 똑같았다.

나는 국립보건원으로 돌아가 X염색체 염기서열 분석 제안서 작성에 다시 착수했다. 제안서는 이제 60쪽을 넘긴 상태였다. 우려했던 대로 기관 내 프로그램에서 반대 목소리가 터져 나왔다. 나는 인간 게놈 진영에서 응원군을 찾기로 했다. 내가 접촉한 인사는 베일러 의과대학 인간유전학과 학과장이자 X염색체 전문가인 C. 토머스 캐스키C. Thomas Caskey였다. 그는 흔쾌히 도와주겠다고 말했다. 프리즈와 마찬가지로 그 또한 염색체의 짧은 쪽부터 시작하라고 권유했다. Xq28이라는 이 부위에는 유약X 증후군을 비롯해 여러 질병 유전자가 자리 잡고 있다. 토머스의 연구실에서는 이미 에머리 대학교의 젊은 연구자 스티븐 워런Stephen Warren이 일하고 있었다. 그는 Xq28 부위가 여러 번 반복되는 코스미드 클론cosmid clones(길이가 3만 염기쌍 정도 되는 인간 DNA 조각) 도서관을 만들었다. 워런은 에너지부의 로런스 리버모어 국립연구소 소장인 앤서니 카라노 Anthony Carrano와 손잡았다. 국립보건원 정책 때문에 나는 우리의 야심 찬 1989년 제안서를 국립보건원의 외부 기관용 연구비 신청 양식이 아닌 백지에 인쇄했다. 우리의 목표는 12년에 걸쳐 X염색체의 염기서열을 분석하는 것이었다. 하지만 제안서의 핵심은 3년간 420만 염기쌍에 달하는 Xq28의 염기서열을 분석하는 동시에 분석 비용을 염기쌍 당 3.5달러에서 0.6달러로 줄이는 것이었다. (지금은 염기쌍 당 0.0009달러밖에 들지 않는다.)

마침내 답신이 왔다. 1990년 3월 29일, 버지니아 알링턴의 매리엇 호텔에서 면접이 잡혔다. (당시 이름으로) 국립 인간게놈연구센터National Center for Human Genome Research에는 특별검토위원회라는 것이 있었다. 이곳에는 게놈 해독의 미래에 주도적인 역할을 하고 싶어 하는 과학자들이 포진해 있었다. 위원으로는 케임브리지 대학교의 바트 G. 배럴Bart G.

Barrell · 스탠퍼드 대학교의 로널드 데이비스Ronald Davis · 소크 연구소의 글렌 에번스Glen Evans · 콜드스프링하버연구소의 토머스 마Thomas Marr · 캘리포니아 대학교 샌프란시스코 캠퍼스의 리처드 M. 마이어스Richard M. Myers · 오클라호마 대학교의 브루스 로Bruce Roe · 브룩헤이븐연구소의 F. 윌리엄 스터디어F. William Studier 등이 있었다. 왓슨의 게놈센터에서는 제 인 피터슨Jane Peterson이 참석했다.

실망스러운 그 회동 이후 수년간, 위원 대부분이 자신의 연구소에서 게 놈을 분석하겠다며 신청서를 제출했다. 지금 생각해보면 내가 그들 앞에 섰을 때 그들이 하나의 목표로 똘똘 뭉쳐 있었다 해도 전혀 이상할 게 없 다. 그들의 목표는 아무도 자기들보다 먼저 돈을 챙기지 못하도록 하는 것이었다. 질문의 요지는 분명했다. 위원들은 이 기술이 성숙하지 않았고 게놈 지도가 충분하지 않으며 우리가 제안한 방법이 새롭지 않다고 말했 다. 텍사스로 돌아가는 길에, 토머스 캐스키는 이런 모욕은 난생 처음 당 해본다고 말했다.

나중에 알게 된 사실이지만 두 경쟁 상대의 제안서는 위원회를 통과했 다. 리 후드는 인체의 면역방어체계에서 필수적인 부분인 T세포 수용체 부위의 염기서열을 분석하기로 했고, 월리 길버트는 살아 있는 생명체 가 운데 처음으로 미생물인 미코플라스마 카프리콜룸Mycoplasma capricol- ium(양과 염소에게 폐렴을 일으킨다)의 게놈을 해독하겠다고 공언했다. 그는 놀랍게도 전혀 검증되지 않은 새로운 방법을 쓰겠다고 말했다.

평가 결과를 들은 왓슨은 나만큼 어처구니없다는 표정이었다. 그는 내 가 한 번 더 시도해보기를 원한다면 검토위원회를 새로 소집해주겠다고 말했다. 우리는 그로부터 여러 달 동안 수정 제안서에 들어갈 내용을 첨 삭하고 다른 염색체 후보를 골랐다. 우리 연구실의 박사 후 연구원인 이 원 커크니스Ewen Kirkness는 신경전달물질인 감마아미노낙산(GABA, gamma-aminobutyric acid)의 여러 수용체를 찾다가 15번 염색체에서 수용체를 새로 분리해냈다. 위치는 사람의 유전 질병인 엥겔만 증후군과 프레이더-윌리 증후군을 일으키는 부위 중간이었다.

이 두 가지 희귀한 질병을 이해하기 시작한 것은 1980년대 후반 들어서였다. 과학자들은 유전자가 어디서 왔느냐에 따라 쓰임새가 달라진다는 사실을 발견했다. 어머니의 염색체에서 '각인된imprinted' 유전자와 아버지의 염색체에서 각인된 유전자는 서로 다른 작용을 일으킨다. 프레이더-윌리 증후군은 정신지체와 비만을 비롯해 여러 성장 이상을 일으킨다. 이 질환은 부모 양쪽이 아니라 어머니에게서 15번 염색체 사본을 둘 다 물려받은 경우 발병한다. 엥겔만 증후군은 정신지체·경련성 동작·간질을 일으킨다. 이 질환 또한 15번 염색체와 연관되어 있으나 이 경우는 어머니에게서 기능 유전자를 물려받지 못했을 때 발병한다.

보스턴 아동병원의 마크 랠런드Mark Lalande는 각인을 연구하고 있었다. 그는 이 부위의 염기서열이 분석되는 것을 보고 싶었기 때문에 우리와 함께 일하기로 했다. 나는 헌팅턴병을 일으키는 부위도 포함시켰다. 8년쯤 전에 이 퇴행성 신경 질환을 일으키는 이상 유전자가 4번 염색체의 짧은 쪽 끝에 있다는 사실이 밝혀졌다. 하지만 낸시 웩슬러Nancy Wexler가 이끄는 (6개 연구진, 60명에 이르는) 대규모 공동연구진이 결성되었는데도 아직까지 실제 유전자는 발견되지 않았다. 낸시가 연구를 주도하는 데는 개인적인 이유가 있었다. 유전되고 치유가 불가능하며 치명적인 이 뇌 질환으로 그녀의 어머니, 삼촌, 외할아버지가 죽었다. 더군다나 그녀와 동생도 위험한 상태였다. 공동연구진은 모든 수를 써서라도 그녀를 돕고자 했다. 하지만 게놈 염기서열 분석만은 예외였다.

염기서열 분석은 검증되지 않은 방법이기 때문에 효과가 없을 거라고 주장하는 이들도 있었고, 자신들의 연구에서 활력과 자금줄을 빼앗아 갈까 봐 걱정하는 이들도 있었다. 나는 내 연구가 국립보건원에서 독립된 기금을 받고 있기 때문에 이들은 잃을 것이 없다고 반박했다. 어쨌든 연구진 가운데 게놈 염기서열 분석에 흥미를 보이는 사람은 한 명도 없었다. 인간 유전학자 가운데는 질병 유전자를 찾아내는 시합에서 얼마나 빨리 결과를 얻는가보다는 자신이 이기는가 지는가에 더 관심을 두는 이들이 의외로 많다. 나는 이런 경우를 수없이 목격했다. 헌팅턴병의 유전자를 찾는 이들도 예외가 아닌 듯했다. 자기들이 영예를 얻지 못하면 유전자를 더 빨리 분리할 수 있는 방법이 나오더라도 인정을 하려 들지 않았다.

유일한 예외는 낸시였다. 끔찍한 질병의 위협에 시달리는 사람이면 누구나 그렇듯이 그녀 또한 가족을 고통에 빠뜨린 이상 유전자faulty gene를 무슨 수를 써서라도 찾고 싶어 했다. 그녀는 공동연구진이 나와 함께 작업해야 한다고 강력히 주장했다. 아무도 타당한 반대 의견을 내놓지 못했다. 결국 매사추세츠 종합병원의 제임스 구셀라James Gusella가 4번 염색체 끝에 있는 10만 염기쌍 길이의 클론 3개를 딕 맥콤비가 이끄는 우리 팀에 제공하기로 했다. 나중에 알게 된 사실이지만 클론은 유전자가 있으리라 생각되는 목표 부위의 끝에 겨우 걸쳐 있었다. 어쨌든 나는 그들의 클론을 받아들였다. 내게는 신속한 DNA 염기서열 분석을 타당한 방법으로 확립한다는 더 큰 목표가 있었기 때문이다. 이번에 헌팅턴병 공동연구진과 협력 관계를 맺어 성공을 거둔다면 다음번에는 더 쓸 만한 클론을 내주리라는 생각이 들었다.

또 다른 목표는 근육을 쇠약하게 하는 근육긴장퇴행위축myotonic dystro-phy이었다. 앤서니 카라노가 이끄는 근육긴장퇴행위축 연구진과의 일은 더 수월했다. 그와는 이상 X염색체 연구를 위한 연구비 신청 때도 협력한 바 있었다. 데이터를 공유하고 논문 저자로 올려주겠다는 계약서에 서명한 다음 19번 염색체에서 분리한 클론 3개를 받았다. 10만 염기쌍 길이의 이 클론은 헌팅턴병 유전자가 있을 가능성이 가장 큰 부위에서 추출한 것이었다. 스페인 출신의 박사 후 연구원 안토니아 마르틴–갈라르도Antonia Martin-Gallardo가 19번 염색체 팀을 이끌었다. 연구비는 내가 가진 기관 내 프로그램 예산을 돌려 지원했다. 지금도 마찬가지지만, 나는 비판을 잠재우는 가장 효과적인 전략은 성공이라고 생각했다. 훌륭한 데이터는 언제나 논쟁을 승리로 이끄는 법이다.

cDNA 무작위 분석 방식에 답이 있다

염기서열 분석은 산탄총 방법을 이용해 일사천리로 진행되었다. 클론은 코스미드 형태였다. 코스미드란 길이가 3만 5,000염기쌍 정도 되는 DNA 가닥이다. 이것을 파지에 결합시켜 대장균에 주입한다. 처음에는 음파를 이용해 DNA 사본을 길이가 1,500염기쌍 정도 되는 작은 조각으로 분리했다. 통계적으로 볼 때 임의의 조각을 1,000개 선택해 각 조각에서 300~400염기쌍 길이의 유전부호를 분석하면 이론상으로 코스미드에 들어 있는 DNA의 모든 염기쌍을 적어도 10번씩 분석하는 셈이 된다(350 × 1,000 = 350,000).

하지만 DNA 연쇄를 조합할 때가 문제였다. 기껏해야 수백 염기쌍 정도만을 처리하도록 설계된 당시 소프트웨어로는 1,000염기쌍을 조합할 수 없었기 때문에 지루한 수작업에 의존할 수밖에 없었다. 의미 있는 진전을 이루려면—동료들이 어떻게 생각하든—훨씬 강력한 컴퓨터와 훨씬 뛰어난 소프트웨어가 필요했다. 나는 이를 위해 컴퓨터를 전공한 과학자를 끌어오기 시작했다.

그 가운데 한 명인 마크 애덤스Mark Adams는 미시건 대학교를 졸업했으며 아역 배우 매콜리 컬킨Macaulay Culkin을 닮았다. 커다란 안경을 쓴 얼굴에는 의욕이 넘쳐흘렀다. 그를 면접한 것은 1989년이 끝나갈 무렵이었다. 인상적이었던 건 가냘프게 생긴 이 젊은이가 대학원에 다닐 때 벌써 부업으로 소프트웨어 회사를 차렸다는 점이었다. 마크는 유전체학에 흥미를 보였으며 다음해 봄에 합류하기로 했다. 우리는 뛰어난 성능을 자랑하는 선Sun 사의 컴퓨터를 샀다. 그리고 (이미 컴퓨터에 쌓이기 시작한) 유전부호를 해독할 방법을 새로 개발하기 위해 소프트웨어 전문가를 물색했다. 우리는 맹인 프로그래머 마크 더브닉Mark Dubnick 덕분에 DNA를 새로운 시각에서 볼 수 있었다. 그가 쓰는 특수 키보드는 우리가 알아들을 수 없을 정도로 빠르게 음성 신호를 발생시켰다. 우리는 이 소리를 가지고 유전부호를 읽어보거나 음악으로 만들어 재생해보기도 했다. 유전자 구조의 변화를 이런 식으로 인식할 수 있는지 알아보기 위해서였다.

하지만 어떤 방법을 쓰더라도 인간 유전 부호를 실제로 해독하는 일은 거의 불가능했다. 염색체 연쇄의 긴 가닥을 조합해낸 다음에도 마찬가지였다. 소프트웨어는 박테리아의 염기서열에서는 유전자를 수월하게 찾아내고 분석했지만 복잡한 인간 게놈에는 전혀 듣지 않았다. 인간 게놈에 들어 있는 유전자는 의미 없는 DNA(인트론intron)로 나뉜 작은 조각(엑손exon)에 지나지 않는다. 마치 무의미한 광고들로 TV 드라마를 쪼개놓은 셈이다. 이런 식으로 조각난 유전자 하나가 수십만에서 수백만 염기쌍이나 되는 유전부호에 흩어져 있는 경우도 비일비재하다. 우리는 이들을 찾아내기 위해 최신 프로그램을 들여놓았다. 하지만 소프트웨어는 유전부호의 문자 4개를 무작위로 배열해 생기는 잡음을 실제 유전자와 분간하지 못했다.

나는 예측된 유전자를 검증하기 위해 전령 RNA에서 대응하는 염기쌍을 찾아내는 방법을 생각해냈다. 인간 게놈에 실제 유전자가 들어 있다면 이에 대응하는 전령 RNA 분자, 즉 유전부호의 염기쌍 가운데 세포가 단백질을 만드는 데 필요한, 축약된 형태가 들어 있을 것이다. 이 불안정한 RNA를 분석 가능한 cDNA로 바꾸면 유전자 예측이 맞는지 확인할 수 있다.

우리는 여러 인체 조직, 그 가운데서도 뇌와 태반에서 얻은 cDNA 도서관을 조사하기 시작했다. 4번 염색체와 19번 염색체의 DNA를 컴퓨터로 분석해 예측한 유전자 연쇄를 탐침으로 썼다. 유전 부호에서 예측된 유전자가 cDNA 클론에서 발견된다면 이것이 잡음이 아닌 실제 유전자라는 것을 입증하는 셈이 된다. 논리적으로는 그럴듯한 방법이었다. 하지만 몇 달간 온갖 애를 썼는데도 우리가 확인한 실제 유전자는 몇 개밖에 되지 않았다. 게놈 프로젝트 초창기에 시드니 브레너와 폴 버그Paul Berg가 게놈 염기서열 분석의 대안으로 cDNA 방식을 제안했다가 곧 반대 목소리에 묻혀버린 것도 놀라운 일이 아니다.

비록 장애물이 가로막기는 했지만 나는 이 방향이 옳다고 생각했다. 확신이 더욱 깊어진 것은 1990년에 일본에서 열린 연속 심포지엄에 초대받았을 때였다. 후원사는 DNA 분석기 제조업체인 어플라이드 바이오시스템스였다. 심포지엄에서는 내 게놈 연구를 선도적인 작업으로 평가하고 있었다. 일본 연구진 상당수가 cDNA 클론을 분리해 분석하는 방식을 채택했다. 나는 게놈 연쇄에서 예측된 유전자를 cDNA 클론으로 확인하는 방법에 대해 오랜 시간 이야기를 나누었다. 이들은 내 데이터를 보고 흥분을 감추지 못했다. 자기들의 방법론이 입증되었기 때문이다. 일본 과학자 두 명이 특히 인상적이었다. 오사카 대학교의 히로토 오카야마岡山博人는 cDNA 클론을 얻는 주요 방법 가운데 하나를 폴 버그와 함께 개발했으며 전체 유전자 연쇄를 포괄하는 cDNA 클론, 이른바 '전장 cDNAfull-length cDNA'를 얻기 위해 애쓰고 있다.

이것은 cDNA 분야가 골치를 썩고 있는 중요한 문제, 즉 조직에서 분리한 mRNA의 불안정성과 연관되어 있었다. mRNA는 온전히 복사되기도 전에 작은 조각으로 쪼개졌다. 또 다른 문제는 수명이 짧은 mRNA 메시지를 더 안정적인 cDNA로 바꾸는 데 쓰이는 역전사 효소와 관계가 있었다. 이 효소는 일을 마치기도 전에 mRNA에서 떨어져나가는 일이 잦았다. 이 현상은 나도 익히 알고 있었다. 아드레날린 수용체를 연구하느라 cDNA를 쓸 때, 클론 한쪽 끝에 유전자가 모자란 적이 있기 때문이다.

오사카 대학교 분자 및 세포생물학 연구소 소장인 켄이치 마츠바라松原
健—는 일본 게놈 연구의 선구자이자 문부성 자문위원이었다. 전장 cDNA
클론의 염기서열 분석은 미국과 영국의 게놈 전문가들에게 완전히 버림
받았으나 이 두 사람은 이 방식이 게놈 염기서열 분석의 필수 요소, 심지
어 대안이 되리라고 확신하고 있었다. 나는 마츠바라와 또 다른 인연이
있었다. 왓슨은 다른 나라의 자금으로 운영되는 게놈 연구에 부국 일본이
무임승차하는 데 분노해서 마츠바라에게 편지를 쓴 적이 있다. 그는 (신
문 제목으로 인용된) '인간 게놈 전쟁' 따위의 표현까지 써가며 연구 데
이터를 회수하겠다고 협박했다.[9] 왓슨은 이렇게 공언했다. "전쟁이 일어
난다면 나는 싸울 것이다. 겁쟁이는 아무것도 얻지 못한다."

비행기를 타고 집으로 돌아오는 12시간 내내 머릿속에는 일본에서 진
행 중인 전장 cDNA 염기서열 분석 방법만이 어른거렸다. 인체의 cDNA
클론을 모두 분리해 분석했다면 인간 게놈 분석 작업이 얼마나 수월하겠
는가? 10년을 고생하여 유전자 1개, 즉 단 하나의 cDNA 클론을 찾아낸
걸 생각했다. 산탄총 방식으로 1,000여 개의 게놈 연쇄로 이루어진 부호
를 읽어 단 하나의 유전자—그것도 대부분은 유전자 조각—를 찾는다는
일이 얼마나 비효율적인가를 생각했다. 또한 이 유전자의 존재를 입증하
기 위해 이에 대응하는 cDNA를 찾는 일이 얼마나 힘든가를 생각했다.

그 순간 태평양 1만 1,600미터 상공에서 뇌리를 스치는 생각이 있었다.
염기서열 분석 방법은 옳았다. 문제는 이 방법을 엉뚱한 DNA에 적용하고
있었다는 것이다. 신속한 무작위 산탄총 염기서열 분석 방법을 cDNA 클
론에 결합하면 어떻게 될까? cDNA 클론을 무작위로 골라 그대로 분석하
는 건 어떨까? 우리 분석기는 유전부호를 한 번에 400여 염기쌍씩 읽어냈
다. 이 정도면 게놈 데이터베이스에서 대응하는 유전자를 찾고도 남았다.
마치 인간 유전자 카탈로그에서 색인을 찾는 것이나 마찬가지였다.

(예를 들어) 사람의 뇌에서 분리한 연약한 mRNA를 cDNA로 만들어 여

기에서 연쇄를 얻었다면, 이는 이 연쇄가 발현된 실제 유전자의 일부이며, 이 유전자가 뇌 기능에 필수적이라는 결론을 내릴 수 있다. 반면 게놈에서 얻은 연쇄를 비교해봐야 알 수 있는 건 거의 없다. 무작위로 선택한 cDNA 클론 1,000개를 분석하는 쪽으로 방향을 튼다면, 기존 게놈 분석 방법에서 유전자를 1개 발견할 때마다 나는 수백 개씩 발견할 수도 있는 것이다. 흥분을 참을 수 없었다. 얼른 돌아가 내 아이디어를 실험으로 확인하고 싶었다.

다음날 아침 연구실에 들어서자마자 고참 연구원들을 불러 모았다. 열렬한 호응을 기대했으나 돌아온 건 냉소와 의심뿐이었다. 맥콤비를 비롯한 모두의 결론은 나의 빛나는 아이디어가 실패할 가능성이 크며 게놈 염기서열 분석 프로젝트에서 자금과 인력을 빼가리라는 것이었다. 이들의 주장은 다른 연구자들이 cDNA 방식을 반대하면서 내세운 것과 다르지 않았다. 당시 정설은 인체 조직의 유전자 발현에 연관된 것은 소수의 고발현 유전자뿐이기 때문에 희귀한 저발현 유전자에서 발생하는 신호는 묻혀버린다는 것이었다. 어떤 전령 RNA를 분리해내든 이들 우성 유전자 때문에 왜곡될 터였다. 하지만 일부 조직의 경우 그럴 수도 있겠지만 사람의 뇌에는 이 주장이 적용되기 힘들었다. 인간의 생각하는 능력은 엄청나게 많은 유전자에 의존하고 있으며, 그 가운데 일부는 아주 낮은 빈도로 발현되기 때문이다. 스크립스 의료원 연구진에 따르면 인간 유전자의 절반 가까이를 뇌에서 쓴다고 한다.

캐플런이 해준 말이 생각났다. '실험이 실패하는 경우를 떠올리면서 실험을 피하려 들지 말라'는 충고 말이다. 해답은 당대의 정설이 아니라 세상이 실제로 돌아가는 모양에 달려 있는 것이다. 다행히 팀원 몇 명이 내 생각에 관심을 보였다. 마크 애덤스는 미시건 대학에서 이곳에 온 지 일주일밖에 되지 않았다. 그를 우리 연구실로 이끈 X 염색체 분석 프로젝트가 무산된 지금, 그가 무슨 일을 할지도 정해지지 않은 상황이었다. 우리는 사람 뇌의 cDNA 도서관을 이용하여 내가 생각해낸 cDNA 무작위 선택 및 분석 실험을 시도해보기로 했다. 그는 당장 시작하는 데 흔쾌히 동의했다. 맥콤비를 비롯한 동료들이 내 뒤에서 마크를 얼마나 욕했는지 알게 된 것은 몇 년이 지난 뒤였다. 이들은 게놈 연구 자원이 다른 곳에 쓰일까 봐 전전긍긍했다. 이것은 쓸데없는 걱정이었다. 연구비는 여러 연구를 동시에 추진하기에 충분했기 때문이다. 나는 돈이 더 필요하다면 어떻게든 마련할 자신이 있었다.

왓슨이 지시한 게놈 연구비 신청 작업도 윤곽이 잡혀가고 있었다. 이것은 전체 염색체가 아니라 유전자가 많이 들어 있는 부위를 분석하는 계획이었다. 왓슨과 나는 8월에 사우스캐롤라이나 힐튼헤드 섬에서 열린 게놈 염기서열 분석 학술대회에서 만났다. 나는 4번 염색체에서 헌팅턴 병 부위를, 19번 염색체에서 근육긴장 퇴행위축 부위를, 15번 염색체에서 프레이더-윌리 증후군 부위를 찾아보겠다는 계획을 설명했다. 그는 내 제안이 타당하다며 고개를 끄덕였다. 질병 유전자를 찾는 사람들의 시선을 끌 수 있을 테니 말이다. 그는 헌팅턴병 유전자를 찾으려는 오랜 노력에 종지부를 찍고 싶어 했다.

왓슨은 이번에는 좋은 결과가 나올 거라 장담했다. 게놈 프로젝트를 추진하고 싶어 하는 이들로 검토위원회를 구성하고 있다는 것이었다. 그가 지난 세 번의 약속을 지키지 않은 데 화가 난 건 사실이지만 우리는 서로 우호적인 관계를 유지하고 있었다. 나는 그가 진심으로 내 프로그램을 지원해 주고 싶어 한다고 생각했다. 어쨌든 우리 둘 다 유전체학과 인간 게놈 염기서열 분석의 열렬한 신봉자였으니 말이다.

이 학술대회에서는 기억할 만한 사건이 하나 더 있다. 이 사건은 이후 큰 영향을 미치게 된다. 내가 왓슨과 함께 1일 워크숍을 진행하는 중간에 왓슨이 제약 회사 대표들과 큰소리로 언쟁을 벌였다. 게놈 프로젝트에서 얻은 유전자 특허권을 누가 보유하느냐가 문제였다. 그는 염기서열 데이터를 발표하는 문제에도 상호 합의가 이루어져야 한다고 주장했다. 그의 입장은 연구자가 데이터의 정확성을 확신하기만 하면 곧바로 공개하는 것이 바람직하다는 것이었다. 이 논쟁은 몇 년이 흐른 뒤 나를 괴롭히게 된다.

연구실 분위기가 바뀐 것은 한순간이었다. 분석기에서 나온 결과에 따르면, cDNA 클론을 무작위 선택해 분석하는 방법은 대성공을 거둘 게 분명했다. 나는 뛸 듯이 기뻤다. 하지만 데이터를 잘못 해석하거나 실수를 저지르지 않았는지 확인하려면 앞으로 엄청난 노력을 기울여야 했다. cDNA에서 고작 300~400염기쌍의 유전부호를 얻은 지금, 남은 과제는 이들과 대응하는 유전자를 찾아내기에 충분한 정보가 있는지 확인하는 일이었다. 우리는 cDNA 염기서열을 통해 다시 게놈 지도를 작성하는 걸 비롯해 우리의 방법이 지닌 모든 가치를 보여주고 싶었다. 또한 cDNA 도서관을 변경해 흔한 유전자의 영향을 줄임으로써 드문 유전자를 '볼' 수 있게 하는 효과적인 방법이 있는지도 살펴보았다.

cDNA 클론을 연구하면 할수록 연구실은 흥분의 도가니에 휩싸여갔다. 인간 유전자 가운데 1990년 현재까지 확인되고 서열이 분석된 것은 2,000개에도 미치지 못했다. 이 가운데 (아드레날린 수용체처럼) 뇌에서 분리한 것은 10퍼센트에 지나지 않았다. 우리가 분석기를 돌릴 때마다 인간 유전자가 하루에 20~60개씩 새로 발견되었다. 수치는 상상을 초월했다. 몇 달간 게놈 염기서열을 해독한 것보다 10배나 많았으며 10년간 기존 방법으로 아드레날린 수용체를 찾기 위해 온갖 애를 썼을 때보다는 60배나 많았기 때문이다. 생물학의 역사가 새로 쓰이는 순간이었다.

CHAPTER 06

거대 생물학

과학에서는 아이디어를 처음 떠올린 이가 아니라 세상을 설득한 이에게
영예가 돌아간다. 중요한 것은 새롭고 귀한 종자를 발견하는 것이 아니라
이것을 심고 거두고 갈아 세상 사람들을 먹이는 것이다.

▋ **프랜시스 다윈 경**Sir Francis Darwin, 우생학회에서 행한 첫 번째 골턴 강연(1914)

과학의 진보는 새로운 기술, 새로운 발견, 새로운 아이디어에 달려 있다.
순서도 이와 같을 것이다.

▋ **시드니 브레너**(2002년 노벨 생리의학상 수상자)

▨ 아이디어의 주인이 된다는 것

모든 것이 분명하고 논리적이고 단순해 보였다. 나는 인간 게놈의 비밀
을 밝히는 과정에서 실질적인 진전을 이루는 방법을 알고 있었다. 이 원
대한 야심을 실현하는 방법은 단백질을 만드는 소수의 유전자에 초점을
맞추는 것이다. 조절 부위 · DNA 화석 · 낡은 유전자의 녹슨 잔해 · 바이
러스 · 도무지 알 수 없는 신비한 가닥을 비롯한 나머지 97퍼센트는 무시
하는 게 상책이다. 언젠가는 게놈의 엄청난 복잡성을 모두 이해하는 일이
필요할 수도 있겠지만, 게놈이 생명에 대해 알려주는 중요한 비밀을 알려

면 유전자가 나머지 세포에 어떤 명령을 내리는가를 엿보는 것으로 충분하다. 하지만 내가 몰랐던 사실이 한 가지 있다. 실제 게놈이 아니라 게놈의 명령을 수행하는 훨씬 소수의 유전물질에 초점을 맞추는 나의 지름길은, 정치라는 왜곡된 렌즈를 낀 이들에게 게놈 프로젝트의 생존 자체에 대한 위협으로 비쳤다.

1990년 말이 되자 cDNA 방식으로 거둔 성과를 세상에 알리고 싶었다. 나는 〈사이언스〉에 연락해 논문 발표를 논의했고, 편집장은 흥미를 보였다. 그는 우리의 새 방법과 유전자 발견을 표지 논문으로 싣자고 했다. cDNA 염기서열 분석 방법에 대한 첫 논문은 최대한 신중을 기해야 했다. 나는 마크 애덤스와 날마다 만나 프로젝트 진행 상황을 논의했다. 이제 연구실의 누구도 우리가 올바른 방향으로 가고 있음을 의심하지 않았다. 마크는 수집된 cDNA를 우리가 연구할 수 있게 만드는 새로운 방법을 개발하고 있었다. 한편 나는 국립보건원의 동료 연구실장 칼 메릴Carl Merill 을 만나 새 유전자로 게놈 지도를 작성하는 작업을 도와달라고 부탁했다. 다른 팀원들은 유전자를 식별하는 소프트웨어를 새로 개발하고 있었다.

나는 우리가 발견한 결과를 다른 과학자들과도 논의하기 시작했다. 대중 강연도 했다. 영국 케임브리지의 분자생물학자 시드니 브레너가 무작위로 선택한 cDNA 클론의 염기서열을 분석하려 한다는 소문이 들렸다. 시드니는 남아프리카 태생으로 문맹인 유대인 구두 수선공의 아들로 태어났다. 그는 능변에 재기가 번득였으며 살아 있는 분자생물학자 가운데 가장 똑똑한 인물일 것이다. (2002년에 노벨상을 수상했다.) 나는 그를 아주 존경하고 있었기 때문에 그에게 전화를 걸어 우리가 비슷한 작업을 하고 있다는 이야기를 들었다고 말했다. 나는 〈사이언스〉에 발표할 논문이 거의 완성되었다고 말하고는 편집자가 허락한다면 둘이서 연속 논문을 발표하는 게 어떻겠느냐고 물었다. 우리가 같은 유전자를 찾았는지 알아보기 위해 데이터를 교환하자고도 제안했다. 시드니는 자기 쪽 연구가 그 정도로 진척되지 않았다고 말했다. 하지만 내 제안에 일리가 있다며 수긍했다. 우리는 곧 만나서 이야기를 나누기로 했다.

〈사이언스〉에서는 시드니 브레너의 논문을 내 논문과 동시에 발표하는 걸 고려하겠다고 했다. 나는 시드니에게 이 소식을 전하면서 데이터를 교환하자는 애초의 제안을 다시 건넸다. 그리고 그가 논문을 완성할 때까지 우리 논문을 제출하지 않고 기다리겠다고 말했다. 그는 제약 회사와 영국 정부에 복잡한 지원 계약으로 묶여 있어서 데이터를 마음대로 교환할 수는 없다고 해명했다. 그 대신 생물정보학 담당자끼리 만나는 게 어떻겠느냐고 제안했다. 염기서열 데이터베이스를 새로 만들고 있던 앤서니 컬리비지가 브레너 쪽 담당자를 만났다. 하지만 몇 주가 지난 후 시드니에게는 교환할 게놈 데이터도, 제출할 논문도 없다는 사실이 분명해졌다. 나는 마지막으로 시드니에게 전화를 걸어 우리 쪽 일정을 먼저 추진하겠다고 말했다. 그는 여전히 준비가 안 되어 있었고 이른 시일 안에 그럴 가능성도 없었기 때문에 내 의견에 동의했다.

논문을 마무리하기 전에 한 가지 해결할 일이 남아 있었다. 새 기술의 이름을 붙이는 일이었다. 우리는 조직에서 쓰이는 유전자를 대상으로 했다. 하지만 대부분의 경우, 우리가 가진 것은 전체 유전자가 아니라 유전자 연쇄의 일부분에 지나지 않았다. 앤서니 컬리비지는 기존 지도 작성 방식을 '서열 꼬리표 부위(STS, Sequence Tag Site)'라고 부르는 데 착안해서 '발현 서열 꼬리표(EST, Expressed Sequence Tag)'라는 이름을 생각해냈다. 나를 비롯한 연구원 모두 이 별명이 마음에 들었다. 논문 제목은 '상보적 DNA 염기서열 분석: 발현 서열 꼬리표와 인간 게놈 프로젝트'로 달았다. 우리는 1991년 초에 〈사이언스〉로 논문을 보냈다.

그러는 동안에도 나는 왓슨을 통해 게놈 프로젝트 연구비를 지원받으려는 네 번째 시도를 놓고 고민하고 있었다. 제안서는 이미 검토 중이었지만, 나의 EST 방식이 유전자를 발견하고 게놈을 이해하는 데 이루 말할 수 없는 가치가 있다는 사실이 이제 더욱 분명해졌다. 나는 〈사이언스〉 논문의 견본을 왓슨에게 보내 의견을 물었다. 한편, 제인 피터슨을 통해, EST 방식을 포함하도록 신청서의 목표를 일부 수정해도 될지 물었다(피터슨은 예전의 신청서를 딱딱한 어조로 거절한 중간급 정부 관료였다). 대답은 단호했다. 절대 안 된다는 것이었다. 시드니 브레너와 스탠퍼드 대학교의 폴 버그(유전부호 연구로 프레드 생어Fred Sanger와 노벨상을 공동 수상했다)가 cDNA 염기서열 분석을 체계적으로 추진해야 한다고 주장했지만 왓슨의 인간유전학자 자문단 대부분은 완강하게 반대했다. 우리 팀이 애초에 반대한 것과 같은 이유에서였다.

1991년 봄, 나의 네 번째 제안서를 검토하기 위해 왓슨의 검토위원회가 소집되었다. 이번에도 제인 피터슨이 전화로 결과를 알려왔다. 위원회에서 우리 기술이 너무 새롭다고 판단했다는 똑같은 대답이 돌아왔다. 이 기술이 실제로 효과가 있을지 아무도 모른다, 따위의 이유가 붙었다. X염색체 연구비 신청 때의 악몽이 떠올랐다. 화가 머리끝까지 치솟았다. 왓슨이 애초의 약속을 어기고 검토 과정을 몇 년이나 질질 끈 것도 그렇고, 검토 과정 자체도 화가 났다. 과학은 그들의 최고 의제가 아닌 듯했다. 그들의 관심사는 돈과 권력이었다. 나는 우리 팀이 게놈 연구를 뒤흔들 위업을 달성했다는 사실을 알고 있었다. 또한 외부인이 인간 게놈을 분석하도록 할 마음이 전혀 없는 이들과 다투는 건 시간과 에너지를 허비하고 감정만 상하는 일이라는 점도 깨달았다.

나는 신랄한 독설을 담아 왓슨에게 보낼 편지를 썼다. 지난 2년간 그가 만들어낸 관료 집단은 과학과 동떨어진 무의미하고 성가시고 연구자의 기를 꺾는 존재가 되었다. 나는 왓슨을 위해 네 건의 제안서를 쓰면서 온갖 노력을 쏟아 부었다. 유전체학을 발전시키는 데 쓸 수 있었던 시간이 헛되이 사라진 것이다. 나는 그가 모든 비판을 무마하려 들 뿐 프로젝트를 실제로 이끄는 일은 두려워한다고 쏘아붙였다. 또한 연구비 신청을 철회하고 그의 지원이 필요 없는 EST/cDNA 방식에 집중하겠다고 말했다. 친구와 동료들이 편지의 어조를 누그러뜨린 덕에 왓슨 개인에 대한 공격까지 치닫지는 않았다. 1991년 4월 23일에 편지를 발송했다. EST를 다룬 〈사이언스〉 논문 견본을 보낸 지 1년여가 지난 뒤였다. 답장은 없었다.

편지가 왓슨의 사무실에 도착하자마자 제인 피터슨이 전화를 걸어왔다. 그녀는 당황한 기색이 역력했다. 전에는 한 번도 보지 못한 모습이었다. 그녀는 연구비가 지원될 가능성이 크다는 사실을 알고 있느냐고 물었다. 나는 둔하다는 말을 가끔 듣는다. 실제로도 그렇다. 하지만 내가 받은 평가 결과에는 제안서에 대한 긍정적인 반응이나 관심은 눈곱만큼도 찾아볼 수 없었다. 나는 그들이 평가를 질질 끌고 나를 함부로 대한 것에 화가 풀리지 않았다. 그래서 홧김에 이렇게 말해버렸다. 제안서와 다른 방향으로 연구를 할 것이고 연구비 일부를 EST 연구에 쓸 수 없다면 연구비 없이 해나가겠다고 말이다.

내가 큰 잘못을 저지른 걸까? 연구비 신청을 철회하지 않았다면 내가 어떤 길을 가게 되었을지 알 도리는 없다. 하지만 절친한 학문적 동료인 해밀턴 스미스는 내가 왓슨에게서 돈을 받았다면 지금보다 훨씬 미흡한 성과를 올렸을 거라고 단언했다. 나는 이 일로 중요하고도 단순한 교훈을 얻었다. 갈림길을 만나면 한 길만 택해야 한다는 것이다.

EST 논문은 검토자들로부터 극찬을 받았다. 논문 발표는 떼논 당상이었다. 물론 사소한 장애물도 있었다. 검토자 한 명이 논문 하나를 참고 문헌에 넣는 게 어떻겠느냐고 조언한 것이다. 우리가 지나친 이 논문은 발표된 지 10년도 지난 것이었다. 논문은 언뜻 보기에 우리 연구와 다를 바 없는 듯했다. 토끼의 골격근 cDNA에서 무작위로 고른 cDNA 클론 150개를 부분적으로 분석한 결과가 실려 있었기 때문이다. 하지만 이 논문에서 알 수 있는 것이라고는 cDNA 방식이 현실성이 없다는 것뿐이었다. 얼마 되지는 않았지만 이 연구진이 발견한 것은 고발현 유전자였다. 이는 물론

196

cDNA 방법을 반박하는 주요 논거 가운데 하나다. 하지만 나는 이 논문이 내게 직간접적으로 영향을 미쳤는지 알고 싶어졌다. 경험상, 중요한 논문일수록 이후의 논문과 연구자들에게 더 많이 인용된다. 우리는 이후의 문헌을 살펴보았다. 유일하게 인용된 것은 토끼의 근육 cDNA 사본을 얻는 방법뿐이었다. 우리 논문은 6월에 발표될 예정이었다. 나는 흡족한 마음으로 참고 문헌을 추가했다.

EST의 영감이 떠오른 것은 일본에서 돌아오는 비행기 안이었다. 하지만 위대한 생각이 동시에 여러 사람의 머릿속에 떠오르는 일은 흔하게 일어난다. 시대의 사상 조류에 비슷하게 대응하는 이들이 있기 때문이다. EST의 영감이 정확히 언제 어떻게 번득였는가는 꼬집어 말하기 힘들다. 캐플런이 내게 가르치기를 현명한 사람에게는 훌륭한 아이디어가 지천으로 널려 있다고 했다. '훌륭한' 아이디어를 '위대한' 아이디어로 만드는 건 아이디어를 현실로 바꾸는 방법인 것이다.

과학의 역사를 살펴보면 아이디어를 생각해낸 사람이 자신의 아이디어를 추진하지 못하는 사이 다른 사람이 비슷한 영감을 얻어 이를 입증해내는 일이 수두룩하다. 예를 들어 진화의 개념을 처음 생각해낸 사람은 다윈이 아니다. 글로 표현한 것도 그가 처음이 아니다. 하지만 그는 평생에 걸친 연구와 저술을 통해 아이디어의 타당성을 뒷받침했다. EST도 마찬가지였다. 브레너는 나와 똑같은 생각을 하고 있었지만 자신의 데이터를 한 번도 발표하지 않았다.

시애틀의 프레드허친슨 암연구센터의 스티브 헤니코프Steve Henikoff가 1990년에 국립보건원에 제출한 연구비 신청서에는 초파리 도서관에서 얻은 cDNA 클론을 무작위로 골라 염기서열을 분석하겠다는 제안서가 포함되어 있었다. 나는 국립보건원의 기관 내 프로그램 덕에 자유롭게 연구할 수 있었던 반면, 스티브는 오랫동안 연구비 신청서를 쓰고 검토를 받는 데도 9개월을 기다려야 했다. 그렇게 애쓴 대가는 다섯 쪽짜리 평가서였다. 평가서에는 그의 방법이 실패할 수밖에 없는 이유가 잔뜩 나열되어 있었다. 연구비 지원은 거절당했다. 내 논문이 〈사이언스〉에 게재된 이후 스티브는 자신의 신청서 사본을 내게 보냈다. 그는 평가서 사본을 연구실 벽에 붙여놓았다고 말했다. 그 옆에는 내 사진과 〈사이언스〉 논문이 붙어 있다고 한다.

아이디어는 출처가 모호하기 때문에 그 기원을 찾는 일은 종종 해석의 문제로 귀결된다. 누가 텔레비전을 발명했는지, 누가 전구에 처음 불을 밝혔는지 따위에 대해 나라마다 다른 주장을 하는 걸 생각해보라. 〈사이언스〉에 실린 나의 EST 논문은 출처가 분명히 나와 있었는데도 나를 비난하는 이들은 이 아이디어가 어떻게 내 머릿속에 떠올랐는가를 혼동하거나 (적어도) 편향적인 시각으로 바라보았다. 예를 들어 제임스 왓슨은 이중나선 발견 50주년을 기념해 분자생물학과 유전체학의 역사를 기술한 최근 저서에서 내가 시드니 브레너의 연구실을 찾아가 그의 cDNA 방식에 감명을 받았다고 썼다. "그는 워싱턴 DC 외곽에 있는 자신의 국립보건원 연구실로 허둥지둥 돌아갔다. 새 유전자를 수집하는 기술을 직접 적용해보고 싶었기 때문이다."[1]

물론 나는 시드니를 찾아간 적이 없다. 게다가 왓슨이 책을 출간하기 10년도 더 전에 브레너의 상관이자 영국 의학연구위원회 게놈 연구를 이끄는 토니 비커스Tony Vickers가 시드니의 연구실에서 실제로 어떤 일이 벌어졌는가를 밝힌 바 있다. "벤터가 운을 띄웠을 때 의학연구위원회 연구팀은 연구 결과를 발표할 준비가 되어 있지 않았다. 염기서열 분석 시스템을 돌린 지는 한 달밖에 되지 않았다."[2] 하지만 왓슨의 책에서는 브레너가 자신의 데이터를 발표하지 않은 이유를 엿볼 수 있다. "염기서열 분석으로 상업적 이익을 거두고 싶었던 의학연구위원회는 영국 제약 회사들이 이익을 창출할 준비가 되기까지는 브레너가 연구 결과를 발표하지 못하도록 했다."[3]

EST의 특허 출원

나의 염기서열 분석 작업이 지닌 상업적 가능성이 구체화된 것은 1991년 5월이었다. 나는 국립보건원 행정동 건물에서 회의실을 찾다 길을 잃고는 친절해 보이는 사람에게 길을 물었다. 공교롭게도 그가 바로 리드 애들러 Reid Adler였다. 그는 국립보건원의 특허 정책을 결정하는 기술이전국의 책임자였다. "크레이그 벤터 박사님 아니십니까?" 그는 나를 만나고 싶었다고 말했다. 생명공학 분야의 거대 기업 지넨테크Genentech의 특허 변호사 맥스 헨슬리Max Hensley가 편지를 보내 내가 발견한 유전자의 보고를 국립보건원에서 어떻게 활용할 계획인지 물어왔다는 것이다. 애들러는 우리 연구실을 방문해 지적재산권 문제를 논의하고 싶다고 말했다. 나는 그 문제에는 관심이 없다고 대답했다.

나는 특허와 특허 출원에 대해서는 아는 바가 별로 없었다. 그나마 아는 것도 좋지 않은 기억으로 남아 있다. 버펄로에 있을 때 뉴욕 주에서는 클레어와 내가 만든 항수용체 항체에 특허를 출원하고 싶어 했다. 특허 출원을 준비하고 서류를 제출하는 동안 우리는 연구 결과 발표를 보류해야 했다. 이것은 전적으로 바이-돌 법안 탓이었다. 1980년에 통과된 이 법안은 입안자인 상원의원 버치 바이Birch Bayh와 로버트 돌Robert Dole의 이름을 땄다. 이 법안은 연방 기금이 지원된 발명의 활용을 장려했다. 하지만 발견과 상업의 경계가 모호해지는 결과를 낳았다. 이 때문에 과학자, 변호사, 경제학자들은 대학이나 연방 기금을 지원받는 기관의 연구가 (누구에게나 자유롭게 이전될 수 있는) 기초 지식의 추구에서 벗어나 상업적으로 이용할 만한 결과를 추구하는 실용적인 탐색으로 바뀌었는지 여부에 대해 의견 일치를 보지 못하고 있다. 나는 내 발견이 이 논쟁에 기름을 끼얹는 격이 되리라고는 전혀 생각지 못했다.

국립보건원은 기술 이전이라는 명목으로 초파리 옥타파민 수용체와 수용체 단백질을 만드는 세포계cell line에 대해 특허를 출원했다. 하지만 EST와 우리가 발견하고 발전시킨 EST 방식에 대해서는 마크 애덤스와 내가 단호한 입장을 취했다. 우리는 정부 규정을 무시하기로 했다. 특허가 출원되는 동안 연구 결과 발표를 미루고 싶지 않았기 때문이다. 나는 리드 애들러에게 〈사이언스〉에서 우리 논문을 받아들였으며 한 달 안에 발표될 예정이고 단 하루도 미루지 않겠다고 말했다.

애들러는 연구실을 찾아와 특허 출원에 대한 나의 반대 입장을 누그러 뜨리려 애를 썼다. 내 대답은 간단했다. 우리는 모든 사람이 우리가 개발한 방법과 우리가 새로 발견한 유전자를 활용해 마음껏 연구를 진행할 수 있기를 바랐다. 물론 그렇게 간단한 문제는 아니었다. 나는 여느 과학자와 마찬가지로 '특허' 하면 비밀을 연상했다. 특허 변호사가 맨 처음 하는 일이 과학적 발견의 공개를 지연시키는 것이니 말이다. 하지만 지금은 특허란 국가와 발명자 사이의 계약이라는 사실을 알고 있다. 특허의 목적은 비밀과는 정반대로 정보를 누구나 활용할 수 있도록 공개하는 한편 발명자에게 상업적 개발권을 부여하기 위한 것이다.

발명이나 발견을 보호하려는 이들이 특허 대신 선택할 수 있는 대안으로는 영업 비밀이 있다. 코카콜라 제조법은 1886년 5월 8일에 애틀랜타의 제약업자인 존 스티스 팸버튼John Stith Pemberton 박사가 시럽을 개발한 이후 줄곧 회사 내에서 기밀로 유지되었다. 특허 체계에서는 지정된 기간 동안 발명자가 자신의 아이디어를 상업적으로 개발할 수 있다. 이 기간이 지나면 누구나 그 발명을 상업적으로 이용할 수 있다. 코카콜라 제조법이 특허 출원되었다면 그 유리병 속에 무엇이 들어 있는지 누구나 알게 되었을 것이다. 그리고 특허 기간이 만료된 후 경쟁사들도 똑같은 탄산음료를 만들 수 있게 되었을 것이다.

특허는 의약품 상업화에도 중요한 역할을 한다. 엄격한 규제가 이루어지는 미국에서는 신약의 안전성과 효과를 입증하기 위한 방대한 자료를 제약 회사가 제시해야 한다. 식품의약국은 어떤 의약품을 미국 시장에 출시할지를 통제한다. 사전 절차인 임상시험은 수억 달러가 들기도 한다. 값비싼 임상시험을 거치는 의약품 가운데 승인을 얻는 것은 10퍼센트도 되지 않는다. 의약품을 모방해 복제 약을 내놓는 일은 어렵지 않다. 따라서 제약 회사가 자사의 지적재산권을 보호할 수 없다면 신약을 개발하는 데 필요한 엄청난 비용을 투자하려 들지 않을 것이다.

애들러가 특허 문제로 내게 접근하던 때는 지적재산권이 유전학에서

• 카페인이 독약이 될 때 •

나는 다이어트 콜라를 입에 달고 산다. 하지만 다행히도 P450 1A2(CYP1A2) 유전자가 정상이기 때문에 콜라에 중독되지는 않는다. 이 DNA 가닥은 특별히 언급할 만한 가치가 있다. 일부 유전자는 (커피, 차, 콜라 따위를 즐겨 마시는 등) 특정 생활양식과 결합할 때만 피해를 일으킨다는 사실을 다시 한 번 강조하기 때문이다. 15번 염색체에 들어 있는 이 유전자는 간에서 카페인을 물질대사하는 효소(시트크롬 해독 효소군 가운데 하나)를 만든다. 이 유전자가 돌연변이를 일으키면 대사 작용이 느려지기 때문에 심장마비의 위험이 커진다. 약 4,000명을 대상으로 연구한 결과에 따르면 지난해에 카페인 음료를 하루에 넉 잔 이상 마신 사람은 하루에 한 잔 미만 마신 사람보다 심장마비 위험이 64퍼센트 높았다. 하지만 신속대사 유전자rapid metabolizing gene 사본이 2개 있는 사람은 심장마비 위험이 1퍼센트 미만이었다. 나는 이 범주에 속한다. 이 연구 결과는 커피 섭취와 심장마비 위험의 연관성을 파악하고자 한 연구 상당수가 결론을 얻지 못한 이유를 설명해준다.

중요한 문제로 대두하던 시기였다. 지넨테크에서 인슐린 유전자를 처음으로 분리하고 특허 출원하고 제조하기 시작한 것이 1980년대였다. 내 연구에 관심을 보이던 그 회사 말이다. 재조합recombinant(유전자 변형된 생물에서 생산한) 인간 인슐린은 기존 치료법의 대안으로 각광을 받았다. 하지만 돼지 인슐린은 호르몬 면역 반응을 일으켰다. 약효를 유지하기 위해서는 인슐린을 점점 더 많이 투약해야 했다. 콩팥이 제 역할을 못해 죽는 환자들이 많았다. 항체-인슐린 단백질 복합체가 신장을 막은 탓이다.

생명공학계의 또 다른 거대 기업인 앰젠Amgen은 단백질 호르몬 에리트로포이에틴erythropoietin 유전자를 분리해 특허를 출원했다. 이 호르몬은 적혈구 세포 생산량을 늘린다. 에리트로포이에틴은 생명공학 의약품 가운데 처음으로 막대한 돈을 벌어들였으며, 인슐린의 경우처럼 유전자 특허를 좌우하면 돈방석에 앉을 수 있다는 생각을 심어주었다. 연구자, 대학, 주 정부, 연방 정부는 인간 유전자를 새로 발견할 때마다 모조리 특허를 출원했다. 한때 특허가 개발을 가로막는다고 생각하던 연구자와 연방 공무원들도 생각을 바꾸기 시작했다. 국립보건원과 하버드에서 일반에 공개한 발견이 전혀 개발되지 않은 탓에 대중에게 아무 유익을 가져오지 못했다는 연구 결과가 속속 발표되었기 때문이다.

애들러는 EST의 경우 법 적용이 모호하다고 말했다. 우리가 염기서열을 일부만 공개하더라도 전체 유전자에 대한 특허를 가로막을 가능성이 컸다. EST를 이용하면 전체 유전자와 단백질 염기서열을 얻을 수 있는 것이 분명했기 때문이다. 이렇게 되면 제약 회사들은 유전자에 투자를 하려 들지 않을 것이다. 데이터를 배타적으로 이용할 수도 없고 신약을 개발해도 금방 복제될 테니 말이다. 이는 새로운 유전자를 이용한 치료제와 요법을 개발하는 데 걸림돌이 될 터였다. 즉, 이번 연구 결과를 발표하면 이익보다는 손해를 더 많이 끼칠 수 있었다. 하지만 국립보건원에서 먼저 유전자에 대해 특허를 출원하면 학계에서는 이들을 무상으로 쓸 수 있을 테고 업계에서는 합리적인 비용을 내고 사용 허가를 얻을 수 있을 것이었다. 그는 이번 결정이 내 소관이 아니라는 사실을 분명히 했다. 자신에게 독립적으로 특허 출원을 추진할 권한이 있다는 것이었다.

마크와 나는 그에게 협조하기로 동의했다. 단, 두 가지 조건을 달았다. 첫째, 〈사이언스〉 논문 발표는 예정대로 진행한다. 둘째, 애들러는 자신의 결정을 공개하고 왓슨을 비롯한 관계자에게 알려 이것이 옳은 방법인지 검토하도록 한다. 힐튼헤드 워크숍에서 왓슨이 유전자 특허를 반대하던 일이 생각났다. 하지만 그가 게놈 프로젝트를 의회에 선전하면서 생명공학과 제약업계에 엄청난 이익을 가져다줄 거라고 말하던 일도 떠올랐다.

나는 무언가를 요구할 때 그것이 어떤 결과를 가져올지 신중히 판단하라는 말을 숱하게 들었다. 애들러는 특허 출원서를 제출하기 전에 국립보건원 인간 게놈센터와 왓슨을 비롯한 관료들에게 이 사실을 알리려고 애썼다. 하지만 이 중요한 문제에 대해 왓슨은 침묵을 지켰다. 그때는 이상하게 보였지만 돌이켜 생각해보니 그럴 만도 했다. 몇 년 후 왓슨에게 인간 게놈의 염기서열을 신속하게 분석하는 방법에 대한 연구 제안서에 지지를 표명해 달라고 부탁한 적이 있다. 그는 우리 계획을 모르는 체하고 싶다고 말했다. 우리가 계획을 발표했을 때 대중 앞에서 놀라는 연기를 할 수 있도록 말이다. 1991년 6월 21일 〈사이언스〉에 우리 논문이 발표되기 직전, 애들러가 우리 팀이 발견한 유전자 347개에 대해 특허를 출원하자 왓슨은 눈썹을 치켜올리며 어안이 벙벙한 표정을 지었다.[4]

■ 정치적 공격을 받은 EST

대니얼 E, 코슐랜드 2세Daniel E. Koshland Jr.는 〈사이언스〉 사설에 이렇게 썼다. "[벤터 연구진은] 당장 이용할 수 있고 인간 게놈을 이해하는 데 지대한 유익을 미칠 지름길을 발견했다. 상보적 DNA의 발현 서열 꼬리표 덕분에 (특히 뇌에서) 수많은 유전자가 새로 발견되고 있다. 이와 동시에 이들은 염색체에 등대를 달았다. 흐릿한 제한효소 지도restriction map를 가지고 고군분투하다 지쳐버린 염기서열 분석가들에게 한줄기 빛을 비추는 셈이다."

하지만 앞으로 닥칠 폭풍우를 예감이라도 한 듯 레슬리 로버츠Leslie Roberts는 '게놈 염기서열 분석의 지름길에 대한 도박Gambling on a Shortcut to Genome Sequencing'이라는 제목의 기사를 썼다. 나는 cDNA를 게놈 염기서열 분석의 대안으로 선전한 적이 없다. 다만, 손쉬운 임시방편으로 제시했을 뿐이다. 또한 내 방법으로는 인간 유전자를 100퍼센트 발견할 수 없다는 사실도 조심스레 언급했다. 물론 왓슨은 이것이 중대한 결함이라 생각했다. 하지만 내 대답은 이랬다. "인간 유전자의 80~90퍼센트밖에 얻지 못했다고 해서 실패라고 생각하지는 않습니다." 로버츠의 기사에서 영국 분자생물학자 존 설스턴John Sulston이 이렇게 빈정거린 걸 생각하면 아직도 몸이 움찔한다. "저라면 80~90퍼센트가 아니라는 쪽에 내기를 걸겠습니다. 기껏해야 8~9퍼센트에 지나지 않을 겁니다."[5]

설스턴은 흙에 살면서 박테리아를 잡아먹는 작은 벌레인 예쁜꼬마선충 Caenorhabditis elegans을 연구했다. 케임브리지에 있는 영국 유전학의 산실, 의학연구위원회 분자생물학연구소가 그의 터전이었다. 온전한 동물 개체가 어떤 기능을 하는지 알아내려는 것은 시드니 브레너의 생각이었다(제임스 왓슨은 이런 목표에 대해 야심이 지나치다며 연구비 지원을 거절한 적이 있다). 그는 단순한 동물부터 시작하는 것이 좋겠다고 생각했다. 벌레 말이다. 설스턴이 예쁜꼬마선충을 처음 접한 것은 1969년이었다. 그는 브레너 연구진에 합류해 연구를 시작했다. 이 연구는 30년 후에 그와 브레너에게 노벨상을 안겨주게 된다. 1밀리미터밖에 안 되는 예쁜꼬마선충 몸속의 세포 959개 모두의 계보를 추적한 기념비적인 업적을 생각하면 당연한 결과다. 1983년이 되자 설스턴은 프레드 생어의 오른팔 격인 앨런 쿨슨과 의기투합해 예쁜꼬마선충의 게놈 지도를 작성하고 염기서열을 분석하기로 했다.

하지만 그가 EST를 지독하게 깎아내린 것이 내게는 충격이었다. 나는 설스턴과 그의 동료 로버트 워터스턴Robert Waterston을 만난 자리에서 이미 EST 연구를 논의한 적이 있다. 워터스턴은 브레너 밑에서 벌레를 연구하다 세인트루이스에 있는 워싱턴 대학교에 자기 연구실을 마련했다. 언젠가 회의에서는 우리 팀의 딕 맥콤비가 EST를 예쁜꼬마선충에 적용하고 싶어 한다는 말을 전하기도 했다. 설스턴과 워터스턴은 우리와 협력하고 싶어 하지 않았다. 이들은 EST가 학문적으로 무가치하다는 통념을 앵무새처럼 되뇌었다. 놀랄 일은 아니었다. 하지만 나의 EST 논문이 게놈 프로젝트를 깎아내리는 것으로 비칠 거라며 논문을 발표하지 말라고 우길 때는 말문이 막힐 지경이었다.

나중에 선배 과학자에게 들은 바로는 워터스턴이 DNA 염기서열의 오류를 평가하는 논문 발표도 막았다고 한다. 정부 지원이 철회될까 봐 두려웠던 것이다. 설스턴은 2002년에 출간한 게놈 경쟁의 "정확하고도 솔직한 기록"[6]에서 나의 EST 방식을 자기 연구에 대한 위협으로 생각했다고 털어놓았다. "그의 연구실이 막대한 벌레 유전자를 발견하는 동안 우리의 성과가 미미하다면 (……) 우리가 연구비를 지원받는 데 도움이 되지 않을 것이다."[7] 하지만 1년 후에 설스턴과 워터스턴은 예쁜꼬마선충에 대한 대규모 EST 염기서열 분석 프로젝트를 출범시켰다. 설스턴은 이렇게 말했다. "소모적인 논쟁은 지양해야 한다. 훌륭한 게놈 프로젝트는 모든 수단을 써서 데이터를 모아 온전한 그림을 만들어야 한다."

EST 논문이 〈사이언스〉에 발표된 지 한 달도 지나지 않아 게놈 프로젝트에 대한 상원 청문회에서 나를 초청했다. 청문회를 주최한 뉴멕시코의 피트 V. 도메니치Pete V. Domenici 의원은 힐튼헤드 회의에서 기조연설을 하기도 했다. 상원 출석은 이번이 처음이었다. 다행히도 청문회는 우호적인 분위기였다. 공화당 의원인 도메니치는 오래전부터 게놈 프로젝트를 열렬히 지지한 인물이다. 여기에는 에너지부의 찰스 들리시의 공이 컸다. 그는 민간 부문의 참여와 고성능 컴퓨터 수요를 비롯해 앞으로 닥칠 상황을 정확하게 예견한 문서를 작성하기도 했다. 청문회에 참석한 두 상원의원 가운데 한 명인 앨 고어 또한 게놈 프로젝트를 지지했다. 청문회 중간에 지적재산권 문제가 언급되었는데, 이때까지도 우리 팀의 발견에 대해 국립보건원이 특허를 출원했다는 사실은 공표되지 않은 채였다.

나는 EST 방식을 설명하고 이 덕분에 인간 유전자를 빠른 속도로 발견하고 있다고 말했다. 그러고는 국립보건원의 특허 출원에 대해 우려를 나타냈다. 이 문제를 공론화할 필요가 있다고 생각했기 때문이다. 청문회장에는 일순 정적이 감돌았다. 많은 이들이 놀라움을 감추지 못했다. 이때 왓슨이 갑자기 일어나더니 이런 식으로 특허를 출원하는 것은 "완전히 미친 짓"이라고 소리쳤다. EST 방식은 "원숭이도" 쓸 수 있는 것이며 자신이 "충격을 받았다"고 덧붙였다.[8] 듀크 대학교의 게놈 연구자인 쿡-디건은 이 사건을 이렇게 묘사했다. "왓슨은 뒤에 앉아서 결정적인 한방을 장전하고 있었다."[9] 쿡-디건은 당시 왓슨의 조수 노릇을 하고 있었다. 나중에 그는 왓슨이 청문회 일주일 전부터 그 대사를 연습하고 있었다고 알려주었다.

나는 이런 반응에 깜짝 놀랐다. 왓슨은 몇 달 전부터 특허에 대해 알고 있었고 게놈센터의 수장으로서 공식적으로 개입할 기회가 많았기 때문이다. 참관인 한 명은 내 놀란 표정을 이렇게 묘사했다. "그의 등에 비수가 꽂혔다."[10] 비공식적 논의를 통해 갈등을 누그러뜨리거나 방지할 수도 있었는데도 왓슨은 언론과 두 상원의원 앞에서 일을 떠벌리는 쪽을 택했다. 그는 특허에 대한 비난을 내게 돌렸다. 자신의 예산이 타격을 입을까 봐 나를 공격한 것이다. 나중엔 왓슨 자신도 내게 너무 가혹했음을 인정했다.

•왓슨 말이 맞다. 나는 영장류다•

내 게놈을 분석하고 나니 왓슨을 용서할 마음이 들었다. 무의식중에 원숭이와 유인원을 헷갈리기는 했지만, 왓슨은 15년 후에 내 DNA 염기서열에서 발견될 정보를 미리 밝힌 셈이다. 내 게놈 일부는 공공 데이터베이스에 들어 있는 게놈public genome에도, 생쥐 게놈에도, 셀레라에서 내가 만든 인간 게놈 데이터[11]에도 들어 있지 않다. 하지만 침팬지 게놈에는 들어 있다. 왓슨의 말뜻은 이것이 아니었을까? "크레이그는 유인원 DNA를 지니고 있다. 따라서 어떤 유인원이든 그 일을 할 수 있다."

이를 발견한 이는 나의 동료 새뮤얼 레비Samuel Levy였다. 그는 내 게놈을 들여다보고 이를 국립생물정보센터(NCBI, National Center for Biotechnology Information)의 공개 게놈이나 다른 생물의 게놈과 비교했다. 그는 내 게놈과 침팬지 게놈이 최대 4만 5,000염기쌍에 이르는 유전부호를 공유한다는 사실을 발견했다. 하지만 다른 사람이나 생쥐, 쥐에게서는 이 유전부호를 찾아볼 수 없었다. 내가 유인원과 공유하는 유전자 가운데는 19번 염색체에 들어 있는 DNA 부위 500염기쌍도 있다. 여기서 생산하는 '아연 손가락zinc finger' 단백질은 DNA에 결합해 유전자의 쓰임새를 조절한다.[12] 나의 유인원 판版은 DNA에 결합하는 개수가 적은 듯하다. 겉보기에 '정상' 유전자보다 조금 더 길기 때문이다. ('겉보기에'라고 쓴 까닭은 아직 게놈 데이터가 충분하지 않아 어떤 것이 일반적이고 어떤 것이 특이한지 알기 힘들기 때문이다.)

이 차이 때문에 이 단백질이 조절하는 유전자가 내 몸속에서 쓰이는 방식이 달라지리라 생각할 수도 있다. 하지만 모든 비밀을 밝혀내는 데는 오랜 시간이 걸릴 것이다. 어쩌면 인간 게놈을 해독하는 경쟁에서 내가 공공 프로그램 진영의 적수들을 이길 수 있었던 건 이들 침팬지 부위 덕분인지도 모를 일이다.

이번 사건에 결부된 마키아벨리적 책략과 지적 사기는 말할 것도 없거니와 학계의 거물이 내뱉은 추한 언사 때문에 마크 애덤스를 비롯해 이번 성과를 위해 애쓴 젊은 팀원들이 기가 꺾이지나 않을까 걱정스러웠다. 긴장을 누그러뜨리는 데는 유머가 최고다. 이것만은 클레어가 나보다 한 수 위였다. 다음날, 아내는 우리 DNA 분석실에 고릴라 복장을 하고 나타났다. 겉에는 국립보건원의 흰색 실험용 가운을 걸치고 있었다. 팀원들은 번갈아가며 고릴라와 함께 DNA 분석기를 작동하는 모습을 사진으로 남겼다. 고릴라는 자리에 앉아 왓슨이 쓴 교과서를 읽는 모습을 연출하기도 했다. 유치한 장난이었다. 하지만 임시변통의 집단 심리 요법치고는 효과 만점이었다. 우리는 다시 연구에 몰두할 수 있었다.

다음날, 〈워싱턴 포스트〉 기자 래리 톰슨Larry Thompson에게서 전화가 걸려왔다. 그는 우리가 어떤 연구를 하고 있는지 알고 싶다며 인터뷰를 요청했다. 우리는 새로 개발한 자동 DNA 분석기, 컴퓨터 프로그램, 날마다 발견되는 수백 개의 새 유전자에 대해 몇 시간이나 이야기를 들려주었다. 다음주 월요일에 기사가 실렸다. 하지만 기사의 주제는 과학이 아니라 정치였다. 나는 이번 일로 언론에 대해 귀중한 교훈을 얻었다. 기사 내용이 인터뷰 내용과 일치하지는 않는다는 사실 말이다. (톰슨은 이후 왓슨의 후임인 프랜시스 콜린스Francis Collins의 홍보 담당을 맡게 된다.)

톰슨은 특허를 둘러싼 갈등에 대하여 왓슨과 버나딘 힐리Bernadine Healy 사이의 전투로 묘사했다. 힐리는 국립보건원 최초의 여자 수장이자 로널드 레이건 대통령의 과학 부자문을 역임했다. 이 구도는 그럴듯했다. 왓슨은 '벤터 특허'에 그녀가 연루되어 있을 거라며 싸잡아 비난했기 때문이다. 그들의 전투는 마치 거인의 충돌로 그려졌다. 세상에서 가장 유명한 분자생물학자와 생의학 연구 분야에서 가장 힘 있는 관료가 맞붙은 것이다. 학계에서는 이런 다툼이 별 문제가 되지 않는 경우가 흔하다. 하지만 업계의 이익이 달린 문제에서는 치명적인 결과를 낳을 수도 있다. 이들도 마찬가지였다.

논란은 계속되었다. 애들러가 애초에 주장한 것과 정반대로, EST를 비난하는 이들은 이 방식이 "유전자가 부호화하는 단백질의 기능을 밝혀내기 위해 오랜 시간 애쓰는 이들의 특허권을 침해할 것"이라고 말했다.[13] 이 논쟁은 마침내 국제 문제로 비화되었다. 왓슨은 〈사이언스〉에 이렇게 말했다. "크레이그가 할 수 있다면 영국도 할 수 있다." 저명한 집단유전학자인 월터 보드머 경Sir Walter Bodmer은 "벤터가 이 '특허 도매업'을 계속한다면 영국도 가만히 있을 수 없다고 경고했다."[14] 설상가상으로 영국 의학위원회 게놈 연구를 이끄는 토니 비커스는 "벤터의 미국 특허 출원이 성공한다면 영국 연구자들은 어쩔 수 없이 그 선례를 따라야 할 것"이라고 못 박았다. 그는 프랑스도 특허를 고려하고 있다고 덧붙였다.[15] 이 모든 소용돌이 속에서 가장 충격적이었던 것은 왓슨이 어떻게 애들러가 국립보건원에서 추진한 일을 '벤터 특허'로 둔갑시켰는가 하는 것이다. 이 덕분에 나는 연구 상업화의 상징이자 희생양이자 악당이 되어버렸다.

〈뉴욕 타임스〉에 인용된 한 연구자는 EST 방식을 이렇게 묘사했다. "[EST는] 무차별 약탈이며 혁신적이지도 않다." (이 연구자는 훗날 편지에서 일부 표현은 자신이 한 말이 아니라고 밝혔다.)[16] 〈네이처〉는 "전 세계 연구자들이 연루된" 특허 열풍의 위험성을 경고했다. 이 열풍은 "특허청과 벤터의 단순한 기술에 관심을 불러일으켰다"고도 말했다. 세인트루이스 워싱턴 대학교의 메이너드 올슨Maynard Olson은 EST 방식을 "끔찍한 아이디어"라 평하고 약삭빠른 속임수로 치부했다. "이런 짓을 옹호하는 과학자들은 불장난을 하는 격이다."[17]

하지만 당시에 많은 이들이 생각하던 것과 달리, 문제는 염기서열 정보에 대한 접근 여부가 아니었다. 나는 특허가 등록되면 어느 때든 염기서열 정보를 젠뱅크GenBank(유전자은행)에 공개해 누구나 이용하도록 할 수 있었다. 이렇게 해도 특허 자체는 침해를 받지 않기 때문이다. 〈네이처〉

기자 크리스토퍼 앤더슨Christopher Anderson은 이번 논란에서 왓슨 패거리의 심기를 건드린 게 무엇인지 예리하게 간파했다. "대규모 cDNA 염기서열 분석은 어린애 장난이 아니다. 게놈 프로젝트는 15년에 걸쳐 인간 DNA 전체 분자의 지도를 작성하고 해독한다는 조건으로 30억 달러에 의회에 팔렸다. 그런데 벤터는 유전자 거의 대부분(게놈 가운데 의원들이 가장 관심을 보이는 부분)을 몇 년 안에, 그것도 1,000만 달러 정도로 해독하겠다는 것이다. (……) 유전자가 전혀 들어 있지 않은 나머지 게놈 97~98퍼센트를 해독하는 데 25억 달러를 써야 한다고 의회를 설득하기란 쉬운 일이 아니다."

몇 주 뒤인 1991년 12월 2일 발행된 〈샌프란시스코 크로니클〉에서는 EST 방식의 '부당성'을 지적했다. "에드먼드 힐러리 경Sir Edmund Hillary이 에베레스트산을 걸어 올라가지 않고 헬리콥터로 정상까지 날아간 다음 세상에서 가장 높은 산에 올랐다고 주장한다고 상상해보라. 이 뉴질랜드인 등반가는 국제적인 논란을 불러일으켰을 것이다. 국립보건원 특허는 게놈 산 정상까지 날아 올라가 국립보건원 깃발을 꽂은 다음 산이 전부 자기 거라고 우기는 꼴이다."[18] 하지만 이 비유는 오해의 소지가 있다. 문제는 느리고 지루한 낡은 방식을 어느 연구자가 가장 잘 견디느냐가 아니었다. 중요한 것은 유전학으로부터 핵심적인 통찰을 이끌어내어 최대한 빨리 임상에 적용하는 것이었다. 등반객의 부러진 다리를 치료하기 위해 하루 종일 산을 오른 강인한 구급대원에게 감명을 받을 수는 있다. 하지만 그가 헬리콥터를 타고 2분 만에 도착하는 편이 훨씬 낫지 않았을까?

■ 인간게놈연구국을 지키기 위해 동분서주한 왓슨

게놈의 '실제' 상업적 가능성이 처음 엿보인 것은 릭 버크Rick Bourke가 무대에 등장했을 때였다. 코네티컷 출신으로 전 스쿼시 챔피언인 이 사업가를 처음 알게 된 것은 이저도어 에덜먼Isadore Edelman과 전화 통화를 할 때였다. 컬럼비아 대학교의 저명한 생리학자인 그는 자신이 버크의 자문을 맡고 있다고 말했다. 릭 버크는 여성용 가죽 액세서리 회사인 두니앤버크Dooney & Bourke의 그 '버크'일 뿐 아니라, 헨리 포드의 증손녀이자 '노니Nonie'라는 애칭으로 불리는 엘리너Eleanor의 남편이었다. 버크는 유전체학에 흥미가 있었으며 찰스 캔터Charles Cantor와 리 후드를 비롯한 이 분야 대가들에게 접근한 적이 있다. 그 버크가 나를 찾아오겠다는 것이다. 나야 물론 환영이었다.

두 남자가 버크의 개인 제트기를 타고 워싱턴에 왔다. 버크는 우리의 발견에 흥분을 감추지 못했다. 그는 내게 국립보건원을 떠나 신생 게놈 회사로 올 생각이 있느냐고 물었다. 나는 국립보건원에서 할 수 있는 연구를 사랑했다. 그리고 당시만 해도 쉽게 자리를 지킬 수 있을 줄 알았다. 상업적인 환경에서는 기초과학이 살아남지 못할 수도 있다는 점 또한 알고 있었다. 나는 컨설턴트와 학술이사를 경험하면서 '기도하는 사마귀 증후군'을 종종 목격했다. 어떤 과학자가 연구자금을 마련하기 위해 생명공학 기업을 창업한다. 하지만 냉정한 투자자들은 기초과학을 그만두고 팔리는 제품을 개발하라고 요구하고, 그는 결국 잘리거나 좌천된다. 나는 기초과학을 계속 연구하고 싶었다. 그리고 개인 연구소를 설립할 수 없다면 국립보건원을 떠나지 않으리라 마음먹었다.

내 생각을 모두 털어놓자 버크는 자기 관심사는 오직 상업적 가능성뿐이라고 말했다. 하지만 7월에 메인의 자기 별장에서 며칠 놀다 가라며 나를 초대했다. 버크의 여름 별장은 아카디아 국립공원 중심부인 마운트데저트 섬에 있었다. 산과 바다가 만나는 이곳의 절경은 동부 해안에서 으뜸이었다. 그곳에는 리 후드, 찰스 캔터, 토머스 캐스키와 상원의원 세 명이 기다리고 있었다. 이들은 상원 의장이자 예산위원회 위원장인 조지 미

• 뚱보 유전자 •

얼마 전, 식이요법과 운동의 효과를 한층 끌어올릴 수 있는 치료법의 희망이 보이기 시작했다. 지방세포가 발달하는 과정에서 허기를 느끼는 뇌 메커니즘에 이르기까지 비만에 영향을 미치는 온갖 유전자가 발견된 덕이다. 하지만 영국 엑세터 페닌슐라 의과대학의 앤드루 해터슬리Andrew Hattersley와 옥스퍼드 대학교의 마크 매카시 Mark McCarthy가 〈사이언스〉에 기고한 2007년 논문은 특히 주목할 만하다. 이전 연구와 달리, 고도 비만을 일으키는 희귀한 유전자가 아니라 과체중을 일으키는 흔한 유전자를 발견했기 때문이다.

15년에 걸쳐 과학자 42명이 참여한 이 연구에서는 우선 제2형 당뇨병 환자 2,000명과 대조군 3,000명을 조사해 유전자와 비만의 관계를 조사했다. 연구자들은 브리스틀·던디·엑세터를 비롯해 영국·이탈리아·핀란드 등 여러 지역에서 3만 7,000명을 더 검사했다. 모든 경우에 FTO 유전자의 동일한 변이형이 제2형 당뇨병과 비만에 연관되어 있었다(이 유전자는 필수 조직, 그 가운데도 주로 뇌와 췌장에 들어 있다).

FTO 유전자 변이형의 사본이 하나 들어 있는 사람은—영국 인구의 절반이 이에 해당한다—몸무게가 1.7킬로그램 늘거나 허리둘레가 0.5인치 이상 늘어나거나 살찔 확률이 3분의 1 더 높아진다. FTO 유전자 변이형의 사본이 2개 들어 있는 사람은—영국인 6명 가운데 1명이 이에 해당한다—변이형이 없는 사람보다 몸무게가 3.2킬로그램 더 많고 살찔 확률이 70퍼센트 더 높다.

황자치Huang Jiaqi와 새뮤얼 레비는 나의 16번 염색체에서 FTO 유전자의 변이형을 찾아보았다. 내 몸에는 위험도가 낮은 변이형이 2개 들어 있었다. 나는 몸무게를 늘리는 유전적 성향이 없으므로 이와 연관된 당뇨병과 심장 질환의 위험도 증가하지 않는다. 그러나 이 연구가 비만을 보는 새로운 관점을 제시하기는 하지만, (이 책을 쓰는 시점에) FTO의 진짜 생물학적인 역할은 여전히 미궁 속이다.

첼George Mitchell, 테네시 출신의 제임스 R. 새서James R. Sasser, 메릴랜드 출신의 폴 사베인즈Paul Sarbanes였다. 격식을 차리지 않는 모임이었기 때문에 다들 가족을 동반했다. 캔터는 애인을 데려왔다. 이웃 주민인 데이비드 록펠러David Rockefeller와 페기Peggy 록펠러도 찾아왔다.

별장은 이제껏 접한 곳 가운데 가장 으리으리했다. 부자와 특권층의 '그들만의 세계'를 엿본 것은 처음이었다. 나는 아들을 데려갔다. 우리가 도착하자 버크의 하인이 오락실 안에 마련된 응접실로 우리를 안내했다. 오락실은 안채와 떨어져 있었으며 실내 스쿼시장과 당구장, 정식 수영장이 갖추어져 있었다. 건물 밖에 있는 진수대는 바닷가 선창으로 이어져 있었다. 낮 동안 아들과 나는 보스턴 웨일러를 몰았다. 우리는 항구를 탐험하고 건물과 보트를 구경했다. 그 가운데는 힝클리 사에서 1928년부터 만들고 있는 멋진 요트도 있었다. 저녁이 되자 아들은 노니와 나무 퍼즐 놀이를 했다. 퍼즐은 2,000달러가 넘는 수공예품이었다. 당시 내 예금 잔고가 딱 2,000달러였다.

그날 저녁의 야유회는 이제껏 한 번도 경험하지 못한 것이었다. 손님들은 승무원, 요리사, 종업원과 함께 버크의 동력 요트 미드나이트 호에 올랐다. 메인 해안에 흩뿌려진 수백 개의 바위섬 가운데 하나에 미드나이트 호가 닻을 내리자 우리는 한 줄로 서서 고무보트를 타고 바닷가로 건너갔다. 나는 페기 록펠러와 함께 배를 탔는데 그녀는 아름답고 우아했다. 바위 때문에 고무보트를 뭍에 대지 못하자, 나는 어떤 방법을 쓸지 궁금했다. 종업원들이 페기를 들어올려 해변으로 데려다주려나? 하지만 그녀는 보트 밖으로 발을 디디더니 첨벙대며 걸어갔다. 바닷가에는 승무원들이 불을 피우고 바위 위에 만찬을 차려놓았다.

우리는 밥을 먹으면서 유전체학의 중요성에 대해 이야기했다. 의회에서 유전체학 회사에 자금을 지원할지도 관심사였다. 우리는 제임스 왓슨을 끌어들일지 논의했다. 놀랍게도 캔터와 후드, 캐스키 모두 이 생각에 단호히 반대했다. 캔터의 애인이 화장실 위치를 묻는 바람에 무겁던 분위기가 반전되었다. 숲 속에서 볼일을 보라고 했지만 그녀는 어두워서 싫다며 들어가려 하지 않았다. 버크의 하인이 랜턴을 들고 그녀를 호위했다. 아무도 입을 열지 않았다. 그녀가 돌아오자 캐스키가 물었다. "소리 신경 쓰이지 않았어요?" "무슨 소리요?" "뭐긴요. 비디오카메라 돌아가는 소리죠." 물론 농담이었다.

우리는 몇 달간 종종 만났다. 버크, 후드, 캔터는 연구소를 차리는 데 반대했다. 이들은 본격적인 회사를 설립하고 싶어 했다. 버크는 캐스키가 사장을 맡아주기를 바랐다. 하지만 그는 베일러 대학교를 떠날 준비가 되어 있지 않았다(하지만 그는 1년쯤 지나 머크로 자리를 옮긴다). 후드는 DNA 염기서열 분석이 유일한 방책이라 생각했다. 그는 내가 염기서열 분석을 맡아주기를 바랐다. 그들은 사업 계획에 열을 올렸지만 진지하게 생각하고 있는지는 의심스러웠다. 몇 달 뒤 캘리포니아 공과대학에서 후드와 기획 회의를 열었다. 우리는 연구 계획과 예산을 정했다. 버크와도 장시간 논의를 했다. 나는 두 주 안에 결단을 내리지 않으면 손을 떼겠다고 말했다. 그들과의 대화는 나의 시간과 에너지를 갉아먹고 있었다.

국립보건원에 돌아오니 1동에 있는 버나딘 힐리의 사무실에서 나를 호출했다. 무슨 일인지 알 듯했다. 아마도 특허 소송과 관계가 있으리라. 하지만 그녀는 나를 반갑게 맞아들였다. 내가 국립보건원을 떠난다는 소문을 들었다고 말했다. 나는 긴장이 누그러졌다. 그녀는 베데스다에서 인재가 빠져나가는 사태를 우려하면서 어떻게 하면 내 마음을 돌릴 수 있겠느냐고 물었다.

나는 게놈 연구비 문제로 왓슨에게 시달린 이야기를 모두 내뱉었다. 국립보건원에 기관 내 게놈 연구 프로그램이 있었다면, 연구비를 놓고 인간 게놈 패거리와 다투지 않고 연구에 착수할 수 있었을 거라고 말했다. 연구비는 성과가 아니라 책략에 좌우된다고도 덧붙이면서 그녀는 국립보건원의 여러 기관에서 이런 기관 내 프로그램을 지원하리라 생각하느냐고 물었다. 나는 그렇게 생각한다고 대답했다. 인간 유전부호 해독은 모두에게 이익이 되는 일이니 말이다. 그녀는 지원 의사를 밝혔다. 나를 국립보건원에 붙잡아두기 위해 원장 재량의 예산을 내 프로그램에 지원하겠다고 말했다. 그녀가 물었다. "기관 내 게놈 연구위원회를 만들면 위원장을 맡아주시겠어요?" 내가 대답했다. "물론이죠." 그날 오후 나는 후드와 버크에게 전화를 걸어 국립보건원 일이 아주 잘 풀렸기 때문에 게놈 회사에서는 손을 떼겠다고 말했다. 이 결정은 이후 갖가지 예상치 못한 결과를 낳게 된다.

염기서열 분석 프로젝트를 이끌 사람이 필요해진 후드와 버크는 설스턴과 워터스턴에게 접근했다. 둘은 신기술과 막대한 자원을 얻을 수 있기 때문에 회사를 차리는 데 관심이 많았다. 설스턴에게는 영국 의학연구위원회에서 들어온 제안보다 훨씬 솔깃했으리라. 하지만 그는 자신의 첫사랑 벌레가 버크의 관심사가 아니라는 사실을 곧 깨달았다. 내가 그랬듯 설스턴과 워터스턴도 자신의 기초연구를 계속하게 해달라고 요구했다. 이들의 기초연구란 벌레 게놈의 염기서열을 10년간 분석하는 것이었다. 또한 둘은 모든 발견이 "공개되어야 한다"고 주장했다. 버크는 왓슨과도 이 문제를 논의했다. 버크는 자금을 지원한 기업이 진단 검사와 약물 정보를 이용하는 데 경쟁사보다 우위를 지닐 수 있다면 유전 정보를 공개하겠다고 말했다.

이쯤 되자 왓슨은 공황 상태에 빠지기 시작했다. 그가 생각하기에 나 다음으로 유력한 염기서열 분석 후보는 설스턴과 워터스턴이었다. 이들마저 떠나면 게놈 프로젝트의 존립이 위태로워질 형편이었다. 이런 상황을 잘 보여주듯—그의 표현을 빌리면 "수도꼭지를 좀 더 열도록" 하기 위해—워터스턴은 왓슨에게 국립보건원 연구비를 지원해 달라는 편지를 썼다. "이 프로젝트에서 자원이 더 풍부한 이류 연구자가 우리를 앞서는 것은 용납할 수 없습니다."[19]

왓슨은 런던으로 날아가 의학연구위원회 사무국장 다이 리스Dai Rees를 만났다. 주초에 그는 신문에 이렇게 말했다. "설스턴을 끌어가려는 시도는 인간 유전학의 IBM을 만들겠다는 야비한 발상이다."[20] 한편 왓슨은 똑같은 이야기를 가지고 영국인의 정서에 호소했다. "영국 과학계에서 선충 프로젝트는 왕관의 진주와 같다. 이를 잃는다면 영국은 큰 손실을 입게 될 것이다." 그리고 나서 왓슨은 본심을 드러냈다. "이것은 우리가 구축하려는 정교한 국제적 협력 관계에도 일격을 가할 것이다. 선충 프로젝트에서 얻은 지식은 모든 과학자에게 공유되어야 한다."[21]

의학연구위원회에 구원의 손길을 뻗친 신데렐라의 요정은 영국계 재단 웰컴 트러스트의 이사인 브리짓 오길비Bridget Ogilvie였다. 이 재단은 미국 기업인 헨리 웰컴Henry Wellcome이 1936년에 세상을 뜨면서 자신의 이름을 딴 제약 회사의 지분 100퍼센트를 유증해 세웠다(제약 회사의 당시 이름은 글락소 웰컴이었으나 나중에 글락소 스미스클라인으로 합병되었다). 이 재단은 수십 년간 웰컴 PLC의 의약품 분야 주식 배당금을 이용해 의학사, 열대병 연구 등의 프로젝트에 자금을 지원했다. 1980년대 항HIV 의약품 AZT 덕분에 주가가 천정부지로 치솟자 웰컴 이사들은 헨리 웰컴의 유언을 어길 수 있게 해달라고 영국 당국을 설득했다. 유언장에는 "'예상치 못한 상황'에 대비해 재단의 주식을 하나도 팔지 말고 전부 보유하라"고 쓰여 있었다.

1986년과 1992년 두 차례에 걸쳐 웰컴의 주식을 매각한 결과 40억 달러의 순수익이 발생했다. 재단의 수입은 두 배로 늘었다. 이제 세계 최대의 의학 연구 재단이 된 웰컴은 자금난에 시달리던 영국 연구자들에게 돈벼락을 내렸다.

노벨상 수상자이자 분자생물학연구소 소장인 에런 클루그Aaron Klug는 버크의 인재 사냥이 "아주 역겨운 짓"[22]이라고 생각했다. 그와 리스를 통해 오길비의 도움을 받은 왓슨은 웰컴 트러스트를 움직여 설스턴이 벌레 프로젝트를 유지할 수 있게 향후 5년간 5,000만 파운드를 지원하도록 했다. 설스턴과 클루그는 웰컴의 유전학 자문위원회에 제출할 브리핑 문서를 함께 작성했다. 이 문서에는 벌레 프로젝트의 '공동체 의식'을 바탕으로 인간 게놈 프로젝트를 출범시키겠다는 계획이 들어 있었다. 1997년 1월까지 40메가베이스를 해독하겠다는 것이다. 게다가 효모를 연구하고 발달 중인 쥐의 뇌에서 cDNA를 분리해 분석하겠다는 포부까지 밝혔다.

오길비는 염기서열 분석 작업에 박차를 가하기 위해 웰컴 트러스트 수석 임원인 마이클 모건Michael Morgan을 임명했다. 그는 전직 생화학 교수이다. 생화학 분야의 위대한 선구자를 기리기 위해 '생어 센터'로 이름 붙인 이 연구소는 영국 케임브리지 인근의 공학 연구소 터에 자리 잡았다. (설스턴이 생어에게 축사를 부탁하자 그는 이렇게 말했다. "잘 되길 바라네.")[23] 이것은 왓슨이 이룬 커다란 성과이자 영국 과학계의 경사였다. 오길비는 이번 프로젝트가 훨씬 폭넓은 영향을 미치리라 생각했다. 전 세계 유전체학 연구에 활력을 불어넣으리라 기대한 것이다. "우리는 과포화 용액에 들어 있는 결정과 같았어요. 모든 사람을 끌어당겼죠."[24]

하지만 버크를 누르려는 왓슨의 노력은 이제 시작에 불과했다.《이중나선》에서 생생하게 보여주고 있듯이 왓슨은 말을 함부로 하는 경향이 있었다. 버크는 왓슨과 만난 뒤—이때부터 왓슨은 버크를 싫어하게 되었다—힐리에게 불만을 담은 편지를 보냈다. 날짜는 1992년 2월 25일이었으며 부시 행정부 고위 관료에게도 사본이 전달되었다. 버크는 편지에서 왓슨이 자신의 상업적 이익을 방해하고 있다고 주장했다. 그는 왓슨이야말로 이해관계의 충돌을 일으키고 있다고 덧붙였다. 국립보건원 게놈센터의 수장을 맡고 있으면서 여러 생명공학 회사와 제약 회사의 주식을 보유하고 있다는 것이었다. 힐리 또한 왓슨의 계속되는 비난을 더는 참을 수 없었기에 왓슨을 조사하라고 지시했다. 그녀의 사무실에서는 〈워싱턴 포스트〉에 이렇게 말했다. "힐리 박사는 윤리적 문제를 덮을 만큼 너그럽지 않다. 상대가 노벨상 수상자라도 말이다."[25]

내가 국립보건원 게놈 위원회 위원장을 맡은 것이 이때였다. 왓슨은 〈네이처〉 기자에게 내가 자기보다 영향력이 더 커졌다며 투덜거렸다. 우리 위원회에는 국립보건원에서 내로라하는 인사들이 참여했다. 노벨상 수상자 마셜 니런버그, 심장·폐·혈액 연구소의 유전 치료 전문가 프렌치 앤더슨French Anderson, 국립의학도서관 게놈 데이터베이스를 이끄는 데이비드 리프먼David Lipman 등이 위원을 맡았다. 특히 아동보건부 학술이사인 아트 레빈Art Levine은 나처럼 왓슨의 인간게놈연구국—지금은 국립인간게놈연구센터로 이름이 바뀌었다—에 연구비를 신청했다가 퇴짜 맞은 전력이 있다. 우리의 의제는 국립보건원 기관 내 연구자들이 질병 유전자를 찾아내는 데 참여할 수 있도록 방법을 정하는 것이었다.

1991년 12월, 나는 국립보건원장에게 위원 명단과 기관 내 게놈 연구 지원 방안을 요약한 문서를 보냈다. 하지만 게놈 연구에 어떤 분야가 포함되는지에 대해서는 이견이 분분하다는 사실을 지적했다. 나는 이렇게 썼다. "사람의 질병 유전자를 찾는 일과 발현된 유전자의 생물학적 특징을 알아내는 일은 인간 게놈센터의 임무에 포함되지 않았습니다." 나는 왓슨의 센터에 제출했던 제안서가 '실수'였다고 말하고 그 이유를 설명했다. "제 제안서는 위험성이 높은 연구를 수행하고 장기적인 목표를 정하고 학문적 정당성에 따라 방향을 정하고 신속하게 움직일 수 있는 기관 내 연구자의 기풍을 위협했습니다." 메모의 결론은 국립보건원 기관 내 프로그램이 발현된 유전자, 특히 인간 질병 관련 유전자에 집중해야 한다는 것이었다. 1992년 3월 10일, 위원회의 최종 보고서가 국립보건원장에게 전달되었다. 위원 대다수가 찬성 서명을 했다.

왓슨의 마지막 모습

며칠 지나지 않은 어느 날 오후, 데이비드 리프먼에게서 전화가 걸려왔다. 왓슨의 은밀한 제안을 전하기 위해서였다. 제안은 '유전자 도시'라는 제목을 달고 있었다. 이것은 국립보건원 바깥에 위치한 시설로서 게놈 염기서열 분석에 대한 후속 작업으로 유전자 연구를 진행할 것이라고 했다. 리프먼은 왓슨이 준비한 선물을 풀어놓았다. "왓슨은 당신이 유전자 도시의 시장을 맡아주기를 바라고 있습니다."

나는 왓슨의 지난 행적을 감안해 '유전자 도시 시장' 제안을 문서로 작성해 달라고 했다. 그래야 위원들에게 제안서를 회람시키겠다고 말이다. 이렇게 해서 열흘간의 마라톤협상이 시작되었다. 왓슨의 사무실에서 유전자 도시를 설명한 세 페이지짜리 문서를 보내왔다. 날짜는 1992년 3월 6일에 '게놈 분석을 위한 국립보건원 주요 시설 건립 제안'이라는 딱딱한 제목을 달고 있었다. 놀랍게도 문서는 내가 위원들에게 돌린 제안서와 매우 흡사했다. 게다가 왓슨과 설스턴 등은 나의 연구비 신청을 거부하기 위해 EST를 비방했던 사실을 까맣게 잊은 듯했다. 왓슨은 이렇게 썼다.

cDNA의 염기서열을 신속하게 분석해 얻은 짧은 DNA 연쇄(이른바 EST)는 게놈 분석에 여러 모로 쓰일 것이다. 최초 결과는 단백질의 상동 관계를 파악하는 데 유용성이 있다고 이미 입증한 바 있다. 하지만 EST의 분석 능력은 DNA 염기서열 비교를 통해 획득하는 정보에 머물지 않는다. 이들의 가능성은 게놈 지도에서 100퍼센트 실현할 수 있다. 프랑스에는 지도 작성을 추진하고 학계와 산업계에 자원을 제공하기 위한 기관이 이미 설립되어 있다. 학문적 이유와 경제적 이유를 따져볼 때 미국에도 이에 필적하는 기관을 설립하는 것이 시의적절하다. 가장 알맞은 장소는 국립보건원이다.

문서에 언급된 프랑스 프로젝트는 '인간다형성연구소(CEPH, Centre d' Etude du Polymorphisme Humain)'의 다니엘 코언Daniel Cohen이 이끌고 있다. 그는 파리 근교에 유전학 연구 센터 제네통Genethon을 설립했다. 이곳은 프랑스 근육퇴행위축협회에서 주관하는 TV 후원 프로그램으로부터 지원을 받았다. 코언은 게놈 연구에서 무엇보다 중요한 일은 제대로 된 기관에서 자동화를 이용하는 것이라는 사실을 일찌감치 알고 있었다. 그는 아직도 성과에 걸맞은 대접을 받지 못하고 있다.

코언은 이른바 '괴물'을 가지고 게놈의 전체 지도를 작성하고 있었다. 괴물은 정상보다 큰 인간 유전물질 조각(메가 YAC, Mega-Yeast-Artificial-Chromosome)을 증식시키고 조작하는 새로운 방법의 핵심이었다. 코언은 기존 방법에서 다루는 유전부호 조각의 길이가 3만 5,000염기쌍가량인 반면 자신은 YAC을 이용해 100만 염기쌍을 처리할 수 있다고 주장했다. 코언은 21번 염색체 지도를 밝혀낼 참이었다. 또한 인간 게놈 가운데 25퍼센트의 지도를 작성하는 데 석 달밖에 걸리지 않았다.

지금이야 메가 YAC에 극도의 불안정성이라는 근본적인 결함이 있다는 사실이 알려져 있지만 왓슨은 프랑스가 거둔 눈부신 성과에 자극을 받았다. 그는 이렇게 주장했다.

게놈 프로젝트의 모든 분야를 수행하고 지도 작성과 염기서열 분석의 속도를 늘리는 데 필요한 신기술을 개발할 수 있는 포괄적인 연구 집단을 구축해야 한다. (……) 프랑스의 제네통은 상근 인원 150명에 1992년 예산이 최소 1,400만 달러에 달한다. EST에 기반을 둔 여러 연구는 시너지 효과를 발휘할 수 있기 때문에, 이를 잘 활용하면 국립보건원이 인간 게놈 프로젝트를 완수하는 데 중요한 역할을 담당할 수 있을 뿐 아니라, 기관 내 프로그램의 최고급 임상 및 기초연구 프로그램과 결합해 생의학계를 주도하고 인간유전학과 인간 질병의 유전적 기초를 이해함으로써 얻을 수 있는 가능성을 온전히 실현할 수 있다.

마지막 문장은 특히나 의외였다. 유전체학의 상업적 이용은 특허를 기반으로 하기 때문이다. "내가 제안하는 기관은 유전자 기반 제품의 연구와 상업화를 전문으로 수행하는 위성 기관을 비롯한 '유전자 기반 산업 센터(유전자 도시)'의 핵심으로 삼을 수 있다."

15년이 지난 지금도 이 문서를 읽으면 슬픔과 분노가 밀려온다. 왓슨은 EST의 가치를 분명히 알고 있었다. 1년 전 나의 EST 논문 견본을 받았을 때도 같은 제안을 할 수 있었던 것이다. 그가 겉으로 반대 입장을 내세운 것은 EST 프로젝트가 (게놈을 염기 단위로 읽는) 게놈 프로젝트에서 자금을 빼앗아 갈까 봐 두려웠기 때문일 것이다.

하지만 한 위원이 제안서에서 문제 하나를 지적했다. 문서가 백지에 인쇄되어 있으니 왓슨이 작성했다는 걸 믿지 못하겠다는 것이다. 나는 문서의 내용에 놀란 탓에 거기까지는 미처 신경 쓰지 못했다. 왓슨이 EST와 특허에 대해 드러내놓고 반대 입장을 취한 점과 이 문서가 전에 내가 작성한 것과 비슷하다는 점을 생각하면 동료 위원이 그런 오해를 할만도 했다. 데이비드 리프먼이 문서를 새로 가져왔다. 이번에는 왓슨이 쓰는 전용 용지에 인쇄되어 있었다. 위원회는 제안을 받아들였다. 이제 왓슨은 데이비드를 통해 새로운 부탁을 전해왔다. 나는 입이 다물어지지 않았다. 왓슨은 연례 성과 평가를 받기 위해 힐리와 면담이 예정되어 있었다. 그는 면담 전에 힐리에게 자신의 제안을 이해시켜 달라고 요청했다. 나는 애써 보겠다고 대답했다.

내가 왓슨의 계획을 설명하자 힐리는 입을 다물지 못했다. 그녀가 물었다. "진심이에요?" 나는 그렇다고 대답하고는 제안서를 보여주었다. "이렇게 해도 괜찮을까요?" "우려되는 부분은 있습니다. 하지만 저는 데이비드를 믿습니다. 위원회에서도 제안서를 받아들였습니다." 힐리는 위원회에서 찬성한다면 이틀 안에 왓슨을 만나 유전자 도시에 대해 지지 입장을 표명하겠다고 했다. 나는 데이비드에게 소식을 전했다. 우리는 기대감에 부풀었다. 왓슨이 공식 제안을 하고 힐리가 이를 받아들이면 게놈 연구는 놀라운 추진력을 얻게 될 터였다. 이 계획은 실패할 리가 없었다.

왓슨과 힐리가 만나는 동안 데이비드와 나는 내 사무실에서 기다리고 있었다. 우리는 유전자 도시에서 연구하면 얼마나 좋을지 이야기를 나누고 있었다. 실은 우리 둘 다 불안해하고 있었다. 힐리는 면담이 끝난 후에 우리를 만나러 오겠다고 약속했다. 기다리는 시간이 천년만년이었다. 마침내 전화벨이 울렸다. 나는 좋은 소식을 기대하며 수화기를 들었다. 하지만 그녀의 목소리는 분노에 차 있었다. 한방 먹은 듯했다. 그녀가 그토록 화난 모습은 본 적이 없었다. 나는 충격을 받았다. 내가 물었다. "왓슨이 제안을 했나요?" "아니오." 그녀는 왓슨에게 욕을 퍼붓다가는 내게도 소리를 질러댔다. 그녀가 화를 가라앉힌 후에야 무슨 일이 일어났는지 들을 수 있었다.

왓슨은 예의 바른 태도로 이런저런 이야기를 건네며 대화를 시작했다. 그는 1985년에 힐리와 공식 석상에서 만났을 때 말다툼을 벌인 일이 있다. 그는 백악관 과학기술정책국 자리를 두고 이렇게 말했다. "생물학 담당자는 여자 아니면 별 볼일 없는 녀석뿐이야. 어디든 여자를 채워 넣어야 했던 거지."[26] 그가 지목한 사람은 과학기술정책국 생의학 담당 부국장, 즉 버나딘 힐리였다. 이번에도 언성이 높아지더니 왓슨의 입에서 유전자 특허 이야기가 터져 나왔다. 그는 힐리에게 소리를 질러대기 시작했다. 왓슨은 장광설을 늘어놓는 동안 유전자 도시 이야기는 한마디도 꺼내지 않았다. 왓슨의 분노가 잦아들 무렵 국립보건원의 화해 가능성도 그렇게 시들어갔다. 경쟁자가 아니라 동료로서 게놈 연구를 진행하려던 우리의 희망도 사라졌다. 이날 면담의 참담한 결과와 왓슨의 형편없는 업무 능력을 보건대 힐리는 왓슨을 내보내야겠다고 생각한 것이 틀림없다. 총을 테이블에 올려놓은 것은 릭 버크였다. 하지만 방아쇠를 당긴 것은 힐리가 아니라 왓슨이었다.

왓슨이 국립보건원을 떠날 날이 시시각각 다가오고 있었다. 그의 해직을 처리한 사람은 보건복지부 담당관 마이클 J. 어스트루Michael J. Astrue였다. 공교롭게도, 운명의 시간이 다가온 것은 어스트루가 공중위생국 담당관 리처드 라이스버그Richard Riseberg와 함께 우리 연구실을 방문했을 때였다. 이들은 국립보건원 특허의 과학적 배경을 알아보러 찾아왔다. (어스트루는 특허 문제에 대해 힐리와 의견이 달랐다. 그는 EST 특허가 발명의 법적 요건을 갖추지 못했다고 주장했다.) 전화벨이 울렸다. 어스트루를 찾는 전화였다. 그는 볼일을 끝낸 뒤, 중요한 통화가 있다며 나보고 자리를 비켜달라고 했다.

45분쯤 지나자 그가 사무실에서 나왔다. 그는 방금 왓슨의 해직을 처리했다고 말했다. 왓슨은 1992년 4월 10일 금요일에 자리에서 물러났다. 그가 보유하고 있던 생명공학 회사 주식이 공직과 이해관계의 충돌을 일으킨다는—또는 일으킬 수 있다는—이유에서였다. 하지만 그해에 그가 영국 기자에게 말한 바와 같이 그는 자신이 "정신 나간" 특허를 대놓고 비판한 탓에 쫓겨난 것이라 생각했다. 그는 분을 참지 못했다. 왓슨은 힐리가 똑똑한 여자라고 말했지만 이렇게 투덜거렸다. "그 여자는 아무것도 모른다. (……) 지식을 갖추지 못한 채 권력을 쥐고 휘두르는 건 아주 위험한 일이다."[27]

어스트루가 어디서 전화를 걸었는지 왓슨이 알았다면, 그는 훨씬 더 분통을 터뜨렸을 것이다. 내가 배후에 있었다고 생각했으리라. 하지만 나는 어스트루의 꼭두각시 노릇을 할 생각은 추호도 없었다. 그는 이미 달아오를 대로 달아오른 특허 문제에 정치적 색깔을 덧입히려 했기 때문이다. 보건복지부 회의에서 그는 이런 취지로 말했다. '영원히 권력을 쥘 수는 없다. 이 엄청난 특허를 민주당에 넘겨줄 수는 없는 일이다.'

■ 헬스케어 벤처스와 손을 잡다

이런 혼란의 와중에 내가 국립보건원을 떠날 날도 하루하루 다가오고
있었다. 새로운 기회가 찾아온 것이다. 그즈음 우리 연구실을 찾아온 정
부 고위 관료는 이렇게 말했다. "자네, 아주 잘 하고 있군." 그는 과학에
일가견이 있어 보이는 인물은 아니었다. 그래서 나는 이렇게 물었다. "제
가 성공할 거라고 어떻게 확신하십니까?" 그는 이렇게 대답했다. "나는
워싱턴에서 일한다네. 이곳에서는 사람을 평가할 때 그의 적수를 보지.
자네는 최고의 적수를 두었더군."

이때 유리한 퇴로가 눈앞에 나타났다. 생명공학 회사 젠맵Genmap의 최
고경영자 자리를 제안받은 것이다. 아울러 보너스 400만 달러가 당근으로
제시되었다. 나로서는 상상도 못할 금액이었다. 지금까지 번 돈을 모두
합친 것보다도 많았다. 이번에도 기업 환경에서는 기초과학을 꽃피울 수
없다는 생각 때문에 제안을 고사하고 국립보건원에 남기로 했다. 이번 사
례는 내가 돈보다 과학을 더 소중하게 여긴다는 사실을 보여준 첫 번째
시험이었다. 하지만 나는 협상 과정에서 옥스퍼드 파트너스 사의 앨런 월
튼Alan Walton을 만나게 된다. 그는 화학 박사 학위를 취득한 벤처 투자가
였다. 나는 앨런이 마음에 들었다. 그는 내가 마지막 순간에 젠맵을 포기
한 이유를 이해했다. 하지만 어떻게 하면 나를 국립보건원에서 빼내올 수
있을지 여전히 알고 싶어 했다. 학문의 길도 위태롭기는 마찬가지였다.
나는 그에게 내가 불가능한 꿈을 꾸고 있다고 말했다. 나를 데려가려면
기초과학 연구소를 마련해 달라고 했다. 이를 위해서는 10년간 5,000만
~1억 달러를 확보해야 했다. 나는 우리의 발견이 매우 중요하며 시간이
갈수록 그 중요성이 더욱 커질 것이라 확신하고 있었다.

앨런은 내 요구 조건이 불가능하거나 터무니없다고 생각하지 않았다

(적어도 그런 생각을 입밖에 내지는 않았다). 그는 그 정도 투자를 생각이라도 할 수 있는 곳은 한 군데뿐이라고 말했다. 바로 헬스케어 벤처스 HealthCare Ventures였다. 그곳의 수장은 파란만장한 이력을 지닌 월리스 스타인버그Wallace Steinberg라는 인물이었다. 그는 과학이 영생의 비밀을 밝혀낼 단계에 거의 도달했다고 믿고 있었다. 그리고 이 발견의 혜택을 가장 먼저 누리고 싶어 했다. 테니스로 건강을 다져놓은 것도 한몫할 터였다. 그는 존슨앤드존슨에서 리치 칫솔로 명성을 쌓았다. 치태에 전쟁을 선포한 첫 제품이었다. 그 이후 월리스는 벤처 투자 회사를 설립하고 나의 국립보건원 동료였던 프렌치 앤더슨과 함께 메릴랜드에 생명공학 회사 메드이뮨MedImmune과 지네틱 테라피Genetic Therapy Inc.를 세웠다. 앨런은 월리스에게 연락해보겠다고 약속했다. 하지만 언제 일이 성사될지 알수 없는 노릇이기 때문에 나는 미련을 두지 않고 직장으로 돌아왔다.

지난해인 1991년, 나는 신경전달물질 수용체를 연구하는 생화학자에서 게놈 연구자로 완전히 탈바꿈했다. 그해 내가 공저한 논문 내용은 모두 게놈 연구였다. 당시에 나는 두뇌 유전자 탐색의 목표를 새로 정했다. 새 유전자를 최소 2,000개 발견하기로 한 것이다. 여기에는 이유가 있었다. 이때까지만 해도 공공 데이터베이스에 들어 있는 알려진 인간 유전자는 2,000개가 채 되지 못했다. 따라서 지난 15년간 발견한 유전자 개수를 1년 만에 두 배로 늘린다면 우리 방식의 우수성을 확실하게 입증할 수 있을 터였다. 1992년, 〈네이처〉는 우리의 논문 〈인간 두뇌 유전자 2,375개의 염기서열 분석Sequence Identification of 2375 Human Brain Genes〉을 기꺼이 실어주었다. 하지만 이번에도 특허 문제가 불거졌다. 국립보건원은 유전자 2,375개 전부에 특허를 출원하고 싶어 했다. 나는 리드 애들러와 기술이전국으로부터 한 가지 양보를 얻어냈다. 우리는 EST를 공개했으며—특허 용어로는 '법정 발명 등록statutory invention registration'이라 한다—이 덕분에 EST를 이용하고자 하는 연구자는 정부로부터 허가를 받을 필요가

• 월리스에게 필요한 유전자 •

'클로토klotho'라는 유전자는 생명의 실을 잣는 그리스 여신에게서 이름을 땄다. 수명을 늘려준다는 이유에서다. 일본 연구자들은 쥐의 체내에서 이 유전자를 발견했다. 클로토 단백질이 없는 쥐는 죽상경화증 · 골다공증 · 폐공기증emphysema을 비롯한 노인성 질환에 걸렸다. 이와 반대로 유전자가 정상보다 많은 쥐는 수명이 연장되는 것처럼 보였다. 실험 결과, 클로토 유전자의 염기서열이 바뀌면 수명이 달라지고 심장동맥(관상동맥) 질환과 뇌중풍을 비롯한 흔한 노인성 질병에 걸릴 가능성이 변한다는 사실이 드러났다. 이는 클로토가 노화를 주관한다는 점을 강하게 암시한다. 이 사실을 확인한 건 해리 디츠Harry Dietz를 비롯한 존스홉킨스 대학교 연구진이었다. 이들은 클로토의 희귀한 사본을 2개 지닌 사례가 60세 이상보다 유아에게 두 배나 많다는 사실을 발견했다. 유전자 일부(엑손)의 변이형(마이크로위성 1번 표지의 17번 인자)은 노인보다 신생아에게서 훨씬 많이 발견되었다. 아마도 이 사본을 2개 지니고 태어난 사람은 남들보다 일찍 죽는 듯하다. 월리스에게 이 변이형이 있었는지는 모르겠다. 하지만 내게 없다는 사실은 알고 있다.

클로토 유전자의 생산물, 즉 클로토 단백질은 세포막 속에 들어 있다. 클로토 단백질은 다른 효소로 인해 쪼개지면 혈액에 스며들어 노화 방지 호르몬과 같은 작용을 하는 듯하다. 이 단백질은 세포가 유해한 활성산소종을 해독하는 능력을 키워준다. 또한 인체가 인슐린을 처리하는 데도 참여한다. 좋은 소식은 내가 이른바 KLVS 인자에 대해 클로토 유전자의 변이형을 부모로부터 각각 물려받았다는 것이다. 이는 심장동맥 질환과 뇌중풍 위험을 낮추고 장수할 가능성을 높인다. 하지만 사람은 누구나 '좋은' 유전자도 갖고 '나쁜' 유전자도 갖는다. 환경의 영향을 고려할 경우 이들이 어떤 결과를 낳을지는 아무도 알 수 없다.

없게 되었다.

 그즈음 우리 연구는 방향을 새로 틀었다. 이 덕분에 나는 미국 대통령과 각료 전원을 직접 만나는 영광을 누리게 된다. 발단은 치명적인 천연두 바이러스였다. 천연두는 인류 역사를 통틀어 수없는 목숨을 앗아갔으며 그보다 더 많은 사람들을 불구로 만들었다. 천연두에 걸리면 콩팥이 손상되거나 피부에 물집이 잡히고 고름이 가득 찬다. 벽돌 모양의 이 바이러스는 18세기만 해도 해마다 50만 명의 목숨을 빼앗았다. 천연두가 유럽에서 미국으로 퍼지자 자연면역이 없는 원주민 인구의 절반이 몰살했다. 1967년까지만 해도 40개 국 이상에서 1,000만 명 이상 발병했다.

 천연두에 자연적으로 감염된 마지막 사례는 소말리아인 요리사였다. 그는 1977년 10월 26일에 죽었다. 그로부터 2년 후, 세계는 이 재앙으로부터 해방을 선언했다. 천연두 바이러스는 공인된 장소인 조지아 애틀랜타의 질병통제센터와 러시아 모스크바의 바이러스 · 생명공학연구소에 안전하게 보관되어 있다. 1990년 5월에 열린 세계보건총회에서 미국 보건복지부 장관 루이스 W. 설리번Louis W. Sullivan은 기술 발전 덕에 천연두 게놈의 전체 염기서열을 3년 안에 해독할 수 있게 되었다고 발표했다. 이것은 이 끔찍한 질병을 영원히 추방하기 위한 핵심 조치가 될 것이다. 많은 연구자들은 천연두 바이러스를 파괴하기 전에 우선 온전한 DNA 염기서열을 확보해야 한다고 생각했다. 이를 통해 이제 멸종할 생명체의 필수적인 과학적 정보를 보존하자는 것이다. 우리의 실력을 눈여겨본 보건복지부 장관은 내게 천연두 바이러스의 염기서열을 해독하기 위한 질병통제센터-국립보건원 공동 프로젝트를 맡아달라고 요청했다. 나는 질병통제센터를 방문해 바이러스성 질병 및 리케차병 담당 부장인 브라이언 마이Brian Mahy와 마마 바이러스 연구자 조지프 J. 에스포시토Joseph J. Esposito를 만났다. 길이가 20만 염기쌍에 달하는 천연두 게놈은 바이러스 게놈 가운데 가장 크다. 하지만 이를 분석하는 일이 어려워 보이지는 않았다. 우리 팀은 이미 수십만 염기쌍에 달하는 인간 게놈과 수천 개의 EST를 분석하고 있었기 때문이다.

나는 산탄총 염기서열 분석 방법을 확대해 바이러스 게놈을 한 번에 해독하자고 제안했다. 하지만 아무도 내 제안을 반기지 않았다. 그도 그럴 것이 분무기 안에서 게놈을 조각낼 때 살아 있는 바이러스가 미량이나마 공기 중에 유출될 수 있기 때문이었다. 이전에 일어난 끔찍한 사고를 생각하면 기우만은 아니었다. 1978년 7월, 영국 버밍엄 의과대학 해부학과의 사진 기사가 천연두에 걸려 한 달 뒤 죽었다. 실험실에서 공기 중으로 유출된 바이러스가 환기구를 통해 그녀의 암실에 침입했기 때문이다. 그녀의 병명이 밝혀지자 바이러스를 보관하던 실험실 책임자는 스스로 목숨을 끊었다.

문제는 안전만이 아니었다. 우리 팀의 앤서니 컬리비지는 전체 게놈 산탄총 방법으로 얻은 천연두 게놈을 조합할 수 있는 컴퓨터 알고리듬이 없다는 사실을 지적했다. 당시 유전체학 분야에서 쓰던 컴퓨터 프로그램 가운데 성능이 가장 뛰어난 것조차 DNA 1,000조각을 처리하는 데 애를 먹었다. 게다가 천연두의 염기서열을 산탄총 방식으로 분석할 경우 조각의 수는 3~5배나 된다. 하지만 (정공법은 아니지만) 이런 한계를 손쉽게 건너뛸 수 있는 방법이 있었다. 에스포시토는 이미 제한효소 소화를 여러 번 수행해 천연두 게놈을 조각낸 적이 있었다(제한효소가 DNA의 특정 부위를 인식해 자른다는 사실을 상기해보라). 이 덕분에 작은 게놈 조각들이 만들어졌다. 우리 팀은 한 번에 한 조각씩 각 조각에 대해 산탄총 염기서열 분석을 수행하기로 했다. 전략이 확정되자 우리는 가장 독성이 강한, 아시아의 치명적 계통인 '방글라데시 1975'의 염기서열을 해독하기로 했다. 구소련은 위험이 덜한 계통을 해독하기로 했다. 이 모든 과정은 세계보건기구에서 감독했다.

우리는 계약에 명시된 대로 프로젝트를 위한 다국적 팀을 꾸렸다. 여기에는 중국 · 대만 · 구소련이 참여했다. 우리 연구실의 테리 우터바흐Terry Utterbach가 염기서열 분석을 이끌었다. 만사가 순조롭게 진행되었다. 유일한 골칫거리는 구소련 연구자였다. 지독한 술고래였던 니콜라이Nickolay 는 내가 연구실에 도착하면 의자 밑에 곯아떨어져 있을 때가 많았다. 옆에는 빈 보드카 병이 널브러져 있었다. 처음에는 어떻게든 사태를 무마하라는 지시가 떨어졌다. 일이 불거지면 외교 문제로 비화될 수 있기 때문이었다. 하지만 그의 음주 행각은 도를 넘었다. 병원에 실려 가 사흘 동안 깨어나지 않은 적도 있었다. 그는 결국 본국으로 송환되었다.

이번 작업은 인류가 의도적으로 생물을 멸종시킨 첫 사례로 기록되었다(의도하지 않고 멸종시킨 경우는 수없이 많다). 바이러스의 DNA 염기서열을 먼저 기록한다면 강제적인 멸종에 대한 반대 의견을 잠재울 수 있을 터였다. 이때까지만 해도 나는 천연두가 사형 선고를 받아 마땅하다고 생각했다. (AIDS가 유행하기 전에) 나머지 전염병을 모두 합친 것보다 더 많은 목숨을 앗아갔기 때문이다.

이번 일은 게놈 데이터 공개가 옳은 일인지 고민하는 계기가 되었다. 나는 버나딘 힐리의 사무실에서 국방부를 비롯한 정부 기관의 관료들을 만났다. 그들은 천연두 게놈이 공개된다는 데 우려를 감추지 못했다. 어떤 사람은 이것이 원자 폭탄의 설계도를 발표하는 것과 마찬가지라고 말했다. 연구실 주위에 철조망을 치자고 말하는 사람도 있었다. 그러는 와중에도 나를 국립보건원에서 상업 연구소로 빼내려는 시도는 계속 이어졌다. 앰젠에서 나를 찾아왔다. 이 회사는 생명공학 의약품으로 해마다 10억 달러 이상의 순수익을 올리고 있었으며 새로운 투자처를 물색하고 있었다. 연구부장 로런스 M. 수자Lawrence M. Souza와 최고경영자 고든 바인더Gordon Binder와는 워싱턴에 비영리 연구소를 설립하는 쪽으로 이야기가 진행되었다. 앰젠에서는 환호성을 질렀다. 나는 벤터연구소에서 기초연구를 진행할 계획이었지만 이들은 (물론) 내가 앰젠 연구소에서 상업적 연구를 수행하기를 바랐다.

앰젠 본사를 방문했을 때는 이야기가 더 진척되었다. 회사에서는 10년간 7,000만 달러를 지원해 메릴랜드 록빌에 앰젠 분자생물학 연구소를 설립하겠다고 했다. 내게는 연구소장과 앰젠 수석 부사장 자리를 제안했다. 연봉은 국립보건원의 세 배에 달했으며 앰젠 스톡옵션도 제공하겠다고 했다. 여전히 마음이 편치는 않았다. 하지만 너무 솔깃한 제안이었으므로 나는 아내와 상의해보겠다고 약속했다.

놀랍게도 앨런 월튼이 벤처 투자가 월리스 스타인버그를 끌어들이는 일도 성과가 있었다. 헬스케어 벤처스는 내게 흥미를 보였다. 디다 블레어Deeda Blair와 핼 워너Hal Warner가 대표로 나를 찾아왔다. 디다 블레어는 워싱턴의 사교계 인사였으며 월리스 스타인버그를 도와 국립보건원 과학자들을 앰젠으로 끌어들였다(물론 보수는 두둑이 받았다). 디다의 미인계는 내게 통하지 않았다.

핼 워너는 화학 박사 학위를 소지하고 있었으며 실무에 능했다. 핼은 3년간 1,500만 달러를 주겠다고 제안했다. 이는 생명공학 회사를 창립할 수 있는 액수였다. 하지만 이 정도 제안이라면 이미 한 번 거절한 적이 있었다. 나는 더 할 얘기가 없다고 말했다. 하지만 그들은 내게 월리스를 만나보라고 간청했다. 다음 주에 연구실 근처에 온다는 것이다. 나는 마지못해 그러겠노라고 대답했다.

나는 그를 만나기 전에 한참을 기다려야 했다. 물론 월리스를 돋보이게 하려는 수작이었다. 마침내 월리스가 들어왔다. 디다 블레어, 앨런 월튼, 국립보건원 동료이자 지네틱 테라피 창업자인 프렌치 앤더슨, 닉슨 대통령과 제럴드 포드Gerald Ford의 참모로 일했으며 레이건 대통령의 특별 자문을 역임한 제임스 H. 캐버노James H. Cavanaugh가 뒤를 따랐다. 월리스는 과장스러운 몸짓으로 사람들을 소개했다. 특히 프렌치 앤더슨에게는 칭찬을 아끼지 않았다. 그가 헬스케어 벤처스에서 투자한 회사들을 줄줄이

나열한 다음에야 내 이야기를 시작할 수 있었다. 그는 내 기초과학 연구소 자금을 지원하고 나는 연구 결과를 한시적으로—가령 6개월간—새로 설립될 생명공학 회사에 제공한다. 이 회사는 이를 이용해 신약을 개발하는 것이다.

월리스는 자꾸만 내 말을 끊고 질문을 퍼부었다. 그러고는 헬 워너가 이미 제시한 바 있는 실망스러운 조건을 10분간 다시 읊어댔다. 그가 말을 마치자, 나는 시간을 내준 것에 감사를 표하고는 만나서 반가웠다고 말했다. 그러고는 자리에서 일어섰다. 그의 제안을 내가 어떻게 받아들였는지를 분명히 보여주기 위해, 나는 서둘러 공항에 가서 로스앤젤레스 행 비행기를 타야 한다고 말했다. 월리스가 미끼를 물었다. 그는 이유를 물었다. 나는 앰젠이 10년간 7,000만 달러를 제공해서 분자생물학 연구소를 설립하고 나를 소장으로 앉히겠다고 제안했으며, 최종 논의를 하러 간다고 말했다. 스톡옵션, 연봉, 앰젠 부사장 직을 비롯해 앰젠에서 제시한 모든 조건을 말해주었다. 물론 내가 앰젠에 대해 느끼는 의구심만 빼고 말이다. 월리스는 30초간 말없이 앉아 있었다. 그러다 불쑥 이렇게 내뱉었다. "당신이 원하는 대로 할 수 있도록 10년간 7,000만 달러를 지급하겠소. 생명공학 회사 지분도 드리겠소."

그는 진심이었다. 참모들 얼굴이 새하얘진 걸 보면 틀림없었다. 침묵을 깨뜨린 사람은 프렌치였다. 그는 이 금액이 자기가 받은 것보다 다섯 배나 많다며 투덜댔다. 가슴이 뛰기 시작했다. 내가 두 제안을 저울질하는 동안 월리스는 나를 뚫어져라 쳐다보았다. 앰젠에 가면 안정적으로 연구할 수 있다. 하지만 상사들 눈치를 봐야 할 테고 제약 회사 분위기도 마음에 들지 않았다. 월리스는 내가 연구와 삶에서 찾아 헤매던 자유를 약속했다.

마침내—30초밖에 지나지 않았지만—나는 마음을 정하고 이렇게 말했다. "그 말이 진심이라면 당신 제안을 받아들이지요." 나는 핵심 조항을 정리해 달라고 말했다. 또한 그 제안을 상세히 파악할 수 있도록 시간을 달라고 했다. 나는 월리스와 악수를 했다. 나머지 사람들과도 인사를 하고 공항으로 향했다. 만남은 15분 만에 끝났다. 앰젠과도 이야기가 잘 끝났다. 나는 최고경영자 고든 바인더에게 전화를 걸어 내 결심을 알렸다.

두 주 후, 나는 클레어와 단둘이 메릴랜드 베데스다의 하이엇 리전시 호텔 회의실로 들어갔다. 월리스와 계약을 마무리 짓기 위해서였다. 우리 앞에는 핼 워너가 앉아 있었는데 변호사가 여남은 명이나 그를 둘러싸고 있었다. 비영리 연구소 소장으로서의 새로운 삶이 담겨 있는 계약서 초안은 내 서명만을 남겨놓고 있었다. 나는 법률 대리인이 없었다. 자신감이 점점 사라지기 시작했다. 핼 워너가 먼저 계약서에 서명한 다음 내게 검은색 몽블랑 만년필을 건네주었다. 벤처 투자가 겸 생명공학 회사 임원에게 걸맞은 고급 필기구였다. 나는 클레어를 한 번 쳐다보고 다시 변호사들을 흘낏 바라보고는 천천히 이름을 써내려갔다. 나는 이런 농담을 건넸다. "악마와 계약을 맺는 기분이군." 1992년 6월 10일, 우리 아버지가 돌아가신 지 꼭 10년 만이었다. 왓슨이 국립보건원에서 쫓겨난 날로부터는 꼭 석 달 만이었다.

국립보건원과의 작별

국립보건원을 떠나는 일은 쉽지 않았다. 기관 내 프로그램 부장이자 나의 오랜 후원자였던 어윈 코핀은 내가 협상을 원하는 게 아니라 진짜 사직하려 한다는 걸 알고는 노발대발했다. 나는 연구실 회의를 소집했다. 그러고는 팀원 개개인과 장래 문제를 상의하겠다고 말했다. 새로운 기회에 들뜬 사람도 있었고 바뀐 상황이 어리둥절하기만 한 사람도 있었다. 나는 모든 팀원이 나와 함께 가기를 바랐지만, 공무원이라는 안정적인 자리를 원하는—또는 필요로 하는—이들도 분명히 있었다. 내 제안을 거부한 사람은 마크 더브닉뿐이었다. 당뇨병을 앓고 있는데다 눈도 보이지 않았던 그는 정부의 의료 혜택을 받는 편이 낫다고 생각했다. 나는 마크 애덤스와 앤서니 컬리비지에게 새 연구소 부지를 물색하는 임무를 맡겼다.

마지막 남은 일은—무엇보다 두려운 일이기도 했다—버나딘 힐리에게 내 결정을 알리는 것이었다. 나는 그동안 그녀와 정서적 유대감을 느꼈으며 그녀가 훌륭한 지도자라고 생각했다. 그녀에게 쏟아진 비난은 그녀의 실제 능력에 대한 것이라기보다는 젊고 매력적인 여자를 용납할 수 없었던 국립보건원의 고루하고 남성 중심적인 시각 때문이었으리라. 우리는 나이가 비슷했지만, 나는 어머니에게 집을 떠나겠다고 말하는 아들 같은 심정이었다. 힐리는 넓은 아량으로 모든 것을 이해해주었다. 다만, 부탁할 게 하나 있다고 했다. "사직 발표를 하기 전에 며칠간 자리를 피해주시겠어요?" 마침 얼마 전에 프렌치 앤더슨이 서던 캘리포니아 대학교로 옮긴다고 발표한 참이었다. 힐리의 정적들은 이것이 두뇌 유출의 증거라며 그녀의 관리 능력에 문제를 제기했다. 그녀의 운영 방식이 최고의 연구자들을 몰아내고 있다는 것이었다. 그녀는 의회에서 국립보건원 예산 심의를 마칠 때까지는 내가 떠난다는 사실을 비밀에 부치고 싶어 했다. 나는 아무리 거머리처럼 달라붙는 기자라도 따돌릴 수 있는 방법을 알고 있었다. 바로 아나폴리스-버뮤다 요트 경주에 참가하는 것이었다. 1시간에 걸친 면담이 끝난 후 우리는 함께 사진을 찍었다.

그때 내 보트는 12미터짜리 대만산 패스포트 40이었다. 몇 년 전에 케이프도리33을 타고 폭풍우를 헤치면서 경험한 독특한 느낌을 기념하기 위해 이 배의 이름을 '버뮤다 희열'로 지었다. 나는 두 번째는 더 잘 할 자신이 있었다. 그래서 클레어에게도 함께 가자고 권했다. 아나폴리스에서 케이프 코드로 항해하다 고생한 적이 있는 클레어로서는 쉬운 결정이 아니었다. 나머지 승무원은 고모부 로버트 헐로우Robert Hurlow와 사촌 로브

Rob 헐로우, 그리고 아나폴리스 요트 클럽의 앨런Alan이란 젊은 친구였다. 우리는 세찬 바람을 타고 체서피크 만을 따라 내려갔다. 바람이 잦아드는가 싶더니 이내 만을 거슬러 불기 시작했다. 우리는 맞바람을 맞아 돛을 앞뒤로 열심히 움직였다. 하지만 배는 좀처럼 나아가지 않았다. 밤이 되자 기운 빠지는 소식이 기다리고 있었다. 냉장고가 고장 난 것이다. 클레어가 오랫동안 정성 들여 음식을 장만한 것이 허사가 되었다. 이틀까지야 냉기를 잃지 않겠지만 그 이후에는 어떤 일이 벌어질지 알 수 없었다. 하지만 우리는 이에 굴하지 않았다.

바람이 일기 시작했다. 우리는 물살을 가르며 배를 몰았다. 이번에는 바람도 제대로 불었다. 버뮤다 희열 호는 돛대가 용골이 아니라 갑판에 붙어 있었기 때문에 거센 바람에 배가 흔들리면 선실도 함께 요동쳤다. 클레어와 내가 함께 쓰는 선실은 돛대 앞쪽에 있었다. 배가 파도를 만나면 우리는 공중으로 튕겨 올라 천장에 머리를 부딪치고는 다시 침대에 나동그라졌다. 볼일을 보는 것도 보통 일이 아니었다. 이 때문에 배가 큰 파도에서 미끄러질 때 클레어가 된통 당했다. 뱃머리가 파도 골에 하도 세차게 처박는 바람에 클레어는 붙잡고 있던 변기 커버와 함께 위로 날아올랐다. '내가 그 자리에 앉아 있었다면 어떻게 되었을지'를 생각하면 아직도 눈가에 이슬이 맺힌다.

버뮤다를 이틀 남겨놓고 우리는 악전고투하고 있었다. 출발할 때 멀찍이 뒤에 있던 배 두 척이 몇 시간 만에 우리를 서서히 앞지르는 것을 보니 근심이 더욱 깊어졌다. 둘 다 길이가 15~18미터쯤 되는 훌륭한 요트였다. 의사인 사촌은 진료 때문에 한시라도 빨리 버뮤다에 도착해야 했다. 이제 비상용 통조림까지 다 먹어치웠다. 버뮤다에서는 묵지도 않은 호텔 요금을 내야 할 판이었다. 나는 어쩔 수 없이 엔진에 시동을 걸었다(이것으로 경주는 끝났다). 우리는 세인트조지스 항구로 낙오한 세 번째 팀이 되었다. 하지만 경주를 끝마치지 못했다는 자책감은 금세 사라졌다. 다음

날 무시무시한 폭풍우가 몰아쳤기 때문이다. 결승점에 도착하던 배 두 척이 암초에 좌초했고 한 척은 돛대가 부러졌다. 경주를 끝마치지 못한 배가 절반에 달했다.

육지에 올라오자마자 전화를 걸어댔다. 힐리의 사무실에서는 기자회견을 준비하고 있었다. 새 연구소는 적당한 장소를 찾았다고 했다. 헬스케어 벤처스에서는 계약 건으로 할 이야기가 있다고 했다. 클레어는 내 뜻과 달리 국립보건원을 사직하고 나를 따라나섰다. 그녀는 메릴랜드로 날아가 연구소 부지를 보고 싶어 했다. 그녀는 배를 타고 케이프 코드에 돌아가지 않아도 된다는 사실에 안도의 한숨을 내쉬었다. 나는 인생의 갈림길에서 다시 한 번 바다로 나갔다. 이번에는 별 탈 없이 1,130킬로미터를 항해하고 독립기념일에 맞추어 메릴랜드로 돌아왔다.

힐리는 7월 6일에 언론 발표를 하기로 되어 있었다. 연구소 이름에서 내가 바꾼 것은 첫머리의 소문자 't'를 대문자로 바꾼 것이다. 이 덕분에 '게놈연구소The Institute for Genomic Research'는 '이고르Igor'가 아니라 '타이거TIGR'로 불리게 되었다. 언론 발표 내용은 이랬다. "크레이그 벤터 박사가 국립보건원 기관 내 연구실에서 개척한 혁신적인 기술이 원숙기에 도달했다. 이제 벤터 박사는 자신의 대담한 발견을 들고 이론의 전당인 국립보건원을 떠나 미국의 시장, 민간 기업으로 진출한다."

내가 떠난다는 소식에 언론의 관심이 끊이지 않는 것을 보고 놀랐다. 첫발을 뗀 것은 〈월스트리트 저널〉이었다. 기사 제목은 '유전학자 벤터, 국립보건원을 떠나 개인 연구소 설립하기로'였다. 〈네이처〉의 제목만 보자면 나는 "논란을 일으키고 있는 국립보건원의 게놈 연구자"였다. 기사는 이렇게 이어졌다. "이번 주에 많은 연구자들이 (벤터의 새 연구소에 대해) 환영한다는 입장을 밝혔다. 이는 게놈 프로젝트가 규모를 키울 준비가 되었으며 업계에서 장기적인 상업적 가능성을 인식하고 있다는 표시이기 때문이다."

기사 마지막을 장식한 것은 존스홉킨스 대학교의 빅터 A. 매쿠직Victor
A. McKusick이었다(그는 이후에 내 친구이자 조언자가 된다). 그는 이렇게
말했다. "처음에는 마음이 편치 않았지만 (일이 추진되는) 궤적을 보면 올
바른 방향으로 가고 있다. 일을 성사시키려면 이런 식으로 해야 한다."[28]
워싱턴의 정책 자료인 〈생명공학 뉴스워치〉에서는 왓슨의 후임으로 국립
보건원 인간 게놈 프로젝트를 이끌게 된 마이클 고츠먼Michael Gottesman의
말을 인용했다. 버나딘 힐리의 의과대학 동기인 고츠먼은 상업화에 찬성
하는 듯했다. "언젠가 생명공학 회사들이 흥미를 보일 만한 뚜렷한 성과
를 내는 것은 인간 게놈 프로젝트의 숙원이었다."[29]

월리스 스타인버그는 미디어 회사를 거느리고 있었다. 그는 〈뉴욕 타임
스〉의 지나 콜라타Gina Kolata와 맨해튼에서 인터뷰 약속을 잡았다. 월리스
의 과장 섞인 태도 때문에 나는 주인이 자랑하는 신기한 애완동물이 된
기분이었다. 하지만 지나가 내 연구에 대해 날카로운 질문을 던지고 내가
하는 일이 어떤 의미를 지니는가를 묻자 월리스는 대답을 못하고 움츠러
들었다.

〈뉴욕 타임스〉 7월 28일 화요일자 과학 면에는 그녀가 쓴 특집 기사가
실렸다. 제목은 이랬다. '생물학자의 초고속 유전자 분석 방식은 동료들
을 겁에 질리게 했지만 후원자를 얻었다.' 다시 한 번 유전자 몇 개에 특
허 출원한 걸 가지고 게놈 전체를 독점한다고 생각하는 논리적 비약이 일
어났다. 그녀는 이렇게 썼다. "연구자들은 민간 투자가 인간 게놈을 독
차지할 수도 있다는 사실에 아연실색했다. (……) 이들은 인간 게놈 약탈
이 과학의 발전과 정보의 자유로운 교환을 가로막을 것이라 우려한다."

지나는 기묘하지만 친숙한 이미지를 가져와서는 자기들의 삶을 훨씬 편
안하게 해줄 혁신적인 발전에 분노하는 과학자들의 모습을 그렸다. 15세
기 필경사들이 구텐베르크의 새로운 인쇄술에 불만을 늘어놓았던 것처럼
말이다. "그는 인간 유전자 집합에서 손쉬운 방법으로 새 유전자 조각을

뽑아낸다. 그 유전자가 무슨 역할을 하는지도 모르는 채 말이다. 벤터를 비판하는 이들은 유전자의 전체 구조를 밝히고 이들이 몸속에서 무슨 일을 하는지 알아내는 것이야말로 힘든 작업이라 말한다."[30] 하지만 그녀는 과학을 잘 풀어 썼다. 그리고 (다행스럽게도) 논란을 불러일으킨 특허 문제는 내 생각이 아니라 국립보건원에서 추진했다는 사실을 분명히 밝혔다.

월리스도 꿈을 이루었다. 일류 신문에 대문짝만하게 실렸으니 말이다. 그는 TIGR를 지원하게 된 이유를 묻는 질문에 이렇게 대답했다. "크레이그가 내 머리에 총을 갖다 댔소. 나는 그의 기술을 원했고 그는 다른 조건은 받아들이려 하지 않았지."[31] 물론 그의 말은 사실이었다. 하지만 나는 이 기사를 읽고서 월리스가 단순히 나의 후원자가 아닌 훨씬 원대한 계획이 있다는 사실을 알게 되었다. 그는 미국 생명과학계 전부를 구원하려 했다. "월리스 스타인버그(벤터 박사를 후원하는 헬스케어 인베스트먼트사 회장)는 전 세계적으로 인간 게놈을 독차지하려는 경쟁이 벌어지고 있다는 사실을 문득 깨달았다고 말했다. 그는 미국이 참여하지 않는다면 경쟁에서 탈락하고 유전자에 대한 귀중한 권리를 (영국이든 일본이든) 경쟁에 이기는 나라에 빼앗길 것이라고 말했다. (……)" 월리스는 자기 입으로 자신의 이타심과 애국심을 표현했다. "나는 이렇게 혼잣말을 했소. '신이시여, 미국에서 이 일을 해내지 않는다면 미국의 생명공학은 끝장입니다.'"[32] 나는 팔을 걷어붙이고 마음을 다잡았다. 그리고 월리스를 도와 미국의 생명공학 산업을 구해낼 각오를 다졌다.

과학,
산업,
그리고 정치

TIGR의 출범

나를 목표로 이끈 비밀을 알려주겠다.
나의 저력은 오로지 끈기의 산물이다.

▌ 루이 파스퇴르

◢ 비영리 연구소 TIGR, 영리 회사 HGS

　루이 파스퇴르는 과학계의 거장이었다. 그는 미생물학과 면역학에 거대한 발자취를 남겼다. 그가 발견한 살균 원리는 그의 이름을 따 '파스퇴르 살균법pasteurization'이라 불린다. 그는 포도주와 맥주 양조법의 과학적 원리를 설명했다. 또한 광견병 · 탄저병 · 가금 콜레라 · 누에병의 신비를 파헤쳤으며 최초의 백신을 개발하는 데 이바지했다. 하지만 파스퇴르가 여타 과학자들과 다른 점은 따로 있다. 새로운 학문을 확립하고 의학을 발전시키고 뛰어난 연구자를 모은 다음, 그가 원한 것은 자신의 팀이 자신의 아이디어만을 탐구할 수 있는 연구 환경을 만드는 것이었다.

파스퇴르연구소는 1888년 11월 14일, 민간 비영리 재단으로 발족했다. 광견병 백신이 성공을 거두자 일반인의 후원이 밀려든 덕에 창립자금을 확보할 수 있었다. 이제 파스퇴르는 광견병 백신을 널리 보급하고 전염병 연구를 발전시키며 자신의 지식을 전파하기에 이상적인 환경을 얻었다. 1895년 9월 그가 죽은 후 장례 행렬은 애도하는 시민들 사이를 지나갔다. 관은 연구소 지하실에 안치되었다.

파스퇴르는 예외적인 존재였다. 역사를 살펴보아도 자신의 독립된 연구소를 세울 자유와 기회와 특권을 누린 과학자는 거의 찾아볼 수 없다. 나는 유전부호를 읽겠다는 외곬 목표와 억세게 좋은 운 덕에 기회를 잡았다. '게놈연구소' 말이다. 나의 동기는 분명하고도 단순했다. 정부의 굼뜬 관료주의에 발목 잡히거나 학계의 속 좁은 책략에 쩔쩔매지 않고 유전의 비밀을 밝혀내고 싶었다. 이를 통해 EST 방식의 가능성을 실현하여 유전체학을 발전시키고 싶었던 것이다.

대학교나 정부나 기업 연구소는 귀에 익었을 테지만 '독립 비영리 연구소' 하면 대부분 생소하게 들릴 것이다. TIGR가 출범했을 때 사람들이 갈피를 잡지 못한 것도 이해할 만했다. 벤처 투자 회사가 이런 일에 돈을 쓴다는 사실이 의아할 테니 말이다. 나의 상사였던 버나딘 힐리도 기자회견에서 이렇게 말하지 않았던가. "대담한 발견을 들고 (……) 미국의 시장, 민간 기업으로 진출한다." 10년이 더 지난 지금까지도 TIGR가 생명공학 회사인 줄 아는 이들이 많다. 주식을 사겠다는 사람도 있다.

혼란을 가중시킨 것은 TIGR와 함께 설립된 휴먼지놈사이언스(HGS, Human Genome Science)였다. 이 영리 회사는 연구소에 자금을 지원하고 연구 결과를 판매했다. 나를 비난하는 이들 가운데 하나인 존 설스턴은 내가 두 마리 토끼를 잡으려 한다고 주장했다. "(벤터는) 연구 업적에 대해 동료 과학자들에게 인정과 찬사를 받고 싶어 했을 뿐 아니라 사업 동업자의 비밀을 보호해주고 그로 인한 혜택을 누리고 싶어 했다."[1] 나는 유죄를 인정한다. 사람이라면 누구나 저지르게 마련인 가장 흉악한 범죄, 즉 부와 명예를 함께 누리려는 잘못을 저질렀으니 말이다. HGS가 월리스 스타인버그, 앨런 월튼과 나를 공동 창업자로 하는 서류상 회사일 때까지만 해도 내 뜻대로 된 줄로만 알았다. 이것은 앨런과 내가 바라던 방식이기도 했다. 우리는 이대로 지속되기를 바랐다. 하지만 월리스와 헬스케어 벤처스는 다른 꿍꿍이속이 있었다.

나는 국립보건원의 굴레에서 벗어나 새로 얻은 자유에 흠뻑 취했다. 하지만 자유에는 그만큼의 위험과 책임이 따른다. 계약서에는 TIGR를 내가 원하는 곳 어디에든 세울 수 있다고 나와 있었다. 동부 해안이 좋겠다는 이야기를 듣긴 했지만 말이다. 나는 '요트의 성지' 아나폴리스로 마음을 굳혔다. 항해에 대한 열정과 연구에 대한 열정을 마음껏 꽃피울 수 있을 것 같았다. 체서피크 만에 있는 커다란 부두가 연구소 부지로 제격이었다. 물 곁에서 연구하고 생활할 수 있는데다 점심시간이면 요트 경주를 할 수도 있을 터였다.

하지만 록빌의 팀원들에게 운을 띄우는 순간, 항해와 유전체학이라는 두 마리 토끼를 잡으려는 나의 꿈은 산산조각났다. 팀원들에게는 그보다 더한 악몽이 없었기 때문이다. 아나폴리스에 연구소가 들어서면 대부분은 이사를 해야 하거나 날마다 출퇴근에만 몇 시간을 허비해야 했다. 학부모인 팀원들은 몽고메리 카운티의 훌륭한 공립학교에서 자녀를 전학시켜야 한다며 불평을 늘어놓았다. 짜증이 밀려들었다. 팀원들의 불평 따위는 무시해버리고 싶은 마음이 들기도 했다. 하지만 결국 내 계획을 포기하고 말았다. 아나폴리스의 꿈이 실현된다면 TIGR는 최고의 인재를 끌어들이는 데 애를 먹을 것이기 때문이었다.

• 모험 유전자 •

내가 모험을 좋아하는 까닭은, 살펴보기 전에 먼저 뛰어들고 보는 성향이 DNA 깊숙이 새겨져 있기 때문일지도 모른다. 한 가지 가정은 내가 위험한 순간에 희열을 느끼는 이유가 뇌의 신경전달물질인 도파민 때문이라는 것이다. 어쩌면 나처럼 스릴을 추구하는 사람에게는 도파민을 처리하는 수용체가 유난히 많기 때문일 수도 있다. 이 수용체는 쾌감을 일으킨다. 이스라엘 연구진은 진기함을 추구하는 성향이 도파민 수용체4(DRD4) 유전자와 연관이 있음을 처음으로 밝혀냈다. 실제로 11번 염색체에 들어 있는 DRD4의 종류에 따라 모험을 추구하는 성향이 달라지는 듯하다. 길이가 긴 DRD4 변이형을 지닌 아기는 생후 2주밖에 안 되었을 때도 더 민첩하고 호기심이 강하다. 이 유전자는 48염기쌍으로 이루어져 있으며 2~10번 반복된다. 세발자전거를 벽에 부딪치면 어떻게 될지 알고 싶어서 실제로 실험을 감행하는 아기는 반복 횟수가 남들보다 더 많다.

DRD4 길이가 긴 사람은 섹스 상대도 더 많다. 이런 사람은 수용체가 도파민을 잘 잡아내지 못한다. 따라서 같은 정도의 도파민 쾌감을 느끼려면 더 큰 위험을 감수해야 한다. 나는 DRD4가 네 번 반복된다. 이것은 평균 수치다.[2] 이것만 놓고 보면 나는 진기함을 추구하는 사람은 아니다. 우리가 아는 한, 내 유전자는 모험을 좋아하는 성향을 낳지 않는다. 하지만 나는 위험을 즐기는 편이다. 따라서 스릴을 추구하는 성향에는 이 유전자 말고도 다른 요인이 있을 것이다. 이것은 '성격 유전자'라는 것이 존재한다는 주장이 얼마나 허튼소리인지 잘 보여준다. 사람의 행동을 형성하는 것은 수많은 유전자의 협동 작업이다. 따라서 유전자를 조작해 원하는 성격을 만들어낸다는 미래상은 지나치게 단순한 생각이다.

TIGR 설립의 현실적인 문제들

나는 생전 처음으로 내가 원하는 일을 할 수 있는 힘과 돈을 손에 넣었다. 하지만 동시에 연구소를 잘 이끌려면 내 욕망을 억누르고 다른 이들을 먼저 생각해야 한다는 점을 깨달았다. 우리는 메릴랜드 게이더스버그에 있는 도자기 공장 건물을 연구소 부지로 정했다. 이 건물에는 냉방 시설이 잘 갖추어져 있었다. DNA 분석기의 레이저에서 발생하는 열을 식히려면 냉방 시설이 꼭 필요하다.

내가 현실을 절감한 두 번째 계기는 클레어와 함께 '우리' 변호사들을 처음 만났을 때였다. 월리스 스타인버그와 헬스케어 벤처스는 여느 때와 마찬가지로 워싱턴 최대의 법률 회사인 호건앤드하트슨과 계약을 맺었다. 가계약서에 서명한 이후 우리는 변호사 여남은 명에게 둘러싸였다. 그들은 모두 비슷하게 생긴 푸른 양복과 거기 어울리는 멜빵을 걸치고 있었는데 일부는 TIGR와 나를, 나머지는 HGS를 대리할 거라고 했다. 우리는 TIGR와 HGS의 운영뿐 아니라 돈과 지적재산권의 흐름을 주관하는 계약 조항을 이행한다는 공동의 목표로 묶여 있었다. 하지만 아침이 지나자 나는 불안감이 들었다. 클레어도 같은 기분이라는 말을 들으니 한결 거북스러웠다. 자기들이 뭐라 주장하든, 변호사들은 월리스와 헬스케어 벤처스를 대리하는 게 틀림없었다. TIGR나 나의 이익을 위해 싸울 사람은 하나도 없었다.

헬스케어 벤처스의 핼 워너는 내가 따로 법률 조언을 받아도 좋다고 말했다. 호건앤드하트슨에서는 개인 변호사와 소규모 법률 회사를 소개해 주었다. 하지만 나는 집에 도착해서는 테드 댄포스Ted Danforth에게 전화를 걸었다. 그는 TIGR의 설립자금을 물색하는 데 도움을 준 인물이며 나중에 우리 이사회에 참여하게 된다. 테드는 워싱턴의 여러 법률 회사 선임 변호사에게 연락을 취해 나와의 면담 약속을 잡아주었다. 그들은 모두 나에 대해 알고 있었다. TIGR의 설립자금 7,000만 달러에 대해서도 마찬 가지였다. 다들 우리의 환심을 사려 애썼지만 나는 금세 흥미를 잃고 실 망했다. 모두 똑같은 차림에 똑같은 말만 되풀이하고 있었기 때문이다. 다음으로 우리는 아널드앤드포터를 찾아갔다. 그곳에서 만난 하급 변호 사 스티브 파커Steve Parker는 지금까지 본 변호사들과 달랐다. 나는 스티브 와 동질감을 느꼈다. 그는 메인 출신으로 체서피크 만에 살았으며 그의 가족은 배 만드는 일을 했다. 나처럼 그도 배 타는 것을 좋아했다.

월리스의 변호사들과 두 번째로 만나는 광경은 한 편의 연극 같았다. 분위기는 어색하고 딱딱했지만 한편으로는 아주 우스웠다. 스티브 파커 에게 호건앤드하트슨 변호사들과 만난 이야기를 했더니 그는 내가 허풍 을 떤다고 생각했다. 하지만 우리가 회의실에 들어섰을 때 똑같이 생긴 12명의 변호사가 우리를 쳐다보고 있는 걸 보고는 입을 다물지 못했다. 내가 스티브를 소개하자 호건앤드하트슨의 수석 변호사는 동료들과 머리 를 맞대고 이야기를 나눈 뒤 월리스에게 전화를 걸어 조언을 구했다. 회 의실로 돌아온 그는 표정이 밝지 못했다. 월리스는 일을 이렇게 만든 것 에 책망을 늘어놓았다. 하지만 바뀐 현실을 인정하라고도 말했다. 나는 그 이후에 벌어진 접전을 보면서 대형 법률 회사의 변호사를 끌어들인 덕 에 협상 테이블에서 어느 정도 균형이 회복되었다는 생각이 들었다.

월리스는 계약서 초안에 서명하고 처음으로 불거진 이번 문제에 대해 강경 입장을 고수하지 않기로 마음먹었다. 그는 타고난 싸움꾼이기는 했 지만 신의를 존중하는 사람이기도 했다. 우리는 악수로 계약을 마무리했 다. 하지만 이것 말고는 아무것도 내게 유리하게 돌아가지 않았다. 계약 서 초안만 믿고 국립보건원을 그만둔 게 잘못이었다. 최종 계약서에 서명 할 때까지 기다렸어야 했다. 나는 가장 유리한 카드를 버린 셈이었다. 이 제 거래가 틀어지면 내 경력에도 흠집이 생길 터였다.

호건앤드하트슨 변호사들은 뻔뻔스럽게도 아널드앤드포터가 나와 TIGR를 함께 대리하는 건 이해관계 충돌이라고 주장했다. 자기들은 TIGR 와 나뿐 아니라 헬스케어 벤처스, HGS까지도 '아무런 이해관계 충돌 없이' 대리하면서 말이다. 우리 법률 팀은 TIGR와 나를 어떻게 분리할 수 있느냐며 맞받아쳤다. 그러고 나서 우리는 계약서 조항을 꼼꼼히 검토했다. 협상은 끝났지만 월리스는 최종 담판을 짓고 싶어 했다. 뉴저지 에디슨에 있는 자신의 본거지 헬스케어 벤처스 건물의 으리으리한 회의실에서 일대일로 맞붙어보자는 것이었다.

내 앞에는 월리스의 변호사와 고위급 임원, 핼 워너가 자리 잡았다. 물론 디다 블레어도 참석했다. 하지만 주전 선수 말고는 거의 입을 열지 않았다. 월리스는 자기 패거리에게 고개를 돌리고 있었지만 내심 나를 기죽이고 싶어 하는 눈치였다. 한편, 나는 위기의 순간이면 언제나 찾아오는 신기한 감각을 다시 한 번 느끼고 있었다. 대규모 청중 앞에서 연설했을 때나 격렬한 논쟁을 벌였을 때, 다낭에서 환자들이 쏟아져 들어왔을 때처럼 말이다. 나는 마치 제삼자인 것처럼 초연한 입장에서 일의 진행 과정을 지켜보는 느낌이었다. 나는 내 입에서 나오는 말을 들으며 동시에 판단을 내릴 수 있었다.

남은 문제 가운데 핵심은, TIGR가 유전자를 발견한 후 학술 문헌에 데이터를 공개하기 전에 HGS가 얼마나 오랫동안 독점권을 가지느냐였다. 내 주요 관심사는 연구였다. 하지만 HGS 또한 성공하기를 나는 진심으로 바랐다. 상업화를 경멸하는 과학자들도 있지만 나는 내 연구가 값어치 있는 결과를 생산하는 것이 기뻤다. 그것은 세상에도 이로운 일일 테니 말이다.

우리가 이 문제로 맞붙기 전에 나는 월리스가 유전자 특허에 대해 이중적인 태도를 취한다는 느낌을 받았다. 지나 콜라타의 〈뉴욕 타임스〉 기사에서는 월리스를 이렇게 묘사했다. "그는 벤터 박사의 연구에 투자하면서 사회적 책임을 다할 생각이었다. 그는 벤터 박사가 발견하는 모든 유전 정보를 즉시 공개하겠다고 말했다. 다른 회사나 국립보건원과 제한 없이 협력하겠다고도 했다." 기사는 계속 이어졌다. "생명공학업계의 다른 이들과 마찬가지도 스타인버그는 특허청이 유전자 조각에 대한 특허를 승인하지 않기를 바랐다."[3]

하지만 〈월스트리트 저널〉에 실린 다른 기사는 더 현실적인 평가를 내리고 있다. 월리스는 헬스케어 인베스트먼트가 아직 HGS에 대한 정책을 확정하지 않았다고 말했다. "그는 이렇게 말했다. '우리는 예전의 규칙이 여전히 적용된다고 가정할 것이다. 즉, 유전자를 특허 출원하려면 그 기능이 밝혀져야 한다는 것이다. 하지만 나는 특허 변호사가 아닐 뿐더러 이것은 복잡한 문제다.'" 사실이 그랬다.

월리스는 데이터를 공개하기 전 2년간 배타적 권리를 행사하고 싶어 했다. 나는 정부 지원을 받는 연구자들이 데이터 발표를 보류할 수 있는 기간이 6개월이라며 맞섰다. 이 기준은 얼마 전에 국립보건원에서 정한 것이다. 적어도 이것이 정설이었다. 게다가 이 데이터가 누구에게나 무료로 제공된다는 사실은 언급하지도 않았다. 국립보건원 규정이 생긴 것은 일부 연구진에서 몇 년간이나 데이터를 움켜쥐고 있었기 때문이다. 인간유전체학에서는 연구자들 사이의 경쟁이 특히 치열하기 때문에 경쟁 상대에게 핵심 데이터를 내주지 않으려 한다. 그들에게 중요한 것은 질병의 원인을 최대한 빨리 파헤쳐 환자를 돕는 게 아니라 자기가 첫 발견자가 되어 영예를 독차지하는 것이었다. 국립보건원에서 6개월 규정을 정한 것은 공적자금을 낭비하는 파렴치한 행위를 뿌리 뽑기 위해서였다. 문제는 이 6개월 기간이 시작되는 시점이 애매하다는 것이었다. 데이터가 수집된 시점으로 잡아야 할까, 몇 달, 아니 몇 년이 지나 최종 실험이 끝났을 때로 잡아야 할까?

월리스는 6개월은 제품을 개발하기에 턱없이 모자라며 지적재산권을 얻는 데 필요한 정보를 모두 얻기에도 부족하다고 주장했다. 나는 그의 말에 맞장구치는 체하면서 그를 부추기는 전략을 썼다. 당신처럼 똑똑한 사람이라면 상업성 있는 유전자를 골라내는 데 6개월이면 충분할 것이며, 이들 유전자에 대해서는 HGS가 더 오랜 시간을 두고 연구하도록 허용하겠다고 말했다. 어쨌든 우리 팀은 유전자를 수만 개는 찾아낼 테고 HGS가 치료제로 개발할 수 있는 것은 극소수에 지나지 않을 테니 말이다.

결국 3단계 방식으로 합의가 이루어졌다. HGS는 6개월간 치료제로 만들 가능성이 있는 유전자를 고른다. 이들 유전자에 대해서는 발표 시기를 6개월 더 늦출 수 있다. 하지만 인슐린이나 EPO erythropoietin(적혈구 생성 인자로 빈혈 치료에 쓰인다-옮긴이)처럼 생명공학의 대형 히트 상품이 될 만한 것이 있으면 HGS에서 제품을 제대로 개발할 수 있도록 18개월을 더 주기로 했다. 나머지, 그러니까 유전자 대다수는 TIGR에서 원할 때 자유롭게 공개할 수 있는 것이다. 이날 회의 때는 HGS가 모든 유전자에 대해 특허를 출원하려 한다는 말 따위는 나오지 않았다.

스티브 파커는 우리의 합의 내용을 문서로 작성할 준비가 되었다. 이제 마지막 안건이 남았다(나는 이 문제가 나중에 아주 중요한 영향을 미치리라는 사실을 알고 있었다). 월리스는 HGS의 최고경영자 대행에 지나지 않았기 때문에, HGS를 전적으로 이끌어갈 사람을 제대로 뽑는 일이 아주 중요했다. 월리스는 내가 최고경영자 선임에 대해 거부권을 행사할 수 있다고 말했지만 파커는 이 내용을 깜박하고 기록하지 않았다. 이 때문에 거부권은 계약 조항에 포함되지 않았다. 나는 이 일로 큰 대가를 치르게 된다.

우리 연구실은 자동 DNA 분석기 6대를 갖춘 세계 최대의 DNA 염기서열 분석 시설이었다. 나는 어플라이드 바이오시스템스에 분석기를 20대 주문했다. 그때까지 그들이 받은 주문 가운데 최대 수량이었다. 이 기계들이 들어오면 TIGR는 클론을 해마다 10만 개씩 분석할 수 있을 것이었다. 이는 DNA 부호로는 약 1억 염기쌍에 해당한다. 당시로서는 상상도 할 수 없는 규모였다. 물론 지금 기준에서는 별 것 아닐 테지만 말이다. (현재 J. 크레이그 벤터연구소 합동 기술 센터 J. Craig Venter Institute Joint Technology Center는 당시의 20배나 되는 분량을 단 하루 만에 분석할 수 있다.)

TIGR에서 가장 만족스러운 점은 일반 연구소처럼 관례와 절차, 규칙에 얽매이지 않아도 된다는 것이었다. 도자기 공장 건물에 연구소 설비를 배치한 다음, 우리는 통풍구와 배선을 그대로 드러내놓기로 했다. 이런 초현실주의적 외관은 파리의 퐁피두센터를 연상시켰다. 퐁피두센터는 내부 통로와 배관을 전부 없애고 빨간색 승강기, 투명 플라스틱 터널에 들어 있는 에스컬레이터, 색색의 배관(공기 도관은 파란색, 수도관은 초록색, 전기 도관은 노란색으로 칠했다)을 건물 외벽에 설치해 1970년대 후반 세간의 이목을 끌었다. 나는 파리 퐁피두센터가 예술가와 건축가들에게 영감의 원천이 되었듯 DNA 해독 시설의 외관이 우리 연구 팀에게 영감을 주리라 기대했다.

또한 나는 학계에 있을 때 마음에 들지 않던 요소를 모두 없애버렸다. 가장 먼저 종신재직권을 폐지했다. 정기적인 재점검이나 계약 갱신을 받지 않고 영구적으로 자리를 차지하는 제도 말이다. 시대에 뒤떨어진 제도인 종신재직권은 해당 기관에 이중으로 피해를 입힌다. 이런 환경에서 승승장구하는 열등한 사람들이 무엇보다 원하는 건 자기보다 더 열등한 이들을 주위에 심는 것이다. 또한 자신의 은밀한 결점이 드러나지 않도록 자기보다 뛰어난 사람을 몰아내는 데도 열심이다. 나는 국립보건원에서 9년을 보내며 기관 내 프로그램이 변질되는 과정을 지켜보았다. 인재가 모험을 감수하고 성장할 수 있도록 보호해주던 환경이 오히려 학문을 엉망진창으로 만들어버린 것이다. 외부의 자금을 얻기 위해 경쟁하지 않으면 과학은 발전하지 않는다.

나는 TIGR에 최고의 인재를 끌어들이고 싶었지 연구소와 다른 방향을 추구하는 이들이 눌러앉을 보금자리를 마련해주고 싶지는 않았다. 열등하고 평범하고 진부하고 동기 부여도 안 되어 있는 이들을 보호해주고 싶은 생각은 조금도 없었다. 추진력과 창의력을 지닌 이들에게는 종신재직권 따위는 필요 없다. 이런 결정을 내린 지 10년이 더 지났지만, 지금은 더더욱 내가 옳은 결정을 내렸다고 생각한다. 내가 인재를 붙잡아둘 수 있었던 것은 이 덕분이다.

또 한 가지 내가 없애고 싶었던 건 연구자마다 자기 공간과 장비를 가지고 있어야 한다는 생각이다. 이 가운데는 거의 쓰지 않는 것도 있다. 대부분의 기관에서 구성원의 지위를 알려면 그가 차지하고 있는 공간의 넓이나 그의 연구실에서 일하는 사람 수를 보면 된다. 나는 이런 게임에 아주 능했다. 뉴욕 주립대학교, 로스웰 파크 암연구소, 국립보건원에 있을 때, 나는 연구실 규모와 연구원 수가 누구에게도 뒤지지 않았다. 하지만 TIGR에서는 그런 식으로 하고 싶지 않았다. 게다가 우리 연구소의 심장부는 거대한 분석 장비와 컴퓨터 설비였다. 학생이든 노벨상 수상자든, 연구자들은 누구나 적당한 사무실, 또는 책상을 놓을 공간을 할당 받았다. 또한 세상에서 가장 훌륭한 시설을 갖춘 연구실을 공동으로 쓸 수 있었다. 연구자가 별도 장비를 요청하면 원하는 대로 해주었다. 하지만 TIGR에서는 이를 통해 개인이 아니라 연구소에 혜택이 돌아가도록 했다.

초창기에 TIGR에 들어온 사람들은 상당한 문화 충격을 받았다. 어떤 사람은 제임스 캐머런의 영화 〈어비스〉에서 액체 산소를 호흡하는 유명한 장면을 들어 자신을 물에 빠진 쥐에 비유하기도 했다. 미 해군 특수부대에서는 산소가 풍부한 물을 허파 가득 채워도 안전하다는 걸 보여주기 위해 겁에 질린 쥐를 물속에 집어넣어 보인다. 하지만 사람은 태곳적부터 지니고 있는 반사 작용 때문에 이런 생각만으로도 공포에 휩싸이게 마련이다. (릴런드 클라크Leland Clark는 1960년대에 산소를 주입한 과불화탄소

용액에 생쥐를 집어넣어 액체를 호흡하는 일이 실제로 가능함을 보여주었다.)

내가 뽑아야 하는 핵심 인물 가운데 한 사람은 월리스가 추천했다. 월리스는 지출을 감독하고 HGS 설립을 도울 부사장 후보로 생명공학업계의 노장 루 슈스터Lew Shuster를 천거했다. 나는 슈스터를 만나보고는 그가 이 일에 적임자라는 데 동의했다. 그러자 슈스터에게 사무실과 비서, 그리고 헬스케어 벤처스 사람들을 맞이할 별도의 사무실을 내달라는 요청이 들어왔다. 나는 반대했다. TIGR의 비영리적 순수성을 침해할 것이기 때문이다. 또한 HGS가 우리와 함께 있으면 사람들이 TIGR의 목적을 혼동할 수도 있었다. 월리스는 이것이 임시 조치일 뿐이라고 말했다. 하지만 그가 원한 건 TIGR에 첩자를 심어 우리의 일거수일투족을 감시하는 것이었다. 이 때문에 나와 슈스터의 관계는 그가 출근한 첫날부터 삐걱거렸다.

대표이사로는 스미스클라인 비첨의 조지 포스트George Poste만 한 적임자가 없었다. 그를 안 건 우리가 로스웰 파크 암연구소에 함께 있던 시절까지 거슬러 올라간다. 나는 예전에 EST와 유전체학에 대해 조지와 이야기를 나누었다. 그는 이 두 분야의 가능성을 제대로 이해한 몇 안 되는 사람 가운데 하나였다. 조지는 고집이 센 인물이었지만 카리스마와 유머가 넘쳤으며 다정했다. 그와 함께라면 효율적이고 건설적으로 일할 수 있을 듯했다.

조지는 TIGR를 방문한 자리에서 우리 연구소의 가능성에 흥분을 감추지 못했다. 하지만 월리스는 조지를 데려오는 데 원칙적으로는 동의했으나 내심 불편한 기색이 역력했다. 문제는 내가 그의 부하가 아니라는 점이었다. 그가 뭐라던, 나는 TIGR가 훌륭한 연구 성과를 내고 데이터를 발표하도록 하고 싶다는 입장을 고수했다. 나 하나 상대하기에도 벅차다고 생각한 월리스는 조지 또한 심지가 굳고 독립성이 강한 사람이라는 사실을 알고 꺼려했다. 나는 자의식이 강한 사람을 많이 만나보았다. 월리스 또한 그들과 마찬가지로 성공하는 것보다는 통제하는 데 관심이 더 많아 보였다. 물론 그는 완벽한 통제권을 쥐면 성공이 따라오리라 믿고 있었다.

월리스는 조지와 여러 번 만났다. 하지만 그가 정작 HGS 수장을 맡기고 싶어 한 인물은 보스턴에 있는 데이너-파버 암연구소에서 AIDS를 연구하는 윌리엄 해절틴William Haseltine이었다. 해절틴은 이미 월리스와 함께 생명공학 회사를 설립한 적이 있었다. 그는 얼마 전에 조르지오 향수의 공동 창업주인 게일 헤이먼Gale Hayman과 결혼했다. 그는 값비싼 양복을 즐겨 입었다. 숱이 적은 검은 머리를 뒤로 빗어 넘긴 탓에 기업가 같은 인상이 풍겼다. 애초에 해절틴은 자문역에 그칠 예정이었다. 나는 여기에 대해서는 반대하지 않았다. 그가 개입할 수 있는 여지가 별로 없어 보였기 때문이다. 하지만 내가 조지를 설득하는 동안 내 등 뒤에서는 월리스가 윌리엄에게 추파를 던지고 있었다.

상업적인 환경에서 연구를 시작하다

그즈음 TIGR는 드디어 연구를 시작할 채비를 끝냈다. 나는 사람 뇌의 cDNA 도서관을 이용하는 첫 EST 실험을 수행했다. 나는 1년 안에 인체의 모든 주요 조직과 장기에서 DNA를 얻어, 이렇게 만든 EST 도서관을 분석하고 싶었다. 이를 위해서는 국립보건원에서 후원하는 여러 장기은행을 끌어들여야 했다. 그들은 수술 환자나 (예를 들어) 사후에 뇌를 제공하는 데 동의한 기증자에게서 조직과 장기를 적출해 보관한다. 우리는 연구 규정과 윤리 기준을 승인할 기관심의위원회를 구성했다.

이제 내가 '인간 유전자 해부학 프로젝트'라 이름 붙인 연구를 시작할 준비가 끝났다. 이 연구는 어떤 유전자가 심장을 만들고 어떤 유전자가 뇌를 만드는지 등을 밝혀내어 인간의 해부도를 분자 수준에서 그려내는 작업이다. 앞에서 설명했듯이 EST 방식에서는 전령 RNA(mRNA, messenger RNA)를 이용한다. mRNA는 게놈을 '편집'해, 부호화하는 부위와 부호화하지 않는 부위를 가려낸다. 단백질을 부호화하는 부위는 조직마다 다르다. 세포는 모두 똑같은 유전부호를 지니고 있지만 인체에는 200개쯤 되는 고유한 세포 종류(뇌·간·근육 등)가 있다. 이것은 어떤 특정 유전자가 활성화되는가에 따라 달라진다. EST를 이용하면 인체의 세포를 슈퍼컴퓨터처럼 활용하여 각 조직마다 어느 범위의 유전자가 세포에서 쓰이는가를 알아낼 수 있다.

하지만 먼저 해야 할 일은 각 인체 조직에서 DNA 도서관을 만드는 것이었다. 이때까지만 해도 DNA 도서관은 거의 존재하지 않았다. 다음에는 수집한 각 조직과 장기에서 mRNA를 분리해 이를 cDNA 도서관의 기초로 정확하게 이용해야 했다. 물론 우리는 수준 높은 도서관을 만들고 싶었다. 하지만 문제가 하나 있었다. 도서관을 '정확하게' 만들려면 cDNA가 mRNA, 즉 유전자를 정확하게 나타내야 한다. 하지만 애초에 RNA 자체가 정확하지 않다면?

내 목표와 가장 가까운 것으로는 초파리 머리로 만든 cDNA 도서관을 들 수 있다. 이 도서관 덕분에 (내가 찾아낸) 옥타파민 수용체를 비롯해 초파리 신경계에 들어 있는 유전자를 여럿 찾아낼 수 있었다. 우리는 가장 훌륭한 도서관 가운데 하나로 꼽히는 초파리 cDNA 도서관에 EST 방식을 시도하려다 cDNA 연쇄 가운데 절반이 세포의 핵 염색체가 아니라 미토콘드리아에서 나온다는 사실을 발견했다. 미토콘드리아는 세포에 에너지를 공급하는 소기관이다. 초파리의 눈에는 미토콘드리아가 아주 많이 들어 있다. 따라서 도서관의 절반은 미토콘드리아 RNA에 오염되어 있었다. 나의 무작위 방식을 이용하면 골라낸 클론 가운데 절반이 미토콘드리아에서 나온 RNA으로 채워질 것이었다. 따라서 우리는 세포 mRNA만 가지고 cDNA 도서관을 만드는 방법을 새로 개발해야 했다. EST 연쇄를 저장하고 정렬하고 해석하려면 컴퓨터 프로그램도 새로 짜야 했다.

분석기에서 찔끔찔끔 나오던 데이터는 곧 콸콸 쏟아지기 시작했다. 그러자 월리스는 사업 계획을 진척시키고 싶어 했다. 그는 제약 회사를 방문하는 길에 나도 함께 가달라고 졸라댔다. 그가 HGS의 상업적 가능성을 선전하는 동안 학술 프레젠테이션을 해달라는 것이었다. 이 일로 나는 '순수 학문'이라는 문구의 의미를 다시 생각하게 되었다. 제약 회사를 만나러 다니던 중 놀랍게도 MIT 화이트헤드 연구소의 에릭 랜더Eric Lander 와 마주쳤다. 랜더는 예전에 하버드 경영대학원에서 경제학을 가르쳤으며 그 이전에는 수학자로 활약했다. 그는 프레젠테이션을 매우 연극적으로 진행했다. 나중에 안 사실이지만 이것이 그의 트레이드 마크였다. 그는 얼마 전에 설립한 회사를 홍보하러 나왔는데 이 회사는 모체 순환에서 태아세포를 분리하는 새로운 방법을 개발했다고 주장했다. 이렇게 하면 임신 초기에도 유전자를 연구할 수 있다. 이런 활동은 순수 학문의 세계와는 매우 동떨어진 것이었다. 하지만 랜더는 유전체학의 상업화가 봇물 터지듯 진행될 때 TIGR 설립과 EST, 유전자 특허에 대해 언론에 불평을 늘어놓은 이들 가운데 하나다. 이것도 나중에 안 사실이지만 랜더는 그 와중에도 자신의 생명공학 회사를 선전하고 다녔다.

또한 앨런 월튼과 함께 세운 계획에도 차질이 생겼다. 월리스는 TIGR 에서 발견하는 유전자를 모든 생명공학 회사와 제약 회사에 제공할 생각이 없었다. 그 대신 우리가 발견하는 유전자 전부를 대상으로 대형 독점 계약을 맺고 싶어 했다. 당시 월리스는 이미 HGS의 지적재산권, 즉 TIGR 의 데이터에 대한 독점권을 놓고 스미스클라인 비첨과 비밀 협상을 시작했다. 그는 나와 TIGR에 7,000만 달러를 제공하겠다는 약속 때문에 점점 골머리를 앓고 있었다. 처음에 그가 이 제안을 내놓았을 때 옆에 있던 사람들이 깜짝 놀란 걸 보면 애초에 7,000만 달러가 없었던 게 아닌가 하는 생각까지 든다. 헬스케어 벤처스의 기금은 3억 달러에 달했지만, 그 가운데 정확히 얼마가 투자되었는지는 분명하지 않았다. 월리스는 자신과 자신의 투자 회사가 장기 투자를 한다고 내세웠다. 하지만 그는 대형 제약회사와 계약을 맺은 다음 HGS를 상장해 한몫 보려는 게 틀림없었다. 그는 투자금을 최대한 빨리 회수하려는 심산이었다.

1992년 말, 프랜시스 콜린스가 왓슨의 후임으로 국립보건원에 들어간다는 발표가 났다. 콜린스는 "게놈 프로젝트를 구해낼 모세"[4]라는 평을 들을 만큼 독실한 그리스도교인이다. 그는 과학적 사실을 통해 "훨씬 위대한 진리"[5]를 엿볼 수 있다고 믿는다. 그는 이 자리를 제안 받고서 이것이 신이 주신 소명인지 알고 싶었다. 그래서 '두려운 모험'을 감행할지 결정하기 전에 예배당에서 오후 내내 기도를 올렸다. 콜린스는 이렇게 말했다. "인간 게놈 프로그램은 하나밖에 없다. 이 프로젝트의 선두에 서서 내 이름을 남긴다는 것은 감히 상상도 못할 기회다."[6] 콜린스를 비롯하여 25명으로 이루어진 연구 팀은 내가 기관 내 게놈 프로그램을 운영하기 위해 설계한 귀중한 공간에 입성했다. 그때 나는 TIGR에서 즐거운 나날을 보내고 있었으므로 내 연구실을 기꺼이 그에게 내주었다.

국립보건원을 나오자마자 좋아진 점이 하나 있었다. 국립보건원에 있을 때 클레어와 나의 수입을 합치면 14만 달러 정도였는데 이것이 두 배로 는 것이다. 예전에는 공동주택과 자동차 두 대, 양육비와 학자금 대출 상환, 12미터짜리 요트를 유지하기에도 빠듯했다. 하지만 이제는 빚도 조금 갚고 비싼 집으로 옮길 여유도 생겼다. 우리는 포토맥에서 특이하게 생긴 방 2개짜리 유리주택을 찾아냈다. 대지 1만 2,140평방미터에 호젓하게 자리 잡고 있는 이 집은 50만 달러도 나가지 않았다. 정문에서 집까지는 400미터나 됐다. 기둥 4개가 안쪽에서 집을 떠받치고 있었다. 이 덕분에 유리벽이 공중에 떠 있는 듯한 착각이 든다. 침실 밖으로 내다보이는 우리만의 초원에는 사슴과 너구리, 여우가 뛰놀았다.

우리는 성공을 맘껏 누렸다. 하지만 우리 집과 안정된 생활을 유지하려면 앞으로 학문적 성과를 올려야만 했다. 이 때문에 나는 좀처럼 연구실을 떠나지 않았다. 심장 근육 · 장 · 뇌 · 혈관 등 다양한 조직이 속속 TIGR에 도착했다. 이들은 mRNA로, 다시 cDNA로, 마지막으로 DNA 염기서열로 가공되었다. 감당할 수 없을 만큼 발견이 쏟아졌기 때문에 생물정보학과 컴퓨터에 투자를 늘려야 했다. 우리가 구입한 매스파 사의 '고도 병렬처리' 모델은 상용으로는 세계에서 가장 빠른 컴퓨터 축에 들었다. 이후 1~2년 동안 TIGR에서는 세계 유수의 학술지에 주요 논문을 8편 발표했다. 국립보건원 연구실 시절 발견한 마지막 EST 묶음도 있었다. 상당수는 인간 게놈이 어디 있는지도 알아냈다. 〈네이처〉는 사설에서 이렇게 인정했다. "인간 게놈 연구 가운데 상당수가 예상보다 일찍 끝날지도 모른다."[7] 그러면서도 이어지는 글에서는 전체 게놈의 염기서열을 분석하는 낡은 방법을 찬양했다. 하지만 그토록 큰 성공을 거두었는데도 나는 살아남기 위해 투쟁을 벌이고 있었다. 내가 간접적으로 몸담고 있는 상업적인 환경에서 흔히 볼 수 있는 그런 투쟁 말이다.

CHAPTER 08

유전자 전쟁

물살을 거슬러 헤엄치는 사람은 물살의 세기를 안다.

▌ **우드로 윌슨**Woodrow Wilson

■ 연구 성과 공개를 막는 사람들

국립보건원에서 유전자에 대해 처음으로 특허를 출원한 지도 2년이 지났다. 하지만 1993년이 끝나갈 무렵에도, 유전자 열풍을 둘러싼 논란은 줄어들 기미가 보이지 않았다. 이제 이 문제와 씨름할 새로운 인물이 무대에 등장했다. 제임스 왓슨의 천적인 버나딘 힐리가 지구상에서 가장 힘 있는 보건 기관의 수장 직에서 물러났기 때문이다.

국립보건원장 자리를 좌우하는 건 정치권력이다. 대통령에 당선된 빌 클린턴은 캘리포니아 대학교 샌프란시스코 캠퍼스의 분자생물학자 해럴드 바머스Harold Varmus를 낙점했다. 바머스는 원래 엘리자베스 시대의 영시英詩를 연구했으나 의학으로 전향한 후에는 레트로바이러스를 파고들었다. 그는 이들의 독특한 생활 주기와 유전자 변형 가능성을 연구했다. 그의 연구가 암을 이해하는 실마리를 던진 덕분에 그는 노벨상을 공동 수상했다. 1993년 11월, 그는 노벨상 수상자로서는 처음으로 국립보건원을 이끌게 되었다.

힐리의 기업적 운영 방식은 일부의 반감을 샀다. 한 신문은 "그녀의 경영 스타일에서는 조지 패튼 장군이 연상된다"고 평하기도 했다.[1,2] 이와 달리 바머스는 유연한 태도를 취했다. 그는 국립보건원 기관 내 연구에 다시 힘을 불어넣고 싶었다. 그는 기초과학을 발전시켜야 한다는 강한 신념을 지니고 있었으며 과학적 발견의 임의성(토머스 S. 쿤Thomas S. Khun 참조-옮긴이)을 믿었다. 특허는 여전히 중요한 문제였다. 하지만 전임자와 달리 바머스는 이에 대해 단호한 입장이라는 평을 들었다. 이 평은 곧 사실로 드러났다.

국립보건원의 첫 특허를 추진한 리드 애들러는 더 나아가 무엇인지도 알 수 없는 하찮은 유전자 조각들에까지 특허를 출원했다. 1993년 말, 바머스는 '옳은 일'을 한 애들러를 자리에서 물러나게 했다. 〈사이언스〉는 수많은 특허 전문가들이—심지어 프랜시스 콜린스까지도—애들러의 견해, 즉 특허를 출원한 덕에 상황이 분명해졌다는 입장을 취했다고 지적했다. "바머스는 이들 특허에 반대했다. 하지만 국립보건원 고위 관료들은, 그가 애들러를 임무가 정해지지 않은 정책 담당으로 보낸 이유는 특허 때문이라기보다 기술이전국의 운영을 전반적으로 개선하기 위해서였다고 말한다."[3]

운영 방식의 변화는 내게도 영향을 미쳤다. 그즈음 월리스는 스미스클라인 비첨과 협상을 시작했다. TIGR의 유전자 염기서열 데이터에 대한 독점권을 넘겨주는 대가로 1억 2,500만 달러를 챙기는, 사상 유례없는 거래였다. 나는 이 소식을 듣고 나서야 예전에 월리스와 나눈 대화의 진짜 의미를 깨달았다.

그때 월리스는 내가 데이터를 바로바로 발표할 계획이라는 말을 듣고 나를 들볶았다. 이제 TIGR의 데이터 가운데 일부는 이미 6개월이 지났으며 (계약 조건에 따르면) 발표할 수도 있었다. 하지만 데이터를 한 번에 조금씩 공개하기보다는 인간 유전자 해부학 프로젝트 1단계를 끝내고 인간 전체 유전자 가운데 적어도 절반이 들어 있는 정식 논문을 발표하고 싶었다. 월리스는 이 계획에 대한 일정표를 내놓으라고 했다. 그의 다그침에 나는 18개월쯤 걸릴 거라고 대답했다. 월리스는 이렇게 말했다. "당신이 여기에 서면으로 동의한다면 1,500만 달러를 보너스로 주지. 그러면 TIGR의 총예산은 10년간 8,500만 달러가 되는 걸세." 돌이켜 생각해보면 그는 스미스클라인과의 계약을 성사시키기 위해서 내게 확실한 약속을 받아내야 했던 것이다.

내 유전자 데이터에 대한 독점권과 HGS 주식 8.6퍼센트를 놓고 HGS와 스미스클라인 비첨이 계약을 맺었다는 사실이 발표된 때는 HGS가 상장하기 바로 전인 1993년 12월 2일이었다. 주식 공모가는 12달러였으나 이내 20달러 대로 치솟았다. 하지만 희망의 불씨는 금세 꺼져버렸다. 월리스가 해절틴을 HGS의 대표이사로 공표한 것이다. 이들 사이에 논의가 오간 건 알았지만 월리스가 해절틴을 이렇게 진지하게 고려했다는 사실은 미처 몰랐다.

나는 월리스에게 최고경영자를 정할 때 내 의견을 존중하겠다고 약속하지 않았느냐며 따져 물었다. 내게 거부권을 준 일도 상기시켰다. 나는 내가 연구에 전념할 수 있도록 경영을 잘 관리해줄 사람을 원했다. 생명공학 회사를 설립한 바 있으며 호전적인 성품을 지닌 AIDS 연구자보다는 조지 포스트 같은 제약업계의 거물이 더 적임자라고 생각한 것도 이 때문이었다. 나는 해절틴에 대해 거부권을 행사하겠다고 말했다. 월리스는 내게 거부권을 제안한 사실은 인정했다. 하지만 이렇게 덧붙였다. "문서로 작성하지 않은 건 자네 불찰일세." 해절틴은 똑똑하고 능수능란하고 적극적인 인물이었다. 심지어 새벽 3시에 경쟁자들에게 전화를 걸어 스토킹하는 버릇이 있을 정도니 말이다. 하지만 '그는 내가 바라는 파트너가 아니'라는 생각을 떨쳐버릴 수 없었다.

해절틴은 첫날부터 회사를 운영하는 사람은 자신이며 내 계획 따위는 흥미 없다고 잘라 말했다. 나는 그를 생명공학의 거물로 키우는 하수인에 지나지 않는다는 생각이 들었다. 물론 그에게도 약점이 있었다. 내가 월리스와 머리를 맞대고 확정한 계약 조항에 따르면 해절틴은 TIGR의 연구 방향에 개입할 수 없기 때문이다. 설상가상으로 스미스클라인은 우리가 데이터를 발표할 권한을 가지고 있다는 점이 못마땅했다. 못마땅한 것은 해절틴도 마찬가지였다. 해답은 뻔했다. 해절틴은 애초부터 TIGR를 없애버리고 싶어 했다. 자금 지원 의무에서도 벗어나고 싶어 했다.

해절틴은 독자적으로 DNA 분석기를 여러 대 들여왔다. 1993년 말에는 TIGR와 경쟁할 연구소까지 세웠다. (해절틴은 이렇게 반박했다. "나는 그와 경쟁할 이유가 없었다. 그가 가진 것은 전부 내게도 있었기 때문이다.")[4] 이 때문에 나는 스티브 파커와 아널드앤드포터 변호사들에게 법률 자문을 받느라 연구 예산 가운데 상당 부분을—물론 이 돈은 HGS에서 나온 것이다—써야 했다. 내가 〈워싱턴 포스트〉에 이렇게 말한 것이 불과 1년 전인데 말이다. "모든 연구자는 자신의 아이디어와 목표, 능력에 투자할 후원자가 나타나기를 꿈꾼다."[5]

내가 데이터와 연구 결과를 학술 논문으로 발표하려는 게 못마땅한 사람은 해절틴만이 아니었다. 그즈음 TIGR는 애틀랜타 질병통제센터와 함께 진행하던 천연두 게놈의 염기서열 분석 작업을 끝냈다. 물론 우리는 이 중요한 성과를 〈네이처〉에 발표하기 위해 논문을 작성했다. 그러자 정부 고위 관료들이 너무 서두르지 말라며 경고하고 나섰다. 내가 국립보건원에 있을 때도 이 데이터를 기밀로 분류하는 문제로 열띤 논란이 벌어진 적이 있다. 결국 논란은 예상치 못한 방식으로 종지부를 찍었다. 구소련 쪽 연구자들이 자기들의 천연두 게놈을 공개해버린 것이다. 우리 또한 냉전 시대의 적수에게 뒤질세라 〈네이처〉에 게놈 분석 결과를 발표했다.[6] 이번 일로 우리는 학문적 성과를 인정받았다.

연구 성과는 언론에 대서특필되었다. 〈이코노미스트〉는 영화 〈쥐라기 공원〉처럼 천연두 게놈을 이용해 바이러스를 되살릴 가능성을 언급했다 ("이번 연구는 '컴퓨터 바이러스'라는 용어의 정의를 완전히 뒤바꾸었다.")[7] 하지만 이 기사는 오늘날의 실험실에서도 DNA를 한 번에 한 문자씩 조합하는 지루한 작업이 수행되고 있다고 주장했다. 나는 동의할 수 없었다. 나는 당시 DNA 기술에 비추어 앞으로 몇 년만 지나면 게놈에서 바이러스를 되살릴 수 있으리라 생각했다. 나는 이 점을 들어 연방 공무원들에게 천연두 바이러스를 공개 처형하는 식으로 사람들에게 이제는 안전하다는 잘못된 환상을 심어 주면 안 된다고 주장했다.

나는 바이러스를 파괴하는 행위가 현명하지 못한 짓이라고 생각했다. 게다가 천연두 감염원은 세계 곳곳에 남아 있다. 미국과 구소련은 천연두 예방 접종을 중단했다. 하지만 이 치명적인 바이러스가 숨겨지거나 잊힌 채 어느 냉장고에 들어 있을지도 모르는 일이다. 게다가 천연두로 숨져 영구 동토층에 매장된 희생자의 사체에 바이러스가 들어 있을 수도 있다. 쓸데없는 걱정이 아니다. 1918년 독감 바이러스를 2005년에 되살린 건 1918년 11월 이후 알래스카 영구 동토층에 누워 있던 여자 시체를 찾아낸 덕분이었다. 이 바이러스는 전 세계에 퍼져 약 5,000만 명의 목숨을 앗아 간 유행성 독감의 한 변종이었다. 문제는 DNA 염기서열로 천연두 DNA를 합성할 수 있다는 사실만이 아니었다. 인간과 가까운 유인원을 비롯해 다른 종을 감염시키는 마마 바이러스가 수없이 존재하며, 이들이 진화하면 다시 인간을 감염시킬 수도 있기 때문이다.

따라서 천연두를 완전히 없애기는 거의 불가능해 보였다. 공개적인 선언을 통해 이 일이 가능하다는 인상을 주는 건 오해의 소지가 있었다. 내 마음이 바뀐 건 1994년 초로 거슬러 올라간다. 그해 1월, 〈워싱턴 포스트〉의 전면 기사에는 내 발언이 큼지막하게 실렸다. "만약 사형 제도를 찬성한다면 천연두는 극형에 처하는 것이 마땅하다."[8] 사실 나는 사형 제도에 반대한다. 나는 편집장에게 편지를 보내 천연두 바이러스를 파괴하면 안 된다고 주장했다. 천연두는 이후에도 내 삶에 영향을 미치게 된다. CIA에서 찾아오기도 하고 백악관에 들어가 대통령과 내각에 브리핑을 하기도 할 터였다.

그즈음 내게는 성공한 탓에 생긴 문제가 한 가지 있었다. 사람들이 내 개인 재산에 갑자기 관심을 보이기 시작한 것이다. 심지어 〈뉴욕 타임스〉 1994년 1월 3일자 일요일판 1면에 내 재산 내역이 상세히 공개되기도 했다. 과학자들은 동료가 언론의 주목을 끌면 시샘하고 성내기 마련이다. 게다가 돈까지 잘 번다면 두고 보지를 못한다. 여느 인간 활동과 마찬가지로 과학 또한 질투심이 큰 역할을 한다.

그때 우리는 TIGR에서 파티를 열고 DNA 염기서열 분석의 이정표를 세운 일을 축하하고 있었다. 내가 보기에 이것은 역사적인 사건이었다. 우리는 1년도 채 안 되어 10만 번째 염기서열을 해독하는 데 성공했다. 더 중요한 사실은 데이터의 품질이 아주 뛰어났다는 것이다. 이것은 우리가 경쟁자를 앞설 수 있었던 비결이다. 나머지 연구자들은 염기서열과 유전자 개수를 헤아리는 데 급급했기 때문이다. EST와 관련된 회사는 HGS 말고도 인사이트Incyte가 있었다. 이곳은 나의 국립보건원 논문이 1991년에 〈사이언스〉에 실린 이후 처음으로 EST를 도입한 회사다. 수석 연구자 랜들 스콧Randal Scott은 EST의 가능성을 일찌감치 깨닫고 회사의 전체 방향을 의약품에서 EST로 틀었다. 인사이트와 HGS 둘 다 EST를 찾아내는 족족 특허를 출원하면서 리드 애들러가 작성한 국립보건원 특허 출원서를 그대로 복사해 썼다. 자사의 '독창적 발명'에 대한 지적재산권을 보호하겠다는 기업이 이런 표절 행위를 저지르는데도 미 특허청이 수수방관하는 건 이해할 수 없었다.

해럴드 바머스는 자신의 책임을 다하기 위해 EST 특허에 관계된 이들과 이 문제에 대해 설득력 있는 견해를 지닌 이들을 만나보기로 마음먹었다. 나는 국립보건원에 '스파이' 하나를 파견해 두었다. 그는 국립보건원에서 일한 TIGR 연구원으로 바머스의 사무실에서 일하는 친구들에게서 상황을 전해 듣고 있었다. 마침내 내게도 바머스와 만날 차례가 돌아왔다. 면담은 솔직하고 단도직입적이었다. 나는 이번에도 특허에 반대한다는 입장을 밝혔다. 하지만 애들러의 생각도 이해할 수 있다고 말했다. 국립보건원이 신속하게 특허를 출원해 EST에 대한 특허 가능성을 차단함으로써 이 분야에서 불확실성을 없앤 일은 공공의 이익에 큰 기여를 했다는 견해 말이다. 바머스는 이미 특허를 포기하기로 마음먹은 상태였다. 하지만 언제나 그렇듯 그렇게 간단한 문제가 아니었다. 정부의 규정에 따르면 국립보건원이 특허를 출원하지 않으면 발명자가 권리를 주장할 수 있게 된다. 참으로 재미있게도 국립보건원 특허는 왓슨이 경고한 그대로 '벤터 특허'가 될 상황이었다. 바머스는 국립보건원이 특허를 포기하면 내가 그 권리를 차지할 것인지 확답을 듣고 싶어 했다.

나는 이미 공동 발명자인 마크 애덤스와 특허 처리 문제를 논의한 적이 있었다. 우리는 특허를 원하지 않았다. 거기에서 이익을 얻을 생각도 없었다. 우리는 이 혼란에서 빠져나오기로 결심했다. 특허에 대한 권리와 모든 이익을 (내가 후원하고 있던) 뜻 깊은 사업에 양도하기로 한 것이다. 수혜 기관인 '국립보건원 어린이 쉼터'는 암으로 투병 중인 어린이가 가족과 함께 머물 수 있는 시설이다. 내 말을 들은 바머스는 놀라고 당황했다. 그는 나를 비열한 사람으로 생각했던 게 틀림없다. 왓슨 패거리가 그런 인상을 심어주었을 것이다. 이 이야기까지 들려주었다면 바머스는 훨씬 큰 충격을 받았으리라.

당시 해절틴과 윌리스는 EST 특허를 HGS에 양도하는 대가로 현찰 100만 달러를 제시했다. 하지만 나는 거절했다. 바머스를 만나고 1시간도 안 되어 TIGR에 돌아온 나는 우리 스파이에게 자세한 내막을 들을 수 있었다. 바머스는 "벤터가 돈을 밝히는 사람이 아니라는 사실을 알고 놀라움을 감추지 못했다." 아쉽게도 그는 나에 대한 평가를 다른 사람들에게는 전하지 않은 듯하다.

내가 돈에 좌우되는 사람이 아니라는 사실을 바머스가 알아준 점은 기뻤지만 그가 국립보건원 규정에 어둡다는 사실은 불만스러웠다. 국립보건원 특허로는 아무도 큰돈을 벌 수 없다. 법률에 따라 특허권 이용료가 1년에 10만 달러로 제한되기 때문이다. 내가 아는 연구자 가운데 이 최고 금액을 받은 사람은 AIDS 진단법을 발명한 로버트 C. 갈로Robert C. Gallo 뿐이었다. 하지만 연봉에 10만 달러를 더해봐야 다른 연구 기관의 잘나가는 연구자 수준밖에 되지 않는다. 바머스는 나와 만난 지 몇 주 뒤에 국립보건원의 특허 출원을 철회한다고 발표했다. 하지만 마크와 내가 특허 권리를 주장하지 않고 국립보건원 어린이 쉼터에 양도했다는 사실을 언급한 언론은 하나도 없었다. 〈사이언스〉는 이렇게 보도했다. "국립보건원의 결정에도 불구하고 '정체가 밝혀지지 않은 유전자 조각에 특허를 출원할 수 있는가' 라는 문제는 여전히 미해결 상태다."[9] 보도가 나가자 HGS와 인사이트는 주가가 떨어졌다. 애들러가 불확실성의 결과에 대해 염려한 이유가 분명히 드러난 것이다.

EST 방식이 신뢰를 얻게 된 전환점

우리는 새로 발견한 인간 유전자의 염기서열을 분석하기 위해 생물학의 위대한 진리를 활용하는 컴퓨터 시스템을 개발했다. 어떤 단백질이 진화를 거쳐 중요한 생명 활동을 제대로 수행하게 되면 대자연은 이 단백질 구조를 다양한 종에 되풀이해 이용한다. 매운 칠리 고추를 유달리 좋아하는 컴퓨터 천재 크리스 필즈Chris Fields는 유전자 연쇄나 단백질 연쇄가 '잘 보존되는highly conserved' 성질을 이용해 컴퓨터로 EST의 역할을 알아냈다. 컴퓨터는 우리가 새로 해독한 각 인간 염기서열(약 300염기쌍의 유전부호)에 대해 현재 알려진 모든 유전자가 들어 있는 데이터베이스와 비교했다.

예를 들어 어떤 연쇄가 초파리의 DNA 복구 유전자와 아주 비슷하다면 인간 유전자도 비슷한 역할을 할 가능성이 크다. 이제 우리는 자동 DNA 염기서열 분석을 통해 원래 데이터를 대량으로 뽑아냄으로써 EST 방식을 최대한 활용할 수 있었다. 그러면 컴퓨터가 이 데이터를 검색해 새로운 유전자를 발견한다.

우리가 초기에 거둔 성과 가운데는 1993년 12월까지 거슬러 올라가는 것도 있다. 나는 존스홉킨스 대학교에서 결장암 연구를 이끄는 버트 포겔슈타인Bert Vogelstein에게서 전화를 받았다. 암이 생기는 까닭은 세포분열을 조절하는 유전자에 돌연변이가 많이 일어나 세포의 성장을 통제할 수 없기 때문이다. 포겔슈타인은 결함이 있는 DNA 복구 유전자를 찾아내고 싶어 했다. 그의 연구 팀은 이 종류의 유전자 하나에 일어나는 돌연변이, 즉 DNA 불일치 복구효소DNA mismatch repair enzyme가 비용종증 결장암 가운데 약 10퍼센트를 일으킨다는 사실을 발견했다. 그 자체만으로도 대단한 발견이었다. 하지만 포겔슈타인은 암을 일으키는 DNA 복구효소가 더 있을 거라고 확신했다. 그는 우리가 인간 유전자 해부학 데이터 집합에서 DNA 복구효소 유전자를 새로 찾아냈는지 알고 싶어 했다. 나는 우리가 그런 유전자를 찾아냈다고 생각했기 때문에 데이터를 검토해보겠다고 말했다. 그는 우리 작업을 돕기 위해 효모에서 분리한 불일치 DNA 복구 유전자 가운데 발표되지 않은 DNA 염기서열을 이메일로 보냈다.

나는 효모 유전자 염기서열을 받자마자 생물정보학 팀을 불러 TIGR 데이터베이스의 인간 DNA 염기서열에서 비슷한 것이 있는지 찾아보도록 했다. 얼마 지나지 않아 새로운 인간 DNA 복구 유전자 3개가 내 컴퓨터 화면에 표시되었다. 나는 기쁜 마음에 당장 포겔슈타인에게 전화를 걸었다. 그 또한 흥분을 감추지 못했다. 그는 새로 발견된 유전자 염기서열을 인간 염색체와 대조해보고 싶어 했다. 그가 연구한 환자의 결장암을 일으킨 세 부위에 이들 유전자가 있는지 확인하기 위해서였다. 우리는 유전자에 형광 색소를 주입한 다음 이들을 이용해 염색체를 탐색했다. 이들 염기서열이 어디에 붙어 있는지를 현미경으로 관찰한 결과, 이들은 실제로 결장암을 일으키는 것이 확인된 부위에 있었다.

우리가 중요한 발견을 해냈다는 사실은 분명했다. 이를 통해 결장암을 더 잘 이해할 수 있을 뿐 아니라 나의 EST 방식이 지닌 무궁무진한 가치를 보여줄 수 있기 때문이었다. 포겔슈타인이 최초의 DNA 복구효소를 찾는 데는 여러 해가 걸렸지만, 우리는 EST 데이터베이스를 쓱 훑어보는 것만으로 DNA 복구효소를 3개나 찾아냈다. 하지만 문제가 하나 있었다. HGS가 TIGR의 모든 발견에 대해 상업적 권리를 가진다는 점이었다. 나는 암 환자들에게 당장 도움을 줄 수 있는 이 발견에 대해 윌리엄 해절틴이 훼방을 놓지 못하게 하겠다고 포겔슈타인에게 말했다.

우리는 해절틴과 HGS를 우리 편으로 끌어들이기로 했다. 우리의 극적인 발견이 이전투구의 늪에 빠지지 않도록 하기 위해서였다. 포겔슈타인은 대형 제약 회사로부터 후원을 받고 있었기 때문에 운신의 폭이 좁았지만 그만큼 내 사정을 잘 이해해주었다. 나는 해절틴에게 전화를 걸어 우리가 발견한 사실을 설명한 다음 HGS가 당장 존스홉킨스 대학교의 버트 포겔슈타인 연구 팀과 협력 계약을 맺어야 한다고 말했다. 해절틴은 이것이 획기적인 발견이라는 낌새를 알아챘다. 1994년 3월, 계약이 성사되고 언론에도 발표되었다. 일주일도 지나지 않아 우리는 새로 발견한 유전자의 염기서열을 완벽하게 해독했다.

케네스 킨즐러Kenneth Kinzler가 이끄는 포겔슈타인 연구진은 결장암 환자와 대조군에서 DNA를 추출했다. 이들은 'PCRpolymerase chain reaction(중합효소 연쇄 반응. 캘리포니아 사람이자 서퍼인 캐리 멀리스Kary Mullis가 발명했다)'라는 DNA 증폭 방법을 이용해 각 환자로부터 복구효소에 해당하는 DNA의 사본을 만들었다. 그 다음, 환자에게서 추출한 복구 유전자의 염기서열을 분석하여 돌연변이가 암과 관계가 있는지 살펴보았다. 세 유전자 모두 암과 관계가 있었다. 유전성 비용종증 결장암은 가장 흔한 유전병이며 전체 결장암의 거의 20퍼센트를 차지한다. 연구 결과를 담은 논문 두 편은 금세 인용 빈도가 상위권으로 올라섰으며 EST 방식이 신뢰를 얻는 전환점이 되었다. 무엇보다 기뻤던 건 DNA 복구 유전자의 돌연변이와 결장암의 관계를 밝혀냄으로써 새로운 결장암 진단법을 신속히 개발할 수 있게 되었다는 점이다. 기초과학과 나 자신의 발견이 의사와 환자에게 도움을 준 것이다.

내가 이 훌륭한 연구를 수행하는 동안 내 결장 또한 중대한 시기를 맞았다. 창자가 꼬이는 듯한 통증에다 구역질이 나고 열이 오르는 바람에 나는 병원으로 실려 갔다. 처음에는 충수가 파열되어 복막염에 걸린 줄 알았다. 배 속에서 장기들 사이나 주위를 지나는 복막은 감염될 경우 목숨을 앗아갈 수도 있다. 의사가 항생제를 다량 주입했다. 그러자 며칠 만에 씻은 듯이 통증이 사라졌다. 병원에서는 충수를 잘라내자고 했지만 나는 수술을 받지 않겠다고 말했다. 충수염에 대해 내가 알고 있는 것과는 증세가 달랐기 때문이다. 몇 주가 지나 증상이 재발했다. 이번에도 항생제가 다량 주입되었다.

한편, 내 배 속에서 무슨 일이 일어나고 있는지 알아보기 위해 전산화 단층 촬영술(CAT, computerized axial tomography) 검사와 바륨 관장, X선 검사를 실시했다. 진단 결과는 분명했다. 나는 결장의 약한 부위에 발병하는 게실염에 걸렸다. 게실염은 게실에 구멍이 뚫려 장내 세균이 복강에 침입할 경우 발병하며, 복막염을 일으킨다.

의사는 게실염이 과도한 스트레스 때문에 발병하는 신종 '경영자 질병 executive disease'이라고 했다. 그가 물었다. "압박감을 느끼고 계십니까?" 물론이다. 동료 과학자들은 매일같이 언론에 대고 나를 공격했다. 새 분석 방식이 학계에서 신뢰를 얻게 하는 일도 쉽지 않았다. 물론 해절틴과의 관계를 유지하는 일도 힘겨웠다. 내가 설립에 참여한 회사가 끊임없이 우리 연구소를 무너뜨리려 하고 있었으니 말이다. 뉴욕에서 HGS 주주와 점심을 먹기 위해 개인 헬리콥터를 타려는 순간 극심한 불안감이 밀려온 적이 있다. HGS와 TIGR 사이의 계약은 내가 살아 있는 동안만 유효하다는 조항이 머릿속에 떠오르면서 발걸음이 떨어지지 않았다. 나는 의사에게 이런 것들 말고는 스트레스 받을 일이 없다고 말했다. 하지만 내 마음은 스트레스를 이겨낼 수 있을지 몰라도 내 몸은 그러지 못했다.

의사는 게실염이 언제든 복막염으로 발전할 수 있다고 경고했다. 그는 내가 목숨을 잃을 수도 있다면서 최대한 서둘러 수술을 받으라고 말했다. 하지만 우선 감염의 위험을 없애야 했다. 내가 처방 받은 항생제 오그멘틴은 스미스클라인 비첨 제품이었다. 애초에 스트레스를 받은 게 이 회사 때문이었으니 병 주고 약 준 셈이다. 나는 여전히 바쁘게 살았다. 그러다 그해 말 대규모 국제 심포지엄에 연사로 초청 받아 모나코로 갔을 때 일이 터졌다. 열병에 걸린 듯 몸이 불덩이가 되었다. 가까스로 강연은 마쳤지만 통증 때문에 쓰러질 지경이었다. 의사에게 전화를 걸었더니 오그멘틴을 먹고 집에 돌아가라고 말했다. 나는 메릴랜드에 돌아오자마자 병원으로 직행해 대장 일부를 절제했다.

회복 속도는 내가 생각하기에도 놀랄 정도였다. 새로운 통증 관리 방식을 시험하는 데 동의한 덕이었다. 나는 통증이 조금이라도 느껴지면 펌프

• 스트레스, 충동, 스릴 추구 •

압박감을 이겨내는 능력과 스릴을 추구하는 성향은 모노아민 산화효소(MAO, mono-amine oxidase)를 만들어내는 X염색체 유전자 때문에 생긴다. 특히 이 유전자의 한 유형은 감각적인 쾌락을 추구하고 (도파민이나 세로토닌 같은) 전령화학물질을 조절하는 데 관여한다. 이 때문에 MAO가 적어지면 결과를 고려하지 않고 즉각적인 보상을 얻으려 하는 충동적인 성향이 생긴다. 3대에 걸친 네덜란드 범죄자 가문에서는 이 유전자의 특이한 변종이 발견되기도 했다. 이는 분자와 범죄 성향의 놀라운 연관성을 보여준다.

이 유전자가 부호화하는 효소는 뇌세포 사이의 연결 부위(시냅스)에서 필요 없는 전령화학물질을 청소한다. 이 유전자의 흔한 변이형에서 생산하는 덜 활발한 효소는 남는 화학물질을 제대로 없애지 못한다. 이러한 유형은 감각적인 쾌락을 추구하는 사람에게서 찾아볼 수 있다.[10] 반면, 아주 활발한 변이형은 스트레스로부터 인체를 보호하는 듯하다. 내 게놈을 살펴본 결과, 나는 활발한 유형을 지니고 있었다. 따라서 반사회적 행동을 할 가능성은 낮다. 믿기지 않는 이들도 있을 것이다. 나는 생물학계의 악동, 말썽꾼, 심지어 악마라는 말까지 들었으니 말이다. 하지만 내게 아무리 비판적인 사람일지라도, 내가 스트레스를 많이 받아도 잘 이겨낸다는 점을 부인하지는 못할 것이다.

를 작동시켜 소량의 마취약을 척수에 주입했다. 베트남에 참전했을 때를 떠올려보면 배를 15센티미터나 절개하고서도 금세 계단을 오르내리고 병원 주위를 걸어 다닐 수 있다는 건 놀라운 일이었다. 나 자신을 비롯해 주변 사람들 모두 나를 슈퍼맨으로 생각했다. 이틀이 지나자 나는 집에 돌아가고 싶었다. 하지만 의사는 일주일 이상 입원하는 게 좋겠다고 말했다. 나는 이렇게 우겼다. "병원에 있으면 다낭에서 겪었던 일들이 생각나 견딜 수가 없습니다." 나는 척수 펌프를 떼어냈다. 다음 날 아침, 나는 입술을 꼭 다문 채 병원 침대에 누워 있었다. 얼굴은 창백하고 몸은 기진맥진했으며 옴짝달싹할 수도 없었다. 몸을 조금만 움직여도 극심한 통증이 밀려왔다.

클레어가 나를 데리러 왔다. 그녀는 내 몰골에 충격을 받고는 병원에 더 있으라고 말했다. 하지만 나는 이미 집에 돌아갈 마음을 굳혔다. 그녀는 굼벵이처럼 차를 몰았다. 차가 조금만 덜컹거려도 아파서 견딜 수가 없었다. 그 후로 며칠 동안 그녀는 구급차를 불러 나를 다시 병원으로 보내겠다며 여러 차례 엄포를 놓았다. 하지만 나는 곧 연구소에 복귀했다.

■ '뼈' 논란

이제 스미스클라인 비첨과 HGS는 TIGR가 데이터를 공개할까봐 더욱 전전긍긍했다. 우리의 인간 유전자 해부학 프로젝트에서 발견이 쏟아질 때마다 긴장감은 높아만 갔다. 나는 인간 유전자 가운데 절반에 대해 18개월의 논문 발표 유예 기간을 준 만큼 이번에는 평화가 찾아올 줄 알았다. 하지만 이번에도 내 판단 착오였다. 염기서열을 찔끔찔끔 공개했다면 그들은 오히려 안심했을 것이다. 논문 한 편에 유전자 수천 개를 담겠다는 원대한 계획은 그들에게 악몽과 같았다. 우리 팀이 계속 EST 데이터를 분석하고 생물학과 의학에 적용하자 스미스클라인 비첨은 새로운 협상안을 제시했다. 우리가 데이터를 발표하게 내버려 두면서도 경쟁사가 그 데이터에 접근하지는 못하게 하려는 목적이었다. 하지만 데이터를 논문의 형태로 널리 공개하지 않고서야 어떻게 연구의 더 큰 목적을 이룰 수 있다는 말인가? 물론 나는 우리 연구를 토대로 신약이 개발되고 새로운 실험이 이루어지기를 바랐다. 하지만 특허와 수많은 연구진으로 무장한 HGS와 스미스클라인은 충분한 안전장치를 가지고 있지 않은가?

역설적인 사실은 TIGR에서 쏟아져 나오는 데이터가 축하할 만한 성과이기는커녕 골칫거리였다는 점이다. HGS는 말 그대로 데이터에 압도당했다. 이제 HGS 또한 자체적으로 염기서열 데이터를 뽑아내고 있었다. 계약 조건에 따르면 이들은 데이터를 우리에게 넘겨주어야 했다. 내가 질병을 일으키는 유전자를 하나 건네주었다면 이들은 자신들의 역량을 쏟아 부어 실험을 수행하고 신약을 개발했을지도 모른다. 하지만 몇 달간 내가 건네준 유전자 수는 수천 개에 달했다. HGS는 데이터를 활용하는 일이 "소방 호스에 입을 대고 물을 먹으려는 것 같다"며 불평했다. 하지만 나는 기껏해야 유전자 수십 개밖에 처리할 수 없는 HGS와 스미스클라인이 왜 다른 이들의 접근을 막으려는지 이해할 수 없었다. 결론은 자존심 문제였다. 자기들이 못 보고 지나친 DNA 염기서열을 가지고 다른 사람이 무언가를 발견하는 꼴은 볼 수 없었던 것이다.

결국 예전에 합의한 3단계 방식을 바꾸기로 했다(이전 방식에서는 HGS가 상용화할 유전자를 2년까지 독점할 수 있었다). 새로 맺은 계약에서는 EST 1만 1,000개(유전자 7,500개에 해당한다) 이상을 젠뱅크에 제공하고 논문으로 발표하기로 했다. 하지만 나머지 데이터, 즉 10만 개 이상의 염기서열은 TIGR와 HGS 웹사이트에서 제한적으로 열람할 수 있도록 했다. 1등급에 해당하는 85퍼센트의 데이터는 대학교와 미 정부 연구소, 비영리 연구소에서 자유롭게 이용할 수 있게 했다. 단, 책임 면제 계약에 서명해야 했다.

책임 면제 조항이 왜 필요하냐고 생각할 수도 있겠지만 스미스클라인은 단호했다. 제약 회사는 여느 회사들보다 소송에 민감하다. 그들은 주머니가 두둑하기 때문에 소송에서 지면 벌금 액수가 수십억 달러나 될 때도 있다. 누군가 TIGR의 데이터를 이용해 개발한 진단법과 치료제가 예기치 못한 피해를 입힐 수도 있다는 우려는 지나친 게 아니었다. TIGR나 HGS를 상대로 소송을 제기하는 일은 별 소득이 없었다. 하지만 스미스클라인이 우리 데이터와 연관되어 있기 때문에 막대한 배상금을 노린 소송의 표적이 될 수 있었다. 여느 과학자처럼 나 또한 스미스클라인이 지나치게 몸을 사린다고 생각했으나 그래도 문제될 건 없었다. 어쨌든 연구자들은 기꺼이 서명할 테니 말이다. (내 예상은 어긋났다.) HGS와 스미스클라인에서 본격적으로 연구하는 나머지 15퍼센트는 2등급에 해당했다. 이 데이터를 원하는 연구자들은 데이터를 이용해 개발한 제품을 상용화하려는 경우, 사용 허가에 대한 협상권을 HGS에 부여한다는 계약서에 서명해야 했다. 2등급 데이터는 모두 기한이 정해져 있었다. 6개월이 지나면 자동으로 1등급으로 바뀌게 된다.

토론에 토론을 거친 끝에 나는 인간 유전자 해부학 데이터를 〈네이처〉에 보냈다. 우리 논문은 분량이 일반적인 특집 논문보다 20배나 많았다. 이 때문에 〈네이처〉에서는 '게놈 명부The Genome Directory'라는 제목으로 특별판을 발행하기로 했다. 여기에는 우리의 EST 방식을 길잡이 삼아 인간 게놈의 지도를 대략적으로 작성한 최초의 논문들이 포함될 예정이었다. 하지만 이 모든 희소식은 후원자들에게 근심만 안겨주었다. 스미스클라인 경영진은 눈에 띄지 않는 장소(이류 호텔)에서 일주일간 '정상 회의'를 열자고 제안했다. 〈네이처〉 출간과 연관된 문제를 해결하자는 것이었다.

나는 스티브 파커, TIGR 연구자 몇 명과 함께 음침한 회의실로 들어갔다. 놀랍게도 우리 앞에는 스미스클라인과 HGS 측 사람들이 장사진을 이루고 있었다. 모두 25명은 되어 보였다. 게다가 변호사도 여남은 명이나 와 있었다. 긴장감이 감도는 가운데 세부 사항을 논의한 지 나흘이 지났다. 수백만 달러가 걸려 있는 이혼 절차를 진행하다 누가 사진 액자를 가지느냐로 합의가 틀어지기도 하고, 주택 매매 계약을 하려다 수건걸이를 떼어 가느냐 마느냐로 거래가 깨질 수도 있다는 점이 실감났다. 이번 회의의 마지막 장애물은 174쪽짜리 원고의 표2였다. 여기에는 EST 분석에 어떤 장기와 조직, 세포계를 썼는지 나와 있었다. '뼈' 분류는 다섯 가지 소분류로 나뉘었다(골수·연골 육종·태아의 뼈·골육종·파골세포). 이 가운데 뼈를 파괴하는 파골세포가 격렬한 논란에 휩싸였다.

파골세포는 골다공증에 연관되어 있다고 생각된다. 골다공증은 뼈가 약해져 쉽게 부러지는 증상으로 65세 이상 백인과 아시아 여자 가운데 약 50퍼센트에게 발생한다. 우리는 골다공증 cDNA 도서관에서 단백 분해효소 유전자를 여러 개 새로 분리했다. 스미스클라인은 해절틴과 HGS를 등에 업고 표에서 파골세포를 빼자고 우겼다. 그 대신 무의미한 용어인 '뼈'를 쓰자고 했다. 우리는 몰랐지만 스미스클라인은 이미 골다공증을 치료하는 억제제를 개발하기 위해 단백 분해효소를 면밀히 검토하고 있었다. 우리는 뼈 하나를 놓고 4시간 동안 입씨름을 벌였다. 나흘째가 되자 우리는 감정이 격해져 서로 욕설을 퍼부었다. 나는 논문을 발표하고 싶었지만 이 미친 짓과 압박감에서 벗어나고 싶은 마음이 더 간절했다. 나는 그들의 요구에 굴복하고는 회의장을 떠났다. '게놈 명부' 18쪽 표2에서 '뼈'라는 단어를 눈여겨본 독자는 하나도 없을 것이다. 하지만 나와 동료들의 눈을 피할 수는 없었다. 타협은 찜찜한 기분을 남겼다. 하지만 〈네이처〉 논문을 발표해도 좋다는 허가를 얻은 것으로 위안을 삼기로 했다.

뼈 논란은 홍보 문제에서 빙산의 일각에 지나지 않았다. HGS와 스미스클라인에서는 우리 데이터를 이용하려는 연구자들에게 조건을 내걸었다. 여기에 의혹의 눈초리가 쏠렸다. 〈사이언스〉에서는 'HGS에서 문을 연 데이터 은행, 유료로 운영되다', 〈네이처〉에서는 'HGS는 cDNA 염기서열 분석 방법을 이용하는 모든 특허에 대해 독점 교섭권을 가지려 한다'라고 제목을 뽑았다. 스미스클라인 연구부장 조지 포스트는 기업 후원사가 대학 연구소를 지원할 때 내거는 조건이나 자신들의 계약 조건이나 다를 바

없다고 말했다. 그는 대학 연구자들이 cDNA 데이터베이스에 마음대로 접근할 수 있도록 한 것은 제약 회사가 직접 후원금을 내는 것과 마찬가지라고 주장했다. 그는 해절틴과 합세하여, TIGR 데이터를 이용하고 싶어하는 경쟁사에 HGS가 공격적인 태도로 가혹한 조건을 내건 일을 변호했다. "우리는 크레이그 벤터가 TIGR에서 연구하도록 1억 달러 이상을 지원했으며 이 데이터베이스를 학계에 제공함으로써 850만 달러를 추가로 후원했다. 그러니 투자에 따르는 결과에서 이익을 얻을 정당한 권리가 있다고 생각한다."[11]

■ 특허의 벽에 갇힌 유방암 유전자

HGS와 스미스클라인의 계약 조건을 주시하던 언론이 잠시 한눈을 팔게 된 계기는 또 다른 유전자에 대한 논란 때문이었다. 이 유전자는 돌연변이가 생기면 유방암을 일으킬 수 있었다. 유방암이 드물기는 하지만 유전되기도 한다는 사실은 전부터 알려져 있었다. 이것은 부모가 돌연변이 유전자를 자식에게 물려주기 때문이다. 이 경우는 전체 유방암의 1~3퍼센트를 차지하는 것으로 추산된다. 1990년에 캘리포니아 대학교 버클리 캠퍼스의 메리-클레어 킹Mary-Claire King과 연구진은 유방암 환자들의 가계도를 꼼꼼히 분석한 끝에 17번 염색체에서 유방암을 일으키는 대략적인 부위를 찾아냈다. 이로 인해 정확한 부위를 찾아내려는 대규모 연구가 시작되었다.

나는 메리-클레어가 마음에 들었다. 그녀는 훌륭한 과학자일 뿐 아니라 지적인 지도자였다. 그래서 버나딘 힐리가 왓슨의 후임을 물색할 때 나는 메리-클레어를 추천했다. 그녀 대신 프랜시스 콜린스가 그 자리를 차지한 다음에는 그녀에게 TIGR 이사직을 제안하기도 했다. 하지만 나는 제안을 철회할 수밖에 없었다. 그보다는 고효율 DNA 염기서열 분석을 통해 그녀가 유방암 유전자를 찾도록 도와주는 게 더 중요했기 때문이다.

전 세계의 연구 팀 수십 곳이 그때까지만 해도 가장 유망한 유전자 사냥에 뛰어들었다. 예전에 헌팅턴병 유전자를 찾으려 시도할 때를 생각해보면, 기존 방법을 이용해 유방암 유전자를 찾는 데 10년은 족히 걸릴 터였다. 따라서 메리-클레어는 우리의 참여를 두 손 들어 반겼다. 하지만 그녀는 HGS가 특허권을 주장할까봐 우려하고 있었다. 충분히 그럴 만했다.

나는 월리스와 해절틴을 찾아가 장시간 논의를 거친 끝에 TIGR가 해당 부위를 분석하다 유방암 유전자를 찾아내더라도 HGS에서 특허를 출원하지 않겠다는 서면 약속을 받아냈다. 합의가 이루어지자 우리는 유방암 유전자 사냥에 뛰어들 채비를 끝냈다. 메리-클레어가 17번 염색체에서 유방암 유전자가 있으리라 예상되는 부위의 DNA 클론을 보내기만 하면 바로 시작할 수 있었다. 하지만 그녀는 클론을 분리하는 데 도움을 준 과학자 한 사람에게 먼저 자문을 구해야 했다. 그는 바로 프랜시스 콜린스였다.

한참이 지나도록 메리-클레어로부터 소식이 없자 나는 그녀에게 전화를 걸어 클론이 어떻게 되었느냐고 물었다. 그녀는 프랜시스 콜린스 때문에 문제가 생겼다고 말했다. (그녀가 전한 바에 따르면) 콜린스는 이번 연구에서 나오는 논문에 자신을 저자로 올려달라고 요구했다(그녀는 이 요구가 부당하다고 생각했다). 콜린스는 그녀가 자기 요구를 받아들이지 않으면서 우리에게 DNA를 보낼 경우 연구비 지원을 중단하겠다고 엄포를 놓았다. 그녀는 연구비가 끊기는 건 바라지 않았기 때문에 클론을 보내지 않는 쪽을 택했다. 나는 화가 치밀었다. 통화 내용을 듣고 있던 클레어도 분을 이기지 못했다.

메리-클레어와 콜린스가 긴장 관계라는 사실은 알고 있었다. 하지만 그녀가 말한 게 사실이라면 콜린스는 학문적 명성을 얻기 위해 자신의 지위를 남용한 것이다. 그렇다고는 해도 나는 부당한 요구에 굴복한 메리-클레어에게 더 화가 났다. 무엇보다 아쉬운 점은 이번 유전자 사냥으로 수많은 여성들의 목숨을 건질 수도 있었다는 사실이다. 몇 년만 있으면 유방암에 걸릴 사람을 진단하는 방법을 개발할 수도 있었다. 게다가 HGS가 지적재산권을 포기했기 때문에 여기에는 아무런 장애물도 없었다. (나중에 한 벤처 투자가에게 들은 바로는 킹이 콜린스에게 접근해 유방암 유전자를 토대로 생명공학 회사를 설립할 테니 자금을 지원해 달라고 요청했다고 한다.)

몇 달이 지나 국립보건원 산하 국립암연구소에서는 유방암 부위의 염기서열 분석이 시급하다고 판단했다. 그들은 유전자를 한시바삐 찾아내기 위해 연구 기관들로부터 제안서를 받기로 했다. 우리는 다시 한 번 DNA를 얻기 위해 애썼지만 이번에도 거절당했다. 나는 국립암연구소 소장 샘 브로더Sam Broder에게 전화를 걸어 돈도 필요 없으니 DNA만이라도 제공해 달라고 부탁했다. 그는 내 심정은 이해하겠지만 연구원에게 클론을 공개하라고 명령할 수 없다며 발뺌했다.

이번에도 정치가 과학을 눌렀다. 콜린스는 HGS와 TIGR가 데이터를 학계에 더 널리 공개하지 않는다며 비난했지만 정작 자신은 세금으로 만든 DNA 클론에 우리가 접근하지 못하도록 막았다. 이는 과학이라는 경기에서 승리하여 명성을 차지하려는 속셈이었다. 1994년 9월, 노스캐롤라이나 국립환경보건학연구소의 로저 와이즈먼Roger Wiseman과 유타 대학교의 마크 스콜닉Mark Skolnick이 최종 승자가 되었다. BRCA1, 즉 '유방암 제1유전자'로 이름 붙인 이 유전자를 분리하는 연구에 참여한 연구자는 45명에 달했다.

스콜닉 연구 팀이 〈타임〉 사진 기자 앞에서 포즈를 취하고 있는 동안 뒤에서는 지적재산권 문제가 다시 불거지고 있었다. 스콜닉은 BRCA1 유전자를 특허 출원하고 진단 시약을 판매하기 위해 '미리어드 지네틱스Myriad Genetics'라는 회사를 설립했다. 당연히 언론에서는 이를 '벤터 사례'와 동일시했다. 하지만 진실을 가장 잘 표현한 건 매사추세츠 종합병원의 한 연구자였다. 그는 〈네이처〉[12]에 유전학의 새 시대가 시작된 듯하다고 말했다. 기업에서 힘과 기회를 제공한 덕에 수준 높은 실험을 신속하게 수행할 수 있게 되었다는 것이다. 어쨌거나 프랜시스 콜린스가 낭성 섬유증cystic fibrosi 유전자, 지중해열Mediterranean Fever을 일으키는 피린 유전자, 신경 섬유종증neurofibromatosis 유전자, 모세혈관 확장성 조화운동 불능Ataxia-telangiectasia 유전자에 대해 특허를 출원한 것을 놓고 그를 비난한 사람은 아무도 없었다.

〈사이언스〉와 〈네이처〉는 HGS와 TIGR, 유전자 특허에 대한 기사를 쏟아냈다. 이제 미리어드 지네틱스도 그 소용돌이에 말려들었다. 전 세계 연구소들은 유방암 진단 시약을 쓰고 싶어 했지만 미리어드 지네틱스는 이를 상업적으로 활용하지 못하게 막았다. 우리가 클론을 얻을 수 있도록 내버려두었다면 유방암 유전자가 특허의 장벽에 갇히지 않았을 것이다. 그러면 어느 연구소든 자유롭게 시약을 이용할 수 있었으리라.

■ 경기에 이길 수 없을 바에야 망치겠다?

이제 염기서열 분석 분야에서는 또 하나의 거대한 세력이 세계 무대에 등장했다. 1993년에 설립된 이 공동연구 프로젝트는 생어 센터를 비롯해 의학연구위원회와 웰컴 트러스트, 유럽 생물정보학연구소가 참여했다. 목적은 미국과 유럽 생물학자들이 최신 염기서열 분석 데이터를 빠르고 쉽게 접할 수 있도록 하기 위함이었다.

영국이 다른 나라보다 유전체학에 관심을 더 많은 건 당연하다. 영국은 1953년 DNA의 이중나선 구조를 밝혀내어 DNA 혁명을 촉발한 왓슨과 크릭, 유전부호를 읽는 방법을 우리에게 가르쳐준 생어를 배출한 나라이기 때문이다. 하지만 유전체학을 응용하고 상업화하는 데는 실패한 듯하다.

웰컴 트러스트는 유전체학에서 독자적으로 이익을 창출하려는 시도가 뜻대로 되지 않자 1994년 가을에 워싱턴에서 유전 데이터의 상업적 통제 확산을 논의하기 위한 비공식 회의를 주최했다. 참석자는 30명쯤이었으며 웰컴 트러스트의 기획부장 마이클 모건Michael Morgan과 프랜시스 콜린스, 토머스 캐스키가 회의를 이끌었다. 캐스키는 베일러 대학교에서 유전학을 연구했으나 정부 지원금이 끊기자 기초과학을 떠나 머크에 몸담은 인물이다.

주요 참석자들은 공통점이 많았다. 웰컴 트러스트와 국립보건원은 인력과 자금이 자기들의 1퍼센트도 안 되는 작은 기관에 뒤처지고 있었고 머크는 스미스클라인의 그림자를 벗어나지 못하고 있었다. 이들은 경쟁에서 이기기보다는 경기를 망치는 쪽을 택했다.

나의 인간 유전자 해부학 논문을 심사 중인 〈네이처〉는 사설[13]에서 내가 평지풍파를 일으켰다고 썼다. 하지만 결론은 이랬다. "게놈 공동체는 벤터의 연구 스타일을 비방하기보다는 모방하는 편이 나을 것이다." 왓슨 패거리는 〈네이처〉가 내 논문을 싣는다면 잡지를 보이콧하겠다고 협박했지만 모건은 회의를 긍정적인 방향으로 이끌고 싶어 하는 듯했다. 그는 스미스클라인, HGS, 학계의 비판 세력에게 서로 화해의 제스처를 보이라고 주문했다.[14] 또한 게놈 공동체가 EST의 중요성을 공식적으로 인정하면서 EST를 기반으로 하는 새로운 유전자 지도의 가능성을 논의하자고 제안했다.

하지만 4시간에 걸친 회의의 결과는 전혀 다른—그러나 예상했던—방향으로 흘러갔다. 내 생일인 1994년 10월 14일, 〈사이언스〉에는 세 쪽짜리 기사[15]가 실렸다. 제목은 '유전자 조각을 공개하다'였다. 기사에 따르면 회의 참석자들은 유전자 특허 문제가 학계에 "격한 분노"와 "실망감"을 불러일으켰다고 토로했다. 〈사이언스〉가 썼듯이 "그날 오후, 프랑켄슈타인 역을 맡은 건 '게놈연구소TIGR'였다." (TIGR의 한 동료 연구원은 이렇게 대꾸했다. "저들은 횃불과 쇠스랑을 들고 우리를 뒤쫓는다.")

스미스클라인의 강력한 경쟁자인 머크는 상대가 EST에 채운 자물쇠를 부수고 싶어 했다. 이유는 뻔했다. 머크는 자체적인 유전체학 프로그램이 없었으며 기초적인 생물정보학 기술도 갖추지 못했다. 게다가 연구 책임자는 유전체학을 반대하는 인물이었다. 머크는 HGS와 인사이트에서 만들어낸 데이터와 클론에 대해 사용 계약을 맺지 않겠다며 거부했다. 하지만 HGS가 스미스클라인 비첨과의 독점 계약을 발표하자 당황한 기색이 역력했다. 머크는 자사 말고는 어느 곳도 선두에 서는 걸 용납하지 않았다. 그래서 세인트루이스 워싱턴 대학교의 로버트 워터스턴에게 인간 EST를 분석해 최대한 빨리 dbEST에 넘기라며 연구비를 지원했다. dbEST는 내가 국립보건원에 있을 때 나의 EST 염기서열을 보관하기 위해 특별히 만든 공공 데이터베이스다.

머크는 경기를 망치려 시도하면서 이를 인류의 복지를 위한 노력으로 치장할 수 있었다. 워터스턴은 이 일을 맡고 무척 기뻐했다. 하지만 몇 년 전만 해도 그는 EST 방식을 발표하지 못하도록 막은 인물이다. 언론은 상투적인 스토리를 좋아한다. 그리고 지금 눈앞에 펼쳐진 그림은 단순하고 매력적이었다. 공공의 이익을 위해 일하는 이들 대 회사의 이익을 위해 일하는 이들의 대결 구도가 형성된 것이다.

머크의 중역 회의실에서는 오랫동안 웃음소리가 그치지 않았을 것이다. 냉정한 사업 전략에 따라 내린 결정을 잘 포장해, 탐욕스러운 기업으로부터 세상을 구원하려는 노력으로 둔갑시켰으니 말이다. 설스턴은 당시의 분위기를 이렇게 표현했다. "머크의 결단은 과학을 위한 위대한 시도이자 게놈 정보에 대한 자유로운 접근 원칙의 승리다."[16] 이들의 한패로는 세계에서 두 번째로 큰 자선 단체이자 제약 회사의 수익 기부로 자금을 조달하고 면세 혜택을 누리는 웰컴 트러스트와 EST의 가능성이 처음 엿보였을 때 주도권을 잡지 못한 미국 정부 기관, 즉 국립보건원이 있었다. 영국이 미국 생명공학 기업에 대한 공격을 주도하는 데 미국 정부 기관이 거든 이유는 아직도 이해할 수 없다. 그들의 공격을 더욱 이해할 수 없었던 까닭은 EST를 만들어내는—그리고 그 가운데 상당수를 공개하기로 한—연구 팀이 우리뿐이었기 때문이다.

나는 이제 악당의 탈을 쓴 삼류 드라마 주인공이 되었다. 그해 12월, 〈사이언스〉는 우리를 "게놈 연구자들이 미워하는 회사"[17]로 묘사했다. 빤한 주제가 다시 전개되었다. 나는 "약삭빠른 속임수"를 저지르고 "약탈"을 일삼는 존재가 되었다. 하지만 이따금 예상치 못한 곳에서 찬사를 들을 때도 있었다. 에릭 랜더는 이렇게 말했다. "TIGR와 벤터는 놀라운 일을 해냈다. 이들의 데이터는 품질이 뛰어나다."

가장 마음에 드는 칭찬을 해준 사람은 바머스였다. "몇 년 전에 공공부문에서 (비슷한) 데이터베이스를 만들어줄 사람을 구하지 못한 게 아쉽다." 나도 아쉽다. 바머스는 몰랐을 것이다. 내가 국립보건원에서 EST를 개발했고 그곳에서 연구를 끝내게 해달라고 로비까지 벌였으며 결국 EST 연구에 대한 지원을 받기 위해 국립보건원을 떠나야 했다는 사실을 말이다. 콜린스는 자신이 "그 전환기에 우리는 잠에 빠져 있었다. 그래서 이를 고려하지 못했다"라고 말했다는 사실을 부인했다. 내가 기회를 제공했을 때는 등을 돌린 사람들이 이제는 내게 워싱턴에 가서 연구 결과를 발표해달라고 요구했다(세금 한 푼 지원되지 않은 연구를 말이다).

지긋지긋한 언론의 관심이 이번에는 오히려 도움이 되었다. 〈월스트리트 저널〉 1994년 9월 28일자 기사 '비밀스러운 유전자 연구의 뚜껑이 열릴 예정이다' 덕분에 내 방법과 아이디어에 관심이 더 많이 쏠렸다. EST 염기서열 분석에 대해 수없이 쏟아지는 기사들과 마찬가지로 〈월스트리트 저널〉 기사 또한 내 방식이 확실히 인정받는 계기가 되었다. 여전히 내 목표는 우리의 연구 결과를 학술지에 발표하는 것이었다. 따라서 정부 진영의 여러 연구 팀이 데이터를 분석하지 않고 마구 쏟아내는 것이 우리에게는 좋은 기회였다. 다른 연구 팀에서 비슷한 데이터를 공개하면 HGS가 우리에게 데이터를 비밀에 부쳐야 한다고 우길 수 없었기 때문이다.

하지만 나는 여전히 경주에서 한발 앞서고 싶었다. HGS와 스미스클라인은 우리가 EST를 계속 해독하기를 바랐다. 하지만 무의미한 일이었다. HGS는 우리의 DNA 분석 센터를 본떠 자체 분석 시설을 만들었으며 TIGR는 인간 유전자 전체의 절반이 넘는 EST를 밝힌 논문 원고를 이미 〈네이처〉에 넘겼기 때문이다. 나를 이끄는 것은 (정치가 아닌) 과학이었기 때문에 다른 생각을 하고 있었다. 내가 TIGR를 독립 비영리 연구소로 만들고 싶었던 이유 가운데 하나는 연구 분야가 새로 떠올랐을 때 상업적 조직의 전략 목표에 얽매이지 않고 기회를 잡을 수 있기 때문이었다. 이 점에서 나는 절반의 성공밖에 거두지 못했다. 스미스클라인과 HGS와의 관계가 결코 순탄치 못했으니 말이다. HGS는 해마다 1,000만 달러씩 빠져나가는 게 아까워 TIGR와 결별하려 했다. 해절틴은 여전히 내 연구를 내세우고 싶어 했지만 나는 새로운 일을 시작할 때가 되었다는 생각이 들었다. 나는 잘못된 만남에 발목이 잡혀 있었고 극심한 스트레스 때문에 장 일부를 잘라내야 했다. 나는 결국 떠나기로 마음을 굳혔다.

CHAPTER 09

산탄총 염기서열 분석

마지막에 가서 자신이 무슨 일을 했는지 모든 사람에게 말할 수 없다면
지금까지 쓸데없는 일을 한 셈이다.

▌ **에어빈 슈뢰딩거**Erwin Schrödinger (1993년 노벨물리학상 수상)

▧ 수도사 연구 방식을 뒤엎다

우리는 상상도 못할 속도로 인간 유전자를 발견하고 있었다. 하지만 이
런 성과를 이루고 나니 훨씬 야심 찬 계획을 추진하고 싶어 몸이 근질거
렸다. 나는 인간 게놈을 전부 분석하려는 원래 목표로 돌아가고 싶었다.
세포의 모든 염색체에 들어 있는 60억 염기쌍의 유전부호를 하나하나 읽
어내고 싶었다. 예전에 내가 EST를 현실성 있는 대안으로 내세운 것은 사
실이다. 하지만 내 목표는 언제나 인간 게놈의 전체 염기서열을 분석하는
것이었다. 이를 위해서는 새로운 방법을 개발하고 시험해야 했다. 정부의

후원을 받는 전 세계 과학자들이 고수하고 있는 방법은 중세 암흑시대에나 어울릴 법했다. 분명, 더 나은 방법이 있을 듯싶었다.

나를 비난하는 이들은 많은 비용과 노력을 들여 전체 염색체를 분석하는 일에 비하면 발현 서열 꼬리표 방식으로 유전자를 찾는 일은 싸구려에다 부적절한 방법이라며 투덜거렸다. 이들이 왜 그랬는지는 이해할 만하다. 왓슨 패거리가 내 방식을 과소평가하는 데 짜증이 난 나머지 이렇게 대꾸한 적이 있다. 인간 게놈 프로젝트에 붙인 30억 달러짜리 가격표에 비하면 EST는 헐값에 지나지 않는다고 말이다. 하지만 나는 전체 유전부호를 읽어내는 데는 EST가 대안이 되지 못한다고 생각했다. 첫 EST 논문에서도 이렇게 말한 바 있다. 논문의 결론은 EST가 인간 게놈에 주석을 다는 궁극적인 방법을 제공할 것이며 이해할 수 없는 DNA의 광대한 영토 어디에 유전자가 있는지 밝혀내는 중요한 길안내가 되리라는 것이었다.

1986년에 유전체학에 몸담고 이듬해 자동 DNA 분석기를 처음 가동한 이후, 나는 줄곧 분석기가 줄지어 늘어선 채 DNA 부호를 읽어내는 공장을 마련하는 것이 꿈이었다. 이제 역사상 처음으로 그런 연구 시설이 내 손에 들어왔다. 나는 이를 써먹기로 마음먹었다. 이에 대한 대안은 정부에서 지원하는 게놈 프로젝트였다. 하지만 이들은 아무런 의미가 없어 보이는 먼 길을 느릿느릿 기어가고 있었다. 이들은 애초부터 게놈 프로젝트를 대규모 인력이 동원되는 작업으로 여겼다. 효모 게놈 프로젝트가 본보기였다. 당시 수십 개 국의 과학자와 기술자 1,000여 명이 10여 년간 이일에 매달렸다.

우리 모두가 직면한 과제는 이것이었다. 기존 기술로는 염기서열을 한 번 읽어낼 때마다 유전부호를 수백 염기쌍밖에 얻어낼 수 없는데 어떻게 해야 전체 부호를 읽어낼 수 있을까? 여기 유전부호 수백만 염기쌍을 분석해야 하는 수도사(이 책에서는 기존의 고된 방식으로 염기서열을 분석하는 연구자를 가리킨다-옮긴이)가 있다. 그는 DNA를 조작이 가능한 작은 조각으로 쪼갤 수 있다. 이들을 처리하기 위해서는 다양한 방법으로 이들 DNA 조각을 증식시킬 수 있다. 수천 염기쌍밖에 안 되는 작은 조각은 일반적인 플라스미드에 결합시켜 증식시키면 된다. DNA 조각의 크기가 1만 8,000염기쌍에 달할 땐 세균 바이러스, 또는 '람다'라고도 하는 파지를 이용한다. 크기가 3만 5,000염기쌍쯤 되는 아주 큰 절편은 '코스미드'라는 특수한 플라스미드를 쓴다. 유전체학 초창기에는 거의 대부분의 연구자가 코스미드를 썼다. 이 과정은 매우 타당했다. 하지만 타당한 방법이 항상 가장 빠른 것은 아니다. 때로는 무작위로 처리하는 편이 더 낫다.

시간이 오래 걸리고 노동 집약적이며 비용도 많이 드는 이 프로젝트에서 수도사가 가장 먼저 하고 싶어 하는 일은 코스미드를 올바른 순서로 하나하나 배치하는 것이다. 생명의 책에 쓰여 있는 순서대로 말이다. 이렇게 하면 코스미드로 만든 게놈 지도를 얻게 된다. 수도사가 이 지도 작성 단계를 끝낸 다음에야 고위 성직자들은 수도사에게 (한 번에 하나씩) 코스미드 분석을 시작할 수 있는 돈과 축복을 내려주었다. 염기서열을 분석하기 전에 지도를 만드는 이 중요한 단계가 불가능한 것은 아니다. 하지만 여기에는 시간이 아주 많이 소요된다. 프레더릭 블래트너Frederick Blattner의 연구 대상인 대장균은 게놈 크기가 인간 게놈의 1,000분의 1에 지나지 않았다. 하지만 그가 염기서열 분석을 시작하기 전에 람다 클론을 게놈 지도에 맞게 배치하는 데만 3년이 걸렸다. 그런데 인간 게놈의 염색체 지도를 만드는 데는 10여 년간 15억 달러 이상이 들어갔는데도 완성을 보지 못했다. 한 생물학자는 이렇게 말했다. "인간 게놈을 한 조각씩, 한 클론씩 분석하는 것만으로도 훌륭한 경력을 여럿 쌓을 수 있다."[1]

나는 이들 프로젝트가 진행되는 과정을 지켜보면서 더 나은 방법이 있으리라는 확신이 들었다. 나는 질서(순서)가 아니라 무질서(무작위 방식)를 믿었다. 그것은 EST를 거대한 규모로 적용하는 것이다. 또한 나는 선구적인 DNA 분석 센터를 세우면서 DNA 염기서열 분석 자체가 중요한 일이라는 사실을 깨달았다. 이상한 일이지만 당시 연구자들은 DNA 염기서열 분석을 실제로 수행하기를 꺼리는 듯했다. DNA의 부호인 C, G, A, T는 복잡하게 얽혀 있기 때문에 일반적인 방법으로 생성하는 것은 지루하기 짝이 없었다. 게놈 지도 작성 단계 상당수는 DNA 염기서열 분석을 피하기 위해 수행된다. 하지만 EST 데이터는 수백 염기쌍밖에 안 되는 DNA 부호에 얼마나 많은 정보가 들어 있는가를 분명히 보여주었다. EST는 이를 통해 게놈 지도를 작성하는 데 쓰이는 고유의 조각 표시를 제공할 뿐 아니라 유전자의 구조와 역할을 찾아내는 데 충분한 정보를 포함하고 있었다. 이렇듯 유용한 서열 정보를 활용하는 것이 당연한 일 아닌가? 지루한 클론 지도 작성을 생략하고 수많은 수도사의 업무를 덜어주지 않을 이유가 없지 않은가?

■ 해밀턴과의 운명적 만남

나는 몇 년 전에 천연두 게놈에 대해 산탄총 염기서열 분석 방법을 제안하면서 이미 대안적 방법을 생각해냈다. 그것은 게놈을 쉽게 분석할 수 있도록 수천 조각의 DNA로 쪼갠 다음, 조각들 가운데 겹치는 서열을 찾아냄으로써 게놈을 재구성하는 것이다. 이것은 그림 맞추기 퍼즐을 푸는 첫 단계에 비유할 수 있다. 즉, 조각을 모두 펼쳐놓은 다음 들어맞는 조각을 찾을 때까지 하나씩 서로 맞추어보는 것이다. 그림이 완성될 때까지 이 과정을 계속 되풀이한다. 하지만 게놈 퍼즐은 조각이 수십억 개나 되기 때문에 조각을 맞추려면 컴퓨터를 동원해야 한다. 천연두 게놈을 분석할 때 이 방법을 쓰지 못한 이유는 염기서열을 다시 이어 붙이는 데 필요한 컴퓨터 프로그램이 없었기 때문이다. 하지만 EST 방식이 발전한 덕에 상황이 급진전되었다. 이것은 수학 알고리듬이 새로 개발되었기 때문이기도 했고 1993년 3월, 에스파냐에서의 우연한 만남 덕분이기도 했다.

나는 에스파냐의 주도적 유전학자인 산티아고 그리졸리아Santiago Grisolia가 주최한 학술대회에서 강연을 해달라는 요청을 받았다. 그는 캔자스 대학병원 생화학과의 교수로도 명성이 드높았다. 나는 마지막 연사로 강연대에 섰다. 청중은 EST 방식의 훌륭한 결과와 (결장암 유전자를 비롯해) TIGR에서 발견한 유전자를 보고는 입을 다물지 못했다. 이번에도 어김없이 유전자 특허에 대한 질문이 터져 나왔다. 한 가톨릭 신부 겸 신학자는 인간 유전자에 특허를 출원하는 일이 비도덕적이라고 말했다. 나는 다른 종에서 얻은 유전자에 특허를 출원하는 일도 잘못된 일이냐고 물었다. 그는 아니라고 대답했다. 이것이야말로 내가 기다리던 답이었다. 나는 TIGR에서 분석한 인간 유전자는 쥐 유전자와 똑같으며, 따라서 이렇게 부호화한 단백질은 하나도 다르지 않다고 말했다. 그렇다면 쥐 유전자에 특허를 출원하는 것과 인간 유전자에 특허를 출원하는 것이 뭐가 다르냐고 반문했다. 그는 한 방 먹은 표정이었다. 아마도 인간 유전자는 다른 종과 다르리라고 생각했으리라.

면담을 청하며 몰려든 청중이 썰물처럼 빠져나간 자리에 은발에 안경을 쓰고 온화한 인상의 키 큰 남자가 서 있었다. 그는 언론이 나를 악마로 묘사한 걸 빗대 이렇게 말했다. "당신에게 뿔이 달려 있을 줄 알았소." 그가 바로 존스홉킨스 대학교의 해밀턴 스미스였다. 그의 화려한 명성과 노벨상 수상 경력은 익히 알고 있었다. 나는 첫눈에 그가 마음에 들었다. 그는 나와 내 연구에 대해 남에게 휘둘리지 않고 스스로 판단을 내릴 사람으로 보였다.

해밀턴은 DNA를 정확한 위치에서 자르는 분자 가위인 제한효소를 발견한 인물이다. 제한효소는 현재 수백 종류가 알려져 있다. 이들은 각각 고유한 위치에서 DNA를 정확하게 자른다. 어떤 제한효소는 GTAC 같은 네 염기쌍을 인식해 연쇄에서 GTAC를 만날 때마다 DNA를 잘라낸다. 또 어떤 제한효소는 여덟 염기쌍을 인식한다. 이들 부위는 수십만 염기쌍에 겨우 한 번 찾아볼 수 있다. 따라서 효소가 인식하는 염기쌍이 길수록 잘라내는 부위는 더 드물게 나타난다. 해밀턴의 발견은 적용 분야가 무궁무진하다. 그가 없었다면 분자생물학은 지금 수준으로 발전하지 못했을 것이다. 1972년에 폴 버그는 제한효소를 이용해 박테리아에서 외부 단백질을 만들어냈다. 이로부터 현대 생명공학 산업이 태동했다. 심지어 최초의 게놈 지도는 '제한 지도'라는 이름이 붙었다. 임의의 효소로 얻은 조각 크기에 따라 결정되었기 때문이다. 오늘날 이러한 지도는 과학 수사 분야에서 개인의 유전자 지문으로 쓰인다.

해밀턴과 나는 술집에 갔다. 그는 겸손한 인물이었다. 하지만 과거의 영광에 안주하기보다는 새로운 분야에 몸담고 싶어 한다는 걸 금방 눈치챌 수 있었다. 그는 맨해튼 위스키를, 나는 맥주를 마셨다. 해밀턴은 우리의 염기서열 분석 방법과 정확도, 자동화 방식, 우리가 발견한 유전자를 꼬치꼬치 캐물었다. 나는 친구들과 함께 저녁을 먹자며 그를 초대했다. 그는 공식 만찬에 참석해 노벨상을 들고 행진을 벌여야 한다고 말했다. 하지만 이내 이렇게 내뱉었다. "만찬이야 될 대로 되라지." 우리는 근처 식당으로 가 조촐하면서도 흥겨운 파티를 벌였다. 새벽까지 이어지는 에스파냐 스타일 파티였다.

우리는 저녁을 먹은 다음 호텔로 돌아가 이야기를 계속했다. 해밀턴은 나보다 열 살도 더 많았지만 우리는 자란 환경이 아주 비슷했다. 둘 다 어릴 때 만들기를 좋아했고 형에게 자극을 받았으며―안타깝게도 해밀턴의 형은 정신병으로 병원에 입원해 있었다―의학을 공부했다. 해밀턴 또한 나처럼 군에 징집되어 샌디에이고에서 복무했다. 그는 심지어 윌리엄 해절틴과 입씨름을 벌인 일도 있었다. 경쟁자가 쓴 논문이 발표되지 못하도록 해절틴이 막았다고 생각했기 때문이었다. 다음 날, 나는 그에게 TIGR 과학자문위원회에 들어와 달라고 요청했다.

그해 하반기에 해밀턴이 처음 회의에 참석했다. 그는 회의 중에 손을 들더니 이렇게 말했다. "명색이 게놈연구소인데 게놈 연구를 하는 게 어떻겠소?" 그러고는 자신이 20년째 연구하고 있는 하이모필루스 인플루엔자이Haemophilus influenzae 이야기를 들려주었다. 대장균보다 게놈 크기가 작을 뿐 아니라 게놈 분석에 이상적인 여러 조건을 갖추고 있다고 설명했다. 나는 전체 게놈 산탄총 염기서열 분석 방식을 시험하기에 알맞은 게놈을 찾고 있었다. 시험적으로 대장균을 빠른 시일 안에 분석해 정부 프로그램과 경쟁할 생각이었다(수도사들이 분석을 끝내려면 13년이 걸린다). 하지만 하이모필루스 인플루엔자이가 더 적합할 듯했다. 하이모필루스 인플루엔자이는 인간 DNA와 비슷한 구성(G/C 함량)일 뿐 아니라 산탄총 염기서열 분석 프로젝트를 시험하기에 알맞은 특징을 많이 지니고 있다. 생명체의 게놈을 처음으로 분석할 수 있는 기회가 찾아온 것이다. 게다가 해밀턴은 하이모필루스 인플루엔자이에 대해 속속들이 알고 있었다.

우리의 첫 공동연구에 서서히 시동이 걸렸다. 해밀턴은 하이모필루스 인플루엔자이 게놈 조각이 들어 있는 클론 도서관을 만드는 데는 문제가 몇 가지 있다고 말했다. 몇 년 뒤 그가 털어놓은 바에 따르면 존스홉킨스의 동료들은 우리 프로젝트에 흥미를 느끼지 못했을 뿐 아니라 왓슨 패거리 때문에 나를 의심의 눈초리로 쳐다보았으며 해밀턴이 나와 함께 일하면 그의 명성에도 흠이 되리라 우려했다고 한다. 그들 상당수는 하이모필루스 인플루엔자이를 연구하는 데 일생을 걸었으면서도 전체 게놈 염기서열을 밝히는 일이 얼마나 중요한지 깨닫지 못했다. 해밀턴의 박사 후 연구원은 이렇게 묻기까지 했다. "그게 저하고 무슨 상관이죠?" 그들에게는 전망도 흥미도 없었다. 이 때문에 해밀턴은 자기 팀과 거리를 두어야 했다. 몇 년 전 내가 EST 때문에 팀과 마찰을 겪은 것처럼 말이다.

하지만 해밀턴은 자신이 하이모필루스 인플루엔자이로부터 유전자 도서관을 만들 수 있으리라 생각했다. 당시의 컴퓨터 알고리듬은 염기서열이 1,000개만 되어도 허덕거렸지만 이제는 더 뛰어난 프로그램으로 조각을 모을 수 있게 되었다. 해밀턴은 조합 과정을 모의실험 하기 위해 모델링 작업을 수행했다. 그는 약 2만 5,000조각까지도 가능하리라 생각했다. TIGR 팀은 열광적인 반응을 보였다. 하지만 TIGR의 '조합기assembler' 알고리듬을 설계한 그레인저 서튼Granger Sutton은 자신의 코드가, 분석된 전체 DNA를 180만 염기쌍으로 이루어진 전체 게놈으로 조합할 수 있을지 확신하지 못했다. 그레인저 서튼은 말이 없고 겸손한 인물이었다. 그의 조합기는 이미 10만 개 이상의 EST 염기서열을 연관된 DNA 다발로 결합했다. 나는 그의 알고리듬으로 하이모필루스 인플루엔자이 게놈을 처리할 수 있다는 확신이 들었다.

■ '짝지은 끝' 전략

우리는 국립보건원에 연구비를 신청하기로 했다. 1994년 여름, 우리의 새로운 방법을 시도하기 위해 신청서를 접수했다. 물론 국립보건원이 정치에 휘둘려 연구비를 지원하지 않을까 봐 걱정되기는 했다. 해밀턴과 나는 당장이라도 연구를 시작하고 싶었다. 효모와 대장균 게놈 프로젝트는 몇 년 전부터 지원을 받고 있었다. 따라서 우리가 새로운 방법으로 이들을 따라잡는다면 매우 중요한 이정표를 세우게 될 터였다. 200만 염기쌍에 달하는 이 인간 병원균의 유전부호를 읽어냄으로써 우리는 독립 생물체free-living organism('살아 있는 생명체living organism'는 불임성 생명체·바이러스·바이로이드를 비롯해 유전물질을 전달하거나 복제할 수 있는 모든 생물학적 존재를 가리킨다—옮긴이)의 게놈을 처음으로 해독하게 되는 것이었다. 어차피 국립보건원에서는 연구비 지원을 거절할 가능성이 높았기 때문에 우리는 9개월을 기다리느니 차라리 TIGR의 예산 일부를 전용하기로 마음먹었다. 하이모필루스 인플루엔자이 게놈 프로젝트에 100만 달러를 거는 것은 분명 승산 있는 도박이었다.

넉 달이 지났을 때 우리는 하이모필루스 인플루엔자이의 DNA 조각 2만 5,000개를 분석했다. 서튼 팀은 작업을 계속 진행했다. 몇 주 지나지 않아 데이터에서 가능성이 엿보였다. 우리는 조각을 조합해 매우 커다란 부위를 여러 개 만들어냈다. 하지만 손댈 수 없는 작은 조각들도 많았다. 어떻게 해야 이들을 고리 염색체circular chromosome로 끼워 맞출 수 있을지 감이 오지 않았다.

위대한 게놈의 꿈에는 못 미치는 결과였다. 게놈에서 DNA 클론을 모두 추출해 대장균에서 증식시킨 다음 염기서열을 분석하고 컴퓨터 프로그램을 이용해 이 서열을 비교하고 조합하면 마침내 전체 염색체가 튀어나오는 과정 말이다. 이런 결과가 드문 건 생물학적인 요인 때문이다. 분자생물학의 결함 가운데 하나는 외부 DNA 조각을 대장균에서 증식시켜야 한다는 것이다. DNA 가운데 일부는 대장균에 유독하다. 이런 조각은 대장균 체내에서 제거된다. 박테리아는 제한효소를 이용해 외부 DNA의 공격으로부터 자신을 방어한다. 바이러스 DNA를 비롯해 수많은 DNA가 끊임없이 생명체 주위를 돌아다니기 때문이다.

게놈 퍼즐에서 빠진 조각들을 보면서 이런 생각이 들었다. '게놈 지도가 있으면 DNA 연쇄와 조합된 조각의 순서를 쉽게 알 수 있지 않을까?' 완성된 퍼즐 그림이 있으면 일부 조각이 없더라도 그림을 맞출 수 있듯 말이다. 선원이 조잡하고 원시적인 항해 도구를 이용해 항로를 따라가듯 유전학자는 수년간 다양한 지도를 이용했다. 예를 들어 기능 지도functional map 또는 연관 지도linkage map를 쓸 수 있다. 생식 과정에서 부모 한쪽의 유전자는—항상 그런 건 아니지만—대부분 한 덩어리로 자식에게 전달된다. 따라서 염색체 상에서 유전자가 멀리 떨어져 있을수록 함께 전달될 확률이 낮아진다. 두 유전자의 후손 전달 빈도를 조사하면 이들이 염색체

상에서 얼마나 가까이 놓여 있는지 추정해 연관 지도를 만들 수 있다.

이런 식으로 염색체 지도를 작성한 첫 사례는 1900년대 초 초파리에 대한 선구적인 연구로 거슬러 올라간다. 미국인 동물학자 토머스 헌트 모건 Thomas Hunt Morgan이 그 주인공이다. (유전자 단위인 '센티모건'은 그의 이름을 딴 것이다. 이것은 유전부호 약 100만 염기쌍에 해당한다.) 센티모건 크기의 지도를 만드는 일은 오래전부터 유전학자의 꿈이었다. 또 다른 형태의 유전자 지도는 임의의 유전자가 놓인 실제 위치를 찾아내어 만든다. 이를 위해서는 유전자가 어떤 염색체에 있는지, 어떤 유전자 옆에 있는지, 염색체 위에서 대략 어디쯤에 있는지 알아내야 한다. 이 지도를 '물리 지도physical map'라 한다.

하지만 나는 정부의 지원을 받는 경쟁자들과 달리 연관 지도나 물리 지도를 염기서열 분석의 전제 조건으로 삼고 싶지 않았다. 프레더릭 블래트너 팀이 대장균 람다 클론 지도를 만드는 데는 3년이 걸렸다. 레고 블럭이 겹치듯 게놈 위에 깔린 18킬로베이스의 클론은 전통적인 유전학 장인의 멋진 솜씨를 보여주었다. 하지만 나는 그럴 필요가 없었다. 그림 맞추기 퍼즐을 해본 사람은 누구나 알 것이다. 가장자리를 맞추고 서로 들어맞는 조각을 찾아내어 밑바닥부터 그림을 짜 맞추어 올라가면 전체 그림이 없어도 퍼즐을 완성할 수 있다. 결국 DNA 염기서열 자체가 유전부호의 모든 염기쌍이 정확한 순서대로 나열된 물리 지도일 테니 말이다.

하이모필루스 인플루엔자이 게놈의 지도 없는 상태에서 우리는 조각들의 커다란 덩어리를 가지런히 배치하여 게놈을 재구성하기 위해 여러 가지 방법을 새로 개발했다. 'PCR'라는 기법은 게놈에서 DNA를 복사하는 데 쓰인다. '프라이머'라는 2개의 화학물질은 복사할 부위의 시작과 끝을 결정한다. 우리가 이용하는 프라이머는 조합된 조각의 끝에 있는 염기서열에서 얻은 것이다. 그 다음 모든 프라이머 조합 사이에 PCR를 이용한다. 각 염기서열의 끝에서 얻은 PCR 탐침을 나머지 모든 조합의 끝에서 얻은 PCR 탐침과 함께 쓰는 것이다. 게놈에서 얻은 DNA 조각이 증폭되면 우리는 빠른 속도를 이를 분석했다. 그러면 서열에 따라 조각을 2개씩 연결하고 순서를 정한다. 조합을 여러 개씩 한꺼번에 진행한 덕분에 게놈 상당수의 순서를 비교적 빨리 알아낼 수 있었다.

하지만 빈틈gap을 모두 PCR 방식으로 메울 수는 없었다. 그래서 나는 (특히 인간 게놈의) 염기서열 분석 방법을 변화시킬 새로운 아이디어를 생각해냈다. 우선 컴퓨터를 이용해 하이모필루스 인플루엔자이 게놈의 유전자 조각 2만 5,000개에 대한 완벽한 보체를 최대한 정확히 조합했다. 그러면 '콘티그contig('연속'을 뜻하는 contiguous에서 만든 단어)'라는 큰 조각이 만들어진다. 이것은 겹치는 DNA 부위 집합으로 이루어져 있다. 콘티그를 게놈으로 조합하기 위해서는 임의의 람다 클론 수백 개의 양 끝에서 서열을 비교하면 될 터였다. 람다 클론의 한쪽 끝이 한 콘티그와 일치하고 반대쪽 끝이 다른 콘티그와 일치하면 두 콘티그의 정확한 순서와 방향을 자동으로 알 수 있었다. 우리는 람다 클론의 끝 부분을 분석할 방법을 새로 만들어야 했다. 하지만 작업은 빠르게 진척되었다. 끝이 짝지어진 연쇄가 처음 몇 개만 있어도 서열 조합을 정확한 순서로 연결할 수 있었다. 이 '짝지은 끝paired end' 전략을 쓰면 유전자 퍼즐에서 중간 중간 빠진 부분에 조각이 몇 개 필요한지 정확하게 알 수 있다. 이 방법은 전체 게놈 산탄총 방식의 핵심이 되었다. 얼마 안 가서 하이모필루스 인플루엔자이의 전체 게놈에서 빈틈은 몇 개밖에 남지 않았다. 이길 수 있는 전략을 찾아냈다는 확신이 들었다.

■ 살아있는 생명체의 유전부호 첫 해독

게놈 염기서열 분석 학술대회가 시시각각 다가오고 있었다. 나는 그 자리에서 우리 연구 결과를 발표하고 싶었다. 우리가 거둔 성공이 자랑스럽고 회의가 기다려지기는 했지만 이 중요한 이정표를 남에게 빼앗기기 전에 록빌의 작업을 완전히 끝내는 게 더 나을 듯싶었다. 우리는 엉뚱한 아이디어에서 출발했으나 이제 획기적인 성과를 눈앞에 두고 있었다. 역사상 처음으로 독립 생물체의 게놈을 해독하는 것이다. 결과는 거의 손에 잡힐 듯했다. 나는 이 기회를 절대 놓치고 싶지 않았다.

그해 9월, 로버트 플라이슈만Robert Fleischmann은 사우스캐롤라이나 힐튼헤드 섬에서 열린 게놈 학술대회에서 우리 연구 결과를 발표했다. 우리는 호응이 좋으리라 생각했다. 하지만 놀랍게도 워터스턴이 일어나더니 우리가 쓴 방법이 쓸모없다며 비난을 퍼부었다. 그는 우리가 성과를 거두지 못할 거라고 우겨댔다. 남은 건 도무지 순서대로 맞출 수 없는 조각 11개에 지나지 않는다며 우리 연구를 깎아내렸다. 해밀턴은 단단히 화가 났다. 그는 지금까지도 1994년 워터스턴의 도발을 들먹거린다.

우리가 록빌에 돌아온 지 얼마 지나지 않아, 기다리던 편지가 도착했다. 그해 초에 해밀턴과 내가 국립보건원에 낸 하이모필루스 인플루엔자 연구비 신청 결과가 나온 것이다. 점수는 형편없이 낮았다. 지원 기준에 가까이 가지도 못했다. 검토자들의 답변은 게놈 학계의 의견을 그대로 반영했다. 워터스턴과 마찬가지로 그들 또한 우리의 제안이 현실성이 없으며—그들은 우리가 이미 작업을 진행하고 있다는 사실을 몰랐다—시도할 가치도 없다고 생각했다. 국립보건원 답신에서 그나마 위안을 얻을 수 있었던 것은 일부 동료 검토자들이 제기한 소수 의견 보고서였다(이는 매우 이례적인 일이다). 그들은 다수의 의견을 반박하고 우리 연구를 지원해야 한다고 주장했다.

나는 국립보건원 답신을 사무실 문에 붙였다. 그즈음 나는 우리가 성공을 거두리라는 것을 조금도 의심하지 않았다. 해밀턴과 나는 검토자들의 비판에 대해 반대 의견을 내놓기로 결정했다. 그리고 프랜시스 콜린스에게 직접 프로젝트를 지원해 달라고 요청하기로 했다. 우리는 얼마 안 있으면 사상 첫 게놈을 손에 넣으리라는 사실을 보여주는 최신 데이터를 포함시켰다. 하지만 이번에도 과학보다는 정치가 우선이었다. 나는 콜린스에게 전화를 걸어 성공이 임박했음을 알렸다. 또한 우리의 목표는 그의 국립보건원 프로그램을 곤란하게 만드는 것이 아니라 오로지 연구비를 받는 것뿐이라고 말했다. 몇 주 뒤 국립보건원 게놈센터에서 답신이 도착했다. 놀랍게도 편지는 이전 검토자들의 손을 들어주었다. 편지에는 염기서열 분석 연구비 지원 분야를 이끌고 있던 로버트 스트로스버그Robert Strausberg의 서명이 들어 있었다. 스트로스버그는 나중에 TIGR에 합류하게 된다. 그는 내가 성공하리라고 생각했지만 거절 편지를 쓸 수밖에 없는 입장이었다고 털어놓았다.

우리는 실망하지 않았다. 오히려 그들이 틀렸음을 입증하겠다는 의욕이 불타올랐다. 그리고 얼마 뒤, 하이모필루스 인플루엔자이 염기서열의 마지막 빈틈이 메워졌다. 우리는 사상 처음으로 살아 있는 생명체의 유전부호를 해독했다. 이 못지않게 중요한 사실은 '전체 게놈 산탄총 염기서열 분석'이라는 새로운 방법을 개발해 이러한 위업을 이루었다는 점이다. 이 덕분에 게놈 지도도 없이 빠른 속도로—다른 프로젝트보다 적어도 20배는 빨랐다— 전체 게놈을 컴퓨터에서 분석해 재구성할 수 있었다.

우리가 생어에게 큰 빚을 진 것은 분명했다. 하지만 우리가 이룬 성과에는 중요한 차이점이 있었다. 생어가 자신의 선구적인 연구에서 해독한 바이러스는 살아 있는 생물이 아니라 복잡한 화학 구조에 지나지 않았다. 이들은 다른 생물의 세포에 기생해야만 비로소 증식할 수 있다. 생어는 바이러스 게놈을 해독하기 위해 제한효소를 가지고 적당한 조각으로 쪼갰다. 따라서 그의 산탄총 방식은 엄밀한 의미에서 무작위적인 것은 아니었다. 생어가 컴퓨터를 써서 조각을 다시 결합한 건 사실이지만 만약에 우리가 처리한 분량의 데이터를 그의 소프트웨어에 집어넣었다면 아마

중간에 멈추어버렸을 것이다.

생어는 선구적인 업적을 남겼고 DNA 염기서열 분석의 이정표를 세웠다. 하지만 살아 있는 종의 게놈을 해독하기 위해서는 그의 방법을 확대하고 수정해야 했다. 그 또한 이런 시도를 하지 않은 건 아니지만 동료들이 영역 유지 본능을 못 버리고 자동화를 이루지 못한 탓에 좌절되고 말았다. 생어가 은퇴한 이후 그의 제자들이 훌륭한 무작위 방식인 '초음파 파쇄 sonication'를 도입했다. 하지만 그들은 더 큰 바이러스 게놈을 분석하면서도 여전히 제한효소로 자른 조각의 클론에 이 방법을 적용했다. 노스캐롤라이나 대학교의 클라이드 허치슨Clyde Hutchison(지금은 벤터연구소로 자리를 옮겼다) 같은 이들도 산탄총 방식에 관심을 보였다. 하지만 무작위로 놓인 DNA 조각을 손으로 분석하고 재조합하는 일은 엄두를 내지 못했다. 게놈이 커지면 이 작업이 기하급수적으로 힘들어지기 때문이다.

한마디로 생어의 방식이 유전학에 끼친 공로는 바퀴나 17~18세기 중기 동력 자동차의 발명이 자동차 산업에 미친 영향에 비길 수 있다. 생어의 방식은 유전학의 시대를 앞당겼다. 바퀴와 증기 자동차가 내연기관 자동차의 시대를 앞당겼듯이 말이다. 대규모 유전체학을 출범시키기 위해 우리 팀은 게놈의 무작위 적용, '짝지은 끝' 염기서열 분석 전략, 수학과 컴퓨터 소프트웨어의 조합, 빈틈을 메우기 위해 새로운 방법을 받아들이는 실용주의를 모두 동원했다. 무엇보다 우리는 이 방법들을 공장식 환경에 적용했다. 염기서열을 분석하는 연구자는 게놈 조각 하나를 가지고 권리를 주장하기보다는 최고의 도서관과 훌륭한 알고리듬을 만들어내는 것으로 자신의 영역 유지 본능을 표현했다. 하이모필루스 인플루엔자이의 염기서열 해독을 축하하는 파티에서 샴페인이 끊이지 않은 것은 이 때문이다. 이번 결과는 산탄총 방식으로 전체 게놈을 읽을 수 있음을 처음으로 완벽하게 입증한 사례였다. 이로써 살아 있는 생명체의 DNA를 읽고 비교하고 이해하는 새로운 시대의 서막이 열렸다.

■ 학술회의의 열렬한 반응

동료와 경쟁자들에게 우리의 성공을 처음으로 알릴 기회는 영국에서 찾아왔다. 하이모필루스 게놈 프로젝트에서 중요한 역할을 맡았던 옥스퍼드 대학교의 리처드 목슨Richard Moxon이 나흘간의 회의를 개최한 것이다. 목슨은 존스홉킨스에서 여러 해를 보냈으며 해밀턴 스미스를 멘토로 여겼다. 그는 TIGR의 발전에 "기절초풍했다"고 말했다. 조합된 게놈은 아직도 완성되지 않은 부분이 있었지만 목슨은 우리 프로젝트가 틀림없이 성공하리라고 확신했다. 웰컴 트러스트의 고위 임원인 존 스티븐슨John Stephenson이 회의를 후원했다.

웰컴 트러스트의 임원인 마이클 모건은 동료 사이에서 거칠기로 악명이 높았다. 그가 왓슨의 편에 서 있었기 때문에 나는 학계의 질서를 뒤흔드는 동시에 생어 센터에 심대한 위협을 가한 셈이었다. 모건은 내가 웰컴 트러스트 회의에서 역사상 첫 게놈을 공개해 관심을 독차지하는 게 불만인 듯했다. 회의는 논문 발표 전에 열리기로 되어 있었다. 하지만 모건을 비롯한 참석자들이 연구 성과를 확인할 수 있도록 CD-ROM에 염기서열을 담아 오는 게 좋겠다는 말을 들었다. 웰컴 트러스트 임원들은 내가 상업 비밀 요건에 매여 있기 때문에 회의장에 나타나지 않을 거라고 자신했다. 회의에 참석하더라도 염기서열을 가지고 오지는 않을 거라고 생각했다. 아니면 염기서열을 가지고 오더라도 사람들에게 보여주지는 않으리라고 단언했다.

해밀턴과 나는 판돈을 올리기로 마음먹었다. 그즈음 클라이드 허치슨은 생식관에 기생하는 박테리아인 미코플라스마 제니탈리움Mycoplasma genitalium이 게놈 염기서열 분석에 안성맞춤이라는 사실을 깨달았다. 살아 있는 생명체 가운데 게놈이 가장 작기 때문이었다. 해밀턴은 우리의 새로운 방법과 도구를 쓴다면 이 게놈을 매우 빨리 해독해낼 수 있음을 알고 있었다. 그는 내 사무실에서 흐뭇한 표정으로 클라이드에게 전화를 걸어 서는 그를 몇 달 후 열릴 영국 회의에 초청했다. 그러고는 이렇게 말했다. "그런데, 회의 전에 자네 게놈을 해독해보고 싶지 않나?" 클라이드는 신기할 정도로 무뚝뚝한 어조로 제안을 받아들였다. "재미있겠군." (그는 나중에 이렇게 말했다. "당신이 끼어들지 않았더라도 우리가 2000년이 되기 전에 미코플라스마 해독을 끝냈을 거요.") 우리는 국립보건원과 프랜시스 콜린스에게 보여준 것과 똑같은 데이터를 담은 연구 제안서를 에너지부 검토위원회에 보냈다. 에너지부에서는 미코플라스마 제니탈리움 이외에도 자신들이 고른 몇 가지 게놈을 더 해독해 달라며 당장 연구비를 지원해주기로 했다.

우리는 이미 첫 게놈의 해독을 끝냈지만 공개 발표는 미루기로 했다. 나는 DNA 염기서열만 해독하는 것으로 그치고 싶지는 않았다. 내가 원한 건 게놈을 분석해 역사상 처음으로 염기서열을 통해 그 종을 이해하고 이 분야의 표준이 될 주요 학술 논문을 쓰는 것이었다. 유전부호와 특정 유전자를 해석하는 일은 쉽지 않다. 독립 생물체를 이만한 규모로 완벽하게 해석한 적은 한 번도 없었다. 우리가 분석해 영어로 번역해야 할 A, C, T, G 개수는 180만 개였다. 이를 위해서는 소프트웨어와 알고리듬, 접근 방식을 새로 개발해야 했다.

우리가 가장 흥미를 느낀 것은 단백질의 실제 설계도가 되는 유전자, 즉 유전물질 덩어리를 찾는 일이었다(이것은 보통 900염기쌍가량의 유전부호로 이루어져 있으며 아미노산 300개에 해당한다). 이들은 '해독틀 open reading frame'이라 불린다. 여기에는 단백질 하나를 이루고 있는 전체 아미노산을 설명하는 유전부호 가닥이 들어 있다. 박테리아에는 유전자를 쪼개 분석을 어렵게 하는 인트론(의미 없는 DNA)이 하나도 없다. 따라서 우리는 게놈에 들어 있는 해독틀을 모두 살펴본 다음, 공공 데이터

298

베이스에서 비슷한 유전자 염기서열을 검색해 이 서열이 어떤 단백질을 부호화하는지 찾아냈다.

앞에서 말했듯이 대자연은 구두쇠이기 때문에, 우리는 한 단백질이 (예를 들어) 대장균에서 어떤 역할을 한다면 하이모필루스 인플루엔자이에서도 똑같은 역할을 수행하리라는 사실을 알고 있었다. 하지만 하이모필루스 인플루엔자이에는 유전자가 2,000개쯤 들어 있기 때문에 이 전략에는 시간이 많이 걸렸다. 공공 데이터베이스에는 정보가 모두 들어 있지 않다. 따라서 유전자 10개당 6개밖에 찾아내지 못했다. 나머지는 알려진 단백질이나 유전자와 일치하지 않았다. 따라서 역할이 알려지지 않은 새 유전자로 표시했다. 그 다음 우리는 확인된 모든 유전자와 이들의 (추측되는) 통로를 그린 거대한 대사 과정 도표를 작성했다. 이를 통해 한 유전자가 다른 유전자에 어떻게 정보와 명령을 전달해 이 박테리아가 하루하루 살아갈 수 있는지 밝혔다. 이 작업은 흥미진진했다. 우리는 하이모필루스 인플루엔자이의 대사 지도에서 하루하루 어떤 일이 벌어지는지 더 자세히 알 수 있었기 때문이다. 하지만 나는 만족할 수 없었다.

우리는 기본적 생명 활동에 필요한, 완전한 유전자 집합을 처음으로 살펴보았다. 하지만 이 생명체에 대해 우리가 알고 있는 것은 너무나도 불충분했다. 그 빈 곳을 우리가 모두 메울 수 있다면 하이모필루스 인플루엔자이에 얽힌 진화의 비밀을 낱낱이 보여줄 수 있을 터였다. 하지만 해밀턴과 나는 현재의 분석이나 이해 수준으로는 이 목표를 이룰 수 없음을 인정해야 했다. 이 전투는 훗날로 미룰 수밖에 없었다. 우리는 연구 결과를 논문으로 작성해 〈사이언스〉에 보내기로 했다. 나는 〈사이언스〉 편집자 바버라 재스니Barbara Jasny에게 전화를 걸었다. 그녀와 나머지 편집자들은 흥분을 감추지 못했다. 나는 논문이 동료 평가를 통과하리라 생각하고 표지를 어떻게 할지도 논의했다.

논문이 완성되기까지는 초안을 40번이나 뜯어고쳐야 했다. 우리는 이 논문이 역사적인 위업이 되리라는 점을 알고 있었다. 나는 논문이 최대한 완벽에 가까워야 한다고 고집했다. 논문 저자에 몇 명을 올릴지는 까다로운 문제다. 분자생물학자부터 수학자, 프로그래머, 염기서열 분석 기사까지 수많은 이들이 참여한 거대 생물학의 경우는 말할 것도 없다. 논문에서는 첫째 저자와 마지막 저자가 중요하다. 둘 중 하나는 교신 저자에게 돌아간다. 젊은 연구자라면 제1저자 겸 교신 저자가 되는 것이 이상적이다. 마지막 저자이면서 교신 저자가 되는 경우는 이 논문이 연구실의 결과물이고 저자가 논문의 내용에 책임을 지는 위치에 있으며 자기보다 젊은 동료가 주된 기여를 했을 때다.

우리는 연구원들의 기여도를 여러모로 저울질한 끝에 로버트 플라이슈만을 제1저자로 내세우기로 했다. 해밀턴과 나를 빼면 그의 공로가 가장 컸기 때문이다. 모든 연구원들은 엄청난 업적에 한몫했으며 주요 논문의 저자가 되었다는 사실에 만족스러워했다. 우리는 동료 평가를 받기 위해 논문을 〈사이언스〉에 보냈다. 논문 발표 전에 통과해야 하는 마지막 관문이었다.

평가 결과는 대만족이었다. 논문 평가는 대부분 비판적으로 흐르기 쉽지만 이번에는 찬사가 쏟아졌다. 난생 처음 들어보는 극찬도 있었다. 우리는 검토자들의 의견 가운데 논문에 도움이 될 만한 것들을 받아들여 몇 가지를 수정한 다음 다시 〈사이언스〉에 보냈다. 발표 예정일은 1995년 6월이었다. 하지만 우리가 성공을 거두었다는 소문은 몇 주 전부터 돌기 시작했다. 이 때문에 5월 24일에 워싱턴 DC에서 열리는 미국 미생물학회 연차 총회에서 기조연설을 해달라는 요청이 들어왔다. 나는 해밀턴과 함께 단상에 서는 조건으로 수락했다.

학술지는 영리를 추구하는 산업이며 구독료와 광고료로 수입을 올린다. 따라서 〈사이언스〉와 〈네이처〉 같은 유수의 잡지는 논문이 발표되기 전에 내용이 새어 나가는 걸 막고 싶어 한다. 그래야만 영향력을 유지할 수 있기 때문이다. 논문은 보도 유예embargo 요청을 받는다. 공식 발표 전에 연구 결과를 흘리는 언론인은 이후에 사전 보도자료를 받지 못하는 불이익을 당한다. 연구자가 논문 발표 전에 공개적으로 자신의 연구 결과를 언급해 보도 유예를 깨뜨리는 경우에도 논문이 거절되거나 표지에 실리지 못하는 걸 감수해야 한다. 이런 방식은 학술지에 이익을 가져다준다. 하지만 이런 규칙은 과학의 기초가 되는 근본 원칙, 즉 공개적이고 자유로운 소통이라는 원칙에 어긋난다. 해밀턴과 나는 역사상 처음으로 독립 생물체의 게놈을 수천 명의 미생물학자들 앞에서 발표할 기회를 놓치고 싶지 않았다(회의 참석자 수는 1만 9,000명을 웃돌았다). 그들은 우리가 거둔 성과를 누구보다 잘 이해할 터였다. 〈사이언스〉는 처음에는 반대했다. 하지만 규칙에 따르면 언론 인터뷰를 하지 않는 이상 학술 발표가 허용된다.

발표일 저녁, 해밀턴과 나는 양복에 넥타이 차림으로 회의장에 도착했다. 나는 거대한 회의장과 수천 개의 의자를 둘러보았다. 컴퓨터를 연결하고 커다란 화면에 슬라이드를 시연하는 동안 불안감이 밀려들었다. 회의 규모 때문만은 아니었다. 나는 최고의 미생물학자들 앞에서 나의 첫 미생물학 논문을 발표해야 했다. 늘 그렇듯 특허에 대한 질문이 쏟아지고 정부 게놈 진영의 동료들이 보여준 적대감이 되풀이될까봐 두렵기도 했다. 하지만 준비만 단단히 되어 있으면 어떤 압박감도 이겨낼 수 있다는 사실을 마음에 새겼다. 나는 여느 때와 마찬가지로 나 자신이 몸 밖으로 빠져나와 있는 듯한 독특한 체험을 했다. 덕분에 객석에 앉아 내가 하는 말을 듣고 있는 것처럼 내가 방금 한 말을 평가할 수 있었다.

학회장인 세인트루이스 워싱턴 대학교의 데이비드 슐레진저David Schlesinger가 "역사적인 사건"이라는 표현을 써가며 우리의 연구 결과를 발표할 때는 긴장감이 극에 달했다. 해밀턴은 여느 때처럼 온화한 태도로 나를 소개했다. 컴퓨터 화면에 불이 들어오자 나는 자신감 넘치는 명쾌한 목소리로 강연을 시작했다. 나는 우리가 어떻게 하이모필루스 게놈으로부터 DNA 도서관을 만들었는지, DNA를 특정한 크기의 조각으로 분리하는 일이 왜 중요한지 설명했다. 그러면 수백만 개의 집합에서 2만~3만 조각을 무작위로 골랐을 때 이들이 통계적으로 게놈의 전체 DNA를 대표하기 때문이다. 나는 각 조각의 양 끝을 해독하는 '짝지은 끝' 방식을 개발해 게놈 조합에 활용한 과정을 보여주었다. 또한 EST 방식에서 개발한 새 알고리듬과 고도 병렬 처리 컴퓨터로 2만 5,000개의 무작위 염기서열을 조합해 게놈 대부분을 차지하는 커다란 콘티그를 만든 다음, 콘티그의 끝에서 염기서열을 짝지어 남아 있는 빈틈을 메운 방법을 설명했다. 그 결과, 게놈의 180만 염기쌍을 컴퓨터에서 정확한 순서대로 재구성할 수 있었다. 우리는 아날로그 생물학을 컴퓨터의 디지털 생물학으로 변모시켰다.

하지만 살아 있는 종의 게놈을 얻어낸 일은 시작에 지나지 않았다. 나는 우리가 게놈을 이용해 이 박테리아의 생물학을 탐구해서 수막염 등의 감염을 일으키는 과정을 밝혔다. 이뿐만이 아니었다. 나는 우리 방법을 입증하기 위해 두 번째 게놈, 즉 지금까지 알려진 박테리아 가운데 가장 작은 미코플라스마 제니탈리움 게놈을 해독했다는 사실을 전했다. 강연이 끝나자 청중은 일제히 자리에서 일어나 오래도록 박수갈채를 보냈다. 나는 예상치 못한 반응에 그저 멍하니 서있었다. 학술회의에서 이토록 열렬하고 즉각적인 반응을 보인 것은 일찍이 겪어본 적이 없었기 때문이다.

회의가 끝난 이후 〈사이언스〉에서 우려한 일이 벌어졌다. 논문이 발표되기도 전에 뉴스가 봇물 터지듯 쏟아졌기 때문이다. 〈사이언스〉도 '벤터가 염기서열 분석 경쟁에서 두 번째로 승리하다'라는 기사를 내보냈다. 이 기사에서 콜린스는 이번 업적이 "주목할 만한 이정표"[2]라고 말했다. 〈타임〉은 이렇게 썼다. "정부에서는 그의 방법을 믿지 못해 지원을 거부했다. 하지만 벤터는 자기 돈을 써가며 연구한 끝에 연방 기금을 지원

받는 연구자들을 제쳤다. 경쟁자들마저 이번 성과가 중요한 이정표라고 인정했다."[3] 〈뉴욕 타임스〉의 니컬러스 웨이드Nicholas Wade는 이렇게 말했다. "벤터 박사는 하이모필루스의 염기서열이 허풍이 아니라는 점을 입증이라도 하듯 강연 말미에 또 다른 깜짝쇼를 연출했다. 두 번째의 독립 생물체 염기서열을 발표한 것이다."[4]

국립보건원에서 지원한 첫 게놈 프로젝트(대장균)를 이끄는 프레드 블래트너는 우리 성과를 "거짓말 같은 역사적 순간"으로 묘사했다. 이 말이 가장 기뻤다. 나는 블래트너의 연구를 높이 평가하고 있었기 때문이다. 게다가 그의 아량 때문에 더욱 더 그를 존경하게 되었다. 웨이드는 계속해서 이렇게 말했다. "벤터 박사는 게놈 염기서열 분석 분야에서 다른 전문가들이 불가능하다고 치부한 지름길을 선택한 탓에 학계와 오랫동안 불화를 빚었다. 하지만 이번 업적으로 학계의 어엿한 일부가 될 것이다."

당시는 나와 해밀턴과 우리 팀 모두에게 멋진 순간이었다. 여기까지 오기 위해 얼마나 많은 고통을 겪었는지 다들 알고 있었다. 우리는 국립보건원의 정치, 냉대, 정부 게놈 진영의 무시를 감내해야 했다. 우리가 거둔 성과 덕분에 학계의 일부 학자들은 예전에 우리에게 지녔던 악감정을 거두어들였다. 하지만 EST 염기서열 분석에 참여한 '동업자'들이 우리에게 퍼부은 비난에 비하면 이들의 반대와 비난은 새 발의 피에 지나지 않았다. 승리의 이면에서는 HGS, 해절틴과 이미 나빠진 관계가 더 악화되었다.

▓ 하이모필루스 논문의 성공

해절틴과 스미스클라인 비첨이 EST 데이터 발표를 막은 일 때문에 나는 게놈 진영으로부터 분노와 미움을 샀다. 그래서 하이모필루스와 전체 게놈 염기서열 분석에 대해서는 일을 다르게 풀어가기로 마음먹었다. 나는 HGS와 TIGR 사이의 계약 내용 가운데 빠져나갈 구멍을 찾아냈다. 이들이 EST 염기서열 하나하나에 집중할 뿐 전체 게놈의 조합은 예상하지 못했다는 사실을 활용할 수 있을 터였다.

내 목표는 이들이 다시는 데이터 발표를 방해하지 못하도록 하는 것이었다. HGS는 TIGR가 데이터를 전달한 시점부터 6개월간 상업적으로 개발할 유전자를 고를 수 있었다. 그 기간이 지나면 우리는 나머지 유전자를 발표할 수 있었다. 시계를 하이모필루스에 맞추기 위해 나는 조합하기 전의 염기서열 데이터를 있는 그대로 HGS에 보내기 시작했다. 넉 달 동안 2만 5,000개의 박테리아 염기서열이 HGS 컴퓨터에 쏟아져 들어갔다. 그들은 환호 대신 비명을 내질렀다. 우리가 염기서열을 게놈으로 이어 붙이기 시작하고 우리 연구의 중요성이 분명히 드러날 무렵, 이들은 당황스러움 대신 노골적인 적대감을 보였다.

그 이유 가운데 하나는 이것이다. 해절틴은 HGS의 경쟁사들이 인간 EST를 엄청난 속도로 내놓는 동안 우리가 해독하고 있던 것이 고작 박테리아에 지나지 않았다는 사실을 알고는 분통을 터뜨렸다. 그는 TIGR 이사회에서 이렇게 으르렁거렸다. "당신, 가만 두지 않겠어." 하지만 스미스클라인에서 이 염기서열의 상업적 가치를 발견하고 새 백신과 항생제를 개발하려 하자 그는 전략을 바꾸었다. 데이터 발표를 놓고 (지금도 흔히 볼 수 있는) 격렬한 논쟁이 벌어졌다.

해절틴은 HGS에서 완전한 게놈 염기서열을 받기 전에는 상업화 시점이 시작하지 않는다고 주장했다. 물론 이렇게 되면 게놈을 18개월 더 기밀로 유지할 수 있는 조항이 효력을 지니게 된다. 이것은 단일 염기서열이었기 때문이다. HGS가 게놈에 특허를 출원하거나 발표를 늦추어 최초의 게놈 해독을 향한 경쟁에서 우리를 뒤처지게 하는 건 결코 용납할 수 없었다. 돈이 문제가 아니었다. 중요한 건 주도권이었다. 해절틴은 우리 팀이 역사상 처음으로 게놈을 해독한다면 권력이 이동하리라는 사실을 깨달았다. 그렇게 되면 나와 TIGR는 HGS가 없어도 잘해나갈 수 있을 터였다. 해절틴은 게놈 발표를 중단시키기 위해 법원에 금지 명령을 청구하겠다고 협박하고 변호사를 선임했다.

문서와 요구 조건이 날마다 새로 들어왔지만, 나는 여기서 합의하면 TIGR와 나의 경력에 치명적인 결과를 가져오리라는 점을 알고 있었다. 나는 아널드앤드포터에 있는 스티브 파커의 변호사 팀에게 돈과 시간을 더 쏟아 부었다. 파커 자신도 하루 중 절반은 내 사무실에 있거나 나 아니면 HGS 변호사들과 통화를 했다. 해절틴은 미 대통령 자문을 막 끝마친 워싱턴의 거물 변호사까지 끌어들였다. 이제 그는 금지 명령뿐 아니라 게놈에 대한 특허 출원까지 계획하려 들었다. 하지만 명령을 얻어내려면 내가 게놈을 발표했을 때 HGS의 영업에 어떤 실질적인 피해가 초래되는가를 법정에서 밝혀야 했다. 미생물과 관계없는 회사로서는 쉽지 않은 일이었다.

HGS는 대통령의 전임 변호사를 통해 최후 협상을 시도했다. 〈사이언스〉에 논문을 보내기 전에 전체 게놈 염기서열을 넘겨주면 자기들이 양보하겠다는 것이었다. 나는 데이터를 발표할 권리를 얻었다고 생각하고 이들의 제안을 받아들였다. 우리는 데이터를 논문에 제출한 그대로 HGS에 전달했다. 하지만 특허 변호사 로버트 밀먼Robert Millman이 어떻게 나올지는 예상하지 못했다. 그는 에릭 랜더가 설립한 생명공학 회사에서 일한 적이 있었다. 밀먼은 붉은 머리칼을 뒤로 묶고 턱수염을 기른 데다 기괴한 의상을 즐겨 입는 독특한 인물이었다. 그는 특허법업계에서 괴짜로 통했으며 분자생물학을 전공했다. HGS는 그의 도움을 받아 우리 논문이 발표되기 전에 특허를 출원했다. 비록 엄청난 비용을 들였지만 말이다. 특허 신청서에는 1,200쪽에 걸쳐 박테리아 게놈 180만 염기쌍이 나열되어 있었다. HGS가 그동안 출원한 수천 건의 특허, 그리고 밀먼이 HGS를 떠나 셀레라 특허 변호사로 출원하게 되는 수천 건의 특허에서 드러난 사실은 유전자 특허가 특허 변호사의 배만 불려주었다는 것이다. 이러한 무차별 특허 출원은 학계에 엄청난 공분을 일으켰을 뿐이다.

〈사이언스〉[5]에 하이모필루스 게놈 논문이 발표된 건 1995년 7월 28일이었다. 해밀턴과 나를 수석 저자로, 40명이 저자로 이름을 올렸다. 접지攝紙에는 자세한 유전자 지도를 실었고, 표지에는 하이모필루스의 고리 DNA 위에 천연색 막대를 그려 넣었다. 색깔은 유전자의 역할을 나타낸다. 예를 들어 초록색은 에너지 대사에 연관된 유전자를, 노란색은 DNA를 복사하고 복구하는 유전자를 뜻한다. 절반 가까운 유전자는 역할이 알려지지 않아 색을 칠하지 않았다. 중요한 사실은 논문이 게놈에 무엇이 들어 있는지 뿐 아니라 무엇이 빠졌는지도 설명했다는 것이다. 우리는 사람에게 감염되지 않는 Rd laboratory 계통을 해독하여 감염과 연관된 유전자 카세트(집합)가 통째로 빠져 있다는 사실을 알아냈다. 우리는 박테리아의 대사경로가 불완전하며, 특히 세포 내 에너지 생산과 연관된 'TCA 회로'에서 효소 절반이 빠져 있다는 사실을 발견했다. 이 때문에 이 박테리아는 고농도의 아미노산 글루탄산염이 있어야만 증식할 수 있다. 스탠퍼드 대학교의 이름난 생화학자는 이 결과를 보고 우리가 실수를 저질렀다고 말했다. 모든 세포가 완전한 TCA 회로를 지니고 있다는 사실은 누구나 안다는 것이다. 이번에 박테리아의 염기서열을 처음으로 해독한 이후, 이제 TCA 회로가 전혀 없는 세포부터 TCA 회로만을 통해 에너지를 생산하는 세포까지 모든 조합이 가능하다는 사실을 누구나 알고 있다.

〈사이언스〉의 같은 판[6]에 발표한 두 번째 논문에서는 하이모필루스가 동료들과 DNA를 교환해 진화를 촉진하는 과정을 설명했다. 이는 게놈에 소프트웨어 업데이트를 설치하는 것에 비유할 수 있다. 해밀턴은 9염기쌍으로 이루어진 독특한 서열에서 이 메커니즘의 핵심을 찾아냈다. 이 서열은 사본 1,465개가 유전부호 여기저기에 흩어져 있었다. 박테리아의 표면에 있는 분자는 염기서열에 결합해 세포 속으로 DNA를 전달한다. 이 유전자는 거의 변이를 일으키지 않았다. 이는 이 기능이 너무 중요하기 때문에 염기서열이 바뀌면 박테리아에게 피해를 입히리라는 것을 암시한다. 놀랍게도 변이가 훨씬 적은 쪽은 소프트웨어 자체보다는 소프트웨어 업데이트 메커니즘이었다. 박테리아가 생존하는 데는 새로운 소프트웨어의 질보다는 양이 더 중요한 듯하다.

무엇보다 흥미로운 발견은 옥스퍼드 대학교의 리처드 목슨 팀에서 나왔다. 이들은 박테리아의 표면에서 단백질 합성을 돕는 효소, '지질 올리고당류lipooligosaccharide'를 부호화하는 유전자를 연구한 다음, 우리 몸이 미생물과 싸우는 일이 왜 그토록 힘든지 밝혀냈다. 목슨은 나중에 이렇게 회상했다. "데릭 후드Derek Hood와 나는 몇 주 만에 지질 올리고당류 합성 경로에서 (당시까지 확인되지 않은) 새로운 유전자의 정체를 20개 이상 알아냈다. 우리를 비롯한 연구자들이 수년간 연구한 것보다 이 짧은 기간에 이룬 성과가 더 컸다."

그의 팀은 DNA 중합효소를 통해 유전자가 딸세포로 복사될 때 오류를 일으키는 유전자 앞에서 DNA 염기서열이 반복된다는 점을 발견했다. 효소는 이 반복되는 서열에 달라붙었다. 게놈을 살펴본 결과, 우리는 이들이 세포 표면의 분자를 만드는 수많은 유전자와 연관되어 있다는 사실을 알아냈다. 박테리아는 이런 교묘한 방법을 통해 세포 표면의 항원을 끊임없이 바꾸어 새로운 계통이 인체의 면역 방어를 한발 앞서게 했다. 이런 현상은 기도氣道에서 관찰할 수 있다. 인체가 익숙한 계통을 공격하면 새로운 계통의 하이모필루스가 자리를 차지한다. 이제 우리는 여러 인간 병원균의 유전부호에 비슷한 메커니즘이 들어 있다는 사실을 알고 있다. 인간이 전염병과의 전쟁에서 결코 이길 수 없는 까닭은 이 때문이다. 우리가 할 수 있는 일이라고는 박테리아의 진화보다 한발 앞서는 게 고작이다.

물론 목슨은 이번 연구가 정치적 함의를 지니고 있다는 사실을 뼈저리게 깨달았다. 그가 주관한 도미하우스 회의는 4월 23일부터 26일까지 열렸으며 대성공을 거두었다. 한 참석자는 이렇게 말했다. "크레이그는 연단에 뛰어올라가 하이모필루스 인플루엔자이 게놈을 어떻게 조합했는지 설명했다. 반응은 놀랍고도 즉각적이었다. 미생물학이 뒤바뀌리라는 건 누구나 알 수 있었다. 실제로도 그렇게 되었다." 나는 회의에 참석해 강연을 했을 뿐 아니라(나흘간의 회의에 꼬박 참석하는 일은 내게 이례적이었다) 하이모필루스 게놈과 미코플라스마 게놈의 염기서열이 담긴 CD를 가져갔다. 회의에 참석한 연구자들은 우리 데이터를 몇 시간이나 꼼꼼히 살펴보았다. 어떤 사람은 이렇게 말했다. "바로 이거야. 이것이 이 생명체의 실체라고."[7] 하지만 웰컴 트러스트가 후원하는 이 회의에 모건은 모습을 드러내지 않았다. 이 회의가 얼마나 중요한지도 모르는 듯했다. 목슨은 실망했다. 그는 이번 회의가 (웰컴 트러스트에서 '과학의 첨단 회의'라 이름 붙인 회의 가운데) 가장 성공적이라고 생각했다. 그런데도 회의를 주최한 존 스티븐슨을 빼고는 웰컴 트러스트의 고위 임원은 거의 참석하지 않았다. 물론 스티븐슨은 회의 결과에 놀라움을 금치 못했다. 회의 보고서는 우리 방식이 유전체학의 나아갈 방향을 보여주었으며 웰컴 트러스트가 생어 센터에서 박테리아 게놈 염기서열 분석 프로그램을 수행하기로 결정하는 데 큰 영향을 미쳤다고 결론을 내렸다.

TIGR는 자금이 떨어져가고 있었다. 하지만 우리 앞에는 무궁무진한 가능성이 놓여 있었다. 목슨은 자신의 옥스퍼드 연구실이 TIGR와 협력해 아동 수막염인 나이세리아 수막염Neisseria meningitis의 주원인이 되는 게놈을 해독할 수 있도록 웰컴 트러스트에 연구비를 신청하고 싶어 했다. 나는 그와 함께 모건을 만났다. 하지만 분위기는 거북스러웠다. 웰컴 트러스트의 게놈 책임자는 〈사이언스〉 논문을 읽어보지도 않았다. 하지만 웰컴 트러스트의 '감염 및 면역 위원회'에서는 수막염이 일으키는 고통과 죽음, 장애를 감안해 우리 연구를 가장 우선적으로 추진하라고 권고했다. 위원회에서 결정하면 웰컴 트러스트에서는 그대로 따르는 게 상례다. 하지만 이번에는 문제가 있었다. 기술적인 문제는 미 당국에서 TIGR의 비영리 지위를 승인하지 않았다는 것이다. 또한 그들은 자선기금이 HGS의 주머니로 들어가지 않을까 우려했다. 모건은 영국 자선사업위원회와 법적인 문제가 생길 수 있다며 수막염 제안서를 거부했다. 나는 박테리아의 염기서열 분석을 이미 시작한 상태였으나 그 자리에서 연구를 중단해야 했다.

하이모필루스 논문은 곧 생물학에서 가장 많이 인용되는 문헌이 되었다. 스탠퍼드 대학교 교수인 루시 샤피로Lucy Shapiro는 자기 팀이 밤새도록 논문을 들여다보았다고 말했다. 그들은 살아 있는 종의 완전한 게놈을 처음 목격하고 감동했다고 한다. 축하 이메일이 수백 통이나 도착했다. 이메일 내용은 "이제 유전체학을 제대로 이해하게 되었습니다"라거나 "이 논문은 게놈 시대의 진정한 서막입니다" 따위의 찬사를 담고 있었다. 프레드 생어는 하이모필루스 게놈의 발표에 부쳐 자필로 쓴 멋진 메모를 보내기까지 했다. 그는 내 방식이 성공하리라 믿고 있었지만 동료들이 모두 자기들 DNA 조각을 원하는 바람에 테스트할 기회를 얻지 못했다고 말했다.

논문을 다룬 언론 기사가 끊임없이 쏟아져 나왔다. 우리의 성과는 "21세기 의학 분야에 엄청난 잠재력을 지닌 대위업"이라는 평을 들었다. 〈뉴욕타임스〉[8]의 니컬러스 웨이드는 시적인 표현을 동원했다. "생명은 말할 수도 없고 측량할 수도 없는 신비다. 이를 정확하게 설명하는 건 지구상에서 가장 힘든 일이다. 하지만 이제 처음으로 독립 생물체를 정확하게 규정할 수 있게 되었다. 이는 완전한 유전자 설계도를 화학적으로 해독한 덕분이다." 그는 유전체학에서 명성이 자자한 하버드 대학교 조지 처치George Church의 말을 인용했다. "이번 논문은 실로 흥미진진한 이야기를 담고 있다. 마지막까지 아무도 눈을 떼지 못했다." 제임스 왓슨조차 이번 사건을 "과학사의 위대한 순간"으로 표현했다. 왓슨은 과연 〈사이언스〉 논문을 끝까지 읽었을까? 나는 그것이 궁금했다. 나는 논문에서 "여기서 설명한 방법은 인간 게놈의 염기서열을 분석하는 데도 시사하는 바가 있으리라"고

추측했다. 잡지에 실린 뉴스 기사[9]에서는 비슷한 취지의 내 말을 인용했다. "하이모필루스 인플루엔자이 염기서열 분석에서 거둔 성공은 인간 게놈 해독에 대한 기대감을 한껏 높였다."

비교유전체학의 출범

하이모필루스 논문이 나온 지 얼마 지나지 않아 우리는 약속대로 미코플라스마 제니탈리움 게놈을 〈사이언스〉에 발표했다.[10] 국제적 효모 게놈 분석 프로젝트를 이끌고 있는 앙드레 고포Andre Goffeau는 사설[11]에서 수년 간 염기서열이 완전히 해독되는 첫 게놈은 대장균 게놈일 거라고 생각되었으나 "모두의 예상을 뒤엎고" 외부인이 경쟁에서 승리를 거두었으며, 두 번째 게놈까지 해독해냈다고 말했다. 그는 계속해서 이렇게 썼다. "가장 인상적인 사실은 M. 제니탈리움 게놈의 해독 과정이 아주 효율적이었다는 점이다. 이는 TIGR의 염기서열 분석 및 정보과학 시설이 얼마나 훌륭한가를 입증한다." 클라이드 허치슨이 우리에게 M. 제니탈리움 DNA를 보낸 건 1995년 1월이었으며 우리가 논문 원고를 제출한 건 그해 8월 11일이었다.

두 번째 독립 생물체 게놈을 얻게 되자 우리는 비교유전체학이라는 새로운 분야를 출범시킬 수 있었다. 이에 대한 반응이 〈사이언티스트〉[12]에 실렸다. 에너지부의 데이비드 스미스David Smith는 이렇게 썼다. "나는 게놈 비교를 다룬 논문에서 미코플라스마 부분을 읽기 시작했다. 그 순간, 이런 생각이 들었다. '이건 엄청난 가능성을 지닌 완전히 새로운 생물학 분야로군.'" 우리 연구를 후원한 에너지부조차 우리가 하는 일에 대해 빙산의 일각만큼만 알고 있었다. 왓슨과 콜린스의 뒤를 이어 국립보건원 게놈연구소 부소장이 된 엘크 조던Elke Jordan은 이렇게 썼다. "우리는 미생물 게놈에서 걸음마를 떼려는 참이다. 이후에 효모, 예쁜꼬마선충, 드로소필라drosophila처럼 더 크고 복잡한 게놈을 얻게 되면 이때의 경험을 활용할 수 있을 것이다." 해밀턴은 〈사이언스〉에서 상황을 일목요연하게 정리했다. "크레이그는 사실상 모두가 의심하는 가운데 이 모든 일을 해냈다. 모두 그가 보기 좋게 실패할 거라고 생각하는 듯했다. 하지만 그는 어느 누가 생각한 것보다 더 많은 일을 더 빠른 기간에 이루었다." 이것은 시작일 뿐이었다.

나는 TIGR의 EST 연구를 발표하려고 1년간 애쓴 끝에, 1995년 9월에 377쪽짜리 특별판인 〈네이처〉 '게놈 명부'를 내놓았다.[13] 지난달은 사람들로부터 인정받기 위한 투쟁의 전환점이었다. 〈네이처〉 편집자 존 매덕스John Maddox는 이례적인 사설[14]에서 EST 데이터를 둘러싼 "곤혹스러운" 상황을 묘사했다. 사설은 인상적인 문구로 시작한다. "몇 달 전 수화기에서 뚜렷한 음성이 들려왔다. '당신이 벤터의 데이터를 발표하면 미국 게놈 진영에서는 당신에게 아무것도 제공하지 않을 거요.'" 매덕스는 계속해서 이렇게 썼다. "누구나 들으면 알 수 있는 그 목소리의 주인공은 미국에서 가장 저명한 유전학자다." 그가 나중에 전한 바에 따르면 그 뚜렷한 음성은 (물론) 제임스 왓슨의 목소리였다.

매덕스는 과학뿐 아니라 기삿거리를 보는 안목도 뛰어났다. 그는 위협에 굴하지 않고 논문을 발표하기로 결심했다. "괜한 허세가 아니었다. 논문을 발표한 데는 몇 가지 이유가 있다. 게놈 명부를 배포할 때 분명해지겠지만, 중요한 사실은 여기서 설명하고 있는 연구 결과가 그 자체로 매우 흥미롭고 훌륭한 과학이라는 점이다. 연구 규모 또한 예사롭지 않다. 벤터 연구진은 지금까지 해독한 전체 EST 길이가 500만 염기쌍, 즉 0.15퍼센트에 달한다고 발표할 예정이다. (……) 실제 유전자와 일치하는 EST는 5만 5,000개를 넘는다. 그 가운데 현재 공공 데이터베이스에 기록된 것은 1만 개밖에 되지 않는다."

학계와 언론계는 우리 연구에 환호성을 보냈다. 신문 1면과 주요 기사들은 다음과 같이 인간 게놈 경쟁의 신호탄이 울렸다고 전했다. "유전자의 개척자가 데이터 은행을 열다."[15] "게놈 명부는 우리 자신의 첫 지도다."[16] "게놈 해독에 속도가 붙다."[17] "과학자들이 유전자의 일터를 엿보다."[18] "이들의 연구는 대규모 인간 게놈 프로젝트의 발전을 보여준다."[19] 누군가 언급했듯, 게놈 명부 완성은 무엇이 인간을 인간답게 만드는지 이해하기 위한 중요한 과정이다.[20] 〈네이처〉의 생물학 부문 편집자인 니컬러스 쇼트 Nicholas Short는 〈뉴욕 타임스〉에 이렇게 말했다. "많은 이들이 데이터 이용 조건을 잘못 이해하고 있다. 그들이 내건 조건은 실제로는 너그러운 편이었다."

나는 〈비즈니스 위크〉[21]의 표지를 장식했고 〈피플〉[22]에도 소개되었다. 〈US 뉴스 앤드 월드 리포트〉에서는 비판자들이 나를 비웃고 트집을 잡았지만 "마지막에 웃은 사람은 크레이그 벤터였다"[23]고 지적했다.

최초의 게놈 두 가지를 해독하자 팬이 생기고 공동연구를 원하는 이들이 찾아오고 돈도 딸려왔다. 에너지부 과학국에서는 여러 가지 다른 미생물을 해독하라며 연구비를 지원했다. 우리는 토론에 토론을 거친 끝에 세 번째 게놈 프로젝트로는 별난 생물을 골랐다. 메탄균은 지구 내부에서 생긴 뜨거운 광물질 액체가 해저에서 증기처럼 분출하는 열수 분출구에 서식한다. 1982년에 우즈 홀 해양학연구소의 심해 잠수정 앨빈 호가 끓는 바닷물에서 이 미생물을 분리해냈다. 멕시코 산루카스 곶에서 160킬로미터 떨어진 한 분출구는 태평양 해저 2,400미터까지 내려간다. 메탄균은 지구에 살고 있는 작은 외계인 같았다. 이 미생물은 다른 행성에 갖다놓아도 번성할 만큼 강인하고 유별나다.

그 정도 수심에서는 수압이 24만 8,000헥토파스칼을 넘는다. 이것은 1제곱센티미터 당 260킬로그램의 무게로 짓누르는 것과 같다. 열수 분출구의 중심부는 온도가 329도를 넘지만 주변 바닷물은 2도밖에 안 된다. 메탄균은 85도쯤 되는 중간 지점에서 몸을 녹이기를 좋아한다. 메탄균은 유기물이 아니라 광물질을 먹고 산다. 이산화탄소에서 탄소를 얻고 수소에서 에너지를 얻고는 대사 부산물로 메탄을 배출한다.

메탄균은 제3의 생물영역에서 유래한 것으로 생각되었다. 이 아이디어는 일리노이 대학교 어바나 캠퍼스의 칼 우즈Carl Woese가 제시했다. 나는 칼을 무척 좋아한다. 그는 대단한 사상가다. 그는 모든 생물종이 세 가지로 나뉜다고 주장했다. 그의 주장에 따르면, 생물은 사람이나 효모처럼 '핵'이라는 틀 안에 세포의 통제 센터가 들어 있는 진핵생물eukarya, 박테리아bacteria, 그리고 나머지 생물영역과 비슷한 특징을 지니면서도 독특한 성질이 있고 게놈을 담아둘 핵이 없는 미생물인 고세균archaea으로 나눌 수 있다. 이전에는 박테리아와 고세균이 원핵생물prokaryote이라는 단일계로 묶여 있었다. 칼은 둘을 구분한 탓에 비난과 조롱을 받았다.

그는 내가 당한 것보다 더 심한 개인적 공격을 받고는 속세를 등지고 은둔생활을 했지만, 나와 협력하기로 했다. 메탄균 게놈의 염기서열 분석이 진행됨에 따라 칼의 흥분도 점점 커졌다. 그가 이번 결과를 얼마나 간절히 바랐는지 알면 충분히 이해할 수 있는 일이었다. 그는 조각 데이터를 손에 넣고 싶어 했다. 하지만 나는 전체 염색체를 조합할 때까지 기다려달라고 요청했다. 다행히 오래 기다릴 필요는 없었다. 고온 생명체를 특징짓는 유전자는 개수가 많지 않기 때문에 우리는 무엇이 이들을 구분하는지 무척 알고 싶었다.

이 생명체가 견딜 수 있는 온도에 다른 단백질을 갖다놓으면 대부분 구조가 변성된다. 이 과정은 50~60도에서 주로 일어난다. 따라서 나는 진화 과정을 거쳐 고온을 이겨내도록 변형된 단백질을 찾아낼 수 있으며, 특히 아미노산 시스틴이 많이 들어 있을 거라고 예측했다. 시스틴은 다른 시스틴 아미노산과 단단하게 화학결합해 단백질의 복잡한 3차원 구조를 유지한다. 하지만 놀랍게도 이들의 전반적인 아미노산 조성에는 별다른 차이가 없었다. 메탄균 단백질은 대부분 그 밖의 종과 매우 비슷했으며 특별한 차이점은 일부에 지나지 않았다. 이것만으로는 온도 안정성을 설명할 수 없었다. 진화를 이끄는 무작위 돌연변이는 단백질 구조를 세밀하게 조정하는 것만으로 이들이 고온에서 변성되지 않도록 할 수 있다. 하지만 닮은 점만큼이나 다른 점도 많았다. 처음 살펴본 고세균의 단백질 가운데 이전에 연구한 것들과 비슷한 건 44퍼센트에 지나지 않았다. 기초 에너지 대사를 일으키는 유전자를 비롯한 유전자 일부는 박테리아를 닮았다. 이와 대조적으로 염색체를 복사하고 정보를 처리하고 유전자를 복제하는 유전자는 상당수가 (사람과 효모 유전자를 포함하는) 진핵생물과 일치했다. 이로써 우즈의 이론은 불명예를 씻을 수 있었다.

메탄균 논문이 〈사이언스〉에 발표될 즈음, NASA에서는 화성에 미생물이 살고 있다는 가설적인 증거를 공개했다. 이 덕분에 언론의 관심이 우리에게 집중되었고 워싱턴 DC에 있는 미 기자 클럽에서 성황리에 기자회견이 열렸다. 칼 우즈는 몸이 아파 워싱턴까지 갈 수 없었지만 가운데 단상은 그의 자리였기 때문에 나는 화상회의를 준비했다. 또한 나는 이 생명체를 발견하고 실험실에서 배양한 원래의 조사단에게 영광을 돌리고 싶었다. 그래서 조사단장인 우즈 홀 해양학 연구소의 홀게 야나시Holger Jannasch(메탄균은 그의 이름을 따 명명되었다)와 잠수정 앨빈의 조종사 더들리 포스터Dudley Foster를 초청했다. 에너지부에서는 부장관을 보냈다. 마지막으로 해밀턴과 나를 비롯한 TIGR 팀, 〈사이언스〉 편집자가 기자들과 카메라를 마주하고 앉아 우리의 논문을 설명했다.[24]

우리의 게놈 연구는 미국을 비롯해 전 세계 주요 신문의 1면을 장식했다. 〈USA 투데이〉는 '미생물이 제3의 생물영역으로 인정받다'[25], 〈크리스천 사이언스 모니터〉는 '종의 진화. 미생물은 아주 유별난 존재다'[26]라고 제목을 달았다. 〈이코노미스트〉는 "굉장한 사건"[27]으로 정리했고 〈일반인을 위한 기계공학〉은 "지구의 외계 생명체"[28]로 소개했다. 〈새너제이

머큐리 뉴스〉에서도 "공상과학 소설에나 나올 법한 생물"[29]로 묘사했다. 전에 어머니가 보였던 반응이 수도 없이 되풀이되었다. 제3의 생명체가 정말 존재한다는 사실을 내가 입증했다며 설명하자 어머니는 이렇게 물었다. "동물? 식물? 아니면 광물이니?" 나는 짜증이 나서 설명을 포기했다. 기자회견 날 밤, NBC 뉴스 앵커도 똑같은 질문을 던졌다. 〈워싱턴 포스트〉도 같은 맥락으로 제목을 붙였다. '이것은 동물도, 식물도, 박테리아도 아니다. 화성 생명체 따위는 잊어버려라. 지구에 사는 또 다른 생명체의 유전부호를 놓고 진짜 소동이 벌어지고 있다.'[30]

▒ 이제는 인간 게놈이다

우리는 세 가지 생물영역 가운데 두 가지의 게놈을 해독했다. 사상 처음으로 해독된 게놈 세 가지도 우리 연구실에서 나왔다. (양조효모에서 분리한 첫 진핵생물의 게놈은 우리가 메탄균 게놈을 공개하기 전에 발표되었으나 〈네이처〉에 실린 것은 우리가 논문을 발표한 다음이었다.) 이 와중에도 EST 연구는 착착 진행되고 있었다. 우리는 브라질 연구진과 함께 주혈흡충증을 연구했다. 편형동물 기생충이 일으키는 이 질병은 개발도상국에서 사람들의 건강을 줄기차게 위협하고 있다. 우리는 유전자가 신경세포에서 변화를 활용하는 방법을 연구하고 알츠하이머병을 일으키는 유전자를 밝혀냈으며 (1991년 첫 EST 논문에서 예견한 대로) EST를 이용해 인간 게놈의 유전자 지도를 만들었다.

하지만 마음 한구석에서는 언제나 인간 게놈 해독을 앞당길 수 있는 방법을 찾아내고 싶었다. 국립보건원은 본격적인 염기서열 분석을 시작하기 위해 게놈 '지도 작성'에 수억에서 수십억 달러를 쏟아 붓고 있었다. 대장균과 마찬가지로 지도 작성이란 인간 게놈을 더욱 처리하기 쉬운 크기(현재는 10만 염기쌍)의 클론으로 쪼개는 것이다. 이 클론을 '박테리아 인공염색체(BAC, bacterial artificial chromosome)'라 한다. (다니엘 코언은 효모의 서열 덩어리를 더 크게 만들어 이른바 메가 YAC을 만들어냈다. 하지만 이 덩어리는 쉽게 쪼개지고 재배열된다는 문제가 있었다.) 전 세계 게놈 진영은 모든 BAC를 정확한 순서로 나열해 염기서열을 분석하려 하고 있었다. 이들이 굳이 BAC를 고집하겠다면, BAC 클론 수십만 개의 양쪽 끝에서 유전부호 500~600염기쌍을 분석해 커다란 데이터베이스를 만들면 기간과 비용을 많이 줄일 수 있을 터였다. 우리가 람다 클론과 하이모필루스 게놈을 만들 때처럼 말이다. 어떤 연구진이든 BAC 클론을 무작위로 골라 10만 염기쌍을 모두 해독한 다음에는 이 염기서열을 BAC 말단 데이터 집합과 비교하기만 하면 된다. 그러면 즉시 겹치는 부분이 분명히 드러나기 때문에 겹치는 부분이 가장 적은 클론을 해독하는 데 집중할 수 있다. 따라서 지도와 염기서열을 동시에 만들어낼 수 있다. 해밀턴은 이 아이디어를 마음에 들어 했다. 우리는 아이디어를 함께 다듬었다. 리 후드도 내 이야기를 듣더니 이마를 쳤다. 우리 셋은 이 방법을 〈네이처〉에 발표했다. EST와 마찬가지로 BAC 말단 염기서열 분석 방법도 표준이 되었다.

마침내 우리 연구가 인정을 받기 시작했다. 우리를 비난하던 이들도 생각을 바꾸었다. 사우스캐롤라이나 힐튼헤드에서 열린 학술대회에서 웰컴 트러스트의 고위 임원인 존 스티븐슨은 이렇게 말했다. "2년 전만 해도 크레이그 벤터가 이런 업적을 이루리라는 데 다들 회의적이었다. 하지만 그는 미생물유전체학 분야를 하루 만에 뒤엎었다." 국립 알레르기 및 전염병 연구소의 앤 긴즈버그Anne Ginsberg도 같은 취지로 말했다. 그녀는 하이모필루스 게놈이 연구의 지형을 뒤바꾸었다고 지적했다.

국립보건원과 에너지부에서 TIGR로 자금이 밀려들어왔고 게놈이 속속 밖으로 흘러나갔다. 메탄균 다음으로는 헬리코박터 파일로리Helicobacter pylori 게놈을 해독했다. 위에 서식하는 이 박테리아는 전 세계 인구의 절반 이상을 감염시켜 위염·위궤양·위암을 일으킨다. 그 다음, 두 번째 고세균인 아케오글로부스 펄지두스Archaeoglobus fulgidus와 보렐리아균 Borrelia burgdorferi을 해독했다. 스피로헤타spirochete에 속하는 이 생명체는 미국에서 가장 흔한 진드기성 질병인 라임병을 일으킨다. ('스피로헤타' 라는 이름은 모양이 나선을 닮았고, 조직 속을 나선형으로 파고들어가기 때문이다.) 우리는 곧 매독을 일으키는 두 번째 스피로헤타와 최초의 말라리아 염색체를 해독했다.[31]

우리도 들떴고, 학계도 들떴다. 돈이 쏟아져 들어왔다. 하지만 아무리 자금이 밀려 들어와도 내 야망을 채우기에는 충분하지 않았다. HGS와 윌리엄 해절틴이 TIGR와 연관되어 있다는 점 때문에 연구자와 지원 기관들은 함께하기를 꺼렸다. TIGR에 연구비를 지원하면 해절틴과 HGS에도 이익이 돌아간다는 생각에는 일리가 있었다. 게다가 HGS는 연구소에서 데이터가 쏟아져 나오는 대로 자기들에게 쓸모가 있든 없든 무조건 특허를 출원했다. 이 때문에 법적인 시비가 끊이지 않았다. 그건 바보짓이었다. 무언가 해결의 실마리를 찾아야 했다.

CHAPTER 10

결별

자신의 일에 나 다윈만큼 몰두하는 건 저주 받을 죄악이다.

▌ 찰스 다윈

■ HGS와 헤어지기 위해서

결별은 2년 전인 1995년 7월 25일 수요일 아침에 이미 시작되었다. 출근하기 전에 전화가 걸려왔다. 수화기 너머로 긴장과 체념이 섞인 목소리가 들려왔다. 월리스 스타인버그가 자다가 심장마비를 일으켜 61세를 일기로 세상을 떴다는 것이다. 나는 내 귀를 의심했다. 고통스러운 기억이 떠올랐다. 어머니가 전화를 걸어서는 아버지가─월리스처럼─심장마비로 돌아가셨다고 말했던 13년 전 기억이. 월리스와 나는 자주 티격태격했지만 아버지처럼 그 또한 그리울 터였다. 남들이 나를 적대시할 때도 월

318

리스는 내 연구를 지지했다.

월리스는 언제나 과장된 삶을 살았다. 그는 뉴저지의 호화로운 저택에서 위대한 개츠비처럼 살았다. 사치스러운 여흥, 테니스와 춤이 그치지 않았다. 월리스가 무엇보다 원한 건 영생이었다. 그는 자신이 세운 의료 기업들 덕분에 남들보다 오래 살 거라고 믿었으리라. 비록 순전히 이익 때문인 듯 했지만, 그는 유전체학의 잠재력이 크다는 사실을 여느 분자생물학자보다 잘 이해하고 있었다.

월리스의 이른 죽음 때문에 베트남에서 얻은 교훈이 다시 떠올랐다. '후회하지 않을 삶을 살라'는 교훈 말이다. 월리스는 평생 이를 실천했다. 그의 죽음 덕분에, '후원자'들과 끊임없이 다투느라 내 삶을 허비할 수 없다는 생각이 들었다. HGS와 협력해서 기초과학의 발견을 신속하게 임상에 적용하려던 꿈은 첫날부터 삐걱거렸다. 속을 들여다보면 의료는 찾아볼 수 없고 온통 탐욕과 권력뿐이었다. 월리스의 죽음은 TIGR와 HGS의 관계에도 종언을 고할 터였다. 그가 나와 나의 연구에 계속 관여하고 싶어 한 덕분에 우리의 긴장 관계가 그나마 유지될 수 있었기 때문이다. 그가 세상을 떠난 뒤 남은 것은 해절틴뿐이었다. 그는 TIGR도, HGS도 없애버리고 싶어 했다.

해절틴과 HGS는 목표가 달랐다고 말하는 편이 공정할 것이다. 이들은 환자를 미래의 고객이자 수입원으로 생각했다. 새 치료법이 효과가 있다면 이렇게 해도 괜찮다. 하지만 회사가 환자에게 헛된 희망을 주거나 속이는 것은 도의에 어긋난다.

나는 유전체학 혁명이 미래 의학의 토대가 되리라는 점을 알고 있었다. 하지만 생명과학계가 단기적인 잠재력을 엄청나게 부풀리고 있다는 생각이 들었다. 나의 불안감은 월리스가 죽기 몇 주 전에 절정에 달했다. TIGR에서 우리 측 이사, 월리스, 그의 자문역 몇 명과 회의를 할 때였다. 주요 안건은 내 소유의 HGS 주식 가운데 TIGR를 설립하는 데 쓰고 남은 것을

• 나의 변덕스러운 심장 •

나는 심장 질환을 일으키는 유전자의 고위험 변이형을 여럿 지니고 있다. 특히 GNB3은 고혈압·비만·인슐린 저항·심장 비대를 일으키며 MMP3은 심장마비를 일으킨다.

GNB3의 자연 변이형은 고혈압을 일으킨다고 알려져 있으며, 특히 심장 근육이 두꺼워져 목숨까지 위협하는 좌심실 비대와도 연관되어 있다. 이 유전자 변이형은 고혈압을 일으킨다고 알려져 있으며, 특히 심장 근육이 두꺼워져 목숨까지 위협하는 좌심실 비대와도 연관되어 있다. 이 유전자 변이형은 고혈압에 흔히 쓰는 의약품, 특히 히드로클로로티아지드(HCTZ, hydrochlorothiazide) 이뇨제에 대한 반응에 영향을 미치기도 한다. 동물 실험과 실험실 세포 연구를 살펴보면 이 유전자가 왜 위험한지 힌트를 얻을 수 있다. 이 유전자는 세포 안의 전달 체계인 G단백질 활성을 증가시켜 지방세포 생산을 늘린다. 이 사실을 발견한 독일 연구진은 부모에게 유전자 사본 2개를 각각 물려받을 경우 비만 위험이 커진다는 점을 알아냈다. 비만은 그 자체로도 여러 가지 질병의 위험 인자다.

MMP3은 기질 금속단백 분해효소(MMP, matrix metalloproteinase)로 알려져 있는데, 생물이 발달하고 상처를 치료할 때 중요한 역할을 한다. 이 효소군은 상피 조직에서 중요한 역할을 한다. 상피 조직은 물질을 몸 안팎으로 나르고 체내 기관을 보호한다. 기질 금속단백 분해효소는 소화효소로서 (마치 불도저처럼) 기관을 새로 만들고 낡은 기관을 복원할 수 있도록 길을 닦는다. MMP3의 특정 위치에 있는 염기는 '스트로멜리신1stromelysin-1'로 불리며, 동맥벽을 이루는 세포 밖 바탕질을 분해하는 효소의 생산량에 영향을 미친다. MMP3 단백질은 이런 식으로 혈관의 탄력과 두께를 조절한다. 나처럼 저발현 유전자형을 지닌 사람은 죽상경화증에 좀 더 걸리기 쉽다. 이 질환은 동맥벽에 플라크가 쌓여 동맥이 좁아지는 것이다.

매각하는 문제였다. 이는 내가 월리스의 경영 능력을 믿지 못하는 것으로 비칠 수 있었고, 월리스도 이를 자신에 대한 공격으로 받아들여 노발대발했다. 나는 단순히 HGS에 불만을 표시한 게 아니었다. 월리스를 믿지 못한다는 의사 표현이었던 것이다. 그는 자신이 부자라는 사실을 기꺼워했다. 그리고 나도 부자로 만들어주고 싶어 했다. 그는 이해할 수 없었다. "HGS 주식은 앞으로 엄청난 가치를 지닐 텐데 왜 팔겠다는 건가?"

하지만 나와 HGS의 관계에서는 현재의 문제가 먹구름을 드리운 탓에 미래가 보이지 않았다. 당시 회의는 첫 미생물 게놈 논문을 발표하는 문제로 옥신각신하는 와중에 열렸다. 이는 HGS와 TIGR 사이의 곤혹스러운 관계를 더 벌려놓았다. 나는 월리스에게 해절틴의 광대짓 때문에 내가 얼마나 골치 아팠는지를 이야기했다. 이 때문에 학계에서 소외된 이가 한둘이 아니었다. 내가 주식을 팔고 다른 곳으로 옮겨야 하는 까닭은 바로 해절틴 때문이었다. 월리스는 나 때문에 화가 났지만 그가 내 입장이었더라도 나처럼 했을 것이다. 아쉽게도 이때가 그의 살아생전 모습을 본 마지막 순간이었다.

월리스가 〈뉴욕 타임스〉에 실린 3단짜리 부고 기사[1]를 봤다면 흐뭇해했을 것이다. 하이모필루스 게놈 논문이 〈사이언스〉에 발표된 다음 날이었다. 기사는 리치 칫솔부터 월리스가 설립한 생명공학 회사에 이르기까지 그의 업적을 되새겼다. 나와 관련해서는 이렇게 썼다. "도박은 성공한 듯했다. 벤터 박사는 살아 있는 생명체의 전체 유전자를 처음으로 해독했다." 월리스는 자신의 장례식에도 흡족해했으리라. 그날의 분위기는 '호사의 과잉'이라는 표현이 딱 어울렸다. 〈위대한 개츠비〉와 〈대부〉를 합쳐놓은 영화의 마지막 장면을 보는 느낌이었다.

월리스는 해절틴 때문에 무덤에서도 편히 눈을 감지 못했을 것이다. 해절틴은 월리스의 적절한 감시에서 벗어나자 새로 얻은 권력과 자유를 마음껏 휘둘렀다. 나는 해절틴에게 HGS와 TIGR가 결별할 때가 왔다고 말

• 불규칙한 심장 박동 •

불규칙한 심장 박동을 비롯해 급성 심장사를 일으키는 질병에는 여러 유전적·환경적 요인이 결부되어 있다. 해마다 미국인 30만 명 정도가 이 때문에 목숨을 잃는다. 게놈을 살펴보는 일은 중요하다. 심각한 이상이 발견될 경우 현재의 의술로도 치료 가능성이 있기 때문이다. 베타 차단제처럼 심장 리듬을 조절하는 약물을 쓰거나 자동 제세동기를 삽입할 수도 있다.

존스홉킨스의 댄 아킹Dan Arking 연구진은 독일 뮌헨의 과학자들과 미국 프레이밍햄 심장연구소와 공동으로 전체 인간 게놈을 조사하고 복잡한 질병을 일으키는 유전자 변이형을 파악하는 새로운 전략을 도입했다. 이들은 심장을 비정상적으로 뛰게 해 급성 심장사를 일으키는 유전자를 찾아냈다.

'산화질소 합성효소1 [신경] 수용체 단백질(NOS 1AP, nitric oxide synthase1 [neuronal] adaptor protein)'이라 불리는 이 유전자는 기존의 유전자 탐색 과정에서는 발견되지 않았는데, QT간격의 길이에 영향을 미치는 듯하다. QT간격은 심장에서 아래쪽 심방 2개가 펌프질을 할 때 심실이 박동을 시작하고 나서 다시 박동할 때까지 걸리는 시간이다. QT간격은 심장이 쿵쾅거리며 뛸 때 '쿵'에 해당하며 사람마다 일정하게 유지되어야 한다.

QT간격이 유별나게 길거나 짧으면 급성 심장사를 일으킬 위험이 커진다는 사실이 입증되었다. 이 간격은 심전도 장치로 측정할 수 있으며, 전기 자극을 받아 심방이 박동을 시작한 후부터 다음 박동을 위해 재충전할 때까지 걸리는 시간이다. 하지만 급성 심장사 사례의 3분의 1 이상에서는 별다른 요인이 발견되지 않았다.

이번 연구는 QT간격과 연관되어 있는 부호에서 오류(SNP, 단일염기다형성)를 밝혀냈다. 이 SNP는 NOS 1AP 유전자에서 발견되었다. 이 유전자는 효소(신경세포 산화질소 합성효소)를 조절하는 단백질을 만든다. 과학자들은 신경세포에서 이 유전자가 어떤 역할을 하는지 연구했으나 심장에서도 나름의 역할을 한다는 사실은 몰랐다.

하지만 연구진은 NOS 1AP 유전자가 사람의 심장 좌심실에서 알맞은 때와 장소에 활성화된다는 사실을 알아냈다. 이는 QT간격에 대한 이 유전자의 역할을 보여준다.

이후의 연구에서는 유럽 혈통을 지닌 사람들의 60퍼센트 정도가 NOS 1AP 유전자에 SNP 사본을 적어도 1개는 가지고 있다는 사실을 밝혀냈다. 어떤 변이형의 사본이 2개 있는 사람은 QT간격이 더 짧은 반면, 또 다른 변이형의 사본이 2개 있는 사람은 QT간격이 더 길다. 나는 두 사본을 다 지니고 있다. 이는 QT간격이 일정하다는 뜻이다. 이것으로 위안을 삼고 싶지만 SNP를 가지고 비정상적인 심장 박동을 모두 설명할 수는 없다. QT간격의 이상 사례 가운데 이에 해당하는 것은 1.5퍼센트밖에 되지 않기 때문이다.

했다(HGS는 우리에게 줄 돈이 아직 5,000만 달러 남아 있었다). 직접 말하기도 했고 변호사를 통해 전하기도 했다. 하지만 해절틴은 우리의 관계를 끝내고 싶어 하지 않았다. 우리의 관계가 아무리 틀어졌다 해도 이것은 HGS와 스미스클라인 비첨의 계약에서 핵심적인 요소였기 때문이다. HGS는 결코 결별에 동의하지 않았을 것이다. TIGR를 잃었다가는 스미스클라인 비첨에 수천만 달러를 물어야 했기 때문이다.

나는 조지 포스트에게 부탁하기로 마음먹었다. 당시 그는 스미스클라인 비첨의 연구부장이었으며 HGS와 스미스클라인 비첨의 관계에 직접 연관되어 있었고, 나는 스미스클라인 비첨의 과학자문위원회 위원이었기 때문에 우리는 자주 만났다. 조지와 스미스클라인 비첨 경영진은 TIGR와 HGS 사이의 문제 때문에 골머리를 썩는 게 분명했다. 스미스클라인 비첨의 주요 관심사는 TIGR의 데이터를—인간 데이터든 미생물 데이터든— 얻는 것이었다. 이들이 항생제를 개발하는 데 유용하기 때문이다.

조지와 나는 계획을 세웠다. 조지는 HGS로부터 중요한 양보를 얻어내면 HGS가 물어내야 하는 1,000만 달러를 포기하겠다고 말했다. 중요한 양보란 조지가 질병 유전자를 비롯해 기타 진단용으로 테스트하기 위해 가져온 데이터를 쓸 수 있도록 허가하는 것이었다. 스미스클라인 비첨은 당시 이 권리를 보유하지 못하고 있었다. 조지는 자신과 스미스클라인 비첨이 이 권리를 얻을 수 있다면 HGS와 TIGR가 이혼하는 데 반대하지 않겠다고 약속했다. 해절틴은 우리 계획을 받아들였다. 그는 HGS가 향후 6년간 TIGR에 지급해야 하는 지원금을 내가 포기한다면 계약을 종료하고 우리를 자유롭게 풀어주겠다고 말했다.

내가 오랫동안 꿈꾸던 일이 바야흐로 이루어질 참이었다. 나를 비난하는 이들은 내가 돈 되는 연구만 한다고 우겼지만 사실 그 반대였다. 나는 자유롭게 연구하는 데 필요한 만큼만 돈에 관심이 있었다. HGS의 지원에는 내가 예상치 못한 조건이 너무 많았다. 그들은 내 연구를 제한하고 내 명성을 손상시켰다. 하지만 TIGR를 독립시키기 위해 HGS로부터 받기로 한 수백만 달러를 포기하려는 내 결정을 TIGR 이사회가 지지해줄까?

핵심 이사들에게 전화를 걸었더니 모두 난색을 표했다. TIGR에 남은 돈으로는 1년을 버티기도 어려운 형편이었다. 나도 걱정되기는 마찬가지였다. 함께 일하는 연구자와 동료 100여 명의 장래가 걸린 문제였다. 나는 밤잠을 이루지 못했다. 하지만 내 제안에는 희망적인 요소도 들어 있었다. 우리는 HGS와 연계되어 있는 탓에 정부 기관으로부터 공공 기금을 지원 받지 못했다. 지원서를 검토하는 과학자들이, TIGR에 연구비를 지원하면 HGS의 배만 불려줄 거라고 생각했기 때문이다. 또한 우리는 연구 기관에 필수적인 면세 혜택도 누리지 못했다. HGS와의 관계를 끊으면 연구자금이 들어올 것이다. 국세청에 문의해보니 면세 혜택도 얻을 수 있을 듯했다.

나는 HGS 주식으로 가지고 있던 3,000만 달러 정도를 TIGR 기금으로 내놓았다. TIGR가 이 돈의 절반이 아니라 전액을 받으려면 면세, 비영리 지위를 얻어야 했다. 이 문제를 의결하기 위해 특별이사회를 소집했다. 이사들은 심각한 우려를 나타내면서도, 내 직관과 나를 믿고 나에게 지지를 보낸다고 말했다. 사실 엄청난 도박이었다. 내 경력과 우리 연구소를 살릴 수도 있고 죽일 수도 있는 상황이었다. 지원금과 면세 혜택을 얻지 못하면 TIGR는 문을 닫고 우리 모두 길바닥에 나앉아야 할 터였다. 일생일대의 결정을 내리기 위해서는 생각할 시간이 더 필요했다. 나는 머리를 식히고 싶었다. 마침 대서양 횡단 경주라는 굉장한 기회가 찾아왔다.

답을 찾기 위해 나간 바다

버뮤다 항해를 마친 이후 극한의 날씨를 이겨낼 수 있는 더 크고 빠른 배가 필요했다. 나는 HGS 주식을 매각하면서 완벽한 대양 항해용 선박을 계획하기 시작했다. 몇 년간 항해 잡지를 탐독하고 그동안의 경험을 토대로 해서 단독 항해가 가능한 17~20미터짜리 슬루프(돛대가 하나인 요트-옮긴이)를 구상하기 시작했다. 이런 배는 비교적 가볍고 빠르며 바닥에 물을 채워 안정성을 유지한다. 나는 요트 설계사와 함께 작업을 진행했다. 그는 경량 순항 요트 전문가였다. 배의 길이는 20미터에—단독 항해할 수 있는 최소 길이다—물 바닥짐(밸러스트)과 작은 조타실을 갖추었다. 생활공간과 성능, 스타일과 비용을 완벽하게 절충한 방식이었다.

이제 남은 건 요트를 만들어줄 제작자뿐이었다. 내 꿈을 이루는 데는 비용이 과연 얼마나 들까? 나는 여기저기 조사한 끝에 하우디 베일리 Howdy Bailey와 약속을 잡았다. 해양 연구를 위해 TIGR에서 구매한 20미터짜리 철제 트롤선의 선장과 내 설계를 양산품으로 만드는 데 흥미가 있는 요트 중개인을 이끌고 하우디 베일리의 제작소를 찾아갔다. 우리는 도면을 검토한 다음 제작소를 둘러보았고, 알루미늄과 용접, 제작 기간—최장 2년—에 대해 논의했다. 최종 산출된 제작비는 250만 달러 정도였다. 뒤로 자빠질 뻔했다. 나는 생각할 시간을 달라고 했다.

그즈음 새로운 후보가 나타났다. 나는 〈요트〉 광고 면에서 그때까지 본 것 가운데 가장 아름다운 요트 하나를 눈여겨보고 있었다. 베일리를 만나러 가는 길에 〈요트〉 최근호를 읽다가 이 근사한 25미터짜리 요트의 판매가가 150만 달러로 대폭 떨어졌다는 사실을 알게 된 것이다. 이 요트는 용골에만 납을 25톤이나 쓴 탓에 배수량(배가 밀어내는 물의 분량—옮긴이)이 55톤을 넘었다. 이 배를 설계한 게르만 프레르스German Frers는 아르헨티나 출신의 선박 설계사이며 속도가 빠른 선체를 만드는 것으로 유명하다. 그가 만든 배 가운데는 아메리카 컵을 차지한 것들도 있다. 바로 다음 날, 나는 배를 보러 플로리다로 갔다.

낮고 매끈매끈한 푸른 선체와 티크목 갑판, 깊이 파인 갑판실을 보는 순간 나는 첫눈에 반했다. 계단을 내려가 포근한 체리목 선실에 들어가보았을 때는 정신을 차릴 수가 없었다. 내가 설계한 요트는 단순하면서도 엄청나게 비쌌던 반면, 이 배는 선수船首프로펠러와 유압 권양기, 발전기에 정수기까지 갖추고 있었다. 배의 내부는 어느 선원이라도 군침을 흘릴 만한 자연미를 지니고 있었다. 중개인에 따르면 3년 전 게리 코머Gary Comer를 위해 만든 배라고 했다. 코머는 올림픽 요트 스타 출신으로, 통신 판매와 인터넷 판매로 보수적인 스타일의 옷을 판매하는 랜즈엔드Land's End를 설립한 인물이다. 세계 일주를 끝낸 뒤 배를 팔려고 내놓은 것이었다. 나는 125만 달러 이내로 홍정을 시도했다. 며칠 뒤 그 가격이 받아들여졌다. 바야흐로 내 삶에 새로운 장이 열리는 순간이었다.

배의 원래 이름은 '소동Turmoil'이었다. 이렇게 아름다운 배에는 어울리지 않는 이름이었다. 다행히도 코머는 새로 산 동력 요트에 그 이름을 붙일 거라고 말했다. 나는 물 위에서 바람의 힘만으로 나를 움직이는 마법 같은 힘을 표현할 이름을 찾아 한참을 고심했다. 결국 '마법사Sorcerer'로 지었다. 과학이 일반인의 눈에 신비한 마법처럼 보인다는 점, 우리 아들의 가운데 이름인 '엠리스'가 웨일즈어로 멀린Merlin(아서 왕을 섬긴 마법사―옮긴이)을 가리킨다는 점, 점성술이 천문학을 낳고 연금술이 화학을 낳는 등 과학과 마법이 깊이 연관되어 있다는 점에 착안했다.

첫 1년 동안, 마법사 호는 기대한 만큼 내 마음을 사로잡지는 못했다. 기기는 대부분 작동하지 않았다. 반품할 만한 하자였다. 배의 모습을 갖추어나가는 일은 시간과 노력이 많이 들었다. 하지만 하나하나 결함을 수리하면서 배에 대해 속속들이 알 수 있었다. 나는 뉴잉글랜드와 카리브해를 다녀왔지만 이런 훌륭한 요트를 항구에 묶어두거나 당일치기 항해에 써서는 안 된다는 생각이 들었다. 마법사 호는 엄청난 잠재력을 지니고 있었다. 이미 세계 일주를 성공적으로 치르기도 하지 않았던가. 나는 대양 항해에 나서고 싶었다. 하지만 긴 휴가를 내려면 좋은 변명거리가 필요했다.

그때 대서양 횡단 경주 안내문이 눈에 들어왔다. 뉴욕 요트 클럽에서 후원하는 그 경주는 56미터짜리 스쿠너(돛대가 2~4개 있는 요트―옮긴이) 애틀랜틱 호가 대서양 횡단 기록을 세운 1905년 경주를 재현하는 것이었다. 경주는 1997년 5월 17일에 시작하기로 되어 있었다. 뉴욕에서 출발해 풍랑이 거센 북대서양을 거쳐 영국 팰머스에 도착하려면 4,800킬로미터를 항해해야 한다. 두려우면서도 흥분되었다. 하지만 경주에 참가하려면 배 길이가 최소한 26미터는 되어야 했다(마법사 호는 25미터밖에 되지 않았다). 나는 선체를 늘일 방법을 찾아보다가 경기 규칙에는 선체의 길이 요건에 제1사장 bowspirt(이물에서 돌출된 둥근 재목―옮긴이)을 비롯해 앞으로 튀어나온 부위가 모두 포함된다는 사실을 발견했다.

경주 진행자이자 역사가이며 공식 계측원인 리하르트 폰 된호프 Richard Von Doenhoff가 선미판 바깥으로 튀어나온 깃대 끝부터 선수 난간 끝까지 마법사 호의 길이를 쟀다. 마법사 호는 2.54센티미터 차이로 가까스로 기준을 통과했다. 등급 핸디캡에서 불리한 조건이었지만 나는 신경 쓰지 않았다. 참가에 의의가 있을 뿐 숙련된 승무원이 탑승한 40~65미터짜리 배를 이기겠다는 환상은 애초부터 없었다.

〈워싱턴 포스트〉는 유일한 '지역 주민'이 대담하게도 경주에 참가한다는 기사를 실었다.[2] 그러자 내 용기에 감명을 받은 이들이 승무원을 자청하고 나섰다. 변호사이자 의학박사인 데이비드 키어넌David Kiernan도 그들 가운데 하나였다. 전직 외과의사라면 승무원으로 제격이었다. 우리는 저녁을 먹으며 이야기를 나누었다. 그와 함께라면 바다에서 몇 주 동안이라도 살아남을 수 있을 듯했다. 일흔이 넘은 고모부를 비롯해 11명의 승무원이 모집되었다.

TIGR의 업계 파트너가 될 업체와 이야기가 잘 되어 삼각돛 구입 대금 2만 달러를 충당할 수 있었다. 애머섐Amersham 사는 DNA 염기서열 분석 업체를 사들였으며 나와 HGS의 관계가 틀어진 것을 알고 있었다. 나는 애머섐 사의 새 최고경영자 론 롱Ron Long을 즐겨 만났다. 그는 우리와 함께 미생물유전체학을 활용해 새로운 항생제를 개발하고 싶어 했다. 기존 의약품에 대한 내성이 증가하고 있기 때문에 이는 시급한 과제였다. 론은 돛을 장만하는 비용을 대겠다고 했다. 돛에는 턱수염을 기르고 고깔모자를 쓴 마법사 얼굴을 그렸다. 후원사인 애머섐의 로고가 그려진 커다란 깃발도 달았다.

뉴욕의 요트 클럽과 해안에서는 술과 파티와 함께 전야제가 열렸다. 전문 승무원을 고용해 항해를 시키는 선박 소유주들도 있었다. 놀랍게도 어떤 이들은 배도 타지 않고 바로 영국으로 날아가서 항해가 끝난 후 파티에만 참석한다고 했다. 경주에 참가하는 20척 가운데 나를 제외하고 소유주가 선장인 배는 40미터짜리 하나뿐이었다. 마법사 호 다음으로 작은 배는 30미터짜리 영국 배로, 선장은 로빈 녹스-존스턴 경Sir Robin Knox-Johnston이었다. 그는 최연소로 단독 세계 일주를 해낸 인물이었다. 나는 그의 책을 읽고 감명을 받았다. 하지만 그는 자신의 업적을 내세우며 조금 자만심에 빠져 있었다. 누구보다 바다를 잘 알기 때문에 자기가 우승

할 거라고 말했다. 대서양 횡단만 스무 번째니 그럴 만도 했다.

핸디캡 등급이 발표되자 나는 기운이 빠졌다. 마법사 호는 9~15미터는 더 긴 배들과 함께 중간 등급에 속해 있었다. 심지어 로빈 경보다도 뒤였다. 실망스럽기는 했지만 내가 이곳에 온 이유는 모험을 즐기기 위해서라는 사실을 다시 한 번 상기했다(그렇다고 승리를 포기한 건 아니었다). 로빈 경은 대서양 아래쪽으로 항해해 악천후를 피하고 최고의 바람을 타겠다고 공언했는데 나는 어리둥절했다. 방대한 조사 자료에 따르면 최대한 북쪽으로 올라가 강풍을 타는 게 가장 유리했다. 로빈 경은 내가 모르는 사실을 알고 있었던 걸까?

나는 기술로 무장하고 있었다. 이번 경주는 새로운 안전 조치를 시험하는 자리였다. 이를 위해 모든 선박은 6시간마다 위성을 통해 자신의 위치를 자동으로 보고하도록 되어 있었다. 우리는 마법사 호에서 컴퓨터 알고리듬을 이용해 다른 배들의 속도와 위치 정보를 얻어 이를 계산할 수 있었다. 여기에 등급을 적용하면 실제 성적을 알 수 있는 것이다.

경주는 뉴욕 항 바깥에서 시작되었다. 날이 흐렸지만 바람은 적당했다. 그때 첫 폭풍이 찾아왔다. 북대서양 강풍이 몰아친 탓에 파도가 6미터나 치솟았다. 나는 마법사 호를 거대한 서프보드처럼 몰며 거센 파도를 뚫고 21노트로 항해했다. 우리는 집중력을 잃지 않으려고 20분마다 키잡이를 교대했다. 이런 상황에서는 실수 하나로도 재앙이 닥칠 수 있었다. 강풍을 맞기에는 돛이 너무 컸다. 숨 막히는 몇 분이 지난 뒤 살펴보니 거센 파도에 농락당한 탓에 선체 옆이 갈라지고 삼각돛은 물에 잠겨 있었다.

이 밖에도 오싹한 순간이 여러 번 찾아왔다. 돛 수리공이 돛대 위로 올라가 갑판장 의자에 앉았다. 거센 폭풍을 뚫고 18노트로 항해하는 동안 그가 돛을 꿰맨 덕분에 돛을 내리고 속도를 늦추지 않아도 되었다. 하지만 새 삼각돛은 수백 조각으로 찢어져버렸다. 강풍 속에서 성조기를 닮은 거대한 보조 삼각돛을 펼쳤다. 하지만 지름 60센티미터짜리 주 권양기 도르래에 감아둔 삼각돛 밧줄이 '딸깍' 하며 엄청난 속도로 풀렸다. 밧줄 껍질이 마찰열로 녹아내리자 찢어지는 금속성 소음이 울려 퍼졌다. 세 번의 강풍을 만나는 동안 우리는 3,200킬로미터를 나아가 다른 배 몇 대를 따라잡았다. 몇 대는 폭풍에 낙오했다. 우리는 물 한 방울까지 아껴 써야 했다. TIGR 염기서열 분석 연구보조원인 홍일점 셰릴Cheryl이 남편과 함께 샤워를 하려다 사람들에게 빈축을 사기도 했다.

앞으로 1,600킬로미터 남았다. 영국 근처에는 저기압대가 발달해 있었다. 우리는 순풍에서 맞바람으로 바꿔 탔다. 바람은 영국 제도에서 불어왔다. 벌점이 쌓이기 시작했다. 마법사 호는 큰 요트보다 맞바람에 더 적합했기 때문이다. 항해가 끝나갈 때쯤 끊임없는 맞바람 때문에 참가자 3분의 1이 경주를 포기했다.

밤 10시 직전, 마침내 우리는 결승선을 통과했다. 항해를 시작한 지 15일 하고도 몇 시간 만이었다. 마법사 호의 삭구는 망가졌고 우리는 기진맥진했다. 나는 우리가 우승했다는 사실을 알았다. 하지만 다들 녹초가 되어 닻을 내리고는 곯아떨어졌다. 사흘 후, 로빈 경이 사파이어 호의 엔진을 가동한 채 항구로 들어왔다. 최후의 탈락자였다. 그의 배는 거센 맞바람을 뚫고 항해하는 데 적합하지 않았다. 몇 시간 후에 로빈 경이 내게 다가와 뻣뻣한 자세로 축하 인사를 건네고는 행사장을 빠져나갔다. 지역 언론들은 엄청난 사건이 일어났다고 썼다.

우승 이후의 며칠은 또 다른 이유로도 기억에 남았다. 영국 해전사의 최고 영웅 호레이쇼 넬슨Horatio Nelson의 기함 빅토리 호 특별실에서 만찬이 열렸다. 넬슨은 영국이 프랑스와 에스파냐 함대에 대승을 거둔 1805년 트라팔가 해전에서 목숨을 잃었다. 프랑스 전함에서 날아온 머스킷 총탄에 맞은 것이다. 전투가 끝난 뒤 빅토리 호는 지브롤터로 견인되었고, 넬슨의 시신은 브랜디에 안치되었다. 우리는 돌아가는 길에 이 전설적인 바다의 영웅에게 경의를 표하기 위해 지브롤터로 향했다. 하지만 마법사 호보다 세 배는 높은 파도가 우리를 덮쳤다. 길고 긴 사투였다.

해협에 들어서자 마법사 호는 우현은 아프리카, 좌현은 에스파냐를 바라보고 있었다. GPS와 엔진이 없던 시대에 넬슨이 어떻게 이 해협을 헤쳐나갔을지 상상해보았다. 지브롤터에 들어오자 이 지역이 역사적으로나 군사적으로 얼마나 중요한지 실감할 수 있었다. 나는 오랜만에 그 어느 때보다 살아 있음을 만끽했다. HGS뿐 아니라 온 세상을 손에 넣을 수 있을 것만 같았다.

TIGR에 돌아와서는 이사회를 소집해 HGS와의 관계를 끝낸다고 발표했다. 이사들은 만장일치로 나를 지지했다. 〈뉴욕 타임스〉의 니컬러스 웨이드는 이렇게 썼다. "게놈 염기서열 분석 진영에서 가장 어울리지 않던 커플이 드디어 (……) 금요일에 이혼했다."[3] 〈워싱턴 포스트〉는 어울리지 않는 커플 이야기를 다시 들먹이며 나를 "양복과 넥타이보다 평상복을 더 좋아하고 포토맥의 검소한 집에서 직접 차를 몰고 출퇴근하는 전직 서퍼 생화학자"로, 해절틴을 "흠잡을 데 없는 옷차림으로 마치 남성 잡지 〈GQ〉 속에서 걸어 나온 듯한" 52세의 생물물리학자로 묘사했다. "해절틴은 조지타운의 화려한 저택에서 매일 아침 기사가 모는 차를 타고 출근한다."[4] 해절틴은 사업 종료 계약을 맺으러 TIGR의 내 사무실로 올 때는 직접 차를 몰았다.

이제 자유로운 몸이 되었다. 자금 지원은 끊겼지만 우리에게는 데이터가 있었고 이 데이터를 가지고 우리가 원하는 일을 할 수 있었다. 내가 처음 한 일은 그동안 모아둔 유전부호를 모두 공공 데이터베이스인 젠뱅크에 저장하는 것이었다. 단일 기탁으로는 최대 규모였다. 데이터는 4,000만 염기쌍에 달했으며 11종의 새로운 박테리아 유전자 2만 개의 염기서열이 포함되어 있었다. 언론에서도 관심을 가졌다. 한 사설은 '이타심으로 3,800만 달러를 기부하다'라는 제목을 달고 훈훈한 칭찬으로 결론을 맺었다. "과학과 인류에 이바지하기 위해 수백만 달러를 포기하는 일은 흔히 볼 수 있는 것이 아니다. 이는 박수를 받아 마땅하다."[5] 국립보건원 산하 국립생명공학정보센터 소장 데이비드 리프먼에 따르면, 전 세계 과학자들은 새 데이터를 토대로 실험 방식을 바꾸기 시작했다고 한다.[6] 스탠퍼드 대학교의 생물학자 루시 샤피로는 이렇게 말했다. "오랜만에 (……) 가장 기쁜 소식을 들었다. 이제 박테리아에서 독성을 일으키는 유전자를 찾아낼 수 있게 되었다."[7] 하지만 칭찬만으로는 부족했다. 자유를 얻은 지금, 나를 따르는 140명을 먹여 살릴 자금을 확보해야 했다. 이를 위해서는 TIGR를 지탱할 새로운 수입원을 창출해야 했다.

A LIFE DECODED

▪ 제4부 ▪

인간
유전자 지도
완성

CHAPTER 11

인간을 해독하다

전인미답의 산꼭대기를 향해 터덜터덜 걸어가다 다른 등반가들이
나란히 올라가고 있는 모습을 본다면 어떻게 하겠는가?
과학의 경우라면 공동연구를 제안할 수 있을 것이다.
경쟁보다는 협력이 훨씬 생산적이니 말이다.
하지만 DNA의 경우는 불가능한 일이었다.

▌ 모리스 윌킨스 Maurice Wilkins, 《이중나선과 제3의 인물The Third Man of the Double Helix》[1]

▨ 인간 게놈 프로젝트의 투자처는?

우리 연구소가 홀로서기를 선언한 뒤 수많은 가능성이 펼쳐졌다. 해절
틴과 HGS가 발을 빼고 나니 TIGR와 손을 잡고 싶어 하는 기업들이 줄을
섰다. 카이런은 우리 팀에 아동 수막염 백신을 개발할 수 있도록 이 병의
주요인인 나이세리아 수막염균의 게놈을 해독해 달라고 요청했다. 나는
수수료를 받지 않고 위험을 분담하는 대신, 백신의 효과가 입증되면 사용
료를 달라고 했다. (기쁘게도 백신은 2개씩이나 승인 시험에 들어갔다.)
코닝 · 벡턴디킨슨 · 애머섐 · 어플라이드 바이오시스템스 또한 이 행렬에

동참했다.

경주를 마치고 TIGR에 돌아오니 어플라이드 바이오시스템스의 스티브 롬바르디Steve Lombardi가 여러 차례 전화를 걸어왔다고 했다. 마침내 전화가 연결되었다. 스티브는 여느 때처럼 활기찬 목소리였으나 더 들떠 있었다. 힐튼헤드에서 열리는 추계 게놈 학술대회가 눈앞으로 다가왔다. 그와 마이클 헌커필러는 내게 토니 화이트Tony White를 만나달라고 부탁했다. 화이트는 당시 어플라이드 바이오시스템스의 모회사였던 퍼킨엘머의 신임 회장이었다. 나는 그러겠다고 대답했지만 그다지 구미가 당기지는 않았다. 퍼킨엘머가 ABI를 인수한 이후 화이트에 대해 좋은 소리를 들은 적이 없었기 때문이다. 스티브는 자신과 마이클이 곧 그만둘 거라고 자기 입으로 말하기도 했다. 게다가 나는 애머셤의 론 롱에게 점점 더 끌리고 있었다. 애머셤은 새로운 항생제를 개발하는 합작 프로그램에 3,000만 달러를 투자하겠다고 했다.

나는 스티브와의 통화 내용을 마음에 새기지 않았다. 그러다 9월이 되어 하이엇 호텔에서 인간 게놈 염기서열 분석 학술대회가 열렸다. 하이엇 대연회장에는 커다란 원탁이 빼곡히 놓여 있었다. 저녁을 먹은 뒤 청중들은 인간 게놈 연구 상황을 논의할 참이었다. (솔직히 말해 상황은 비관적이었다. 인간 게놈을 해독하는 데는 아무리 빨라도 10년은 걸릴 듯했다.) 스티브가 헐레벌떡 달려오더니 흥분한 목소리로 말했다. 화이트의 배가 항구에 정박해 있으며 그가 우리를 만나러 오겠다는 것이었다. 처음 든 생각은 '성가신 일이 생기겠군'이었다.

어플라이드 바이오시스템스 팀은 탁자 하나를 차지하고 앉아 있었는데, 내가 모르는 얼굴은 하나뿐이었다. 그는 땅딸막한 체구에 폴로셔츠와 슬랙스 바지를 입고 있었다. 슬리퍼를 신은 발은 양말도 신지 않았고 손에는 하이볼 잔을 든 채 상투적인 거물 포즈로 앉아 있었다. 나는 그가 바로 토니 화이트일 거라고 예상했다. 남부 사투리를 쓰는 이 쿠바계 미국인에게 마이클을 제외한 모든 사람들이 경의를 표하는 모습을 보니 틀림 없었다. 나는 곧장 발걸음을 돌리고 싶었다. 하지만 누군가 내가 왔음을 알아차렸다. 아첨꾼들은 화이트에게 나를 소개하려고 앞 다투어 일어났다. 나는 공손하게 인사를 하고는 인간 게놈 프로젝트에서 TIGR가 핵심적인 역할을 하게 될 중요한 사업 이야기를 시작했다.

• 나의 허리둘레와 당뇨병 •

서구에서는 비만이 증가함에 따라 성인 당뇨병이 유행병처럼 번지고 있다. 사람들의 허리가 굵어지고 활동량이 줄어드는 것이 주요인이기는 하지만 유전자도 여기에 한 몫한다. 게놈을 살펴보면 당뇨병 위험을 알 수 있을까? 조사 결과 내 게놈은 위험 요소를 지니고 있다. ENPP1과 CAPN10이라는 두 유전자는 당뇨병 위험을 높인다고 알려져 있다. 나는 첫 번째 유전자의 변이형인 K121Q를 지니고 있는데, 이 유전자는 제2형 당뇨병과 심장마비의 조기 발병과 관련 있다. CAPN10의 경우는 단일염기다형성(SNP) 때문에 제2형 당뇨병을 일으키는 변이형은 내 몸에 존재하지 않았다. 이 연관성은 멕시코계 미국인과 핀란드인을 대상으로 한 연구에서 밝혀졌다. 하지만 우리는 유전자가 미치는 영향에 대해 아는 게 별로 없다. 또한 이들 두 유전자의 상충하는 효과가 나의 전반적인 제2형 당뇨병 위험에 어떤 영향을 미치는지도 아직 알 수 없다. 유전자만으로 당뇨병 위험을 설명할 수 있는 것도 아니다. 성인 당뇨병이 발병하는 데는 활동량과 비만이 중요한 역할을 차지하기 때문이다. 당뇨병은 실명이나 발기부전을 일으키거나 사지 절단에 이르는 심각한 합병증을 낳는다. 하지만 나는 아직까지는 당뇨병에 걸리지 않았다.

그즈음 국립보건원은 인간 게놈 해독을 위해 10곳의 연구소에 연구비를 지원한다고 발표했다. 나는 TIGR도 선정되리라고 확신했다. 게놈 진영에는 나를 극도로 싫어하는 사람들이 있었기 때문에, 주 연구자로 마크 애덤스를 내세웠다. 마침내 TIGR와 마크가 선정되었다는 기쁜 소식을 들었다. 하지만 훌륭한 학문적 평가를 받고 처음으로 살아 있는 생명체의 게놈을 해독한 성과에 비하면 우리가 받은 연구비는 (내가 예상한 대로) 생색내기에 지나지 않았다. 프랜시스 콜린스는 워싱턴 대학교 · MIT · 베일러 대학교 등 단골 후보들에게만 연구비를 주고 싶어 했다. 나머지는 책략과 선전, 포장에 따라 결정되었다.

1997년 12월, 게놈 프로젝트의 주요 연구자들이 베데스다에 모인 회의 석상에서 콜린스는 난관에 부닥쳤다. 게놈 순수주의자인 워싱턴 대학교의 메이너드 올슨은 인간 게놈을 제대로 해독하려면 염기쌍 당 20달러가 들 거라고 추정했다. 염기서열을 읽어내는 데 드는 진짜 비용을 둘러싸고 반박과 재반박이 난무했다. 그러다 더 싼 값에 게놈을 해독할 수 있다고 하면 의회에서 기금을 깎으리라는 우려가 좌중에 팽배했다. 나는 그 회의에 참석하지 않았지만 1년 전 버뮤다에서 열린 첫 '국제 전략회의' 자리에서 그들의 선전과 겉치레를 목격한 바 있었다. 나는 회의 참석자들을 '거짓말쟁이 클럽'이라 불렀다. 그들은 서로를 못 잡아먹어 안달이었다. 한 참석자는 "인간 게놈 프로젝트의 가장 꼴불견"[2]이라는 평가를 내리기도 했다.

나는 마크의 프로그램이 진행되는 상황을 지켜보았다. 국립보건원 게놈연구소에서 채택한 방식은 여전히 느리고 지루하고 비용이 많이 들었다. 연구소들은 각 BAC 클론에 대해 도서관을 만드는 과정에서 모두 똑같은 문제에 부딪혀 당황했다. 그러고는 도서관에서 클론 수천 개를 분석했다. 염기서열의 빈틈(이들은 대부분 의미 없이 되풀이되는 염기서열로 이루어져 있다)을 메우느라 비용이 열 배로 치솟았다. 이러한 반복이 게놈의 3분의 1을 차지했기 때문이다. 시험 연구가 끝나자 연구소 몇 곳에 연구비를 추가 지원하여 인간 게놈 분석량을 늘리겠다는 계획이 세워졌다. 마크와 나는 우리가 인간 게놈 분석 규모를 대폭 늘려 주요 게놈센터가 될 수 있다고 분명히 말했다. 하지만 국립보건원 게놈연구소 공무원들, 특히 제인 피터슨과 프랜시스 콜린스는 내 아이디어에 싸늘한 반응을 보였다.

토니 화이트와 짧은 회담을 하고 한 달쯤 지나 스티브 롬바르디가 다시 전화를 걸어왔다. 그는 비밀스러운 어조로 퍼킨엘머가 인간 게놈을 해독하는 데 3억 달러를 투자할 계획이라고 말했다. 그는 내 의견을 물었다. 현재 기술 수준을 생각해볼 때 내가 해줄 수 있는 말은 이것뿐이었다. "당신들, 정신이 나갔군." 그들이 정말 인간 게놈을 해독할 생각이라면 기계와 시약을 파는 인물을 내게 보낼 이유가 없지 않은가? 그 일은 판매 책임자가 아니라 마이클 헌커필러가 할 일이었다.

그해 말, 나는 다시 힐튼헤드의 하이엇 호텔에 있었다. 클린턴 대통령을 비롯해 2,000명이 참석한 가운데 명사들의 모임인 신년 르네상스 위크엔드가 열리고 있었다. 클레어와 내가 만찬에 참석하려고 서 있을 때 누군가 우리를 안전선 안으로 불러내서는 자리를 배정 받았냐고 물어보았다. 놀랍고 기쁘게도 우리 자리는 대통령 내외 옆이었다. 대화는 즐거웠다. 대통령 내외는 우리의 연구에 큰 관심을 보였다. 게놈에 대해 설명할 때마다 힐러리는 스펀지처럼 정보를 흡수했다.

이번 모임은 대부분 짧은 강연에 이은 토론으로 진행되었다. 그 가운데 한 회의에서 퍼킨엘머의 3억 달러짜리 프로젝트가 다시 한 번 물위에 올랐다. 이번에는 사업개발부 신임 부사장 마크 로저스Mark Rogers의 입에서 나왔다. 마크는 토니 화이트가 퍼킨엘머를 더 역동적이고 미래 지향적인 회사로 바꾸고 싶어 한다고 말했다. 그들은 자기들이 만들고 있는 새 기계로 인간 게놈을 해독하고 싶은데, 내 방식을 적용할 수 있는지 물었다.

나는 대답보다는 질문을 던졌다. 그들의 계획은 여전히 애매모호했기 때문이다. 하지만 그는 자기들이 수준 높은 과학 자문위원회를 구성하고 있으며, 내게 자문의 대가로 5만 달러를 주겠다고 말했다. 짜기로 소문난 ABI로서는 이례적인 제안이었다. 나는 정말 진지하게 제안하는 것이라면 자문 조건을 서면으로 보내달라고 말했다.

메릴랜드로 돌아와서는 국립보건원에 제안서를 보내는 일에 다시 몰두했다. 그리고 롬바르디에게 전화를 걸어 ABI의 새 분석기를 언제 테스트할 수 있겠느냐고 물었다. 그 기계가 테스트를 통과하면 연구비 신청서에 포함시킬 생각이었다. 롬바르디는 또다시 3억 달러 프로젝트 이야기를 꺼냈다. "어때요? 흥미가 있습니까?" 나는 신기술에 대해 설명해 달라고 말했고, 그의 대답은 다음에 들려주겠다는 것이었다.

■ 결국 선택한 곳은 ABI

며칠 후, 마이클 헌커필러가 새 기계를 보러 오라고 나를 초대했다. 기계는 아직 회로도만 그려진 상태였다. 그는 전체 게놈 산탄총 염기서열 분석 방식으로 인간 게놈을 해독하고 싶다고 말했다. 하지만 나는 가장 가까운 동료인 마크 애덤스와 해밀턴 스미스를 제외하고는 누구와도 이 제안을 논의할 수 없었다.

나는 즉시 마크와 함께 찾아가 그들이 무엇을 가지고 있는지 살펴보고 판단하기로 했다. 그때까지만 해도 마크와 나는 국립보건원을 상대할 전략을 정하지 못하고 있었다. 마크는 국립보건원에서 원하는 대로 BAC 기반 지도 작성 염기서열 분석을 해주고 싶어 했다. 나는 더 나은 방식을 제안하고 싶었다. 여기에 ABI의 새 기계가 한몫할 수도 있을 터였다. 마크에게 3억 달러 이야기는 하지 않았을 것이다. 나부터도 믿기지가 않았기 때문이다. 하지만 연구소 한 곳에서 전체 게놈을 해독하려면 새 기계가 얼마나 성능을 내야 하는지 대충 계산해보기는 했다.

1998년 2월, 마크와 함께 포스터 시에 도착했다. 1, 2층짜리 공장식 건물이 늘어서 있는 어플라이드 바이오시스템스 단지는 샌프란시스코 만옆으로 난 흙길이 끝나는 지점에 있었다. 우리는 회의실로 안내되었다. 싸구려 탁자와 플라스틱 의자는 ABI를 상징하는 회색과 자주색으로 칠해져 있었다. 칠판을 보니 영업 프레젠테이션보다는 브레인스토밍을 하는 회의실 같았다. 우리 앞에 선 기술진과 프로그래머들 사이에서 장신의 마이클 헌커필러가 모습을 드러냈다. 그는 곧 우리의 과제를 설명하기 시작했다.

당시 ABI는 프리즘377 모델로 DNA 분석기 시장을 지배하고 있었다. 그 기계들은 '자동' DNA 분석기라고 불리기는 했지만 로봇공학과 자동화의 훌륭한 예라고 보기에는 거리가 멀었다. 분석기마다 세 사람씩 달라붙어야 했다. 작업 규모를 대폭 늘리자면 기계를 돌리는 데만 기술자 수천 명이 필요할 터였다. 기술자들이 기계를 지키고 있어야 하는 시간을 하루 12시간에서 12분으로 줄여야 했다. 화학 시약도 너무 비쌌다. 10~100배는 저렴해져야 겨우 쓸 만한 수준이었다. 짧은 DNA 가닥 수천만 개를 게놈으로 조합하려면 데이터 품질도 개선해야 했다. 한마디로 우리 앞에는 어마어마한 난관이 놓여 있었다.

공장을 둘러보기 시작했을 때는 어처구니가 없었다. 시제품은커녕 시제품 부속도 완성되지 않은 상태였다. 각 부품은 별도의 작업장에서 테스트 중이었다. 처음 본 부품은 모세관 열께이었다. 머리카락 굵기의 섬유가 45센티미터 길이로 줄지어 DNA 분자를 크기에 따라 분리했다. 분석용 겔은 시간이 오래 걸리고 제조비용도 많이 들 뿐 아니라—화학물질을 섞은 다음 얇은 스페이서로 분리된 커다란 유리판 사이로 액체 겔을 부어야 했다—균일하지 않기 때문에 데이터 품질을 떨어뜨렸다. 그러나 이를 대체

하기 위한 작업이 이루어지고 있었고, 모세관 열의 시운전은 성공적이었다. 시작은 고무적이었다. 여러 문제를 단번에 해결했으니 말이다. 다음 작업장에서는 자동 장착기를 개발하고 있었다. 그러면 연구보조원들이 DNA 시료를 겔에 수동으로 올리지 않아도 된다. 새 시약을 개발하고 테스트하는 실험실도 둘러보았다. 또 다른 건물에서는 기계를 작동시키고 데이터를 처리할 소프트웨어를 새로 작성하고 있었다. 우리는 깊은 감명을 받았다.

모든 요소가 결합되면 진정한 자동 DNA 분석기가 탄생하는 것이었다. 이 기계들을 대량으로 인간 게놈 분석에 투입하면 수천 명이 작업에 매달리지 않아도 될 뿐 아니라 데이터 품질도 좋아질 터였다. 나는 걷고 보고 듣고 질문하면서 끊임없이 머릿속으로 메모하고 계산했다. 머릿속에서 부분을 조합해 복잡한 체계를 만드는 데 나는 남들보다 뛰어나다고 자부한다. 그들이 보여준 것이 (더 바람직하게는 그들이 의도하는 것이) 그대로 구현된다면 인간 게놈을 해독하기 위해 내가 그토록 기다리던 기술 혁신이 실현되리라는 확신이 들었다.

회의실로 돌아가자 마이클 헌커필러가 내 생각을 물었다. 나는 칠판으로 다가가 몇 가지 시나리오를 쓰기 시작했다. 목표는 이미 나와 있었다. 소규모 팀이 2~3년 안에 정부 예산의 10퍼센트로 인간 게놈을 전부 해독하는 것이었다. 하지만 내 본능을 수치가 뒷받침하느냐가 문제였다. 계산을 끝내자 가능성이 보였지만 크지는 않았다. 보수적인 사고방식을 지닌 마크 애덤스는 아직도 이 일이 불가능하리라고 생각했다. TIGR에서 무언가를 이루려면 결국 마크의 능력에 의지해야 하기 때문에 나는 늘 그의 말에 귀를 기울였다.

내가 주장한 대로 기계들이 엄청난 개수의 염기서열을 실제로 생성해 낼 수 있겠느냐는 질문을 받고서, 나는 계산 결과를 다시 한 번 꼼꼼히 살펴보았다. 잘 보니 결과에는 10배의 오차가 있었다. 오차를 수정하자, 필요한 DNA 염기서열의 수도 그만큼 줄었다. 그러자 마크는 쉽지는 않겠지만 가능할 것도 같다고 말했다. 아리스토텔레스가 말했듯이 그럴듯하지 않은 가능성보다는 그럴듯한 불가능성이 바람직한 법이다.

조직 안의 심리전과 회의장 여론 조작에 성공하려고 일부러 계산을 틀린 것은 아니었다. 하지만 단순히 실수였다 해도, 회의 참석자들이 혁명적인 아이디어를 받아들일 마음의 준비를 하는 데는 효과가 있었다. 팀 하나가 정해진 기간 동안 인간 게놈을 전부 해독한다는 계획 말이다. 내가 실제 수치를 먼저 제시했다면 부정적인 반응이 무조건 튀어나왔을 것이다. "말도 안 돼!" 하지만 작업 규모가 처음보다 10배 작아졌다는 사실만으로 사람들은 이 목표를 이룰 수도 있겠다는 생각을 하게 되었다. 기계 · 소프트웨어 · 화학물질 · 효소가 급속도로 발전한 덕에 예전에는 터무니없어 보이던 아이디어도 이제는 그럴듯해 보인 것이다. 헌커필러는 내가 자기들 계획에 찬성한다면 프로젝트 자금 3억 달러를 지원하겠다고 말했다.

메릴랜드로 돌아온 마크와 나는 가능성을 논의했다. 내 마음은 이미 정해져 있었다. 도전해보고 싶었다. 아니, 이런 말로는 부족하다. 이 신기술은 내가 게놈 해독 작업에 원하던 그대로였다. 의약품과 과학을 발전시키는 데는 이만한 방법이 없었다. 하지만 고려해야 할 문제도 많았다. 나는 인간 게놈 프로젝트를 TIGR에서 진행하고 싶었지만 회사를 새로 설립하자는 의견도 있었다. 내 계획의 실행 가능성에 대해 모두가 동의하는 것도 아니었다. 확신을 얻기 위해 해밀턴에게 조언을 구했지만, 나의 학문적 수호신(해밀턴)은 잠시 뜸을 들인 후 자기는 이 계획이 성공하지 못하리라 생각한다고 말했다. 그러고는 이렇게 덧붙였다. "자네가 해보겠다면 동참하겠네." 아내에게도 운을 띄웠더니 그녀는 내가 정신이 나간 게 틀림없다고 말했다.

몇 주간 마이클 헌커필러를 비롯한 ABI 측 사람들과 논의를 진행했다.

그런데 그들의 자금과 새 기계로 인간 게놈을 해독한다는 생각은 다시 한 번 어이없는 아이디어로 보이기 시작했다. 해절틴과 HGS에 호되게 당한 이후 나는 세부 사항을 확실히 정해두기로 마음먹었다. 그래도 애매한 조항이 남았다. 하지만 분명한 것 하나가 있었다. 내가 인간 게놈을 해독하면 데이터를 공개하고 분석 결과를 주요 논문으로 발표할 수 있어야 한다는 점이었다. 헌커필러는 문제될 게 없다고 말했다.

퍼킨엘머 경영진은 내게 프로젝트에 대해 프레젠테이션을 해달라고 요청했다. 애리조나에서 회사의 장래를 논의하는 수련회 자리였다. 토니 화이트의 첫인상은 그다지 좋지 못했는데, 그 후로도 달라지지 않았다. 나는 유전체학의 개요를 설명한 다음 하나의 팀이 ABI의 신형 분석기를 이용해 인간 게놈을 해독하려면 비용이 얼마나 들지 예측해 보였다. 그러자 화이트가 질의응답 시간을 혼자 휘어잡았다. 그가 물었다. "게놈 해독과 내가 돈 버는 게 무슨 상관이지?" 나는 거기에 대해서는 생각해본 적이 없다고 대답했다. 내 역할은 염기서열 분석을 완료하고 데이터를 발표하는 일이라고도 말했다. 그러자 HGS의 악몽을 되살리는 반응이 터져 나왔다. "당신이 내 돈으로 인간 게놈을 해독하고 그걸 공짜로 나누어주겠다면, 돈을 만들 계획을 내놓아야 하지 않겠소?" 더없이 비참한 기분이었다. 화이트는 한술 더 떠서 자신의 새 사업이 성공하는 데 TIGR가 위협 요인이라고 주장하기까지 했다. 내가 당황하자 헌커필러가 끼어들었다. 화이트는 그제야 한발 물러섰다.

내 계획은 기본적으로 잘못된 게 없었다. 하지만 나는 화이트 패거리와 손잡을 생각을 했다는 것만으로도 내가 제정신인지 의심스러울 정도였다. 홈런을 때릴 욕심에 마구잡이로 방망이를 휘두르는 사람이라면 좋은 파트너가 될 리 없었다. 내 속에서는 이런 외침이 들려왔다. '도망쳐. 어서 벗어나라고.' 하지만 게놈의 유혹은 저항할 수 없을 만큼 강렬했다. 나는 아직 이 기회에 등을 돌릴 수 없었다.

그 후 며칠간 여러 통의 전화가 걸려왔다. 회의는 잘 끝났으며 퍼킨엘머는 프로젝트를 진행하기로 결정했고 이를 위해 회사를 새로 만들 거라고 했다. 나는 TIGR에서 게놈 분석을 해도 자금을 댈 거냐고 물었다. 화이트는 단호했다. "그럴 수는 없소. 내가 사업을 하는 건 돈을 벌기 위해서지 돈을 내주기 위해서가 아니란 말이오." 내가 게놈을 해독해 데이터를 무료로 제공하고 싶다면 나의 과학적 후의가 사업상으로도 말이 되도록 사업 모델을 제시하라고 했다. 그것도 플로리다에서 연례 이사회가 열리기 전까지 내놓으라는 것이었다. 이를 위해 퍼킨엘머에서는 20년 넘게 재직한 수석부사장 피터 배럿Peter Barrett을 TIGR로 보냈다. 배럿은 내가 새 회사에 참여하는 조건을 검토하고 (무엇보다 중요한) 투자금 3억 달러를 회수할 사업 계획을 짰다. 나는 퍼킨엘머와 학계를 두루 만족시키면서 데이터를 공개할 전략을 세우기 위해 가까운 친구와 동료들에게 조언을 구하기 시작했다. 내 가정은 우리의 데이터가 몇 년간 유일한 실제 인간 게놈 데이터이리라는 것이었다. 정부에서 주도하는 경쟁자들은 거북이걸음으로 나아가고 있었다.

1995년 12월에 에릭 랜더는 인간 게놈이 "2~3년의 오차를 두고" 2002년에서 2003년 사이에 해독될 거라고 예측했다. 하지만 1998년 봄까지도 해독된 게놈은 3퍼센트에 지나지 않았다.[3] 1996년에 국립보건원 게놈연구소에서 더 빠르고 저렴한 DNA 염기서열 분석 방법을 찾기 위해 자금을 지원한 6곳의 시범연구소 가운데 약속한 분석 속도를 달성한 곳은 하나도 없었다. 방법 자체가 규모를 늘릴 수 없도록 되어 있기 때문이다. 15년을 예상하고 출범한 인간 게놈 프로젝트도 절반이 지났다. 하지만 대규모 염기서열 분석은 이제야 시작되었을 뿐이었다. 몇몇 프로젝트 자문위원은 콜린스가 게놈을 해독하는 데 관심이 없다는 개인적인 우려를 표하기도 했다. 콜린스의 게놈연구소에서 향후 10년간 지원하는 자금 가운데 염기서열 분석에 쓰이는 돈은 절반도 되지 않았기 때문이다. 〈사이언스〉에는 인간 게놈 프로젝트가 지연되는 이유를 다룬 장문의 기사가 실렸다. 기사는 스탠퍼드 게놈센터의 공동 소장 릭 마이어스Rick Myers의 말로 끝맺었다. "우리는 대부분 길게 내다보고 있다."

이런 상황에서라면 내가 무슨 짓을 하든 학문 발전에 기여할 듯했다. 국립보건원 산하 최대 기관인 국립암연구소 소장 리처드 D. 클라우스너 Richard D. Klausner와 에너지부 고위 공무원이자 TIGR의 오랜 후원자인 아리스티데스 파트리노스Aristides Patrinos는 긍정적인 반응을 보였다. 두 사람 다 데이터를 석 달마다 젠뱅크에 공개하겠다는 아이디어에 찬성했다. 나는 퍼킨엘머 경영진을 설득하고 내 주장을 입증하기 위해 스탠퍼드 대학교 게놈센터 소장인 데이비드 콕스David Cox에게 도움을 청했다. 이곳 또한 콜린스에게 자금을 지원 받고 있었다. 나는 퍼킨엘머 이사회에 함께 가달라고 부탁했다.

이사들은 토니 화이트와 달리 내게 우호적이었다. 많은 이들이 정부 일정보다 훨씬 앞서 인간 게놈을 해독할 수 있다면 주당 몇 푼의 위험은 충분히 감수할 만하다며 개인적 의견을 밝히기도 했다. 이사회는 게놈 회사를 설립하는 데 찬성표를 던졌다. 사장은 내가 맡기로 정해졌다. 이사회가 시작되기 전에는 냉랭하게 주판알만 굴리는 이사들에게 닦달을 당할까봐 걱정했는데 이사회가 끝나고 나니 기분이 한결 좋아졌다. 하지만 훈훈한 온기는 오래가지 않았다. 화이트와 개인 면담을 하러 들어간 자리에서 그는 이 과학적 허풍을 찬성하거나 이해할 수 없다는 투로 말했다. 그는 이기고 싶어 했다. 하지만 이렇게 말했다. "이번에는 당신이 이겼소." 어쨌거나 우리는 중요한 공통점 하나가 있었다. 바로 지기 싫어한다는 점 말이다.

며칠간 협상을 진행한 끝에 계약서 초안이 나왔다. 나는 퍼킨엘머에서 지원하는 독립 회사를 이끌게 될 것이며 인간 게놈 염기서열은 완성 즉시 발표되고 공개될 터였다. 나는 새 회사의 주식 10퍼센트를 받고 TIGR의 학술이사로 남기로 했다. 잠시 TIGR를 떠날 경우에는 주식의 절반을 TIGR에 기부하겠다고 했다. 그러면 다시 돌아와 하고 싶은 연구를 하며 여생을 보낼 수 있을 터였다. 화이트는 내가 주식을 챙기지 않는다며 불만스러워했지만(스톡옵션은 인재를 잡아두기 위한 훌륭한 수단이니까), TIGR에 주식을 넘겨주고 싶다면 마음대로 하라고 했다(나는 실제로 그렇게 했다).

이제 계약서 초안을 최종 고용 계약서로 전환하는 일만 남았다. 나는 뉴욕의 이름난 변호사에게 최종 문구 작성을 맡겼다. 화이트를 비롯한 퍼킨엘머 고위 임원의 고용 계약서 사본을 참고했다. 나는 새 회사의 사장 겸 퍼킨엘머 수석부사장이 될 예정이었다. 마이클 헌커필러와 같은 위치에 올라서는 것이다. 회사 주식의 10퍼센트 가운데 5퍼센트는 내가 받고 5퍼센트는 TIGR가 받기로 했다. 나는 퍼킨엘머에서 세 손가락 안에 드는 고위급 임원이지만 고용 조건은 (그들의 기준으로 볼 때) 소박했다. 나는 화이트가 2,500만 달러짜리 회사 항공기를 개인적으로 이용할 수 있다는 사실을 알고 놀랐다. 대부분은 그와 부인을 코네티컷과 사우스캐롤라이나의 별장으로 실어 나르는 용도로 쓰였다.

화이트와 그의 변호사는 온갖 번거로운 조건을 들고 나왔다. 메릴랜드주의 고용 조건에 익숙한 나로서는 그들의 의도를 짐작하기 힘들었다. 차라리 계약서가 없는 '임의 고용'이 낫겠다고 생각했다. 어느 때든 해고될 수 있지만 적어도 해고에 맞서 싸울 수 있는 법적 권리나마 지닐 수 있을 테니 말이다. 이쯤 되자 침착하고 경험 많은 뉴욕 변호사조차 분통을 터뜨렸다. 그는 화이트 패거리가 "지금까지 만나본 사람 가운데 가장 멍청한 놈들"이라고 말했다. 그러면서 이렇게 조언했다. "지금이라도 늦지 않았으니 저들과 끝내십시오." 계약서 초안에서는 별도의 회사를 설립하는 데 동의한다고 했지만, 화이트는 퍼킨엘머의 자회사를 만들고 싶어 하는 게 분명했다.

이 문제에 대해 아내와 별로 이야기를 나누지 않았었지만 이번에는 조언을 구했다. 아내는 불같이 화를 냈다. "HGS에 그렇게 데었으면서 어떻게 또 이런 바보짓을 할 수 있지?" 하지만 내 대답은 분명했다. 게놈은 생물학이 줄 수 있는 최고의 선물이기 때문이다. 나는 아내가 왜 화가 났는지 이해하기 힘들었지만, 아내는 내가 왜 이러는지 이해해주리라 생각했다. 나는 마이클 헌커필러와 15년을 알고 지낸 사이라고 말했다. 그는 진실한 사람이기 때문에 게놈 데이터를 공개하겠다는 약속에 대해 토니 화이트가 딴소리를 못하게 할 거라고 생각했다.

아내는 분이 누그러들지 않았다. 내가 자기를 버리려는 것 같다고 말했다. 아내는 내가 학문적인 의미에서 별거를 제안한다고 생각했다. 하지만 그녀에게 떨어뜨릴 폭탄은 하나 더 남아 있었다. "내가 떠나 있는 3년간 TIGR의 소장 대행을 맡아주겠소?" 아내는 주저했으며 겁먹은 듯 보였다. 하지만 그 기간 동안 내가 신뢰할 수 있는 사람은 아내밖에 없었다.

■ 정부 진영과의 협력 노력

나는 게놈 해독의 성공을 위해 TIGR에서 해밀턴 스미스·마크 애덤스·앤서니 컬리비지·그레인저 서튼을 비롯한 정예 멤버를 데려가고 싶었다(서튼은 이런 현명한 질문을 했다. "생각할 시간을 좀 주실래요?"). 하지만 TIGR의 주력 분야인 미생물 게놈 연구에 핵심적인 역할을 맡은 이들에게는 TIGR의 연속성을 유지하기 위해 남아달라고 부탁했다. 또한 나는 언젠가 TIGR로 돌아올 것이며 우리의 장래를 보장하기 위해 주식을 기부했다는 사실을 알렸다. 연구원들을 불러 모아 결심을 알리는 자리에서 나는 감정이 북받쳐 눈물을 쏟고 말았다.

내가 TIGR를 종교 집단처럼 만들어 나를 따르게 한다는 사람들의 비난이 있었다. 우리 연구원들이 월급봉투만 바라보지 않고 사명감을 갖고 과학의 십자군 역할을 자임하도록 동기를 부여했다는 게 비난의 요지라면 나는 기꺼이 유죄를 인정한다. 하지만 이제 나는 인간 게놈을 해독하기 위해 대규모의 새로운 십자군 원정을 떠날 참이었다. 그리고 연구원 모두를 데려갈 수도 없었다. 내게 버림받았다고 느끼는 사람은 클레어만이 아니었다. 나는 그들이 느끼는 복잡한 감정을 이해할 수 있었다. 하지만 가장 절친한 친구와 동료, 내가 채용하고 용기를 주고 뒤를 밀어준 사람들이 내게 적대감을 품은 이유는 도무지 이해할 수 없었다.

나의 당면 과제는 회사 부지를 찾고 인력을 모집하는 일이었다. 우리가 하는 일을 비밀에 부칠 수는 없었다. 퍼킨엘머는 뉴욕 증권거래소에 상장된 회사라서 영업에 관한 중요한 사항을 반드시 공시해야 했다. 3억 달러를 들여 인간 게놈을 해독한다는 계획은 당연히 중요한 사항이다. 우리의 야심 찬 계획을 세상에 어떻게 공개할지를 놓고 갑론을박이 오갔다. 보도자료를 내자는 의견도 있었다. 하지만 나는 일단 게놈 진영의 핵심 관계자들을 만나 협력 가능성을 타진해보고 싶었다. 아리스티데스 파트리노스와 리처드 클라우스너, 퍼킨엘머 이사이자 록펠러 대학교 총장인 아널드 J. 레빈Arnold J. Levine, 예일 대학교의 캐럴라인 슬레이멘Caroline Slaymen과 대화를 나눈 뒤 조심스럽지만 낙관적인 견해를 지니게 되었다. 나는 최고의 과학자문위원회를 구성해 조언을 듣고 싶었다. 아널드 레빈은 참여 의사를 밝혔다. 인트론을 공동 발견해 노벨상을 수상한 리처드 로버츠Richard Roberts와 현대 의학유전학의 아버지인 존스홉킨스의 빅터 매쿠직Victor McKusick, 분자생물학을 개척한 노턴 진더Norton Zinder, 펜실베이니아 대학교의 저명한 생명윤리학자 아서 캐플런Arthur Caplan도 나를 도와주기로 했다.

제임스 왓슨과도 손을 잡으면 좋겠다고 생각했다. 정부 프로그램과 시너지 효과가 발생할 수도 있을 듯했다. 자문위원 한 사람이 전화를 걸자 왓슨은 놀라움을 금치 못했다. 우리 프로젝트는 새 기술을 기반으로 하고 있었기 때문에 왓슨은 아는 게 하나도 없는 듯했다. 두 주 전에 일어난 사건만 아니라면 그 또한 자문위원회 참여를 고려했을지도 모른다. 그는 의회 위원회에 출석하여 '태양 아래 새로운 것은 없으며 인간 게놈은 기존 기술로 해독해야 한다'고 증언했다. 왓슨은 이렇게 말을 끝냈다고 한다. "우리가 통화를 안 한 걸로 하면 좋겠네. 자네가 발표를 하면 내가 남들처럼 놀라는 연기를 할 수 있도록 말이지." (실제로도 그랬다. 그는 설스턴에게 내가 왜 직접 전화를 걸어 계획을 말해주지 않았는지 모르겠다고 말했다.)[4]

우리는 몇 주 전에 왓슨에게 우리의 계획을 알려주려 했기 때문에 그의 반응이 한결 당황스러웠다. 해밀턴 스미스가 왓슨과 함께 의회 청문회에 출석을 요구받았을 때였다. 해밀턴과 나는 해밀턴이 출석해야 할지 말아야 할지를 의논했다. ABI의 새 기계에 대해 그가 알고 있는 바를 모두 공개적으로 논의할 수 없는 상황에서 불리한 입장에 처하느니 차라리 나가지 않는 편이 안전할 듯했기 때문이다. 하지만 우리는 해밀턴이 출석해서 앞으로 일어날 일을 왓슨에게 알려주어야 한다고 결정했다.

청문회 탁자에 둘러앉았을 때, 해밀턴은 인간 게놈의 지형을 바꿀 신기술이 있다며 운을 띄웠다. 왓슨은 고개를 들더니 종잡을 수 없는 태도로 이렇게 물었다. "모세관인가 뭔가 하는 것 말이오?" 그는 됐다며 손을 내저었다. "그 방식으로는 안 된다는 걸 모르는 사람이 없소." 해밀턴은 나중에 이렇게 말했다. "나는 왓슨을 무척 존경하지만 그는 이따금 터무니없는 소리를 할 때가 있다."

해밀턴은 왓슨이 자기 말을 알아들었다고 생각했지만, 왓슨이 말한 모세관 기계는 애머샴이 얼마 전에 인수한 회사에서 만든 것이었다(그 기계는 심각한 문제가 있었다). 왓슨은 ABI가 무엇을 내놓으려 하는지 전혀 모르고 있었다. ABI가 이 분야에서 쌓은 실적을 감안하면 성공 가능성은 훨씬 높았다. 왓슨의 반응에 충격을 받은 해밀턴은 대꾸하지 않기로 했다. 우리 프로젝트는 발표를 몇 주 앞두고 있을 뿐이었다. 나중에 리처드 로버츠에게 들은 바로는 왓슨은 해밀턴이 이야기를 해주지 않은 것 때문에 화를 냈다고 한다.

미 증권거래위원회에서 알았다면 난색을 표했겠지만, 우리는 사업 발표를 하기 전에 국립보건원장 해럴드 바머스와 프랜시스 콜린스에게는 이야기를 해야 한다고 생각했다. 바머스를 먼저 만나는 편이 나았다. 그는 합리적인 인물이어서 콜린스를 설득할 수 있을 터였다. 나는 마이클 헌커필러와 함께 국립보건원 1동을 찾아갔다. 넓은 원형 차로, 기둥, 국립보건원장 사무실로 통하는 큰 계단은 남부의 웅장한 저택을 연상시켰다. 버나딘 힐리를 만나러 계단을 올라가던 때와는 사뭇 느낌이 달랐다. 냉담한 관료주의의 냄새가 물씬 풍겼다.

해럴드 바머스는 우리를 반갑게 맞아주었다. 사무실에는 그가 출퇴근 때 타고 다니는 자전거 한 대만 달랑 놓여 있었다. 비서도, 참모도 자리에 없었다. 덕분에 우리는 깊은 대화를 나눌 수 있었다. 이야기가 잘 풀리는 듯했다. 바머스는 우리가 하는 일을 인정할 뿐 아니라 도움을 주고 싶어 했다. 나는 시험 프로젝트를 먼저 해볼 생각이었다. 초파리를 염두에 두고 있다고 말하자 그는 두 번째 선충을 하는 게 어떻겠냐고 말했다. 그해 12월에 설스턴과 워터스턴 연구진이 예쁜꼬마선충 게놈의 대략적인 초안을 발표한 바 있었다.

바머스는 시험 프로젝트가 성공하면 다음은 무얼 할 거냐고 물었다. 나는 인간 게놈을 해독할 생각이라고 대답했다. 그리고 일을 효율적으로 추진하기 위해 정부 프로그램에서는 생쥐를 해독하는 게 어떻겠냐고 제안했다. 인간과 생쥐의 게놈을 비교 연구하면 엄청난 유익을 얻을 수 있을 터였다. (유전부호의 관점에서 보면 인간은 꼬리가 없는 거대한 생쥐라고 할 수 있다.)

바머스는 냉철하고 논리적이며 과학적인 태도로 내 제안을 받아들였다. 그는 영역 다툼이나 책략, 감정싸움 따위에 휘말리지 않았다. 그는 인간과 생쥐의 게놈을 함께 연구하면 훨씬 귀중한 성과를 얻을 수 있으리라는 점을 알고 있었다. 인간과 생쥐의 유전자가 대부분 비슷하기 때문에 생쥐를 대상으로 실험하면 인간의 유전자 특징을 알아낼 수 있다.

진짜 문제는 데이터 접근성뿐이었다. 마이클 헌커필러와 나는 데이터를 공개하고 엄청난 부가가치를 지니는 고급 데이터베이스를 구축하겠다고 말했다. 법률과 뉴스에 관련된 공개 정보를 가공해 쉽게 검색할 수 있는 형식으로 제공하는 렉시스넥시스Lexis-Nexis처럼 말이다. 우리는 우리의 사업이 효소 같은 실험실 시약을 판매하는 회사와 비슷하다고 여겼다. 시약은 직접 만들고 정제할 수도 있지만 시약 전문 제조사로부터 구입하는 편이 훨씬 간편하다. 뉴잉글랜드 바이오랩스 같은 회사들이 학계에 제한효소를 팔기 시작했을 때 불만을 제기한 사람은 거의 없었다. (리처드 로버츠는 1992년에 뉴잉글랜드 바이오랩스로 이직해서 제한효소를 만들고 기초연구를 진행하기도 했다. 이는 내가 하고자 하는 일의 좋은 선례였다.) 바머스는 우리 주장이 합리적이며 이를 편견 없이 고려하겠다고 말했다. 우리는 악수를 나누었다. 작별 인사를 하려는 찰나에, 나는 공개 발표를 하기 전에 콜린스와도 이 문제를 논의할 거라고 말했다.

그날 우리는 덜레스 공항에서 콜린스를 만났다. 그는 샌프란시스코 행 비행기를 타려던 참이었다. 나는 마이클 헌커필러를 데려간다는 말은 하지 않았다. 안 그랬으면 여기저기 전화를 걸어 우리가 이 중요한 문제를 왜 자기와 상의하려 하는지 눈치 챘을 것이다. 나는 그에게 우리 계획을 알리고는 싶었지만 그가 정치적 책략을 쓰는 걸 바라지 않았다. 콜린스 때문에 에너지부와의 중요한 협력 계획을 망친 적이 있었기 때문이다.

에너지부와 협력해 게놈을 해독하려 한 시도는—양해각서를 주고받을 정도로 진행되었지만—이미 사장된 상태였다. 에너지부의 논리는 단순했다. 최근 과학의 발전을 이끈 건 물리학자들이 주도하는 대형 프로젝트였다. 그 가운데 가장 규모가 큰 프로젝트는 입자가속기와 원자로 실험이었다. 게놈 프로젝트처럼 수십억 달러가 들어가는 사업은 이에 걸맞은 실적과 야심이 있는 부서에 돌아가야 한다는 것이었다.

하지만 1998년 12월 3일에 열린 회의에서 바머스와 웰컴 트러스트의 모건, 콜린스는 아리스티데스 파트리노스를 대신해 참석한 마빈 프레이저Marvin Frazier에게 이렇게 경고했다. 벤터가 주도하는 염기서열 분석 프로젝트를 지원하면 국립보건원은 에너지부에 협력하지 않을 것이며 에너지부는 따돌림을 당하리라고 말이다.[5] 모건 말마따나 에너지부는 정부 게놈 프로그램에 참여하는 다른 연구소들로부터 배척을 받게 된다. 한 참석자가 말했듯이 "그들의 협박은 모두를 들쑤셔놓았다. 평화를 위한 정책이라 하더라도 그다지 현명하지는 못했다. 처음부터 실패가 예정되어 있었으니 말이다." 아리스티데스 파트리노스는 양해각서가 "휴지조각이 되는" 장면을 아직도 기억하고 있다.

그때의 경험 때문에 콜린스를 섣불리 만날 수는 없었다. 헌커필러와 나는 보안 검색대를 통과해 승강장으로 향하는 무빙워크에 올랐다. 콜린스는 유나이티드항공 일등석 라운지 대기실에 있었다. 바머스와는 공적인 자리에서 비공식적으로 만났지만 콜린스와는 정반대였다. 콜린스는 부소장 마크 가이어Mark Guyer를 비롯한 고위급 직원들과 함께 있었다. 그는 내가 마이클 헌커필러를 대동한 걸 보고 놀랐다. 헌커필러와 함께라면 내가 제안한 게놈 해독 속도를 달성할 가능성이 훨씬 커지기 때문이었다. 콜린스는 그를 "크레이그가 데려온 불청객"[6]이라고 지칭하며 불쾌감을 드러냈다.

헌커필러와 나는 바머스를 만났을 때처럼 침착하고 긍정적인 태도를 유지하려고 애썼다. 하지만 내가 걱정한 대로 콜린스는 머리가 아니라 가슴으로 반응했다. 민간 프로젝트에서 인간 게놈을 해독하고 정부 프로그램에서 생쥐를 맡으라는 제안은 그에게 모욕이었다. 과학 발전을 위한 가장 효과적인 방법이었지만, 그는 협력할 생각이 조금도 없었다. 우리가 경쟁이 아니라 협력을 해야 인류에게 훨씬 유익할 거라고 말해도 소용이 없었다. 게놈 연구의 주도권을 나눠 갖는 것은 시기상조였다. 나는 콜린스가 인간 게놈 해독의 영예에만 집착한다고 생각하며 자리를 떴다. 헌커 필러 입장에서는 그리 나쁜 결과가 아니었다. 그는 비행기에서 콜린스의 옆자리에 앉아 정부 프로그램이 나와 경쟁할 수 있도록 국립보건원에 신형 기계를 팔기로 합의했다.

■ 언론 공개 뒤 반응이 들끓다

우리는 보도자료를 배포하지 않고, 우리에게 공정하게 지면을 할애해줄 기자에게 기삿거리를 주기로 했다. 〈뉴욕 타임스〉의 니컬러스 웨이드와 〈워싱턴 포스트〉의 릭 와이스Rick Weiss는 유전체학에 대해 자세한 기사를 많이 썼으며, 여기에 결부된 정치 문제도 잘 간파하고 있었다. 또한 우리가 국립보건원을 따돌리려 하지 않는다는 사실을 잘 설명해줄 사람들이었다.

마침내 우리는 계획을 내놓았다. 1998년 5월 11일 월요일 아침, 증시가 개장하기 전에 보도자료를 배부한다. 그리고 전날, 〈뉴욕 타임스〉[7] 1면에 니컬러스 웨이드의 기사가 실린다. 내가 바머스와 콜린스를 만난 때로부터는 이틀 뒤다. 웨이드는 이렇게 썼다. "유전자 염기서열 분석의 선구자와 민간 기업이 3년 안에 인간의 전체 DNA, 즉 게놈을 해독하려는 목표로 손을 잡았다. 이것은 연방 정부 계획보다 훨씬 빠르고 비용도 적게 드는 것이다."

그 기사는 정부 게놈 진영을 들쑤셔놓았다. 하지만 몇 년 지나 읽어보아도 적절한 글이었다. 콜린스와 바머스는 웨이드에게 우리의 계획이 성공한다면 원하는 목표에 더 빨리 도달할 거라고 말한 바 있었다. 놀랍게도 바머스가 콜린스의 심경에 변화를 일으킨 듯했다. 웨이드는 이렇게 썼다. "콜린스 박사는 자신의 프로그램을 신생 기업의 프로젝트와 통합할 계획이라고 말했다. 정부는 인간 DNA 염기서열을 해석하는 데 필요한 여러 프로젝트, 가령 쥐를 비롯한 기타 동물의 게놈을 해독하는 데 집중하는 쪽으로 역할을 조정하기로 했다. (……) 바머스 박사와 콜린스 박사 모두 의회를 설득해 목표 변화를 받아들이게 할 수 있으리라 자신했다. 생쥐를 비롯한 기타 동물의 게놈을 해독하는 일은 애초부터 인간 게놈 프로젝트의 필수 요소였기 때문이다."[8] 웨이드는 ("정면 대결을 선호하는") 내가 국립보건원과 긴밀히 협력하고 싶다고 말했으며 "해볼 테면 해보란 식"의 태도를 취하지 않았다고 썼다. 이 덕분에 협력의 분위기가 한층 무르익었다.

물론 언론인들에게는 곪은 상처를 터뜨리고 싶어 하는 고질병이 있다. 웨이드도 예외가 아니었다. 그는 우리 프로젝트가 "2005년까지 게놈을 해독하려는 정부의 30억 달러짜리 프로그램을 (어느 정도는) 무용지물로 만들 것"이라고 지적했다. 또한 의회에서는 새 회사가 인간 게놈을 먼저 해독할 텐데 왜 정부 프로젝트를 계속 지원해야 하느냐며 의문을 제기할 거라고 말했다.[9] 그의 마지막 수사는 우리 프로젝트에 대한 두말할 나위 없는 찬사였지만, 우리 계획이 실패하지 않으리라는 뉘앙스는 나의 강력한 적들을 격분시켰다.

보도자료가 배부된 다음 날, 웨이드는 서슴없이 이 주제로 돌아왔다. 그는 내가 인간 게놈을 해독하는 역사적 목표를 정부로부터 "가로챘다"[10]고 말했으며 "인간 게놈 프로젝트를 빼앗은 건 아주 대담한 행동"이라고 주장했다. 이때쯤 되자 존 설스턴과 마이클 모건 또한 공황 상태에 빠지기 시작했다. 그들은 우리 보도자료 때문에 자기들의 게놈 프로젝트를 앞당겨야 하는 게 아닌지 우려했다.[11] (설스턴은 이렇게 말했다. "우리는 더는 세계 최대의 게놈센터가 되지 못할 터였다. 그건 당황스러운 일이었다.")

5월 11일 월요일, 나는 마이클 헌커필러·해럴드 바머스·프랜시스 콜린스·아리스티데스 파트리노스와 함께 국립보건원에서 열린 기자회견에 참석했다. 설스턴은 우리 연합이 "아주 기묘한 방식으로 연대감을 과시하는 쇼의 첫 무대"[12]라고 평했다. 이는 사실로 드러났다. 그날 콜린스는 다시 공세적으로 돌변했다. 정부는 앞으로 12~18개월간 지금처럼 프로젝트를 진행하고, 그때가 되면 프로젝트 방식을 바꾸어 내게 협조할지 결정하겠다는 것이다. 그는 전략을 바꾸어 산탄총 염기서열 분석 방식에 의문을 제기하기 시작했다. "몇 년 전에 정부는 벤터가 쓰려는 방식으로 전환할 것을 검토했으나 문제가 너무 많아 완전히 취소한 바 있다."[13] 그는 내가 만들어낼 인간 게놈 염기서열이 모두 "연방 프로그램에서 내놓는 것에 비해 오류투성이일 것"이라고 말했다.

오랜 적수인 윌리엄 해절틴은 〈뉴욕 타임스〉에서 왓슨과 콜린스를 공격하는 한편 정부 프로젝트를 신랄하게 비난했다. "에너지부와 국립보건원은 둘 다 조직과 경영상의 문제가 심각했다. 수석연구자들 사이에 내부 알력도 존재했다."[14] 다른 언론 기사들도 정부 게놈 진영의 심기를 불편하게 할 뿐이었다. 해절틴은 또다시 내가 인간 게놈 프로젝트에 폭탄을 떨어뜨렸다고 말했다. "갑자기 누군가 30억 달러짜리 지원 계획에 재를 뿌렸다고 생각해보라. 충격이 엄청나지 않겠는가?"[15] 〈워싱턴 포스트〉는 1면 머리기사 제목을 이렇게 내보냈다. '유전자 지도를 만드는 경쟁에서 민간 기업이 정부를 누르려 하다.'[16]

분자생물학 및 유전체학 연례 학술대회가 왓슨의 본고장인 콜드스프링하버연구소에서 열릴 참이었다. 그 당시 들려오는 소식은 모두 정부 프로젝트에 찬물을 끼얹었을 만한 것들이었다. 특히 〈사이언스〉는 며칠 전에 콜린스가 지원하는 게놈센터 가운데 목표에 근접한 곳이 하나도 없다고 폭로했다.[17] 일설에 따르면, 콜드스프링하버연구소에 모인 연구자들은 "충격과 분노와 절망에 사로잡혀 있었다."[18] 제임스 슈리브James Shreeve의 《게놈 전쟁The Genome War》에 따르면, 랜더를 비롯한 이들은 모욕감을 참지 못하고 콜린스에게 지금은 협력할 때가 아니라 경쟁을 해야 한다며 압력을 가하기도 했다.[19]

나는 정부 측에서 발을 빼려는 점이 못마땅했지만 여전히 협력할 여지가 있다고 생각했다. 헌커필러와 나는 화요일 아침에 콜드스프링하버연구소 회의장에서 정부 게놈센터의 수장들과 에너지부 및 국립보건원 게놈 프로그램의 관료들을 만나기로 되어 있었다. 우리가 서 있는 건물은 제약 회사를 비롯한 여러 곳에서 수백만 달러를 후원해 새로 지은 곳이었다. 회의장은 왓슨의 사무실 바로 옆에 있었다. ABI의 초라하고 기능적인 회의실과 달리 널찍한 실내 공간에 화려한 참나무 벽과 큰 창문을 갖추고 있었다. U자형 탁자에 앉은 40여 명 가운데 우리에게 호의적인 이들은 손에 꼽을 정도였다. 주위를 둘러보니 우리는 장례식과 집단 구타의 갈림길에 서 있는 듯했다. 얼굴마다 분노가 가득했다.

나는 연구 개요와 앞당겨진 일정—정부 프로그램보다 4년 앞서 2000년대에 완성될 예정이었다—과 우리 방식이 성공하리라고 생각하는 이유를 설명했다. 인간 게놈을 분석하기 전에 다른 생명체로 예행연습을 할 거라고도 말했다. 또한 산탄총 방식으로 쪼갠 염기서열을 다시 조합하기 위해 TIGR에서 개발한 컴퓨터 소프트웨어의 성능을 설명하고, 우리 방식을 뒷받침하기 위해 방정식 하나—랜더-워터맨Lander-Waterman 모델—를 인용했다. 그때 빨간 머리의 낯익은 얼굴이 소리쳤다. "크레이그, 아닐세. 자네는 랜더-워터맨을 완전히 잘못 쓰고 있어. 틀림없어. 내가 바로 랜더란 말일세."

우리는 자주 쓰이는 데이터를 공개할 것이며, 인간 데이터의 주 공급원

이 될 것이고, 프로젝트가 끝나면 전체 게놈에 대한 논문을 발표할 계획
이라고 설명했다. 하지만 그들에게 이 프로젝트를 보완하기 위해 생쥐 게
놈을 분석하라고 제안하는 순간, 분위기가 험악하게 바뀌었다. 아무도 내
말에 귀를 기울이지 않는 듯했다. (한 참석자는 이렇게 회상했다. "그 자
식 면상에 주먹을 날리고 싶었다.")[20]

헌커필러가 우리 계획을 이루어줄 ABI의 신형 기계에 대해 설명을 시
작했을 때, 아이디어 하나가 떠올랐다. 나는 캘리포니아 대학교 버클리
캠퍼스에서 초파리 게놈 프로젝트를 이끌고 있는 제럴드 M. 루빈Gerald M.
Rubin에게 복도에서 이야기를 좀 하자고 청했다. 그러고는 손짓으로 콜린
스를 불렀다. 우리가 회의장을 빠져나가는 걸 본 사람은 아무도 없었다.

귀여운 얼굴에 턱수염을 기른 제럴드 루빈에 대해 내가 아는 점이라고
는 그가 자기 분야에서 가장 뛰어난 연구자로 명성이 자자하다는 것밖에
없었다. 나는 곧장 본론으로 들어가, 바머스는 내가 예행연습용으로 다른
벌레를 해독해야 한다고 생각하지만 내가 원하는 건 초파리라고 말했다.
그러고는 초파리 게놈을 해독하는 일을 도와줄 생각이 있느냐고 물었다.
몇 년 뒤 루빈은 당시를 이렇게 회상했다. "나는 그에게 한방 먹이고 싶은
심정이었다. 하지만 내 입에서는 이런 대답이 튀어나왔다. '좋소. 초파리
게놈 해독을 도와주는 사람은 누구든 내 친구요. 젠뱅크에 데이터를 모두
제공하기만 한다면 말이지.'"[21] 나는 게놈을 해독하고 분석하는 즉시 공
개하겠다고 약속했다.

루빈의 긍정적인 반응은 무척 만족스러웠다. 그는 자기가 내 제안을 거
절해서 내가 다른 벌레를 분석하게 되었다면, 초파리 유전자를 힘겹게 연
구하고 있는 '파리 그룹'이 자기를 가만두지 않았을 거라고 말했다. 루빈
은 후속 연구를 진행할 수 있도록 연구비를 삭감하지 말아달라고 콜린스
에게 덧붙였다. 시의적절한 요청이었다. 그 순간 콜린스의 낯빛이 조금
창백해졌다. 콜린스는 순순한 어조로, 이 프로젝트는 타당성이 있을 테지

만 우선 루빈의 생각을 알고 싶다고 했다.

루빈과 나는 따뜻한 악수를 나누었다. 소란을 일으키거나 책략을 거의 쓰지 않고 나는 내 학문적 여정에서 가장 훌륭한 공동 프로젝트를 성사시킨 것이다. 우리 셋은 회의장으로 돌아왔다. 헌커필러의 발표가 끝나자 우리는 예행연습용 프로젝트의 대상을 공표했다. 질문이 터져 나왔다. 대부분 워터스턴과 랜더의 가시 돋친 비방이었다. 그날의 상황을 가까이서 지켜본 한 참석자는 이렇게 회상했다. "다들 목이 잘린 닭처럼 허둥댔다."[22] "제임스는 비난을 퍼부었고 프랜시스는 얼굴이 시뻘게졌다." "사람들은 제럴드가 악마와 손을 잡았다며 수군댔다."[23]

헌커필드와 내가 자리를 뜨자마자 왓슨이 들어섰다. 그는 우리와 같은 방에 있기를 거부했다. 생쥐 제안에 단단히 화가 난 탓이었다. 그는 자신의 심정을 이렇게 묘사했다. "모욕적이었다는 말로는 턱도 없다."[24] 왓슨은 나를 히틀러에 비유하기도 했다("히틀러가 세상을 차지하려 한 것처럼 크레이그는 인간 게놈을 차지하고 싶어 했다"[25]). 그날 아침 식사 시간에 왓슨은 프랜시스 콜린스를 불러 주전파主戰派 윈스턴 처칠이 될 것인지, 주화파主和派 네빌 체임벌린Neville Chamberlain이 될 것인지 선택하라고 했다.[26] 그날 오후 제럴드 루빈을 만난 자리에서는 이렇게 선언했다. "초파리는 (독일에 점령당한) 폴란드 신세가 될 거요."[27] 나는 콜드스프링하버연구소 회의에서 주 강연을 하기로 되어 있었지만, 왓슨의 말이 아니더라도 욕은 충분히 들었다고 생각했기 때문에 강연을 하지 않고 떠났다.

그날 저녁, 내 적들은 자기들끼리 싸우기 시작했다. 소규모 게놈연구소들은 워터스턴과 랜더 같은 이들이 주도하는 (사실상) 게놈 비즈니스끼리의 긴급회의에도 끼지 못했다. 에릭 랜더는 정부 게놈 진영에서도 우리와 동시에 초벌 염기서열을 내놓아야 한다며 강하게 압박했다. 그는 빈틈이 아무리 많더라도 어쩔 수 없다고 했다. 메이너드 올슨 같은 순수주의자에게는 저주를 퍼붓는 꼴이었다. 콜린스는 나와 협력한다는 아이디어가 불쾌하기는 해도 내 제안을 진지하게 받아들이는 듯했다. 안 그랬다가는 수억 달러의 세금을 아낄 수 있는 민관협력 기회를 차버렸다며 의회로부터 비난을 들을 테니 말이다.

정부 프로그램 인사들이 모두 격분한 건 아니었다. 셜스턴은 그날 저녁 만면에 미소를 띤 참석자들도 있었다고 말했다. "대규모 염기서열 분석 프로젝트에 몸담고 있지 않은 이들은 게놈연구소들이 사정없이 구석에 몰리는 모습을 즐겼다. (……) 그들은 극소수 연구소가 인간 게놈 프로젝트 연구비를 독차지하더니 결국 천벌을 받은 거라며 고소해했다."[28]

회의에서 돌아온 직후, 스탠퍼드 대학교 게놈센터 공동 소장인 데이비드 콕스에게서 전화가 걸려왔다. 그는 우리 자문위원회에 참여할 수 없다고 말했다. 내가 떠난 뒤 콜린스가 벙타운 로드를 산책하자고 했다는 것이다. 소나무 숲과 콜드스프링하버연구소의 돌벽을 따라 이어진 길이었다. 연구자들은 은밀한 대화를 나눌 때 그 길을 애용했다.

제임스 슈리브는 《게놈 전쟁》에서 둘 사이에 일어난 일을 흥미진진하게 묘사했다.

콜린스가 말했다. "자네가 게놈 프로젝트에 참여하지 못한다면 애석할걸세." 그의 의도는 분명했다. 콕스가 벤터의 제안을 받아들인다면 국립보건원에서 나오던 연구비가 끊길 터였다. 콕스가 물었다. "왜 양자택일을 해야 하는 거요?" (……) 콜린스는 고개를 가로저으며 아쉬운 듯한 표정으로 미소를 지었다. 완벽한 세상에 살지 못하는 걸 안타까워하는 듯했다. 하지만 타협은 없었다. 콜린스가 힘주어 말했다. "자네가 크레이그의 자문위원회에 들어간다면 게놈 프로그램 진영에서 자네와 함께 일하려는 사람은 아무도 없을걸세. 양자택일을 할 수밖에 없는 거지."[29]

어쨌거나 콜린스는 24개월 후 데이비드 콕스의 연구실에 지원을 중단했다. 스탠퍼드를 떠난 데이비드는 펄젠을 설립해 인간 게놈 염기서열의 변이형을 지도로 만드는 연구를 진행했다. 정부 프로그램 진영과 공동으로 인간 게놈을 해독하려는 나의 꿈은 산산조각났다. 나는 다시 혼자가 되었다. 하지만 의욕은 넘쳤다.

▨ 셀레라에 끌린 인재들

그즈음 우리는 머리를 맞대고 아이디어를 교환한 끝에 회사 로고를 만들었다. 이중나선처럼 생긴 팔다리가 춤을 추는 모양이었다. 회사 이름도 정했다. '빠르다'를 뜻하는 라틴어 'celer'에서 따온 '셀레라Celera'가 새 회사 이름이 되었다('가속하다accelerate'도 같은 어원에서 나왔다). '바이오트렉Biotrek'이나 '쉬겐Sxigen'처럼 우스꽝스러운 이름을 비롯해 수많은 후보들이 나왔지만 단연 '셀레라'가 돋보였다. 경쟁자들이 우리를 부르는 별명보다 분명히 나았다. 그들은 우리 회사를 '벤터-헌커필러 계획'이라고 불렀다(줄여서 '벤터필러'나 '벤티피드'라고들 했다).

셀레라 지노믹스는 산탄총 염기서열 분석을 위해 다양한 분야의 인재가 필요했다. 가장 먼저 해야 할 일은 인간의 세포(혈액이나 정액)에서 DNA를 추출하는 것이다. 이 DNA를 쉽게 처리하고 분석할 수 있도록 조각으로 나누는 과정—즉, 게놈 염기서열 분석 도서관을 만드는 과정—은 핵심적인 단계다. 전체 게놈 산탄총 염기서열 분석에서는 커다란 DNA 분자와 염색체에 음파처럼 전단력剪斷力을 지닌 방법을 적용해서 DNA를 쪼개어 도서관을 만든다. DNA 조각은 간단한 실험실 과정을 거쳐 크기대로 분리할 수 있다. 그러면 정해진 크기의 조각을 골라—예를 들어 길이가 2,000염기쌍('2킬로베이스' 또는 '2kb'라고도 한다)인—'클로닝 벡터'에 삽입한다.

클로닝 벡터는 대장균 체내에서 DNA 조각을 증식시키는 박테리아 유전자 집합이다. 모든 조각에 대해 이 과정을 되풀이하면 2,000염기쌍짜리 조각 수백만 개로 인간 게놈의 모든 부위를 나타내는 게놈 도서관이 만들어진다. 조각 자체가 애초에 완전한 게놈 수백만 개로부터 만든 것이기 때문에 염색체가 무작위로 쪼개지는 과정에서 DNA가 겹치는 부위가 많이 생긴다. 그러면 전체 게놈 도서관에서 DNA 클론을 무작위로 골라 컴퓨터로 이들의 염기서열을 분석하고 겹치는 부위와 일치하는 클론을 찾아내어 전체 게놈의 사본을 다시 이어 붙일 수 있다. 피아노를 연주하는 것과 마찬가지다. 원리는 매우 간단하지만 훌륭한 연주가만이 잘 해낼 수 있는 것이다. 전에는 상상도 할 수 없던 규모로 이 일을 해내려면 세계에서 가장 뛰어난 이들이 필요했다.

그 가운데 하나가 해밀턴 스미스였다. 황금손을 지닌 그는 DNA 분자를 내가 아는 그 누구보다 능숙하게 처리하고 조작한다. 해밀턴은 처음부터 내 곁에 있었다. 그는 벌써부터 염기서열 분석의 효율성을 향상시킬 새 클로닝 벡터를 만들어내고 싶어 했다. 마크 애덤스 또한 우리 드림팀 멤버였다. 복잡한 기술을 신속하게 구현하는 데 그보다 뛰어난 사람은 없었다. 나는 최고의 인재를 채용하는 그의 판단력도 무조건 신뢰했다. 마크는 최고의 인재를 알아보고 그들에게서 최고의 성과를 이끌어내는 능력이 있었다. 나는 마크에게 셀레라의 DNA 염기서열 분석 핵심사업팀을 만들어달라고 요청했다. 예전에도 이런 일을 세 번이나 해봤지만 이번 규모는 이 분야 연구자들의 상상을 뛰어넘는 것이었다.

DNA 염기서열 분석 과정에 들어가는 모든 단계의 규모를 늘리려면 로봇공학을 더 많이 적용해야 했다. 나는 TIGR 염기서열 분석 핵심사업팀에서 지닌 고케인을 데려왔다. 그녀는 1987년 국립보건원에서 나와 함께 최초의 DNA 분석기를 가동시킨 바 있었다. 나는 그녀의 능력과 헌신성을 언제나 높이 샀다. 그녀라면 100퍼센트 신뢰할 수 있었다.

여전히 걱정거리가 많았다. 새 기계가 작동하는 모습은 한 번도 본 적이 없었다. 아직 완성되질 않았으니 말이다. 하지만 초기에 발생하는 문제점을 피할 수는 없더라도 ABI의 기술자들에게 도움을 받을 수 있으리라 생각했다. 더 큰 문제는 엄청나게 쏟아질 게놈 데이터를 처리할 방법이었다. 전체 인간 게놈을 처리하고 조합하는 데 필요한 컴퓨터 성능을 아무리 계산해봐도 결론은 한결같았다. 우리는 성능이 아주 뛰어난—어쩌면 전 세계에서 가장 뛰어난—컴퓨터가 필요했다. 나는 TIGR 소프트웨어공학팀을 이끄는 앤 데슬러츠 메이즈Anne Deslattes Mays를 필두로 팀을 꾸렸다. 앤서니 컬리비지도 이 팀에 속해 있었다. 그는 국립보건원에 있던 초창기부터 내 곁에 있었으며 찔끔찔끔 나오던 데이터가 콸콸 쏟아지기 시작할 때 새로운 컴퓨터 알고리듬을 도입한 인물이기도 하다.

컴퓨터업계에서는 곧 우리가 당면한 문제에 관심과 흥미를 보였다. 선·실리콘 그래픽스·IBM·HP·컴팩 같은 컴퓨터업계의 주요 기업들로부터 프레젠테이션이 빗발쳤다. 컴팩은 당시 세계에서 가장 성능이 뛰어난 컴퓨터 칩인 알파칩을 만들던 회사 디지털을 막 인수한 참이었다(앤이 좋아하는 회사도 컴팩이었다). 그들은 모두 자기네 컴퓨터만이 우리의 프로젝트를 해낼 수 있다고 주장했다. 다들 인간 게놈을 해독한 컴퓨터를 납품했다는 영예를 누리고 싶어 했다. 하드웨어나 성능이 떨어지는 컴퓨터 회사들이 떨어져나가고 컴팩과 IBM이 두각을 나타내기 시작했다.

하지만 알면 알수록 더 판단하기 힘들었다. 우리는 캘리포니아에 있는 컴팩(전 디지털 연구소)을 찾아갔다. 합병으로 사기가 꺾였을 법도 하건만 직원들은 훌륭한 성과를 내고 있었다. 뉴욕에 있는 IBM 연구소도 방문했다. 그곳에서는 에너지부의 의뢰로 세계 최대의 컴퓨터를 업그레이드한 ASCII 컴퓨터를 조립하고 있었다. 이 제품은 핵폭발을 모의실험하는 데 쓰였다. 나는 IBM의 실적과 고위 경영진, 특히 니컬러스 M. 도노프리오Nicholas M. Donofrio에게 마음이 끌렸다. 하지만 IBM과는 의견을 나눌 기회가 별로 없었다. 회의 참석 인원도 10~20명 남짓밖에 되지 않았다. 그들은 여러 제품을 조합해 최고의 솔루션을 만들어내기보다는, PC든 데이터베이스든 우리의 모든 컴퓨터 용도에 적용되는 단일 솔루션을 제공하고 싶어 했다. 온통 IBM 일색으로 만들고 싶었던 것이다. 나는 5,000만~1억 달러 사이에서 가격을 협상해야 했다. 그러면서도 효과적으로 빠르게 작동하고 이제껏 없던 복잡한 프로그램 코드를 돌릴 수 있는 시스템이 필요했다.

업체들의 주장을 검증하기 위해 조합기로 실험을 해보기로 했다. 이 프로그램은 TIGR에서 염기서열 분석 작업에 일상적으로 쓰인다. 우리가 쓰고 있던 선 컴퓨터로는 하이모필루스 같은 (인간에 비해) 단순한 게놈을 조합하는 데도 며칠이 걸렸다. 이런 수준이라면 30억 염기쌍에 달하는 인간 게놈을 조합하는 데는 몇 년이 걸릴 터였다. 우리의 여러 후보들은 더 효율적인 하드웨어를 어떤 식으로 만들어낼지 궁금했다.

도전을 수락한 곳은 컴팩과 IBM뿐이었다. 컴팩의 알파칩은 며칠이 걸릴 작업을 19시간 만에 해냈다. 마지막에는 작업 시간이 9시간까지 줄었다. 반면 IBM은 36시간이 고작이었다. 우리 프로그래머들은 알파칩을 원했다. 테스트 결과도 이를 뒷받침했다. IBM은 자기들의 성적이 낮다는 사실을 알고 있었다. 그들은 내게 무엇을 해주면 계약을 맺겠냐고 물었다. 나는 IBM이 컴퓨터 시스템을 공짜로 제공하고 이를 설치하고 운용할 개발팀까지 보내야 한다고 말했다.

IBM이 내 제안을 놓고 고심하는 동안 내가 실수를 저질렀을지도 모른다는 생각이 들었다. 시스템이 공짜로 제공되면 나는 아무런 영향력을 행사할 수 없게 된다. 성능이 떨어진다며 환불을 요청할 수도 없는 것이다. 나는 진정으로 원하는 것에는 대가를 지불해야 한다는 사실을 깨달았다. 이번 일은 전인미답의 영역을 개척하는 것이기에 더욱 그랬다. 컴팩의 최고경영자가 나를 찾아왔다. 그는 우리 프로젝트가 성공하도록 노력을 아끼지 않겠다고 다짐했다. 그는 자신의 컴퓨터가 생물학과 의학 역사상 가장 방대한 연산을 수행하는 영광을 누리고 싶어 했다.

며칠 뒤, 컴팩과의 계약서에 서명하고 최고경영자에게 전화를 걸어 제안을 받아들인다고 말했다. 30분 뒤에 IBM의 도노프리오에게 전화를 걸어 결정 사항을 알려주려던 차에 그가 먼저 전화를 걸어왔다. 그는 방금 전에 IBM의 최고경영자 루 거스너Lou Gerstner를 만났으며, 그가 시스템을 전부 공짜로 제공하도록 승인했다고 말했다. 나는 30분 전만 해도 생각해볼 여지가 있었지만 방금 컴팩과 계약을 끝냈다고 대답했다. 그는 잘 되기를 바란다면서도 컴팩 컴퓨터가 실패하면 언제든 불러달라고 말했다. 하지만 나는 그의 말을 귀담아두지 않았다. 실패란 있을 수 없는 일이었기 때문이다. 이번 프로젝트에는 두 번째 기회가 없었다.

컴팩에서 우리가 구상하는 규모로 컴퓨터 시스템을 제작할 수 있는 최고의 기술자는 마셜 피터슨Marshall Peterson이었다. 그는 당시 스웨덴에서 에릭슨 사를 위해 일하고 있었다. 피터슨은 헬리콥터 조종사로 베트남에 세 차례 투입되었으며 적의 화기에 맞은 것도 여러 번이었다. 덕분에 '미친 개'라는 별명이 붙었다. 나는 첫눈에 그가 마음에 들어 즉석에서 함께 일하자고 했고, 그는 수락했다. 슈퍼컴퓨터의 하드웨어가 제작에 들어갔다. 하지만 컴퓨터가 제 성능을 내려면 소프트웨어가 받쳐주어야 한다. 그때까지 온전한 전체 게놈 조합기를 만들어본 사람은 그레인저 서튼뿐이었다. 그는 이론상으로는 이 일이 가능하다는 걸 알고 있었지만 TIGR 조합기를 수정해 인간 게놈을 해독하는 데 쓸 수는 없었다. 새 버전의 소프트웨어를 작성할 팀을 모집하는 것도 큰일이었다. 우리는 맨땅에서 시작해야 했다. 서튼은 다음 세대의 소프트웨어를 만들 적임자를 알고 있었다.

유진 W. 마이어스Eugene W. Myers는 배우 리처드 기어를 닮은 독특한 성격의 소유자였다. 그는 게놈을 읽을 때 크기는 중요하지 않다고 생각했다. 1997년 5월, 유진 마이어스는 의학유전학자 제임스 L. 웨버James L.

Weber와 함께 전체 게놈 산탄총 방식으로 전체 인간 게놈을 조합할 수 있다는 사실을 밝혔다. 당연히 정부 인간 게놈 프로젝트 측의 비난이 뒤따랐다. 내가 유진을 높이 평가하고 예전에 애리조나 대학교에서 빼오려 애쓴 것은—성공은 하지 못했지만—이 때문이었다. 물론 무엇보다 그의 알고리듬을 높이 샀기 때문이기도 했다.

우리 프로젝트 자체가 인재를 끌어들이는 역할을 하기도 했다. 서튼 말로는 셀레라 설립이 발표된 뒤 유진 마이어스가 먼저 전화를 해 자기도 낄 수 없겠느냐고 물었다고 했다. 듣던 중 반가운 소리였다. 나는 당장 마이어스를 만나 인간 게놈을 조합하는 데 실제로 무엇이 필요한지 이야기했다. 전체 게놈 산탄총 조합을 다룬 그의 논문을 읽고 나는 감명을 받았지만, 그 방식을 시도해보고 싶으면 우리 팀에 들어와야 한다고 말했다. 그가 일주일 안에 일을 시작할 수 있다면 학교에서 받던 급여를 그대로 주기로 합의했다. 솔직히 말해 그의 역할에 비하면 낮은 급여였다. 그도 하룻밤 자면서 같은 생각을 한 듯했다. 그래서 다음 날 급여를 3배로 올렸다. 그 다음 날, 그가 또 전화를 했다. 친구와 동료들이 모두 스톡옵션 이야기를 하더라는 것이다. 그는 스톡옵션이 무엇이며 자기도 얻을 수 있느냐고 물었다. 나는 그렇다고 대답했다. 하지만 스톡옵션의 양은 아직 정해지지 않았다고 말했다.

마침내 셀레라에 입사한 유진 마이어스는 곧 우리 프로젝트의 엄청난 규모를 실감하기 시작했다. 한마디로, 30억 염기쌍에 달하는 전체 인간 게놈을 처리하려면 3,000만 조각을 처리할 수 있는 소프트웨어가 필요하다. 이 세상 모든 그림 맞추기 퍼즐의 어머니라 해도 과언이 아니다. 우리는 곧 이에 필요한 알고리듬을 개발하기 위해 정예팀을 구성했다. 최고의 수학자 유진 마이어스와 최고의 컴퓨터 과학자 그레인저 서튼 말고도 수학을 소프트웨어로 바꿀 임무를 맡은 앤 데슬러츠 메이즈가 팀을 이끌었다. 이제 우리에게 필요한 건 게놈을 해독할 시설뿐이었다.

대규모 공사가 시작되다

우리는 TIGR 건물로 주문한 신형 분석기 200대를 들여놓을 방법을 찾기 시작했다. 퍼킨엘머에서는 새 건물의 2,000평방미터 바닥을 분석기의 무게와 전력 수요를 감당할 수 있도록 공사해도 좋다는 허가가 떨어졌다. 시간이 지나고 공사가 지연되면서 TIGR 시설로는 안 되겠다는 생각이 들었다. 우리는 다른 장소를 물색하기 시작했다. 그때만 해도 새 건물보다 5배나 큰 건물 두 곳을 1년도 못 가 다 채우게 될 줄은 몰랐다. 두 건물은 TIGR에서 1.6킬로미터밖에 떨어지지 않은 곳에서 찾아냈다. 우리는 첫 번째 건물을 임대하고 두 번째 건물을 옵션으로 끼워 넣기로 협상했다. 퍼킨엘머에서는 로버트 톰슨Robert Thomson을 파견했다. 우리는 평생 동안 퍼킨엘머 시설을 세우고 보수한 그의 경험을 활용할 수 있었다. 그는 '하면 된다'는 사고방식을 지니고 있었다. 사업 출범을 논의하는 전체회의 자리에서 그는 이렇게 말했다. "언젠가 손자, 손녀들에게 내가 이 일에 한몫했노라고 말할 겁니다."

처음에는 기존 공간을 완전히 뜯어고칠 생각이었지만 턱도 없었다. 두 번째 건물에는 컴퓨터센터가 들어서기로 했다. 나는 프로젝트를 구축하는 단계를 좋아한다. 게다가 이번 프로젝트는 어느 때보다도 규모가 컸다. 에피소드도 많았다. 지역 전기 회사 펩코는 우리의 컴퓨터와 분석기에 전력을 충분히 공급하기 위해 변전소와 전봇대를 새로 설치해야 했다.

4층부터 공사가 시작되었다. 이곳에는 박테리아를 배양해 인간 클론을 만들어내고 DNA를 생산하는 로봇과 이 DNA를 분석기에 넣을 수 있도록 처리하는 PCR(DNA 증폭) 기계 수백 대가 자리 잡을 예정이었다. 소규모 염기서열 분석 실험실도 들어섰다. 3층에 주 실험실을 짓는 동안 연구를 진행하기 위해서였다. 당장의 염기서열 분석을 위해서는 지하에 간이 실험실을 두 곳 마련했다. 로봇과 분석기는 도착하는 족족 작고 캄캄한 지하 실험실에 밀어 넣었다.

1998년 8월이 되자 건물이 제 모습을 갖추어가기 시작했다. 우리는 지하에 식당을 열었다. 임시 실험실에서는 신형 로봇을 테스트하고 있었다. 회의실도 만들었다. 나는 항해할 시간을 별로 낼 수 없었기 때문에 아쉬운 대로 방마다 바다 이름을 붙여주었다. 마크 애덤스는 맡은 임무를 훌륭히 해냈다. 그의 팀은 규정을 새로 만들고 표준업무절차(SOP, standard operating procedure)를 확립할 준비를 끝냈다. 표준업무절차는 DNA 실험실의 품질을 관리하고 일관성을 유지하기 위한 복잡하고 상세한 문서다. 정부 게놈 진영에서는 게놈을 해독하는 일은 규모가 너무 커서 연구소 한 곳이 해낼 수 없다고 생각했다. 앞서 말했듯이 하이모필루스 인플루엔자이의 3배밖에 안 되는 효모 게놈을 해독할 때도 전 세계 연구소에 흩어진 '수도사' 1,000여 명이 10년 가까이 땀 흘려야 했다. 이 방법의 문제점은 일부 연구소가 작업을 훌륭하게 수행하는 반면 나머지 연구소는 평균 또는 그에 훨씬 못 미치는 성과를 낸다는 것이다. 최초의 효모 염색체 염기서열은 발표 이후 다시 수정해야 했다. 이 사례는 다양한 연구소들이 각자의 방식으로 유전부호를 읽어내고 성공률도 천차만별인 상황에서 관리가 얼마나 중요한지 보여주었다. 이런 체계에서는 염기서열의 질보다는 양이 더 중시된다.

이 분야의 위대한 선구자는 유전자 분석을 꼭 이런 식으로 진행하지 않아도 된다는 사실을 보여준 바 있다. 1977년에 프레드 생어는 동료들과 함께 최초의 바이러스 게놈인 박테리오파지 파이 X174phi X174를 해독했다. 이들은 정확성과 전략 모두 높은 평가를 받았다. 생어는 제한효소를 이용해 바이러스 게놈을 작은 조각으로 자른 다음, 이 조각들을 여러 연구원들에게 할당했다. 연구원들은 일정 수준의 품질을 보장하기 위해 자신이 맡은 부위를 분석하고 또 분석했다. 25년 후, 우리는 같은 바이러스를 다시 해독했다. 5,000염기쌍이 넘는 DNA 부호 가운데 틀린 곳은 세 군데밖에 없었다.

헨리 포드는 한 공장에서 여러 팀이 동시에 독립적으로 자동차를 제작하면, 팀마다 효율성에 차이가 나기 때문에 각 팀의 능력에 따라 최종 결과물이 달라진다는 사실을 알고 있었다. 따라서 서로 다른 수십 개의 팀이 한 라인에 늘어서 한 번에 한 대씩 자동차를 생산하는 조립 라인에서는 전문화와 표준화가 품질을 결정했다. 셀레라에도 조립 라인의 사고방식을 도입해, 전체 공정뿐 아니라 (염기서열 분석 시간과 비용을 둘 다 절감할 수 있는) 전략 변화 면에서도 점진적인 개선을 이루어야 했다. 하이모필루스 프로젝트는 미생물 게놈을 해독하는 데 걸리는 시간을 10년에서 4개월로 줄였다. 당시 2만 5,000개의 개별 DNA 조각으로부터 염기서열을 재구성하는 일은 엄청난 작업이었다. TIGR 연구원 전원이 밤낮을 가리지 않고 매달렸다. 인간 게놈의 경우 조각 개수는 2,600만 개에 달할 터였다. 하이모필루스 게놈 프로젝트를 1,000개 수행하는 셈이었다.

게놈 염기서열 분석에서 중요한 세 가지 비용 요인은 사람·시약·설비다. 대당 30만 달러가 넘는 분석기 3,700대는 분석 작업을 수백만 번 하는 동안 감가상각된다. 따라서 이로 인한 비용은 염기서열 하나당 10~15센트다(염기서열을 하나 읽는 데 드는 전체 비용은 1~2달러 내외다). 인건비를 줄이려면 DNA 처리 단계를 더 많이 자동화해야 했다. 마크 애덤스는 어떤 공정에 로봇을 활용할 수 있을지 꼼꼼히 검토했다. 액체의 양을 피펫으로 작지만 정확하게 계량할 때 쓰는 일회용 플라스틱 팁은 각 과정마다 갈아주어야 했다. 안 그러면 다음 시료가 오염되기 때문이다. 소규모 작업에는 문제가 없었지만 셀레라에서는 일회용 플라스틱 컵만 하루에 1만 4,000달러어치를 소비했다. 2년이면 1,000만 달러에 육박한다. 대안을 찾던 우리는 이름 없는 한 회사를 발견했다. 그곳에서 개발한 피펫 로봇은 금속 팁을 자동으로 세척한다. 이런 식으로 단계마다 비용을 절감할 방법을 꼼꼼히 조사한 결과, 시간과 비용을 대폭 줄일 수 있었다.

해밀턴 스미스의 팀도 달라진 점이 있었다. 지난 20년간 분자생물학자들은 '청-백 선별blue-white selection'이라는 방법을 써왔다. 이 간단한 염색 테스트에서는 박테리아 집락에 인간 DNA 클론이 들어 있는지 확인하기 위해 흰색 염료를 쓴다. 우리는 클론이 최소 2,600만 개 필요했는데, 기존 방법을 쓴다면 5,000만 개 이상을 만들어야 해서 비용이 2배로 는다. 해밀턴은 성공률 100퍼센트인 새로운 클로닝 벡터를 만들 수 있다고 자신했다. 그는 바로 작업에 착수했다.

우리는 놀라운 성과를 이루고 있었다. 하지만 DNA 분석기는 아직도 도착하지 않았다. 헨리 포드가 공구도 없이 조립 라인을 구축하겠다고 애쓰는 꼴이었다. 나는 몇 달 안에 첫 기계를 인도하겠다는 ABI의 약속을 믿고 일정을 매우 빡빡하게 짰다. 초파리 게놈은 1년 이내, 그러니까 1999년 6월까지는 해독을 전부 끝낼 예정이었다. 이 야심 찬 계획은 시작도 못해 보고 허사가 될 판이었다.

나는 매일같이 마이클 헌커필러 팀의 진행 상황을 점검했다. 이들은 온갖 문제점과 씨름하고 있었다. 부품이 제때 도착하지 않았을 뿐만 아니라, 기계 생산량을 끌어올리지도 못했다. 간신히 기계 조립을 끝냈더라도 작동의 일관성과 신뢰성에 문제가 있었다. 로봇 팔은 이따금 광란을 일으켰다. 그들이 스스로 밝힌 문제점만 이 정도였다. 우리가 찾아낸 문제점은 수백 개가 더 있었다.

초창기의 이 어려운 단계를 이겨낼 수 있었던 이유는 내가 선두에서 지휘하고 있었기 때문이다. 우리 팀은 나를 믿었고 나는 우리 팀을 믿었다. 우리가 처한 '엄청난' 상황 덕에 우리 훌륭한 연구원들은 '엄청난' 인재로 탈바꿈했다.

CHAPTER 12

〈매드〉와 돈에 눈먼 장사꾼

적을 고를 때는 신중에 신중을 기하라.

▌ 오스카 와일드, 〈도리언 그레이의 초상〉

옆 연구실에서 실험 결과를 놓고 자신과 경쟁하는 것을 보고도
격분하지 않는 사람은 성자밖에 없다.

▌ 제임스 왓슨, 〈DNA를 향한 열정: DNA 구조의 발견자 제임스 왓슨의 삶과 생각〉

▌ 새로우면서 훌륭한 학문의 모순

인간 게놈을 전례 없는 속도로 해독하겠다고 발표한 뒤 얼마 지나지 않아 내가 게놈 연구 진영을 화나게 했다는 사실을 실감해야 했다. 정부 지원을 받는 연구자들이 나나 우리 팀에서 얻을 게 없다고 생각하면서부터 TIGR의 정부 연구비 신청이 기각되고 기존 연구비도 프랜시스 콜린스가 즉각 취소했기 때문이다. 돌이켜 생각해보면 인간 게놈 프로젝트를 시작하면서 이들과 협력하려는 계획은 실패할 수밖에 없었다.

미국에서는 국립보건원이 게놈 연구비의 흐름을 좌우한다. 연구 제안

서를 몇 달 동안 고치고 다듬어 국립보건원에 보내면 해당 분야에 정통한 연구자 여남은 명이 동료 평가를 진행한다. 하지만 새로 생긴 분야는 기존 전문가 층이 얇으며, 확립된 분야라 해도 이름난 연구자들은 검토할— 또는 꼼꼼히 검토할—시간을 내지 못한다. 그러면 전문가들은 '연구 분과study section'라는 집단을 형성한다. 미국 생의학 연구는 베데스다의 허름한 호텔에서 검토를 진행하는 경우가 많다. 이곳에서 동료 검토자들은 연구 제안서에 1.0(완벽함)부터 5.0(지원 불가)까지 평점을 매긴다. 경쟁이 치열하기 때문에 1.5점 이상은 연구비를 받기 힘들다.

연구 제안서가 탈락하는 이유는 간단하다. 검토자 여남은 명 가운데 한 사람 이상이 해당 분야나 연구자나 기관이나 연구 방법을 싫어하면 된다. 검토자가 신청서를 쓴 연구자를 존경하거나 해당 분야를 높이 평가하는 경우라도, 경쟁이 치열한 분야에서는 상대방의 신청서를 떨어뜨리면 검토자 자신의 연구실이 연구비를 받을 가능성이 커진다. 마찬가지로 검토자 자신의 연구실에서 가능성이 없다고 퇴짜를 맞은 새 연구 방법이 다른 곳에서 쓰이는 일을 최소화할 수도 있다. 노골적으로 적대감을 드러내거나 비난을 퍼붓지 않고서도 경쟁자의 연구비 신청서를 휴지조각으로 만들 수 있다. 미적지근한 태도를 보이거나 마지못해 칭찬하기만 하면 그만이다.

물론 마크 애덤스와 내가 제출한 인간 DNA 해독 제안서도 버려질 운명이었다. 우리는 1.5점을 넘었다. 우리가 평범한 연구자였다면 회복 불가능한 타격을 입었을 것이다. 두 번 다시 기회가 돌아오지 않는 이유는 연구비 신청 절차를 끝내는 데 9개월이 걸리기 때문이다. 혁신적인 아이디어를 다시 제출해도 1~2년 끌다 보면 어느새 뒤떨어진 기술이 되어버리는 것이다.

다행히 우리는 퍼킨엘머라는 또 다른 자금원이 있었다. 더 중요한 사실은 우리의 새 후원자가 보수적인 동료 평가에 맞서 우리의 프로젝트를 지켜주었다는 점이다. 동료 평가에는 근본적인 딜레마가 있다. 검토자들이 원하는 건 새로우면서 동시에 훌륭한 학문이다('훌륭한' 학문은 현실성이 있는 학문을 뜻한다). 하지만 새 아이디어는 실험을 해보기 전까지는 '훌륭한' 학문인지 아닌지를 알 도리가 없다. 검증되지 않은 방법, 참신한 아이디어, 독특한 통찰력을 지닌 이들은 혼자서 북 치고 장구 치고 다 해야 한다. 나는 인간 개놈의 규모에 적용되리라는 보장이 없는 새로운 방법을 내세우고 있었다. 적용되더라도 염기서열에 작은 빈틈을 많이 남길 수도 있었다. 둘 다 내가 공개적으로 인정한 바다.

나는 프랜시스 콜린스 · 에릭 랜더 · 로버트 워터스턴 · 존 설스턴 · 웰컴 트러스트에 있는 설스턴의 상관들이 내 프로그램을 중단시키려고 모의했다는 이야기를 전해 들었다. 그들은 처음에는 자기들 프로젝트의 진행 속도를 높이고 전략을 바꿀지, 기존 계획을 고수할지 의견이 엇갈렸다. 미국 측은 의회가 정부 프로그램을 돈 낭비라고 판단하면 만사가 끝장날까 봐 두려워했다. 반면에 웰컴 트러스트는 기존 계획을 고수하겠다는 입장을 재확인했다. 왓슨은 정부 프로그램이 지속되려면 국립보건원의 지원을 얻는 일이 "심리적인 면에서 절대적으로 중요하다"고 말했다.[1]

문제는 그들이 베데스다의 닫힌 문 뒤에서 내 연구를 분석하지 않고 신문과 텔레비전, 유수의 과학 학술지에 대고 비판을 퍼부었다는 것이다. 시간이 지남에 따라 비난의 강도가 점점 더 세졌다. 셀레라는 '초벌 게놈', 또는 '스위스 치즈(빈틈이 많다는 뜻에서-옮긴이) 게놈'이나 '클리프노트(고전을 논술용으로 재구성한 책-옮긴이) 게놈'을 만든다는 비아냥을 들었다.

그해 6월, 의회 소위원회에서는 내 연구가 연방 지원 프로젝트에 어떤 영향을 미칠지 알아보기 위해 청문회를 열었다. 나처럼 스포츠 재킷, 넥타이에 정장 바지를 입은 콜린스는 우리가 같은 옷을 입은 것이 "가능한 모든 방법으로 협력하리라는 것"을 상징한다고 힘주어 말했다.[2] 워싱턴 대학교의 메이너드 올슨은 내 계획에 대해 아는 바라고는 언론을 통해 보고 들은 것밖에 없다며 불만을 제기했다. 그럼에도, 그리고 올슨 자신도 자기 연구실에서 개발한 효모인조염색체(YAC, yeast artificial choromosome) 때문에 게놈 프로젝트의 발목을 잡은 전력이 있으면서, 셀레라의 방식에 중대한 문제점이 있다고 단언했다. 그는 인간 게놈에 "중대한 빈틈"이 10만 개는 생길 거라고 경고했다.[3] 내 차례가 돌아왔다. 나는 게놈 염기서열 분석 프로젝트는 경쟁이 아니며 질병을 이해하고 치료하기 위한 연구라고 말했다. 또한 정부 프로그램은 새로운 방법과 어떻게 경쟁하느냐가 아니라 어떻게 협력하느냐로 평가해야 한다고 지적했다. 나를 비난하는 이들조차 이번 공식 논쟁에서는 내가 이겼다고 인정했다. 설스턴이 나중에 털어놓았듯이 나의 진실성이 받아들여진 반면 올슨의 비난은 신포도로 치부되었다.

이 논쟁에서 가장 추악했던 것은 1998년 6월, 프랜시스 콜린스가 〈USA 투데이〉 과학 담당 기자 팀 프렌드Tim Friend와 인터뷰를 마치고 내뱉은 한 마디였다. 인터뷰는 이미 끝났지만 콜린스는 셀레라의 '말로'를 묘사할 절묘한 문구가 떠올랐다. 원래 표현은 '리더스 다이제스트 게놈'이었다. 그는 팀 프렌드를 불러 세우고는 내 게놈을 '〈매드〉(풍자만화로 유명한 잡지-옮긴이) 게놈'이라 불러달라고 말했다. 팀 프렌드는 진심이냐고 물었다. 콜린스는 그렇다고 대답했다. 나중에 비난을 받자 콜린스는 그런 말을 한 적이 없다고 부인했다. 정치인들의 단골 수법인 '모르쇠' 전략이었다.

■ 화이트와의 피할 수 없는 갈등

이런 진흙탕 싸움에서 무엇보다 걱정스러웠던 건 이 분야의 명망가들이 공적으로 나를 조롱하고 비방한 탓에 우리 팀과 내 후원자들의 사기가 꺾이지나 않을까 하는 점이었다. 예사롭지 않은 인물인 토니 화이트에게 이번 일이 어떤 영향을 미칠지가 가장 큰 문제였다. 화이트는 언론의 관심에 분통을 터뜨렸다. 하지만 주된 이유는 그 관심이 자기를 향하지 않았다는 것이었다. 그는 언론의 조명이 자신에게 쏠리도록 하기 위해 홍보 담당자를 고용했다. 그는 셀레라의 벽에 붙여놓은 신문에 자기가 후원하는 크레이그 벤터가 대문짝만하게 난 걸 보고 무척이나 불만스러워했다.

화이트는 신문에 자기가 나오지 않는 것에 분개했을 뿐 아니라 셀레라의 사업 계획도 전혀 이해하지 못하고 있었다. 그는 데이터를 발표하고 염기서열을 일반에 공개한다는 절대적 조건을 받아들였으면서도 틈만 나면 딴소리를 하려 들었다. 그는 유전체학의 낡은 사업 전략인 비밀과 특허를 여전히 추종했다. HGS에 호되게 당한 나로서는 화이트가 그런 생각을 하는 이유를 잘 알고 있었다. 요즘도 강연을 할 때면 "생명공학 기업의 슬로건은 '유전자 1개는 단백질 1개, 단백질 1개는 100억 달러'"라며 농담을 던진다. 실제로 수십 억 달러나 되는 인간 유전자도 있었다. 이 때문에 그 정도로 값나가는 유전자가 수백, 수천 개 더 있을 거라는 생각이 널리 퍼져 있었다. 그들의 논리는 단순하고 어리석었다. HGS나 인사이트 같은 생명공학 회사들은 인간 유전자 특허를 이끌었다. 하지만 엄청난 인간 유전자 특허를 보유하고 있는 이들 회사의 주식은 액면가보다 낮은 가격에 거래되고 있다. 이제 사람들은 대부분 내 생각을 이해하고 있다. 인간 유전자 특허의 가치는 이를 찾아내는 비용보다 낮은 경우가 많다는 것 말이다. 2만 3,000개에 달하는 인간 유전자 가운데 기업에 이익을 가져다주거나 특허를 낼만한 건 손가락으로 꼽을 정도다.

토니 화이트와 대면한 첫날부터 불거진 갈등은 날이 갈수록 깊어만 갔다. 그는 록빌에 들를 때마다 직원들에게 소리를 지르거나 무례하게 굴며 협박을 일삼았다. 하지만 다루기가 아주 까다로운 인물은 아니었다. 그는 셀레라와 어플라이드 바이오시스템스를 소유한 애플러 코퍼레이션Applera Corporation의 일상적인 경영에는 관심이 없는 듯했다. 화이트는 (회사 돈으로) 3,000만 달러짜리 제트기를 샀다(전에 타던 것은 비행기 탈 일도 별로 없는 헌커필러에게 주었다). 록빌에는 한 달에 한 번 올까말까였다. 그는 대부분의 시간을 별장 순례에 쓰는 듯했다. (당시에도 애틀랜타에 저택을 새로 짓고 있었다.) 토니는 애플러 코퍼레이션의 재무이사에게 그날그날 주가에 따른 자신의 순자산을 계산해서 날마다 보고하도록 했다. 그리고 일주일에 한 번은 주가가 왜 이렇게 낮으냐며 투덜거렸다. 셀레라는 장기 목표를 추구하는 신생 기업이었지만 그에게는 분기 보고서와 주식 평가액이 전부였다.

그는 자신의 레퍼토리를 자꾸만 끄집어냈다. "인간 게놈 염기서열을 공짜로 나누어주면서 어떻게 셀레라가 돈을 벌 수 있다는 건지 다시 한 번 설명해보게." 이 말을 꺼내기 거북할 때면 오랜 친구가 같은 질문을 하더라며 운을 띄웠다. 물론 그는 해답을 알고 있었다. 설득력 있게 표현하는 방법을 몰랐을 뿐이다. 그러면 나는 또 게놈 염기서열이 그 자체로는 과학자나 대중, 생명공학 회사나 제약 회사에 별 가치가 없다고 설명했다. 화이트는 인간의 유전부호가 (30억 개나 되는 A, C, G, T가 끝없이 이어진) 의미 없는 부호 연쇄이며 이 속에서 (예를 들어) 단백질을 부호화하는 작은 조각을 찾아낼 능력이 없는 사람에게는 쓸모없다는 사실을 받아들이지 못했다.

프랜시스 콜린스 진영에서 정부 게놈 프로젝트가 '순수'하며 특허를 출원할 대상이 아니라고 내세울 수 있는 까닭은, 그들이 만들어내는 데이터가 대부분 아무런 이해나 맥락 없이 유전자은행, 즉 DNA 염기서열의 공개 저장소에 보관되기 때문이다. 하지만 이 사실을 짚고 넘어가는 사람은 많지 않았다. 진짜 가치 있는 건 유전부호를 분석하는 복잡한 과정을 거쳐 이 부호가 무슨 뜻인지 알아내는 일이다. 셀레라에서는 바로 이 일을

• 유전자 결정론을 반박하다 •

내 DNA를 살펴보고 우리 집 강아지 섀도우나 초파리 등 온갖 다른 생물과 비교해 보면, 그동안 무의미한 쓰레기로 치부했던 수많은 부위가 실은 아직까지 알려지지 않은 '유전 문법genetic grammar'을 담고 있을 가능성이 매우 크다는 점을 알 수 있다. 이것이 사실이라면 우리의 유전자 언어는 이전에 생각한 것보다 훨씬 복잡할 것이다. 중요한 DNA 서열은 진화 과정에서 보존되지만 덜 중요한 서열은 바뀔 수도 있다. 포유류의 유전자가 모두 비슷한 것은 이 때문이다. 〈사이언스〉에 따르면, 제네 바 의과대학의 스틸리아노스 안토나라키스Stylianos Antonarakis와 메릴랜드 게놈 연구소(TIGR)의 이원 커크니스 연구진은 내 유전자를 개 · 코끼리 · 왈라비 등과 비교 해서 지금까지 쓰레기로 치부되던 거대한 부위가 서로 거의 일치한다는 사실을 밝혀 냈다. 포유류의 게놈 염기서열 가운데 약 3퍼센트는 단백질을 부호화하지 않으면서 도 철저히 보존된다. 이들은 중요한 역할을 하고 있는 게 틀림없다. 이들 부위는 한 때 '쓰레기junk'로 불렸으나 이제는 '보존된 비유전자 염기서열(CNG, conserved non-genic sequence)'이라고 불린다. 이것은 이들이 일반적인 유전자가 아니라는 뜻이다. 웰컴 트러스트 생어 연구소와 브로드 연구소의 국제적 공동연구진은 또 다 른 연구에서 이들 부위가 중요한 역할을 맡고 있다는 추가 증거를 찾아냈다. CNG는 변이를 일으키는 일이 드물지만, 이따금 돌연변이가 생기면 사람에게 해를 끼치거나 다인성 질병을 일으킬 수 있다. 하지만 이들의 영향을 이해하려면 아직 멀었다.

어쩌면 여기에 결합하는 단백질이 유전자에 '전사 인자transcription factor'의 명령 을 따르도록 해서 유전자의 발현을 조절하는지도 모른다. 게놈에는 이런 부위가 1,800개 정도 있다. 이들은 파악되지 않은 엑손, 즉 밝혀내지 못한 유전자 일부일지 도 모른다. 어쩌면 게놈의 구조를 유지해 세포가 부호를 해석할 수 있는 올바른 형태 를 지니도록 할 수도 있고, 아직 역할이 정해지지 않은 기능 단위functional unit를 나타낼 수도 있다. 예를 들어 염색체가 정상보다 많이 복사되어 발병하는 다운증후군 의 일부 증상은 CNG가 추가된 것과 관련 있을 가능성이 있다.

해내기 위해 세계에서 가장 뛰어난 컴퓨터에서 이 일만 전담할 새로운 소프트웨어 도구를 개발했다. 우리는 인간 게놈을 해독한 다음 생쥐 게놈을 해독하기로 했다. 이렇게 되면 실제로 중요한 부위, 두 게놈에 공통되는, 이른바 진화적으로 보존된 부위를 구분하고 이들의 역할을 밝혀내는 데 필수 도구인 비교유전체학을 연구할 수 있다. 또한 우리는 게놈의 철자 오류, 즉 단일염기다형성도 찾아낼 계획이었다. 이들은 질병의 위험이나 의약품의 부작용을 일으키며 치료법의 효과에 영향을 미친다.

"그런데 우리가 파는 게 정확히 뭔가?" 화이트는 내 설명이 끝나면 언제나 이렇게 물었다. 나는 우리가 '게놈계의 윈도 소프트웨어'를 만들려 한다고 말했다. 언론에서는 나를 빌 게이츠에 빗댔다. 하지만 나는 사람들에게 게놈계의 빌 게이츠가 될 생각은 없다고 농담을 건넸다. 내가 즐겨 쓴 또 다른 표현은 '생물학의 블룸버그 통신'이었다. 우리는 정보를 수집하고, 포장하고, 포괄적이고 쓰기 쉬운 데이터베이스로 구성해 이에 대한 접근권을 팔 계획이었다. 우리는 첨단 분자생물학과 고성능 컴퓨터 소프트웨어를 결합해, 돈을 내는 고객들에게 생물학의 원리를 보여주고 싶었다. 화이트는 이 대답도 마음에 들어 하지 않았다.

퍼킨엘머에서 셀레라의 영업이사로 영입된 피터 배럿은 데이터베이스 사업 모델을 이해했다. 배럿은 똑똑하고―그는 화학 박사 학위가 있다―붙임성 있는 인물이며 퍼킨엘머에서 20년 넘게 승승장구했다. 그는 다른 경영진을 매우 불신했으며 독불장군 스타일이었기 때문에 셀레라에 적임자는 아니었을지 모른다. 그렇다고는 해도, 그는 셀레라의 사업 기반을 다지는 데 110퍼센트의 노력을 기울였으며 염기서열을 해독하기도 전에 수백만 달러를 벌어들였다.

나는 데이터베이스 사업이 셀레라가 수익을 올릴 수 있는 현실적인 모델이라고 굳게 믿었다(지금도 이 생각에는 변함이 없다). 나는 약속을 지키기 위해 최선을 다했다고 자부한다. 배럿은 특허 문제에 대해서는 민감한 반응을 보였다. 그 또한 생명공학 회사와 제약 회사의 슬로건을 믿고 있었다. 나는 염기서열이 새로운 진단 시약이나 신약 개발에 효과가 없다면 특허를 출원하지 않겠다는 입장을 지키기 위해 애썼다. 하지만 셀레라의 특허 변호사 로버트 밀먼은 내 등 뒤에서 화이트에게 불만을 늘어놓고 있었다. 밀먼은 내 뜻과 반대로 염기서열 하나하나에 대해 모두 특허를 출원하고 싶어 했다. 우리의 염기서열에 법률 용어로 '융단 폭격'을 하겠다는 것이다.

밀먼의 행동은 놀라울 게 없었다. 그는 1995년에 윌리엄 해절틴과 함께 최초의 게놈인 하이모필루스 인플루엔자이의 발표를 막는 문서를 작성한 인물이었기 때문이다. 그런 밀먼이 자리 잡은 이곳은 특허 천국이었다. 그의 말마따나 "특허 변호사의 판타지"[4]인 셈이다. 유전자를 차지하려는 그의 바람은 애플러의 수석법률고문 윌리엄 B. 소치William B. Sawch의 상상력을 사로잡았다. 소치는 밀먼에게 나를 감시하라고 부추겼다. 밀먼은 화이트에게 보고서를 올리기 시작했다. 밀먼은 내가 초파리든, 사람이든, 생쥐든 모든 유전자에 대해 특허를 출원하지 않음으로써 돈을 창밖으로 뿌리고 있다고 불평했다. 그는 염기서열이 유전자를 포함하고 있는지 컴퓨터로 추측해 우리 고객보다도 먼저 특허를 얻고 싶어 했다. 경쟁자는 말할 것도 없었다.

싸움은 애플러 이사회까지 번졌다. 나는 이사회에 출석해 유전자에 분명한 가치가 있을 때만 특허를 출원한다는 입장을 변호해야 했다. 나는 나 자신과 우리 팀의 정직성을 지켜내기 위해 싸웠다. 인간 게놈을 일반에 공개하겠다고 약속했기 때문이다. 이따금 견딜 수 없는 스트레스가 밀려들기도 했다. 그즈음 빌 클린턴과 친분이 생겼다. 나는 그가 대통령직을 수행하고, 언론과 정적의 끊임없는 압력에 대처하는 방식에 감명을 받았다. 위축되거나 긴장한 모습을 보이지 않는 건 멋진 카운터펀치 한 방을 날리는 것보다 적에게 더 큰 타격을 준다(한 방 먹이는 게 만족감은 더

클 테지만).

이런 어려움이 있었지만 셀레라는 사기충천했다. 우리를 보러 록빌을 찾은 사람들은 예외 없이 이 사실을 언급했다. 우리는 행복했으며 활력과 에너지가 넘쳤다. 예전에는 한 번도 경험해보지 못한 분위기였다. 우리는 방문객에게 셀레라를 구경시켜 주는 일이 즐거웠다. 특히 나는 우리 팀과 내가 만들어낸 성과가 너무나 자랑스러웠다. 셀레라는 내게 아서 왕의 카멜롯 성 같은 존재였다. 새로운 아이디어, 새로운 접근 방식, 새로운 기법에는 즉각적인 보상이 따랐다. 연구에도 그대로 반영되었다. 우리는 모두 각자가 전체 연구에 이바지하고 있다는 사실을 알고 있었다. 우리는 역사를 만들어가고 있었다.

■ 불가능한 일을 가능케 한 연구원들

각 팀마다 똑같은 명령이 떨어졌다. 바로 '불가능한 일을 성취하라'는 것이었다. 또한 나는 한 팀이 실패하면 전체 연구가 실패한다는 사실을 강조했다. 산탄총 염기서열 분석에서는 이전 단계가 성공해야 다음 단계로 나아갈 수 있기 때문이다. 우리 '원탁의 기사'들은 자신들만의 흥겨운 문화를 만들어냈다. 유진 마이어스와 그레인저 스턴이 이끄는 팀은 유전체학을 위한 알고리듬과 소프트웨어를 만드는 임무를 띠고 있었다. 그곳은 진정한 괴짜geek 문화의 산실이었다. 연구실에는 독한 에스프레소를 뽑아내는 커피 메이커와 테이블축구대, 탁구대를 들여놓았다. 마이어스는 자기 팀원들을 '괴짜들'이라고 불렀다.

월요일마다 전투가 벌어졌다. 그들은 플라스틱 바이킹 헬멧을 쓰고 스티로폼 총탄을 쏘는 장난감 총으로 무장했다. 풍선 철퇴를 들 때도 있었다. 그러고는 장난감 석궁을 쏘는 생물정보학팀과 전쟁을 벌였다. 스피커에서는 바그너의 오페라가 울려 퍼졌다. 해밀턴 스미스 팀의 젊고 매력적인 연구보조원들은 클론 도서관을 조합하는 일을 도왔다. 나는 이곳에 '해밀턴의 규방'이라는 이름을 붙였다. '원탁'은 없었다. 하지만 지하에 있는 훌륭한 식당에서는 뛰어난 요리사 폴이 맛있는 요리를 내놓았다. 식당은 만남의 장소 역할을 했다. 다들 매일같이 이곳에 모여 먹고 떠들고 아이디어를 교환했다. 기분이 우울할 때는 내 손으로 지은 모든 걸 바라보고 사람들과 대화를 나누었다. 그러면 다시 기운을 차릴 수 있었다.

우리는 높이 4층에 지하실까지 있는 1만 평방미터짜리 건물 두 곳을 차지하고 있었다. 1동 1층에는 운영팀과 수석연구자, 그리고 내 사무실이 있었다. 2층은 단백질유전정보학proteomics 시설이었다. 3층은 ABI 3700 DNA 분석기와 분석기 기사들의 책상이 놓여 있었다. 4층에서는 DNA를 처리했다.

게놈 해독 작업은 꼭대기 층에 있는 해밀턴 스미스 팀에서 시작되었다. 이들은 분무기nebulizer의 전단력으로 염기서열 도서관을 만들었다(분무기는 작은 구멍으로 DNA 용액을 분사해서 염색체 DNA를 훨씬 작은 조각으로 부드럽게 쪼갠다). 분무기와 겔을 거친 DNA 조각은 크기에 따라 정렬되었다. 해밀턴은 2킬로베이스(2,000염기쌍), 10킬로베이스, 50킬로베이스로 조각을 분리했다. 그 다음 DNA 조각을 무작위로 골라 플라스미드 벡터에 삽입했다. DNA 조각을 대장균에 넣어 수백만 번 증식시키는 것이다. 이런 식으로 우리는 수천만 조각으로 이루어진 도서관 3개—2킬로베이스 도서관 · 10킬로베이스 도서관 · 50킬로베이스 도서관—를 만들 수 있었다.

그 다음에는 도서관을 박테리아 시설로 옮겨 배양 접시에 담았다. 박테리아가 담긴 용액을 희석시켜, '벌레 죽'을 한천(박테리아에 필요한 필수 영양소가 들어 있는 희멀건 용액) 배양 접시에 펴 발랐을 때 박테리아들이 서로 1밀리미터 정도씩 떨어지게 했다. 박테리아 세포가 분열하고 또

분열함에 따라 인간 DNA 조각 1개가 들어 있는 대장균 집락이 각 점마다 점점 커져 하루가 지나면 육안으로 볼 수 있을 정도가 된다.

얼마 전까지만 해도 연구자들은 DNA를 더 많이 얻기 위해서 집락에서 배양 관으로 박테리아를 옮길 때 살균한 이쑤시개를 썼다. 우리는 이 '선별실'에서 이쑤시개를 치웠다. 그 대신 연구보조원들이 매우 정확한 기계 팔이 달린 커다란 로봇을 조종했다. 기계 팔에는 집락을 살펴볼 수 있도록 작은 TV 카메라가 달려 있었다. 로봇은 너무 가까이 붙어 있는 박테리아는 그냥 지나쳤다. 다른 클론들이 섞일 수 있기 때문이었다. 하지만 단일 클론이라는 사실이 분명히 확인되면 로봇 팔이 금속 탐침으로 집락을 찍어 올려 배양 접시로 옮겼다. 배양 접시는 작은 구멍 384개를 뚫어 증식용 배지를 넣어둔 플라스틱 접시다. 박테리아는 이곳에서 수백만 번 증식을 거듭한다. 탐침은 매번 자동으로 세척했다. 우리의 로봇 4대는 하루에 10만 개 이상의 클론을 처리할 수 있었다. 로봇이 일하는 모습은 장관이었다. 이곳은 연구소를 취재하러 온 사람들이 즐겨 찾는 명소가 되었다.

박테리아에서 인간 DNA를 추출하는 과정은 규모를 키우기 힘들었다. DNA 자체는 플라스미드에서 박테리아 염색체와 떨어져 증식한다. 일반적인 분자생물학 실험실에서는 우수한 연구보조원이 플라스미드 제제를 하루에 100개씩 만들 수 있다. 선별실에서 쏟아져 나오는 클론을 처리하려면 연구보조원이 1,000명이나 필요하다.

접시의 구멍 384개는 깊이 3.8센티미터에 매우 좁기 때문에 또 다른 문제가 있다. 초기 테스트에서 구멍 바닥에 산소가 충분하지 않아 박테리아가 제대로 증식하지 않는다는 사실이 밝혀졌다. 해밀턴 팀에서는 이 문제를 절묘하게 해결했다. 이들은 (산탄총 총알 크기의) 스테인리스 공을 구멍에 넣었다. 원형 판 위에 접시를 여러 개 올려놓은 다음 자석을 다양한 높이로 붙여놓고 이곳을 통과하도록 했다. 그러면 공이 박테리아 배지 속을 오르락내리락한다. 우리는 이런 식으로 내용물을 휘저어 박테리아를 균일하게 증식시켰다.

한편 화학팀에서는 박테리아 세포를 열어 인간 DNA가 들어 있는 플라스미드를 꺼내는 방법을 새로 고안했다. 접시를 원심분리기에 넣고 돌리면 박테리아의 나머지 부위와 DNA는 구멍 바닥에 가라앉고 플라스미드와 용액에 들어 있는 귀중한 인간 DNA만 남는다. 그러면 접시 당 1달러 이상 절약할 수 있는 새 방법으로 플라스미드 DNA를 정제했다.

다음으로는 색소 네 가지를 유전부호의 네 가지 염기에 부착했다. 분자생물학에서 DNA를 증폭할 때 요긴하게 쓰이는 PCR를 이용했다. 이렇게 하면 DNA를 복사하는 동시에 색소를 주입할 수 있다. 셀레라에서는 PCR 기계 300대가 동시에 돌아가고 있었다. 이제 DNA를 읽을 준비가 끝났다.

정제해 반응시킨 DNA가 들어 있는 접시 520여 개를 3700 DNA 분석기에 통과시키면 분석기는 유전부호의 염기쌍 순서를 읽어낸다. 분석기 안에서는 가느다란 모세관을 통해 분자를 한 번에 1개씩 분리한다. DNA가 모세관 끝에 도달하면 레이저가 색소를 활성화시킨다. 그러면 작은 TV 카메라가 활성화된 색소를 감지해 컴퓨터로 데이터를 보낸다. 이는 생물 정보 분자인 DNA가 생물학의 아날로그 신호signal에서 디지털 부호code로 바뀌는 중요한 순간이다. DNA의 네 가지 화학 염기쌍은 네 가지 색깔로 변환된 다음 네 가지 염기쌍을 나타내는 일련의 0과 1로 다시 변환된다. 각 DNA 조각을 끝에서 끝까지 읽으면 유전부호 500~600염기쌍을 얻을 수 있다.

우리가 확립한 과정은 제대로 돌아갔다. 이제 이 과정을 2,600만 번 되풀이해 염기서열을 다시 조합해야 했다.

이 연쇄적인 단계는 인간 게놈을 해독하고 나중에 이 방법을 다른 곳에 적용하는 데 핵심이 되었다. 나는 EST 방식을 개발한 이후 인간 게놈을 이해하기 위해서는 DNA 자동화와 새로운 컴퓨터 분석 방법을 결합하는 일이 필수적이라는 사실을 알고 있었다. 1987년에 지닌 고케인과 함께 최초의 DNA 분석기를 쓰기 시작했을 때부터 우리 둘은 네 가지 색깔의 출력물에서 패턴을 파악하는 데 숙달되었다. 하지만 이 패턴을 염기서열 수천 개와—수백만 개는 말할 것도 없다—맞추어보는 건 인간의 능력을 벗어나는 일이었다. 그렇기는 하지만 컴퓨터가 패턴을 찾아내는 방식은 사람에 비하면 아주 원시적이다. 우리는 항상 컴퓨터 하드웨어와 소프트웨어, 분석 방법을 극한까지 밀어붙였다. 이제 우리는 전인미답의 영역을 개척하려 하고 있었다.

셀레라 2동에서는 이러한 대규모 컴퓨터 작업을 처리했다. 지하실에서는 이 어마어마한 작업에 들어가는 전력을 공급했다. 연축전지 수천 톤이 위층 컴퓨터 시스템에 안정적인 전기를 끊임없이 내보내고 있었다. 컴퓨터실의 기초 설비를 갖추는 데만 500만 달러가 넘게 들었다. 여기에는 냉난방 장치·소방 시설·보안 조치 등이 들어간다. 보안 조치는 보험 회사에서 꼭 해야 한다고 밀어붙였다. 러다이트 운동Luddite Movement(영국 산업혁명 당시 실직을 우려해 기계를 파괴했던 노동운동)의 맥을 잇는 이들의 폭탄 공격을 대비해 컴퓨터실은 외벽을 접하고 있지 않았다(데이터센터에는 드문 일이 아니다). 이곳으로 들어가려면 보안요원을 거치고 지문 인식기를 통과해야 했다.

편집증에 시달리는 직원도 생겼다. 협박 편지와 전화를 심심치 않게 받았기 때문이다. 이따금 FBI에서 찾아와 내가 유나바머Unabomber(과학기술에 반대해 연쇄 폭탄 테러를 일으킨 시어도어 카친스키Theodore Kaczynsk를 이르는 말-옮긴이)의 표적이 될 수 있다고 경고했다. 그러고는 내게 오는 편지와 소포를 금속 탐지기로 검사하라고 문서수발실에 일러두었다. (집에도 금속 탐지기가 있다). 마셜 피터슨은 주위의 나무를 베어내고—형사들은 나무에 저격수가 숨어들까 봐 우려했다—임원 사무실을 높은 층으로 옮겨야 한다고 주장했다. 인터넷 보안은 훨씬 중요한 문제였다. 날마다 해킹 공격이 이어졌다. 세계 일류의 보안팀이 불철주야 해킹을 막아냈다.

컴팩 알파칩을 장착한 셀레라의 컴퓨터는 1.2테라플롭(초당 1조 2,000억 회)의 속도로 연산을 수행할 수 있었다. 메모리는 4기가바이트에 하드디스크 용량은 10테라바이트(1만 기가바이트)였다. 피터슨 팀은 자기들이 이룬 성과와 빠른 속도를 자랑스러워했다. 당시 컴퓨터업계에서는 전례가 없는 일이었다.

1999년 당시, 컴팩 기술진에 따르면 우리 컴퓨터의 성능은 세계에서 세번째였으며 민간 부문에서는 최고를 달렸다. (지금은 100위에도 들지 못할 것이다. 개인용 컴퓨터도 64기가바이트짜리 메모리를 다는 세상이니 말이다.) 〈스타트렉〉 분위기가 나는 통제실에서 이 모든 시설을 감시했다. 대형 벽면 스크린과 작은 컴퓨터 화면 수십 개에는 CPU 사용량·컴퓨터실 온도·출입 현황·CNN·날씨·인터넷 트래픽 상태·300대의 ABI 3700 DNA 분석기·전력 현황·데이터베이스 가입자의 사용량·토니 화이트를 위한 셀레라 주가가 실시간으로 표시되었다.

■ 데이터 공개 시기 수정

이사회와 화이트가 승인한 사업 계획에 따르면 첫해 동안은—또는 우리가 인간 게놈을 해독하는 데 성공할 때까지는—고객이 있을 수 없기 때문에, 우리의 성공 여부를 알 수 있는 지표는 주가뿐이었다. 처음에는 주가가 15달러 정도였다. 이는 회사 가치가 3억 달러 정도 된다는 뜻이다(현금 투자액과 대충 비슷하다). 하지만 주가가 제자리에 머물러 있자 화이트는 얼굴을 찌푸렸다. 그는 셀레라를 팔아 치우거나 간판을 내리겠다며 위협했다. 퍼킨엘머 이사회에서 셀레라 설립을 승인하고 인류를 위해 위대한 공헌을 하기로 다짐한 일은 까마득한 옛일처럼 여겨졌다.

피터 배럿과 나는 주요 제약 회사들을 방문했다. 당연하게도 유전체학에서 가장 앞서 나가는 회사들은 우리 서비스에 관심이 대단했다. 우리 데이터베이스에 가입하려면 5년 이상 해마다 500만~900만 달러를 내야 했다. 그러면 이 회사는 셀레라에 사용료를 지불하지 않고도 자유롭게 의약품을 개발할 수 있다(나는 이를 얻어내기 위해 화이트와 치열하게 싸워야 했다). 첫 고객은 앰젠이었다.

모든 제약 회사는 우리의 보안 문제에 각별히 신경을 썼다. 스파이가 나무에 숨어 사무실의 컴퓨터 화면을 촬영할까 봐 우려하는 이들도 있었다. 우리 사업 모델 자체의 구조에서 오는 컴퓨터 보안 문제도 있었다. 회사마다 자신들이 우리의 게놈 데이터를 어떻게 이용하는지를 경쟁사가—심지어 셀레라까지도—감시하지 않을까 걱정했다. 따라서 회사들은 대부분 인간 게놈 데이터의 발표를 막거나 제한하고 싶어 했다. 경쟁사가 염기서열에 접근하지 못하도록 하고 싶었던 것이다. 셀레라 연구팀과 영업팀은 불꽃 튀기는 긴장 관계였으나 이번 일은 여기에 기름을 붓는 격이었다.

셀레라의 프로그램을 만들 때 우리는 앞으로 몇 년간 우리가 인간 게놈 데이터의 주요 공급원일 거라고 가정했다. 3개월마다 인터넷에 데이터를 공개해도 좋다는 허락을 받아낸 건 이 때문이었다. 하지만 퍼킨엘머 이사회·토니 화이트·피터 배럿·제약 회사 모두 이 조항을 눈엣가시로 여겼다. 하지만 콜린스와 웰컴 트러스트가 우리와 협력하지 않고 경쟁을 벌여 게놈의 '대략적인 초안'을 빨리 내놓겠다고 발표하자, 내가 약속한 데이터를 발표하지 말라는 지시가 즉시 떨어졌다. 나는 이의를 제기하지 않았다. 일의 진행 상황으로 볼 때 전체 인간 게놈을 해독할 때까지 기다렸다가 극적인 발표 내용과 함께 학술 논문 한 편에 모두 발표하는 것도 나쁘지 않았다.

정부 프로그램도 많은 부분이 수정되었지만, 그쪽 진영에서는 셀레라의 데이터 발표 계획이 바뀐 걸 두고 우리가 신뢰성이 없으며 나쁜 의도를 지니고 있다고 비난했다. 메이너드 올슨은 이렇게 주장했다. "분명한 사실은 셀레라의 계획이 애초부터 전형적인 미끼 상술이었을지도 모른다는 것이다. 이 시나리오에 따르면 셀레라의 전략은 데이터를 자유롭고 제한 없이 공개하겠다고 약속해 정부 프로젝트를 무력화시킨 다음, 염기서열을 독점적으로 판매해 이익을 올린다는 것이었다."[5]

진실은 단순했다. 셀레라가 살아남고 발전하려면 변화는 불가피했다. 당시 가장 큰 문제는 내가 감수할 수 있는 조건을 제약 회사에 내놓는 것이었다. 즉, 그들이 비밀 유지에 집착하는 걸 감안하면서도 인간 게놈 염기서열을 세상에 공개할 수 있어야 했다. 나는 연구 팀과 함께, 첫 번째 분석을 끝내고 학술지에 논문을 제출할 수 있는 시점을 예측해보았다. 나는 제약 회사들을 데이터베이스에 가입시키기 위해, 우리 데이터가 학술지에 실리기 전에는 데이터를 공개하지 않는 데 동의했다. 하지만 연구자들에게 이미 공개된 염기서열과 일치하는 데이터는 우리 마음대로 발표할 수 있었다. 주요 제약 회사 가운데는 공공 데이터베이스에 들어 있지 않은 엑손 부호 연쇄가 유출될 때마다 위약금을 물리겠다고 우기는 곳도 있었다.

셀레라의 사업은 제 궤도에 올랐다. 회사들이 우리 데이터와 분석 결과를 보기 위해 수백만 달러를 지불하고 있었기 때문에 돈이 쏟아져 들어왔다. 이제 우리 연구팀은 데이터를 발표하고 공개할 수 있게 되었다. TIGR와 HGS에서 EST 염기서열을 연구할 때처럼, 정부 진영의 경쟁자들이 우리 연구에 흠집을 내려 할수록 오히려 나를 도와주는 꼴이 되었다. 우리에게는 시설과 아이디어와 전략이 있었다. 남은 장애물은 로봇과 분석기를 입수하고 서로 협력해서 인간 게놈을 효율적으로 해독할 인력을 끌어들이는 일뿐이었다.

CHAPTER 13

비상

유전의 기본적인 측면은 극도로 단순하다. 이 사실은 언젠가 우리가 자연을
완전히 이해할 수 있으리라는 희망을 준다.
'불가해한 자연'이라는 통념은 우리의 무지에서 비롯한 착각이라는 사실이
다시 밝혀졌다. 이것은 고무적인 현상이다.
우리가 살아가는 세상이 남들 생각처럼 복잡하다면 생물학은
엄밀한 학문이 될 수 없을 테니 말이다.

▎ **토머스 헌트 모건,** 《유전의 물리적 토대The Physical Basis of Heredity》

▨ 첫 실험 대상, 초파리

많은 이들이 내게 많고 많은 생물 가운데 왜 드로소필라를 골랐느냐고
물었다. 바로 인간 게놈을 해독하지 그랬느냐고 묻는 이들도 많았다. 사
실 우리의 계획을 입증할 테스트 대상이 필요했다. 검증되지 않은 내 방
법으로 인간 게놈을 해독하는 데 1억 달러 가까운 돈을 쓰려면 그 전에 다
시 한 번 자신감을 얻어야 했다. 생물학자라면 누구나 알고 있듯이 이 작
은 파리에 대한 연구는 생물학, 특히 유전학의 지평을 넓혔다.

드로소필라 속屬에는 초파리vinegar fly · 포도주파리wine fly · 사과파리

pomace fly · 포도파리grape fly · 과일파리fruit fly 등 2,600여 종이 있다. 하지만 어느 연구자든 '드로소필라'라는 단어를 들으면 예외 없이 노랑초파리 Drosophila melanogaster를 떠올린다. 노랑초파리는 빠르고 쉽게 번식하기 때문에 발달생물학자들에게 표본생물로 쓰인다. 그들은 노랑초파리를 이용해 생명체가 수정해서 성체로 성장하기까지 일어나는 신비로운 현상을 규명한다. 노랑초파리 연구는 많은 통찰력을 제공했을 뿐 아니라 모든 생물의 기본 체제(體制, body plan)를 조절하는 호메오박스homeobox 유전자의 역할을 밝히는 데 한몫했다.

유전학을 공부하는 학생이라면 미국 유전학의 아버지 토머스 헌트 모건의 파리 연구를 잘 알 것이다. 1910년 그는 눈이 빨간 야생형wild type 사이에서 눈이 흰 돌연변이 수컷을 찾아내 눈이 빨간 암컷과 교배시켰다. 그런데 그 자손은 모두 눈이 빨갰다. 눈이 빨간 형질은 열성이었다. 우리는 이제 눈이 흰 파리가 생기려면 부모 양쪽에게서 이 유전자를 하나씩 물려받아야 한다는 사실을 알고 있다. 모건은 돌연변이를 이종교배시킨 후 수컷만 눈이 흰 형질을 나타낸다는 사실을 알아냈다. 그는 이 형질이 성염색체(Y염색체)로 전달되는 듯하다고 결론지었다. 그는 제자들과 함께 초파리 수천 마리의 특징과 유전을 연구했다. 이런 모습은 여전히 전 세계 분자생물학 실험실에서 재연되고 있다. 한 조사에 따르면 전 세계에서 5,000명 이상이 이 작은 곤충을 연구하고 있다고 한다.

나는 드로소필라 유전자의 cDNA 도서관을 이용해 아드레날린 수용체를 연구할 때부터 이번 연구의 가치를 잘 알고 있었다. 당시 연구의 목적은 초파리에서 아드레날린 수용체에 해당하는 부위(옥타파민 수용체)를 찾아내 파리와 사람의 신경계에 공통되는 진화적 유산을 밝히는 것이었다. 사람 뇌의 cDNA 도서관을 연구할 때, 내게 가장 큰 도움이 된 것은 컴퓨터로 이들과 드로소필라 유전자를 맞추어본 일이었다. 파리 유전자는 역할이 잘 알려져 있었기 때문에 비슷한 인간 유전자가 어떤 역할을 하는

지를 밝히는 데 실마리를 던져주었다.

드로소필라 염기서열 분석 프로젝트는 1991년에 시작되었다. 캘리포니아 대학교 버클리 캠퍼스의 제럴드 루빈과 카네기연구소의 앨런 스프래들링Allen Spradling은 파리 게놈 프로젝트를 시작할 때가 무르익었다고 생각했다. 1998년 5월 당시 버클리 캠퍼스의 드로소필라 게놈 프로젝트는 국립보건원으로부터 3개년 연구비의 1년차 지원금을 받았으며, 염기서열 분석을 25퍼센트 완료했다. 악명 높은 콜드스프링하버연구소 회의에서 내가 초파리 게놈을 해독하겠다고 제안한 게 바로 이때였다. 제럴드 루빈은 내 제안이 "너무나 매력적이어서 떨쳐버릴 수 없었다"고 말했다.

하지만 내 전략에는 위험도 따랐다. 우리가 유전부호를 해독할 때마다 전 세계 1만 명에 달하는 파리 연구자들이 이를 조사하고 루빈이 만든 고품질 게놈 데이터가 비교 대상이 될 터였기 때문이다. 애초 계획에서는 6개월 뒤인 1999년 4월까지 파리 게놈의 염기서열 분석을 끝내고 인간 게놈을 공략하기로 했다. 우리의 새 전략이 실제로 효과가 있다는 걸 극적으로, 공개적으로 보여주는 데는 이만한 방법이 없었다.

한편으로는, 만약 실패한다면 사람까지 가기 전에 파리에서 끝나는 게 낫다는 생각도 있었다. 우리가 실패한다면 생물학 역사상 가장 장렬하게 산화하는 사례가 될 터였다. 루빈은 자신의 명성을 걸었다. 셀레라의 우리 모두는 그를 실망시키지 않으리라 다짐했다. 나는 마크 애덤스에게 우리 쪽 프로젝트를 진두지휘해 달라고 요청했다. 루빈 연구진은 일류급 실력을 갖추고 있었기 때문에 공동연구는 순조롭게 진행되었다.

■ 마침내 파리 게놈 해독 성공

여느 게놈 프로젝트와 마찬가지로 우선 우리가 해독하려는 DNA에 대해 골똘히 생각했다. 파리는 사람처럼 유전자 수준에서 다양한 변화를 나타낸다. 개체군의 유전자 변이형이 2퍼센트 이상이고 표본 집단의 개체가 50마리라면 유전자를 재구성하기가 쉽지 않을 터였다. 루빈의 첫 번째 임무는 최대한 동질적인 파리 DNA 집합을 교배해내는 것이었다. 하지만 이것만으로는 유전자의 순수성을 보장할 수 없었다. 파리의 온몸에서 DNA를 추출하면 먹이와 배 속에 들어 있는 박테리아 때문에 DNA가 많이 오염되기 때문이다. 이 문제를 피하기 위해 루빈은 파리 배아에서 DNA를 분리했다. 하지만 배아에서 분리한 세포도 (우리가 원하는) DNA가 들어 있는 핵을 분리해 이들이 핵 바깥에 있는 발전소 미토콘드리아의 DNA로 오염되지 않도록 해야 했다. 이렇게 해서 유리병에 든 파리 DNA의 묽은 용액이 만들어졌다.

1998년 여름, 순수한 파리 DNA를 받은 해밀턴 팀은 DNA 조각의 도서관을 만들기 시작했다. 해밀턴은 DNA를 자르고 잇는 일을 무엇보다 좋아했다. 그는 정신을 집중하기 위해 보청기 소리까지 낮추었다. 도서관을 만든 다음에는 공장식 염기서열 분석 공정이 이어진다. 하지만 주위에서 들리는 건 온통 드릴과 망치, 톱 소리뿐이었다. 일부 분야가 두각을 나타내기는 했지만 우리는 여전히 분석기나 로봇, 기타 설비의 오류를 고치느라 씨름하고 있었다. 우리는 아무것도 없는 상태에서, 몇 년은 걸릴 염기서열 분석 공장 완공을 몇 달 만에 끝내려 하고 있었다.

3700 DNA 분석기가 셀레라에 처음 도착한 날은 1998년 12월 8일이었다. 기계가 들어오는 날, 팡파르가 울려 퍼지고 다들 안도의 한숨을 내쉬었다. 우리는 나무 상자에서 기계를 꺼내 창문도 없는 지하실에 임시로 갖다놓았다. 그러고는 바로 시험 운영을 시작했다. 분석기에서 나오는 DNA 염기서열 데이터는 품질이 아주 뛰어났다. 하지만 처음에 도착한 기계들은 문제가 아주 많았다. 아예 작동하지 않는 기계들도 있었다. 작동하더라도 하루가 멀다 하고 새로운 문제가 끊임없이 발생했다. 로봇 팔을

제어하는 소프트웨어에는 중대한 결함이 있었다. 로봇 팔은 이따금 엄청난 속도로 기계 사이를 휘젓고 다니다가는 벽에 처박혔다. 분석기는 수리팀이 올 때까지 멈추어 있었다. 레이저 광선을 쏘아대는 기계도 있었다. 열 때문에 G염기의 노란색이 증발해 사라지지 않도록 은박지를 스카치테이프로 붙였다.

기계는 정기적으로 들어오고 있었지만, 제 역할을 못하는 것이 90퍼센트나 됐다. ABI 서비스 팀은 규모가 작은 탓에 제때 대처하지 못했다. 며칠간 분석기가 한 대도 작동하지 않을 때도 있었다. 나는 마이클 헌커필러를 신뢰했지만, 그가 실패의 원인을 우리 팀과 작업장의 먼지, 층 사이의 미세한 온도 차이, 달의 위상 따위에 돌리는 걸 보고는 신뢰가 흔들리기 시작했다. 스트레스 때문에 머리가 하얗게 세는 직원도 있었다.

고장이 난 채 식당에서 ABI로 돌아갈 날만 기다리고 있는 3700 기계들은 우리가 당면한 위기를 말없이 증언했다. 식당은 고장 난 분석기가 즐비한 '시체 안치소'가 되어버렸다. 나는 짜증을 넘어 두려움에 휩싸이기 시작했다. 날마다 230대의 분석기가 돌아가고 있어야 했다. ABI는 기계 대금 7,000만 달러를 받고 하루 24시간 돌아가는 기계를 230대, 또는 반나절 돌아가는 기계를 460대 제공하기로 했다. 헌커필러는 기계가 고장 나자마자 수리할 수 있도록 훈련된 기술자 수를 2배 늘려야 했다.

하지만 헌커필러는 돈을 더 주지 않으면 아무 일도 하려 들지 않았다. 그즈음 그에게 또 다른 고객이 생겼다. 정부 게놈 프로젝트 측에서 테스트도 하지 않은 채 수백 대씩 기계를 사들이기 시작한 것이다. 셀레라의 장래가 이들 기계에 달려 있었다. 하지만 헌커필러는 ABI의 장래 또한 여기 달려 있다는 사실을 모르는 듯했다. 입씨름은 도를 더해갔다. 이 문제는 애플러 이사회와 토니 화이트의 대처 능력을 시험하는 자리가 되었다. ABI 기술진과 셀레라의 직원들이 모두 참석한 대규모 회의에서 현실이 낱낱이 드러났다.

우리는 엄청난 고장률을 언급했다. 수치는 고장 나서 수리하기까지의 평균 시간으로 계량화했다. 헌커필러는 이번에도 우리 팀을 비난하려 들었다. 하지만 자기 기술자들조차 동조하지 않았다. 마침내 화이트가 끼어들었다. "어디가 문제인지, 어느 자식을 죽여야 할지 따위는 관심 없어." 그가 우리 편을 든 건 그날이 처음이자 마지막이었다. 그는 헌커필러에게 다른 고객에게 돌아갈 기계를 빼돌려서라도 새 기계를 우리에게 최대한 빨리 공급하라고 지시했다. 비용이 얼마가 들든 상관없다고 했다. 또한 기계를 더 빨리 고치고 문제의 원인을 파악하기 위해 수리 인력 20명을 충원하라고 말했다. 말하기야 쉽지만, ABI에는 훈련 받은 인력이 충분하지 않았다. 에릭 랜더는 최고 기술자 2명을 ABI에서 빼갔다. 헌커필러는 그것도 내 잘못이라고 우겼다. 그는 마크 애덤스를 쳐다보며 말했다. "남들이 데려가기 전에 그들을 먼저 채용했어야죠." 나는 헌커필러에게 실망감을 감출 수 없었다. 우리 계약 조건에는 내가 ABI 직원을 채용할 수 없게 되어 있었다. 반면 랜더를 비롯한 정부 게놈 진영은 자유로이 인력을 빼갈 수 있었다. 회사의 최고 기술자들이 경쟁사를 위해 일하게 된 것이다. 회의가 끝났지만 압박감은 줄어들지 않았다. 하지만 문제를 해결할 수 있다는 희망이 보였다.

상황은 조금씩이나마 나아졌다. 기계는 230대에서 300대로 늘었다. 고장률이 20~25퍼센트였으므로 제대로 작동하는 기기는 200대쯤이었다. 덕분에 가까스로 목표를 달성할 수 있었다. 기술진은 최선을 다했다. 수리율은 차츰 향상되고 고장 나 있는 시간은 차츰 줄어들었다. 포스터 시에 있는 ABI 기술진은 근본적인 문제를 해결하느라 씨름했다. 나는 이 기간 내내 우리가 목표를 달성할 수 있으리라는 생각만 했다. 실패할 이유는 수천 가지나 되었다. 기한을 맞추는 일은 더더욱 힘들었다. 하지만 실패의 가능성을 받아들일 수는 없었다.

우리는 4월 8일부터 파리 게놈을 열심히 해독하기 시작했다. 사실 이때쯤이면 벌써 끝냈어야 했다. 화이트가 나를 내쫓고 싶어 한다는 사실은 알고 있었지만, 나는 그와 힘을 합쳐 내 목표를 이루기 위해 최선을 다했다. 집에 돌아와서도 스트레스와 염려를 벗어버릴 수 없었지만 가장 가까운 친구와도 이 문제를 나눌 수 없었다. 클레어는 내가 셀레라에 전적으로 매달리는 걸 대놓고 경멸했다. TIGR와 HGS에서의 잘못을 되풀이하고 있다는 것이었다. 7월이 되자 나는 깊은 우울감에 빠졌다. 베트남에서 돌아온 이후 그토록 우울한 건 처음이었다.

(공장식) 생산 라인 방식이 아직 확립되지 않았기 때문에 우리는 게놈 조각을 고생스럽게 이어 붙여야 했다. 유진 마이어스는 겹치는 부분을 찾아내고 반복 서열로 인한 혼란을 막아 줄 알고리듬을 만들어냈다. 여기에는 내 산탄총 전략의 핵심 원리, 즉 모든 클론의 양쪽 끝을 분석하는 방법이 쓰였다. 해밀턴은 세 가지 정확한 길이로 클론을 만들었기 때문에 우리는 두 끝 서열이 정확한 거리만큼 떨어져 있다는 사실을 알고 있었다. 전과 마찬가지로 '짝짓기 전략mate-pair strategy'을 이용해 효과적으로 게놈을 조합할 수 있었다.

하지만 클론의 끝을 모두 따로 분석했기 때문에 이 조합 전략이 성공하려면 각각의 끝 서열 쌍이 재결합하는지 확인하기 위해 꼼꼼히 개수를 세어야 했다. 백 번에 한 번이라도 올바른 짝을 맺어주지 못하면 우리 전략은 실패할 터였다. 이를 방지하기 위해서는 바코드와 판독기를 이용해 모든 단계를 추적하면 된다. 하지만 필요한 소프트웨어와 장비가 없었기 때문에 염기서열 분석팀은 바코드 시스템을 갖추기 전까지 손으로 작업해야 했다. 예전 방식의 염기서열 분석 실험실에서는 별 문제가 아니겠지만 셀레라에서는 20명도 안 되는 소규모 팀이 하루에 20만 개씩 쏟아지는 클론을 처리해야 했다. 접시의 구멍 384개를 잘못 읽는 등의 오류는 예측하여 대비할 수 있었다. 우리는 소프트웨어를 이용해 숨겨진 오류 패턴을 찾아내 바로잡았다. 물론 결함을 완전히 없앨 수는 없었다. 하지만 우리 팀의 능력과 노력 덕에 우리가 찾아내는 오류는 수정할 수 있었다.

온갖 문제점이 있었지만 우리는 넉 달 만에 315만 6,000개에 달하는 고품질의 염기서열 분석 결과를 내놓았다. 이것은 17억 6,000만 염기쌍에 해당한다. 이들은 DNA 클론 151만 개에 들어 있었다. 이제 유진 마이어스와 그의 팀, 그리고 우리 컴퓨터가 모든 조각을 드로소필라 염색체 안에 다시 합쳤다. 조각이 길수록 염기서열의 정확도가 낮아졌다. 드로소필라는 서열의 평균 길이가 551염기쌍이었으며 평균 정확도는 99.5퍼센트였다. 500글자로 이루어진 염기서열이 2개 있고 이들이 50퍼센트 겹친다면, 염기쌍이 일치할 때까지 두 서열을 맞추어보면 겹치는 부분을 찾아낼 수 있다. 수도사들이 이런 식으로 작업한다. 하지만 산탄총 염기서열 분석으로 이렇게 하기에는 수도사 수가 모자랐다.

하이모필루스 인플루엔자이는 염기서열이 2만 6,000개였다. 각 서열을 나머지 모든 서열과 비교하려면 2만 6,000의 제곱, 즉 6억 7,600만 번을 비교해야 했다. 수도사년(수도사가 한 해 동안 수작업으로 비교할 수 있는 수량)으로는 100만 년에 해당한다. 드로소필라 게놈은 염기서열이 315만 6,000개이므로 약 9조 9,000억 번 비교해야 한다. 염기서열이 2,600만 개에 달하는 사람과 생쥐의 게놈은 약 680조 번이나 비교해야 한다. 연구자들 대부분이 이 방법에 회의적이었던 건 당연하다.

마이어스는 실패하지 않겠다고 호언장담했지만 나는 그가 걱정이었다. 그는 하루 종일 일만 했다. 얼굴은 창백하고 피로에 절어 보였다. 결혼생활에도 문제가 있었으며, 우리 주위를 맴돌던 언론인 겸 작가 제임스 슈리브와 어울리기 시작했다. 마음을 달래주기 위해 그를 카리브 해로 데려가 마법사 호에 태웠다. 하지만 그는 대부분의 시간을 노트북 앞에 웅크린 채 보냈다. 밝은 햇빛에 눈이 부셔 검은 눈동자 위로 검은 이마를 찡그렸다. 마이어스와 그의 팀은 엄청난 압박감을 이겨내고 6개월 만에 50만 줄이나 되는 새 조합기 프로그램을 만들어냈다.

염기서열 데이터가 100퍼센트 정확하고 반복되는 DNA가 없다면 게놈을 조합하는 일은 비교적 단순한 작업일 것이다. 하지만 게놈은 반복되는 DNA로 가득 차 있다. 종류·길이·빈도도 제각각이다. 하늘에 그림 맞추기 퍼즐을 펼쳐놓은 격이다. 500염기쌍 이하의 짧은 반복 서열은 비교적 쉽게 처리할 수 있다. 이들은 단일 염기서열보다 짧기 때문에 주위의 독특한 서열을 살펴보아 이들이 어디로 가야 할지 알아낼 수 있는 것이다. 하지만 반복이 길수록 작업은 까다로워진다. 앞에서 말했듯이 짝짓기 전략을 써서 각 클론의 양쪽 끝을 해독하고 다양한 길이의 클론들이 가장 많이 겹치도록 배열하는 방법이 있었다.

마이어스 팀이 만든 50만 줄짜리 컴퓨터 프로그램 코드는 알고리듬으로 단계별 처리 방식을 활용했다. 이는 단순히 겹치는 두 서열처럼 가장 안전한 조합에서 시작해 짝짓기를 통해 겹치는 서열 집단을 연결하는 등의 복잡한 전략으로 나아갔다. 복잡한 그림 맞추기 퍼즐을 할 때 작은 조각들을 더 큰 조각으로 이어 붙이는 것과 같았다. 다만 퍼즐 개수가 2,700만 개라는 점이 다를 뿐이다. 중요한 건 조각들이 고품질의 서열이어야 한다는 점이었다. 퍼즐 조각의 색깔이나 그림이 지워졌다면 어떻겠는가? 게놈 염기서열의 기다란 순서를 맞추려면 판독 결과의 상당 부분이 짝을 이루고 있어야 했다. 아직도 데이터를 모두 수작업으로 추적하고 있었지만 다행히 염기서열 데이터의 70퍼센트 이상이 짝을 이루고 있었다. 컴퓨터 모델에 따르면, 이보다 수치가 적었다면 조각들을 원상복구하지 못했을 것이다.

이제 우리는 염기서열 데이터를 셀레라 조합기에 넣었다. 1단계에서는 데이터를 최대한 정확하게 잘라냈다. 2단계에서는 '선별기Screener'가 플라스미드 벡터나 대장균 DNA의 서열 오염원을 제거했다. 서열 오염원이 10염기쌍만 있어도 조합이 아예 불가능할 수 있다. 3단계에서는 선별기가 각 조각이 초파리 게놈에서 알려진 반복 서열과 일치하는지 점검했다. 여기에는 루빈의 노고가 컸다. 부분적으로 겹치는 반복 서열은 위치를 기록했다. 4단계에서는 '중복기Overlapper'가 각 조각을 나머지 모든 조각과 비교했다. 우리는 이 대규모 연산을 수행하기 전에, 공개된 예쁜꼬마선충 유전부호를 쪼개어 중복기가 이들을 제대로 재조합하는지 테스트했다. 결과는 성공적이었다. (우리는 정부에서 연구비를 받은 예쁜꼬마선충 게놈 연구자들[워터스턴과 설스턴]에게 게놈을 재구성할 때 쓴 염기서열 데이터를 달라고 여러 번 요청했으나 번번이 거절당했다.) 우리 알고리듬은 초당 3,200번 비교를 수행하면서 길이가 40염기쌍 이상이고 차이가 6퍼센트 이내인 짝을 찾았다. 두 조각이 겹치면 이들을 더 큰 조각인 콘티그 contig(contiguous fragment)로 조합했다.

이상적인 경우라면 여기까지만 해도 게놈을 원래대로 조합할 수 있다. 하지만 우리는 DNA 부호의 변이형, 반복 서열과 씨름해야 했다. DNA 조각 하나가 여러 조각과 겹치는 바람에 연결을 잘못할 수 있는 것이다. 우리는 문제를 단순하게 바꾸기 위해 고유하게 결합하는 조각, 즉 '유니티그unitig'만 남겼다. 이 작업을 수행하는 소프트웨어인 '유니티거Unitigger'는 확실히 파악할 수 없는 DNA를 모두 버리고 조각의 정확한 소小조합인 유니티그만 남겼다. 덕분에 조각을 다시 합치는 방법을 개선할 여지가 생겼을 뿐 아니라 문제의 복잡도가 현저히 낮아졌다. 315만 8,000조각을 선별한 다음, 조각이 2개 이상 들어 있는 유니티그 5만 4,000개, 즉 48분의 1로 줄인 것이다. 겹치는 부위는 2억 1,200만 개에서 310만 개로, 68분의 1로 줄어들었다. 그림 맞추기 퍼즐의 조각들은 조금씩, 그러나 체계적으로 자리를 잡아가고 있었다.

이제 우리는 뼈대scaffold 알고리듬을 이용하여, 같은 클론에서 염기서열이 짝을 이루는 방식을 활용할 수 있었다. 서로 짝이 확인되는 유니티그를 모두 뼈대로 연결하면 이들 작은 유전부호 조각 전부에 대해 대규모로 순서를 매길 수 있었다. 나는 이 단계를 설명할 때 팅커토이를 비유로

든다. 길이가 다른 막대기를 마디의 구멍에 꽂아 구조물을 만드는 장난감 말이다. 이 장난감의 마디는 유니티그와 같다. 2,000염기쌍 또는 1만 염기쌍, 5만 염기쌍(이 개수의 구멍만큼 떨어져 있는 셈이다)의 클론 끝에 짝을 이룬 염기서열이 있다는 사실을 알면 이들을 한 줄로 나열할 수 있다.

파리 게놈의 5분의 1을 차지하는 루빈의 염기서열을 이용해 이 방법을 시험해보니 빈틈은 500개밖에 생기지 않았다. 우리 데이터를 적용해 8월에 시험했을 때는 작은 조각이 80만 개 이상 나왔다. 처리해야 할 데이터가 훨씬 많아졌다는 건 우리 전략이 형편없었다는 뜻이다. 기대와는 달리 이 방법은 실패했다. 이후 며칠간, 사람들은 당황해서 어쩔 줄 몰랐다. 오류 목록은 늘어만 갔다. 2동 꼭대기 층에서는 아드레날린이 넘쳐나고 있었다. 농담 삼아 '고요의 방'이라 부르는 곳이다. 1동 회의실에 지구의 바다 이름들을 붙여준 것처럼, 달의 '고요의 바다'에서 이름을 땄다. 하지만 회의실은 고요와는 거리가 멀었다. 2주 동안 팀마다 돌아가며 해결책을 논의하러 찾아왔기 때문이다.

결국 중복기를 맡은 아서 L. 델처Arthur L. Delcher가 해답을 알아냈다. 그는 15만 줄짜리 코드의 678번 줄에서 이상한 점을 찾아냈다. 사소한 실수 하나 때문에 일치하는 부분이 대거 제거된 것이었다. 오류를 해결하고 컴퓨터가 다음번 실행을 마친 9월 7일, 초파리 체내에서 단백질을 부호화하는(퍼진 염색질, euchromatic) 게놈에 들어가는 뼈대를 134개 만들었다. 기쁨과 안도감이 밀려들었다. 우리의 성공을 세상에 알릴 때가 온 것이다.

■ 드로소필라 프로젝트에 쏟아진 갈채

내가 몇 년 전 출범시킨 게놈 염기서열 분석 학술대회가 안성맞춤이었다. 수많은 청중이 우리가 약속을 지켰는지 확인하러 몰려들 것이었다.

나는 마크 애덤스 · 유진 마이어스 · 제럴드 루빈이 우리의 업적을 설명하
도록 결정했다. 이들은 각각 염기서열 분석 · 조합 · 과학에 미치는 영향
을 발표하기로 했다. 참석자 수가 너무 많아 힐튼헤드에서 더 넓은 마이
애미 퐁텐블로 호텔로 회의장을 옮겨야 했다. 모든 주요 제약 회사와 생
명공학 회사 관계자 · 전 세계 게놈 연구자 · 애널리스트 · 기자 · 투자 관
계자들이 자리를 가득 메웠다. 경쟁사인 인사이트는 식전 행사와 비디오
촬영, 실내 전시에 아낌없이 돈을 썼다. 자기들이 "인간 게놈을 가장 잘
보여준다"는 걸 참석자들에게 각인시키기 위해서였다.

　모두 대연회장에 모였다. 학술대회장이 늘 그렇듯 거대한 격납고처럼
생긴 회의실은 벽을 회색으로 칠하고 천장에는 샹들리에를 매달았다.
2,000명을 수용할 수 있는 곳이었지만 계속 밀려드는 청중 때문에 입석도
금세 동이 났다. 1999년 9월 17일, 개회식의 일환으로 제럴드 루빈 · 마크
애덤스 · 유진 마이어스가 드로소필라 게놈 프로젝트의 소식을 전했다.
간단한 인사와 함께 등장한 제럴드 루빈은 자신이 참여했던 것 가운데 최
고의 공동연구에 대해 발표하겠다고 선언했다. 회의장은 흥분의 도가니
였다. 청중은 루빈이 그토록 거창한 표현을 썼으니 무언가 대단한 발표가
나오리라 기대했다.

　마크 애덤스가 셀레라의 공장식 작업 방식과 우리가 확립한 새로운 게
놈 염기서열 분석 방법을 설명하기 시작하자 청중은 기대감에 숨을 죽였
다. 애덤스는 사람들의 애간장을 태우기 위해 게놈 조합을 언급하기 직전
에 발표를 끝냈다. 다음으로 등장한 유진 마이어스는 벽에 프로젝터 화면
을 비추며 전체 게놈 산탄총 조합 · 하이모필루스 프로젝트 · 게놈 조합기
의 주요 단계 · 게놈을 다시 합치는 과정에 대한 컴퓨터 모의실험 애니메
이션을 설명했다. 지정된 시간이 다 되어가자 사람들은 마이어스가 데이
터 없이 파워포인트만으로 발표를 끝내리라고 생각했을 것이다. 하지만
마이어스는 개구쟁이 같은 미소를 띠며 이제 모의실험이 아닌 실제 데이

터를 보여주겠다고 말했다.

마이어스가 게놈을 공개한 방식은 더할 나위 없이 분명하고 극적이었다. 그는 염기서열 데이터만으로는 충분치 않다는 사실을 알고 있었다. 그는 루빈이 낡은 방식으로 힘겹게 조합한 염기서열과 우리의 데이터를 비교해 보여주었다. 둘은 똑같았다. 그는 수십 년간 파리 게놈에서 위치가 확인된 표지와 우리의 조합을 비교했다. 수천 개 가운데 우리 조합과 어긋나는 건 6개뿐이었다. 각 표지를 살펴본 결과 셀레라 데이터가 옳았다. 다른 연구실에서 옛 방식으로 작업한 게 틀렸던 것이다. 마이어스는 이렇게 말했다. "그건 그렇고 우리는 얼마 전에 인간 DNA를 해독하기 시작했습니다. 파리보다는 반복 문제가 수월할 것 같더군요."

오랫동안 열렬한 박수갈채가 쏟아졌다. 발표가 끝나고 휴식 시간에 사람들이 웅성거리는 소리를 들으니 우리가 핵심을 제대로 짚었다는 것을 알 수 있었다. 정부 게놈 진영의 한 인사가 고개를 가로저으며 이렇게 말하는 것이 기자에게 포착되었다. "저 자식들, 정말 해내겠는걸."[1] 우리는 사기충천하여 회의장을 떠났다.

남은 문제는 둘. 둘 다 친숙한 문제였다. 첫 번째 문제는 데이터를 공개하는 방법이었다. 제럴드 루빈과 맺은 양해각서가 있는데도 우리 영업팀은 귀중한 파리 데이터를 젠뱅크에 제공하는 걸 못마땅해했다. 그들은 다른 제안을 들고 나왔다. 국립생명공학정보센터에서 운영하는 별도의 데이터베이스에 파리 게놈을 기증하자는 것이었다. 게놈을 상업적 목적으로 되팔지 않는다고 동의한 경우에만 이를 이용할 수 있는 곳이었다. 유럽생물정보학연구소에서 일하는 다혈질의 골초 마이클 애슈버너Michael Ashburner는 염기서열이 방어적인 공지와 함께 특별 서버에 보관된 것에 실망했다. 그는 셀레라가 "엿 먹였다"고 생각했다.[2] (그가 루빈에게 보낸 이메일 가운데는 이런 제목을 달고 있는 것도 있다. '셀레라가 무슨 꿍꿍이를 벌이고 있는 거요?')[3] 콜린스도 불만스러운 기색이 역력했다. 무엇보다 실망한 사람은 루빈이었다. 결국 밀먼과 화이트 패거리에게는 낙심천만한 일이겠지만 나는 젠뱅크에 데이터를 보냈다.

두 번째 문제는 우리가 가지고 있는 파리 게놈의 염기서열이 대체 어떤 의미를 지니는가였다. 4년 전 하이모필루스 게놈을 발표한 것처럼, 학술지에 논문을 실으려면 게놈을 분석하는 단계까지 나아가야 했다. 파리 게놈에 주석을 달고 설명을 덧붙이는 데는 족히 1년은 걸릴 수 있었다. 초점이 인간 게놈으로 옮겨간 지금, 그런 일에 1년을 쓸 수는 없었다. 나는 루빈과 애덤스와 이야기를 나눈 끝에 참신한 해결책을 생각해냈다. 드로소필라 학계를 활용해 연구 분위기를 띄우고 빠른 시일 안에 성과를 올릴수 있는 방법이었다. '게놈 주석 잼버리'를 열기로 한 것이다. 전 세계 최고의 연구자들을 록빌로 초청해 7~10일간 파리 게놈을 분석하게 한 다음, 결과를 정리해서 파리 게놈을 주제로 연속 논문을 발표하는 것이다.

모두 찬성했다. 루빈은 잼버리에 유수의 연구진을 초청하기 시작했다. 셀레라 생물정보학팀은 잼버리에 필요한 컴퓨터와 소프트웨어를 준비했다. 여행과 체류 경비는 셀레라에서 부담하기로 했다. 우리는 흥미진진한 이번 연구 방식이 좋은 결실을 거두기를 기원했다. 초청 인사 가운데는 나를 거칠게 비난하던 이들도 있었는데, 우리는 그들의 정치적 입장 때문에 이번 행사가 빛이 바래지 않기를 바랐다.

그해 11월, 40여 명의 연구자들이 이곳을 찾아왔다. 우리를 비난하던 이들에게조차 이번 제안은 거부하기 힘든 유혹이었다. 첫 모임은 약간 껄끄러운 분위기에서 진행되었다. 1억 염기쌍이 넘는 유전부호를 며칠 안에 분석해야 한다는 현실을 실감한 탓이었다. 방문객들이 자는 동안 우리 팀은 예상치 못한 요구 조건에 맞추어 소프트웨어를 개발하느라 밤을 샜다. 사흘째로 접어들면서 분위기가 누그러지기 시작했다. 새로운 소프트웨어 덕분에 연구자들은 (누군가의 말마따나) "몇 시간 만에 평생 이룬 것보다 더 대단한 발견을 해냈다." 매일 오후에 징이 울리면 모두 모여 분석 결과를 정리하고 문제점을 논의하고 다음 연구 계획을 짰다.

모임은 재미를 더해갔다. 모두 학문적 발견의 순수한 희열에 취했다. 우리는 신세계로 통하는 문을 처음 열었다. 언뜻 엿본 장면은 모두의 상상을 뛰어넘었다. 우리가 원하는 바를 논의하고 분석 결과가 뜻하는 바를 이해하기에는 시간이 모자랐다. 애덤스가 만찬을 열었지만 사람들은 금방 자리를 떠서 각자의 연구실로 뿔뿔이 흩어졌다. 점심과 저녁은 드로소필라 데이터로 가득한 컴퓨터 화면을 쳐다보며 해결했다. 오랫동안 찾아 헤매던 수용체 유전자군이 처음으로 밝혀졌다. 인간 질병 유전자에 해당하는 파리 유전자도 수없이 발견되었다. 새로운 발견이 나올 때마다 박수와 휘파람, 환호성이 터져 나왔다. 놀랍게도 그 와중에 약혼식을 올린 커플도 있었다.

하지만 중대한 문제 하나가 있었다. 우리는 2만 개 이상의 유전자를 발견하리라 기대했는데 실제로는 1만 3,000개밖에 찾지 못했다. 보잘것없는 벌레인 예쁜꼬마선충의 유전자가 2만 개나 되는 걸 보면 신경계를 갖추고 세포 수도 10배나 많은 파리는 더 많을 줄 알았다. 계산 착오 때문이었다면 쉽게 확인할 방법이 있었다. 알려진 파리 유전자 2,500개 가운데 몇 개가 우리 염기서열에 들어 있는지 세어보면 된다. 스탠퍼드 대학교의 마이클 체리Michael Cherry는 광범위한 분석 끝에, 6개 빼고는 모두가 우리 염기서열에 들어 있다는 사실을 밝혀냈다. 논의를 거친 결과, 6개 모두 인공적인 허상으로 드러났다. 파리 유전자가 모두 설명되고 정확하다는 사실이 밝혀지자 우리는 자신감에 부풀었다. 드로소필라 연구에 전념하고 있는 수천 명의 연구자들이 2,500개의 유전자를 찾아내는 데 수십 년이 걸렸다. 하지만 우리 컴퓨터 화면에는 1만 3,600개 전부가 나열되어 있었다. 11일의 일정이 끝났다. 우리는 최초의 게놈 분석을 성공적으로 마무리했다.

서로 등을 두드리고 악수를 나누며 단체 사진 촬영을 준비할 때, 잊을 수 없는 사건이 일어났다. 마이클 애슈버너가 무릎을 꿇고 땅바닥에 엎드리더니 내게 자기 등을 밟고 사진을 찍으라는 것이었다. 그는 자신의 의심을 무릅쓰고 우리가 이룬 성과에 대해 최고의 감사를 표시했다. 이 단신의 드로소필라 유전학자는 사진 제목까지 생각해냈다. '거인의 어깨에 올라서다.' 그는 나중에 이렇게 썼다. "칭찬할 것은 칭찬하자."[4] "셀레라는 잼버리에 최선을 다했다." 그들은 내가 파리 데이터를 공공 데이터베이스에 내놓지 않은 사소한 잘못을 두고 약속을 어겼다고 비난했지만 이번 잼버리가 "파리 학계에 아주 귀중했다"[5]는 점을 인정할 수밖에 없었다. 학문적인 해탈을 체험한 우리는 모두 친구가 되어 헤어졌다.

우리는 세 편의 주요 논문을 발표하기로 했다. 전체 게놈 논문은 마크 애덤스를 제1저자로 했다. 조합 논문의 제1저자는 유진 마이어스였다. 벌레 · 효모 · 인간 게놈과의 비교유전체학 논문은 제럴드 루빈을 제1저자로 내세웠다. 2000년 2월, 마침내 〈사이언스〉에 논문을 제출했다. 그리고 2000년 3월 24일, 〈사이언스〉 특별판이 발간되었다.[6] 콜드스프링하버연구소에서 제럴드 루빈과 이야기를 나눈 지 1년도 채 지나지 않은 때였다. 〈사이언스〉 발간 직전, 루빈은 피츠버그에서 열리는 연례 드로소필라 학술대회에서 내게 기조강연을 맡겼다. 최고의 파리 연구자 수백 명이 참석하는 행사였다. 우리는 모든 좌석에 드로소필라 게놈 염기서열이 모두 들어 있는 CD-ROM과 〈사이언스〉 논문을 놓아두었다. 루빈과 내가 공동연구를 진행했다는 사실이 처음 발표되자 많은 이들이 당황스러운 표정을 지었다.

하지만 루빈은 매우 다정한 태도로 나를 소개한 다음 청중에게 내가 약속을 모두 지켰으며 공동연구는 훌륭하게 진행되었다고 말했다. 나는 잼버리 팀이 발견한 유전자를 설명하고 CD-ROM 내용을 요약하는 것으로 강연을 마무리했다. 오랫동안 기립박수가 이어졌다. 5년 전 대규모 미생물학 학술대회에서 해밀턴과 내가 하이모필루스 게놈을 처음 발표했을 때처럼, 놀라움과 기쁨이 밀려들었다. 드로소필라 게놈 논문들은 학술 논문 역사상 가장 많이 인용되는 논문에 속한다.

전 세계 수천 명의 파리 연구자들이 우리 데이터에 흥분을 감추지 못했지만 나를 비난하는 이들은 곧바로 공세를 펼쳤다. 존 설스턴은 우리 게놈이 오류투성이에 실패작이라며 공격했다. 하지만 우리의 데이터는 그가 십여 년간 벌레 게놈을 공들여 해독한 결과보다 완벽하고 정확했다. 설스턴이 〈사이언스〉에 초안을 발표한 뒤 게놈을 완성하기까지는 4년이 더 걸렸다. 설스턴의 동료인 메이너드 올슨은 드로소필라 게놈 염기서열을 쓰레기라고 불렀다. 셀레라가 버리고 간 쓰레기를 정부 게놈 진영에서 청소하게 생겼다는 것이었다. 루빈 연구진은 논문과 완성된 게놈 비교 분석을 통해 염기서열에 남아 있는 빈틈을 2년 안에 신속하게 메웠다. 이 데이터에서는 1만 염기쌍마다 1~2개의 오류가 발견되었으며 단백질을 부호화하는 게놈에서는 5만 염기쌍마다 1개 이하의 오류가 나왔다. 하지만 반복 서열의 경우는, 훨씬 뛰어난 알고리듬을 이용하면 데이터 품질을 대폭 향상시킬 수 있을 터였다.

드로소필라 프로젝트에 박수갈채가 쏟아졌지만 1999년 여름 동안 화이트와의 긴장 관계는 일촉즉발의 상황까지 치달았다. 화이트는 내가 언론을 장식하는 걸 못 견뎠다. 그는 셀레라를 방문할 때마다 내 사무실 옆 복도에 셀레라의 위업을 다룬 신문 기사 액자들을 지나쳐야 했다. 우리는 〈USA 투데이〉 주말판 표지를 확대해 붙여놓았다. 내가 푸른색 체크무늬 셔츠를 입고 다리를 꼰 채 앉아 있는 사진과 함께 이런 제목이 달려 있었다. '이 독불장군이 당대의 가장 위대한 과학적 발견을 해낼 것인가?'[7] 코페르니쿠스와 갈릴레오, 뉴턴과 아인슈타인이 내 주위를 돌고 있었지만 화이트의 모습은 찾아볼 수 없었다.

화이트의 언론 담당은 매일같이 전화를 걸어 셀레라에서 끊임없이 이어지는 인터뷰에 낄 수 없느냐고 물어왔다. 이듬해 〈포브스〉에서 화이트를 표지 인물로 선정하고 퍼킨엘머의 시장 가치를 15억 달러에서 (ABI와 셀레라를 포함해) 240억 달러로 끌어올렸다는 기사[8]를 내보냈을 때에야 그는 비로소 만족했으리라(오래가지는 않았겠지만). ("토니 화이트는 퍼킨엘머라는 낡은 기업을 최첨단 유전자 사냥꾼으로 변모시켰다.")

화이트는 내가 공적인 활동을 하는 것도 견디지 못했다. 나는 일주일에 한 번은 강연을 했다(요청은 훨씬 많이 들어왔다). 세상 사람들이 우리가 진행하고 있는 연구에 대해 궁금해했기 때문이다. 화이트는 퍼킨엘머(이 때는 'PE 코퍼레이션'으로 이름이 바뀌었다) 이사회에서 내가 강연 여행을 다니는 것이 회사 규정 위반이라며 불만을 제기하기까지 했다. 내가 케이프 코드의 집에서 2주간 휴가를 보내는 동안, 화이트는 재무이사 데니스 윙어Dennis Winger와 애플러의 수석법률고문 윌리엄 소치와 함께 셀레라를 찾아와 핵심 직원들에게 내 지도력에 문제가 없는지 물었다. 즉, 나를 해고할 구실을 찾고 있었다. 직원들 모두 내가 떠나면 자기도 떠나겠다고 말했다. 화이트는 당혹감을 감추지 못했다. 이 일로 긴장이 한층 높아졌다. 하지만 우리 팀은 결속력이 전보다 더 강해졌다. 우리는 승리를 거둘 때마다 이번이 마지막인 듯 축배를 들었다.

(당시만 해도 사상 최대 규모였던) 파리 게놈 염기서열을 발표한 후, 나는 유진과 해밀턴, 마크와 함께 개인적으로 회식을 가졌다. 화이트 밑에서 살아남아 우리의 연구를 인정받은 걸 자축하는 자리였다. 우리는 전체 게놈 산탄총 방식을 커다란 게놈에도 적용할 수 있다는 사실을 입증했다. 이제 우리는 산탄총 방식을 인간 게놈에도 적용할 수 있으리라는 점을 알고 있었다. 화이트가 다음 날 우리 연구를 중단시킨다 해도 이 중요한 업적은 여전히 우리 수중에 있었다. 나는 셀레라와 화이트의 수중에서 벗어나기를 간절히 바랐다. 하지만 호모 사피엔스를 해독하려는 갈망이 훨씬 컸기 때문에 타협을 할 수밖에 없었다. 나는 그를 다독거렸다. 일을 계속하고 애초의 계획을 이룰 때까지 살아남기 위해서였다.

CHAPTER 14

최초의 인간 게놈

일반적으로 상대에게 뒤처질 것 같을 때 처음 나오는 반응은 절망과 함께
자신의 적수가 죽어 넘어졌으면 하는 바람이다. 포기할까 생각할 수도 있다.
하지만 그러면 몇 년간 뼈 빠지게 고생해 놓고 결실은 하나도 거두지 못한다.
따라서 연구를 수정해 경쟁자와 똑같은 방식을 쓰고 싶은 유혹이 들게 마련이다.
지금 뒤처져 있더라도 상대보다 조금만 더 똑똑하면 그를 앞지를 수 있다.
물론 그렇게 되면 상대는 미칠 듯 분통을 터뜨릴 것이다.

▌ **제임스 왓슨**, 《DNA를 향한 열정: DNA 구조의 발견자 제임스 왓슨의 삶과 생각》

▌ 다양성을 존중한 인간 샘플 수집

우리는 첫 인간 게놈을 해독하기 시작하거나 우리가 이 일을 할 수 있
다고 확신하기 훨씬 전부터, 자신의 유전자를 머리끝부터 발끝까지 읽어
들이는 영광을 누구 DNA에 줄지 즐거운 고민을 했다. 자신의 게놈이 해
독되는 걸 원할 만큼 학문적 호기심과 자신감, 마음의 평화와 안정을 지
닌 사람이 누가 있을까? 자신의 개인적 유전 프로그램이 인터넷에 공개되
기를 바랄 만큼 유전과 환경의 긴밀한 상호 작용을 제대로 이해하고 있는
사람이 누가 있을까? 사람들은 대부분 유전자 결정론을 믿기 때문에, 자

406

신의 생물학적 비밀이 모두 드러날까 봐 두려워할 것이다.

물론 기술적인 문제도 있었다. 그 가운데 상당수는 유성생식이 사람에게 (미생물의 무성생식보다 더 큰) 유전적 다양성을 부여한다는 사실에서 비롯한다. 박테리아 게놈을 해독할 때는 같은 DNA 샘플을 제공하는 기준 클론을 선택했다(이름에서 알 수 있듯이, 기준 클론은 유전자가 모두 똑같다). 초파리 게놈을 해독할 때는 근친교배한 계통을 써서 DNA 변이를 최소한으로 줄였다. 하지만 인간 게놈은 지구상에 있는 사람 수만큼이나 다양한 유전적 변이형이 존재한다.

사람의 DNA 구조는 2개의 대칭인 가닥으로 이루어진 이중나선이기 때문에 어느 DNA 가닥을 해독하는가는 상관없다. 하지만 복잡한 문제가 하나 있다. 우리 염색체 23개는 각각 쌍을 이루고 있다. 어머니로부터 상염색체 22개와 X염색체, 아버지로부터 상염색체 22개와 (딸인 경우) X염색체 또는 (아들인 경우) Y염색체를 물려받기 때문이다. (따라서 여성은 X염색체가 2개 들어 있고 남성은 X염색체와 Y염색체가 하나씩 들어 있다.)

남성을 고를지, 여성을 고를지는 분명 중요한 문제였다. 남성은 X염색체와 Y염색체를 둘 다 가지고 있다는 장점이 있지만 나머지 22개의 상염색체와 달리 X염색체와 Y염색체의 DNA 개수가 절반밖에 되지 않는다는 단점도 있다. 여성은 X염색체가 2개 들어 있지만 Y염색체가 없다. 한 사람만 해독하기로 한다면 일반적인 사람을 택할 것인가, 클린턴 대통령 같은 사람을 택할 것인가? 피험자가 당할 불이익과 위험에는 무엇이 있을까? 피험자를 찾았다 하더라도 동의를 얻을 수 있을까?

하지만 우리가 어떤 결정을 내리든 별 상관없으리라는 사실이 곧 분명해졌다. 인간 게놈은 다양한 변이형을 지니고 있기 때문에, 게놈 해독 기술이 발달하면 틀림없이 더 많은 인간 게놈을 해독하려는 노력이 대규모로 이루어질 터였기 때문이다. 하지만 유전자 테스트를 통해 질병과 연관된 염기서열의 차이를 밝히는 일이 지닌 과학적 · 상업적 가치를 생각해볼 때, 유전적 다양성을 최대한 확보하는 게 타당했다. 이를 위해서는 여러 사람으로부터 얻은 DNA 조합을 해독해서 일치하는 게놈 염기서열을 만들어내면 된다. 이는 한 개인을 나타내는 게 아니라 인류를 융합시킨 기준 게놈인 셈이다.

유진 마이어스 팀은 다양한 계산을 통해 변이형이 너무 많이 생기지 않도록 하면서 피험자를 몇 명까지 선정할 수 있을지 알아보았다. 변이형이 너무 많으면 현재의 알고리듬과 컴퓨터를 이용해 기준 게놈을 조합하지 못할 수도 있었다. 한 사람의 게놈에서 상당 부분을 조합에 포함시키려면 5~6명이 한계였다. 우리는 여성과 남성으로부터 얻은 DNA를 혼합하고 인종도 다양하게 포함하기로 했다.

셀레라가 설립되기 전 TIGR에서는 해밀턴 스미스가 완벽한 인간 염기서열 도서관을 구축하는 방법을 생각하느라 골머리를 썩이고 있었다. 해밀턴은 인간 DNA를 다루어본 경험이 별로 없었다. 인간 DNA를 입수하는 문제를 해밀턴과 여러 차례 논의했다. 돈을 주고 사는 것도 고려 대상이었다. 하지만 도서관을 만들고 거기에 무엇이 들어 있는지 확실히 알아내기 위해서는 해밀턴이 맨바닥에서 시작하는 수밖에 없었다.

인간 샘플을 입수하려면 '충분한 설명에 입각한 동의 informed consent'를 얻는 길고 복잡한 절차를 거쳐야 했다. 그러면 셀레라를 설립하는 6개월 간 전혀 작업을 시작하지 못할 수도 있었다. 해밀턴과 나는 얼른 일을 추진하고 싶었기 때문에 해결책은 분명했다. DNA 기증에 대해 누구보다 '충분한 설명'을 들은 사람, 자신의 게놈을 해독하고 공개하는 일에 어떤 위험이 따르는지 가장 잘 이해하는 사람은 바로 우리 둘이었다. 해밀턴과 나는 유전자 결정론의 단순한 논리를 믿지 않았다. 우리는 자신이 유전자의 산물일 뿐이며 유전부호가 예언하는 그대로 삶의 궤적이 정해진다고 생각하지 않았다. 동시에 우리는 둘 다 자신의 게놈을 알고 싶은 타고난 호기심이 있었다. 의학적 위험이 따르리라는 생각은 해본 적이 없다. 정신적 문제가 생길 가능성은 있었다. 우리가 우리 자신의 DNA를 썼다는 사실을 알면 우리를 비난하는 이들이 정치적 공격을 할 테니 말이다.

DNA를 제공하기로 동의한 후, 우리는 DNA가 풍부하고 쉽게 구할 수 있는 공급원, 즉 정자로부터 DNA 도서관에 쓸 DNA를 얻어내기로 했다 (우리는 장난 삼아 누가 더 큰 시험관을 써야 하는지를 놓고 실랑이를 벌였다). 결국 표준 크기인 50밀리리터 살균 시험관에 정액을 넣어 얼리기로 했다. 해밀턴은 자신의 연구보조원 모르게 연구실로 샘플을 가져올 수 있었지만, 내가 냉동 튜브를 가지고 와서 누군가에게 건넨다면 다들 그게 뭔지 알아차릴 것만 같았다. 어플라이드 바이오시스템스에서는 매일같이 페덱스 상자에 냉동 시약을 넣어 TIGR로 보냈기 때문에 나는 상자 하나를 가져와 드라이아이스를 채우고 내 샘플을 넣은 다음 연구실에 갖다놓았다. 다들 마이클 헌커필러나 토니 화이트가 보낸 샘플인 줄 알았을 것이다. 나는 이 위장술을 여러 번 되풀이했다. 첫 실험에는 DNA가 아주 많이 필요했으므로.

셀레라가 운영을 시작하자, 우리가 우려한 대로 '해독할 DNA를 어디서 추가로 얻을 것인가' 하는 문제가 불거졌다. 변호사들도 입장이 제각각이었다. 나는 인간 DNA 입수 절차를 감독하기 위해 전 국립암연구소 소장이자 현 셀레라 의학이사인 샘 브로더Sam Broder에게 부탁해서 외부 전문가로 일류급 위원회를 구성했다. 나는 먼저 샘 브로더에게 이미 2개의 DNA 샘플이 있으며, 해밀턴이 TIGR에서 이들을 도서관으로 만들어 셀레라 프로그램을 시작하기 위한 초기 염기서열 분석에 썼다는 사실을 알렸다. 해밀턴과 내가 기증자라는 사실도 밝혔다. 나머지 기증자는 여성과 다양한 인종이어야 한다는 설명도 했다. 이미 2명의 DNA로 염기서열 분석을 진행하고 있다는 사실을 위원회에 알릴지는 그가 알아서 하도록 했다. 그는 알리지 않는 편이 낫겠다고 생각했다. 하지만 해밀턴과 내가 거친 절차와 어긋나지 않도록 기증 절차를 마련하기로 했다.

• 눈으로 말하다 •

대중적인 유전학 책을 읽어보면 DNA가 질병에 걸릴 가능성부터 지능지수(이것이 무엇을 뜻하든 간에), 그리고 눈동자 색깔까지 모든 걸 결정한다는 주장을 쉽게 접할 수 있다. 전 세계 학교에서는 학생들에게 갈색이 우성 형질이라고 가르친다. 우성 형질이란 부모 한쪽만 이 형질을 갖고 있어도 자식이 해당 형질을 나타낸다는 뜻이다. 따라서 부모 한쪽이 갈색 눈이면 자식도 갈색 눈이고, 부모 둘 다 푸른 눈이면 자식은 대부분 푸른 눈을 지니게 된다.

나를 만나거나 내 사진을 본 적 없는 사람에게 내 유전부호를 읽고 눈 색깔을 맞춰보라고 하는 건, 빈대를 잡는다며 초가삼간을 태우는 일과 마찬가지다. 우선 15번 염색체부터 시작해보자. 여기 들어 있는 'OAC2'라는 유전자는 갈색 눈과 푸른 눈을 결정하는 주요 인자다. 유전자는 '멜라노사이트melanocyte'라는 특별한 세포 속에서 작용한다. 멜라노사이트는 멜라닌 색소를 만들어 눈동자 색깔을 결정한다. 다른 사람과 마찬가지로 내 눈동자 색깔은 기본적으로 멜라노사이트 세포의 분포와 내용물에 따라 정해진다. 하지만 이 과정은 흔히 생각하는 것보다 더 복잡하다.[1]

정상 색소를 지닌 600명 이상을 대상으로 한 연구에 따르면, 푸른색이나 회색이 더 드물게 나타나는 이유는 이 유전자의 문자가 정확하게 배열되어야 하기 때문이다. (그 밖의 색깔은 한쪽 변이형이 A/T나 T/T이고, 다른 쪽 변이형이 A/G나 G/G일 수도 있으며, 두 변이형이 조합된 형태일 수도 있다.) 이 데이터에 따르면 내 게놈에서는 푸른색/회색 눈동자가 나타날 가능성이 더 크다. 나는 과학자들이 '비非푸른색/회색' 변이형이라 부르는 것과는 다른 두 가지 변이형을 지니고 있다. 첫째 변이형은 C/C와 A/A이며, 둘째 변이형은 G/G와 A/A이다. 실제로 내 눈동자는 푸른색이다. 내 게놈의 경우는 눈동자 색깔을 정확하게 맞혔지만, 실제로 눈동자 색깔을 정하는 데는 여러 유전자가 관여한다. 흔하지는 않지만, 푸른 눈 부모에게서 갈색 눈 자녀가 태어나기도 한다. 백인은 푸른 눈과 갈색 눈이 우성이지만 회색·초록색·담갈색도 있으며 그 사이에 무수한 색조가 존재한다. 교과서에 나오는 눈동자 색깔의 유전학에 대한 단순한 설명은 자연의 역할을 제대로 보여주지 못한다.

위원회에서는 두 가지 심각한 우려를 전했다. 첫 번째 문제는 누가 DNA를 제공했는지 드러난다면, 그의 게놈에서 질병 유전자가 발견될 경우 생명보험의 피보험자 자격을 빼앗길 수 있다는 점이었다. 마찬가지로 그들에게 반사회적 성향이나 인격장애를 일으키는 돌연변이 유전자가 있다면, 유전부호와 함께 신원이 밝혀질 경우 개인적인 문제가 발생할 수 있었다. 셀레라에서는 책임을 면하고 기증자를 보호하기 위해 그들의 신원을 공개하지 않기로 최종 결정했다. 하지만 기증자가 원할 경우 스스로 밝히는 걸 허용하기로 했다.

두 번째 문제는 다양한 인종적 배경을 지닌 사람들의 게놈을 해독하는 것과 관련 있었다. 내가 위원회에 딱 한 번 참석했을 때 의제가 바로 '인종' 문제였다. 위원들은 게놈 데이터가 인종주의를 정당화하는 데 이용될 수 있음을 우려했다. 하지만 나는 인류를 대표한다고 해놓고 백인 남성 5명의 게놈을 해독하는 건 말도 안 된다고 생각했다. 게다가 유전자 수준에서는 모든 사람이 거의 똑같아 보인다. 내 설명이 끝나자 위원회는 곧바로 인종의 다양성을 받아들이기로 했다. 우리는 기증자 후보 20명을 모집하기로 하고 〈워싱턴 포스트〉와 셀레라, 어플라이드 바이오시스템스에 광고를 냈다. 놀랄 일은 아니지만, DNA 제공자 가운데는 기자도 2명 끼어 있었다. 그 가운데 한 사람은 셀레라의 DNA 기증 절차를 기사로 쓰기도 했다.[2]

해밀턴과 나를 비롯해 기증자는 모두 위험에 대한 설명을 듣고 '충분한 설명에 입각하여 동의'하는 절차를 거쳤다. 그리고 필요한 서류에 서명했다. 샘 브로더는 자문위원회와 함께 작성한 동의 문서를 가져왔다. 나는 30쪽짜리 복잡한 법률 문서를 모두 읽고도 사정射精할 수 있는 사람에게는 DNA를 받지 않겠다고 농담조로 말했다. 그런 사람은 변호사가 틀림없을 테니 말이다.

기증자는 샘플에 대한 사례비로 100달러를 받았다. 여성은 팔에서 피를 뽑았고 남성은 정액과 피 둘 다 제공했다(정액 제공을 거부한 사람도 있었다. 한 유명인사에게 이 절차를 설명했더니 이런 답변이 돌아왔다. "그건 당연해요. 남자는 오르가슴을 느끼는 대가로 돈을 받지만 여자는 주사를 맞아야 하잖아요.") 샘플을 모두 채취한 다음 각각 코드 번호를 부여했다. 식별 코드를 알고 있는 사람은 브로더뿐이었다.

우리는 각 기증자로부터 세포계를 배양해 염기서열 분석 도서관을 만들었다. 이것으로 테스트 염기서열 분석을 수행했다. 브로더를 비롯한 선임 연구원들이 5명을 추려냈다. 이들이 참조한 정보는 코드 번호와 성별, 인종과 훌륭한 염기서열 데이터와 영구적인 세포계를 제공하는 고품질의 도서관인지 여부였다. 이름은 알려주지 않았다. 최종 낙점된 사람은 해밀턴과 나, 그리고 각각 자신을 아프리카계 미국인·중국인·라틴아메리카계 미국인이라고 밝힌 3명의 여성이었다. 나는 아직도 그들이 누구인지 모른다. 기자들을 비롯해 기증자 몇 명은 나중에 자기 신원을 밝혔다. 하지만 그들에게서 또 다른 샘플을 채취해 분석하지 않는 이상 그들과 해독된 DNA의 관계를 밝힐 방법은 없었다. 최종적으로 발표한 염기서열은 기증자 5명의 게놈을 합친 것이었다. 우리의 게놈 염기서열을 하나로 합칠 수 있다는 사실은 지구상의 모든 인류가 DNA 수준에서 비슷하다는 사실을 입증한다.

정부 프로그램은 대상자를 결정하는 데 훨씬 더 애를 먹고 있었다. 콜린스와 그의 동료들은 자기들이 15~20명의 DNA를 섞었기 때문에 게놈 염기서열이 익명의 모든 사람을 대표한다고 떠들어댔다. 수년간 협조적인 박사 후 연구원이나 연구실 내 기증자 등이 제공한 샘플로 수많은 DNA BAC 도서관이 만들어졌다. 이때만 해도 윤리나 '충분한 설명' 같이 골치 아픈 문제는 신경 쓰는 사람이 아무도 없었다. 그러다 기증자 1~2명이 신원을 밝히는 바람에 도서관이 전부 폐기처분되었다. 정부 프로그램은 그만큼 지연되었으며 또다시 정책을 수정해야 했다. 그 다음부터 정부 프로그램은 거의 모두 기증자 1~2명한테만 DNA를 받았다(그들은 이 사실을 가능한 한 비밀에 부쳤다).

■ 정부 진영과의 결정적인 차이점

나는 드로소필라 게놈의 마지막 조각을 해독하자마자 셀레라의 시설을 총동원해서 인간 게놈을 공략했다. 1999년 9월 8일 아침, 셀레라와 ABI의 기술진이 온갖 애를 쓴 덕에 분석기 고장률이 90퍼센트에서 10퍼센트까지 떨어졌다. 그래도 30만 달러짜리 분석기가 적어도 하루에 30대씩은 고장으로 서 있는 셈이었다. 하지만 이 정도의 고장률이라면 제대로 돌아가는 분석기 300대를 가지고 1년 안에 인간 게놈을 해독하기에 충분했다.

그즈음 우리는 압박감에 시달렸다. 정부 프로그램 진영에서 인간 게놈을 4분의 1이나 해독했다고 발표한 것이다. 내 경쟁자들은 다시 한 번 방향을 틀어 게놈을 미완성인 채로 내놓겠다고 발표했다. 그들은 이듬해 봄까지 '1차 초안'을 끝내겠다고 했는데, 언론의 관심이 집중될 게 뻔했다. 우리가 셀레라에서 수행하는 작업과 정부에서 지원하는 (수정된) 방법의 핵심적인 차이는 기준과 전략으로 수렴되었다. 전체 게놈 산탄총 기법 대 기존 클론 단위 방식의 대결인 셈이었다. 나는 우리 전략이 승리하리라는 걸 알고 있었다. 정부 지원 연구소들은 게놈 해독 능력이 우리와 맞먹거나 더 뛰어나더라도 자신들의 기준과 계획을 버리고 우리를 따라하지 않으면 경쟁에서 이길 수 없었다.

우리가 프로젝트를 시작하기 한 해 전인 1998년 9월, 정부의 공식 입장은 이렇게 바뀌었다. 셀레라보다 앞서 게놈 초안을 만들어내고 2003년까지 프로젝트를 마무리한다는 것이었다. 왓슨이 이중나선을 공동 발견한 지 15주년 되는 해였다. 10년에 걸쳐 고품질의 데이터를 발표하겠다는 애초의 계획은 정제되지 않은 염기서열을 최대한 빨리 공공 데이터베이스에 쑤셔 넣는 것으로 바뀌었다. 나의 경쟁자를 자처하는 'G5(살아남은 게놈센터 5곳이 자기들 스스로 붙인 별명이다. 원래는 G18로 출발했다)'는 이런 방법을 쓰면 내가 게놈에 특허를 출원하거나 인간 게놈을 처음으로 해독했다는 영예를 차지할 수 없게 하리라 생각했다. 그들의 생각이 어찌나 어리석고 유치한지 놀라울 따름이었다.

나를 비난하는 이들 상당수가 셀레라의 데이터를 공개하는 것에 불만을 제기했다. 하지만 정부에서 지원하는 연구소들이 염기서열을 공공 데이터베이스에 무분별하게 쏟아 붓는 동안 제약 회사들은 환호성을 지르며 밤새 데이터를 내려받았다. 그러고는 특허를 출원했다. 인간 게놈 특허에 반대한다는 이들이 벌인 이 어리석은 행동은 자신들의 주장과 정반대의 결과를 낳은 것이다. 유전자 특허가 앞서거니 뒤서거니 청구되었다. 이들 거의 전부는 셀레라가 아니라 정부 데이터를 기반으로 하고 있었다.

하지만 정부 게놈 진영이 언론을 잘 구워삶은 덕에 그들이 목표를 하향 조정했는데도 비판이나 분석 기사는 거의 나오지 않았다. 정부 진영이 목표를 수정함으로써 정확하고 완벽한 염색체 단위 프로젝트가 무차별적인 '대략적 초안'으로 바뀌었다는 사실을 알아챈 이는 아무도 없었다. 오히려 셀레라 프로젝트가 철저하고 포괄적으로 보일 정도였다. 애초 슬로건이었던 '품질 우선'은 간 곳이 없었다. 초안 게놈이 인간 게놈 프로젝트를 제대로 완성하려는 노력에 찬물을 끼얹으리라는 이야기도 쑥 들어갔다.

셀레라 프로젝트의 핵심인 3700의 결함도 묻혀버렸다. 설스턴 팀은 〈사이언스〉[3]에 기계의 평가 내용을 발표하면서 이 기계가 기존 장비보다 더 짧은 염기서열 조각(판독 결과)을 생산하기 때문에 나은 점이 없다고 주장했다. ("투자액에 비추어볼 때 즉각적인 작업량 증가는 나타나지 않았다.") 이 평가 때문에 ABI와 셀레라의 주가가 곤두박질쳤다. 재미있게도 정부에서 지원 받는 연구진들은 내가 3700을 쓰기로 결정하자 이 평가 결과를 완전히 무시했다. 값비싼 장비를 사기 전에 으레 거쳐야 하는 까다로운 평가와 분석 절차도 건너뛰었다. 우리의 '보수적인' 경쟁자들은 검증도 되지 않은 3700을 앞 다투어 사들였다. 셀레라가 설립된 다음 해, ABI는 10억 달러어치의 분석기를 팔았다고 발표했다. 웰컴 트러스트 한 곳에서만 3700을 셀레라보다 더 많이 들여놓았다. 하지만 생어 연구소에서 맡은 인간 게놈 분량은 25~30퍼센트밖에 되지 않았다. 한편 MIT는 에릭 랜더에게 기계를 사라며 정부 지원 이외에 추가로 자금을 빌려주었다. 프랜시스 콜린스에게 받은 연구비 가운데 경비로 처리할 요량이었다(연구비는 1년에 4,000만 달러가 넘는다). 덕분에 그는 정부 게놈 진영에서 가장 큰 해독 시설을 갖추었다.

G5가 전략을 수정한 덕에 ABI는 훨씬 많은 돈을 긁어모았다. 헌커필러와 화이트는 정부 프로그램에 기꺼이 기계를 대주었다. 정부 진영에서는 수백만 달러어치의 3700 분석기와 시약을 주문했다. ABI는 양측에 무기를 팔아먹기 위해 전쟁을 일으키는 무기 판매상 같았다. 셀레라 염기서열 분석팀을 단결시키는 일은 신바람이 나지 않았다. 우리의 동업자가 경쟁자를 돕는 데 열을 올리고 있었으니 말이다.

셀레라와 정부 진영은 똑같은 장비로 유전부호를 읽어들였지만—정부 진영이 돈과 인력을 10배나 많이 차지하고 있다는 중요한 사실은 논외로 해도—결정적으로 다른 점이 있었다. 바로 연구 전략이었다. '염기서열' 이라는 단어는 일반적으로 유전부호 염기쌍이 올바른 순서로 조합된다는 것을 뜻한다. 그림 맞추기 퍼즐을 바닥에 뿌린 다음 맞추려고 생각한 사람은 아무도 없었다. 하지만 정부 지원 연구소에서는 소규모 게놈 프로젝트를 수천 개 수행하면서 BAC 클론을 한 번에 하나씩 분석하고 있었기 때문에, 수천 개나 되는 퍼즐을 맞추고 순서대로 나열하고 방향을 정해야 했다.

반면 우리는 커다란 퍼즐 하나만 맞추면 되었다. 퍼즐 조각만 가지고 있는 그들이 BAC 클론이나 염색체를 조합했다고 주장한다는 건 상상도 할 수 없는 일이었다. 나는 우리 연구 방식, 프로그래머, 알고리듬이 옳다고 믿었다. 그리고 우리의 대용량 컴퓨터가 정부 게놈 진영의 훨씬 거대한 컴퓨터를 앞지르리라 확신했다.

산탄총 염기서열 분석으로 DNA 염기서열을 조합할 때는 필요한 최소 서열 범위가 있다. 예를 들어 10만 염기쌍 BAC 클론의 경우 '1배수(한 겹)'는 DNA 염기서열을 10만 염기쌍 만들어냈다는 뜻이다. 그렇다고 클론의 모든 염기를 단번에 분석할 수 있는 건 아니다. 문제는 이들 DNA 조각이 '무작위로' 생성되었다는 점이다. (예를 들어 신문 50부를 각각 50장으로 찢어 상자에 넣은 다음 무작위로 50장을 꺼냈을 때 온전한 신문 1부가 나올 가능성은 매우 적다.) 무작위로 뽑은 이들 조각을 다시 합치면, 통계적으로 볼 때 1배수 범위가 실제로 나타내는 건 클론의 DNA 서열 가운데 66퍼센트밖에 되지 않는다(일부는 누락되고 일부는 중복되기 때문이다). 염기서열의 96퍼센트를 얻으려면 세 겹, 즉 3배수 범위가 필요하다. 정부 프로그램의 염기서열 조합기 방식을 이용할 경우, 조각의 순서와 방향을 맞추어 BAC 클론을 재구성하려면 8~10배수 범위가 필요할 것이다. 우리도 그 정도가 필요할 줄 알았다. 하지만 파리 해독에서 성공을 거둔 뒤, 훨씬 적은 양으로도 인간 염색체의 99.6퍼센트 이상을 얻을 수 있다는 사실을 알게 되었다. '짝지은 끝' 전략을 이용해서 2,000염기쌍·1만 염기쌍·5만 염기쌍에서 DNA를 분석한 덕분에 순서와 방향이 정확한 DNA 염기서열을 얻는 데는 다섯 겹, 즉 5배수 범위만 있으면 충분했다.

경쟁자들은 셀레라를 의식한 탓에 무리수를 두기도 했다. 정부 프로젝트에서 처음 게놈을 나눌 때, 연구소들은 밥그릇 챙기기에 몰두한 나머지 돈과 장비와 능력도 없는 상태에서 염색체와 염색체 일부를 해독할 수 있다고 큰소리쳤다. 1998년 9월, 전체 게놈이 할당되었다. 하지만 큰소리친 이들은 게놈 지도를 신속하게 작성하지도 못했고, 고속 염기서열 분석을 수행할 준비도 되어 있지 않았다. 정부 게놈 프로젝트는 공멸할 위기에 놓였다. 전체 염기서열 분석 능력은 셀레라보다 훨씬 뛰어났지만 지도를 작성한 BAC 클론을 제대로 공급할 수 없었기 때문이다.

에릭 랜더가 현 상황에 불만을 품을 만도 했다. 1998년 10월, 그는 게놈을 나누어 처리하자는 합의를 포기하고 전체 게놈 도서관에서 무작위로 클론을 골라 해독하자고 제안했다. 이 때문에 가뜩이나 불안하던 정보 프로젝트 진영은 와해될 지경에 이르렀다. 하지만 그해 12월, 그는 타협안을 받아들였다. 설스턴과 워터스턴이 지도를 작성한 클론을 정부 프로젝트에 제공하겠다고 약속했기 때문이다.

1999년 3월, '흥분한' 앨 고어 부통령의 지지를 등에 업고 정부 진영에서는 2000년 봄까지 인간 게놈 염기서열 가운데 최소 90퍼센트에 대한 '상용 초안working draft'을 내놓겠다고 발표했다. 이는 "예상보다 훨씬 이른 것이었다."[4] 하지만 앞당겨진 정부 프로그램을 대규모 연구소 네 곳에서 좌지우지했기 때문에 소규모 연구소들이 불만과 분노를 쏟아냈다. 콜린스는 일정을 맞추지 못하는 연구소는 퇴출시키겠다고 냉정하게 말했다. 이 때문에 "연구소 책임자들은 갈팡질팡했다."[5] 초창기 DNA 분석가인 오클라호마 대학교의 브루스 로Bruce Roe는 "국립보건원이 내 똥구멍에 기름칠(원문은 "K-Y젤리를 바르다." K-Y젤리는 항문 성교에 쓰는 윤활제다-옮긴이)을 한다"[6]고 표현하기까지 했다.

랜더는 내 방식을 따르지 않고서는 정부 프로젝트가 인간 게놈 염기서열을 조합할 수 없으리라는 사실을 분명히 알고 있었다. 하지만 그는 우리 방식이 더 낫거나 유용하다는 사실을 인정하기보다는 몰래 따라하는 쪽을 택했다. 그러면서도 공식 석상에서는 우리 방법을 비난했다. 콜린스 패거리는 한술 더 떠서 국민이 낸 세금을 셀레라의 상업적 경쟁자인 인사이트 지노믹스에 지원하려 했다. 계약 조건은 정부 지원 연구소들이 우리와 경쟁할 수 있도록 인사이트에서 '짝지은 끝' DNA 염기서열을 제공하는 것이었다. 그들은 웰컴 트러스트와 제약 회사가 후원하는 SNP 컨소시엄의 도움을 받아 단일염기 다형성을 찾아다녔다.

정부 프로그램은 게놈 데이터 조합 능력을 부쩍 키웠을 뿐 아니라 SNP라는 뜻하지 않은 부산물도 얻었다. 덕분에 컨소시엄에 참여하는 제약 회사가 두 배로 늘었다. 회사들은 셀레라와 거래할 필요성을 느끼지 못했다. 콜린스는 SNP 컨소시엄을 통함으로써 자신(국립보건원)이 인사이트가 셀레라와 경쟁하는 데 자금을 지원한다는 사실을 부인할 수 있었다. 콜린스가 SNP 컨소시엄을 써먹은 또 하나의 이유는 데이터를 공개하지 않아도 되기 때문이었다. (컨소시엄은 정부와 웰컴 트러스트의 규정을 적용 받지 않았다.)

그들은 자기들이 우리의 '짝지은 끝' 전략을 쓴다는 사실을 부인하는 동시에 셀레라가 이들 데이터를 활용하지 못하도록 할 수 있었다. 컨소시엄 회원사 가운데 하나인 글락소 웰컴의 앨런 로지즈Allen Roses는 그들의 행태에 분노한 나머지 콜린스가 무슨 일을 꾸미는지 내게 일러주었다. 콜린스는 이렇게 말했다. "우리는 중대한 의학적 문제를 해결하려는 전 세계 연구자들이 우리가 생산하는 데이터에 단 하루라도 자유롭게 접근하지 못하는 건 용납할 수 없었다."[7] 하지만 그와 게놈센터는 자기들이 만들어낸 '짝지은 끝' 염기서열 수백만 개를 (조합의 일부로 포함되는 것을 제외하고는) 아직도 공개하지 않고 있다.

마침내 〈USA 투데이〉의 팀 프렌드가 인사이트 음모의 전모를 까발렸다. 기사 제목은 '연방 정부가 유전자 지도를 얻기 위해 법을 왜곡하려 하다'[8]였다. 콜린스는 분노로 길길이 뛰었다. 그의 정책부장은 팀 프렌드의 면상에 주먹을 날리겠노라 맹세했다고 한다.[9] 하지만 문제는 국민이 낸 세금이 제삼자를 거쳐 셀레라의 주요 경쟁사로부터 데이터를 사들이는 데 쓰였다는 것이다. 그들이 우리와 진지하게 협력했다면 똑같은 데이터를 공짜로 얻을 수도 있었다.

▓ 여론전의 가열화

이쯤 되자 게놈 해독 경쟁은 많은 이들의 관심을 사로잡았다. 우리 둘
다 대중에게 자신이 승리하고 있다는 인상을 심어주어야 했다. 정부 지원
연구소들은 정치인들에게 자신이 자금을 지원 받을 만하다는 것을 보여주
고 싶어 했다. 셀레라는 상장 기업이기 때문에 투자자의 눈에 들어야 했
다. 한창 때는 셀레라와 정부 지원 프로젝트 측에서 중대 발표를 내놓을
때마다 언론 보도가 한 달에 500개, 때로는 수천 개까지 쏟아져 나왔다.

콜린스는 언론팀을 운영하고 있었고 바머스는 개인 홍보 담당을 두고
있었다. 정부 지원 연구소마다 홍보 담당자가 한두 명은 있었다. 하지만
언론이 귀착하는 주제는 하나였다. 크레이그 벤터는 약자였으며 혈혈단
신으로 싸우는 투사이자 아웃사이더였다. 그는 제도권의 거대한 힘에 맞
서 싸웠다. 셀레라는 그의 지휘 아래 공식 인간 게놈 프로젝트를 앞지르
고 있었다. 영국 · 프랑스 · 독일 · 일본 · 미국의 주요 센터가 참여한
30~50억 달러짜리 국제적 정부 지원 프로젝트를 누른 것이다.

우리 팀은 이 다윗과 골리앗 비유가 마음에 들었다. 하지만 콜린스와
그의 동료들은 내가 "엄청난 홍보상의 이점"[10]으로 자기들을 짓눌렀다며
투덜댔다. 그들은 내가 "교묘한 홍보 활동"[11]을 진행했으며 "홍보 전문
가"[12]가 이를 조율했다고 말했다. 물론 "기자들의 배에 기름칠을 했다"[13]
는 말도 빼놓지 않았다. 콜린스는 게놈 경쟁을 묘사한 '꼴사나운' 기사들
에 대해서도 불평을 늘어놓았다. 나는 요트에 탄 채 키를 잡고 서 있었고
그는 오토바이에 웅크리고 앉아 있었다. ("이게 무슨 경주람!")[14] 설스턴
은 "기자들이 간과하고 있는 더 치밀한 분석 기사를 그들 스스로 내보내
도록 하는 건 매우 힘든 일이었다"[15]고 불만을 토로했다. 나의 "뛰어난 조
언자들"이 "무차별적 조작"[16]과 "셀레라 홍보팀의 효과적이고 끈질긴 노

력"[17] 덕에 전 세계 언론을 쥐고 흔들었다는 것이다. 하지만 결국 설스턴은 정부 프로그램이 "홍보전에 무능했다"[18]고 털어놓았다.

정부 프로젝트 진영에서 우리가 대규모 언론 조작 전문가와 여론 형성 집단을 거느리고 있다며 징징 짤 때마다 우리는 웃음을 참지 못했다. 우리 "홍보 군단"이라는 것이 실은 헤더 코왈스키Heather Kowalski라는 젊은 여인 한 사람이었기 때문이다. 1999년 11월, 코왈스키는 조지워싱턴 대학교 홍보 담당직을 버리고 끝없이 쏟아지는 셀레라의 홍보 업무를 처리하기 위해 이곳에 들어왔다. 그녀는 다른 지원자들만큼 경험이 많지는 못했지만 어딘가 내 마음에 꼭 드는 구석이 있었다. 언론의 요구는 가혹하기 이를 데 없었다. 그녀는 내가 출장을 떠날 때마다 함께 다니며 자문을 해주었다. 그녀가 성공을 거둔 건 힘써 노력한 덕분이었다.

코왈스키는 언론을 우리 편으로 만들기 위해서는 우리 모습을 있는 그대로 정직하게 드러내어 신뢰를 얻는 방법밖에 없다는 사실을 알고 있었다. 그녀는 이 단순한 방법만으로 아무리 까다로운 언론인과도 돈독한 관계를 맺을 수 있었다. 그녀는 뛰어난 분별력을 지니고 있었다. 덕분에 내가 질문에 대처하는 데 도움을 주었으며, 매일같이 이어지는 공격과 역공에도 효과적으로 대응했다. 그녀는 경쟁자들의 홍보 담당자들과 달리 셀레라 편에 서지 않은 기자들에게도 비난을 퍼붓지 않았다. 무엇보다 그녀는 솔직했다. 내가 어리석은 말이나 잘못된 행동을 할 때면―드물지 않은 일이었다―이를 가차 없이 지적했다. 내게 나쁜 소식을 직접 말하는 게 두려운 사람들은 그녀에게 부탁하기도 했다.

대중의 눈길이 쏠리는 가운데에서도 연구는 착착 진행되었다. 30억 염기쌍에 달하는 인간 DNA의 해독 작업은 드로소필라 때보다 훨씬 수월했다. 24시간마다 DNA가 5,000만~1억 염기쌍씩 쏟아져 나왔다. 염기서열은 품질도 아주 훌륭했다. 새 소프트웨어가 완성되었고 바코드 판독 시스템도 작동하기 시작했다. 덕분에 '짝지은 끝' 염기서열 추적은 단순 반복 작업으로 바뀌었다. 하지만 조합기가 드로소필라의 10배에 가까운 데이터를 얼마나 잘 처리할지는 미지수였다.

우리는 정부 프로젝트에서 공공 데이터베이스인 젠뱅크로 매일같이 보내는 데이터를 활용할 수도 있었다. 여느 납세자와 마찬가지로 우리 또한 이바지한 바가 있으니 말이다. 제약 회사들은 밤새도록 데이터를 내려받았다. 인사이트는 젠뱅크에서 나온 데이터를 가지고 우리와 경쟁하는 데이터베이스를 만들겠다고 공공연히 밝혔다. 콜린스는 이런 노골적인 상업적 이용에 대해 불만을 제기하지 않았다. 오히려 이것이 연방 프로젝트의 가치를 정당화한다고 우겼다. 하지만 내가 이들 데이터를 우리 염기서열 조합에 포함함으로써 국민의 세금으로 진행된 프로젝트와 사실상 협력하겠다는 뜻을 내비치자, 돌아온 것은 으르렁거리는 반대 목소리뿐이었다. G5는 셀레라로부터 데이터를 반환 받을 수 있는지를 논의했다. 염기서열을 누구에게나 대가 없이 제공한다는 슬로건을 줄곧 걸어놓고 말이다. 우리가 학문적 사기를 친다는 주장을 내비치기도 했다. 설스턴은 BBC에 셀레라의 연구가 "사기 행각"[19]이라고 말했다.

나는 젠뱅크 데이터를 활용하기 위해 유진 마이어스와 그의 팀에게 게놈을 조합하는 데 이용한 알고리듬을 업그레이드하라고 말했다. 그는 알고리듬을 만드느라 엄청나게 마셔댄 커피를 기리기 위해 '그란데Grande'라는 이름을 붙였다. 우리에게는 드로소필라 게놈의 경우와 비슷한 보조 계획이 있었다. 이 계획은 제럴드 루빈과 그의 동료들이 수년간 만든 지도 데이터를 기반으로 하고 있었다. 이 데이터는 한 번도 쓰이지 않았지만 드로소필라 게놈에 대한 민관 공동연구의 안전판 역할을 했다. 덕분에 우리는 품질이 뛰어난 염기서열을 생산하고 있다는 자신감을 얻을 수 있었다. 결국 셀레라의 목표이자 주주와 데이터베이스 가입자에 대한 약속은 품질 높은 인간 게놈 염기서열을 생산하는 것이었다. 이것은 새로운 의약품과 질병 치료제의 개발을 앞당기는 데 쓰일 터였다. 우리는 염기서열 데이터가 많을수록 게놈 조합의 품질이 좋아진다고 가정했다. 우리의 목표는 가장 훌륭하고 완벽한 인간 게놈을 제공해서 과학적 발견과 질병 유전자 발견, 새로운 치료법에 이바지하는 것이었다. 암 같은 질병에 걸린 환자에게는 누가 게놈을 해독하든 상관없었다. 이들이 원하는 건 오로지 자신의 질병을 치료할 새로운 치료법뿐이었다.

이러한 실용주의는 우리 팀에 곤란한 문제를 일으켰다. 마이어스는 우리가 만들어낸 고품질의 균일한 데이터에 비해 품질이 들쭉날쭉한 공개 데이터를 이용해야 한다는 게 불만이었다. 게놈을 조합해보니 정부 프로그램에서 나온 데이터는 전체 게놈을 포괄하지 못하는 누더기에 지나지 않았다. 데이터는 특정 부위에 집중되어 있었다. 꼬리표가 잘못 붙었거나 DNA가 섞인 BAC도 문제였다. 정부 프로그램에서는 6년에 걸쳐 이들 문제를 대부분 해결하겠다고 했다. 하지만 품질이 낮은 데이터는 우리 전략에 장애물이 되고 염기서열 조합의 품질을 떨어뜨릴 터였다.[20] 생쥐 게놈을 해독하기 전까지는 몰랐던 사실이다.

■ 또다시 협력을 시도했으나······

계속되는 여론전에 우리는 점점 지쳐갔다. 그즈음 열린 G5 회의는 성과 없이 끝났다. 한 참석자는 "미숙하고 추잡한 말다툼" 때문이었다고 전했다. 여느 때와 마찬가지로 나에 대한 중상모략이 난무했다. 그러던 어느 날 휴전을 맺을 기회가 다시 찾아왔다. 토니 화이트가 전화를 걸어서는 마이클 헌커필러와 에릭 랜더—그는 ABI의 최우수 고객이었다—와 이야기를 나누고 있다고 말했다. 에릭 랜더가 나의 공동 프로젝트 아이디어에 다시 한 번 관심을 보이더라는 것이었다.

얼핏 보기에 이번 협력으로 이익을 보는 쪽은 정부 프로그램 진영이었다. 나는 젠뱅크에 있는 그들의 데이터에 이미 접근할 수 있었기 때문이다. 나는 회의적이었다. 그들의 논의에서 우선순위는 인간 게놈이 아니라 에릭 랜더라는 생각이 들었다. 그가 이익을 얻는 게 목적인 듯했다. 정부 프로그램에 속한 그의 동료들도 역시 회의적이었다. 하지만 랜더는 게놈을 완성하는 경주에서 내가 단독 1등을 하지 못하게 하려면 협력하는 방법밖에 없다고 믿었다.

불안감을 떨칠 수 없었지만 나는 또다시 협력을 시도하기로 마음먹었다. 과학자문위원회에서도 이 제안에 관심을 보였다. 정부 프로그램이 실패하면 국립보건원 지원금이 줄어드는 걸 비롯해 온갖 후유증이 따를 터였다. 나는 헌커필러와 함께 회의 참석차 보스턴에 가서 랜더를 만나기로 했다. 그는 케임브리지 근처에 있는 화이트헤드연구소에 있었다. 우리는 보스턴 호텔 객실에서 만났다. 랜더는 우리가 만났다는 사실을 비밀에 부치고 싶어 했다.

나는 우리 사이의 적대감 때문에 제럴드 루빈과 드로소필라 학계와의 경우처럼 완전히 협력할 수는 없을 거라고 말했다. 하지만 데이터를 교환하고 게놈 분석 결과를 공동논문 하나에 발표하거나 두 논문에 동시에 발표하는 정도라면 기꺼이 협력할 용의가 있다고 덧붙였다. 랜더는 여러 생명공학 회사의 설립에 관여한 바 있기 때문에 우리의 데이터베이스 사업을 잘 이해하고 있었다. 우리는 원하는 연구자에게 유전부호 DVD를 모두 제공하기로 했다. 조건은 우리 데이터를 어떤 형태로든 팔아서는 안 되며, 개인 용도로만 써야 한다는 것이었다. 우리는 학계에서 모두 염기서열 데이터를 자유롭게 이용할 수 있기를 바랐다. 하지만 인사이트처럼 경쟁 관계에 있는 데이터베이스 회사에서 정부 데이터와 마찬가지로 셀레라 데이터를 내려받아 재판매하는 건 용납할 수 없었다.

랜더에게 중요한 문제는 셀레라가 게놈을 발표할 때 공동저자로 이름을 올릴 수 있느냐 여부뿐인 듯했다. 논문이 하나인지 둘인지는 상관없었다. 우리는 그를 비롯한 정부 진영에서 젠뱅크에 공개한 데이터를 쓸 계획이었기 때문이다. 우리는 학계의 관례대로 우리가 쓰는 데이터에 대해 적절한 인용 표시를 하기로 했다. 하지만 나는 그의 주장대로라면 연방 기금을 지원 받는 프로그램에서 나오는 논문에는 전부 내 이름이 실려야 한다고 지적했다. 나는 수년간 젠뱅크에 적잖은 분량의 인간 데이터를 제공했기 때문이다. 정부 게놈 프로그램 진영에서도 내 데이터를 쓰고 있었다. 인간 유전자 사냥꾼들도 마찬가지였다.

우리는 조만간 다시 만나기로 했다. 랜더는 우리가 합의에 도달하더라도 자기는 개인 자격으로 참여한 것일 뿐 나머지 정부 진영 연구소들이 동참한다고 확신할 수는 없다고 강조했다. 나는 우리 논의가 성과를 낼 수 있을지 의심스러웠다. 하지만 논쟁을 가라앉히고 언론을 진정시키기만이라도 해주길 바랐다. 고참 연구원들에게 면담 결과를 전하자 의심스러운 눈초리들을 보냈다. 그동안 숱한 공격과 비난을 받은 만큼 정부 측 연구소들의 '엉덩이를 걷어차주'고 싶어 했다. 내가 굴복하는 건 '말도 안 된다'고 말했다.

1999년 10월 7일, 과학자문위원회 위원장 리처드 로버츠가 3쪽짜리 메모를 보내왔다. 대부분은 에릭 랜더가 로버츠에게 보낸 문서 초안이었다. 문서에서는 앞선 면담에서 제기된 여러 논점을 요약했다. 셀레라 데이터와 공개 데이터 둘 다를 이용해 만든 염기서열 데이터에 대한 랜더의 입장은 분명했다. "크레이그가 설명했듯이 셀레라의 사업 계획은 다른 방법으로 접근할 수 없는 염기서열 데이터에 배타적인 접근권을 부여하는 것이 아니라 부가 가치를 지닌 고급 데이터베이스를 제공함으로써 고객을 끌어들이는 것이다. 핵심 쟁점은 이것이다. 셀레라는 경쟁사가 셀레라의 데이터를 이용해 이에 필적하는 고급 데이터베이스를 신속하게 만들지 못하도록 하고 싶어 한다. 이를 위해 공동분석 결과를 젠뱅크에 제공하는 시기를 12개월 늦추기로 한다."[21]

424

나는 11월 내내 랜더와 논의를 주고받았다. 그는 1999년 10월 10일, 메릴랜드 와이 강 옆의 셀레라 사옥에서 열린 셀레라 과학자문위원회 회의에 참가하기까지 했다. 와이 강은 그 전년에 클린턴 대통령이 이스라엘과 팔레스타인의 평화 회담을 개최한 곳이기도 하다. 셀레라 수석연구원과 과학자문위원회는 랜더와 화상 대화를 나눈 끝에, 셀레라가 받아들일 수 있는 조건으로 연방 게놈 프로그램과 협력하는 방안이 실질적인 진전을 이루었다고 생각했다. 하지만 그때까지 논의하는 동안 랜더가 대표한 것은 (그가 경고한 대로) 오직 한 사람, 자기 자신뿐이었다.

1999년 11월 12일, 랜더는 콜린스에게 이번 제안을 말하기로 마음먹었다. 랜더는 합의 결과를 요약해 전한 다음 이렇게 덧붙이겠다고 말했다. "서로 공감대가 형성되었습니다. 우리는 합의를 이룰 수 있다고 생각합니다. 또한 우리(당신·해럴드·나·필요한 사람 모두)와 그들(크레이그·아널드 레빈·필요하다면 헌커필러·토니 화이트)이 한데 모여 논의할 때가 되었다고 생각합니다." 하지만 당시에도 그는 문제가 생길 것을 예감하고 있었다. 양측의 핵심 관계자 회의에 누가 참석할지는 아주 중요한 문제였다.

하지만 콜린스는 랜더를 빼고 대신 셀레라의 적수인 설스턴과 워터스턴 그리고 웰컴 트러스트 이사 마틴 밥로Martin Bobrow를 넣었다. 물론 바머스와 콜린스도 참석하기로 했다. 정부 기관에서 나와 사이가 좋은 소수 가운데 한 사람인 에너지부의 아리스티데스 파트리노스는 초청 받지 못했다. 화이트와 헌커필러는 자기들도 참석해야 한다고 주장했다. 그들은 콜린스 등이 자신의 주요 고객이며, 지난 몇 주간 유전부호 수십 억 염기쌍을 젠뱅크에 제공했고, 전체 게놈의 2퍼센트에 달하는 22번 염색체를 끝냈다는 사실을 이유로 내세웠다. 엄청난 재앙이 닥치리라는 예감이 들었다. 아리스티데스 파트리노스도 나와 같은 느낌이었다.

콜린스는 회의를 준비하면서 랜더와 숱한 논의를 거쳐 협상한 조항 대신 새로운 문서를 작성했다. 문서 제목은 '공유된 원칙'이었다. 하지만 그들은 자기들끼리만 문서를 공유했다. 우리는 덜레스 공항 인근 호텔에서 만나기로 했다. 나와 콜린스가 화해하려다 실패한 곳이기도 하다. 나는 상황이 전보다 더 나빠지리라는 걸 알고 있었다. 12월 29일, 덜레스 공항을 향해 내키지 않는 발걸음을 내디뎠다.

콜린스와 마틴 밥로는 여느 때처럼 정치적인 수사로 입을 열었다. 그들은 자기들이 밤마다 젠뱅크에 기초 데이터를 올리는 성인군자이며 우리는 죄인이라고 말했다. 우리는 수억 달러를 투자한 제약 회사들이 이 데이터를 갖고 치료제를 개발하도록 도울 뿐이라는 것이었다. 데이터 집합을 합치고 공동논문을 발표하는 문제를 논의할 때가 되자 '공유된 원칙'은 말뿐이라는 사실이 분명해졌다.

문제는 우리를 비난하는 이들이 상업적 현실을 이해하지도 못할 뿐 아니라 합리적 사유와 토론, 타협의 자세도 안 되어 있었다는 점이다. 그들은 우리에게 데이터와 연구 방법을 제공하라고 했다. 또한 자기들을 논문 저자로 올려달라고 하면서 자기들은 아무것도 줄 필요가 없다고 했다. 워터스턴은 셀레라가 당장 데이터를 공개해야 하며, 인사이트를 비롯한 다른 회사들이 셀레라와 경쟁하는 데 이 데이터를 쓰든 말든 자기와는 상관없다고 말했다. 토니 화이트는 이 마지막 제안에 분노가 폭발했다. 그가 화를 식히고 나니 회의는 이미 끝나 있었다. 하지만 이번 일의 파문은 몇 년간 지속되었다.

콜린스 패거리는 협상할 의지도 타협할 생각도 없었다. 그래 놓고 자기들은 우애와 상생의 마음가짐으로 우리를 대했는데 토니 화이트가 말도 안 되는 부당한 요구를 해왔다고 말하고 다녔다. (화이트는 통합된 데이터를 남들이 쓰지 못하도록 3~5년간 보호해야 한다고 주장했다. 정부 진영의 비타협적 태도에 대한 반발로 나온 요구이기는 했지만, 협상이 깨진 원인을 셀레라에게 돌리고 싶어 하는 이들에게는 좋은 빌미였다.) 콜린스

측은 데이터를 공개하고 아무 제한 없이 상업적으로 이용할 수 있게 해야 한다고 주장하면서도 우리가 자기들 데이터를 이용해 경쟁하려 하자 깊은 분노와 적개심을 품었다.

■ 백악관 발언의 파장

제임스 슈리브는 우리를 1950년대 B급 공상과학 영화에 나오는 괴물에 비유했다. "(그들은) 옆구리에 박힌 바주카 포탄과 미사일의 에너지를 흡수한다. 죽이려고 할수록 더 커지는 것이다."[22] 덜레스 회의가 무산된 상황에서도 콜린스는 내게 살짝 다가와 다시 한 번 셀레라 논문에 자신을 공동저자로 올려달라고 부탁했다.

정부와 웰컴 트러스트의 참석자들은 셀레라의 입장에 대한 자신들의 견해를 4쪽짜리 문서로 정리해 보내왔다. 작성일은 2000년 2월 28일로 되어 있었다. 3쪽 맨 아래에는 3월 6일까지 답신이 오지 않으면 내가 공동연구를 위한 논의에 참여할 의사가 없는 것으로 간주하겠다는 최후통첩이 들어 있었다. 이 편지가 내 사무실에 도착했을 때 나는 해외 출장 중이었다. 내 비서는 콜린스에게 내가 2주간 자리를 비울 것이며 돌아오는 대로 답신을 보낼 거라고 말했다. 웰컴 트러스트에서는 나를 더욱 압박하기 위해 비열한 방법을 동원했다. 3월 5일 일요일, 그는 '기밀' 표시가 붙어 있는 2월 28일 편지의 사본을 〈로스앤젤레스 타임스〉에 보냈다. 콜린스는 자신이 이번 유출 사건과 아무 관련이 없다고 부인했다. 그즈음 그는 국립보건원 고위층으로부터 책망을 듣고 있었다. 이번 일로 국립보건원에 대한 지원을 두 배로 늘리려는 계획에 차질이 생겼기 때문이다. 정부 프로젝트의 한 참가자는 이렇게 말했다. "국립보건원이 이번 유출 사건에 연루되었다면 정치적 재앙을 맞았을 것이다."[23]

웰컴 트러스트 생어 센터의 팀 허버드Tim Hubbard는 설스턴과 모건 등에게 메모를 돌렸다. 3월 5일자로 된 이 메모에는 편지를 유출한 이유가 나와 있다.

셀레라 임원들은 자신들의 고귀한 의도에 대해 수없이 말하고 다녔으며 이는 언론에 널리 퍼졌다. 이 밖에도 발표된 다른 문서(《포브스》)를 보면 이들의 태도가 상당히 냉소적이며, 전 세계 의학 연구에 미칠 영향은 나 몰라라 하고 금전적 이익을 최대한 얻어낼 궁리만 한다는 점을 분명히 알 수 있다. 인간 게놈은 하나뿐이다. 이들이 자신의 데이터를 최대한 묶어두리라는 점은 분명하다. 이는 학계와 산업계의 연구 개발에 부정적인 영향을 미칠 것이다.

메모에는 이런 (현명한) 질문도 들어 있었다. "셀레라가 드로소필라로 성공을 거둔 일을 시기해서 이런 글을 쓴 건 아닌가?" 물론 그럴 리는 없다. "셀레라는 터무니없고 지나치게 과장된 주장을 내뱉고 있다."

콜린스 측에서는 〈로스앤젤레스 타임스〉의 두 기자, 폴 제이콥스Paul Jacobs와 피터 G. 고슬린Peter G. Gosselin에게 기삿거리를 자주 제공했다. 이번 경우에도 그들은 웰컴 트러스트 유출 사건을 잘 알고 있었으며 이 편지를 1면 기사로 실었다. 분량은 1,348단어에 달했다.[24] 그들은 토니 화이트의 말을 인용해서 이번 일이 신의를 저버린 행동이며 앞으로 공동연구 논의에 대한 전망을 어둡게 하리라고 말했다. "그 편지를 언론에 보내는 건 비열한 짓이다." 다음 날, 나는 의견을 말해달라는 요청을 받고 같은 취지로 말했다. 이번 편지 유출 사건이 아무리 좋게 보아도 일방적인 행동이며 나쁘게 본다면 부적절한 행동이라고 말했다. 또한 유출 시점도 내가 신문 마감 시간 전에 대응하지 못하도록 계획되었다고 언급했다.

다음 날, 〈워싱턴 포스트〉는 이렇게 보도했다. "편지 유출이 셀레라를 압박하기 위한 의도였다면, 효과가 없었다. (……) 셀레라 프로젝트는 아주 훌륭하게 진행되었다. 그들은 자신의 데이터와 정부 진영 연구자들의 데이터를 합치면 올해 안에 완전한 인간 유전자 염기서열을 발표할 수 있으리라 기대한다. 인간 게놈 프로젝트에서 정한 시한보다 3년이나 이른 것이다. 이는 현대 과학의 위대한 업적 가운데 하나에 대한 영예가 게놈 프로젝트에 여러 해를 바친 학계 연구자들이 아니라 셀레라에 돌아가리라는 것을 의미한다."[25] 같은 날, 나는 셀레라가 여전히 협력할 생각이 있으며 그 편지는 지적재산권 보호에 대한 우리 입장을 "심각하게 왜곡했다"는 것을 재확인했다.

며칠 지나지 않아 제럴드 루빈도 우리를 지지하고 나섰다. 그는 〈뉴욕 타임스〉와의 인터뷰에서 국립보건원 관리들이 우리를 너무 몰아붙였을지도 모른다고 말했다. "상장 회사가 가진 걸 모두 내놓을 수 있다고는 생각하지 않는다." 초파리 게놈의 경우 "셀레라와 벤터는 협약과 합의 정신을 철저히 존중했다." 루빈은 이미 어떤 경쟁자도 따를 수 없을 만큼 많은 데이터를 공개한 셀레라에 데이터를 더 공개하라고 압박하는 건 이해할 수 없다고 말했다.[26] 어떤 기자는 이렇게 썼다. "인류의 가장 숭고한 사업으로 여겨지는 인간 게놈 프로젝트가 점점 더 진흙탕 싸움을 닮아가고 있다."[27] 글러브마저 벗어던질 지경이 되자 존 설스턴도 마침내 현실을 깨달았다. "내가 밥그릇을 지키려고 이전투구에 뛰어들었다며 비난하는 이들이 많다. (……) 하지만 내가 뛰어든 곳은 정치의 세계일 뿐이다."[28] 그는 이번 유출 사건이 재앙을 가져왔음을 인정했다.

며칠 뒤, 콜린스와 모건은 판세를 역전시켜 보려는 생각에 숨겨두었던 패를 꺼냈다. 그즈음 증권시장이 활황을 맞고 22번 염색체가 공개된 덕에 셀레라의 주가가 치솟았다. 모건은 클린턴 대통령의 과학 자문인 닐 레인Neal Lane과 토니 블레어 총리의 과학 자문인 로버트 메이 경Sir Robert May—그는 2001년에 남작 작위를 얻는다—을 움직여 두 정상이 인간 유전자의 지적재산권에 대해 공동성명을 발표하도록 열심히 로비를 벌였다. 성명서는 수많은 편집을 거치고 수없이 연기되었다. 결국 뉴스거리가 없던 어느 날 백악관은 콜린스, 레인과 함께 기자회견을 열기로 결정했다. 셀레라가 게놈 초안을 발표할지도 모른다는 우려 때문에 촉발된 이번 성명은 백악관이 정부 프로그램보다 셀레라 프로그램에 더 호의적이라는 영국 측의 우려를 가라앉히기 위한 것이기도 했다. 클린턴 대통령은 과학·기술 국가훈장 수여식에서 이렇게 선언했다.

이번 합의는 가장 단호한 어조로 우리의 게놈, 즉 모든 사람의 생명이 기록된 책이 모든 인류의 것이라는 점을 천명한다. 미국과 영국이 지원하는 인간 게놈 프로젝트는 연구비를 받는 기관에 대해 염기서열을 발견한 뒤 24시간 안에 이를 공개하도록 요구하고 있다. 나는 다른 모든 나라, 과학자, 기업이 이 정책을 받아들이고 이 정신을 존중하기를 촉구한다. 인간 게놈 연구의 유익은 얼마를 벌었는가가 아니라 인류의 삶을 얼마나 향상시켰는가로 평가해야 한다는 사실을 분명히 해야 한다.

로버트 메이 경은 이번 성명이 "온건한 원칙 표명"으로서 "윤리적 지형을 바꿀" 것이며 특허와 소유권 문제를 명확히 함으로써 "시장을 약화시키는 게 아니라 강화시킬 것이다"고 생각했다. 닐 레인은 이번 성명이 기존 정책을 재확인한 것에 지나지 않는다고 주장했다. 하지만 백악관 대변인 조지프 록하트Joseph Lockhart가 언론에 흘린 뉘앙스는 그렇지 않았다. 그날 아침 록하트가 기자들에게 브리핑한 바로는 대통령이 유전자 특허를 제한할 계획이라고 했다. CBS 라디오 뉴스 인터뷰와 비보도를 전제로 한 대화에서 나온 이야기다. 이는 생명공학업계와 (특히) 셀레라에 크나큰 타격으로 비쳤다.

'비이성적인 활황'의 절정에 올라 있던 주식시장이 급작스러운 침체에 빠져들자, 백악관은 엄청난 파괴력을 지닌 요정 지니를 다시 램프에 넣기 위해 재빨리 조치를 취했다. 닐 레인은 이례적으로 그날 점심시간에 브리핑을 해달라는 요청을 받았다. 그는 주식시장에 피바람이 몰아친 사실을 아직 모르고 있었다. 브리핑실에서 그는 이렇게 말했다. "이 성명은 정부와 민간 부문 사이에 진행되고 있는 논의와는 아무런 관계가 없음을 분명히 밝힙니다."[29] 옆에는 프랜시스 콜린스가 서 있었다. 그는 정부 프로그램이 일정을 앞서 나가고 있으며 예산도 덜 쓰고 있다고 해명할 기회를 얻었다. 그는 상황이 이렇게 전개되는 걸 즐기는 듯했다. 그의 입에서는 뜻밖의 소리가 나왔다. "오늘같이 중요한 날 이 자리에 있게 되어 기쁩니다. 인간 게놈 염기서열, 즉 우리 인류가 공유한 유산에 접근하는 매우 중요한 원칙을 자유세계의 지도자들이 승인했기 때문입니다."[30]

기자회견장에서는 셀레라 측과의 다툼에 대한 질문이 터져 나왔다. 한 기자는 이번 성명이 "벤터와 셀레라가 대화를 재개하고 자신들의 정보를 공유할 방법에 대해 공식적인 합의를 이루도록 하기 위한" 것이 아니냐고 물었다. 닐 레인은 이번 공동성명이 "누구에게나 적용된다"고 대답했다. 콜린스는 낯익은 슬로건을 다시 끄집어냈다. "여기에서 말하고 있는 것은 특허 문제에 국한되지 않습니다. 즉각적인 데이터 공개도 포함되어 있는 겁니다."

또 다른 기자는 "오늘 주가가 급속히 떨어지고 있다"는 사실을 지적했다. 그러자 닐 레인은 오늘의 주가 급락을 성명과 연관지을 "아무 이유가 없다"고 대답했다. 그는 이렇게 덧붙였다. "우리는 셀레라가 이번 성명을 지지한다고 생각합니다." 하지만 그는 나중에 이렇게 털어놓았다. "그들이 성명 내용을 미리 전해 들었는지는 모르겠다." 그의 마지막 말은 주주들에게 전혀 위안이 되지 못했다. "우리는 인간의 삶을 향상시키고자 합니다. 이번 성명은 이를 위한 원칙을 제시하는 것입니다."

닐 레인과 콜린스의 수습책은 효과가 거의 없었다. 주가는 다음 날도 계속 떨어졌다. 셀레라만 해도 이틀 동안 주식 평가액이 60억 달러 가까이 증발했다. 생명공학 분야를 모두 합치면 약 500억 달러가 자취를 감추었다. 로버트 메이 경은 지금도 그때 성명이 현명한 일이었다고 주장한다. 시장이 잘못 반응했다는 것이다. "시장은 잘못을 바로잡을 변명거리를 찾고 있었다." 닐 레인은 당시의 시장 반응을 "비교적 사소한 사건이라도 그것이 백악관에서 일어날 경우 실제로 얼마나 큰 영향을 미칠 수 있는가"를 보여주는 예로 들었다.

〈월스트리트 저널〉 편집자가 전화를 걸어와서는 미국 경제계에서 가장 막강한 인물이 된 기분이 어떠냐고 물었다. 나는 "전보다 더 나빠졌다"고 대답했다. 생명공학 분야에서 처음으로 억만장자가 되려는 찰나였다. 하지만 내 주식은 하락 몇 시간 만에 3억 달러 이상 곤두박질쳤다. 그 전해에 마법사 호를 팔았다. 게놈 연구에 너무 바빠 탈 시간이 없었기 때문이다. 하지만 다시 남프랑스에서 아름다운 40미터짜리 스쿠너를 사려고 협상을 벌이고 있었다. 조만간 다시 바다로 나갈 수 있으리라는 기대감이 들었다. 배는 승무원이 12명이나 필요했다. 구입비만 약 1,500만 달러에 해마다 유지비로 200~300만 달러가 들어갈 터였다. 스쿠너의 독일인 소유주는 시장 상황을 잘 알고 있었다. 내가 이번 거래를 감당할 수 없겠다고 말하자 그는 이해한다는 표정을 지어 보였다. 나는 계약을 취소한 대가로 3만 달러를 날렸다.

내가 한 번도 손에 쥐거나 의지한 적 없는 종잇조각을 잃어버린 것만이 아니었다. 새 치료제를 개발하기 위한 연구에 흘러들었을 수천억 달러 또한 하룻밤 새 사라져버린 것이다. 나와 나의 통찰력을 믿은 투자자들도 쓴맛을 보아야 했다. 법률 분쟁도 뒤따랐다. 회사 주가가 폭락할 때마다 집단 소송을 주도하던 한 법률 회사가 주주 소송을 제기했다. 그들의 주장은 셀레라가 콜린스 패거리와의 협상에 실패한 것에 대해 정부가 셀레라를 벌주었으며, 셀레라가 정부와 진행 중이던 중대한 논의 사항을 알리지 않았다는 것이었다. 변호사들은 마치 딴 세상에 사는 사람들 같았다.

우리는 존재하지도 않았던 협력을 언급하지 않았다는 이유로 소송을 당한 것이다.

시장에서 수천억 달러가 빠져나가자 백악관은 거센 압박에 직면했다. 클린턴 대통령은 연설 다음 날, 자신의 성명이 유전자 특허나 생명공학업계에 영향을 미치려는 의도가 아니었다고 해명했다. 하지만 이미 엎질러진 물이었다. 콜린스와 모건은 백악관을 큰 곤경에 빠뜨렸다. 주가가 폭락하고 〈로스앤젤레스 타임스〉에 편지가 공개되자 대통령은 닐 레인에게 게놈 전쟁을 끝내라고 명령했다. "이 문제를 해결하게. (……) 이 친구들이 함께 일하도록 만들어."[31]

게놈 분쟁에 당황해하던 닐 레인은 대통령의 전갈을 기쁜 마음으로 콜린스에게 전했다. 가장 먼저 나타난 효과로, 셀레라에 대한 공격이 줄었다. 존 설스턴은 이를 "재갈 물리기"라고 표현했다. "셀레라는 프랜시스의 입을 막는 데 성공함으로써 아주 큰 이익을 얻었다."[32] 끝없는 중상모략을 끝내기 위해 미 대통령까지 나서야 했던 셈이다. 나는 정부와 옥신각신하면서 교훈 하나를 얻었다. 고고한 체하며 정치에 휘말리지 않으려는 건 바보들이나 하는 짓이라는 교훈 말이다. 나는 콜린스가 백악관을 등에 업고 정부와 웰컴 트러스트만 인간 게놈을 해독하고 있다는 뉘앙스를 줄까 봐 우려했다. 그들이 처음으로 해독에 성공하느냐의 여부는 둘째치고라도 말이다. 콜린스는 미 대통령과 영국 총리의 지원을 받아 로즈가든(백악관 안뜰을 가리킨다-옮긴이)에서 의기양양하게 방송을 내보냈지만, 한 사람의 셀레라 홍보 담당자로는 어림도 없는 크나큰 홍보 효과를 우리에게 안겨주었을 뿐이다.

어떤 면에서는 대통령이 내 말에 더 귀를 기울인 듯도 하다. 1998년 3월에 열린 제2차 밀레니엄 강연이 끝난 뒤, 우리 부부는 대통령 내외와 저녁을 먹고 백악관에 있는 그들의 별실을 찾았다. 우리는 새벽까지 다이어트 콜라와 포도주, 맥주를 마셨다. (그날 연사로 나선) 스티븐 호킹의 강연부터 대통령이 이부자리를 순식간에 정리하는 비결까지 — 힐러리가 숨을 돌리는 사이 정리가 끝나버린다고 한다 — 갖가지 주제가 등장했다. 질문 시간도 있었다. 힐러리는 콜린스가 연방 공무원을 맡고 있으면서 과학과 종교를 혼동하는 건 잘못이라고 말했다.

하지만 게놈 경쟁이 막바지에 들어서자 상황이 달라졌다. 대통령이 국정 연설을 하는 동안 힐러리 옆에는 콜린스가 앉아 있었다. 나는 관심 밖으로 밀려난 듯했다. 제8차 밀레니엄 강연이 다가오자 내게 게놈에 대한 강연을 해달라는 요청이 들어왔다. 하지만 랜더가 와이 강 회의에 참석하더니 이틀 뒤에 내 자리를 차지해 버렸다. 나는 초청 받지도 못했다.

1999년 10월, 백악관에서 랜더는 '정보과학과 유전체학이 만나다'[33]라는 제목으로 강연을 했다. 그러고는 데이터를 공개해야 한다는 입장을 되풀이했다. ("전 세계 모든 사람이 인간 게놈 정보를 자유롭게 이용할 수 있어야 한다는 데는 이론의 여지가 없다.") 클린턴은 모든 사람이 유전적으로 99.9퍼센트 동일하다는 말에 특히 충격을 받았다. 그는 이렇게 생각했다. "0.1퍼센트밖에 다르지 않은 사람들끼리 (……) 그토록 많은 피를 흘렸다는 말인가?"[34]

결국 콜린스와 화해하다

백악관에서 일한 적이 있는 내 비서가 아는 이에게 들은 바로는 "크레이그는 이제 환영 받지 못하는 인물이다"라는 말까지 나왔다고 한다. 일이 왜 이렇게 됐는지 알아보는 데는 시간이 좀 걸렸다. 한 달 전 마이애미 비치에서 열린 제11회 '게놈 염기서열 결정 및 분석 학술대회'에서 우리는 DNA 기술의 적용에 대한 특별 전체 세션을 진행했다. 어플라이드 바이오시스템스에서는 FBI의 여성 요원을 초청해서 범죄 수사용 DNA 염기서열 분석에 대한 발표를 맡기라고 조언했다. 이 분야는 시장이 확대되고 있었다. 나는 세션이 시작하기 직전에 그녀를 만나 놀라운 이야기를 들었다. 바로 한 해 전, 자신이 백악관에서 대통령의 DNA 샘플을 채취했다는 것이었다. 당시 진행 중이던 모니카 르윈스키 스캔들을 조사하기 위해서였다.

나는 그녀를 연사로 소개하면서 눈치 없이 르윈스키 사건을 언급했다. 당시 그 사건은 1년째 언론에 공개되고 있었다.[35] 나는 참석자들에게—대부분 지난번 대회에도 참석했던 사람들이었다—지난번 대회에서 대통령이 특별 기조강연을 맡기로 했으나 마지막 순간에 이를 철회한다며 양해를 구했던 사실을 상기시켰다. 나는 이제야 그 이유를 알았다고 말했다. 대통령은 우리의 다음번 연사와 만날 약속이 되어 있던 것이었다. 일이 거기서 끝났다면 백악관이 우려할 필요는 없었을 것이다. 하지만 FBI 여성 요원은 모니카게이트Monicagate로 말문을 열었을 뿐 아니라 악명 높은 푸른 드레스 사진을 보여주기까지 했다. 드레스에는 지구상에서 가장 유명한 DNA 샘플 3개가 원으로 표시되어 있었다. 그녀는 각 원에서 DNA를 얼마나 채취할 수 있었는지를 밝혔다. 정액이 아주 많이 묻어 있었다고도 말했다. 이어서 그녀는 1998년 8월 3일에 대통령으로부터 혈액 샘플을 채취한 다음 그의 혈액과 푸른 드레스에서 분리한 샘플에 대해 DNA 분석을 실시한 과정을 설명했다. 연이어 혈액 샘플과 K39 샘플의 DNA가 일치한다는 사실을 입증하는 슬라이드를 보여주었다. 그러고는 백인의 경우 이 둘이 일치할 확률은 7조 8,700억 분의 1이라고 말했다. 마지막 슬라이드는 대통령 정액의 현미경 사진이었다.

현직 FBI 요원이 그토록 민감한 사건을 그렇게까지 상세히 까발린 건 충격적이라는 말로는 부족할 정도였다. 이 일이 백악관에 보고되었을 때 내 역할이 어떻게 그려졌는지는 분명하지 않다. 나중에 알게 된 사실이지만, 몸보신하기에 바쁜 관료들은 이번 일을 기회로 나를 몰아내기로 마음먹고 내가 FBI 요원의 강연에 연루되었다며 비난을 퍼부었다. 나는 나비 효과의 희생자가 되고 싶지는 않았다. 나비 한 마리(FBI 요원)의 날갯짓 때문에 콜린스와 정부 프로그램에 대한 대통령의 일방적인 지지 선언이라는 허리케인이 일어날 판이었다. 내 눈앞에는 폭풍우를 몰고 올 먹구름이 드리우고 있었다.

5월 4일, 에너지부에 있는 친구에게서 집으로 전화가 걸려왔다. 아리스티데스 파트리노스였다. 이 일 자체만으로는 이상할 게 없었다. 우리는 일요일에도 자주 이야기를 나누었기 때문이다. 하지만 그날 밤에 그가 지나가듯 던진 말이 뇌리에서 떠나지 않았다. 그는 록빌에 있는 자기 집에서 술이나 한 잔 하자며 나를 초대했다. 그러면서 프랜시스 콜린스가 들를 수도 있다고 덧붙였다. 콜린스는 같은 주택 단지에 살았다. 길만 건너면 아리스티데스의 집이었다. 지금까지 당한 일을 생각하면 그가 온다는 게 내키지 않았다. 셀레라 염기서열 분석 프로그램은 더할 나위 없이 순조롭게 진행되어 완성을 눈앞에 두고 있었다. 셀레라는 최초로 인간 게놈을 해독할 터였다. 데이터 품질도 정부 진영보다 훨씬 뛰어날 것이었다. 게다가 콜린스와 마지막으로 나눈 면담은 결국 집단 소송과 수억 달러의 손실로 끝나지 않았는가?

콜린스가 나중에 우리의 만남을 언급한 말에 따르면, 이 중요하고도 너그러운 화해 제스처를 취한 것은 콜린스 자신이었다. 그가 창을 버리고 내게 (평화를 상징하는) 올리브 가지를 내밀기로 결심했다는 것이다. ("나는 나와 벤터 둘 다와 친분이 두터운 아리스티데스 파트리노스에게 비밀리에 만남을 주선해 달라고 부탁했다.")[36] 하지만 이 생각은 사실 아리스티데스의 머릿속에서 나왔다. 그는 이렇게 회상했다. "크레이그를 비밀회의에 불러내는 일은 프랜시스보다 수월했다. 프랜시스는 몇 달이나 주저주저했다. 국립보건원의 상관에게 허락을 받아야 한다는 것이었다."

나중에 안 사실이지만, 아리스티데스가 이 만남을 주선한 까닭은 둘을 함께 일하도록 만들라는 대통령의 지시 때문이 아니었다. 그는 우리 둘다 각자가 처한 환경과 동료 집단, 자문단에 둘러싸여 현실을 직시하지 못한 탓에 우리 둘을 공식회의의 격앙된 분위기에서 떼어놓지 않고서는 아무리 화해를 시도해도 실패할 수밖에 없다는 점을 깨달았다. (그는 이렇게 말했다. "그들이 아집을 버리고 본래의 모습을 되찾을 수 있는 곳으로 데려가야 했다.") 당시 나는 아리스티데스가 전화한 이유가 콜린스와 정부 진영 연구소의 우려 때문이라고 추측했다. 그들이 백악관과 얽힌 상황을 바로잡기도 전에 셀레라가 인간 게놈을 해독했다고 발표할까 봐 두려웠을 거라고 짐작한 것이다.

물론 그들이 전전긍긍한 건 사실이었다. 하원의 에너지·환경 소위원회에서는 인간 게놈 염기서열 분석 프로젝트에 대한 청문회를 개최하고 내게 4월 6일에 증언해 달라고 요청했다. 나는 우리 팀의 격려를 받으며 있는 그대로 솔직하게 증언했다. 나는 (셀레라에서 만들어내고 있는) 서열이 결정된 게놈, 즉 유전부호의 염기쌍 순서가 알려진 게놈과 (정부 게놈 프로젝트에서 만들어내고 있는) BAC 클론에서 얻어낸 염기서열, 즉 대부분이 조합되거나 순서가 정해지지 않은 게놈이 어떻게 다른지 공들여 설명했다.

헤더 코왈스키와 나는 청문회가 우리의 진행 상황을 알릴 절호의 기회라고 생각했다. 우리는 보도자료를 냈다. 제목은 '셀레라 지노믹스, 인간 게놈의 염기서열 분석 단계를 끝내다'로 정했다. 우리의 목적은 정부 게놈 연구자들에게 우리가 중대 발표를 눈앞에 두고 있음을 알리려는 것이었다. 게놈 조합 절차가 끝나기만 하면 아무 때라도 발표할 수 있었다. 콜린스는 내가 말한 내용을 언론에서 잘못 이해했다며 투덜거렸다. 하지만 우리는 허풍을 떠는 게 아니었다. 콜린스도 잘 알고 있었다. 그뿐만이 아니었다. 대통령이 우리의 성과를 지지할 경우, 우리는 학계에서 꼬투리를 잡을 수 없을 만큼 인정을 받게 되고 역사에 길이 남을 터였다.

아리스티데스는 자기 집에서 자신과 콜린스와 나 사이에 오간 대화는 모두 비밀에 부칠 것이며, 대화 내용에 대해 무엇이든 부인해도 좋다며 나를 안심시켰다. 아리스티데스의 간곡한 요청도 있고 나 자신도 백악관을 위해 무언가 하고 싶었기 때문에, 나는 저녁에 들르기로 했다.

아리스티데스는 전형적인 3층짜리 공동주택에 살았다. 지하의 거실에서는 먼저 도착한 콜린스가 나를 기다리고 있었다. 아리스티데스는 우리둘에게 열심히 맥주를 권했다. 거실에 긴장감이 감돌았다. 지나가다 만난듯 이런저런 잡담을 나누며 천천히 대화가 시작되었다. 진지한 토론은 술이 좀 들어간 뒤에 나왔다. 우리는 백악관에서 공동발표를 하거나 대통령을 참석시키는 방안을 논의했다. 〈사이언스〉에 공동발표나 동시발표를 하는 문제도 이야기했다. 이번 논의를 비밀에 부치는 것 말고는 아무 약속도 하지 않았다. 콜린스와 나는 술을 몇 잔 더 마신 후 함께 집을 나섰다. 덤불 속에 사진 기자가 숨어 있을지 모른다며 농담도 건넸다. 그는 집을 향해 걸어갔고 나는 차를 타고 돌아왔다.

나는 아내에게 무슨 일이 있었는지 이야기했다. 아내는 퉁명스러운 말투로, 그런 대화에 끼다니 정신 나간 짓이라고 했다. 하지만 일은 계속 진행되었다. 반대 목소리를 낸 건 아내만이 아니었다. 나의 핵심 조언자이자 친구인 헤더는 화가 나서 내게 소리를 질러대고 내 말에는 귀를 막았다. 하지만 나는 일을 계속 추진했다. 콜린스는 내 입장을 진지하게 받아들이는 것 말고는 선택의 여지가 없었기 때문이다.

콜린스는 자기 계획을 웰컴 트러스트나 워터스턴, 랜더와 논의하지 않았다. 하지만 우리는 단순한 목표를 정했다. 셀레라가 인간 게놈의 첫 번째 조합을 완성하면 백악관에서 대통령과 함께 공동발표를 하자는 것이었다. 그즈음 정부 진영에서는 자신들의 프로젝트에 대한 경과 보고서를 내기로 했다. 그리고 〈사이언스〉에 공동논문을 발표하겠다고 공표할 예정이었다. 우리는 〈사이언스〉 편집장 도널드 케네디Donald Kennedy와도 이야기를 나누었다. 케네디가 우리 논문을 어떻게 처리할지 알아보기 위해서였다. 물론 경쟁사들이 데이터를 내려받거나 재판매하지 못하도록 해달라는 셀레라의 요구 조건도 검토했다. 유럽이었다면 이런 문제가 불거지지 않았을 것이다. 고유 데이터베이스의 저작권을 보호하는 법률이 새로 제정되었기 때문이다. 미 의회에서는 아직도 이 문제로 씨름하고 있었으나 해결책은 보이지 않았다. 케네디는 우리 모두에게 자기와 손을 잡자고 말했다. 그는 이번 역사적 성과를 〈사이언스〉에서 발표한다는 생각에 흥분을 감추지 못했다.

공동발표, 그 긴장된 떨림

백악관은 뒷전으로 물러나 있을 생각이 없었기 때문에 비밀을 지키는 게 더욱 더 중요했다. 나는 우리 팀의 수석연구자들을 회의에 데려와야 했다. 물론 이들은 우리의 특권과 우리를 공격하는 이들에게 한 방 먹일 기회, 그리고 영예를 독차지할 가능성을 포기하는 게 마뜩찮았다. 헤더는 여전히 화가 풀리지 않았다. 그녀는 내가 정신이 나갔다고 생각했다. 해밀턴과 유진도 언짢은 표정이었다. 이들은 정부 프로그램을 믿지 못했다. 그동안 우리가 당한 걸 생각하면 놀랄 일도 아니었다. 나처럼 이들 또한 정부 인간 게놈 진영과 여론전을 벌이느라 우리 데이터를 정리해서 품질을 점검하고 의미를 분석해야 할 시간이 날아가지 않을까 염려했다. 아이러니하게도, 우리 데이터를 공개 데이터와 섞는 바람에 품질을 점검할 시간이 오히려 더 많이 필요하게 되었다.

타협 가능성에 대해 심드렁한 건 우리 동료뿐만이 아니었다. 어떤 이들은 나를 비난했다. 아주 격렬한 비난도 있었다. 게놈 경쟁이 종반으로 치달을 무렵, 나는 스크립스연구소 소장 리처드 러너Richard Lerner와 함께 라

호야에서 저녁을 먹었다. 정부와 공동발표할 생각이라는 말을 했더니 러너는 분을 참지 못했다. 그는 이번 결정이 올림픽 마라톤 경기를 하다 결승선 바로 앞에서 2위 주자를 기다려서는 손을 잡고 함께 결승 테이프를 끊는 것과 마찬가지라고 말했다. 그는 국립보건원과 정부 진영이 그동안의 오만한 태도에 대한 교훈을 얻어야 한다고 생각했다. 또한 내가 조금이라도 더 양보한다면, 정부가 학계에 저지른 모든 잘못에 대해 복수하라는 수많은 이들의 염원을 저버리는 일이라고 했다.

백악관에서 첫 게놈 조합을 언제 완성할지 알려달라는 요청이 들어왔다. 유진 마이어스를 비롯해 그의 생물정보학 팀과 함께 우리 컴퓨터가 염기서열을 합치는 데 얼마나 걸릴지 계산했다. 나는 예상 기한에 넉넉히 여유를 더한 날짜를 알려주었다. 그러자 백악관에서는 그날은 곤란하다며 일주일 앞당기자고 제안했다. 우리 팀은 비상이 걸렸다. 아리스티데스의 집 지하실에서는 논의가 계속 진행되었다(콜린스와 내가 올 때마다 아리스티데스의 부인과 자녀들은 자리를 비켜주느라 불만스러운 표정이었다). 날짜는 6월 26일로 확정했다. 마감이 정해지자, 이미 있는 힘을 다하고 있던 우리 팀은 더욱 박차를 가했다. 일을 끝내기도 전에 나가떨어질지 모른다는 걱정이 들 정도였다.

나는 콜린스, 아리스티데스와 함께 피자와 맥주를 먹으며 계획을 짰다. 클린턴 대통령이 행사를 주재하고 토니 블레어 총리가 런던에서 동영상 생방송으로 참여하도록 할 생각이었다. 연설은 클린턴 대통령, 블레어 총리, 콜린스 순서로 하고 내가 마무리 연설을 하기로 했다. 연설 시간은 10분씩으로 정했다. 우리는 사전에 원고를 회람하기로 합의했다. 나는 이번 계획이 마음에 들었다. 하지만 연설에서 어떤 말이 나올지, 셀레라의 우리 팀이 어떻게 묘사될지 여전히 걱정스러웠다. 지난번 클린턴과 블레어가 이 문제를 공식적으로 언급했을 때 셀레라의 주가가 100달러 이상 폭락한 전례가 있었기 때문이다. 그런 일이 다시 일어난다면 그 대가로 내 목을 내놓아야 했다.

'정부 고위 관계자'가 콜린스와 내가 게놈 염기서열이 완성되었다고 발표할 것이며, 클린턴 대통령이 관여하리라는 정보를 언론에 흘렸다.[37] 〈월스트리트 저널〉은 이렇게 보도했다. "정부 관계자는 백악관 공동발표가 정부와 민간 부문이 이토록 중요한 프로젝트를 함께 추진할 수 있다는 사실을 보여주는 훌륭한 선례가 되리라고 말했다. 그는 '기념행사장에서 돌아가며 연설하기로 한 합의는 수주에 걸친 협상의 산물이었다'고 덧붙였다."[38] 기사는 계속해서 이렇게 썼다. "기념행사와 아울러 양측의 연구 결과에 대한 학술 논문 발표도 조율할 예정이다. 발표 시기는 올해 가을이 될 듯하다. 하지만 이러한 합의가 확인되지는 않았다."

날짜가 다가옴에 따라 긴장감도 높아만 갔다. 하지만 이제 아무도 이 여세를 꺾을 수 없었다. 나는 협상이 타결된 이후 적대감이 다시 불타오르기 전에 한시라도 빨리 백악관에서 이 사실을 발표하고 싶었다. 아리스티데스와 닐 레인은 매일같이 전화를 걸어와 게놈 조합이 완성되었느냐고 물었다. 나는 아직 완성되지는 않았지만 곧 끝낼 것이며 거의 매시간 컴퓨터 작업의 진행 상황을 점검하고 있다고 대답했다. 우리는 컴팩의 최첨단 컴퓨터 칩을 쓰고 있었다. 하지만 이 칩조차 엄청난 연산에 허덕였다. 대규모 연산을 하다가 프로그램이 충돌을 일으켜 다시 시작해야 한 적도 여러 번이었다. 유진과 그의 팀은 조합 과정의 각 단계마다 진행 상황을 점검하느라 한숨도 자지 못했다. 알고리듬을 나누어 작성하면 다음 단계로 넘어가기 전에 각 단계의 성과를 평가할 수 있다는 장점이 있다. 또한 우리가 실제로 진전을 보고 있다는 사실을 알 수 있어 심리적인 위안도 얻을 수 있었다.

첫 조합은 발표일 몇 주 전에 완성되었다. 하지만 전체 게놈이 아니라 이른바 '구획화compartmentalized' 방법이 이용되었다. 사실상 이 게놈은 데이터 다발을 수백 개의 작은덩어리로 조합한 것이었다. 우리는 전체 염기서열을 단번에 결정하지 않고 공개 지도 데이터를 이용해 이들을 게놈의 올바른 위치에 놓았다. 하지만 공개 데이터는 전체 게놈을 포괄하지 않았다. 우리는 여전히 전체 게놈 방식으로 끝장을 보고 싶었다. 조합 알고리듬인 '그란데'가 실제로 게놈을 만들어낼 수 있을 듯 보인 건 발표를 불과 하루 이틀 남겨놓은 때였다.

우리가 인간 게놈의 첫 번째 조합을 완성하리라는 확신이 서자 나는 백악관 연설에 신경을 쏟기 시작했다. 클린턴 대통령과 블레어 총리, 콜린스는 전문가에게 연설문 작성을 맡겼다. 하지만 나는 이번 프로젝트에 모든 걸 쏟아 부은 만큼 단어 하나하나를 내 손으로 쓰고 싶었다. 우리는 언론이 장사진을 이룰 것이며—실제로는 예상을 훨씬 뛰어넘었다—연설이 CNN와 BBC를 비롯한 다양한 방송사를 통해 전 세계에 생중계될 예정이라는 말을 들었다. 중요한 과학적 성과를 백악관에서 발표하는 일은 사상 처음이라는 이야기를 들으니 압박감이 한층 더했다. 나는 무슨 말을 어떻게 해야 할지 머리를 싸맸다. 그러는 동안 클린턴의 연설 원고가 도착했다. 여유와 영감이 넘치는 원고를 읽고 나니 나는 아무래도 이 일에 적임자가 아니라는 생각이 더욱 강해졌다. 다음 날 콜린스의 원고도 도착했다. 나는 솔직히 감명을 받았다. 이쯤 되자 연설 원고를 전문가에게 맡기지 않은 게 후회되기 시작했다. 밤늦도록 원고와 씨름했지만 하루에 몇 문장이나 몇 단락밖에 진도가 나가지 않을 때도 있었다. 백악관에서는 이스트 룸(백악관에서 가장 넓은 방으로 각종 행사에 쓰인다-옮긴이)에서 연설이 생중계된다며 원고를 빨리 보내달라고 재촉했다. 전화 독촉은 점점 심해져만 갔다.

그 다음 블레어의 연설 원고가 도착했다. 원고를 읽고 난 뒤 피가 끓는 기분이었다. 그의 수석과학자인 로버트 메이 경이 초안을 쓴 원고는 편협하기 이를 데 없었다. 웰컴 트러스트에서 초안에 영향력을 행사하지 않았는지 의심이 들 정도였다. 나는 너무 화가 나서 아리스티데스에게 전화를 걸어 블레어가 이 원고를 고집한다면 백악관에 가지 않고 따로 기자회견을 열겠다고 말했다. 아리스티데스는 나를 진정시키고는 당장 닐 레인에게 전화하겠다고 약속했다. 그는 내게 절대 경솔한 행동을 하지 말라고 당부했다. 자기나 닐 레인에게서 연락을 받기 전에는 아무것도 하지 말고 아무에게도 연락하지 말라는 것이었다.

마침내 닐 레인에게서 전화가 왔다. 그는 나와 함께 블레어의 원고를 한 줄 한 줄 읽으며 어떤 부분이 내 심기를 불편하게 했는지 살펴보자고 말했다. 내가 말을 마치자 그는 내 입장을 충분히 이해하며 공감한다고 말했다. 하지만 자기가 할 수 있는 일은 거의 없다고 했다. "콜린스의 원고, 심지어 대통령의 원고라도 당신이 원하는 대로 고칠 수 있습니다. 하지만 외국 국가 원수가 전 세계를 대상으로 하는 중요한 연설에 손을 댈 수는 없습니다."

닐 레인의 말을 들으니 지하실 회담에서 콜린스가 발뺌하던 생각이 났다. 그는 랜더와 마찬가지로, 자기 동료들을 대표해 말할 수는 없다고 했다. 또한 콜린스는 최후통첩 편지가 〈로스앤젤레스 타임스〉에 유출된 사건은 자기와 아무 상관이 없다고 말했다. 그는 웰컴 트러스트를 비난했다. 한 번 속는 것은 속인 사람 탓이지만 두 번 속는 것은 내 탓이다. 백악관에서 텔레비전으로 생중계가 되는 이번 행사에서 그런 일이 다시 일어나게 내버려둘 수는 없었다. 나는 단호한 입장을 취했다. 이대로 연설이 나간다면 행사에 불참하겠다고 선언했다. 닐 레인은 원고를 수정하도록 애써볼 테니 기다려달라고 간청했다.

나는 낙천적인 성격이었으므로 다시 내 원고에 매달렸다. 자정 넘어 서재에서 컴퓨터 앞에 앉아 있을 때 전화벨이 울렸다. 안도하는 듯한 닐 레인의 목소리가 들려왔다. 그는 모두가 내 의견을 받아들였으며 원고를 다시 쓸 거라고 말했다. 나는 원고를 미리 볼 수 있느냐고 물었다. 그는 원고가 분명히 수정될 것이며 내가 흡족해하리라고 했다. 그러면서 내게 행사에 참석할 거냐고 되물었다. 나는 닐 레인이 명예나 신의를 저버리는 경우를 본 적이 없었기 때문에 그의 약속을 받아들였다. 문제는 내 원고였다. 나는 새벽 6시까지 원고를 보내겠다고 약속했다. 하지만 우선 내가 말하려는 내용을 대강 일러주었다. 닐 레인은 만족한 듯했다. 이제 아침이면 백악관에서 그를 다시 만날 터였다. 인류의 생명책을 전 세계에 펼쳐 보일 준비가 끝났다.

CHAPTER 15

2000년 6월 26일, 백악관

인류(와 동물)의 오랜 역사를 살펴볼 때, 살아남아 번성하는 것은
가장 효과적으로 협력하고 임기응변하는 법을 배운 개체다.

▌**작자 미상**

정해진 기한에 목표를 이루는 데는 중복되는 연구를 여럿이 진행하는 것이
유일한 방법일 수도 있다. 똑같은 길을 걷는 사람은 아무도 없다.
자신에게 자금이 있고 더 빨리 연구를 진행하고 싶다면,
자신이 가진 것을 전부 다른 사람의 직관에 거는 것은 어리석은 짓이다.

▌**제임스 왓슨,** 《DNA를 향한 열정: DNA 구조의 발견자 제임스 왓슨의 삶과 생각》

■ 오늘만큼은 정치를 잊은 그들

나는 한숨도 못 잤다. 국가 원수가 하나도 아니고 둘씩이나 생물학사상 가장 위대한 공동연구 결과를 발표할 참이었으니 말이다. 다가오는 기념 행사는 역사상 가장 중요한 지적 순간이라는 찬사를 받을 터였다.[1] 나는 이 중요한 발표를 거부하겠다고 위협하기도 했지만 이제는 이날의 주인 공이 나라는 사실을 굳게 믿었다. 이 날은 내 인생에서 가장 중요한 날이 될 것이다. 닐 레인과 이야기가 끝난 후 나는 계속해서 연설 원고를 수정 했다. 문장을 지우기도 하고 단락을 다른 곳으로 옮기기도 했다. 헤더와

친구들에게 전화를 걸고 이메일을 보내 평가를 부탁했다. 덕분에 그들도 밤새 잠을 자지 못했다. 내 연설은 흠잡을 데가 없어야 했다.

6시가 되어 약속한 대로 백악관에 원고를 보냈다. 뜨거운 물로 샤워한 다음, 암청색 양복을 입고 빨간색 줄무늬 넥타이를 맸다. 워싱턴은 찌는 듯했다. 긴 하루가 될 터였다. 클레어와 나는 포토맥의 우리 집에서 기사가 딸린 차를 타고 25분 거리에 있는 백악관으로 향했다. 내가 게놈 프로젝트에 몰두하느라 결혼생활은 팽팽한 긴장 속에 있었다. 우리는 가는 내내 한마디도 하지 않았다. 나는 연설 원고를 다시 꺼내 읽고 또 읽었다.

백악관에 도착해서는 보안 검색대를 통과해 콜린스 부부와 닐 레인을 만났다. 잠시 후 작고 단단한 체구의 아리스티데스 파트리노스가 도착했다. 백악관 사진사가 우리를 촬영했다. 아리스티데스와 프랜시스 콜린스, 내가 〈타임〉을 들고 있는 사진은 여러 언론에 실렸다. 〈타임〉 표지에는 콜린스와 내가 어깨를 나란히 하고 있었다. 하지만 기분 좋게도 내가 조금 앞으로 나와 있었다.

〈타임〉은 게놈 스토리를 거의 처음부터 취재하고 있었다. 과학 저술가 딕 톰슨Dick Thompson(지금은 제네바 세계보건기구에서 일한다)이 주도적인 역할을 했다. 나·백악관·콜린스·아리스티데스는 백악관 행사를 낳은 논의 과정을 〈타임〉에 독점 제공하기로 합의했다. 여기에는 핵심 당사자들과의 비밀 인터뷰, 깊은 밤 사진 촬영도 들어 있었다. 표지 사진은 자정 넘은 시간에 국립보건원 내처 강당에서 찍었다.

백악관 행사가 열리기 전에 〈타임〉에서 연락이 왔다. 편집장은 원래 나를 단독 표지 모델로 골랐으나 백악관 고위 관리가 콜린스도 넣어야 한다고 우겼다는 것이다. 〈타임〉에서는 진정한 표지 인물은 나밖에 없다는 사실을 재확인했다. 내가 싫다면 콜린스를 넣지 않겠다고 했다. 다음 날 콜린스가 전화로 간청을 해왔다. 표지에 나만 실리면 사람들의 오해를 살수 있다는 것이었다. 나는 마지못해 승낙했다. 딕 톰슨에게 이 이야기를 했더니 믿지 못하겠다는 표정이었다. 나는 내가 너그러운 행동을 했으며 이것이 옳은 일이라고 말했다.

이처럼 중요한 날, 다행히 아무런 적대감도 남아 있지 않았다. 다들 역사적 위업에 동참한다는 생각뿐이었다. 백악관에서 콜린스 부부는 우리를 반갑게 맞아주었다. 분위기는 들떠 있었고 기대감이 충만했다. 클린턴이 우리 넷을 맞으러 나왔다. 그는 쾌활하기 그지없었다. 그는 나를 따로 부르더니 토머스 J. 슈나이더Thomas J. Schneider 이야기를 꺼냈다. 슈나이더는 클린턴과 나 둘 다와 절친한 사이였다. 네덜란드 대사인 그의 부인 신시아Cynthia가 내 프로젝트를 아주 마음에 들어 해 대통령인 자신에게도 소개를 해주었다는 것이다. 나중에 클린턴은 콜린스와 나와의 만남을 이렇게 묘사했다. "크레이그는 오랜 친구였다. 그는 둘을 화해시키려고 온갖 애를 썼다."[2] 클린턴, 콜린스, 내가 현관을 나서 백악관 이스트 룸을 향하자 군악대가 '대통령 찬가'를 연주했다. 우리는 기립박수를 받으며 입장했다. 나는 대통령 연단의 오른쪽에, 콜린스는 왼쪽에 앉았다. 이스트 룸 뒤쪽에는 TV 카메라가 여러 진을 치고 있었다. 대형 플라스마 스크린 두 대가 다우닝 가와 토니 블레어 총리를 실시간으로 연결하고 있었다. 런던에서는 10번가(총리 공관을 가리킨다-옮긴이)에 모인 청중이 백악관의 장엄한 행사 장면과 카메라 앞에서 혼자 뻘쭘하게 연단에 선 블레어의 대조적인 모습을 보며 킥킥 웃고 있었다.

주위를 둘러보니 청중석에는 장관들과 상·하원의원, 영국·일본·독일·프랑스 대사가 앉아 있었다. 게놈 진영의 유명인사들도 보였다. 제임스 왓슨은 흰색 양복을 입고 맨 앞줄에 앉아 있었다. 그 옆에는 우리 자문위원인 노턴 진더와 리처드 로버츠가 있었다. 클레어는 콜린스 부인과 함께 앉아 있었다. 물론 셀레라의 우리 팀도 와 있었다. 해밀턴 스미스·그레인저 서튼·마크 애덤스·헤더 코왈스키, 그리고 놀랍도록 말쑥한 복장의 유진 마이어스가 보였다. 환한 얼굴들 속에 낯을 찡그린 인물이 딱 하나 있었다. 멋지게 차려입은 토니 화이트였다. 반면 대서양 건너편의 존 설스턴은 위축된 모습이었다. 정부 프로젝트가 약속대로 90퍼센트를 완성했는지는 분명치 않았다. 그는 이 행사가 속임수가 아닌지 우려했다.[3] "우리는 가진 걸 모두 합쳐 멋지게 포장했다. 그러고는 프로젝트를 끝마쳤다고 선언했다. (……) 사실, 우리는 사기꾼에 지나지 않았다."[4] 하지만 그조차도 오늘 같은 날, 정치 따위는 염두에 두지 않았다.

대통령이 위대한 게놈 프로젝트 이야기를 꺼내기 시작하자 나는 자부심이 넘치고 의기양양해졌다. 그는 우리의 업적을 일컬어 인류의 거대한 지도를 만드는 작업에 비유했다.

거의 200년 전에 이 방, 이 자리에서 토머스 제퍼슨과 그의 보좌관은 거대한 지도를 펼쳤습니다. 이것은 제퍼슨이 일생 동안 간절히 바라던 지도였습니다. 보좌관의 이름은 메리웨더 루이스Meriwether Lewis였으며 이 지도는 그가 미 대륙 국경을 넘어 태평양까지 용감하게 탐험한 결과물이었습니다. 미 대륙의 경계를 정하고 끝없이 확장시킨 것은 바로 이 지도였습니다. 이와 함께 우리의 상상력도 무궁하게 확장되었습니다.

나는 미소를 머금었다. 메리웨더 루이스가 내 먼 친척이라는 사실을 대통령이 알고 있을지 궁금했다. 하지만 베트남 시절 이후로 얼마나 먼 길을 걸어왔는지 떠올리자 미소는 곧 사라지고 감상적인 기분에 젖기 시작했다. 나는 연설에서 내가 조국을 위해 군에서 복무한 덕에 이 일을 할 동기와 결단력을 얻을 수 있었다고 말할 예정이었다. 나는 평상심을 잃을까 봐 걱정스러웠다. 참전 경험을 이야기할 때면 종종 그랬기 때문이다.

대통령은 메리웨더 루이스 이야기에서 유전자 지도 이야기로 화제를 돌렸다.

오늘 전 세계가 우리와 함께 이곳 이스트 룸에서 더할 나위 없이 중요한 지도를 바라보고 있습니다. 우리는 전체 인간 게놈의 첫 번째 조사가 완료된 것을 축하하기 위해 이 자리에 모였습니다. 이것은 틀림없이 인류가 지금까지 만든 지도 가운데 가장 중요하고 경이로운 것입니다.

이 훌륭한 지도를 그려낸 6개 국의 과학자 1,000여 명을 비롯해 크릭과 왓슨, 그리고 50주년을 맞게 된 이중나선 발견을 치하한 다음, 대통령은 신에게 영광을 돌렸다.

게놈을 성공적으로 완성한 것은 과학과 이성의 영웅적인 승리에 머물지 않습니다. 어떤 저명한 과학자는 갈릴레오가 수학과 역학을 이용해 천체의 운동을 이해할 수 있다는 사실을 발견했을 때를 이렇게 묘사했습니다. "그는 신이 우주를 창조하신 언어를 이해했다." 오늘 우리는 신이 생명을 창조하신 언어를 이해하게 되었습니다. 우리는 신께서 주신 가장 거룩한 선물인 생명의 복잡성, 아름다움, 신비에 대해 더더욱 경외감을 느끼게 됩니다.

종교적인 수사는 낯익은 것이었다. 다름 아닌 콜린스가 연설 원고를 작성했기 때문이었다.[5] 나는 잠시 생각에 잠겼다. 미국에서는 신을 언급하는 일이 정치적으로 꼭 필요하다는 점이야 알고 있다. 하지만 생명의 비밀을 이성적으로 탐구해 이루어낸 이 위대한 업적을 특정 종교에 결부시키는 건 나를 비롯한 수많은 게놈 연구자들의 노고를 깎아내리는 일이었다.

나는 대통령과 마찬가지로 과학이 세상의 신비를 드러낸다고 믿는다. 하지만 내가 보기에는 우주의 조물주가 손가락을 놀려 나를 빚었다고 생각하기보다는 '인간이란 40억 년에 걸친 진화의 결과 자기복제의 능력을 지니게 된 화학물질 덩어리'라고 생각할 때 훨씬 더 경외감이 든다. 이런 이단적인 생각이 스쳐지나갈 무렵, 대통령은 다시 현실로 돌아와 이번 프로젝트의 의미를 되새겼다. 그는 우리 연구의 진짜 의의는 신의 마음을 밝히는 게 아니라 알츠하이머병·파킨슨병·당뇨병·암 같은 질병의 유전적 뿌리를 파헤치는 거라고 말했다.

그 다음 내가 수년간 겪은 숱한 싸움에 대한 언급이 빠질 수 없었다. 대통령은 "활발하고 건전한 경쟁이 우리를 이날까지 이끌어왔다"고 말했다. 그는 공공 부문과 민간 부문이 힘을 합쳐 "전 세계 모든 연구자를 위해" 게놈 데이터를 동시에 발표하기로 약속했다는 사실을 언급했다. 나는 불안감이 밀려들었다. 다음은 토니 블레어가 기자들에게 연설할 차례였기 때문이다. 원고를 수정하고 셀레라에 대한 비난을 삭제하겠다는 양보를 얻어내기는 했지만, 그가 정확히 무슨 말을 할지는 알지 못했다.

블레어의 얼굴이 플라스마 스크린을 뒤덮었다. 그는 설스턴을 상투적으로 언급하고 의례적으로 치하했다. 그 다음 놀랍고 기쁘게도 나를 특별히 지목했다. "또한 셀레라와 크레이그 벤터 박사의 창조적인 연구를 언급하고자 합니다. 그는 학문적 경쟁에서 최고의 선의를 발휘해 오늘의 위업을 앞당겼습니다." 그때는 몰랐지만 블레어의 연설은 그가 말하지 않은 부분 때문에 영국에서 공분을 샀다. 어떻게 셀레라를 언급하면서 생어 센터를 빼놓을 수 있느냐는 것이었다.

정부 프로젝트 측에서 바통을 넘겨받은 이는 콜린스였다(이것은 에릭 랜더의 심기를 불편하게 했을 것이다). 그는 전날 열린 처제의 장례식을 언급하며 말문을 열었다. 그녀는 유방암으로 죽었다. 너무 일찍 발병한 탓에 새로운 의술의 혜택을 받지 못한 것이다. 콜린스는 게놈을 읽어내는 일을 예배에 비유한 바 있다.[6] 그는 "예전에는 신만 알고 있던 우리 자신의 설명서를 처음으로 엿보니 겸손함과 경외감이 든다"고 했다. 그러고는 나와 셀레라의 노력에 찬사를 아끼지 않았다. "저는 셀레라에서 이룬 업적에 대해 벤터와 그의 팀에게 축하를 전합니다. 이들은 정부 프로젝트의 부족한 부분을 메워주는 정교하고 혁신적인 방식을 이용했습니다. 이 둘을 비교하면 많은 교훈을 얻을 수 있을 것입니다. 오늘 모든 경쟁을 중단하고 인류라는 이름으로 화합하게 되어 기쁘게 생각합니다."

무엇보다 콜린스는 나를 다정하게 소개했다. 그는 내가 "결코 현상 유지에 만족하지 않고 언제나 새로운 기술을 탐구하고 낡은 방법이 듣지 않을 때면 새로운 방법을 개발하며" "명쾌하고 도전적이며 결코 안주하지 않는" 인물이라고 묘사했다. 그는 내가 "유전체학 분야에 심대한 기여를 했다"고 언급했다. 그의 찬사가 기쁘기는 했지만 유감스러운 기분이 드는 건 어쩔 수 없었다. 애초에 오늘 같은 태도로 정부 진영을 대표해서 셀레라를 상대했다면 게놈 프로젝트가 얼마나 달라졌겠는가?

과학과 의학의 새로운 출발점

이제 내 차례가 되었다. 연단 위로 내 얼굴이 보이도록 백악관 직원이 작은 발판을 놓아주었다. 나는 앞의 두 연사보다 내 키가 작다는 사실을 겸손하게 언급하며 말문을 열었다. 그러고는 지난 몇 주간 땀 흘려 쓴 원고를 읽어 내려갔다.

대통령·총리·내각 각료·의원·대사 그리고 고명하신 참석자 여러분. 2000년 6월 26일 오늘은 10만 년 인류사에서 역사적인 순간입니다. 우리는 오늘, 처음으로 인간이라는 종이 자신의 유전부호를 이루고 있는 화학적 문자를 읽을 수 있게 되었음을 선언합니다. 오늘 오후 12시 30분, 정부 게놈 프로젝트와의 공동 기자회견에서 셀레라 지노믹스는 전체 게놈 산탄총 방식으로 얻은 최초의 인간 유전부호 조합을 설명할 것입니다. 지금으로부터 불과 9개월 전인 1999년 9월 8일, 백악관에서 30킬로미터 떨어진 곳에서 저와 해밀턴 스미스·마크 애덤스·유진 마이어스·그레인저 서튼이 이끄는 소규모 연구진이 새로운 방법으로 인간 게놈 DNA

의 염기서열을 분석하기 시작했습니다. 5년 전에 게놈연구소에서 이 방법을 개발한 것도 지금과 똑같은 팀이었습니다.

셀레라에서는 이 방법으로 5명의 유전부호를 해독했습니다. 우리는 여성 셋과 남성 둘의 게놈을 해독했습니다. 인종은 라틴아메리카계 미국인·아시아인·백인·아프리카계 미국인 등이었습니다. 우리는 표본을 고를 때 특정 인종을 배제하지 않았으며 미국의 특징인 다양성을 존중했습니다. 또한 우리는 인종 개념이 유전적 또는 과학적 토대를 지니고 있지 않다는 사실을 보여주고자 했습니다. 셀레라에 있는 다섯 게놈에는 인종을 구분할 수 있는 단서가 전혀 없습니다. 사회학과 의학에서는 우리를 모두 인구 집단의 구성원으로 간주합니다. 하지만 우리 개개인은 모두 고유한 존재입니다. 여기에는 인구통계학이 적용되지 않습니다.

저는 프랜시스 콜린스를 비롯해 미국·유럽·아시아 정부 게놈 프로젝트 진영의 동료들에게 감사와 축하를 전하고자 합니다. 이들은 인간 게놈의 상용 초안을 만들어내는 위업을 달성했습니다. 또한 프랜시스에게 개인적으로 감사합니다. 그는 몸소 저와 함께 게놈 진영의 협력을 증진시키고, 우리의 공통 관심을 이 역사적 순간까지 이끌었으며, 인류의 미래에 영향을 미칠 업적을 이루었습니다. 대통령께도 감사를 전합니다. 대통령은 민관 협력을 위해 노력하고 이날을 더욱 역사적인 사건으로 만들었습니다. 앞서간 전 세계 수많은 연구자들이 가장 기초적인 수준에서 생명을 이해하기 위해 탐구를 진행하지 않았다면 우리의 업적은 불가능했을 것입니다. 과학의 이점은 모든 중요한 발견이 다른 이들의 발견에 기대고 있다는 것입니다. 저는 다양한 분야의 선구적인 연구자들이 이룬 성과에서 끊임없이 영감을 얻습니다. 이들 분야가 하나로 합쳐졌기에 오늘날의 위대한 업적을 이룰 수 있었습니다. 특히 에너지부의 찰스 들리시와 콜드스프링하버연구소의 제임스 왓슨에게 감사하고 싶습니다. 둘 다 이 자리에 와 있습니다. 이들의 통찰력 덕분에 게놈 프로젝트가 시작될 수 있었습니다. 미국 정부와 기초연구 진영의 지속적인 투자가 없었다면 인간 유전자의 설계도를 완성할 수 없었을 것입니다. 지난 몇 해 동안 기초과학의 엔진에 연료를 공급하기 위해 사상 최대의 자금을 지원한 대통령과 의회의 노고에 박수를 보냅니다.

이와 동시에 미국 내 연구 분야에 대한 민간 부문의 투자도 빼놓을 수 없습니다. PE 바이오시스템스에서 10억 달러 이상을 투자해 셀레라를 설립하고 자동 DNA 분석기를 개발하지 않았다면 오늘 이런 발표를 하지 못했을 것입니다. 셀레라와 정부 진영 둘 다 이 분석기로 게놈을 해독했으니 말입니다. 어떤 면에서는 과학에 대한 공공 투자가 민간의 투자를 이끌어내기도 했습니다.

30년 전, 저는 베트남 군병원에서 복무하는 젊은이였습니다. 그때 저는 인간의 목숨이 얼마나 연약한가를 몸소 체험했습니다. 그 경험 덕분에 저는 인체의 세포 수조 개가 어떻게 상호 작용해 생명을 창조하고 유지하는가에 흥미를 지니게 되었습니다. 어떤 이는 치명적인 부상을 입고서도 살아남는데 어떤 이는 작은 상처에 굴복해 숨을 거두는 모습을 보고는 인간의 정신이 생리 활동 못지않게 중요하다는 사실을 깨달았습니다. 우리는 유전자를 합쳐놓은 것보다 훨씬 위대한 존재입니다. 우리 사회가 개개인을 합쳐놓은 것보다 더 위대하듯이 말입니다. 우리의 생리 활동은 모든 유전자와 환경 사이의 복잡하고도 일견 무한한 상호 작용에 토대를 두고 있습니다. 이는 우리 문명이 모든 사람의 상호 작용에 기반하고 있는 것과 마찬가지입니다. 저희 동료와 제가 바이러스로부터 박테리아, 식물, 곤충 그리고 인간에 이르기까지 20여 종의 DNA를 해독하면서 발견한 놀라운 사실은 우리 모두가 진화를 거치며 공통의 유전부호로 연결되어 있다는 것입니다. 생명의 본질을 파고 들어가면, 우리가 지구상의 모든 생물과 많은 유전자를 공유하고 있으며 서로 그다지 다르지 않다는 사실을 알 수 있습니다. 우리의 염기서열이 다른 동물의 단백질과 90퍼센트 이상 똑같다는 사실을 알면 놀라실지도 모르겠습니다. 우리가 세상에 선사하는 기본적인 지식이, 삶의 질과 질병 치료, 생물학적 연속선 위에서의 우리 위치에 대한 자각에 깊은 영향을 주리라 확신합니다.

게놈 염기서열은 과학과 의학의 새로운 출발점이며, 모든 질병에 잠재적인 영향을 미칩니다. 암을 예로 들어보겠습니다. 미국에서는 하루에 2,000여 명이 암으로 죽습니다. 이 아침에 콜린스 박사와 제가 설명한 게놈 연구와 이 정보를 매개로 후속 연구가 진행되면, 우리 생전에 암 사망률을 0으로 줄일 수도 있습니다. 새 치료법을 개발하려면 정부에서 지속적으로 기초과학에 투자해야 합니다. 또한 생명공학업계와 제약업계에서는 이러한 발견을 신약으로 만들어내야 합니다.

하지만 많은 이들과 마찬가지로 저 또한 이 새로운 지식을 차별의 토대로 쓰고 싶어 하는 사람이 있을까 봐 우려하고 있습니다. 오늘 아침 발표된 〈CNN〉과 〈타임〉의 여론조사 결과를 보면 조사 대상 미국인의 46퍼센트는 인간 게놈 프로젝트가 부정적인 영향을 미치리라고 응답했습니다. 우리는 과학적 교양을 높이고 인류의 공통 유산을 현명하게 이용하기 위해 협력해야 합니다.

지난 수년간 대통령과 개인적으로 이야기를 나누고 이 아침 이 자리에서 그의 연설을 들어본 바로는, 게놈 혁명이 미칠 영향 가운데 대통령이 가장 우려하는 것이 유전자 차별입니다. 유전자 결정론에 따라 사회적 결정을 내리는 사람은 결국 과학에 패배할 것입니다. 하지만 게놈 발견으로부터 최대한 의학적 혜택을 얻어 내려면 유전자 차별을 금지하는 법을 반드시 제정해야 합니다.

인간 게놈을 해독하면 생명의 신비가 사라져 인간의 존엄성이 훼손된다고 말하는 사람도 있었습니다. 시인들은 게놈 염기서열 분석이 '영감을 고갈시키는 환원주의의 사례'라고 주장했습니다. 이는 터무니없는 생각입니다. 우리의 유전부호를 이루고 있는 것은 생명이 없는 화학물질입니다. 이로부터 측량할 수 없는 인간 정신이 생겨나는 복잡하고 신비로운 과정은 앞으로 영원토록 시인과 철학자에게 영감의 원천이 될 것입니다.

대통령은 멋진 연설을 들려주어 고맙다고 말했다. 그리고 이렇게 덧붙였다. "우리가 이 모든 일을 이루고 150세까지 살더라도 젊은이는 여전히 사랑에 빠질 것이고 늙은이는 여전히 50년 전에 해결하지 못한 일로 골머리를 썩일 것입니다. 누구나 이따금씩 어리석은 짓을 할 것이며, 누구나 인간의 놀라운 숭고함을 목격할 것입니다. 오늘은 위대한 날입니다."[7] 사실이었다.

우리는 이스트 룸 발표를 마치자마자 기자실에서 브리핑을 했다. 그러고 나서 워싱턴 힐튼 호텔로 가 대규모 기자회견을 열었다. 각 게놈 연구진은 대기실에서 휴식을 취하며 기자회견을 준비했다. 우리는 축제 분위기에 휩싸여 있었다. 셀레라 사람들은 모두 하늘을 나는 기분이었다. 한 명만 예외였다. 헤더가 나를 불러내더니 토니 화이트의 심기가 몹시 불편하다고 말했다. 화이트는 화를 내고 토라지고 입을 삐죽거렸다. 그는 백악관 정문에서 안내를 받지 못했다. 셀레라의 설립 자금을 대는 수표에 자신이 어떻게 서명했는가를 연설할 기회도 얻지 못했다. 대통령을 만나보지도 못했다. 내가 그를 위해 로비를 벌일 수도 있었지만, 그건 사실 그의 홍보 담당이 할 일이었다. 어쨌든 대통령과 이야기를 나눌 사람을 정하는 건 백악관이다. 물론 화이트가 오랫동안 클린턴을 비방하고 다닌 일이 좋은 영향을 미치지는 않았을 것이다. 콜린스와 내가 기자회견장으로 갈 때 화이트는 더 험한 꼴을 당했다. TV 탐사 프로그램인 〈60분〉의 카메라가 우리를 찍다가 기자가 질문을 하는 동안 뒤로 물러났다. 그 중 3명이 화이트와 부딪쳤다. 그가 바닥에 쓰러지자 카메라맨들도 발이 걸려 넘어지면서 그를 덮쳤다. 그가 꼴사납게 일어날 때는 귀에서 연기가 피어오르는가 싶을 정도였다.

이런 기자회견은 이전에도, 이후에도 없었다. 회의장에는 600명 가까운 인파가 들어찼으며 텔레비전 카메라와 사진 기자도 헤아릴 수 없을 정도였다. 여기저기서 카메라 플래시가 터졌다. 질의응답 시간이 되자 유진 마이어스와 마크 애덤스가 단상에 올라와 정부 진영 연구자들과 나란히 섰다. 둘은 그럴 자격이 충분했다. 긍정적이고 화기애애한 분위기에 다들 놀랐다. 그날 우리 모두는 행복한 게놈 대가족이었다. 하지만 의문 하나가 머릿속을 떠나지 않았다. '우리가 각자의 연구실로 돌아가도 이 휴전 상태가 유지될까? 우리가 현실로 돌아가 우리의 성과를 학술지에 논문으로 발표할 때도 이들이 너그럽게 협력할까?'

인공
생명체의
꿈

CHAPTER 16

나는 멈추지 않는다

과학자는 바라는 것도, 좋아하는 것도 없어야 한다.
오직 돌 같은 마음을 지녀야 한다.

▌ 찰스 다윈

▣ 논문의 가치는 역사가 평가하리라

경쟁자들과의 휴전 상태는 오래가지 않았다. 우리가 받을 가장 훌륭한 상은, 우리의 성과를 상세히 발표하고 우리를 비난하는 이들에게 우리가 낱낱이 해독한 인간 게놈을 보여주는 것이었다. 무엇보다 하고 싶었던 일은 인간의 설명서를 처음으로 자세히 들여다본 다음 이 설명서가 무슨 뜻인지 분석해내는 것이었다. 이 작업은 모두 일류 학술지 〈사이언스〉에 실릴 예정이었다.

하지만 증오가 너무나 뿌리 깊은 탓에 우리의 바람은 바람에 그칠 판이었다. 백악관 행사 이후 몇 주도 지나지 않아, 정부 진영에서는 선동적인 편지를 잇따라 보내 논문을 발표하지 못하도록 막후 로비를 벌였다. 〈사이언스〉에 발송된 편지 가운데는 이런 것도 있었다. "귀사는 학술 논문의 탈을 쓴 유료 광고를 실어줌으로써 훌륭한 학술지를 신문 일요판 부록으로 전락시켰습니다."[1] 연구자들 사이에는 〈사이언스〉를 보이콧하자는 이메일이 돌았다. 우리는 학계에 데이터를 제공하려고 노력했다. 하지만 이번에도 원인은 데이터 발표 문제였다.

데이터를 공개해야 한다는 주장과 원칙은 이해가 갔다. 하지만 나는 그들의 동기가 자기들이 얻고 싶었던 영예를 셀레라와 내가 '훔쳐간' 것에 대한 복수라고 믿었다. 셀레라에 있는 나와 우리 팀은 거리낄 게 없었다. 실제로 데이터를 가두어두고 싶어 한 건 수백만 달러를 쏟아 부은 셀레라 주주들이었다. 셀레라의 경쟁사가 데이터를 이용하면 자신들의 투자 가치가 떨어질 터였다.

우리는 〈사이언스〉 편집장 도널드 케네디를 비롯해 그의 팀과 함께 데이터 이용 계약의 형식을 논의했다. 우리 의도는 연구자들이 셀레라의 인간 게놈 염기서열을 무료로, 공개적으로, 제한 없이 이용하도록 하면서도 경쟁사들이 우리 데이터를 가공해 써먹지 못하도록 하는 것이었다. 하지만 나를 비난하는 이들은 제한이 하나라도 있으면 논문 발표를 막을 심산이었다. 놀랍게도 그들은 경쟁사들이 우리 데이터를 이용할 수 없다면 학계도 이용할 수 없다는 주장을 펼쳤다. 재미있는 사실은 게놈이 모두의 소유라는 감동적인 글을 쓴 프랜시스 콜린스가 이 해괴한 논리를 지지하고 나섰다는 점이다.

도널드 케네디는 그들의 비난을 내게 낱낱이 일러주었다. 이런 로비의 중심에는 에릭 랜더가 서 있었다. 우리 팀은 그를 '에릭 슬랜더Eric Slander('slander'는 '중상모략하다'라는 뜻이다-옮긴이)라고 불렀다. 에릭 랜더는 생명공학 회사를 설립하고 자문을 제공한 경험이 있기 때문에 내막을 잘 알고 있었다. 덜레스에서 정부 프로그램 진영과 말썽 많은 회의를 하기 전까지만 해도, 그는 우리가 지금 〈사이언스〉에 제시한 것과 똑같은 조건에 동의한 적도 있었다. 랜더는 셀레라가 다른 회사에 무료로 데이터를 제공해서 잘나가는 데이터베이스 사업에 타격을 입히지 않으리라는 사실을 잘 알고 있었다. 그런데도 2000년 11월, 랜더는 바머스를 비롯한 MIT 마피아(그들을 이렇게 부르는 사람들도 있다)를 설득해서 셀레라의 논문을 발표하지 말라고 도널드 케네디에게 강요하는 편지에 서명하도록 했다. 랜더와 콜린스가 논문 발표를 막기 위해 막후에서 온갖 애를 쓰고 있었지만 케네디는 단호했다. 한편, 케네디와 나는 데이터 공개 방식에 대한 든든한 지원군을 얻었다. 국립과학아카데미의 브루스 앨버츠Bruce Alberts와 캘리포니아 공과대학 학장이자 노벨상 수상자인 데이비드 볼티모어 등이 지지를 표명한 것이다.

랜더와 콜린스는 최후의 수단으로 케네디가 내 논문을 거부하지 않으면 자신들의 게놈 논문을 경쟁지 〈네이처〉에 발표하겠다고 협박했다. 1994년에 왓슨이 나의 인간 게놈 명부 논문이 발표되지 못하도록 하려던 중에 미국의 게놈 연구자들이 다시는 〈네이처〉에 논문을 발표하지 않겠다고 공언한 사실을 잊었나보다. 이번에도 목적이 수단을 정당화한다는 사실이 다시 한 번 입증되었다.

우리는 인간 게놈의 완전한 사본을 원하는 모든 연구자에게 염기서열 DVD를 제공하기로 〈사이언스〉와 합의했다. 또한 인간 게놈과 일치하는 염기서열을 찾을 수 있도록 방대한 데이터 검색을 지원하는 무료 웹사이트를 만들기로 했다. 그뿐만 아니라 셀레라는 학술 연구소 · 생명공학 회사 · 제약 회사에 가입 서비스를 제공하기로 했다. 이 서비스는 방대한 소프트웨어와 (생쥐 게놈을 비롯해) 우리가 해독한 모든 게놈을 제공하고, 포괄적으로 게놈을 분석할 수 있도록 대규모 컴퓨터 시설을 지원한다.

셀레라의 데이터베이스 부문은 2002년 1월까지 해마다 1억 5,000만 달러 이상의 수입을 올렸다. 3년도 지나지 않아 흑자를 내기 시작한 것이다. 캘리포니아 대학교와 하버드 대학교, 스톡홀름의 카롤린스카 대학교 그리고 다름 아닌 국립보건원 등이 우리 서비스에 가입했다. 학계에서도 셀레라의 염기서열 데이터를 이용하고 있었지만—웰컴 트러스트는 예외였다. 피지원 기관이 우리 서비스에 가입하는 걸 금지했기 때문이다—콜린스·랜더·설스턴은 셀레라 데이터를 얻을 수 없다는 주장을 지겹도록 되뇌었다.

전투가 새로운 국면에 접어드는 동안에도 우리는 힘겹게 해독해낸 인간 게놈 염기서열을 분석하느라 불철주야 애를 썼다. 우리는 엄청난 압박감에 시달렸다. 이는 우리가 자초한 일이었다. 분석 작업은 나·마크 애덤스·유진 마이어스·리처드 J. 뮤럴Richard J. Mural·그레인저 서튼·해밀턴 스미스·마크 얀델Mark Yandell·로버트 A. 홀트Robert A. Holt 가 주도했다. 〈사이언스〉 논문은 100번 이상 검토를 거쳤다. 나는 우리가 발견한 사실을 자세하고 엄밀하게 조사해서 이를 자신 있게 보여주고 싶었다. 우리는 역사상 처음으로 게놈과 유전자를 포괄적으로 들여다볼 수 있었다. 이 논문의 가치는 역사가 평가하리라는 사실을 우리 모두 알고 있었다.

논문은 2001년 2월 16일에 발표되었다. 여느 논문과는 전혀 다른 것이었다. 공동저자 283명에[2] 분량은 47쪽에 달했으며—일반 논문의 10배였다—1.5미터짜리 천연색 게놈 지도를 접어 넣었다. 〈사이언스〉 웹사이트에는 참고 자료로 대량의 부록 데이터를 올렸다. 놀라운 사실 하나는 우리가 실제로 발견한 유전자 개수가 매우 적었다는 것이다. 인사이트와 HGS는 나의 EST 방법을 이용해서 20만 개 이상의 유전자를 분리해 특허를 출원했다고 주장했다. 인간 유전자가 30만 개 이상이라고 주장한 적도 있다. 나는 몇 년 전에 발표한 논문에서 유전자 개수가 그보다 훨씬 적은 5만~8만 개라고 밝혔다. 실제로는 기껏해야 2만 6,000개밖에 되지 않았다.

462

유전자 개수를 과대평가한 이유는 유전자가 게놈에 고르게 퍼져 있으리라고 가정했기 때문이다. 이 가정은 틀린 것으로 드러났다. 13번 염색체·18번 염색체·X염색체 등 유전부호가 수백만 염기쌍에 달하면서도 유전자는 거의 없거나 전혀 없는 부위가 있었다(우리는 이들 부위를 '사막desert'이라 이름 붙였다). 이와 대조적으로 19번 염색체처럼 유전자가 밀집해 있는 부위 또는 염색체도 있었다. 이러한 분포는 신비로웠다. 이것이 인간의 진화에 어떤 의미를 지닐까 의문이 들었다. 중요한 힌트는 초파리 유전부호와의 비교 분석에서 나왔다.

우리는 파리와 많은 유전자를 공유하고 있다. 물론 공유하지 않는 유전자도 있다. 이는 인간과 파리가 공통 조상으로부터 갈라져 약 6억 년의 진화 과정을 거쳤다는 사실을 웅변한다. 우리를 인간답게 만들어주는 것은 이 유전자들이다. 여기에서는 후천성 면역, 세포내·세포간 신호 전달 경로, 무엇보다 중추신경계와 연관된 유전자 개수가 부쩍 늘었다. 유전자 개수가 증가한 곳은 다름 아닌 우리 염색체의 유전자 밀집 부위다. 이런 과정은 특정 범주의 유전자를 복제함으로써 일어난다. 예를 들어 세포간 소통에 연관된 유전자는 이들 유전자 밀집 부위에서 수없이 반복되어 돌연변이를 일으킬 수 있었으며, 진화를 통해 새로운 기능을 획득했다. '사막'은 우리의 유전부호 가운데 이보다 더 오래된 부위와 기능에 연관되어 있다. 이들은 인간이 생존하기 위한 기초적인 과정과 관련이 있다.

〈사이언스〉 논문 인쇄본을 들여다보고 있자니 그때까지 경험하지 못했던 벅찬 느낌이 들었다. 우리가 하는 일이 가망도 없고 불가능하고 비현실적이라는 끊임없는 비난 속에서도 우리는 성공을 거두었다. 나는 인간 게놈을 성공적으로 해독했다. 그것도 15년이 아니라 9개월 만에. 사상 최고의 연구팀과 함께 나는 역사를 만들었다. 어떤 찬사나 상을 준다 해도 이 황홀한 느낌과는 바꿀 수 없었다.

〈사이언스〉에 우리의 논문이 실릴 것이 분명해지자, 정부 프로그램 진영에서는 〈사이언스〉를 보이콧하고 그 대신 영국 학술지인 〈네이처〉에 논문을 발표하겠다는 협박을 실행에 옮겼다. 내게는 잘된 일이었다. 〈사이언스〉 표지를 우리가 독차지할 수 있을 테니 말이다. 〈사이언스〉 편집진 가운데는 랜더와 콜린스 등이 후속 게놈 논문을 〈네이처〉에만 발표한 일로 아직까지 화가 덜 풀린 사람도 있다.

경쟁자들은 계속해서 셀레라의 업적을 깎아내리려 들었다. 다음 공격은 〈국립과학아카데미 회보〉[3]로 이어졌다. 그들은 우리의 염기서열이 대부분 정부와 웰컴 트러스트의 염기서열에 빚지고 있으며, 더 뛰어나지도 않다고 주장했다. 설스턴은 전체 게놈 산탄총 방식이 우리의 주장대로 작동하지 않았다고 우겼다. 하지만 생어 센터의 리처드 더빈Richard Durbin은 셀레라의 결과물이 "어떤 면에서는 우리보다 나았다"[4]고 인정했다. 랜더는 우리 방식이 "완전한 실패작"[5]이며 "게놈을 아무렇게나 버무린 샐러드"[6]라고 비하했다. 그들이 전개한 수학 논증은 자기들이 생각하기에도 우리 방식을 능가하지 못했다. 유진 마이어스는 이 때문에 속상해하고 상처 받고 분개했다. 소송을 할까도 생각했다. 하지만 학술지를 통해 데이터와 사실을 가지고 그들의 공격을 맞받아치는 쪽이 낫겠다고 판단했다. 나의 멘토 네이선 캐플런이 말했듯 반드시 "진실은 드러나는 법"이니 말이다.

과학 일반 행사로는 가장 큰 미국과학진흥협회(AAAS, American Association for the Advancement of Science) 연차 총회가 샌프란시스코에서 열릴 예정이었다. 미국과학진흥협회는 〈사이언스〉의 발행처였기 때문에 〈사이언스〉 논문을 공개하기에 안성맞춤이었다. 정부 프로그램 진영도 같은 시기에 〈네이처〉에 논문을 발표했다. 지난 크리스마스 동안 그들의 조잡한 결과를 비난하는 14쪽짜리 문서 때문에 애를 먹은 직후였다. 콜린스와 나는 기조강연을 했다. 우리 둘 다 기립 박수를 받았다. 나는 강연을 마친 뒤 사인 공세와 팬들의 성화에 시달려야 했다.

그날 밤, 샌프란시스코 디자인센터에서 셀레라는 축하 파티를 열었다. 굴과 캐비어, 차가운 보드카가 흥을 돋우었다. 마이클 헌커필러는 수두에 걸려 백악관 행사에 참석하지 못했지만 이번에는 모습을 드러냈다. 이토록 즐거운 파티는 처음이었다. 하지만 클레어가 빠져서 마음에 걸렸다. 아내는 너무 지쳐서 캘리포니아까지는 못 오겠다고 했다. 나는 여러 여자와 춤을 추었다. 하지만 대부분은 헤더가 파트너였다. 그녀는 지난 수년간 숱한 싸움을 겪으면서 한 번도 나를 못미더워한 적이 없었다.

■ 9·11 비극 앞에서도 이익이 먼저라니

인간 게놈에 이어 우리는 생쥐 게놈을 해독했다. 우리가 인간 게놈을 해독하는 동안 생쥐 게놈을 맡으라고 제안했을 때, 정부 진영에서는 노발 대발했다. 하지만 생쥐 게놈 덕분에―우리는 6개월 만에 해독을 끝냈다―셀레라는 비교유전체학에서 우위를 점하게 되었다.[7] 이번에는 정부 진영을 가볍게 무시할 수 있었다. 생쥐 데이터는 다른 곳에서 얻는 것이 사실상 불가능했기 때문이다. 우리는 고유의 생쥐 DNA 가닥에서 얻은 산탄총 데이터만 이용했다. 품질이 낮은 정부 데이터로 우리 게놈을 오염시키지 않은 덕에 우리는 인간 게놈보다 훨씬 뛰어난 조합 결과를 얻었다. 생쥐와 인간을 비교함으로써 포유류가 유전자를 90퍼센트 이상 공유하며 염색체 안의 순서도 비슷하다는 사실이 처음으로 밝혀졌다. 이로써 게놈 수준의 진화적 연관성이 분명히 확립되었다. 계속해서 우리는 국립보건원에서 연구비를 지원 받아 쥐와 말라리아모기의 게놈을 해독했다.

그즈음 나는 새 프로그램을 시작했다. 여기에는 세계 최대의 단백질유전정보학 시설―이를 통해 유전자가 무슨 역할을 하는지 밝혀낼 수 있다―과 암 백신 연구 시설도 포함되었다. 나는 주로 작은 분자를 다루는 사우스 샌프란시스코 제약 회사를 사들였다. 그러고는 마이클 헌커필러와 함께 셀레라 다이어그노스틱스를 설립했다. 나는 셀레라가 올바른 방향으로 가고 있다고 생각했다. 게놈을 읽은 다음에는 이 부호를 이용해 새 진단 시약과 치료제를 발견하는 것이 당연한 수순이다.

우리의 업적은 금세 확고한 인정을 받았다. 나는 전 세계 유수의 대학들로부터 수많은 명예 학위를 받았다. 상도 많이 받았다. 사우디아라비아로 날아가 위대한 곤충학자, 생물학자 겸 저술가인 E. O. 윌슨E. O. Wilson과 함께 파이살 국왕 국제과학상을 받았고, 비엔나에서는 구소련의 미하일 고르바초프 전 대통령으로부터 세계보건상을 받았다. 독일에서는 최고의 과학상인 파울 에를리히-루트비히 담스테터상, 일본에서는 다케다상을 받았으며, 캐나다에서는 게어드너상을 받았다. 하지만 여기에도 정치가 개입했다. 정부 측 연구자들은 파울 에를리히상을 나 혼자 받았으니 게어드너상은 자기들만 받아야 한다며 훼방을 놓았다. 그들은 미 인간유전체학회에서 나의 "발표되지도, 확인되지도 않은 연구"[8]에 상을 주었다며 불만을 제기했다.

유진과 마크, 해밀턴과 나는 다시는 누리지 못할 경험을 했고, 인생에 다시없을 최고의 순간에 도달했다. 우리는 기력이 다했다. 유진과 마크는 새로운 기회를 물색하기 시작했고, 나도 TIGR로 돌아가 전혀 다른 분야를 연구할 생각을 품었다. 셀레라가 독립된 회사였다면 그대로 남았을지 모르지만, 토니 화이트와 계속 일해야 한다면 살아남을 수도, 살아남고 싶은 생각도 없었다. 나는 떠날 궁리를 하기 시작했다. 화이트도 마찬가지 계획을 하고 있었다. 그는 백악관에서 찬밥 신세가 된 일 때문에 여전히 화가 나 있었다.

하지만 비극은 모두의 삶에 파고드는 법이다. 2001년 9월 11일, 나는 전날 밤 샌프란시스코에서 강의를 한 뒤 공항으로 향하고 있었다. 그때 항공기가 세계무역센터 건물을 들이받았다는 뉴스가 흘러나왔다. 나는 사람들과 함께 두 번째 충돌 장면을 지켜보았다. 공포에 휩싸여 몸이 움직이지 않았다. 미 전역이 공격을 받으리라는 우려가 팽배했기 때문에 나는 어머니와 의붓아버지가 사는 밀브레이를 나와 하이엇 호텔에 여장을 풀었다. 그곳에서 며칠간 발이 묶여 있었다.

9 · 11의 참상이 하나 둘 드러나자, 여느 미국인과 마찬가지로 무언가 돕고 싶다는 생각이 들었다. 셀레라의 염기서열 분석 장비로 DNA를 분석해서, 목숨을 잃은 수천 명의 신원을 확인할 수 있을 터였다. 평범한 연구소가 맡기에는 너무 규모가 큰 일이었다. 시신들은 심하게 훼손되어 있었기 때문에 양이 비교적 풍부한 미토콘드리아 DNA를 조사하는 쪽이 최선이었다. 마이클 헌커필러에게 전화를 걸었다. 공교롭게도 어플라이드 바이오시스템스는 사법 기관에서 널리 쓰는 범죄 수사용 염기서열 분석 장비를 제조하고 있었다. 헌커필러는 토니 화이트에게 연락해보라고 했다. 화이트는 기꺼이 승낙했다.

몇 달 전 뉴욕 자연사박물관에서 강연을 마친 뒤 뉴욕 과학수사연구소 소장 로버트 셰일러Robert Shaler를 만난 적이 있었다. 나는 그에게 전화를 걸어 내 생각을 이야기했다. 당시는 항공 운항이 전면 금지된 상태였다. 화이트가 회사 제트기를 내주고 특별 비행 허가를 받아준 덕에 어플라이드 바이오시스템스의 과학수사 책임자 론다 로비Rhonda Roby와 함께 비행기를 탈 수 있었다. 9 · 11 이후 미국을 횡단하는 첫 민간 항공기였다. 30분마다 북아메리카 항공우주방위군(NORAD, North American Aerospace Defense Command)과 교신하지 않으면 격추될 수도 있었다.

론다 로비와 나는 착륙하자마자 뉴욕 주립 경찰의 호위를 받아 시내로 들어갔다. 검시관 사무실은 난장판이었다. 우리는 로버트 셰일러와 뉴욕 주립 과학수사대 대장을 만나 셀레라가 과학수사 연구소 허가를 받는 방법에 대해 논의했다. 그들은 우리에게 사건 현장을 방문하겠냐고 물었다. 나는 가보고 싶었다. 게다가 첫 번째 건물 3층에는 형의 사무실이 있었다.

(다행히 형의 사무실에서는 다들 무사히 탈출했다는 말을 들었다.) 주립 경찰연구소장과 함께 순찰차에서 내린 순간, 나는 현장의 참상과 악취와 피해 규모에 입을 다물지 못했다. 감식반 천막에 아무렇게나 널브러져 있는 희생자들의 시신은 처참했다. 심장과 신체 일부, 작은 뼈들을 비롯해 부스러기와 조각들도 있었다. DNA를 분석하고 신원을 확인해 가족에게 돌려보내야 할 시신 샘플은 2만 개에 달했다. 사건 현장의 참상과 악취를 접하니 베트남 전쟁과 구정 공세 당시가 떠올랐다. 나는 중상자 가운데 살릴 수 있는 사람과 죽게 내버려 둘 사람을 가려내야 했다. 하지만 이 천막들 속에는 살려낼 사람이 하나도 없었다.

과학수사 연구소가 되려면 준비할 게 많았다. 유전자 감식에서는 한 치의 오차도 허용되지 않기 때문이다. 론다 로비와 유–후이 로저스Yu-Hui Rogers(현재 벤터연구소 게놈 염기서열 분석 센터 소장을 맡고 있다)는 '비상하는 독수리 팀'을 구성해 엄청난 노력을 쏟아 부은 끝에 FBI와 뉴욕 주로부터 허가를 받아냈다. 하지만 시간이 지나자 토니 화이트는 처음의 열정이 식어버려, 영리 활동으로 돌아오라며 우리를 다그쳤다. 어플라이드 바이오시스템스는 셀레라의 철수를 주도했고, 론다 로비는 다시 불려갔다. 나는 어찌할 바를 몰랐다. 이 끔찍한 비극 앞에서 이익이 아니라 보람을 찾겠다고 로버트 셰일러에게 다짐한 것은 빈말이 되고 말았다.

■ 내게 너무 소중했던 셀레라

토니 화이트와의 긴장이 극에 달한 것은 샌프란시스코에서 열린 투자자 회의 자리에서였다. 나는 늘 하던 사업 이야기를 아무렇게나 내뱉었다. 할 수 있는 말도 별로 없었다. 질문 시간이 되자 토니 화이트와 애플러의 재무이사가 다가와 내 양옆에 섰다. 마치 구소련에서 당 관료를 감시하던 충견들 같았다. 내 순서가 끝나자마자 나는 회의장을 빠져나와 헤더와 함께 샌프란시스코를 떠났다.

샌프란시스코에서 헤더와 나는 내 추억이 서린 장소를 여행했다. 밀브레이에서 셀레라에 이르기까지, 내 삶을 찬찬히 되돌아보는 계기가 된 여행이었다. 프레시디오에 있는 아버지의 무덤도 찾아갔다. 우리는 도시를 방어하기 위해 세운 포대의 잔해 사이를 걸었다. 고등학교 때 내가 즐겨 찾던 곳이었다. 이어서 항해를 하며 주말을 보내던 소살리토로 향했다. 저녁은 딘 오니시Dean Ornish와 함께 먹었다. 나는 예전에 클린턴 대통령과 저녁을 먹으면서 딘의 따뜻한 성품에 반한 적이 있다. 딘은 저지방 식단과 바람직한 생활방식, 명상을 통한 심장 질환 예방법을 개발한 인물이다. 그는 암에도 같은 방법을 시도하고 있었다. 식탁에 둘러앉은 그의 전립선암 연구진은 토니 화이트나 에릭 랜더와는 하늘과 땅만큼 달랐다. 그들은 내게 영감을 주었다. 나는 밤늦게 도시로 돌아가는 길에 내가 무엇을 해야 할지 깨달았다.

나는 생각을 마음속에 담아두지 못하는 성격이다. 그래서 애플러 이사 두 사람에게 떠나고 싶다는 속내를 털어놓았다. 하지만 셀레라에 상처를 입히고 싶지는 않다고 했다(친구와 동료들에게 상처를 입히고 싶지 않다는 뜻이었다). 나는 명예로운 퇴장을 원했지만 토니 화이트는 최후의 일격을 준비하고 있었다. 관계를 청산할 때는 언제나 결정할 것 하나가 남아 있는 법이다. 누가 권력을 쥐고 있는지를 보여주는 결정 말이다.

2002년 1월, 셀레라의 내 사무실 바로 옆에서 애플러 이사회가 열렸다. 내가 애플러와 인연을 맺은 계기가 된 마이클 헌커필러와 셀레라 다이어그노스틱스 사장 캐서린 오르도네스Katherine Ordonez도 참석했다. 오후 4시, 이사회는 내게 고문 변호사 윌리엄 소치를 보냈다. 그는 해고 통보를 전했다.

하루만 더 있으면 스톡옵션의 4분의 1인 77만 5,000주에 대한 권리를 행사할 수도 있었지만, 이 횡재도 물 건너가버렸다. 나머지 주식은 30일 안에 처분해야 했다. 윌리엄 소치는 2개의 보도자료를 준비했다. 하나는 내가 순순히 물러날 경우 배포할 것이었고, 다른 하나는 내가 버틸 경우 협박용으로 준비한 것이었다. 1월 22일, 첫 번째 보도자료가 배포되었다. 애플러 코퍼레이션은 내가 셀레라 지노믹스 그룹 사장에서 물러났다고 발표했다. 사장 대행을 맡은 토니 화이트는 내가 "놀라운 성과"를 이룩했다며 치켜세웠다. 하지만 셀레라는 이제부터 의약품 개발 쪽으로 방향을 튼다고 말했다. "우리 이사회, 크레이그, 나는 의약품 개발에 경험이 많은 고위급 경영진을 영입하는 것이 셀레라의 현재 이익에 부합한다는 데 합의했다." 보도자료에는 내가 "이 방향 전환을 통해 셀레라는 계속해서 역사를 써내려갈 수 있으리라 확신한다"는 데 의견을 같이했다고 나와 있었다. 나는 드로소필라·인간·생쥐·쥐·모기 게놈을 해독했다. 수익성 있는 데이터베이스 사업·단백질유전정보학 체계·제약 산업·새로운 진단 산업을 이루었으며, 현금 10억 달러를 셀레라에 벌어다주었다.

끝이 가까웠음을 안다 해도 막상 그때가 닥치면 준비가 되어 있지 않은 법이다. 나는 셀레라를 떠나고 싶기는 했지만, 우선 우리 팀이 보여준 놀라운 결단력과 의지에 고마움을 표시하고 싶었다. 이들은 자신들의 능력을 110퍼센트 발휘했다. 하지만 나는 해고 통보를 받은 즉시 떠나야 했다. 나는 사무실에서 내 흔적을 지우기 시작했다. 행운의 부적인 바다뱀 껍데기는 나를 저버리지 않을 테지만 이제는 액자에 들어 있는 신문 기사와 추억이 깃든 물품들과 함께 서둘러 상자에 넣어야 했다. 나는 사무실에 되돌아오는 것이 금지되었다. 고참 연구원들을 비롯해 내가 뽑은 직원 1,000여 명 가운데 누구와도 만나거나 작별 인사를 할 수도 없었다. TIGR 시절부터 내 비서로 일한 린 홀란드Lynn Holland와 사무실의 또 다른 직원 크리스틴 우드Christine Wood는 눈물을 글썽였다.

그날 밤은 워싱턴 경제인연합에서 초청 강연을 하기로 되어 있었다. 나

• 우울증 •

내가 몇 년간 당한 공격과 실패와 똑같은 일을 겪는다면, 심한 우울증에 걸리는 사람들도 있을 것이다. 물론 나도 가끔씩 의기소침해지기는 했다. 하지만 다행히 깊은 병적 우울증에 빠지지는 않았다. 이것이 내 유전자 덕분일까? 호주 뉴사우스웨일스 대학교와 시드니의 세인트빈센트 병원의 케이 빌헬름Kay Wilhelm 연구진은, 부모 양쪽으로부터 17번 염색체에 있는 '5-HTTLPR'라는 세로토닌 전달 유전자의 짧은 유형을 물려받은 사람이 불행한 일을 당할 경우 우울증이 발병할 가능성이 아주 크다는 사실을 발견했다.

유전자 길이가 다른 까닭은 유전자에서 단백질 생산량을 조절하는 '활성화서열acti-vation sequence' 부위 때문이다. 전 세계 인구의 5분의 1가량은 이 유전자 길이가 짧기 때문에 뇌의 화학물질인 세로토닌을 전달하는 단백질이 덜 생산된다. 세로토닌은 기분·통증 조절·식욕·수면에 중요한 역할을 하며, 항우울제인 프로작의 영향을 받는다. 세로토닌 유전자 길이가 짧은 사람은 5년간 부정적인 사건을 3회 이상 겪으면 병적인 우울증에 걸릴 확률이 80퍼센트에 이른다. 이 연구에서도 단순한 유전자 결정론은 근거가 없다는 사실이 드러난다. 뇌의 화학 작용은 유전자와 환경, 생물학과 사회학 둘 다에 따라 결정된다.

또한 이 연구에 따르면 세토로닌 유전자 길이가 길기 때문에 우울증에 대한 '유전적 복원력genetic resilience'을 지닌 사람은 같은 조건에서 정신 질환을 일으킬 확률이 30퍼센트밖에 되지 않는다. 인구의 절반을 차지하는 나머지 부류는 두 유전자형이 섞여 있다. 여러 연구에서는 세로토닌 유전자가 짧을 경우 위험 회피harm avoidance와 신경증을 비롯해 불안과 연관된 성격 특성이 나타나기 쉬우며, 불법 약물을 손에 대는 일이 많다는 사실을 밝혀냈다. 다행히 나는 길이가 긴 유전자 사본이 2개 있기 때문에 세로토닌도 더 많이 생성된다.

는 집에 가서 턱시도로 갈아입고 클레어에게 전화를 걸었다. 아내는 입을 열 기운도 없었다. 나는 원고 없이 즉흥적으로 연설을 했지만 헤더는 지금까지 내가 한 연설 가운데 최고라고 말했다. 다음날 나는 바뀐 현실을 실감하기 시작했다. 클레어는 내가 애초 계획대로 TIGR로 돌아가 일을 계속하고 싶어 한다는 걸 알고 당혹감을 감추지 못했다. 아내는 TIGR를 계속 이끌고 싶어 했다. 나는 상실감을 느꼈다. 온갖 노력을 아끼지 않고 셀레라를 설립한 우리 팀이 내게 얼마나 소중했는가를 이제야 절감할 수 있었다.

절친한 친구이자 상담역인 데이비드 키어넌과 함께 애플러 변호사들과 최종 협상을 진행했다. 그들은 내가 1년간 토니 화이트를 비난하지 않는다는 조건을 걸었다. 또한 내가 그를 헐뜯거나 핵심 직원을 빼내지 않는다면 1년 후 나머지 주식을 주겠다고 했다. 핵심 직원 명단 맨 위에는 마크 애덤스가 올라 있었다. 그는 셀레라에 남아야 했다. 하지만 우리는 조항을 수정해서 해밀턴 · 헤더 · 린 · 크리스틴은 원할 경우 나와 함께 떠날 수 있도록 했다. 계약에 합의한 뒤, 나는 과거에 얽매이지 않고 미래만 내다보기로 했다.

24시간이 지나면 셀레라에 있는 가까운 동료들 일부는 내 전화를 받지 않을 터였다. 하지만 내가 자리를 잡는 즉시 따라나서겠다는 동료들도 있었다. 가장 가까운 직원과 동료들은 당장 나를 따라 나오고 싶어 했지만 내가 말렸다. 린과 크리스틴, 헤더는 누구보다 힘들었으리라. 내 사직 절차를 처리하고, 언론을 상대하고, 토니 화이트가 내 자리에 앉아 거들먹거리는 꼴을 봐야 했으니 말이다. 내가 물러난다는 소식은 신문 머리기사에 실렸다. 하지만 나는 계약 조건에 따라 아무 말도 할 수 없었다. 4월이 되자 캐서린 오르도네스가 내 자리를 차지했고, 셀레라 전 직원의 16퍼센트 정도인 132명이 해고되었다.

나는 셀레라를 떠나는 일이 너무나 괴로웠다. 〈포브스〉 기자에 따르면,

내가 이런 말까지 했다고 한다. "자살하거나 병에 걸려 죽을 것만 같습니다."[9] 설사 내가 그런 말을 했다고 해도—내 기억에는 없다—술을 마시며 잡담을 나누다가 불쑥 튀어나온 소리였을 것이다. 내게는 삶이 고단할 때마다 괴로움을 잊는 단순하고 효과적인 비결 하나가 있다. 내가 베트남에서 자살했더라면 누리지 못했을 놀라운 삶과 즐거움과 연구를 생각하는 것이다. 그리고 내겐 언제나 활력을 주는 바다가 있었다.

■ 아직도 연구할 것은 무궁무진하다

나는 생바르 섬의 쪽빛 바다를 향해 배를 몰고 나갔다. 이 작고 아름다운 섬은 카리브 해에 있으며 프랑스 영토다. 나는 삶과 연구에서 의미를 찾거나 새로운 일을 시작할 때마다 드넓은 바다를 안식처로 삼았다. 육지도 보이지 않고 휴대전화나 텔레비전도 쓸 수 없는 곳까지 나아간 후에야 비로소 생각을 정리하고 원기를 회복할 여유를 찾을 수 있었다.

또한 나는 삶의 전환기마다 새로운 항해에 도전했다. 베트남에서 복무할 때는 이성을 잃지 않으려고 6미터짜리 라이트닝 보트를 타고 원숭이산을 돌거나, 다낭 해변에서 수킬로미터 떨어진 곳까지 항해를 하곤 했다. 박사 논문을 쓸 때는 갑판 없는 작은 배를 타고 카톨리나 섬에서 수백 킬로미터를 항해해 멕시코까지 가기도 했다. 자동 염기서열 분석 실험을 할 때는 케이프도리33 시리우스 호를 타고 버뮤다 삼각지대의 거친 파도를 가로지르는 일생일대의 항해를 경험했다. 인간 게놈 해독에 뛰어들기 전에는 25미터짜리 슬루프 마법사 호에 몸을 싣고 대서양 횡단 경주에 참가했다(하지만 마법사 호는 인간 게놈 해독에 한창 몰두할 때 팔아치웠다). 셀레라를 떠나고 나서, 나는 또 새 요트를 타고 새 바다를 항해하며 새로운 연구 기회를 찾고 있었다.

〈요트〉 광고 면을 읽다 한 요트에 눈길이 끌렸다. 전장全長 29미터짜리 슬루프로 2년밖에 되지 않은, 새것이나 다름없는 배였다. 마법사 호를 설계한 게르만 프레르스가 설계했으며 오클랜드에서 건조되어 뉴질랜드에 정박해 있었다. 프레르스는 이 배가 용골이 훨씬 크고 빠르다는 점만 빼면 마법사 호와 디자인이 거의 같다고 말했다. 나는 뉴질랜드까지 날아가, 요트를 몰고 오클랜드에서 하우라키 만 화산제도까지 항해했다. 요트에 반해버린 나는 당장 주문을 했다. 집까지 배를 몰고 갈 시간이 없었기 때문에 화물선에 실어 플로리다로 보냈다. 2000년 12월 요트가 도착한 이후, 나는 여름이면 케이프 코드와 메인 해변에서, 겨울이면 카리브 해의 따뜻한 바다에서 항해를 즐겼다.

2002년 1월, 나는 카리브 해의 쪽빛 바다 위에서 인간 게놈을 해독한 다음에는 무엇을 해야 하는지 생각하고 있었다. 셀레라에 나의 에너지를 모조리 쏟아 부은 탓에 처음부터 다시 시작하는 건 엄두가 나지 않았다. 나는 늘 언젠가는 TIGR로 돌아가리라는 생각을 하고 있었다. 하지만 클레어를 비롯한 TIGR 동료들은 내가 셀레라를 설립하면서 자기들을 버렸다며 원한을 품고 있었다. 그러니 TIGR로 돌아갈 수도 없었다.

연구에서 손을 떼고 해변에서 일광욕을 즐기거나 죽을 때까지 배를 탈 수도 있었다. 하지만 베트남에서 삶이 너무 힘들다며 희망을 놓아버리고 죽은 환자 생각이 떠올랐다. 나는 아직 끝나지 않았다. 나는 평생 동안 꿈꾸고 그 꿈을 이루며 살았다. 아직은 꿈에서 깰 때가 아니었다. 오히려 처음부터 시작하는 게 더 수월할 듯했다. 먼 옛날, 국립보건원에서 그랬듯이 말이다. 나는 앞을 보고 나아가기로 마음먹었다. 인간 게놈 해독보다 인류에 더 큰 영향을 미치게 될 일을 해보기로 결심했다.

나는 셀레라 주식을 대부분 그대로 보유하고 있었다. 하지만 내가 떠난다는 발표가 나자 주가는 사상 최저치로 폭락했다. 주가가 옵션 가격 아래로 떨어진 탓에 주식 상당수는 매각할 수 없었지만, 수중에 있는 자금

• 게놈을 넘어 •

우리는 DNA 부호를 넘어서는 유전적 영향이 있다는 사실을 깨닫기 시작하고 있다.
조부모의 삶, 그분들이 어떤 공기를 마시고 어떤 음식을 먹고 어떤 스트레스를 받았
는가에 따라 내 삶도 달라진다. 내가 그 삶을 겪지도 않았는데 말이다. 이를 '세대간
transgenerational' 영향이라 한다. 스웨덴 북부 오지에서 수행된 연구에서 이러한
영향이 관찰되었다. 외베르칼릭스 지방의 출생·사망 등록부에 실린 자세한 기록에
따르면, 친조부모가 9세에서 12세 사이에 밥을 적게 먹었을 경우 손자녀의 수명이
더 길어진다고 한다. 이 영향은 같은 성별에게만 미쳤다. 할아버지의 식사 습관은 손
자의 수명에만 영향을 미쳤으며 할머니의 식사 습관은 손녀의 수명에만 영향을 미쳤
다. 이러한 영향은 '후성적epigenetic' 메커니즘 때문일 수도 있다. 유전자 자체의
돌연변이나 변화가 아니라 유전자를 켜고 끄는 방법이 세대간에 전달된다는 것이
다.[10] 인체가 유전부호를 어떻게 이용하는지 밝혀내기 위한 인간 에피게놈 프로젝트
Human Epigenome Project가 현재 진행 중이다.

만으로도 원하는 일을 할 만큼은 되었다. 나의 비영리 재단에 기증해 둔
셀레라 주식 50퍼센트는 주가가 높을 때 팔 수 있었다. 덕분에 내게는 연
구를 시작할 수 있는 1억 5,000만 달러 이상의 자금이 있었다. 내가 우울
에서 서서히 벗어날 수 있었던 까닭은 연구를 할 생각, 전에는 실행할 시
간이 없었던 아이디어 덕분이었다.

인간 게놈이 환자에게 직접 도움이 되도록 만들 수도 있고, 유전체학으
로 환경 문제를 해결할 수도 있고, 염기서열 분석을 통해 바다와 도시의
대기에 살고 있는 수많은 생물을 탐구할 수도 있었다. 아직도 우리는 알

아야 할 것이 무궁무진했다. 내가 추구할 마지막 과제는 생명 자체를 합성하는 것이었다. 나는 전과 마찬가지로 맨땅에서 연구를 시작하기로 결심했다. 헤더와 린과 크리스틴은 내가 말만 하면 바로 셀레라에서 나오겠다고 했다. 나는 새로운 기운으로 충만해졌다. 처음부터 다시 시작할 준비가 끝났다.

CHAPTER **17**

푸른 지구와 새로운 생명

끝없는 파도 아래에서는 생물들이 바다의 진주 동굴 속에서 나고 자란다.
현미경으로도 볼 수 없는 최초의 미생물이 진흙을 기어 다니고 물속으로 파고든다.
세대가 바뀌면서 새로운 힘이 생기고 더 큰 사지四肢가 생겨난다. ……

▌ **이래즈머스 다윈**Erasmus Darwin(찰스 다윈의 할아버지-옮긴이), 《자연의 전당The Temple of Nature》

■ 바다 미생물에 답이 있다

  박동하는 심장세포에 대한 첫 연구 이후 나를 이끈 건 동료가 아니라 나 자신의 흥미였다. 셀레라를 떠난 암흑기 동안 다시 한 번 나 자신의 체험에서 영감을 얻었다. 나는 일생 동안 자동차 · 오토바이 · 모터보트 · 동력 요트 · 비행기 같은 내연기관에 빠져 살았다. 이 때문에 고대 생물의 산물인 석유를 엄청나게 태워 없앴다. 이것은 내가 할당 받은 이산화탄소 배출량을 넘어선 것이다.
  세월이 흐르면서, 나는 화석연료를 무턱대고 소비하면서도 그 결과에 내

5부 인공생명체의 꿈   477

해서는 무지하던 어리석음에서 벗어나 화석연료가 환경에 미치는 영향을 우려하고 대안을 찾기 시작했다. 지구를 살리고 제정신을 찾으려면 바다에서 연구를 시작해야 제격이었다. 해양 산성화 같은 기후 변화의 결과를 정확히 측정하려면 바다 '속'에 무엇이 있는지 정확히 알아야 했다. 이 과정에서 지구 온난화에 대처할 새로운 수단을 보너스로 얻게 될지 몰랐다.

인간은 땅에 살기 때문에 기후 변화에 대한 시각에서도 땅 중심—심지어 인간 중심—의 시각이 지배적이었다. 하지만 우주에서 보면 지구는 푸른 행성이다. 최초의 생명은 약 40억 년 전에 이곳 짠물에서 생겼을 것이다. 바로 이곳에서 불활성 분자와 기타 화학물질로부터 생명의 생화학물질이 분리되었으며, (현재 우리의 정의에 따르면) 살아 있다고 볼 수 있는 무언가가 생겨났다. 이 '살아 있는 무언가'는 바로 자기복제세포였다. 이것은 단백질과 유전물질의 복잡한 혼합물이며, 지질막에 싸여 있다. 바다에는 현재 고래에서 미생물에 이르기까지 놀랍도록 다양한 생물이 살고 있으며 이들 상당수, 특히 미생물에 대해 우리는 아는 바가 거의 없다. 다양한 바다 생물을 이해하고 이들이 어떻게 햇빛을 이용하고 이산화탄소를 흡수하는지 알아낸다면 기후 변화 문제에 대해 새로운 해결책을 찾을 수 있을 것이다. 나는 이런 생각을 더 깊이 파고들었다. 수십억 년 전 바다 속에서 새로운 생명을 탄생시킨 사건을 재현하고 싶었다. 그렇게 된다면 훨씬 놀라운 가능성이 펼쳐지리라.

카리브 해에서 돌아오자마자 일을 시작했다. 우선 비영리 단체인 유전체학진흥센터(TCAG, The Center for the Advancement of Genomics)를 설립하고 면세 지위를 신청했다. J. 크레이그 벤터 과학재단(JCVSF, J. Craig Venter Science Foundation)의 기금과 HGS, 효소 회사인 다이버사Diversa 그리고 셀레라의 창립 주식 매각 대금을 기증해 초기 자금을 확보했다. 셀레라에서 헤더와 린, 크리스틴도 데려왔다. 공간을 마련하기 전까지는 메릴랜드 포토맥의 우리 집 지하실이 임시 사무실 노릇을 했다. 내게는 당장이라도 시작하고 싶은 연구 프로젝트가 몇 가지 있었다.

첫 번째 할 일은 환경 프로젝트를 시작해서 제 궤도에 올리는 일이었다. 인간은 해마다 35억 톤의 이산화탄소를 내뿜고 있다. 이 때문에 기후 패턴이 바뀌고 있다. 한마디로 현재의 생활방식으로는 안 된다. 석유와 천연가스를 덜 쓰거나, 태양전지판을 설치하는 것만으로는 부족하다. 내가 보기에는 유전체학이 나름대로 기여할 수 있을 듯했다. 바닷물을 산탄총 방식으로 분석하면 바닷물의 현재 건강 상태를 파악하고 앞으로의 건강 상태를 측정하며 기후에 영향을 미치는 미생물을 찾아낼 수 있다. 바다 미생물의 대사 메커니즘을 연구하면 수소 · 메탄 · 에탄올 같은 대안연료 활용법을 새로 개발할 수도 있을 것이다.

나는 생물에너지대안연구소(IBEA, Institute for Biological Energy Alternatives)를 설립하고 해밀턴 스미스를 학술이사로 영입했다. 환경유전체학이라는 목표를 추진하려면 뛰어난 DNA 염기서열 분석 시설이 필요했다. 나는 셀레라에 필적할 시설을 만드는 데 4,000만 달러를 투자하도록 재단 이사회를 설득해야 했다. 우리는 비영리 기관인 JCVSF 합작 연구센터(JTC, JCVSF-Joint Technology Center)를 설립했는데, 이곳은 TIGR의 염기서열 분석 작업도 대행했다. 헤더와 준비 팀이 메릴랜드 록빌의 임시 건물로 이전해 있는 동안, 몇 년 전 기부금으로 매입한 부지에 1만 1,000평방미터짜리 연구소 건물을 지었다. 우리는 적극적으로 인력을 모집했다. 셀레라에서 대규모 감원이 있었던 터라 연구소 규모는 급속도로 커졌다. 예전 친구와 동료 상당수가 나의 새 연구 기관에 동참했다.

▓ 인간 게놈 분야에 남은 과제들

첫 번째 관심사는 환경 문제였지만 게놈 분야에서도 아직 할 일이 남아 있었다. 새 유전체학 연구실에서 인간 게놈 염기서열 분석의 후속 작업을 추진하고 싶었다. 인간 게놈 해독의 윤리적 함의를 탐구하고 게놈 해독을 의약품 개발로 연결시키는 일이다. 이것 못지않게 중요하면서도 나의 개인적 명예와 연관된 과제로는 정부 측 게놈 연구자들의 거듭되는 공격과 비난을 확실히 잠재우는 일이었다. 게놈 경쟁을 끝내고 각자의 연구 분야로 돌아간 뒤에도 인간 게놈을 해독했다는 영예를 독차지하려는 이들은 나에 대한 비난의 강도를 더욱 높였다.

가장 악명 높은 사례는 2002년 4월에 〈분자생물학회지Journal of Molecular Biology〉[1]에 실린 '인간 게놈 프로젝트: 참가자의 관점'일 것이다. 필자는 워싱턴 대학교의 메이너드 올슨이었다. 그는 동료들에게 '게놈 프로젝트의 양심'[2]으로 칭송 받던 인물이었다. 그는 내게서 영예를 빼앗아 자기 동료들에게 넘겨주기 위해 '벤터의 방법이 전적으로 새로운 것인가'라는 낡은 질문을 다시 들고 나왔다. "벤터는 자신이 전체 게놈 염기서열 분석을 '발명'했다고 주장했지만 이것은 유전자가 거의 반복되지 않는 작은 박테리아 게놈을 해독하는 프로젝트를 토대로 하고 있다." 이어서 그는 내가 거짓말을 했다고 주장했다. "1998년 6월에 벤터가 공언한 것과 반대로, 셀레라는 데이터를 완전히 비밀에 부쳤다." 하지만 올슨이 인정한 것이 있기는 하다. "셀레라의 참여로 인간 게놈 염기서열의 해독이 2년쯤 앞당겨진 것은 분명한 사실이다."

그즈음 우리는 랜더와 설스턴, 워터스턴의 〈국립과학아카데미 회보〉 논문에 대한 반박 논문[3]을 작성했다. 그들은 나의 전체 게놈 산탄총 방식이 실패했으므로 자기들만이 인간 게놈 해독의 영예를 차지해야 한다고 주장했다.[4] 우리의 반박 논문에 대해 랜더 패거리는 과학적 검증을 받지 않은 한 논문[5]에서 교묘한 논리를 내세우며 같은 주장을 되풀이했다. 랜더에게 가장 화가 난 것은 TIGR와 셀레라에서 게놈을 조합한 컴퓨터 과학자 그레인저 서튼이었다. 생물학자이기 때문에 수학과 컴퓨터에는 문외

한인 설스턴과 워터스턴이야 셀레라의 업적을 이해하지 못할 수도 있지만 랜더가 그럴 리는 없었기 때문이다. 랜더는 수학적 소양이 풍부했다. 게다가 그의 연구진은 우리 연구에 토대를 둔 전체 게놈 산탄총 조합기인 '아라크네'를 개발하기도 했다.

그레인저 서튼은 오래전에 휴전이 이루어진 줄로만 알고 있었다. 〈국립과학아카데미 회보〉 논문이 발표되기 전인 2001년 6월, 클린턴 대통령의 주도로 셀레라와 국제 인간 게놈 컨소시엄의 전산생물학자들이 중립 지대(메릴랜드 체비체이스의 하워드휴즈 의학연구소)에 모여 염기서열 분석과 조합 방법을 논의했다. 〈뉴욕 타임스〉는 모임의 분위기를 이렇게 전했다. "양 진영의 지도자들이 빠진 상태에서, 전산생물학자들이 진행한 회의는 화기애애한 분위기였다."[6] 서튼은 공개 데이터를 전혀 이용하지 않고 인간 게놈을 재조합했으며 결과도 훨씬 훌륭했다는 사실을 발표했다. 그는 계속되는 공격에 격분했다. 논문의 결론은 1년 전 체비체이스에서 제시한 데이터로 이미 논박된 바 있다. "우리는 전체 게놈 산탄총 방식이 얼마나 뛰어난가에 대해 매우 설득력 있는 자료를 제시했다."

그즈음 정부 진영에도 이런 생각에 동조하는 인물이 나타나기 시작했다. 캘리포니아 대학교 산타크루즈 캠퍼스의 제임스 켄트James Kent가 그 가운데 하나였다. 건장한 체구에 수염을 기른 켄트는 정부 진영의 스타였다. 그가 혼자 힘으로 작성한 '기그어셈블러' 프로그램은 펜티엄III 컴퓨터 100대로 4주 만에 게놈을 조합해냈다. 그가 아니었으면 백악관 발표 시점을 맞출 수 없었을 것이다. 게다가 그는 아직 대학원생에 지나지 않았다.[7] 나는 그의 성과에 깊은 감명을 받았다.

켄트는 〈국립과학아카데미 회보〉 논문의 결론에 동의하지 않았다. 정부와 셀레라의 데이터가 일치하지 않음을 볼 때[8]—이때는 우리가 생쥐 게놈을 해독하기도 전이었다—"랜더 등이 〈국립과학아카데미 회보〉 논문에서 제시한 정부 데이터의 재구성이 완전히 옳을 수는 없다"는 사실이 분명하기 때문이다. 그는 이렇게 결론 내렸다. "셀레라의 조합기가 우리 것보다 전반적으로 더 뛰어났다고 말해야 마땅하다고 생각한다. (그들이 자기들의 데이터 말고도 우리의 모든 데이터에 접근할 수 있었기 때문이라고 생각하는 이들도 있을 것이다.)" 그는 (우리 방식과 놀랍도록 닮은) 랜더의 아라크네 조합기가 "셀레라의 기술이—어느 정도 한계는 있지만—기본적으로 매우 훌륭하게 작동한다는 또 다른 증거"라고 덧붙였다.

인간 게놈에 이어 생쥐 게놈을 해독할 때는 젠뱅크의 제한된 정부 데이터를 무시하고 우리의 산탄총 데이터만 이용했다. 덕분에 우리가 이룬 성과에 대해 또 다른 궤변이나 왜곡을 겪지 않을 수 있었다. 조합기의 성능이 향상된 덕에 우리는 인간 게놈보다 더 뛰어난 결과를 얻을 수 있었다. 당시 G5의 일원이던 아리스티데스 파트리노스는 랜더 등이 쓴 〈국립과학 아카데미 회보〉 논문을 되돌아보면서 이런 결론을 내렸다. "참 안타까운 일이었다. 그 방식은 성공적이었다. 같은 방식을 생쥐에 이용함으로써 그 사실은 훌륭히 입증되었다." 오랜 적수인 마이클 모건조차 이렇게 말했다. "확실한 자신이 없을 때는 누군가를 쏘지 마라. 역공을 당하기 마련이니 말이다. 이 논문들은 모두 어떤 식으로든 역공을 당했다."

우리가 두 번째 반박 논문[9]을 발표할 때는 (늘 그랬듯이) 학문적 논쟁에서 이기는 방법은 데이터뿐이라는 생각이 들었다. 나는 ABI의 마이클 헌커필러에게 연락을 취했다. 그 또한 끈질긴 비난에 진절머리가 났기 때문에 사태를 바로잡고 싶어 했다. 나는 데이터 공개를 놓고 애플러와 토니 화이트에게 호되게 당한 적이 있기 때문에 ABI로부터 DNA 분석기 3,000만 달러어치를 사들이면서 법적 구속력이 있는 계약을 덧붙였다. 우리가 셀레라의 데이터를 발표할 수 있으며 아무 제한 없이 공개할 수 있다고 명시한 것이다. (2005년, 셀레라는 게놈 정보 판매를 중단하고 데이터를 모두 공개하기로 했다.) 또한 우리 연구소는 연구 목적으로 인간 게놈 데이터의 온전한 사본을 얻기로 했다. 계약이 성사되자 우리는 셀레라에 남아 있는 연구자들과 협력해 셀레라의 전체 게놈 조합을 ('완성된' 정부 데이터를 비롯한) 기타 게놈 데이터와 비교했다.

유진 마이어스 팀의 선임 팀원이던 소린 이스트라일Sorin Istrail이 셀레라 생물정보학 팀을 이끌고 있었다. 이번 공동연구는 그가 주도했다. 분석 작업은 1년 넘게 걸렸으며 새로운 컴퓨터 프로그램도 많이 개발해야 했다. 전체 인간 게놈을 비교한 것은 이번이 처음이었다. 나는 〈국립과학아카데미 회보〉 편집장에게 우리 계획을 설명했다. 우리가 데이터를 모두 공개하고 있다고 하자 그는 반색하며 우리 논문이 완성되면 회보에 싣겠다고 말했다. 그는 논란의 종지부를 찍는 일에 동참하고 싶어 했다.

데이터는 확실했으며 전체 게놈 산탄총 조합 방식이 정확하다는 사실을 입증했다. 2004년 초에 이 연구가 발표되자 나는 정부 게놈과 민간 게놈을 정확하게 비교할 수 있었다. 셀레라의 결과는 순서와 방향이 더 정확한 반면 정부 컨소시엄의 염기서열은 반복 서열을 더 효과적으로 처리했다. 정부와 웰컴 트러스트의 지원을 받는 연구소들은 약 1억 달러를 들여서 4년에 걸쳐 게놈 염기서열을 다듬었다(정확한 수치는 알 수 없다). 이번 비교 작업은 정부 데이터가 품질이 향상될수록 품질과 정확도(순서와 방향) 면에서 셀레라의 독자적인 조합에 차츰 가까워졌다는 사실을 입증했다. 셀레라 게놈 조합은 2004년에 정부 프로그램에서 〈네이처〉[10]에 발표한 '최종' 게놈에 남아 있던 빈틈을 상당수 메웠다. 우리는 언론에 공표하지 않은 채 논문을 발표했다. 하지만 데이터는 그 자체로 충분히 설득력이 있었다.[11]

■ 한 사람의 게놈을 해독한다는 것

마침내 공공연한 싸움이 끝나자 나는 인간 게놈 연구의 새로운 국면을 준비했다. 인간 게놈 조합 분석 논문이 발표된 이후 유전체학진흥센터(현재는 5곳의 비영리 단체 가운데 3곳을 합쳐 '벤터연구소'로 이름을 바꾸었다) 연구진은 한 사람의 게놈을 해독해 분석했다. 그 한 사람은 바로 나였다. 나 자신을 선택한 이유는 자만심 때문이 아니라 학문적 의의 때문이었다. 셀레라 데이터를 비롯해 이전의 혼합된 게놈은 개인별 차이를 지나치게 과소평가했다. 정부 게놈은 소수의 사람들에게 얻은 조각(클론)을 짜깁기했기 때문에 유전자 변이가 관찰되지 않았다. 반면 셀레라 게놈은 나를 비롯한 5명의 게놈을 고루 섞었다. 우리는 승자독식 전략을 썼다. 각 부위마다 가장 많은 사람이 공유하는 서열을 게놈으로 만든 것이다. 이 때문에 '인델(indel, insertion deletion polymorphism. 삽입/결손 다형성)', 즉 유전부호에서 염기가 하나 이상 바뀐 부위로 인한 변이가 누락되었다. 한 사람에게서 주요한 삽입이나 결손이 발생하더라도 이것이 염기서열 대부분에서 일어나지 않을 경우 조합 프로그램은 이 변화를 기록하지 않았다.

다시 말해서 2000년 6월에 팡파르를 울리며 화려하게 공개한 게놈은 둘 다 게놈의 핵심 요건을 충족시키지 못한 셈이었다. 여러 사람의 DNA를 섞거나 짜깁기한 탓에 암이나 심장 질환 등을 일으키는 개인별 차이를 알 수 없게 되었기 때문이다(물론 단일염기다형성을 표시하려는 시도는 있었다). 이전의 게놈들은 한 사람의 유전부호 사본 하나에만 초점을 맞추었다. 하지만 우리는 부모 양쪽으로부터 사본을 2개 물려받는다. 아버지 유전자가 우성인 경우도 있고 어머니 유전자가 우성인 경우도 있다. 인간 염기서열의 실제 모습을 가장 정확하게 표현하려면 유전부호를 30억 개가 아니라 60억 개 모두 살펴보아야 했다.

우리는 해밀턴과 내가 첫 염기서열 분석 기증자라는 사실을 발표한 적이 없다. 하지만 비밀에 부치려고 애쓰지도 않았다. 〈60분〉에서 게놈 경쟁을 취재할 때 내가 DNA 기증자라는 사실이 드러났다. 하지만 내 게놈이 실제로 기삿거리가 된 것은 〈뉴욕 타임스〉의 니컬러스 웨이드가 나의 새 연구소에 대해서 인터뷰를 했을 때였다. 인터뷰가 끝난 뒤 나는 우리 대화를 까맣게 잊고 있었다. 그런데 다음 주 토요일 아침에 배달된 〈뉴욕 타임스〉의 1면 머리기사 제목은 '과학자가 밝힌 게놈의 비밀: 게놈은 자신

• 실명 유전자 •

언론에서는 내 게놈에서 발견된 몇 가지 실망스러운 특징을 흥밋거리로 보도했다. 한 신문의 1면 기사에는 이렇게 쓰여 있었다. "〈월스트리트 저널〉의 요청에 따라, 벤터 박사 측 관계자들은 그의 몸에서 건강상의 위험과 관련된 특정 유전자를 검사했다. 화상회의에서 검사 결과를 논의하던 중에 벤터 박사는 자신에게 실명 위험을 높이는 유전자가 있다는 사실을 알게 되었다. 자기 자신의 DNA를 연구하다 보면 이런 일을 당하기도 한다."[13]

신문에 따르면, 보체인자H(CFH, Complement Factor H)라는 이름의 유전자에서 염기 하나('rs 1061170'이라는 SNP)가 변이를 일으킨 탓에 황반변성의 위험성이 매우 높아졌다고 한다. 이 흔한 질병은 망막 중심부를 변성시켜 중심 시력에 치명적인 손상을 입힌다.

CFH 유전자 사본 2개에서 이런 식으로 돌연변이를 일으킨 것은 하나뿐이다. 덕분에 황반변성의 위험은 3~4배밖에 높아지지 않았다. 사본 둘 다 돌연변이를 일으켰다면 10배가 넘었을 것이다.

이전 연구에 따르면, CFH 유전자는 혈관이 감염되거나 손상되지 않도록 보호하는 역할을 한다. 따라서 이 유전자가 돌연변이를 일으키면 염증이 일어나 실명에 이를 수도 있다. CFH는 보체 계통complement system의 활성화를 조절한다고 알려져 있다. 인체의 1차 방어 계통(선천 면역 계통, innate system)인 이들 단백질 군집은 외부 침입자는 공격하지만 건강한 세포, 즉 '자기 자신'은 거의 공격하지 않는다.

의 것이었다' [12]였다. 정확한 제목은 아니었다. 하지만 이를 보면 〈뉴욕 타임스〉에서 기사화하기 전까지는 이 사실이 기삿거리가 아니었음을 알 수 있다.

셀레라의 염기서열은 대부분 내 게놈이다. 14장에서 언급했듯이 게놈 조합 팀은 5개의 게놈 가운데 1개를 주로 처리하고 싶어 했다. 그래야 게놈을 정확하게 조합할 수 있기 때문이다. 해밀턴의 DNA는 50킬로베이스 도서관의 품질이 가장 훌륭했다. 하지만 2킬로베이스와 10킬로베이스 범위에 속하는 초기 염기서열 분석 도서관의 경우는 내 게놈의 품질이 가장 뛰어났기 때문에 이들 도서관을 3배수 염기서열 분석 범위로 선택했다. 전체적으로 보면 내 DNA가 셀레라 최종 게놈의 60퍼센트를 차지하는 셈이다.

한 사람의 게놈을 해독하는 일은 유전체학의 여느 분야와 마찬가지로 논쟁을 불러일으켰다. 셀레라 과학자문위원회는 기증자의 신원이 밝혀지기는 걸 달가워하지 않았다. 아서 캐플런은 이 프로젝트를 무명용사의 묘지에 비유했다. 알려고 들지 말라는 뜻이다. 하지만 현대의 군사적 DNA 감식 연구의 요점은, 앞으로는 결코 '무명용사'를 만들지 않겠다는 것이다. 심장 이식에서 시험관 아기까지, 예전의 숱한 의학 논쟁에서처럼 사람들의 태도는 시간이 지나면서 급변해 왔다. 이를 가장 잘 보여주는 것은 제임스 왓슨이 454라이프사이언스를 통해 자기 게놈을 해독하겠다고 발표한 사실이다. 이 신생 벤처 기업은 '고도 병렬 염기서열 분석pyro-sequencing'을 개발한 스톡홀름의 마티아스 울렌Mathias Uhlen의 선구적인 업적을 토대로 분석기를 만들어낸 곳이다.

게놈 프로젝트에 내 게놈이 쓰였다는 사실이 밝혀진 이후, 만나는 사람마다 내 게놈 염기서열에서 무엇이 발견되었냐고 물었다. (내 유전부호 가운데 60억 염기쌍이 모두 해독된 것은 2006년 들어서였다.) 2007년 9월 4일, 우리는 최초의 인간 두배수체diploid 게놈 염기서열을 무료 학술지인

· 암과 게놈 ·

많은 이들은 종양을 일으킬 가능성이 높은 돌연변이를 지니고 태어난다. 일반적으로 유전자의 행동을 급격히 변화시킬 수 있는 SNP가 있는 반면, 어떤 SNP는 개인의 유전적 배경이나 환경과 결합해 미묘한 방식으로 질병의 가능성에 영향을 미치기도 한다(예를 들어 어떤 유전자는 흡연자에게는 폐암 위험도를 높이지만 비흡연자에게는 아무런 영향을 미치지 않는다). 전혀 영향을 미치지 않는 SNP도 있다(비캬기능 SNP).

유전자는 단백질을 부호화한다. 위의 세 가지 유형 가운데 가장 흥미로운 SNP는 단백질 구조를 바꾸고, 이를 통해 아미노산 구성물 가운데 하나를 변형시킴으로써 어떤 작용을 일으키는 SNP다. 이들을 '비캬동일 SNP(nonsynonymous SNP)'라 한다. 다행히 내 게놈에서 암과 연관된 네 유전자(Her2 · Tp53 · PIK3CA · RBL2)의 돌연변이를 조사한 결과, 질병을 일으키지 않는 것으로 알려진 비동일 SNP가 2개, 어떤 영향을 미치는지 밝혀지지 않은 새로운 SNP가 2개 나왔다. 이 새로운 SNP 가운데 하나는 '보존 부위conserved position'에 있는 PIK3CA에서 발견된다. 보존 부위는 단백질이 변이를 거의 일으키지 않는다. 이 부위가 중요한 역할을 하고 있기 때문일 것이다.

이런 점들이 내 질병 위험성을 높이는지에 대해서는 아무 자료도 없다. 하지만 PIK3CA는 '지질 키나아제'라는 단백질을 부호화하는 유전자 군에 속한다. 지질 키나아제는 지방 분자를 변형시켜 세포가 자라고, 모양을 바꾸고, 이동하도록 하는 효소다. 직장결장암 · 위암 · 아교모세포종glioblastoma의 30퍼센트에서 PIK3CA 돌연변이가 나타난다고 알려져 있다. 비율은 낮지만 유방암과 폐암에서도 발견된다. PIK3CA 돌연변이는 뇌종양에서도 동시에 일어날 수 있다. 나는 이 SNP를 좀 더 자세히 살펴볼 생각이다.

〈공공과학도서관 생물학PLoS Biology〉[14]에 발표했다. 하지만 나는 내 유전 정보가 인터넷을 통해 전 세계에 알려지는 일이 두렵지 않았다. 내가 줄곧 주장했듯이—그리고 이 책에서 내내 밝혔듯이—게놈에서 알 수 있는 해답은 극히 일부에 지나지 않는다. 우리가 말할 수 있는 건 확률뿐이다. 유전자의 의미에 대한 큰 그림을 그린 다음에야—이 일은 수십 년이 걸릴 것이다—우리는 유방암이나 결장암 가능성이 35퍼센트라느니 하는 말을 할 수 있을 것이다.

내 게놈에서 가장 실망스러운 특징이 발견된 것은 2005년이었다. 나는 흑색종과 바닥세포암종이라는 두 가지 피부암 진단을 받았다. 다행히 둘 다 일찍 발견되었다. 하지만 종양을 일으킨 유전자 변이를 분석하기에는 조직의 양이 충분하지 않았다. 내 게놈이 이들 세포 안에서 제멋대로 활동하고, 내 DNA가 이를 방치해서 내 세포가 몸 전체의 건강을 생각하지 않고 증식하기 시작하는 과정을 살펴볼 수 있었다면 무척 흥미로웠을 것이다.

하지만 나도 대충은 알고 있다. 암은 유전적 결함이 쌓여 생기는 것으로 여겨진다. 유력한 주장 하나는, 이들의 영향이 대부분 조직과 기관에 세포 유형을 공급하는 줄기세포에서 나타난다는 것이다. 결장암의 첫 단계는 'ras'라는 성장 유전자에 결함이 생긴 탓에 세포가 증식해서 폴립polyp을 형성하는 '전암성 성장'이다. 일반적으로 폴립 안에 있는 또 다른 성장 조절 유전자가 손상을 입는다. 종양이 커짐에 따라 돌연변이는 더 많이 일어난다. 이는 확률 자체가 커지기 때문이기도 하고, 세포가 빨리 증식할수록 돌연변이가 일어날 가능성이 커지며 DNA 오류 비율을 증가시키는 '돌연변이' 유전자까지 생길 수 있기 때문이다. 이러한 암의 '다중 타격multi-hit' 모델을 제시한 사람은 나와 공동연구를 한 적 있는 존스홉킨스 대학교의 버트 포겔슈타인이다. 포겔슈타인은 현재 세계에서 가장 뛰어난 암 연구자일 것이다. 벤터연구소에서는 로버트 스트로스버그의 지

• 염기서열 분석과 암 •

미래에는 의사가 '환자 맞춤형 의약품'을 처방할 것이다. 한 연구에서는 신세대 DNA 분석기를 통해 어떤 폐암 환자가 신약에 반응하는지 예측할 수 있었다. 비소캬小세포폐암은 전 세계 암 사망의 주요 요인이다. 이전 연구에 따르면, 비소세포폐암 환자 가운데 약 4분의 1의 종양세포에서 표피성장인자 수용체(EGFR, epidermal growth factor receptor) 유전자의 사본이 더 많이 발견된다고 한다. 이 때문에 게 피티닙(gefitinib. 제품명은 '이레사'—옮긴이)과 엘로티닙(erlotinib, 제품명은 '타세 바'—옮긴이) 같은 차단제 약물에 반응할 가능성이 더 크다. 454라이프사이언스는 데이너파버암연구소, 브로드연구소와 함께 454분석 방식을 이용해—한 번에 DNA 염기서열 수십만 개를 생성할 수 있다—폐암 환자 22명의 종양 샘플에서 EGFR 유전자 돌연변이를 분석했다. 이를 통해 가장 효과를 볼 수 있는 환자에게 EGFR 차단 제를 맞춤 처방할 수 있게 되었다.

휘 아래 여러 훌륭한 연구진과 대규모 공동연구를 진행했다. 포겔슈타인 연구진과는 종양세포 유전자의 체세포 변이를 연구했다. 체세포 변이가 일어나는 까닭은 독소나 방사선처럼 비非생식세포의 유전자에 돌연변이 를 일으킬 수 있는 환경 요인 때문이다. 이로 인해 암이 발병할 수도 있다. 하지만 이것은 비非유전성 암이기 때문에 후손에게 전해지지 않는다.

부모에게 물려받은 유전적 결함 때문에 생기는 암은 3~5퍼센트밖에 되지 않는다. 나머지 95~97퍼센트는 체세포 유전자 변이 때문에 발병한 다. 많은 연구진이 암의 원인과 연관된 유전자 변이를 들여다보고 있다. 하지만 우리가 주안점을 두고 있는 건 종양을 효과적으로 치료할 수 있는 지 알려주는 유전자 변이다. 티로신 키나아제 수용체는 우리 세포의 핵심

적인 세포 성장 조절 단백질이다. 최근에 개발된 매우 효과적인 암 화학
요법제는 티로신 키나아제 수용체를 차단할 수 있다. 하지만 이 치료법의
효과는 수용체 유전자에 들어 있는 돌연변이 유형에 따라 달라진다. 따라
서 우리는 티로신 키나아제 수용체군에서 체세포 돌연변이를 찾기 위해
유전자를 분석했다. 오래 들여다볼 필요도 없었다. 우리는 첫 번째 연구
에서 뇌종양 유전자를 검사해서 금세 독특한 돌연변이를 여럿 찾아냈다.
이제 유방암과 결장암을 비롯한 다른 종양으로 연구를 확대하는 중이다.

■ 산탄총 기법으로 발견한 '생명의 바다'

나의 새 연구실에서는 분석기가 내 게놈을 분석하고 있었다. 하지만 나
는 내 삶의 두 가지 주요 관심사인 과학과 항해를 결합시키는 프로젝트에
마음이 쏠렸다. 개념은 간단했다. 바닷물을 떠온다. 미세한 구멍이 나 있
는 필터로 물속에서 헤엄치고 있는 미생물을 모두 건져낸다. 이들에게서
한꺼번에 DNA를 분리한다. 이 DNA에서 산탄총 염기서열 분석 도서관을
만든다. 염기서열을 한 번에 수십억 개씩 해독한다. 이 염기서열을 염색
체와 염색체 조각으로 조합한다. 마지막으로 유전자와 대사경로의 염기
서열을 분석해서 정확히 어떤 생물이 살고 있는지 알아낸다. 우리는 특정
생물을 찾는 게 아니라 바닷물 한 방울에 들어 있는 다양한 미생물, 즉 바
다 자체의 게놈을 한눈에 포착하고 싶었다.

이는 내 연구의 연장선 위에 놓여 있었다. 즉, EST에서 출발하여 전체
게놈 산탄총 방식을 거쳐 역사상 처음으로 생물의 게놈을 해독하고 인간
게놈을 해독한 다음 단계인 것이다. 앞선 프로젝트들과 마찬가지로 사람
들은 이번에도 의혹의 눈초리를 보냈다. 많은 이들이 바닷물을 산탄총 방
식으로 분석할 수는 없다고 말했다. 바닷물 속에는 수많은 종이 뒤섞여

있기 때문이라는 것이다. 조각 그림 맞추기 비유를 다시 들자면, 이 프로젝트는 수천 개의 다른 퍼즐을 죄다 섞은 다음 각 퍼즐을 한꺼번에 맞추는 것과 같았다.

하지만 TIGR에서 초창기에 실시한 게놈 염기서열 분석 실험에 따르면, 우리 컴퓨터 프로그램은 복잡하게 뒤섞인 염기서열 속에서 온전한 게놈을 하나 이상 정확하게 조합할 수 있었다. 1996년에 우리는 환자에게서 분리한 박테리아 샘플을 받았다. 우리는 폐렴 연쇄구균으로 추정된 그 박테리아의 게놈을 분석했다. 그런데 분석기에 나타난 박테리아 게놈은 하나가 아니라 둘이었다. 둘은 별개의 종이었지만 매우 비슷했다. 그 일을 비롯해 수많은 경험을 쌓은 덕에—우리는 2,700만 개나 되는 인간 DNA를 인간 염색체로 조합하기도 했다—나는 고유의 게놈 염기서열에는 고유의 수학적 염기서열 조합이 있다는 확신을 얻었다.

에너지부 연구비 심사위원회를 설득해 시험용 해양 프로젝트를 지원하도록 하기 위해 나는 간단한 시연을 해 보였다. 해독된 박테리아 게놈—당시 100개 정도 되었다—을 모두 가져와 이들의 염기서열을 1,000염기쌍도 안 되는 작은 조각으로 쪼갰다. 그 다음 조각을 모두 모아 게놈 분석기에 넣고 돌렸다. 데이터를 검사해보니 염기서열은 우리 알고리듬에 따라 각 게놈으로 정확하게 재구성되었다. 잘못된 조합은 전혀 없었다. 심사위원회는 깊은 인상을 받았다. 하지만 이 과정이 바다에도 적용될지는 확신하지 못했다.

나는 실제 시험을 수행하기 위한 테스트 실험을 해보기로 했다. 이번에도 우리 재단에서 자금을 댔다. 나는 버뮤다 생물학연구소 소장 앤서니 H. 냅Anthony H. Knapp에게 연락을 취했다. 그는 우리 연구소의 제프 호프먼Jeff Hoffman에게 사르가소 해의 바닷물 샘플을 건네주었다. 우리가 사르가소 해를 선택한 이유는 이곳이 바다의 사막으로 알려져 있기 때문이었다. 사르가소 해에는 영양물질이 거의 없기 때문에 미생물도 거의 살지 않았다.

첫 번째 샘플에서 미생물이 들어 있는 필터를 염기서열 분석 실험실에서 처리해 데이터를 검사했다. 나는 쾌재를 불렀다. 현대 과학도 거의 알지 못하는 세계로 들어가는 문을 열어젖힌 것이다. 햇빛이 닿는 표면부터 어두운 바다 밑바닥까지, 상상도 못했던 엄청난 '생명의 바다'가 펼쳐져 있었다. 우리는 단세포 생물 약 10^{30}개체, 바이러스 약 10^{31}개체, 모두 합쳐 1,000,000,000,000,000,000,000,000,000,000개체를 발견했다. 지구상의 모든 사람의 몸에 수백만 가지의 고유종 또는 10억×1조 개체의 생물이 살고 있는 셈이다.

과학의 영역에서 우리가 알 수 있는 건 눈으로 보거나 측정할 수 있는 것뿐이다. 미생물의 경우, 우리는 배양할 수 있는 종류에 대해서는 많은 것을 알고 있다. 문제는 분리해서 배양할 수 있는 미생물이 극소수라는 점이다(1퍼센트도 안 된다). 실험실에서 기를 수 없는 나머지 99퍼센트에 대해 우리는 사실상 아무것도 모른다. 이들은 아예 존재하지 않는다고 말해도 지나치지 않다. 나는 나의 산탄총 기법이 우리가 그동안 몰랐던 나머지 99퍼센트를 밝혀낼 수 있다는 사실에 흥분하지 않을 수 없었다. 이제 우리는 바다의 부호를 해독할 수 있게 되었다. 이것은 바다마다 다르다. 해저의 유황 분출구인지, 부드러운 산호밭인지, 해저 화산 꼭대기인지에 따라서도 다르다.

그 이후로 우리는 새로운 종을 수만 종이나 찾아냈다. 이 가운데 상당수는 신기한 특징을 지니고 있었다. 우리는 바닷물 표층수 200리터에서 새로운 생물을 130만 종 이상이나 발견했다. 첫 샘플에서만도 지구상에서 알려진 유전자 개수가 2배로 늘어난 셈이었다. 세계에서 영양물질이 가장 빈약한 바닷물에서 이렇게 엄청난 생물이 발견됨으로써 진화생물학은 커다란 과제를 안게 되었다.

이 연구는 현실에도 적용될 수 있다. 우리가 분리한 단백질 가운데 약

2만 종은 수소를 처리했다. 새로 발견된 유전자 300종은 빛 에너지를 활용할 수 있었다. 이로 인해 지금껏 학계에 알려진 광수용체(photoreceptor, 일종의 시각세포) 수가 4배로 늘었다. 그렇다면 빛과 관련된 새로운 생물학을 통해 사르가소 해의 생물 다양성이 이례적으로 높은 이유를 해명할 수 있을지도 모른다.

사르가소 해에서 계속 샘플을 모을 수도 있었지만, 나는 세계 방방곡곡에서 더 큰 생물 다양성을 확인하고 싶었다. 이렇게 해서 '마법사 2호' 탐사가 시작되었다. 벤터연구소 기금·고든앤드베티무어재단·에너지부·디스커버리채널에서 이번 탐사를 후원했다. 요트는 세계 일주에 맞게 특별히 손을 봤다. 덕분에 바다를 동분서주하며 밤낮으로 샘플을 모을 수 있었다. 이번 '발견―어떤 면에서는 자아 발견이기도 했다―항해'는 환경유전체학environmental genomics[15]이라는 새로운 분야로 이어졌다. 이 분야는 참신하고 흥미진진하다는 찬사를 듣고 있다. 그 결과는 인간 게놈 해독이 미친 장기적 영향에 필적하리라 생각한다.

마법사 2호가 2년간 캐나다 노바스코샤 주 핼리팩스에서 열대 태평양 동부까지 종횡무진하며 바닷물 샘플을 모으는 동안, 나도 수시로 선원 노릇을 했다. 파나마 운하에서 코코스제도를 거쳐 갈라파고스로 내려가는 항로는 내게 특별한 의미가 있었다. 나는 유전체학을 연구하는 동시에 이 책을 쓰고 상어와 헤엄쳤다. TV 카메라가 나의 일거수일투족을 담았다. 19세기 비글 호와 챌린저 호의 여정에서 영감을 얻은 이번 항해는 매우 흥미진진한 경험이었다.

우리는 DNA를 수집하기 위해 370킬로미터마다 바닷물 샘플을 뜬 다음 필터 크기를 줄여가며 박테리아와 바이러스를 걸러냈다. 필터는 배 안의 냉장고에 보관했다가 해독을 위해 록빌까지 항공기로 운송했다. 록빌에서는 시부 요세프Shibu Yooseph가 이끄는 연구진이 엄청난 컴퓨터 성능을 동원해서―여기에는 영화 〈슈렉〉을 만들고 수소폭탄 모의실험을 수행한 슈퍼컴퓨터도 포함되어 있었다—산탄총으로 쪼갠 엄청난 양의 미생물 DNA 데이터를 재구성해 분석했다. 시부 요세프는 DNA 조각을 나머지 모든 조각과 비교해서 관련된 염기서열 다발을 만들고, 데이터에 어떤 단백질이 들어 있을지 예측했다.

라 호야의 소크연구소에서는 제라르 매닝Gerard Manning이 같은 데이터를 Pham과 비교했다. Pham은 알려진 모든 단백질군을 표시해 놓은 염기서열 집합이다. 여기에는 타임로직 사에서 개발한 '가속기accelerator' 하드웨어를 이용했다. 제라르 매닝 연구진은 데이터 비교를 3억 5,000만 번 정도 수행했다. 지금까지 수행된 비교 횟수보다 10~20배나 많은 것이었고, 최종 연산에는 두 주가 걸렸다. 일반 컴퓨터로는 100년도 더 걸렸을 것이다. 데이터에서는 놀랄 만한 사실들이 발견되었다. 2007년 〈공공과학도서관 생물학〉에 발표한 논문 3부작에서 더그 러슈Doug Rusch가 이끄는 우리 연구진은 미생물 400종, 유전자 600만 개를 새로 발견했다. 당시까지 학계에 보고된 전체 개수에 육박하는 것이었다.[16]

이번 탐사는 '생명의 나무'에 대한 통념을 무너뜨렸다. 그동안 사람의 눈에서 빛을 감지하는 단백질 색소는 비교적 드문 것으로 여겨졌다. 하지만 우리 탐사 항해에서 밝혀진 바에 따르면, 해수면에 사는 모든 생물은 가시광선을 감지하는 프로테오로돕신proteorhodopsin을 생산한다. 미생물은 광합성을 하지 않고서도 이 단백질을 통해 식물처럼 햇빛을 이용할 수 있다. 이들은 '빛을 거두어들이는' 수단을 이용해, 대전帶電된 원자를 나름의 태양 전지에 집어넣는다. 전지는 환경에 따라 푸른색을 띠기도 하고 초록색을 띠기도 한다. 사르가소 해 같은 남색의 외해에서는 푸른색 변이형이 우성이고, 가까운 근해에서는 초록색 변이형이 주로 서식한다.

세계 일주를 하면서 우리는 새로운 단백질을 발견했다. 이들은 자외선으로부터 미생물을 보호하거나 자외선으로 손상된 세포를 복구한다. 어떤 단백질 속성은 뭍보다 바다에서 더 흔하다는 사실도 알아냈다. 예를 들어 물을 좋아하는 그람 양성균Gram-positive bacteria은 포자가 단단하기로 유명하다. 하지만 바다에 사는 유사종에서는 이런 특징을 찾아볼 수 없다. 채찍처럼 생겼고 박테리아를 앞으로 밀어내는 역할을 하는 긴털단백 flagella과 박테리아 사이의 유전물질 교환(미생물의 섹스라고 할 수 있다)에 쓰이는 짧은털단백pili 또한 바다에서는 흔히 볼 수 없다.

이 밖에도 생물계 어느 한쪽에만 들어 있다고 생각되던 단백질 상당수가 실제로는 더 널리 퍼져 있다는 사실도 놀라웠다. 질소대사에서 핵심적인 역할을 하는 단백질인 글루타민 합성효소(GS, glutamine synthetase)를 예로 들어보자. 우리는 GS 또는 유사 GS 염기서열을 9,000개 이상 발견했다. 이들 상당수는 제2형 GS(이 단백질의 세 가지 기본 유형 가운데 하나)의 특징을 지니고 있었다. 이것은 예상치 못한 발견이었다. 제2형 GS는 우리가 분석한 필터에 들어 있던 박테리아나 바이러스 등의 '단순한' 생명체가 아니라 사람과 같은 진핵생물세포와 더 밀접하게 연관되어 있기 때문이다.

우리가 연구한 단백질 가운데 특히 흥미로운 것은 키나아제였다. 키나아제는 인체에서 가장 기본적인 세포 기능을 상당수 조절한다. 이들은 인산염 화학물질군과 결합해 단백질과 세포 내 작은 분자의 활동을 조절한다. 이들은 중요한 역할을 맡고 있기 때문에 암 등의 질병을 치료하기 위한 핵심적인 연구 대상이다. 예전에는 생물계마다 다른 키나아제가 있는 줄 알았다. 인간의 세포는 진핵세포 단백질 키나아제(ePK, eukaryote protein kinase)를 이용하는 반면, 박테리아는 히스티딘histidine 키나아제를 이용한다고 생각되었다. 하지만 우리는 유사 ePK 키나아제가 박테리아에도 흔하다는 사실을 발견했다. 실제로는 히스티딘 키나아제보다 더 많았다. 또한 모든 키나아제군에서 열 가지 핵심 단백질이 모두 똑같은 특징을 지니고 있다는 사실도 밝혀졌다. 이로써 이들 특징이 키나아제의 핵심이라는 사실을 알 수 있었다. 이런 식으로, 아주 많은 생물이 공유하는 유전자 데이터를 일종의 타임머신으로 쓸 수 있다. 공통 조상에 들어 있던 키나아제를 찾아냈으니, 수십억 년 전에 생물이 세 가지 계로 나뉘기 전에도 이들 단백질군 가운데 몇 가지가 이미 존재했다는 사실을 추론할 수 있었다.

마법사 2호는 기후 변화에 대해서도 또 다른 흥밋거리를 던져주었다. 바다의 일부 구역에 사는 생물은 다른 곳에 사는 생물보다 체내에 탄소가 부족하다. 예전에는 이들 바다 생물의 개체 수가 해당 수역에 있는 영양 물질의 양에 따라 정해진다고 생각했다. 개체 수가 많은 까닭은 물속에 영양물질이 풍부하기 때문이라는 것이다. 하지만 현실은 그렇게 단순하지 않을지 모른다. 어떤 바다에서는 세균 바이러스(파지)가 실제로 미생물 개체 수를 적게 유지하는 듯하다. 이러한 연관성을 제대로 이해해 바이러스를 억제하거나 박테리아가 파지의 공격을 이겨내도록 저항력을 길러줄 수 있다면, 훨씬 많은 생물이 이산화탄소를 포집해 기후 변화를 줄일 수 있다. 새로운 발견은 놀라운 가능성을 낳는다.

■ 인공 게놈의 무한한 가능성

유전자 수백만 개를 새로 발견한 이후 우리는 진화의 새로운 국면을 열 도구를 만들기 시작했다. 미생물은 지구의 기후에 중요한 임무를 수행한다. 나무가 이산화탄소를 호흡할 수 있는 건 광합성 덕분이다. 바다도 마찬가지다. 하지만 여기에는 또 다른 메커니즘이 결부되어 있다. 화력발전소의 배출 조절 시스템에 살면서 이산화탄소를 빨아들이는 생물을 새로 만들 수는 없을까? 미생물과 이들의 독특한 생화학을 이용해 기후를 바꿀 수는 없을까? 지구의 허파, 미생물이 숨을 더 깊이 쉬도록 할 수는 없을까? 터무니없이 들리는가? 전혀 그렇지 않다. 우리가 숨 쉬는 산소는 20억 년도 더 전에 미생물 개체 수가 바뀌면서 생겨난 것이니 말이다. 이들 미생물은 중독을 피하기 위해 자신의 몸에서 산소를 없애야 했다. 그리고 이들의 '산소 노폐물'은 대기의 구성 성분이 되었다. 화석연료를 태울 때 발생하는 이산화탄소를 없애기 위해, 토양 미생물이 탄소를 더 많이 흡수하도록 만들 수도 있다. 지구의 허파를 이루는 미생물은 탄광이나 깊은 대수층帶水層, 사막에 밀집해 있을 것이다.

우선 이산화탄소 · 방사성핵종 · 중금속 등의 오염물질을 처리하는 미생물 · 나무 · 수많은 생물들의 게놈을 해독한다. 이러한 게놈 가운데 상당수는 (대부분 내 방법을 이용해서) 이미 해독되었으며, 또 이 가운데 상당수는 우리 팀에서 해독했다. 또한 나는 사르가소 해에서 이용한 방법을 확대해서 뉴욕 시민들이 숨 쉬는 맨해튼 공기를 조사했다. 뉴욕은 나의 '공기 게놈 프로젝트'를 위한 시험대가 되었다. 나는 이곳에서 우리의 허파를 쉴 새 없이 들고 나는 박테리아 · 곰팡이 · 바이러스를 밝혀낼 생각이다. 지금 이 책을 쓰는 순간에도 수많은 미생물이 해독되고 있다. 수많은 미생물에 대해 이렇듯 정보를 수집해 놓으면 공기질을 감시하고 생화학 테러를 예방하는 방법을 개발할 수 있다. 미생물의 특징과 정교한 화학 작용을 이용해 공기를 정화할 수도 있다.

우리는 지구 온난화 현상을 줄이는 데 효과적인 생물을 이미 많이 발굴해 놓았다. 이탄 늪에 사는 메틸로코쿠스 캡술라투스Methylococcus capsulatus는 온실 가스인 메탄을 순환시킨다. 로도프세우도모나스 팔루스트리스Rhodopseudomonas palustris는 흙 속에 살면서 이산화탄소를 세포물질로 바꾸고 질소를 암모니아로 전환하며 수소를 만들어낼 수 있다. 니트로소모나스 에우로파이아Nitrosomonas europaea와 노스토크 펀크티포르메Nostoc punctiforme도 질소고정에 한몫한다. 여러 바다 미생물 가운데도 탈라시오시라 프세우도나나Thalassiosira pseudonana는 탄소를 바다 깊숙이 끌어내린다. 이들은 모두 우리의 병든 지구를 치료하는 데 요긴하게 쓰일 수 있다.

이뿐만이 아니다. 현재 지식수준으로도 새로운 종의 염색체를 설계하고 화학적으로 조합해서 최초의 자기복제 인공생명체를 만들 수 있다. 그렇다면 새로운 대안 에너지원으로 쓸 수 있지 않을까? 생물 근본주의자들은 못마땅할 테지만, 생물학적 작용으로부터 유용한 산물을 만들어온 인류 역사와 다를 바가 무엇인가? 생명공학은 수천 년 전으로 거슬러 올라간다. 그 기원은 포도를 발효시켜 최초의 생물연료인 알코올을 만들어낸 것이다.

미생물이 석유화학산업에 혁명을 일으키리라는 증거가 이미 나타나고 있다. 듀퐁은 값싼 석유를 이용해 옷·양탄자·밧줄·방탄조끼에 쓰이는 중합체를 제조했다. 하지만 이제는 석유 대신 당을 흡수하는 가공 박테리아를 이용하는 상업적 실험의 최전선에 서 있다. 이 재생 가능한 탄소원은 식물이 공기 중의 이산화탄소를 고정하는 방법을 활용한다.

듀퐁의 과학자들은 팰로앨토의 지넨코어와 손잡고 대장균을 변형해서 포도당을 '프로판디올propanediol'이라는 화합물로 전환하는 실험을 하고 있다. 테네시의 공장에서는 수톤의 박테리아가 옥수수 당으로부터 화합물을 만들어 새로운 형태의 중합체, 소로나Sorona를 제조하고 있다. 이렇게 만든 섬유로 때가 안 타는 양탄자나 옷을 만든다. 이것은 시작일 뿐이다. 설탕에서 부탄·프로판·옥탄 같은 연료를 생산하는 박테리아를 만들 수 있다면 어떻게 될까? 게다가 이들이 섬유소(섬유소는 풀과 나무의 구조를 이루는 당 중합체다)를 이용하도록 만들 수 있다면? 이는 세상을 바꿀 수 있는 놀라운 기술이다. 지구의 석유 자원이 한정된 탓에 부가 불균등하게 분배되고 전쟁이 일어나며 국가 안보가 위협을 받고 환경이 오염되었다. 또한 허리케인에서 홍수와 가뭄에 이르기까지 온갖 기후 변화가 일어났다.

내가 맞춤형 게놈을 만들려고 시도한 것은 1995년부터다. TIGR에서 역사상 처음으로 게놈 두 가지를 해독한 다음, 우리는 단일세포가 살아가는 데 필요한 최소한의 유전자를 알아내기 위한 대규모 연구에 착수했다. 다음 단계는 생명에 필요하리라 생각되는 유전자만 담은 합성 염색체를 만드는 것이었다. 우리는 생명의 가장 기본적인 형태를 이해하면 생명체의 유전자 구조를 통제하는 수준이 한 단계 높아지리라 기대했다.

나는 이 대담한 계획을 진행하기 전에 게놈을 인공적으로 만드는 문제에 대해 윤리적 검토를 요청했다. 주요 종교에서 의견을 구했으며, 검토는 18개월이 넘게 걸렸다. 우리 방식은 과학적으로 적절했지만 수많은 우려를 낳았다. 기술의 잠재적 위험(생물 무기나 예상치 못한 환경 문제)뿐 아니라 생명의 의미 자체가 도전 받을 수 있기 때문이었다. 검토가 끝나갈 무렵, 나는 셀레라를 설립해 인간 게놈을 해독하기 시작했다. 인공게놈 연구는 뒤로 미뤄야 했다.

■ 첫 시도는 인공 바이러스

셀레라를 떠난 뒤에야 인공생명 문제를 본격적으로 파고들었다. 코네티컷 가 800번지의 오벌룸 레스토랑에서 일어난 사건은 다음 연구의 이정표가 되었다. 2003년 9월 3일 금요일, 아리스티데스 파트리노스가 긴급 점심 모임을 소집했다. 게놈 전쟁에서 휴전을 이끌어낸 인물인 그는 여전히 에너지부 생물학 부서에서 일하고 있었다. 참석자는 그의 상사인 에너지부 과학부장 레이먼드 리 오바흐Raymond Lee Orbach와 대통령 과학자문 겸 과학기술정책국장 존 H. 마버거John H. Marburger, 백악관 국토안보국의 생물테러 · 연구 · 개발부장 로런스 커Lawrence Kerr와 또 다른 에너지부 관료, 그리고 나였다. 놀라운 사실은 이런 거물들의 모임이 단 2시간 전에 계획되었다는 것이다.

그들은 에너지부의 후원을 받아 나의 생물에너지대안연구소(2004년에 벤터연구소로 통합되었다)에서 진행하고 있는 인공게놈 프로젝트의 성과에 흥미를 보였다. 이 300만 달러짜리 프로젝트의 목표는 합성 염색체 개발로, 온전한 인공게놈을 갖춘 자기복제 생명체를 만들기 위한 첫 단계였다. 전날, 나는 아리스티데스에게 전화를 걸어 해밀턴 스미스와 클라이드 허치슨이 주축을 이룬 우리 팀이 인공생명 프로젝트의 한 과정인 소규모 게놈의 DNA 합성에서 큰 진전을 이루었다는 사실을 전했다. 마침내 생물학적으로 활성인 파이-X174를 합성하는 데 성공한 것이다. 대장균에 침입하는 이 박테리오파지를 합성하기 위해 5년 넘게 애쓴 결과였다.

나는 인공생명에 필요한 염색체를 만드는 훨씬 거대한 목표를 이루기 위해서는 파이-X174를 꼭 합성해야 한다고 생각했다. 파이-X174가 박테리아 속에서 살아가려면 DNA 부호의 모든 염기쌍이 정확해야 한다. 단하나의 오류도 허용되지 않는다. 5,000염기쌍 정도의 파이-X174도 제대로 조합하지 못한다면 최소 50만 염기쌍으로 이루어진 박테리아 염색체를 어떻게 합성하겠는가? 우리는 정확한 크기의 분자를 여러 차례 만들었지만, 이들은 박테리아에 침입하지 못했다. DNA에 오류가 있었기 때문이다. 우리가 연구소를 신설하고 연구 팀을 꾸리는 동안 프로젝트는 서서히 진척되었다. 파이-X174를 합성하기 위한 방법도 여러 가지가 고안되었다. 나는 문제를 체계적으로 분해할 수 있다면 성공을 거두리라 확신했다. 예를 들어, 나는 어디서 오류가 일어났는지를 찾아내고 해결 방법을 생각해내기 위해 각 단계마다 DNA를 분석하자고 주장했다. 이 방법 덕분에 연구 과정에서 어림짐작을 배제할 수 있었다.

해밀턴과 클라이드는 이 원리를 더 파고들어 모든 화학물질 반응과 효소 반응을 속속들이 알아냈다. 마라톤 회의 끝에 이들은 마지막 문제를 해결했다. 인공바이러스 조합의 감염성 테스트를 앞두고, 둘은 자신감에 차서 나와 다음 단계를 논의하기 위한 만찬을 준비했다. 우리 셋은 우리집에서 멀지 않은 프랑스 식당에 모였다. 둘은 마치 풋내기 박사 후 연구원 같았다. 문제를 해결하고 난 뒤에 찾아오는 희열에 가득 차 있었다. 하지만 성공을 입증하려면 두 가지 중요한 단계가 남아 있었다. 첫째, 인공 바이러스에 감염성이 있음을 보여주어야 했다. 그래야 우리 박테리오파지가 실제로 작동한다는 사실을 입증할 수 있었다. 둘째, 합성한 파지의 게놈 염기서열을 분석해 우리가 인공적인 허상을 만든 게 아니라는 사실을 입증해야 했다. 즉, 파이-X174의 부호에 추가로 염기쌍을 넣거나 다른 바이러스로 오염된 것이 아니라는 사실을 보여주어야 했다. 해밀턴은 감염성 테스트가 끝나자마자 연락하겠다고 말했다.

우리가 재창조한 바이러스는 정말로 실제 바이러스처럼 박테리아를 죽였다. 나는 다시 식당 의자에 앉았다. 이번에는 정부의 거물들과 이번 성과의 의미를 논의하기 위해서였다. 자리를 안내 받자마자 나는 최소 게놈 프로젝트부터 파이-X174 합성까지 우리의 성과를 설명했다. 존 H. 마버거는 끊임없이 질문을 던졌다. 그는 이 프로젝트의 방향을 제대로 이해하고 있었다. 1만 염기쌍 이하의 작은 바이러스는 실험실에서 일주일 안에 합성할 수 있으며 마르부르크나 에볼라처럼 큰 바이러스(둘 다 1만 8,000 염기쌍 정도 되며, 매우 해롭다)도 한 달이면 만들어낼 수 있다고 말하자 로런스 커는 감탄사만 연발했다. 나는 국립과학아카데미 회장 브루스 앨버츠와 〈사이언스〉 편집장 도널드 케네디에게 이미 연락을 취했다고 말했다. 이번에도 데이터 공개가 문제였다. 나쁜 의도를 지닌 이들이 이 강력한 기술을 써먹지 못하도록 하기 위해, 우리는 필요하다면 우리 방법을 검열할 각오가 되어 있었다.

이 문제는 결국 백악관까지 갔다. 백악관에서는 양날의 검으로 이용될 수 있는 우리 연구를 조사하기 위해 위원회가 결성된다면 위원회의 검토를 받을 용의가 있는지 물어왔다. 나는 찬성했다. 우리의 인공게놈이 아니더라도, 나는 이런 검토가 시급하다고 생각했다. 예를 들어 H5N1 조류 독감을 전 세계로 퍼뜨리는 요인을 찾기 위해 이 바이러스의 인체 감염성을 높이려는 시노가 있었나.

정부 각 분야의 대표자로 이루어진 대규모 위원회, 국립생물보안 과학자문위원회가 결성되었다. 우리는 파이-X174 논문을 자기검열하지 말고 발표하라는 요청을 받았다. 2003년 12월 23일, 〈국립과학아카데미 회보〉에 논문이 발표되었다.[17] 논문을 발표하기로 결정한 것은 논문 저자인 해밀턴과 클라이드, 그리고 내가 국립과학아카데미 회원이기 때문이었다. 또한 우리가 원하는 만큼 지면을 할애하고 신속하게 출간하리라는 점을 알고 있었기 때문이다.

우리의 연구는 중요한 함의를 지니고 있었고, 에너지부에서 후원을 했기 때문에 에너지부 장관 스펜서 에이브러햄Spencer Abraham이 워싱턴 DC에서 열리는 기자회견에 참석하기로 했다. 에이브러햄은 회견장을 가득 메운 기자들 앞에서 우리 연구가 "경이롭다고 할 수밖에 없다"고 말했다. 또 오염이나 이산화탄소를 처리하고 미래의 연료 수요를 충족할 수 있는 맞춤형 미생물이 등장하리라고 예측했다.

해밀턴이 연단에 올라와 질문에 답했다. 우리는 해야 할 말과 하지 말아야 할 말을 여러 번 연습했다. 하지만 한 기자가 치명적인 병원균을 만들어낼 가능성을 묻자 해밀턴은 그동안 연습한 것을 전부 잊어버렸다. 그가 "우리는 천연두 게놈도 만들 수 있습니다"라고 내뱉는 순간, 내가 끼어들어 말했다. 그것은 가능하지만 천연두 DNA 자체로는 전염성이 없다고. 해밀턴의 실수를 수습하려는 의도였는데 해밀턴이 다시 말했다. "하지만 우리가 함께 방법을 논의했잖소?" 그러고는 나를 돌아보며 겸연쩍게 미소 지었다. "이 말은 하면 안 되는 거였죠?" 다행히도 우리 대화는 〈뉴욕타임스〉에 한 단락 실리는 것으로 끝났다. 기사 분위기도 대부분 우호적이었다. 초파리 게놈 프로젝트를 함께 진행한 제럴드 루빈은 〈USA 투데이〉에 이렇게 말했다. "이는 매우 중요한 기술적 진보다. 컴퓨터 앞에 앉아서 게놈을 설계해 만들 수 있는 날이 머지않았다."[18]

일부 언론에서는 발표 내용을 싣지 않았다. 오랫동안 고대하던 살아 있

• 장수 유전자 •

내 게놈에서 질병·장애·쇠약과 관련된 DNA 패턴을 찾는 연구자들이 항상 나쁜 소식만 전해주는 건 아니다. 지난 크리스마스에는 CETPCholesteryl ester transfer protein라는 유전자에서 "I405V에 대한 V/V 동종 접합"이 있다고 들었다. 내가 90세 이상 장수할 수 있는 변이형을 지니고 있으며, 늙어서도 정신이 맑고 좋은 기억력을 유지한다는 뜻이다. 이 변이형의 중요성을 밝혀낸 것은 앨버트아인슈타인 의대의 니르 바르질라이Nir Barzilai 연구진이었다. 연구진은 이 유전자가 장수와 관련이 있다고 주장했다. 95세가 넘은 아슈케나지 유대인(동유럽) 후손 158명을 조사한 결과, 이 유전자 변이형을 지닌 노인들은 변이형이 없는 노인과 달리 두뇌 기능이 정상인 비율이 2배 높았다. 연구진은 젊은이를 대상으로 한 연구에서도 같은 결과를 확인했다.

내 유전자 변이형이 만드는 단백질은 '콜레스테롤 에스테르 단백질'이라는 또 다른 단백질을 변형해서 지방과 단백질(지질단백, lipoprotein) 입자에 들어 있는 '좋은' HDL과 '나쁜' LDL 콜레스테롤의 크기를 바꾼다. 100세 이상 사는 사람들은 CETP VV가 있을 확률이 보통사람보다 3배 높았으며, HDL과 LDL 지질단백의 크기가 대조군보다 현저히 컸다. 콜레스테롤 입자가 크면 혈관을 막을 가능성이 줄어드는 듯하다. 따라서 심장마비나 심장발작의 가능성이 줄어든다(물론 이 유전자와 연관된 측면에서만 그렇다). CETP VV 변이형의 효과를 흉내 내는 치료법이 개발된다면, 고령사회의 삶의 질을 향상시킬 수 있을 것이다.

는 인공세포가 아니라 고작 바이러스를 발표해서 실망했는지도 모르겠다. (언론의 보도 태도가 예전에는 회의적이다가 이제는 새로운 생명체가 아니라 '고작' 인공바이러스를 만들었냐며 심드렁하게 바뀌는 과정을 지켜보는 일은 재미있었다.) 과학자늘노 의션이 붙노 살렀나. 3년 실러 폴리

오바이러스를 만든 스토니브룩 대학교의 에카르트 비머Eckard Wimmer는 우리 연구가 "매우 정교하다"고 평했다. 하지만 다른 이들은 우리 바이러스를 대단치 않은 것으로 치부했다.[19]

인공생명 프로젝트는 계속된다

아리스티데스 파트리노스가 인공생명을 추진하기 위한 나의 새 회사 신세틱 지노믹스에 사장으로 취임했다. 매우 고무적인 일이었다. 또한 해밀턴 스미스와 나는 클라이드 허치슨을 설득해서 벤터연구소의 정식 연구원으로 끌어들였다. 허치슨은 미코플라스마 제니탈리움에 기반한 인공게놈을 만드는 프로젝트에 참여했다. 파지 재구성보다는 훨씬 야심 찬 프로젝트였다. 미코플라스마 제니탈리움은 1995년 하이모필루스 인플루엔자이를 해독할 때 산탄총 방식의 실효성을 입증하기 위해 쓴 생명체다. 이때가 바로 (이론상이나마) 인공게놈 프로젝트가 출범한 해다.

해밀턴과 나는 인간 게놈으로 주의를 돌리기 전에 단순한 질문을 하나 던졌다. 한 종種은 1,800개의 유전자가 있어야 생명을 얻고(하이모필루스 인플루엔자이) 다른 종은 482개만 있어도 된다면(미코플라스마 제니탈리움), 생명의 최소 운영 체제가 과연 존재하는 걸까? 우리가 이 운영 체제를 정의할 수 있을까? 즉, 고전적인 질문인 '생명이란 무엇인가'를 유전자의 관점에서 물은 것이다.

단순하고 순진한 질문이었다. 이를 깨달은 것은 세 번째 게놈인 메탄균을 해독할 때였다. '독립영양체autroph'인 메탄균은 무기화학물질이 있어야만 살 수 있다. 다른 미생물이 당대사를 이용하는 것과 달리 메탄균은 이산화탄소를 메탄으로 바꾸어 세포 에너지를 생성했다. 나는 환경에 따라 교체할 수 있는 다양한 유전자 카세트가 미생물세포 안에 있다는 생각

504

이 들기 시작했다. 메탄균 같은 세포는 당이 거의 또는 전혀 없는 곳에서도 살아가기 때문에 당을 대사할 수 있는 유전자가 없다. 그러므로 우리는 생명의 최소 운영 체제를 정의할 수 없다. 생명체가 살아가는 환경에 따라 달라지니 말이다. 우리가 정의할 수 있는 것은 기껏해야 최소 게놈에 지나지 않는다. 우리는 데이터가 쏟아져 나옴에 따라 이 개념을 더 발전시켰다.

우리는 일련의 연구를 통해 미코플라스마 제니탈리움에서 유전자를 비활성화시킴으로써 이 박테리아에 꼭 필요하지 않은 유전자를 알아보았다. 클라이드와 그의 박사 후 연구원 스콧 N. 피터슨Scott N. Peterson은 '전체게놈 전위유전단위 돌연변이 유발whole-genome transposon mutagenesis'이라는 기발한 방법을 고안했다. 이들은 엉뚱한(연관되지 않은) DNA를 유전자 중간에 무작위로 집어넣어 유전자의 기능을 중단시킨 다음, 어떤 결과가 일어나는지 관찰했다. (연관되지 않은 DNA는 전위유전단위의 형태를 띠고 있었다. 이것은 DNA를 게놈 어디에나 무작위로 집어넣는 데 필요한 유전자 성분이 들어 있는 작은 DNA 조각이다. 우리 게놈의 상당 부분은 유전자 자체를 실제 부호화하기보다는 이런 DNA 기생체로 이루어져 있다.)

우리 실험에서는, 미생물 막이 잠시 뚫리자 전위유전단위 DNA가 들어가 게놈 아무 곳에나 새 보금자리를 찾을 수 있었다. 전위유전단위는 유전자 염기서열을 비집고 들어간 다음, 해당 유전자를 잠재웠다. 우리는 실험 과정을 정확하게 추적하기 위해 항생제 저항성 유전자를 전위유전단위에 넣었다. 그러면 항생제를 주입했을 때 살아남은 세포는 전위유전단위를 지니고 있다는 사실을 알 수 있다. 세포가 살았다는 것은 이 전위유전단위에 들어 있는 저항성 유전자를 지니고 있다는 뜻이기 때문이다.

전위유전단위의 끝에서 유전부호를 읽기 시작해서 살아남은 미코플라스마 제니탈리움 집락의 유전부호로 읽어늘어가는 방법은 쉽게 고안해낼 수 있었다. 우리는 미코플라스마 제니탈리움의 완전한 게놈 염기서열을 알고 있었다. 이 서열 덕분에 게놈의 어디에 전위유전단위가 삽입되었는지 정확히 알 수 있었다. 전위유전단위를 유전자 가운데 집어넣었는데 세포가 살았다면 이 유전자는 해당 배양 조건에서 세포가 생명을 유지하는 데 필수적이지 않다고 정의할 수 있었다. 우리는 환경을 정의하지 않고 데이터만 가지고 생명에 필요한 유전자 기능을 찾아내기가 힘든 이유를 알 수 있었다.

간단한 예로 미코플라스마 제니탈리움의 유전자 2개를 들어보자. 하나는 포도당을 세포로 나르는 단백질을 부호화하고, 다른 하나는 과당을 끌어들이는 단백질을 부호화한다. 미코플라스마 제니탈리움은 두 가지 당 모두 대사할 수 있다. 포도당만 공급할 경우, 전위유전단위를 과당 전달 유전자에 집어넣어도 세포에 아무 영향을 미치지 않는다. 이 실험에 따르면 과당 전달 유전자가 필수 유전자가 아니라는 결론을 내릴 수 있다. 이 조건에서는 옳은 결론이다. 하지만 세포가 과당만 이용할 수 있는 조건에서는 과당 전달 유전자는 필수 유전자가 된다. 따라서 유전자 기능을 이해하려면 반드시 맥락을 고려해야 한다.

또 다른 문제는 우리의 미코플라스마 집락이 클론이 아니라는 것이었다. 그래서 유전자가 전위유전단위 때문에 기능을 잃더라도 생존 유전자가 있는 미코플라스마의 변이형이 이웃을 살릴 가능성이 있었다. 존 I. 글래스John I. Glass가 이끄는 연구진은 이런 현상을 방지하기 위해 1년에 걸쳐 클론을 놓고 주의 깊게 실험을 진행했다.

우리는 유전자가 생명체 안에서 어떤 일을 하는지 컴퓨터로 분석한 끝에—연관성이 있는 해독된 게놈 13개를 비교했다—미코플라스마 제니탈리움 게놈에서 없어도 되는 유전자를 99개 정도 찾아냈다. 따라서 게놈 가운데 5분의 1은 필요 없는 셈이었다. 이제 우리는 생명에 필요한 최소한의 유전자를 들여다볼 수 있게 되었다.

해밀턴과 클라이드, 그리고 나는 파이-X174 연구에서 얻은 새로운 기술을 통해 실험실에서 만든 화학물질만으로 완전한 미코플라스마 제니탈리움 게놈을 구성하기 시작했다. 이 책을 쓰고 있는 지금, 20명의 연구진이 이 작업에 매달리고 있다. 우리는 엄청난 기술적 난제를 극복하기 위해 각 단계마다 새로운 방법을 개발해야 했다.

염기서열이 하나만 틀려도 치명적인 결과를 낳을 수 있으므로, 우리는 58만 염기쌍에 이르는 미코플라스마 게놈을 전례 없는 정확성을 유지하며 새로 해독해야 했다. 10년 전에는 1만 염기쌍당 오류 1개가 기준이었다. 하지만 새로운 기계가 도입되면서 오류는 50만 염기쌍당 1개로 줄었다. 그 결과 그야말로 정확한 박테리아 염기서열을 얻을 수 있었다. 100퍼센트 정확한 염기서열은 우리를 비난하던 순수주의자들조차 이루지 못한 성과로, 우리가 최초였다.

이제 불필요한 유전자를 없애고 서열을 재구성해야 했다. 연구진은 일반적인 실험실 기계를 이용해 '올리고핵산염oligonucleotide'이라는 작은 DNA 구조물을 만들었다. 이것이 인공게놈의 건축 재료다. 해밀턴과 그의 팀은 정교한 화학 공정을 통해 50염기쌍 정도로 이루어진 수많은 작은 조각을 이어 붙이고 대장균에서 증식시킨 다음, 이들 작은 조각을 소수의 더 큰 조각(유전자 카세트)으로 바꾸고 있다. 목표는 새로운 생명체의 고리 게놈에 조합할 수 있는 커다란 조각 2개를 만드는 것이다. 전체적으로 우리는 이전보다 10~20배 더 큰 규모로 합성 DNA를 만들고 조작해야 했다.

우리는 이제 고리 게놈을 만들었으며, 박테리아에 합성 DNA를 집어넣고 있다. 우리는 시험관에 들어 있는 미생물 1,000억 마리 가운데 하나라도 우리의 인공DNA 가닥으로 생명을 얻고 딸세포가 우리의 생명 처방전대로 대사와 증식을 시작하는지 숨죽여 지켜보고 있다. 우리는 이미 한 박테리아의 게놈을 다른 박테리아에 이식하는 데 성공했다. 이것은 종 변이의 첫 사례이며 전 세계 언론에 대서특필되었다.[20] 우리는 인공세포 이식 실험에 대비해서 '미코플라스마 라보라토리움Mycoplasma labora-torium('실험실에서 만든 미코플라스마'라는 뜻-옮긴이)을 만드는 방법을 특허 출원했다.

우리의 계획이 성공한다면 새로운 피조물이 탄생하게 된다(2008년 1월 24일, 벤터 연구진은 미코플라스마 라보라토리움을 합성하는 데 성공했다고 발표했다-옮긴이). 물론 이 인공DNA를 읽으려면 기존 생물의 세포 구조를 이용해야 한다. 우리는 조물주의 영역에 너무 깊숙이 들어가는 것 아니냐는 질문을 자주 받는다. 나는 그때마다 (적어도 지금까지는) 우리가 재구성하고 있는 건 자연에 이미 존재하는 생명체의 축약본에 지나지 않는다고 대답한다. 그리고 우리 연구에 대한 윤리적 검토를 마쳤으며 이것이 좋은 과학이라 생각한다고 덧붙인다. 인공게놈이 있으면 하나의 유전자나 유전자 집합을 집어넣거나 빼내봄으로써, 유전자 차단 실험을 통해 세운 가설을 확실히 검증하고 생명의 원리를 실제로 알아낼 수 있다.

60세 생일을 맞이해 비로소 아버지에 대한 상실감을 털어버린 후 내 삶은 매우 긍정적인 방향으로 돌아섰다. 클레어는 나와 이혼한 후 재혼해 행복하게 살고 있다. TIGR를 벤터연구소에 통합하자고 제안한 것은 그녀였다. 2006년 9월 12일[*], TIGR와 J. 크레이그 벤터 과학재단, 벤터연구소의 이사회는 세 기관을 'J. 크레이그 벤터연구소'로 통합하는 데 만장일치로 찬성했다. 이로써 내가 14년 전에 설립한 모든 기관이 세계에서 가장 큰 민간 연구소로 통합되었다. 500명 이상의 연구원과 직원에 면적은 2만 3,000평방미터에 달하고 자산은 2억 달러를 넘으며 연간 예산은 7,000만 달러를 웃돈다. 최초의 게놈에서 시작해 해마다 학술 논문이 발표되고 있는 덕에 벤터연구소 연구진은 현대 과학 분야에서 가장 많이 인용되고 있다. 또한 이사회는 캘리포니아 라 호야에 '서해안 벤터연구소'를 설립하도록 승인했다. 2009년에 완공 예정인 새 건물은 캘리포니아 대학교 샌디에이고 캠퍼스에 자리 잡는다. 위치는 스크립스 해양학연구소와 의과대학 사이로 정했다. 내 삶에서 최고의 변화는 2006년 초에 헤더와 교제하기 시작해 그해 7월에 결혼한 사건일 것이다.

[*클레어는 7개월 후 새 남편을 따라 메릴랜드 대학교로 자리를 옮겼다.]

자신의 염기서열을 들여다보는 최초의 화학 기계가 된 나는 아직도 유전자의 의미를 이해하느라 애쓰고 있다. 이를 완전히 이해하는 데는 수십 년이 걸릴지도 모른다. 그동안 수백만 명이 나와 같은 기회를 얻게 될 것이다. 염기서열 분석 비용은 계속 떨어져 1,000달러면 인간 게놈을 읽을 수 있을 것이다. 거대한 과학의 바다에는 아직도 탐험하지 못한 곳이 많이 있다.

최초의 인공 게놈인 자연 생명체의 축소판은 겨우 시작에 지나지 않는다. 나는 여기에 만족할 수 없다. 신세틱 지노믹스에서는 생명체를 생물 공장으로 바꾸어 햇빛과 물에서 깨끗한 수소연료를 만들거나 이산화탄소를 빨아들이는 카세트(유전자 모듈)를 이미 개발하고 있다. 나는 해안에서 멀리 떨어진 미지의 바다로 나아가고 싶다. 진화의 새로운 국면, DNA로 이루어진 한 종種이 컴퓨터 앞에 앉아 다른 종을 만들어내는 날을 맞고 싶다. 나는 진정한 인공생명을 창조해서 우리가 생명의 소프트웨어를 이해하고 있다는 사실을 보여줄 생각이다. 그러면 삶을 해독하는 것이 과연 진정으로 삶을 이해하는 것인지 알 수 있으리라.

이 책이 나오기까지는 여러 해가 걸렸다. 처음에는 1990년대 초에 일어
났던 일을 쓸 생각이었다. 많은 이들이 책을 쓰라고 권하기도 했다. 나는
유별난 배경과 실험실에서 겪은 모험, 그리고 바다 이야기를 쓰려고 했
다. TIGR를 떠나 셀레라를 설립하고 인간 게놈을 해독한 이후, 이 경험을
기록으로 남겨야겠다는 생각이 들었다. 하지만 두 가지 사건 때문에 후일
을 기약해야 했다. 첫째는 시간이 없었기 때문이고 둘째는 언론인 제임스
슈리브가 인간 유전부호 해독에 대한 책을 쓰거나 공저하고 싶다고 밝혔
기 때문이다. 우리는 함께 책을 쓰면 제임스 슈리브가 게놈 경쟁을 독자
적으로 평가하는 데 지장이 생기고 내가 나 자신의 목소리를 책에 담기
힘들 거라는 데 의견을 같이했다. 나는 슈리브가 아무 제한 없이 셀레라
를 드나들도록 허락했다. 그리고 자서전은 적어도 2년이 지난 후에 쓰기

로 했다. 4년이 지나, 나는 최초의 인간 게놈 해독을 끝냈고 셀레라에서 해고되었다. 이제야말로 자서전이라는 만만찮은 작업을 시도할 때라는 생각이 들었다.

이런 책의 가능성을 이해하고 글을 쓰는 데 도움을 줄 만한 사람을 물색하던 중 존 브로크먼John Brockman을 만났다. 그 또한 내가 나 자신의 이야기를 쓸 때가 되었다고 생각했다. 존은 처음부터 나 스스로 책을 쓰라고 격려하고 재촉했다. 여러 해 동안 존은 뛰어난 동료였을 뿐 아니라 훌륭한 친구이자 든든한 조언자였다. 그가 베푼 도움과 이 책을 내기까지 애쓴 노력에 감사한다.

내 이야기에 흥미를 보이는 출판사 여러 곳과 만났는데 영국의 펭귄 출판사와 미국의 바이킹 출판사가 가장 인상적이었다. 바이킹 출판사의 릭 코트Rick Kot만한 편집자는 어디에서도 만날 수 없었으리라. 릭의 편집과 열정 덕분에 책이 읽기 쉬워지고 수준이 높아졌다는 사실은 의심할 여지가 없다.

여느 책과 마찬가지로 이 책 또한 단번에 써내려갈 수 없었다. 연구에 매달리는 동안에도 책을 써나가려면 철저한 자기 관리를 해야 했다. 책의 대부분은 비행기를 탈 때나 마법사 2호를 타고 항해하는 동안 썼다. 그렇게 해서 4년 만에 24만 단어가 넘는 원고를 탈고했다. 원고 수정은 런던 〈데일리 텔레그래프〉의 로저 하이필드Roger Highfield에게 맡겼다. 로저는 원고를 수정하는 것 외에도 나와 중요한 인터뷰를 진행했다. 그가 독특한 관점을 제시한 덕분에 이 책의 지평과 맥락을 넓힐 수 있었다. 로저에게 수정본을 넘겨받은 뒤 나는 6개월간 원고를 고쳐 썼다. 몇 번씩 원고를 주고받기도 했다. 로저는 과학적 내용이 쉽게 읽히도록 귀중한 조언을 해주었다. 그의 노고에 감사한다.

동료들에게 이 책이 흥미가 있는지, 잘 읽히는지, 항해에서 과학에 이르기까지 범위는 적당한지, 내용이 정확한지에 대해 꼬치꼬치 물었다. 나와 이 책에 지대한 영향을 끼친 이들이 있다. 이 책의 윤곽을 잡을 때부터 출간 때까지 내내, 나의 연인 헤더는 초고부터 최종 교정본에 이르는 수많은 원고에 대해 솔직한 평가와 격려를 아끼지 않았다. 그녀가 격려하고 도와주지 않았다면 이 책은 세상에 나오지 못했을 것이다. 친구이자 동료인 해밀턴 스미스는 원고를 모두 읽고 적극적인 평가, 격려와 조언을 해주었다. 그는 최초의 게놈을 해독할 때부터 인공게놈이라는 새로운 분야로 나아갈 때까지 항상 나의 훌륭한 동반자였다. 얼링 노르비Erling Norrby · 후안 엔리케스Juan Enriquez · 벤터연구소 이사회 · 친구들 · 마법사 2호 승무원들에게 특히 감사한다. 이들은 원고를 여러 차례 검토해주었다.

이 책을 쓰는 동안 어머니 엘리자베스 벤터Elizabeth Venter · 외삼촌 데이비드 위즈덤David Wisdom · 고모 마지 헐로우Marge Hurlow · 고모부 로버트 헐로우를 비롯해 가족들과 수많은 인터뷰를 했다. 고모부는 여러 차례 항해를 함께하기도 했다. 외삼촌은 가계와 가족의 역사를 꼼꼼히 조사해서 이 책을 쓰는 데 도움을 주었다.

이 밖에도 원고를 읽거나 내용을 검토하고 인터뷰를 해준 이들로는 아리스티데스 파트리노스 · 클라이드 허치슨 · 켄 닐슨Ken Nealson · 동생 키스 벤터 · 제수 로렐 벤터Laurel Venter · 형 게리 벤터 · 어머니 엘리자베스 벤터 · 브루스 캐머런 · 로널드 네이덜 · 잭 딕슨 · 데이비드 키어넌 · 말라 허튼Mala Htun · 애슐리 마일러 클릭Ashley Myler Klick · 팀 프렌드 · 리치 버크Rich Bourke · 클레어 프레이저-리게트Claire Fraser-Liggett · 찰스 하워드Charles Howard를 비롯한 마법사 2호 승무원들 · 올리비아 저드슨Olivia Judson · 조 코왈스키Joe Kowalski · 줄리 그로스 애덜슨Julie Gross Adelson · 리드 애들러 등이 있다. 내 유전부호를 분석하는 데는 벤터연구소의 헌신적인 연구진 로버트 스트로스버그 · 새뮤얼 레비 · 황자치 · 폴린 응Pauline Ng의 도움이 컸다.

나는 정확성을 기하기 위해 신문 기사 · 학술 논문 · 증언 녹취록 · 인터

512

뷰 · 게놈 관련 책—제임스 슈리브의 《게놈 전쟁》, 존 설스턴과 조지나 페리Georgina Ferry의 《유전자 시대의 적들》이 특히 도움이 되었다—을 참고했으며 많은 이들에게 사실 확인을 부탁했다. 하지만 오류가 있을 수도 있다. 오류에 대한 책임은 오로지 내게 있다. 이 책의 웹사이트인 www.ALifeDecoded.org에는 보조 자료 · 학술 논문 · 내 유전부호 · 주요 링크 · 정오표가 실려 있다.

제1부 불안한 청춘

1. 내 삶의 유전자

1. James Shreeve, 《The Genome War: How Craig Venter Tried to Capture the Code of Life and Save the World》 (New York: Ballantine, 2005), p. 6.

2. 다행히 리시는 〈에스콰이어〉에서 승승장구한 다음 〈쿼털리〉와 노프 출판사에서 편집자로 일했으며, 문학잡지를 창간하고 여러 소설과 단편집을 냈다. 1994년에 는 프랑스의 〈누벨 옵세르바퇴르〉에서 선정한 '우리 시대 주요 작가 200인'에 뽑 혔다. 〈커커스 리뷰〉는 리시의 소설집 《크럽의 룰루Krupp's Lulu》를 이렇게 평했다. "리시는 우리 시대의 조이스요, 베케트요, 진정한 모더니스트다."

3. Daniel Max, "Gordon Lish: An Editor Who Attracts Controversy," 〈St. Petersburg Times〉, 1987-05-03, p. 7D.

4. Leah Garchik, "News Personals," 〈San Francisco Chronicle〉, March 1, 1991, p. A8.

2. 죽음의 학교

1. 알코올 선호는 COMT(Catechol-O-methyltransferase)라는 유전자 변이형과도 관 련 있다. 이 변이형은 도파민을 분해하는 효소를 생산한다. 하지만 내 게놈에는 알코올 중독 위험을 낮추는 변이형이 들어 있다. 나는 술을 즐기기는 하지만 자극 과 경험을 통해 쾌락중추를 활성화시키는 쪽을 더 좋아하는 듯하다.

3. 아드레날린 중독자

1. 벤터연구소에는《정직한 짐》초판본 가운데 하나가 보관되어 있다.
2. James D. Watson, 《A Passion for DNA: Genes, Genomes and Society》 (New York: Oxford University Press, 2000), p. 97.
3. Francis Crick, 《What Mad Pursuit: A Personal View of Scientific Discovery》 (London: Weidenfeld & Nicolson, 1988), p. 64.
4. 현재 벤터연구소에 소장되어 있다.
5. James D. Watson, 《The Double Helix》 (London: Weidenfeld & Nicolson, 1981), p. 98.
6. James D. Watson, 《Genes, Girls and Gamow》 (Oxford: Oxford University Press, 2001), p. 5.
7. Matt Ridley, 《Francis Crick: Discoverer of the Genetic Code》 (London: Harper Press, 2006), p. 77.
8. Watson, 《A Passion for DNA》, p. 120.
9. Venter, J.C., Dixon, J.E., Maroko, P.R. and Kaplan, N.O. "Biologically Active Catecholamines Covalently Bound to Glass Beads," 〈Proc. Natl. Acad. Sci.〉, USA 69, 1141-45, 1972.

제2부 과학 항해자

5. 과학자의 천국, 그러나……

1. "연구를 빼면 내 주된 관심사는 정원 가꾸기와 보트에서 시간 때우기다." (프레드 생어, 자서전, Nobelprize.org.) 예를 들어 그는 세사르 밀스테인과 항해하기도 했다.
2. Chung, F.Z., Lentes, K.U., Gocayne, J.D., FitzGerald, M.G., Robinson, D., Kerlavage, A.R., Fraser, C.M., and Venter, J.C. "Cloning and Sequence Analysis of the Human Brain Beta-Adrenergic Receptor: Evolutionary Relationship to Rodent and Avian Beta-Receptors and Porcine Muscarinic

Receptors." 〈FEBS Lett. 211〉, 200-6, 1987.

3. Gocayne, J.D., Robinson, D.A., FitzGerald, M.G., Chung, F.-Z., Kerlavage, A.R., Lentes, K.-U., Lai, J.-Y., Wang, C.D., Fraser, C.M., and Venter, J.C., "Primary Structure of Rat Cardiac Beta-Adrenergic and Muscarinic Cholinergic Receptors Obtained by Automated DNA Sequence Analysis: Further Evidence for a Multigene Family." 〈Proc. Natl. Acad. Sci.〉, USA 84, 8296-8300, 1987.

4. Cook-Deegan, 《The Gene Wars》, p. 139.

5. 이른바 제한효소 지도는 여러 가지 효소로 DNA를 자른 다음 각 효소가 자르는 조각의 크기를 파악해 만든다. 다양한 효소를 이용하면 조각의 순서와 크기를 알려주는 '약도'를 만들 수 있다. 조각의 염기서열을 분석하면 효소가 잘라낸 부위를 알 수 있다. 이 부위는 제한효소 지도에서 올바른 순서로 나열할 수 있다.

6. Cook-Deegan, 《The Gene Wars》, p. 184.

7. James Shreeve, 《The Genome War: How Craig Venter Tried to Capture the Code of Life and Save the World》 (New York: Ballantine, 2005), p. 79. 왓슨은 당시에 제럴드 루빈과 이야기하고 있었다.

8. Cook-Deegan, 《The Gene Wars》, pp. 313-14.

9. Ibid., pp. 226, 220.

6. 거대 생물학

1. James D. Watson, 《DNA: The Secret of Life》 (New York: Knopf, 2003), p. 180.

2. Christopher Anderson and Peter Aldhous, 〈Nature 354〉, November 14, 1991.

3. Watson, 《DNA: The Secret of Life》, p. 280.

4. Adams, M.D., Kelley, J.M., Gocayne, J.D., Dubnick, M., Polymeropoulos, M.H., Xiao, H., Merril, C.R., Wu, A., Olde, B., Moreno, R., Kerlavage, A.R., McCombie, W.R., and Venter, J.C., "Complementary DNA Sequencing: 'Expressed Sequence Tags' and the Human Genome Project," 〈Science 252〉, 1651-56, 1991.

5. Leslie Roberts, 〈Science 252〉, 1991.

6. John Sulston and Georgina Ferry, 《The Common Thread》 (London: Corgi, 2003), p. 9.

7. Ibid., p. 125.

8. Leslie Roberts, "Genome Patent Fight Erupts," 〈Science 184〉, 184-86, October 11, 1991.

9. Robert Cook-Deegan, 《The Gene Wars: Science, Politics and the Human Genome》 (New York: Norton, 1994), p. 311.

10. James Shreeve, 《The Genome War: How Craig Venter Tried to Capture the Code of Life and Save the World》 (New York: Ballantine, 2005), p. 85.

11. 내 DNA가 주로 쓰였지만(60퍼센트) 나머지 4명의 DNA도 '다수결' 방식에 따라 쓰였다.

12. 산탄총 방식으로 얻는 DNA 조각은 이 부위를 포괄하기에 충분했다.

13. Roberts, "Genome Patent Fight Erupts."

14. Cook-Deegan, 《The Gene Wars》, p. 208. '특허 도매업'은 브레너가 만든 표현이다. 그는 개인적으로 '약탈'이란 표현을 선호한다며 농담을 하기도 했다.

15. PeterAldhous, 〈Nature 353〉, 785, 1991.

16. Letter from Jan Witkowski to Craig Venter, October 30, 1991.

17. Christopher Anderson, 〈Nature 353〉, 485-86, 1991.

18. Alex Barnum, 〈San Francisco Chronicle〉, December 2, 1991.

19. Sulston and Ferry, 《The Common Thread》, p. 103.

20. Robin McKie, "Scandal of U.S. Bid to Buy Vital UK Research," 〈Observer〉, January 26, 1992, p. 2.

21. Ibid.

22. Ibid., p. 3.

23. Sulston and Ferry, 《The Common Thread》, p. 115.

24. Cook-Deegan, 《The Gene Wars》, p. 333.

25. Cook-Deegan, 《The Gene Wars》, p. 336.

26. Ibid., p. 328.

27. Victor McElheny, 《Watson and DNA: Making a Scientific Revolution》 (New York: John Wiley, 2003), p. 266.

28. Christopher Anderson, 〈Nature 358〉, July 9, 1992.

29. Michael Gottesman, "Purely Academic" 〈Molecular Interventions 4〉, 10-15, 2004.

30. Gina Kolata, "Biologist's Speedy Gene Method Scares Peers But Gains Backer," 〈The New York Times〉, July 28, 1992, p. C1.

31. Ibid.

32. Cook-Deegan, 《The Gene Wars》, p. 325.

제3부 과학, 산업, 그리고 정치

7. TIGR의 출범

1. John Sulston and Georgina Ferry, 《The Common Thread》 (London: Corgi, 2003), p. 127.

2. 2장 주1 참조.

3. Gina Kolata, "Biologist's Speedy Gene Method Scares Peers But Gains Backer," 〈The New York Times〉, July 28, 1992, p. C1.

4. Robert Cook-Deegan, 《The Gene Wars: Science, Politics and the Human Genome》 (New York: Norton, 1994), p. 327.

5. Francis Collins, 《The Language of God: A Scientist Presents Evidence for Belief》 (New York: Free Press, 2006), p. 36.

6. Cook-Deegan, 《The Gene Wars》, p. 341.

7. Editorial, "Venter's Venture," 〈Nature 362〉, 575-76, 1993.

8. 유전자 전쟁

1. Daniel S. Greenberg, "Clinton Goes Slow on Health Research," 〈The Baltimore Sun〉, August 10, 1993, p. 11A.

2. Eliot Marshall, "Varmus: The View from Bethesda," 〈Science 262〉, 1364, 1993.

3. "NIH Shakeup Continues," 〈Science 262〉, 643, 1993.

4. James Shreeve, 《The Genome War: How Craig Venter Tried to Capture the Code of Life and Save the World》 (New York: Ballantine, 2005), p. 90.

5. Sandra Sugawara, "A Healthy Vision," 〈The Washington Post〉, November 16, 1992.

6. Robert F. Massung*, Joseph J. Esposito, Li-ing Liu, Jin Qi, Theresa R. Utterback, Janice C. Knight, Lisa Aubin, Thomas E. Yuran, Joseph M. Parsons, Vladimir N. Loparev, Nickolay A. Selivanov, Kathleen F. Cavallaro*, Anthony R. Kerlavage, Brian W. J. Mahy and J. Craig Venter, "Potential Virulence Determinants in Terminal Regions of Variola Smallpox Virus Genome," 〈Nature 366〉, 748-51, December 30, 1993.

7. "Gone but Not Forgotten," 〈The Economist〉, August 14, 1993.

8. Betsy Wagner, "Smallpox is Now a Hostage in the Lab," 〈The Washington Post〉, January 4, 1994.

9. Christopher Anderson, "NIH Drops Bid for Gene Patents," 〈Science 263〉, 909-10, February 18, 1994.

10. 하지만 유전자만으로 모든 걸 설명할 수는 없다. 2002년에 발행된 〈사이언스〉에 따르면 런던 킹스 칼리지의 테리 모핏Terrie Moffitt은 덜 활발한 변이형을 지닌 아이가 학대를 받은 경우에만 문제 행동을 일으킬 가능성이 크다는 흥미로운 유전-환경 효과를 밝혀냈다. A. Caspi, A., McClay, J., Moffitt, T., Mill, J., Martin, J., Craig, I., Taylor, A., and Poulton, R. "Evidence that the Cycle of Violence in Maltreated Children Depends on Genotype," 〈Science 297〉, 851-54, 2002.

11. Eliot Marshall, "HGS Opens Its Databanks —For a Price," 〈Science 266〉, 25, October 7, 1994; and David Dickson, "HGS Seeks Exclusive Option on All Patents Using Its cDNA Sequences," 〈Nature 371〉, 463, October 6, 1994.

12. "Breast Cancer Discovery Sparks New Debate on Patenting Human Genes," 〈Nature 371〉, 271-72, September 22, 1994.

13. "Ownership and the Human Genome," 〈Nature 371〉, 363-364, September 29, 1994.

14. Jerry Bishop, "Merck's Plan for Public-Domain Gene Data Could Blow Lid Off Secret Genetic Research," 〈The Wall Street Journal Europe〉, September

30, 1994.

15. Eliot Marshall, "A Showdown Over Gene Fragments," 〈Science 266〉, 208-10, October 14, 1994.

16. John Sulston and Georgina Ferry, 《The Common Thread》 (London: Corgi, 2003), p. 139.

17. Eliot Marshall, "The Company That Genome Researchers Love to Hate," 〈Science 266〉, 1800-02, December 16, 1994.

9. 산탄총 염기서열 분석

1. Ashburner, M., 《Won for All: How the Drosophila Genome Was Sequenced》 (Cold Spring Harbor Laboratory Press, 2006), p. 7.

2. Rachel Nowak, "Venter Wins Sequence Race —Twice," 〈Science 268〉, 1273, June 2, 1995.

3. 〈Time〉, June 5, 1995, p. 21.

4. Nicholas Wade, "Bacterium's Full Gene Makeup Is Decoded," 〈The New York Times〉, 1995-05-26, p. A16.

5. Fleischmann, R.D., Adams, M.D., White, O., Clayton, R.A., Kirkness, E.F., Kerlavage, A.R., Bult, C.J., Tomb, J.-F., Doughtery, B.A., Merrick, J.M., McKenney, K., Sutton, G., FitzHugh, W., Fields, C., Gocayne, J.D., Scott, J., Shirley, R., Liu, L.-I., Glodek, A., Kelley, J.M., Weidman, J.F., Phillips, C.A., Spriggs, T., Hedblom, E., Cotton, M.D., Utter-back, T.R., Hanna, M.C., Nguyen, D.T., Saudek, D.M., Brandon, R.C., Fine, L.D., Fritchman, J.L., Fuhrmann, J.L., Geoghagen, N.S.M., Gnehm, C.L., McDonald, L.A., Small, K.V., Fraser, C.M., Smith, H.O., Venter, J.C. "Whole-Genome Random Sequencing and Assembly of *Haemophilus influenzae* Rd," 〈Science 269〉, 496-512, 1995.

6. Smith, H.O., Tomb, J.F., Doughtery, B.A., Fleischmann, R.D. and Venter, J.C., "Frequency and Distribution of DNA Uptake Signal Sequences in the *Haemophilus influenzae* Rd Genome," 〈Science 269〉, 538-40, 1995.

7. James Shreeve, 《The Genome War: How Craig Venter Tried to Capture the Code of Life and Save the World》(New York: Ballantine, 2005), p. 110.

8. Nicholas Wade, "First Sequencing of Cell's DNA Defines Basis of Life," 〈The New York Times〉, August 1, 1995, p. C1.

9. Rachel Nowak, "Homing In on the Human Genome," 〈Science 269〉, 469, July 28, 1995.

10. Fraser, C.M., Gocayne, J.D., White, O., Adams, M.D., Clayton, R.A., Fleischmann, R., Bult, C.J., Kerlavage, A.R., Sutton, G., Kelley, J.M., Fritchman, J.L., Weidman, J.F., Small, K.V., Sandusky, M., Fuhrmann, J., Nguyen, D., Utterback,T.R., Saudek, D.M., Phillips, C.A., Merrick, J.M., Tomb, J., Dougherty, B.A., Bott, K.F., Hu, P., Lucier, T.S., Peterson, S.N., Smith, H.O., Hutchison, C.A., Venter, J.C., "The Minimal Gene Complement of *Mycoplasma genitalium*," 〈Science 270〉, 397-403, 1995.

11. Andre Goffeau, "Life with 482 Genes," 〈Science 270〉, October 20, 1995.

12. Karen Young Kreeger, "First Completed Microbial Genomes Signal Birth of New Area of Study," 〈The Scientist〉, November 27, 1995.

13. Adams, M.D., Kerlavage, A.R., Fleischmann, R.D., Fuldner, R.A., Bult, C.J., Lee, N.H., Kirkness, E.F., Weinstock, K.G., Gocayne, J.D., White, O., Sutton, G., Blake, J.A., Brandon, R.C., Man-Wai, C., Clayton, R.A., Cline, R.T., Cotton, M.D., Earle-Hughes, J., Fine, L.D., FitzGerald, L.M., FitzHugh, W.M., Fritchman, J.L., Geoghagen, N.S., Glodek, A., Gnehm, C.L., Hanna, M.C. , Hedbloom, E., Hinkle Jr., P.S., Kelley, J.M., Kelley, J.C., Liu, L.I., Marmaros, S.M., Merrick, J.M., Moreno-Palanques, R.F., McDonald, L.A., Nguyen, D.T., Pelligrino, S.M., Phillips, C.A., Ryder, S.E., Scott, J.L., Saudek, D.M., Shirley, R. Small, K.V., Spriggs, T.A., Utterback, T.R., Weidman, J.F., Li, Y., Bednarik, D.P., Cao, L., Cepeda, M.A., Coleman, T.A., Collins, E.J., Dimke, D., Feng, P., Ferrie, A., Fischer, C., Hastings, G.A., He, W.W., Hu, J.S., Greene, J.M., Gruber, J., Hudson, P., Kim, A., Kozak, D.L., Kunsch, C., Hungjun, J., Li, H., Meissner, P.S., Olsen, H., Raymond, L., Wei, Y.F., Wing, J., Xu, C., Yu, G.L., Ruben, S.M., Dillon, P.J., Fannon, M.R., Rosen, C.A., Haseltine, W.A., Fields, C., Fraser, C.M., Venter, J.C. "Initial Assessment of Human Gene Diversity

and Expression Patterns Based Upon 52 Million Basepairs of cDNA Sequence." ⟨Nature 377⟩, Suppl., 3-174, 1995.

14. John Maddox, "Directory to the Human Genome," ⟨Nature 376⟩, 459-60, August 10, 1995.

15. Elyse Tanouye, ⟨The Wall Street Journal⟩, September 28, 1995.

16. Tim Friend, ⟨USA Today⟩, September 28, 1995.

17. Nicholas Wade, ⟨The New York Times⟩, September 28, 1995.

18. David Brown and Rick Weiss, ⟨The Washington Post⟩, September 28, 1995.

19. Sue Goetinck, ⟨The Dallas Morning News⟩, September 28, 1995.

20. Ibid.

21. John Carey, "The Gene Kings," ⟨Business Week⟩, 1995-05-08.

22. Richard Jerome, "The Gene Hunter," ⟨People⟩, June 12, 1995.

23. Troy Goodman, ⟨U.S. News and World Report⟩, October 9, 1995.

24. Bult, C.J., White, O., Olsen, G.J., Zhou, L., Fleischmann, R.D., Sutton, G.G., Blake, J.A., FitzGerald, L. M., Clayton, R.A., Gocayne, J.D., Kerlavage, A.R., Dougherty, B.A., Tomb, J.-F., Adams, M.D., Reich, C.I., Overbeek, R., Kirkness, E.F., Weinstock, K. G., Merrick, J.M., Glodek, A., Scott, J.L., Geoghagen, S.M., Weidman, J.F., Fuhrmann, J.L., Nguyen, D., Utterback, T.R., Kelley, J.M., Peterson, J.D., Sadow, P.W., Hanna, M.C., Cotton, M.D., Roberts, K.M. Hurst, M.A., Kaine, B.P., Borodovsky, M., Klenk, H.-P., Fraser, C.M., Smith, H.O., Woese, C.R and Venter, J.C. "Complete Genome Sequence of the Methanogenic Archaeon, *Methanococcus jannaschii*," ⟨Science 372⟩, 1058-73, 1996.

25. Tim Friend, ⟨USA Today⟩, August 23-25, 1996.

26. ⟨The Christian Science Monitor⟩, August 23, 1996.

27. ⟨The Economist⟩, August 24, 1996.

28. Jim Wilson, ⟨Popular Mechanics⟩, December 1996.

29. ⟨San Jose Mercury News⟩, August 23, 1996.

30. Curt Suplee, ⟨The Washington Post⟩, September 30, 1996.

31. Nicholas Wade, "Thinking Small Paying Off Big in Gene Quest," ⟨The New York Times⟩, February 3, 1997.

10. 결별

1. Gina Kolata, "Wallace Steinberg Dies at 61; Backed Health Care Ventures," ⟨The New York Times⟩, July 29, 1995.
2. Angus Phillips, "He Leaves His Body to Science, His Heart to Sailing." ⟨The Washington Post⟩, November 24, 1996.
3. Nicholas Wade, ⟨The New York Times⟩, June 24, 1997.
4. Beth Berselli, "Gene Split: Research Partners Human Genome and TIGR Are Ending Their Marriage of Convenience," ⟨The Washington Post⟩, July 7, 1997.
5. ⟨The [Memphis] Commercial Appeal⟩, July 4, 1997.
6. Tim Friend, "20,000 New Genes Boon to Research," ⟨USA Today⟩, June 25, 1997.
7. Ibid.

제4부 인간 유전자 지도 완성

11. 인간을 해독하다

1. Maurice Wilkins, ⟪The Third Man of the Double Helix: The Autobiography of Maurice Wilkins⟫ (Oxford:Oxford University Press, 2003), p. 206.
2. James Shreeve, ⟪The Genome War: How Craig Venter Tried to Capture the Code of Life and Save the World⟫ (New York: Ballantine, 2005), p. 19.
3. Elizabeth Pennisi, "DNA Sequencers' Trial by Fire," ⟨Science 280⟩, 814-17, 1998-05-08.
4. John Sulston and Georgina Ferry, ⟪The Common Thread⟫ (London: Corgi, 2003), p. 172.
5. Shreeve, ⟪The Genome War⟫, p. 163.
6. Ibid., p. 21.
7. Nicholas Wade, "Scientist's Plan: Map All DNA Within 3 Years, ⟨The New

York Times〉, 1998-05-10, p. 1, 20.

8. Ibid.

9. Ibid.

10. Nicholas Wade, "Beyond Sequencing of Human DNA," 〈The New York Times〉, 1998-05-12.

11. Sulston and Ferry, 《The Common Thread》, p. 172.

12. Ibid., p. 174.

13. Justin Gillis and Rick Weiss, "Private Firm Aims to Beat Government to Gene Map," 〈The Washington Post〉, 1998-05-12, p. A1.

14. Wade, "Beyond Sequencing of Human DNA."

15. Gillis and Weiss, "Private Firm."

16. Ibid.

17. Pennisi, "DNA Sequencers' Trial by Fire."

18. Sulston and Ferry, 《The Common Thread》, p. 171.

19. Shreeve, 《The Genome War》, p. 23.

20. Ibid., p. 51.

21. Sulston and Ferry, 《The Common Thread》, p. 180.

22. Ashburner, M., 《Won for All: How the Drosophila Genome Was Sequenced》 (Cold Spring Harbor Laboratory Press, 2006), p. 1.

23. Ibid., p. 15.

24. Sulston and Ferry, 《The Common Thread》, p. 176.

25. Ibid.

26. Shreeve, 《The Genome War》, p. 48.

27. Ibid., p. 53.

28. Sulston and Ferry, 《The Common Thread》, p. 188.

29. Shreeve, 《The Genome War》, p. 53.

12. 〈매드〉와 돈에 눈먼 장사꾼

1. John Sulston and Georgina Ferry, 《The Common Thread》 (London: Corgi,

2003), p. 190.

2. James Shreeve, 《The Genome War: How Craig Venter Tried to Capture the Code of Life and Save the World》(New York: Ballantine, 2005), p. 125.

3. Ibid., p. 93.

4. Ibid., p. 226.

5. Maynard Olson, "The Human Genome Project: A Player's Perspective," 〈Journal of Molecular Biology 319〉, 931-42, 2002.

13. 비상

1. James Shreeve, 《The Genome War: How Craig Venter Tried to Capture the Code of Life and Save the World》(New York: Ballantine, 2005), p. 285.

2. Ashburner, M., 《Won for All: How the Drosophila Genome Was Sequenced》 (Cold Spring Harbor Laboratory Press, 2006), p. 45.

3. Shreeve, 《The Genome War》, p. 300.

4. Ashburner, 《Won for All》, p. 55.

5. John Sulston and Georgina Ferry, 《The Common Thread》(London: Corgi, 2003), p. 232.

6. Mark D. Adams, Susan E. Celniker, Robert A. Holt, Cheryl A. Evans, Jeannine D. Gocayne, Peter G. Amanatides, Steven E. Scherer, Peter W. Li, Roger A. Hoskins, Richard F. Galle, Reed A. George, Suzanna E. Lewis, Stephen Richards, Michael Ashburner, Scott N. Henderson, Granger G. Sutton, Jennifer R. Wortman, Mark D. Yandell, Qing Zhang, Lin X. Chen, Rhonda C. Brandon, Yu-Hui C. Rogers, Robert G. Blazej, Mark Champe, Barret D. Pfeiffer, Kenneth H. Wan, Clare Doyle, Evan G. Baxter, Gregg Helt, Catherine R. Nelson, George L. Gabor Miklos, Josep F. Abril, Anna Agbayani, Hui-Jin An, Cynthia Andrews-Pfannkoch, Danita Baldwin, Richard M. Ballew, Anand Basu, James Baxendale, Leyla Bayraktaroglu, Ellen M. Beasley, Karen Y. Beeson, P. V. Benos, Benjamin P. Berman, Deepali Bhandari, Slava Bolshakov, Dana Borkova, Michael R. Botchan, John Bouck, Peter Brokstein,

Phillipe Brottier, Kenneth C. Burtis, Dana A. Busam, Heather Butler, Edouard Cadieu, Angela Center, Ishwar Chandra, J. Michael Cherry, Simon Cawley, Carl Dahlke, Lionel B. Davenport, Peter Davies, Beatriz de Pablos, Arthur Delcher, Zuoming Deng, Anne Deslattes Mays, Ian Dew, Suzanne M. Dietz, Kristina Dodson, Lisa E. Doup, Michael Downes, Shannon Dugan-Rocha, Boris C. Dunkov, Patrick Dunn, Kenneth J. Durbin, Carlos C. Evangelista, Concepcion Ferraz, Steven Ferriera, Wolfgang Fleischmann, Carl Fosler, Andrei E. Gabrielian, Neha S. Garg, William M. Gelbart, Ken Glasser, Anna Glodek, Fangcheng Gong, J. Harley Gorrell, Zhiping Gu, Ping Guan, Michael Harris, Nomi L. Harris, Damon Harvey, Thomas J. Heiman, Judith R. Hernandez, Jarrett Houck, Damon Hostin, Kathryn A. Houston, Timothy J. Howland, Ming-Hui Wei, Chinyere Ibegwam, Mena Jalali, Francis Kalush, Gary H. Karpen, Zhaoxi Ke, James A. Kennison, Karen A. Ketchum, Bruce E. Kimmel, Chinnappa D. Kodira, Cheryl Kraft, Saul Kravitz, David Kulp, Zhongwu Lai, Paul Lasko, Yiding Lei, Alexander A. Levitsky, Jiayin Li, Zhenya Li, Yong Liang, Xiaoying Lin, Xiangjun Liu, Bettina Mattei, Tina C. McIntosh, Michael P. McLeod, Duncan McPherson, Gennady Merkulov, Natalia V. Milshina, Clark Mobarry, Joe Morris, Ali Moshrefi , Stephen M. Mount, Mee Moy, Brian Murphy, Lee Murphy, Donna M. Muzny, David L. Nelson, David R. Nelson, Keith A. Nelson, Katherine Nixon, Deborah R. Nusskern, Joanne M. Pacleb, Michael Palazzolo, Gjange S. Pittman, Sue Pan, John Pollard, Vinita Puri, Martin G. Reese, Knut Reinert, Karin Remington, Robert D. C. Saunders, Frederick Scheeler, Hua Shen, Bixiang Christopher Shue, Inga Siden-Kiamos, Michael Simpson, Marian P. Skupski, Tom Smith, Eugene Spier, Allan C. Spradling, Mark Stapleton, Renee Strong, Eric Sun, Robert Svirskas, Cyndee Tector, Russell Turner, Eli Venter, Aihui H. Wang, Xin Wang, Zhen-Yuan Wang, David A. Wassarman, George M. Weinstock, Jean Weissenbach, Sherita M. Williams, Trevor Woodage, Kim C. Worley, David Wu, Song Yang, Q. Alison Yao, Jane Ye, Ru-Fang Yeh, Jayshree S. Zaveri, Ming Zhan, Guangren Zhang, Qi Zhao, Liansheng Zheng, Xiangqun H. Zheng, Fei N. Zhong, Wenyan Zhong, Xiaojun Zhou, Shiaoping Zhu, Xiaohong Zhu,

Hamilton O. Smith, Richard A. Gibbs, Eugene W. Myers, Gerald M. Rubin, and J. Craig Venter, "The Genome Sequence of *Drosophila Melanogaster*," 〈Science 287〉, 2185-95, March 24, 2000.

7. Justin Gillis, "Will this MAVERICK Unlock the Greatest Scientific Discovery of His Age? Copernicus, Newton, Einstein and VENTER?," 〈USA Weekend〉, January 29-31, 1999.

8. Philip E. Ross, "Gene Machine," 〈Forbes〉, February 21, 2000.

14. 최초의 인간 게놈

1. 갈색 눈은 푸른 눈과 비교하면 멜라노사이트 개수가 같지만 멜라닌을 상대적으로 더 많이 생산한다. 푸른색은 멜라닌 색소 자체의 색깔이 아니라 눈동자에 들어 있는 멜라닌으로 인한 빛의 산란 효과 때문에 생긴다(하늘이 푸른 것도 빛의 산란 효과 때문이다). 신생아의 눈이 푸른 것은 멜라닌이 적기 때문이다.

2. David Ewing Duncan, 《The Geneticist Who Played Hoops with My DNA : . . . and Other Masterminds from the Frontiers of Biotech》 (London: Fourth Estate, 2005).

3. James C. Mullikin and Amanda A. McMurray, "Sequencing the Genome, Fast," 〈Science 283〉, 1867-68, March 19, 1999.

4. 1999년 3월 15일 월요일, 국립보건원 게놈연구소 발표 내용은 이와 같다. "인간 게놈 프로젝트는 시험 프로젝트를 성공적으로 완수했음을 발표하며, 새로운 예산과 앞당긴 일정으로 대규모 인간 게놈 염기서열 분석 작업을 시작한다."

국제 인간 게놈 프로젝트는 오늘 인간 게놈 염기서열 분석의 시험 단계를 성공적으로 끝마쳤다. 또한 인간 DNA를 이루고 있는 30억 염기쌍을 모두 해독하는 본격적인 연구를 시작한다고 발표했다. 국제 공동연구진은 시험 프로젝트에서 얻는 경험을 토대로 2000년 봄까지 인간 게놈의 90퍼센트를 '상용 초안' 형태로 만들어낼 수 있으리라 예측한다. 이것은 예상 일정을 훨씬 앞지른 것이다. 앨 고어 부통령은 이렇게 말했다. "인간 게놈 프로젝트가 인류 역사상 가장 중요한 연구 프로젝트 가운데 하나인 유전부호의 비밀을 파헤치는 작업을 앞당기기로 했다니 매우 기쁘다. 이 프로젝트는 인체와 질병에 대한 이

주   527

해를 영원히 바꾸고, 난치병을 예방하고 치료하는 방법을 향상시킬 것이다. 특히 우리가 본격적인 염기서열 분석을 시작하고 일정을 1년 반 앞당겨 인간 게놈의 상용 초안을 완료하기로 한 것에 흥분을 감출 수 없다."

5. Francis Collins, 《The Language of God: A Scientist Presents Evidence for Belief》(New York: Free Press, 2006), p. 119.

6. James Shreeve, 《The Genome War: How Craig Venter Tried to Capture the Code of Life and Save the World》(New York: Ballantine, 2005), p. 186.

7. Collins, 《The Language of God》, p. 120.

8. Tim Friend, "Feds May Have Tried to Bend Law for Gene Map," 〈USA Today〉, March 13, 2000.

9. Shreeve, 《The Genome War》, p. 321.

10. John Sulston and Georgina Ferry, 《The Common Thread》(London: Corgi, 2003), p. 182.

11. Ibid., p. 240.

12. Ibid., p. 228.

13. Collins, 《The Language of God》, p. 121.

14. Ibid.

15. Sulston and Ferry, 《The Common Thread》, p. 185.

16. Ibid., p. 241.

17. Ibid., p. 265.

18. Ibid., p. 277.

19. David Whitehouse, "Gene Firm Labeled a 'Con Job' " 〈BBC News Online〉, March 6, 2000.

영국의 유전자 염기서열 분석을 이끄는 생어 센터의 소장 존 설스턴 박사는 미국 기업 셀레라 지노믹스와 사장 크레이그 벤터 박사가 정부와 민간의 DNA 데이터 조합을 팔아 돈을 벌려 한다고 비난했다. 우리의 인간 게놈 해독 프로젝트에서 얻은 유전 정보 이용을 둘러싸고 국제적 설전이 가열되는 가운데 설스턴 박사는 정부가 실상을 알았다고 말했다. 그는 BBC에 이렇게 말했다. "우리 모두에게 심각한 일이 아니기만을 바란다." 설스턴 박사는 셀레라를 이렇게 비난했다. "셀레라는 정부 데이터를 집어삼키고 자기 데이터를 조금 덧붙인 다음 이것을 가공된 제품으로 판매한다. 사람들이 그 데이터를 사고

싫어 하는 것은 정당하다. 그것은 고객 마음이다." 하지만 그는 셀레라 데이터가 "사기"
라고 덧붙였다. "놀라운 진실이 밝혀지고 있다. 그들은 적어도 5년간 인간 게놈에 대해
완전히 독점적인 지위를 누리려 한다." 설스턴 박사는 인간 유전자를 '소유'하는 것에
대한 윤리적 고려를 해야 한다고 말했다. 그뿐 아니라 셀레라 지노믹스가 민간 기업이
독자적으로 게놈 연구를 수행할 수 있다며 정치인들을 설득해 정부 지원을 줄이도록 할
위험성이 있다고 말했다.

20. Sorin Istrail, Granger G. Sutton, Liiana Florea, Aaron L.Halpern, Clark M.
    Mobarry, Ross Lippert, Brian Walenz, Hagit Shatkay, Ian Dew, Jason R.
    Miller, Michael J. Flanigan, Nathan J. Edwards, Randall Bolanos, Daniel
    Fasulo, Bjarni V. Halldorsson, Sridhar Hannenhalli, Russell Turner, Shibu
    Yooseph, Fu Lu, Deborah R Nusskern, Bixiong Chris Shue, Xiangqun Holly
    Zheng, Fei Zhong, Arthur L. Delcher, Daniel H. Huson, Saul A. Kravitz,
    Laurent Mouchard, Knut Reinert, Karin A. Remington, Andrew G. Clark,
    Michael S. Waterman, Evan E. Eichler, Mark D. Adams, Michael W.
    Hunkapiller, Eugene W.Myers, and J. Craig Venter, "Whole Genome
    Shotgun Assembly and Comparison of Human Genome Assemblies," 〈Proc.
    Natl Acad. Sci.〉

21. 린 홀란드가 셀레라 수석 연구원들에게 보낸 메모. 여기에는 리처드 로버츠와 에
    릭 랜더의 이메일이 포함되어 있었다.

22. Shreeve, 《The Genome War》, p. 314.

23. Sulston and Ferry, 《The Common Thread》, p. 244.

24. Peter G. Gosselin and Paul Jacobs, "Rush to Crack Genetic Code Breeds
    Trouble Science: Public-Private Rift Arises After Company Seeks Exclusive
    Rights in Exchange for Sharing Expanding Data," 〈Los Angeles Times〉,
    March 6, 2000.

25. Justin Gillis, "Gene-Mapping Controversy Escalates; Rockville Firm Says
    Government Officials Seek to Undercut Its Effort," 〈The Washington Post〉,
    March 7, 2000.

26. Nicholas Wade, "Genome Decoding Plan Is Derailed by Conflicts," 〈The
    New York Times〉, March 9, 2000.

27. Gillis, "Gene-Mapping Controversy Escalates."

28. Sulston and Ferry, 《The Common Thread》, p. 246.

29. Transcript of Briefing by Directors of Office on Science and Technology Policy and the Human Genome Project, 〈U.S. Newswire〉, March 14, 2000.

30. Ibid.

31. Frederick Goolden and Michael Lemonick, "The Race Is Over," 〈Time〉, July 3, 2000.

32. Sulston and Ferry, 《The Common Thread》, p. 250.

33. Shreeve, 《The Genome War》, p. 296.

34. Bill Clinton, 《My Life》 (London: Hutchinson, 2004), p. 889.

35. Deb Reichmann, "A Blue Dress and a Presidential Blood Sample," 〈Pittsburgh Post-Gazette〉 (Associated Press), September 22, 1998. Charles B. Babcock, "The DNA Test," 〈The Washington Post〉, September 22, 1998.

36. Collins, 《The Language of God》, p. 122.

37. Bob Davis and Ron Winslow, "Joint Release of DNA Drafts is Planned," 〈The Wall Street Journal〉, June 20, 2000.

38. Ibid.

15. 2000년 6월 26일, 백악관

1. Matt Ridley. 《Genome: The Autobiography of a Species》 (New York: Harper Perennial, 2000), p. 5.

2. Bill Clinton, 《My Life》 (London: Hutchinson, 2004), p. 910.

3. John Sulston and Georgina Ferry, 《The Common Thread》 (London: Corgi, 2003), p. 258.

4. Ibid., p. 252.

5. Francis Collins, 《The Language of God: A Scientist Presents Evidence for Belief》 (New York: Free Press, 2006), p. 2.

6. Ibid., p. 3.

7. Ibid.

제5부 인공생명체의 꿈

16. 나는 멈추지 않는다

1. 마이클 애슈버너. James Shreeve, 《The Genome War: How Craig Venter Tried to Capture the Code of Life and Save the World》(New York: Ballantine, 2005), p. 361 참조.

2. J. Craig Venter, Mark D. Adams, Eugene W. Myers, Peter W. Li, Richard J. Mural, Granger G. Sutton, Hamilton O. Smith, Mark Yandell, Cheryl A. Evans, Robert A. Holt, Jeannine D. Gocayne, Peter Amanatides, Richard M. Ballew, Daniel H. Huson, Jennifer Russo Wortman, Qing Zhang, Chinnappa D. Kodira, Xiangqun H. Zheng, Lin Chen, Marian Skupski, Gangadharan Subramanian, Paul D. Thomas, Jinghui Zhang, George L. Gabor Miklos, Catherine Nelson, Samuel Broder, Andrew G. Clark, Joe Nadeau, Victor A. McKusick, Norton Zinder, Arnold J. Levine, Richard J. Roberts, Mel Simon, Carolyn Slayman, Michael Hunkapiller, Randall Bolanos, Arthur Delcher, Ian Dew, Daniel Fasulo, Michael Flanigan, Liliana Florea, Aaron Halpern, Sridhar Hannenhalli, Saul Kravitz, Samuel Levy, Clark Mobarry, Knut Reinert, Karin Remington, Jane Abu-Threideh, Ellen Beasley, Kendra Biddick, Vivien Bonazzi, Rhonda Brandon, Michele Cargill, Ishwar Chandramouliswaran, Rosane Charlab, Kabir Chaturvedi, Zuoming Deng, Valentina Di Francesco, Patrick Dunn, Karen Eilbeck, Carlos Evangelista, Andrei E. Gabrielian, Weiniu Gan, Wangmao Ge, Fangcheng Gong, Zhiping Gu, Ping Guan, Thomas J. Heiman, Maureen E. Higgins, Rui-Ru Ji, Zhaoxi Ke, Karen A. Ketchum, Zhongwu Lai, Yiding Lei, Zhenya Li, Jiayin Li, Yong Liang, Xiaoying Lin, Fu Lu, Gennady V. Merkulov, Natalia Milshina, Helen M. Moore, Ashwinikumar K Naik, Vaibhav A. Narayan, Beena Neelam, Deborah Nusskern, Douglas B. Rusch, Steven Salzberg, Wei Shao, Bixiong Shue, Jingtao Sun, Zhen Yuan Wang, Aihui Wang, Xin Wang, Jian Wang, Ming-Hui Wei, Ron Wides, Chunlin Xiao, Chunhua Yan, Alison Yao, Jane Ye, Ming Zhan, Weiqing Zhang, Hongyu Zhang, Qi Zhao, Lian sheng Zheng, Fei Zhong, Wenyan

Zhong, Shiaoping C. Zhu, Shaying Zhao, Dennis Gilbert, Suzanna Baumhueter, Gene Spier, Christine Carter, Anibal Cravchik, Trevor Woodage, Feroze Ali, Huijin An, Aderonke Awe, Danita Baldwin, Holly Baden, Mary Barnstead, Ian Barrow, Karen Beeson, Dana Busam, Amy Carver, Angela Center, Ming Lai Cheng, Liz Curry, Steve Danaher, Lionel Davenport, Raymond Desilets, Susanne Dietz, Kristina Dodson, Lisa Doup, Steven Ferriera, Neha Garg, Andres Gluecksmann, Brit Hart, Jason Haynes, Charles Haynes, Cheryl Heiner, Suzanne Hladun, Damon Hostin, Jarrett Houck, Timothy Howland, Chinyere Ibegwam, Jeffery Johnson, Francis Kalush, Lesley Kline, Shashi Koduru, Amy Love, Felecia Mann, David May, Steven McCawley, Tina McIntosh, Ivy McMullen, Mee Moy, Linda Moy, Brian Murphy, Keith Nelson, Cynthia Pfannkoch, Eric Pratts, Vinita Puri, Hina Qureshi, Matthew Reardon, Robert Rodriguez, Yu-Hui Rogers, Deanna Romblad, Bob Ruhfel, Richard Scott, Cynthia Sitter, Michelle Smallwood, Erin Stewart, Renee Strong, Ellen Suh, Reginald Thomas, Ni Ni Tint, Sukyee Tse, Claire Vech, Gary Wang, Jeremy Wetter, Sherita Williams, Monica Williams, Sandra Windsor, Emily Winn-Deen, Keriellen Wolfe, Jayshree Zaveri, Karena Zaveri, Josep F. Abril, Roderic Guigo, Michael J. Campbell, Kimmen V. Sjolander, Brian Karlak, Anish Kejariwal, Huaiyu Mi, Betty Lazareva, Thomas Hatton, Apurva Narechania, Karen Diemer, Anushya Muruganujan, Nan Guo, Shinji Sato, Vineet Bafna, Sorin Istrail, Ross Lippert, Russell Schwartz, Brian Walenz, Shibu Yooseph, David Allen, Anand Basu, James Baxendale, Louis Blick, Marcelo Caminha, John Carnes-Stine, Parris Caulk, Yen-Hui Chiang, My Coyne, Carl Dahlke, Anne Deslattes Mays, Maria Dombroski, Michael Donnelly, Dale Ely, Shiva Esparham, Carl Fosler, Harold Gire, Stephen Glanowski, Kenneth Glasser, Anna Glodek, Mark Gorokhov, Ken Graham, Barry Gropman, Michael Harris, Jeremy Heil, Scott Henderson, Jeffrey Hoover, Donald Jennings, Catherine Jordan, James Jordan, John Kasha, Leonid Kagan, Cheryl Kraft, Alexander Levitsky, Mark Lewis, Xiangjun Liu, John Lopez, Daniel Ma, William Majoros, Joe McDaniel, Sean Murphy, Matthew Newman, Trung Nguyen, Ngoc Nguyen, Marc Nodell, Sue Pan, Jim

Peck, Marshall Peterson, William Rowe, Robert Sanders, John Scott, Michael Simpson, Thomas Smith, Arlan Sprague, Timothy Stockwell, Russell Turner, Eli Venter, Mei Wang, Meiyuan Wen, David Wu, Mitchell Wu, Ashley Xia, Ali Zandieh, Xiaohong Zhu1, "The Sequence of the Human Genome," 〈Science 291〉, 1304-51, February 16, 2001.

3. R. Waterston, E. Lander, and J. Sulston, "On the Sequencing of the Human Genome," 〈Proc. Natl. Acad. Sci.〉 USA, 99, 3712-16, 2002.

4. John Sulston and Georgina Ferry, 《The Common Thread》(London: Corgi, 2003), p. 271.

5. James Shreeve, 《The Genome War: How Craig Venter Tried to Capture the Code of Life and Save the World》(New York: Ballantine, 2005), p. 364.

6. David Ewing Duncan, 《The Geneticist Who Played Hoops with My DNA : . . . and Other Masterminds from the Frontiers of Biotech》(London: Fourth Estate, 2005). p. 134.

7. Mural, R.J., Adams, M.D., Myers, E. W., Smith, H.O., Miklos, G.L., Wides, R., Halpern, A., Li, P.W., Sutton, G., Nadeau, J., Salzbert, S.L., Holt, R., Kodira, C.D., Lu, F., Evangelista, C.C., Gan, W., Heiman, T.J., Li, J., Merkulov, G.V., Naik, A.K., Qi, R., Wang, A., Wang, X., Yan, X., Yooseph, S., Zheng, L., Zhu, S.C., Biddick, K., Bolanos, R., Delcher, A., Dew, I., Fasulo, D., Flanigan, M., Huson, D., Kravitz, S., Miller, J.R., Mobarry, C., Reinert, K., Remington, K., Zhang, Q., Zheng, X.H., Nusskern, D., Lai, Z., Lei, Y., Zhong, W., Yao, A., Guan, P., Ji, R., Gu, Z., Wang, Z., Zhong, F., Ziao, C., Chiang, C., Yandell, M., Wortman, J., Amanatides, P., Hladun, S., Pratts, E., Johnson, J., Dodson, K., Woodford, K., Evans, J.C., Gropman, B., Rusch, D., Venter, E., Wang, M., Smith, T., Houck, Tompkins, D.E., Haynes, C., Jacob, D., Chin, S. Allen, D., Dahlke, C., Sanders, B., Li, K., Liu, F., Levitsky, A., Majoros, W., Chen, Q., Xia, A., Lopez, J., Donnelly, M., Newman, M., Glodek, A., Kraft, C., Nodell, M., Beeson, K., Cai, S., Caulk, P., Chen, Y., Coyne, M., Dietz, S., Dullaghan, P., Fosler, C., Gire, C., Gocayne, J.D., Hoover, J., Howland, T., Ma, D., McIntosh, T., Murphy, B., Murphy, S., Nelson, K., Parker, K., Prudhomme, A., Puri, Vinita, Qureshi, H., Raley, J.C., Reardon, M., Regier, M., Rogers, Y., Romblad,

D., Scott, J., Scott, R., Sitter, C., Sprague, A., Stewart, E., Strong, R., Suh, E., Sylvester, K., Tint, N.N., Tsonis, C., Wang, G., Wang, G., Williams, M., Williams, S., Windsor, S. Wolfe, K., Wu, M., Zaveri, J., Zubeda, N., Subramanian, G., Venter, J.C. "A Comparison of Whole-Genome Shotgun-Derived Mouse Chromosome 16 and the Human Genome," 〈Science, 296〉, 1661-71, 2002-05-19.
8. Sulston and Ferry, 《The Common Thread》, p. 261.
9. Meredith Wadman, "Biology's Bad Boy Is Back," 〈Fortune〉, March 8, 2004.
10. 이런 결과를 낼 수 있는 또 다른 메커니즘은 생의 여명기에 일어나는 독특한 현상에서도 발견할 수 있다. 생의 첫 24시간 동안 부모의 DNA는 이 단계에서 개체를 형성하기 위해 섞이지 않는다. DNA는 이용되지도 않는다. 부모의 유전 메시지는 이리저리 돌아다니면서 발달의 초기 단계를 조절하고 영향을 미친다. 이 메시지는 세포 속에서 DNA와 나란히 발견되는 더 오래된 유전부호인 RNA에 쓰여 정자와 난자를 통해 자식에게 전달된다. 이것은 세포 안에서 발달 소프트웨어를 실행할 수 있게 하는 RNA 운영 체제라고 생각할 수도 있다.

17. 푸른 지구와 새로운 생명

1. Maynard Olson, "The Human Genome Project: A Player's Perspective." 〈J. Mol. Biol. 319〉, 931-42, 2002.
2. John Sulston and Georgina Ferry, 《The Common Thread》 (London: Corgi, 2003), p. 192.
3. Myers, E.W., Sutton, G.G., Smith, H.O., Adams, M.D., Venter, J.C., "On the Sequencing and Assembly of the Human Genome," 〈Proc. Natl. Acad. Sci.〉 USA, 99, 7, 4145-46, 2002.
4. R. Waterston, E. Lander, and J. Sulston, "On the Sequencing of the Human Genome," 〈Proc. Natl. Acad. Sci.〉 USA, 99, 3712-16, 2002.
5. Ibid.
6. Nicholas Wade, "Genome Project Rivals Trade Notes, Cordially," 〈The New York Times〉, June 12, 2001, p. 2.

7. Nicholas Wade, "Grad Student Becomes Gene Effort's Unlikely Hero," 〈The New York Times〉, February 13, 2001, p. 1.

8. 특히 22번 염색체가 많이 달랐다.

9. Mark D. Adams, Granger G. Sutton, Hamilton O. Smith, Eugene W. Myers, and J. Craig Venter, "The Independence of Our Genome Assemblies," 〈Proc. Natl Acad. Sci.〉 USA, 100, 3025-26, 2003.

10. International Human Genome Sequencing Consortium. "Finishing the Euchromatic Sequence of the Human Genome," 〈Nature 431〉, 931-45, October 21, 2004.

11. Sorin Istrail, Granger G. Sutton, Liiana Florea, Aaron L.Halpern, Clark M. Mobarry, Ross Lippert, Brian Walenz, Hagit Shatkay, Ian Dew, Jason R. Miller, Michael J. Flanigan, Nathan J. Edwards, Randall Bolanos, Daniel Fasulo, Bjarni V. Halldorsson, Sridhar Hannenhalli, Russell Turner, Shibu Yooseph, Fu Lu, Deborah R Nusskern, Bixiong Chris Shue, Xiangqun Holly Zheng, Fei Zhong, Arthur L. Delcher, Daniel H. Huson, Saul A. Kravitz, Laurent Mouchard, Knut Reinert, Karin A. Remington, Andrew G. Clark, Michael S. Waterman, Evan E. Eichler, Mark D. Adams, Michael W. Hunkapiller, Eugene W.Myers, and J. Craig Venter, "Whole Genome Shotgun Assembly and Comparison of Human Genome Assemblies," 〈Proc. Natl Acad. Sci.〉 USA, published online, February 9, 2004, 10.1073.

12. Nicholas Wade, "Scientist Reveals Secret of the Genome: It's His," 〈The New York Times〉, April 27, 2002.

13. Antonio Regalado, "Entrepreneur Puts Himself Up for Study in Genetic 'Tell-All,'" 〈The Wall Street Journal〉 October 18, 2006.

14. Samuel Levy, Granger Sutton, Pauline Ng, Lars Feuk, Aaron L. Halpern, Brian Walenz, Nelson Axelrod, Jiaqi Huang, Ewen Kirkness, Gennady Denisov, Yuan Lin, Jeffrey R MacDonald, Andy Wing Chun Pang, Mary Shago, Tim Stockwell, Alexia Tsiamouri, Vineet Bafna, Vikas Bansal, Saul Kravirz, Dana Busam, Karen Beeson, Tina McIntosh, John Gill, Jon Borman, Yu-Hui Rogers, Marvin Frazier, Stephen Scherer, Robert L. Straus-berg, J. Craig Venter, "The Diploid Genome Sequence of an Individual Human,"

⟨PLoS Biology⟩, 5: September 4, 2007.

15. Venter, J.C., Remington, K., Heidelberg, J., Halpern, A., Rusch, D., Eisen, J., Wu, D., Paulsen, I., Nelson, K., Nelson, W., Fouts, D., Levy, S., Knap, A., Lomas, M., Nealson, K., White, 0., Peterson, J., Hoffman, J., Parsons, R, Baden-Tillson, H., Pfannkoch, C., Rogers, Y.H., and Smith, H., "Environmental Genome Shotgun Sequencing of the Sargasso Sea," ⟨Science 304⟩, 66-74, 2004.

16. Douglas B. Rusch, Aaron L. Halpern, Granger Sutton, Karla B. Heidelberg, Shannon Williamson, Shibu Yooseph, Dongying Wu, Jonathan A. Eisen, Jeff M. Hoffman, Karin Remington, Karen Beeson, Bao Tran, Hamilton Smith, Holly Baden-Tillson, Clare Stewart, Joyce Thorpe, Jason Freeman, Cynthia Andrews-Pfannkoch, Joseph E. Venter, Kelvin Li, Saul Kravitz, John F. Heidelberg, Terry Utterback, Yu-Hui Rogers, Luisa I. Falco, Valeria Souza, German Bonilla-Rosso, Luis E. Eguiarte, David M. Karl, Shubha Sathyendranath, Trevor Platt, Eldredge Bermingham, Victor Gallardo, Giselle Tamayo-Castillo, Michael R. Ferrari, Robert L. Strausberg, Kenneth Nealson, Robert Friedman, Marvin Frazier, J. Craig Venter, "The Sorcerer II Global Ocean Sampling Expedition: Northwest Atlantic through Eastern Tropical Pacific," ⟨PLoS Biology⟩, 398-43 1, 2007; ShibuYooseph, Granger Sutton, Douglas B. Rusch, Aaron L. Halpern, Shannon J. Williamson, Karin Remington, Jonathan A. Eisen, Karla B. Heidelberg, Gerard Manning, Weizhong Li, Lukasz Jaroszewski, Piotr Cieplak, Christopher S. Miller, Huiying Li, Susan T. Mashiyama, Marcin P. Joachimiak, Christopher van Belle, John-Marc Chandonia, David A. Soergel, Yufeng Zhai, Kannan Natarajan, Shaun Lee, BenjaminJ. Raphael, Vineet Bafna, Robert Friedman, Steven E. Brenner, Adam Godzik, David Eisenberg, Jack E. Dixon, Susan S. Taylor, Robert L. Strausberg, Marvin Frazier, J. Craig Venter, "The Sorcerer II Global Ocean Sampling Expedition: Expanding the Universe of Protein Families," ⟨PLoS Biology⟩, 432-66, 2007; Natarajan Kannan, Susan S. Taylor, Yufeng Zhai, J. Craig Venter, Gerard Manning, "Structural and Functional Diversity of the Microbial Kinome," ⟨PLoS Biology⟩, 467-78, 2007.

17. Smith H.O., Hutchison C.A., III, Pfannkoch, C, and Venter, J.C., "Generating a Synthetic Genome by Whole Genome Assembly: _X174 Bacteriophage from Synthetic Oligonucleotides," 〈Proc. Natl. Acad. Sci.〉 USA, 100, 15440-445, 2003.

18. Elizabeth Weise, "Scientists Create a Virus That Reproduces," 〈USA Today〉, November 14, 2003.

19. Elizabeth Pennisi, "Venter Cooks Up a Synthetic Genome in Record Time," 〈Science 302〉, 1307, November 21, 2003.

20. Carole Lartigue, John I. Glass, Nina Alperovich, Rembert Pieper, Prashanth P. Parmar, Clyde A. Hutchison III, Hamilton O. Smith, and J. Craig Venter, "Genome Transplantation in Bacteria: Changing One Species to Another," 〈Science〉, June 28, 2007.

11번 염색체	131, 244	DAT1 유전자	43
13번 염색체	463	DIAPHI 유전자	93
15번 염색체	182, 183, 190, 201, 410	DNA 복구 유전자	266~268
16번 염색체	212	DNA 분석기	160, 161, 166, 168, 175, 187,
17번 염색체	275, 276	208, 245, 249, 261, 284, 341, 342, 362, 370,	
18번 염색체	463	384, 453, 482	
1918 독감 바이러스	262	DNA 불일치 복구 효소	266
19번 염색체	139, 184, 186, 190, 463	DNA 중합효소	155, 156, 161, 162, 307
21번 염색체	220	DNA 증폭 방법	268
22번 염색체	131, 425, 429, 535	DNA 클론	276, 277, 291, 361, 370, 395
3700 DNA 분석기	381, 383, 385, 391	DNA 합성기	160
4번 염색체	172, 182, 183, 186, 188	《DNA를 향한 열정》	92, 371, 406, 445
AIDS	101, 229, 253, 260, 265	ENPP1 유전자	337
Apo E4	142	FBI	89, 109, 384, 434~436, 468
BBC	421, 442	〈FEBS 회지〉	158
BRCA1 유전자	277, 337	FTO 유전자	212
CAPN10 유전자	337	G 단백질	137
CD36	139	G5	414, 415, 421, 422, 482
CDH23	93	GABA 수용체	182
CETP	503	GNB3 유전자	320
CNN	385, 442, 454	H5N1 조류독감	501
COMT	514	Her2 유전자	487
CYBA	139	HPLC 단백질 정제	149

IBM   216, 363~365

J. 크레이그 벤터 과학재단(JCVSF)
                   478, 479

K121Q 유전자   337

KLVS 인자   226

MIT   255, 338, 415, 461

MMP3 유전자   320

NASA   314

OAC2 유전자   410

P-32 방사성 동위원소   153, 155

P450 1A2 (CYP1A2) 201

PE 바이오시스템스   453

Per2 유전자   62

Per3 유전자   62

PIK3CA 유전자   487

QT 간격   322, 323

RBL2 유전자   487

SNP 컨소시엄   322, 323, 418

SRY   34, 46

T세포 수용체 부위   182

TIGR   235, 237, 242, 243, 245~247,
249~253, 255~257, 259~261, 263~265,
267, 269, 271~273, 275~278, 280~282,
287, 288, 290, 295, 297, 304, 305, 308, 310,
311, 314, 316, 319, 321, 323~325, 328,
330~332, 335~338, 342~348, 357,
362~365, 367, 369, 371, 377, 387, 394, 408,
409, 466, 470, 471, 479, 480, 490, 498,
508, 510

TNFSF4 유전자   139

Tp53 유전자   487

⟨USA 투데이⟩   314, 374, 404, 418, 502

X선 결정학   165

Xq28   181

ㄱ

가이듀섹, 칼턴   168

갈로, 로버트   265

거스너, 루   365

게놈 명부   273, 274, 311, 312, 461

게놈 염기서열 결정 및 분석 학술대회
                   434

《게놈 전쟁》   357, 360, 513

게스너, 피터   126, 134

결장암   131, 266~268, 287, 488, 490

고도 병렬 염기서열 분석   486

고리AMP   114

고속 액체 크로마토그래피(HPLC) 149

고슬린, 피터   428

고어, 앨   206, 417, 527

고정화   103, 104, 107, 108, 112, 115

고츠먼, 마이클   236

고케인, 지닌   149, 161, 362, 383

고포 앙드레   310

골다공증   226, 274

골드스타인, 에이브럼   119

⟨공공과학도서관 생물학⟩   488, 494

공기 게놈 프로젝트   497

공중위생국   223

구셀라, 제임스   184

국립 생물 보안 과학자문위원회   500

국립 신경계 질환 및 뇌중풍 연구소 (NINDS) 144, 167, 168

국립 알레르기 및 전염병 연구소 316

국립 암 연구소 277, 346, 409

국립 인간게놈 연구센터 181, 218

국립 환경보건학 연구소 277

국립과학아카데미 99, 461, 501, 502

〈국립과학아카데미 회보〉(PNAS) 99, 102, 113, 115, 162, 464, 480~483, 502

국립보건원(NIH) 96, 127, 130, 137, 141, 143~148, 160, 166, 167, 170~176, 178, 181, 183, 193, 197~200, 206, 208~211, 214, 215, 217~220, 222~225, 227, 229, 230, 232, 233, 235~237, 243, 246, 248, 250, 251, 253, 256~259, 261, 263~265, 277, 279~281, 290, 294, 295, 298, 303, 310, 315, 316, 332, 338~340, 345, 346, 351, 353~357, 360, 362, 363, 371~373, 390, 417, 423, 427, 429, 436, 440, 446, 462, 465, 474, 527

국세청 324

국제 인간 게놈 컨소시엄 481

굿맨, 머리 112, 113, 117

그람 양성균 495

그리졸리아, 산티아고 287

근육긴장퇴행위축 184

글락소 웰컴 216, 418

글래드스턴, J. H. 125

글래스, 존 I. 506

글루코코르티코이드 132

글루타민 합성 효소(GS) 495

글루타티온 S 전이효소 131

글루타티온 S 전이효소 세타 1(GSTT1) 131

글루타티온 S 전이효소 M1(GSTM1) 131

글루타티온 S 전이효소 P1(GSTP1) 131

글루탄산염 306

기그어셈블러 481

기능 지도 291

기도하는 사마귀 증후군 211

긴즈버그, 앤 316

길리랜드, 프랭크 131

길버트, 월리 154, 173, 176, 177, 182

끝 서열 394

ㄴ

나이세리아 수막염 308, 335

낭성 섬유증 유전자 278

냅, 앤서니 H. 491

네이덜, 로널드 73, 74, 76, 84

〈네이처〉 159, 162, 209, 218, 225, 235, 257, 261, 262, 273, 274, 278, 279, 282, 300, 311, 312, 315, 316, 461, 464, 483

노스토크 펀크티포르메 497

뇌종양 490

뇌중풍 226

〈뉴욕 타임스〉 170, 209, 236, 247, 263, 303, 309, 312, 321, 331, 354, 356, 429, 481, 484~486, 502

뉴클레오티드 137, 154, 159

니런버그, 마셜 145, 218

니코틴 아세틸콜린 120, 147

니트로소모나스 에우로파이아 497

ㄷ

다낭 해군병원 53, 61
다윈 경, 프랜시스 192
다윈, 이래즈머스 477
다윈, 찰스 29, 57, 197, 318, 459
다클론 항체 130
단백질 공학 164
단백질 키나아제 495
단백질 펌프 120
단일 클론 항체 129, 130, 132
단일염기다형성(SNPs)
322, 378, 337, 484
당 분자 97
당뇨병 212, 233, 337, 450
대장균 149, 152, 153, 185, 285,
289~292, 299, 303, 310, 315, 362, 381, 382,
396, 498, 500, 507
댄포스, 테드 245
더브닉, 마크 186, 233
더빈, 리처드 464
데이너-파버 암연구소 253, 489
데이비스, 로널드 182
델처, 아서 L. 398
도노프리오, 니컬러스 M. 363, 365
도메니치, 피트 V. 205, 206
도일, 대릴 120, 178
도파민 43, 64, 148, 244, 270, 514
돌, 로버트 199

동방 결절 99
듀크 대학교 150, 166, 206
듀퐁 498
들리시, 찰스 166, 206, 452
디츠, 해리 226
딕슨, 잭 97, 99, 104, 114

ㄹ

라이스버그, 리처드 223
라임병 317
람다 게놈 169, 170
람다 클론 285, 292, 293, 316
람다 파지 169
랜더, 에릭 255, 281, 305, 345, 357, 359,
373, 393, 415, 417, 422~425, 434, 438, 443,
450, 460~462, 464, 469, 480~482, 529
랜더-워터맨 모델 357
랠런드, 마크 183
러너, 리처드 439, 440
러슈, 더그 494
레나토, 둘베코 166
레비, 새뮤얼 207, 212
레빈, 아널드 J. 349, 425
레빈슨, 레이철 172
레인, 닐 429~431, 433, 441, 443~446
레프코위츠, 로버트 150
로, 브루스 182, 417
로도프세우도모나스 팔루스트리스 497
로드벨, 마틴 137, 146
로드벨, 바버라 137, 146

로버츠, 레슬리 204

로버츠, 리처드 349, 351, 352, 424, 447, 529

로비, 론다 467, 468

로빈슨, 도린 145

로스 2세, 존 98, 99, 101, 111, 117, 119

〈로스앤젤레스 타임스〉 427, 428, 433, 443

로스웰 파크 암연구소 120, 140, 251, 252

로저스, 마크 339

로저스, 유-후이 468

록펠러, 데이비드 213

록펠러, 페기 430

록하트, 조지프 430

롬바르디, 스티브 336, 339, 340

롱, 론 328, 336

루빈, 제럴드 M. 358, 359, 390, 391, 397~401, 403, 404, 421, 423, 429, 502, 516

리보핵산(RNA) 32, 152, 186, 254, 534

리스, 다이 216

리시, 고든 42~44, 514

리프먼, 데이비드 218, 219, 221, 222, 332

리프먼, 프리츠 108, 111, 114

린드스트럼, 존 148

마, 토머스 182

마로코, 피터 98, 99

마르틴-갈라르도, 안토니아 184

마버거 3세, 존 H. 499, 501

마법사 2호 493, 496, 511, 512

마법사 호 327~331, 395, 432, 473, 474

마이, 브라이언 227

마이어스, 리처드 M. 182

마이어스, 유진 W. 365, 366, 380, 394~396, 399, 400, 403, 405, 408, 421, 422, 439~441, 447, 451, 455, 462, 464, 466, 483

마이어호프, 오토 108

마츠바라, 켄이치 188

말라리아 50, 74, 317

말라리아 모기 게놈 465

매닝, 제라르 494

매덕스, 존 311

매독 75, 317

매사추세츠 종합병원 184, 278

매스파 257

매카시, 마크 212

매켈로이, 윌리엄 108

매쿠직, 빅터 A. 236, 349

맥콤비, 딕 165, 184, 189, 190, 205

머크 제약 150, 214, 279, 280

멀리스, 캐리 268

메가 YAC 220, 316

메드이뮨 225

메릴, 칼 193

메이 경, 로버트 429, 430, 432, 442

메이어, 스티븐 98, 102, 117, 119

메이즈, 앤 더슬러츠 363, 366

메탄균 312~316, 504, 505

메티오닌 157

메틸로코쿠스 캡슐라투스　497

메틸페니메이트　43

모건, 마이클　217, 279, 297, 308, 309, 353, 355, 428, 429, 433, 482

모건, 토머스 헌트　292, 388, 389

모노아민 산화 효소(MAO)　270

모런, 닐　119, 120

모세혈관 확장성 조화운동 불능 유전자　278

모핏, 테리　519

목슨, 리처드　297, 307, 308

무라시게, 케이트　87

무스카린 아세틸콜린 수용체　150, 162

뮤럴, 리처드 J.　462

미국 과학진흥협회(AAAS)　464

미국 국방부　148, 160, 229

미국 국토안보국　499

미국 미생물학회　300

미국 보건복지부　223, 227

미국 상원　199, 205, 206, 211

미국 에너지부　166, 180, 206, 298, 310, 312, 314, 316, 346, 352, 353, 356, 357, 363, 425, 436, 452, 491, 493, 499, 502

미국 증권거래위원회　351

미국 특허청　209, 248, 264

미리어드 지네틱스　277, 278

미생물 게놈　310, 311, 321, 348, 369

미첼, 조지　211, 213

미코플라스마 제니탈리움　297, 298, 302, 308, 310, 504~507

미코플라스마 카프리콜룸　182

미토콘드리아　155, 254, 391, 467

밀먼, 로버트　305, 379, 401

밀스테인, 세사르　130, 515

ㅂ

바너드, 에릭　120, 127

바닥세포 암종　488

바머스, 해럴드　259, 264, 265, 281, 351~356, 358, 419, 425

바이-돌 법안　199

바이러스 게놈　155, 227, 228, 295, 296, 368

바이러스·생명공학연구소　227

바인더, 고든　229, 232

박테리아 인공염색체(BAC)　316, 338, 340, 412, 415~417, 420, 437

발현 서열 꼬리표(ESTs)　194~198, 200, 202, 204~206, 209, 210, 219~221, 223, 225, 228, 242, 252~255, 257, 263~268, 271~274, 279~286, 289, 290, 302~304, 311, 315, 316, 383, 387, 462, 490

밥로, 마틴　425, 426

방글라데시 1975 천연두 계통　228

방사성핵종　497

배럴, 바트 G.　181

배럿, 피터　345, 378, 386

백악관　222, 263, 430, 432~435, 437~444, 446, 447, 451, 455, 460, 465, 466, 481, 499, 501

백혈구　130

밴더빌트 대학교 114

버그, 폴 187, 195, 288

버뮤다 회열 180, 233, 234

버크, 릭 210, 211, 213~217, 222

버펄로 뉴욕 주립대학교 120, 178

벌렌더, 마이클 113

범죄 수사용 DNA 염기서열 분석

434, 467

법정 발명 등록 225

베일러 의과대학 인간유전학과 181

베타 수용체 작용제 130

베타 차단제 98, 128, 138, 164, 322

벤터, 바버라 79, 80, 83~85, 87, 92,

109, 115, 120, 121, 125, 127, 133, 137

벤터, 크리스토퍼 엠리스 라이

126, 127, 133

벤터연구소 229, 250, 296, 468, 484,

488, 493, 499, 504, 508, 515

보드머 경, 월터 209

보렐리아균 317

보존된 비 유전자 염기서열(CNGs) 377

보체 인자 H(CFH) 485

복막염 268, 269

복합 게놈 특별 자문위원회 172

볼티모어, 데이비드 172, 461

분자생물학 90, 91, 141, 144, 149, 155,

156, 158, 163, 164, 167, 168, 176, 198, 288,

291, 305, 349, 356, 378, 382, 383, 389, 480

분자생물학연구소 119, 130, 154, 204,

216, 230, 231

브레너, 시드니 166, 187, 192~195, 197,

198, 204

브로더, 샘 277, 409, 411, 412

브로드 연구소 377

브룩헤이븐 국립 연구소 182

블래트너, 프레드 285, 292, 303

블랙, 제임스 138

블레어, 디다 230, 247

블레어, 토니 429, 440, 442, 443, 447, 450

비교유전체학 310, 378, 403, 465

비만 183, 212, 320, 337

비머, 에카르트 504

비커스, 토니 198, 209

빌헬름, 케이 471

ㅅ

사르가소 해 491, 493, 494, 497

사베인즈, 폴 213

〈사이언스〉 115, 130, 166, 193~196, 198,

200, 203, 205, 209, 212, 259, 263, 265, 274,

278, 279, 281, 299, 300~302, 305, 306,

308~311, 314, 321, 345, 356, 377, 403, 404,

414, 438, 439, 459~464, 501, 519

사토, 고든 94, 95, 100, 117

산탄총 염기서열 분석 169, 185, 188,

228, 286, 289, 293, 295, 296, 340, 356, 357,

361, 366, 380, 394, 395, 405, 413, 416, 451,

464, 479~481, 483, 490, 492, 504, 517

산화질소 합성효소1〔신경〕수용체 단

백질(NOS 1AP) 322, 323

상보적 DNA(cDNA) 152~154, 157,

186~191, 193~198, 204, 210, 217, 219, 253~255, 257, 274, 275, 389

새서, 제임스 R.   213

샌 마티오 대학   84, 87, 101

생물에너지대안연구소(IBEA)   479

생물정보학   194, 257, 267, 280, 380, 401, 440, 483

생어 센터   217, 278, 297, 308, 428, 450, 464, 528

생어 연구소   377, 415

생어, 맥신   176

생어, 프레더릭   144, 154, 155, 159, 162, 167, 169, 170, 295, 296

생어, 프레드   195, 205, 309, 368

생쥐 게놈   207, 358, 378, 422, 461, 465, 481, 482

생체 시계   62

생화학   94, 95, 101, 108~110, 119, 127, 134, 137~139, 158, 162, 164, 165, 175, 217, 225, 287, 306, 331, 478, 496

《생화학자의 방랑기》   108

샤피로, 루시   309, 332

서덜랜드 2세, 얼 W.   114

서열 꼬리표 부위(STSs)   194

서튼, 그레인저   290, 348, 365, 366, 448, 451, 462, 480, 481

선 마이크로시스템스   186

설리번, 루이스 W.   227

설스턴, 존   204, 205, 215~217, 219, 242, 280, 340, 350, 351, 355, 356, 373, 374, 397, 404, 414, 417, 419, 420, 421, 425, 428, 429,

433, 448, 450, 462, 464, 480, 481, 528, 529

섬유소   498

세계보건기구(WHO)   228, 446

세균 바이러스   155, 285, 496

세로토닌   270

세포막 수용체   132

셀레라   207, 305, 361, 362, 366, 369, 373~376, 378~380, 383~387, 390~392, 394, 396, 399~401, 403~405, 408, 409, 411, 413~421, 423~440, 447, 450~453, 455, 460~462, 464~470, 472~484, 486, 499, 510, 511, 528, 529

셔먼, 윌리엄 T.   57

셰일러, 로버트   467, 468

소치, 윌리엄 B.   379, 405, 469, 470

소크 연구소   148, 166, 182

쇼트, 니컬러스   312

수막염   49, 302, 309

수면위상지연증후군(DSPs)   62

수용체 단백질   128, 132, 138, 147, 149, 151, 154, 158~160, 164, 165, 200, 322

수용체 유전자   64, 150, 151, 158, 159, 162, 164, 174, 402, 490

수용체 항체   130

수자, 로런스 M.   229

슈나이더, 신시아   447

슈나이더, 토머스 J.   447

슈뢰딩어, 에어빈   283

슈리브, 마틴   145

슈리브, 제임스   357, 360, 395, 427, 510, 513

슈스터, 루　　　　　　　　　　　252

슐레진저, 데이비드　　　　　　　301

스미스, 데이비드　　　　　　　　310

스미스, 해밀턴　　169, 196, 287, 297,
340, 348, 350, 362, 370, 381, 408, 447, 451,
462, 479, 500, 504, 512

스미스클라인 비첨　　127, 216, 252, 255,
259~261, 269, 271~275, 279, 280, 282, 303,
304, 323, 324

스콜닉, 마크　　　　　　　　　　277

스크립스 연구소　　　　　　439, 508

스타인버그, 월리스　　225, 230, 236, 237,
243, 245, 248, 318

스탠퍼드 대학교　　85, 88, 119, 182, 195,
306, 309, 332, 346, 360, 361, 402

스터디어, F. 윌리엄　　　　　　182

스테로이드　　　　　　　　　　132

스토니 브룩 뉴욕 주립대학교　　504

스트로멜리신 1　　　　　　　　320

스트로스버그, 로버트　　　　　　295

스티븐슨, 존　　　　　　297, 308, 316

스프래들링, 앨런　　　　　　　　390

스피로헤타　　　　　　　　　　317

슬레이멘, 캐럴라인　　　　　　　349

시그밀러, J. 에드윈　　　　103~105

시바 재단　　　　　　　　　　137

시트크롬 해독 효소　　　　　　201

식품의약국(FDA)　　　　　167, 201

신경 독성 물질　　　　　　　　147

신경 섬유종증 유전자　　　　　278

신경 세포　　32, 120, 128, 132, 315, 322

신경 전달 물질　　32, 120, 132, 148, 150,
158, 159, 182, 225, 244

신경 퇴행　　　　　　　139, 174, 183

신세틱 지노믹스　　　　　　504, 509

신셰이머, 로버트　　　　　　　166

심장 마비　　107, 110, 139, 201, 318, 320,
337, 503

심장 세포　　　　95~98, 101, 102, 110

심장 질환　　　　　　　139, 212, 320

심전도 장치　　　　　　　　99, 322

ㅇ

아교모 세포종　　　　　　　　487

아널드앤드포터　　　246, 247, 261, 305

아데노신 단인산염 탈아미노 효소
1(AMPD1)　　　　　　　　　59

아데노신 삼인산염(ATP)　　　　108

아드레날린　　45, 58, 67, 89, 95~99, 101,
102, 107, 110, 112~115, 127~130, 132, 135,
137, 141, 147~151, 154, 156~158, 162~165,
170, 187, 191, 389, 398

아세틸콜린　　　　120, 147, 148, 150

아연 손가락 단백질　　　　　　207

아이히너, 론　　　　　　　　　117

아케오글로부스 펄지두스 게놈　　317

아포 지방 단백 E(Apo E)　　　139

안토나라키스, 스틸리아노스　　377

안핀슨, 크리스천 B.　　　　　96

알츠하이머 병　　　　139, 315, 450

알코올 중독　　　　　　　64, 514

알파 아드레날린 수용체　132, 150

알파칩　363, 364, 385

애덤스, 마크　185, 189, 193, 200, 208, 233, 264, 338, 340, 342, 348, 362, 368, 369, 372, 390, 393, 399, 401~403, 447, 451, 455, 462, 472

애들리, 리드　199~203, 209, 225, 259, 263~265

애머셤　328, 335, 336, 350

애슈버너, 마이클　400, 403

애플러 코퍼레이션　376

액설로드, 줄리어스　132

앤더슨, 크리스토퍼　210

앤더슨, 프렌치　218, 225, 230, 232

앨버츠, 브루스　461, 501

앰젠　202, 229~232, 386

야나시, 홀게　314

앤덜, 마크　462

어스트루, 마이클 J.　223

어플라이드 바이오시스템스(ABI)　160, 163, 167~169, 173, 175, 187, 249, 335, 336, 340, 341, 343, 344, 350, 357, 358, 363, 370, 376, 381, 385, 392, 393, 405, 409, 411, 414~416, 423, 434, 467, 468, 482

에너지 · 환경 소위원회　437

에델먼, 이저도어　211

에리트로포이에틴(EPO)　249

에번스, 글렌　182

에볼라 바이러스　501

에스포시토, 조지프 J.　227, 228

에이브러햄, 스펜서　502

에클스 경, 존　120, 127

엥겔만 증후군　183

역전사 효소　152, 187

연관 지도　291, 292

염기서열 데이터　166, 190, 191, 194, 259, 272, 304, 391, 396, 397, 400, 412, 421~424, 462

예쁜꼬마선충　204, 205, 311, 351, 397, 402

오길비, 브리짓　216, 217

오니시, 딘　469

오렌지코스트 전문대학　47

오르도네스, 캐서린　469, 472

오바흐, 레이먼드 리　499

오카야마, 히로토　187

옥스퍼드 대학교　212, 297, 307

옥타파민　170, 200, 254, 389

올리고핵산염　507

올슨, 메이너드　209, 338, 359, 374, 387, 404, 480

와이스, 릭　354

와이즈먼, 로저　277

왓슨, 제임스　90~92, 150, 173~177, 182, 188, 190, 194~196, 198, 203, 204, 206~209, 213~223, 232, 236, 256, 258, 264, 275, 278, 279, 284, 289, 297, 309~311, 349~351, 356, 357, 359, 371, 373, 406, 413, 445, 447, 449, 452, 461, 486, 516

요산　103~106

요세프, 시부　493, 494

우드, 크리스틴　470

우즈 홀 해양학 연구소　312

우즈, 칼 313, 314
우터바흐, 테리 229
울렌, 마티아스 486
워너, 핼 230~232, 245, 247
워런, 스티븐 181
〈워싱턴 포스트〉 208, 217, 218, 261, 263, 315, 328, 331, 354, 356, 411, 428
워터스턴, 로버트 205, 215, 280, 294, 351, 359, 373, 397, 417, 425, 426, 438, 480, 481
원핵생물 313
〈월스트리트 저널〉 235, 248, 281, 432, 441, 485
월튼, 앨런 224, 230, 243, 255
웨버, 제임스 L. 365
웨이드, 니컬러스 303, 309, 331, 354, 355, 484
웩슬러, 낸시 183
웰컴 트러스트 216, 217, 278~280, 297, 308, 316, 353, 373, 377, 386, 415, 418, 425, 427, 428, 438, 442, 443, 462, 464, 483
위암 317
윈가르덴, 제임스 166, 172, 173
윌슨, E. O. 466
윙어, 데니스 L. 405
유나바머 384
유든프렌드, 시드니 119
유럽 생물정보학연구소 278, 400
유리구슬 97~99, 102, 104, 112~114, 163
유리카아제 103~105, 107
유방암 121, 275~278, 450, 488, 490
유약 X 174, 181

유전부호 145, 150~152, 155, 159~161, 164, 166, 185, 186, 188, 191, 195, 207, 215, 220, 242, 254, 266, 278, 283, 284, 290, 292, 295, 298, 306, 307, 315, 316, 331, 351, 368, 376, 383, 390, 397, 401, 408, 411, 415, 423, 425, 437, 451~454, 410, 463, 484, 486, 505, 510~513, 527, 534
유전자 도시 219, 221, 222
《유전자 전쟁》 166
유전자 지도 174, 279, 292, 306, 315, 356, 418, 448
유전자 지문 288
유전체학 159, 171~173, 185, 190, 195, 198, 211, 213, 217, 221, 229, 242, 248, 252, 255, 278~280, 284, 285, 296, 308, 309, 316, 319, 328, 344, 354, 356, 375, 380, 386, 434, 451, 466, 475, 480, 486, 493
유전체학진흥센터(TCAG) 478, 484
의학연구위원회 154, 166, 198, 204, 215, 216, 278
이스트라일, 소린 483
이중나선 구조 91, 92, 150, 151, 161, 198, 278, 361, 407, 413, 449, 551
인간 게놈 프로젝트 155, 173~176, 194, 236, 284, 312, 337, 338, 343, 345, 346, 355, 356, 366, 371, 414, 419, 429, 430, 454, 480, 527
인간 다형성 연구소(CEPH) 220
〈인간 두뇌 유전자 2,375개의 염기서열 분석〉 225
인간 에피게놈 프로젝트 475

인간 유전자 해부학 프로젝트　253, 260, 271

인공생명체　498

인델　484

인사이트 지노믹스　263, 265, 280, 375, 399, 417, 418, 421, 423, 426, 462

인슐린　32, 97, 155, 202, 226, 249, 320

인트론　186, 298, 349

ㅈ

자기복제세포　478

재스니, 바버라　299

적혈구　32, 114, 132, 150, 202, 249

전령 RNA(mRNA)　152~154, 186~189, 254, 257

전령물질　114, 154, 172

전사 인자　377

전위유전단위　505, 506

전체 게놈 산탄총 조합기(아라크네) 481

정부 게놈 프로그램(또는 프로젝트)
　353, 376, 392, 417, 424, 437, 451, 452

정찬용　138

젖산 탈수소 효소(LDH)　107, 110

제2형 당뇨병　212, 337

제네통　220

제이콥스, 폴　428

제한 지도　288

제한 효소　151, 161, 169, 170, 204, 228, 287, 288, 291, 295, 296, 352, 368, 516

젠맵　224

젠뱅크　209, 272, 331, 346, 358, 400, 401, 421, 423~426, 482

조던, 엘크　310

존스홉킨스 대학교　226, 236, 266, 267, 287, 289, 297, 322, 349

종결자 뉴클레오티드　155, 156

종양　74, 100, 487~490

주의력 결핍 과다 행동 장애(ADHD) 43

주혈흡충증　315

죽상경화증　226, 320

줄기세포　32, 488

줄기세포　32, 488

중합효소 연쇄 반응(PCR)　367, 383

지네틱 테라피　225, 230

지넨코어　498

지넨테크　199, 202

지방 세포　97, 212, 320

지중해열　278

지질 단백　503

지질 올리고당류　307

지질 키나아제　487

직장결장암　131

진더, 노턴　349, 447

진핵 세포 단백질 키나아제(ePK)　495

진핵생물　313~315, 495

질병통제센터　227, 261

짝지은 끝　293, 296, 302, 416~418, 420

ㅊ

처치, 조지　309

청, 푸전 149

체리, 마이클 402

초파리 170, 176, 197, 200, 254, 266, 292, 351, 358, 359, 377, 379, 388, 389, 398, 463

초파리 게놈 358, 370, 390, 396, 407, 429, 502

치체스터, 프랜시스 90

침팬지 게놈 207

ㅋ

카라노, 앤서니 181, 184

카찰스키, 에프라임 108

캐넌, 월터 브래드퍼드 86

캐머런, 브루스 87, 121

캐버노, 제임스 H. 230

캐스키, C. 토머스 181, 182, 211, 213, 214, 279

캐플런, 네이선 O. 95~101, 104, 107, 108, 110~114, 117~119, 162, 165, 170, 174, 189, 197, 464

캐플런, 아서 349, 486

캔터, 찰스 211, 213, 214

캘리포니아 대학교 85, 88, 89, 92, 100, 118, 127, 149, 166, 182, 233, 258, 275, 358, 390, 462, 481, 508

커, 로런스 499, 501

커크니스, 이원 182, 377

컬리비지, 앤서니 149, 194, 228, 233, 348, 363

컴팩 363~365, 385, 441

케네디, 도널드 438, 439, 460, 461, 501

케라틴 32

켄트 주립대학교 88, 89

켄트, 제임스 481

코벨, 짐 101

코슐랜드 2세, 대니얼 E 203

코스미드 클론 181, 185, 285

코언, 다니엘 220, 316

코엔자임 A 108, 111

코왈스키, 헤더 420, 437, 447

코카인 43, 101, 102

코핀, 어윈 146, 167, 232

콕스, 데이비드 346, 360

콜드스프링하버연구소 175, 177, 182, 356, 357, 359, 360, 390, 403, 452

콜라타, 지나 236, 247

콜러, 하인츠 140, 141, 143

콜린스, 프랜시스 208, 256, 259, 275~279, 281, 294, 295, 298, 302, 310, 338, 339, 345, 346, 351~361, 371, 373, 374, 376, 386, 400, 412, 415, 417~421, 425~434, 436~438, 440~443, 446, 447, 449~453, 455, 460~462, 464

쾰러, 게오르게스 130

쿡-디건, 로버트 166, 176, 206

쿨슨, 앨런 155, 205

크레아틴 키나아제 110

크릭, 프랜시스 90~92, 150, 278, 449

클라우스너, 리처드 D. 346, 349

클로닝 148~150, 162, 361, 362, 370

클로토 유전자 226

클루그, 애런 216, 217

클린턴, 빌 258, 339, 379, 407, 425, 429, 430, 433, 434, 440~442, 447, 455, 469, 481

키르쉬슈타인, 루스 172

키어넌, 데이비드 328, 472

킨즐러, 케네스 268

킹, 메리-클레어 275~277

ㅌ

타분(GA) 147

〈타임〉 70, 277, 302, 446, 454

타임로직 494

탈라시오시라 프세우도나나 497

테일러, 수전 100, 149, 165

테일러, 파머 100

톰슨, 딕 446

톰슨, 래리 208

톰슨, 로버트 367

통풍 103, 104

트레포네마 팔라디움 75

트리글, 데이비드 120

트리글리세리드 97

티로신 키나아제 수용체 489, 490

ㅍ

파골 세포 274

파라아미노페닐알라닌 113

파스퇴르 연구소 242

파스퇴르, 루이 241, 242

파울 에를리히상 75, 466

파이 X174 155, 368, 500~502, 507

파이살 국왕 국제과학상 466

파커, 스티브 246, 249, 261, 273, 305

파킨슨병 450

파트리노스, 아리스티데스 346, 349, 353, 356, 425, 436, 446, 482, 499, 504

파파도풀로스, 드미트리 120, 127

패러데이, 마이클 125

팸버튼, 존 스티스 200

퍼킨엘머 336, 339, 344~347, 349, 367, 372, 378, 385, 386, 405

펄젠 361

폐렴 연쇄구균 491

폐암 87, 131

포겔슈타인, 버트 266~268, 488, 489

포드, 헨리 173, 211, 369, 370

포스터, 더들리 314

포스트, 조지 120, 127, 252, 260, 274, 323

폴리오 바이러스 503, 504

프랭클린, 로절린드 91, 92

프레이더-윌리 증후군 183, 190

프레이밍햄 심장 연구소 322

프레이저, 마빈 353

프레이저, 클레어 129

프렌드, 팀 374, 418

프로테오로돕신 494

프로판디올 498

프로프라놀롤 98, 164, 165

프리즈, 언스트 160, 167, 168, 173, 174, 181

프린세스 릴리안 심장학연구소 138

플라스미드　　　153, 285, 381~383, 396

플라이슈만, 로버트　　　294, 300

피린 유전자　　　278

피츠제럴드, 마이클 G.　　　149

피터슨, 마셜　　　365, 384, 385

피터슨, 스콧 N.　　　505

피터슨, 제인　　　182, 195, 196, 339

필즈, 크리스　　　266

ㅎ

하루 주기 리듬　　　62

하버드 대학교　　　154, 202, 255, 309, 462

하이모필루스 인플루엔자이　　　289~296, 299, 308, 310, 368, 379, 395, 504

항생제　　　75, 268, 269, 304, 323, 328, 336, 505

항수용체 항체　　　199

해리슨, 렌　　　130

해절틴, 윌리엄　　　253, 260, 261, 265, 267, 269, 274~276, 282, 288, 303~305, 317, 319, 321, 323, 324, 331, 335, 344, 356, 379

해터슬리, 앤드루　　　212

핵 염색체　　　254

핵자기공명(NMR)　　　112

허버드, 팀　　　428

허치슨, 클라이드　296, 297, 310, 500, 504

헌커필러, 마이클　　　159, 160, 336, 339~344, 347, 348, 351~354, 356~359, 361, 370, 376, 392, 393, 409, 415, 422, 423, 425, 465~467, 469, 482

헌팅턴병　　　174, 183, 184, 190, 276

헤니코프, 스티브　　　197

헨슬리, 맥스　　　199

헬리코박터 파일로리 게놈　　　316, 317

헬스케어 벤처스　　　225, 230, 235, 237, 243, 245, 247, 248, 252, 256

호건앤드하트슨　　　245~247

호킹, 스티븐　　　433

호프먼, 제프　　　491

홀란드, 린　　　470, 529

홀트, 로버트 A.　　　462

화이트, 토니　　　336, 337, 339, 344~348, 375, 376, 378, 379, 385, 386, 392~394, 401, 405, 409, 415, 422, 425, 426, 428, 448, 455, 466~470, 472, 482

화이트헤드 연구소　　　255, 423

환경유전체학　　　479, 493

황, 자치　　　212

효모　　　165, 176, 217, 266, 267, 290, 311, 313~316, 368, 374, 403

효모 게놈 프로젝트　　　284, 310

후드, 데릭　　　307

후드, 리　　　159, 173~175, 177, 182, 211, 213~215, 316

후성적 메커니즘　　　475

휴먼 지노믹스 사이언스(HGS)　242, 243, 245, 247~249, 252, 255, 256, 260, 261, 263, 265, 267, 269, 271~278, 280, 282, 303~305, 309, 317, 319, 321, 323, 324, 328, 331, 335, 344, 348, 375, 387, 394, 462, 478

흑색종　　　488

히드로클로로티아지드(HCTZ)　　320
히스티딘 키나아제　　　　　495
힐리, 버나딘　208, 214, 217, 218, 221~223, 229, 233, 235, 236, 242, 258, 259, 275, 351

21세기가 바라는 인재상, 크레이그 벤터

크레이그 벤터는 인간 게놈을 최초로 해독한 인물이다. 하지만 그는 단순한 스타 과학자가 아니다. 유전체학에 뛰어든 이후, 그는 줄곧 논란의 중심에 서 있었다. 누구도 넘볼 수 없는 위업을 이루었지만, 그는 주류 학계에 반항하는 이단자였다. 그는 학문적 명예와 물질적 부를 동시에 추구했으며 둘 다 손에 넣었다. 그에게 연구는 거친 바다를 항해하는 모험과 다르지 않았다. 그의 삶은 21세기 첨단 학문인 유전체학만큼이나 파란만장하다.

크레이그 벤터를 이해하려면 먼저 유전체학, 즉 게놈 염기서열 분석과 활용을 이해해야 한다. 제임스 왓슨과 프랜시스 크릭이 DNA의 이중나선 구조를 발견한 이후, 생물학은 더 기본적인 구성 요소를 찾아 들어가는 과정이었다. 물리학에서 기본 단위를 찾아 분자로, 원자로, 소립자로 파고드는 것과 마찬가지다. 유전체학의 기본 단위는 염기쌍이다. DNA 분자로 이루어진 A, G, C, T라는 이름의 염기는 서로 쌍을 이룬다. A는 G와 C는 T와만 결합하는 것이다. 이들의 순서가 유전 정보이며 이 순서를 알아내는 과정을 '염기서열 분석' 또는 '해독'이라 한다. 의미 있는 순서, 즉 생물체에서 특정 단백질을 만들어내는 염기서열을 유전자라 한다. 생물체 안에 들어 있는 전체 유전자 순서를 '유전체', 즉 '게놈'이라 한다. 인간의 몸은 46개의 염색체, 2만 3,000개의 유전자, 60억 개의 염기쌍으로 이루어져 있다. 이 60억 개의 염기쌍이 어떤 순서로 배열되어 있는가, 이것이야말로 인간을 이해하는 열쇠다.

학창 시절, 크레이그 벤터는 공부와 담을 쌓고 살았다. 그는 지독한 말썽꾸러기였으며 항상 형과 비교되는 못난 동생이었다. 이런 그를 뒤바꾸어 놓은 것은 베트남 전쟁이었다. 그는 수많은 죽음을 목격하면서 삶의 방향을 새로 정하게 된다. 사람을 살리기 위해, 그것도 한두 사람이 아니라 전 인류를 살리기 위해 연구자의 길을 택한 것이다. 하지만 그는 일반적인 연구자와는 다르다. 그는 기존 성과를 다듬고 세부 사항에 천착하기보다는 큰 그림을 그리고 방향을 제시하는 개척자다. 독단적이고 오만하고 돈에 대해 예민한(?) 그에게 뛰어난 연구자들이 모여든 것은 그의 탁월한 지도력과 비전 덕분이었으리라.

말썽꾸러기 낙제생을 일류 과학자로 바꾼 비결은 확고한 목표 의식이었다. 인생의 목표를 정하지도 못한 채 무작정 공부에 매달리는 우리 아이들, 이 아이들을 다그치는 부모들에게 이 책이 작은 실마리라도 되었으면 한다. 어떤 면에서 보면, 크레이그 벤터는 21세기가 바라는 인재상이다. 그는 창조와 혁신을 바탕으로 인류에 공헌하는 동시에 그 자신도 막대한 부를 거머쥐었다. 그래서 크레이그 벤터를 폄하하는 동료 연구자들의 시선에는 부러움이 섞여 있다.

번역하면서 줄곧 크레이그 벤터와 동질감을 느꼈다. 분자생물학과를 지망한 첫해 대학 입시에 떨어지지 않았다면 나도 지금쯤 유전자 염기서열을 분석하며 치열하게 연구하고 있었을지도 모른다. 지금의 유전체학은 일종의 정보과학이다. 유전체학은 컴퓨터, 인터넷의 시대와 행복하게 만난다. 우리나라에서도 크레이그 벤터를 능가하는 과학자가 나오기 바란다.

이 책의 원서에는 C. Y. Jung이라는 이름이 딱 한 번 등장한다. 영어를 그대로 옮길 수도 있었지만, 크레이그 벤터의 초창기 시절 함께 연구를 진행한 한국인 과학자가 과연 누굴까 궁금했다. 며칠을 검색한 끝에 그가 벤터와 함께 발표한 논문을 찾을 수 있었다. 반신반의하며 논문에 실린 메일 주소로 연락을 했는데 놀랍게도 답장이 왔다. 크레이그 벤터와 함께 단백질 분자의 크기를 측정하는 연구를 진행한 사람은 버펄로 뉴욕주립대학교 생물물리학 교수인 정찬용 박사였다. 그의 소개로 국내 유전체학 연구자들을 만날 수 있었다. 특히 서울대학교 서정선 교수와 경희대학교 김성수 교수께 큰 도움을 받았다. 두 분은 생소한 유전체학 개념과 실험 내용을 설명하고 크레이그 벤터와 유전체학의 현황을 들려주셨다. 세 분께 감사를 전한다.

노승영